# DIE KRAFTANLAGEN AM WALCHENSEE

## DIE PREISGEKRÖNTEN ENTWÜRFE DES WETTBEWERBES

IM AUFTRAG DER PREISTRÄGER
MIT GENEHMIGUNG DER
KGL. BAYER. STAATSMINISTERIEN DES INNERN
UND FÜR VERKEHRSANGELEGENHEITEN

HERAUSGEGEBEN VON
N. HOLZ, R. THOMANN, B. GLEICHMANN

MIT 33 TAFELN

MÜNCHEN UND BERLIN 1916
DRUCK UND VERLAG VON R. OLDENBOURG

# Vorwort

Das seit einer Reihe von Jahren behandelte Unternehmen zur Gewinnung von Wasserkraft aus dem Walchensee (Oberbayern) hat zu einem Wettbewerb geführt, mit dessen Hilfe im Jahre 1909 eine große Zahl von Entwürfen für den Ausbau der bezeichneten Wasserkraft gewonnen wurde. Aus der Reihe dieser Entwürfe hat man 6 durch Preise ausgezeichnet. Das vorliegende Buch hat die Aufgabe, die 6 preisgekrönten Entwürfe zu veröffentlichen; die Bekanntgabe erfolgt durch den Wortlaut des Buches im Zusammenhang mit den zugehörigen 33 Tafeln.

Entsprechend der bezeichneten Aufgabe werden die 6 Entwürfe im II. Teil des Wortlautes nebeneinander behandelt und zwar in der Reihenfolge, in der sie durch die Preise bewertet worden sind; die 33 Tafeln gehören zu diesem II. Teil und zwar derart, daß (in der gleichen Reihenfolge) jeder Entwurf mit 5 bis 7 Tafeln ausgestattet ist.

Bietet so der II. Teil im Zusammenhang mit den Tafeln für jeden der 6 Entwürfe eine gesonderte Einzelbeschreibung, so bringt anderseits der I. Teil das zum Ausdruck, was aus Anlaß der Bekanntgabe im allgemeinen und zur Übersicht gesagt werden muß. Der Inhalt des Abschnitts A im I. Teil stellt in der Hauptsache den Boden dar, der den Wettbewerbsentwürfen als Grundlage diente (vgl. dazu den Anhang). Die Abschnitte B1, B2, B3 geben ein Übersichtsbild der 6 preisgekrönten Entwürfe. Der Abschnitt B4 beantwortet die Frage, inwieweit das Buch die ihm gestellte Aufgabe hinsichtlich der äußerlichen Dinge hat erfüllen können. Auf eine Reihe der im Vorwort berührten Punkte geht der I. Teil noch genauer ein.

Die von dem Buch verlangte Darstellung sollte inhaltlich ein vollständiges Bild entstehen lassen. Daher wurden die wirtschaftlichen Dinge, die durchweg die grundlegenden waren, mit Vorzug behandelt, mit ihnen im Zusammenhang auch die für die Öffentlichkeit besonders wichtige Frage nach dem Schutz der Naturschönheit; neben den wirtschaftlichen Dingen wurden dann die technischen Dinge eingehend dargestellt.

In anderer Hinsicht unterscheidet das Buch bei den Entwürfen, sowohl im einzelnen, wie in ihrer Gesamtheit,

a) den allgemeinen und den bautechnischen Teil,
b) den maschinentechnischen Teil,
c) den elektrotechnischen Teil.

Diese Unterscheidung kennzeichnet gemäß dem Abschnitt A1b des I. Teiles auch den Anteil, den die 3 Verfasser des Buches beziehentlich an seinem Gesamtinhalt haben; die so gekennzeichneten Anteile sind im allgemeinen voneinander getrennt gehalten worden, stellenweise sind sie jedoch miteinander verschmolzen.

Dem Wortlaut des Buches sind 19 Tabellen und 4 Text-Abbildungen beigegeben worden.

Die Abkürzungen, die das Buch für die Namen der technischen Einheiten bezw. für andere Dinge verwendet, dürften im allgemeinen ohne weiteres verständlich sein. Eine besondere Erläuterung benötigen die Angaben, die beispielweise in der Form [*24*] erscheinen; diese Angaben beziehen sich gemäß dem Abschnitt B, 4 des I. Teiles auf die dem Wortlaut vorangestellte »Fehlerliste«.

# Inhalts-Übersicht

### 4) Entwurf „Viribus unitis".



### 5) Entwurf „Wikor".



### 6) Entwurf „Gold der Berge".

## Anhang.

### Die Unterlagen des Wettbewerbs.



## Die 33 Tafeln des Buches.

# FEHLERLISTE.

## Verzeichnis der in den Tafeln verbliebenen Fehler und Unstimmigkeiten.

Die laufenden Nummern der Fehler: [*1*], [*2*] . . . . sind da, wo die betreffenden Fehler Beachtung finden müssen, in den Wortlaut des Buches eingefügt worden.

| Nr. | Tafel | Abb. | Gegenstand |
|---|---|---|---|
| | | | **1. Einfach und Sicher.** |
| [*1*] | 2 | 16 | Gefällzahl 1:30, nicht 130. |
| [*2*] | 4 | — | Gesamttitel: Baugruppe II (Walchensee-Kochelsee), nicht »Walchenseekraftwerk«. |
| [*3*] | 4 | 35 | Titel soll heißen: Schnitt e/f und Ansicht vom See aus. |
| [*4*] | 4 | 36 | Titel soll heißen: Längsschnitt (zu Abb. 34 gehörend). |
| [*5*] | 4 | 38 | Bei der Maßlinie rechts fehlt die Zahl 40,0 (stattdessen hat der Entwurf in seinem Plan irrtümlich 30,0 m gezeichnet). |
| [*6*] | 4 | 41 | Der Grundriß ist irrtümlich als Spiegelbild gezeichnet (die Rohre drehen beim Maschinenhaus in Wirklichkeit nach rechts, nicht nach links) — vgl. Fußnote im Wortlaut des Buches S. 32. |
| [*7*] | 4 | 40, 41, 42 | Maßstab 1:1500, nicht 1:15000. |
| [*8*] | 5 | 43—48 | Es fehlt der Gruppentitel: Wasserschloß. |
| [*9*] | 5 | 46 | Oben links bei *J* fehlt der Buchstabe *W* — vgl. Abb. 48 Schnitt *W*/*V*. |
| [*10*] | 5 | 48 | Sohlenhöhe + 779,8, nicht + 879,8. |
| [*11*] | 6 | 52 u. 53 | Die Überschrift der Legende soll heißen: Text zu Abb. 53 (nicht Abb. 52). |
| [*12*] | 7 | 56 | Spiegelhöhe 598,61 ist N.W., nicht H.W. |
| | | | **2. Fons roburis aqua.** |
| [*13*] | 1 | 5 | Sohlengefälle des Stollens 1,6 ‰, nicht 1,6 %. |
| [*14*] | 5 | 34 | Die Bezeichnung 1:5 ist ohne Belang. |
| [*15*] | 6 | 38 | (wie [*14*]) |
| [*16*] | 5 | 35 u. 37 | Die Bezeichnung *Q R* in Abb. 37 soll sich auf die obere Grundrißzeichnung der Schaltanlage in Abb. 35 beziehen. |
| | | | **3. Unsere Kohlen.** |
| [*17*] | 1 | 3 | Einlaufbreite 42,0, nicht 42,42. |
| [*18*] | 1 | 4 | Wasserspiegel + 842,0, nicht + 843,0. |
| [*19*] | 1 | 4 u. 5 | Die Gründungscaissons sind unrichtig gezeichnet. |
| [*20*] | 2 | 14 | Maßstab 1:2500, nicht 1:250.<br>Sohlenbreite 31,0, nicht 310.<br>Spiegelbreite 59,0. |
| [*21*] | 3 | 21 | Kanalsohle + 803,576, nicht 803,76. |
| [*22*] | 3 | 28 | Betr. Abstand der Rohrachsen: die Maßlinie zur Zahl 2,8 ist unrichtig, der kleine Achsenabstand beträgt 2,8 m. |
| [*23*] | 4 | 31 | Oberes Höhenmaß 10,0, nicht 11,0.<br>Wasserspiegel + 787,64 nicht 78764. |
| [*24*] | 4 | 32 | Rohrabstand 14,8, nicht 12,8. |
| [*25*] | 5 | — | Es fehlt der Gesamttitel: Walchenseekraftwerk. |
| | | | **4. Viribus unitis.** |
| [*26*] | 1 | 2 | Beim Maßstab der Höhen 1:2500:<br>Zahl 25, nicht 250;<br>„ 50, „ 500. |
| [*27*] | 1 | 5 | Die Maßlinie zu 3,20 reicht bis zum Wasserspiegel, nicht bis zum Scheitel. |
| [*28*] | 1 | 8 | Breitenmaß 2,25, nicht 225.<br>„ 3,5, „ 35. |
| [*29*] | 2 | 11 u. 15 | Im Titel: Schnitte, nicht Schnitt. |
| [*30*] | 2 | 13 | Einlauf 36 m breit, nicht 30 m. |
| [*31*] | 3 | 17 | Unterwasserkanal + 595,0, nicht + 595,2. |
| [*32*] | 4 | 21 | Der Titel: Einlauf bei Urfeld gehört zur ganzen oberen Hälfte der linken Tafelhälfte. |
| [*33*] | 4 | 26 | Die Schnittlinie *G*/*H* fehlt. |
| | | | **5. Wikor.** |
| [*34*] | 1 | 3 | Die Zeichnung ist der »Druckstollen« und gehört auf Tafel 4 als Abb. 40. |
| [*35*] | 1 | 5 | Wasserspiegel + 811,5, nicht 811,0. |
| [*36*] | 1 | 7 | Grundablaß, nicht Querablaß. |
| [*37*] | 1 | 9 | Das Breitenmaß 15,5 reicht links bis zur Außenkante des Fundaments. |
| [*38*] | 2 | 12 | Uferhöhe + 806,25, nicht + 806,75.<br>Sohlenhöhe + 802,15, nicht + 802,14. |
| [*39*] | 2 | 14 u. 16 | Vgl. Fußnote im Wortlaut des Buches S. 76. |
| [*40*] | 2 | 24 | Breitenmaß 26,0, nicht 24,0. |
| [*41*] | 2 | 26 | Die Zeichnung ist der »Stollen Rissbach-Isar« und gehört auf Tafel 1 als Abb. 3. |
| [*42*] | 3 | 36 | Stollenhöhe 4,55, nicht 4,75. |
| [*43*] | 3 | 37 | »Maßstab 1:80« ist zu streichen.<br>Die Maßlinie zu 30,0 soll von Stollenachse zu Stollenachse reichen. |
| [*44*] | 4 | 40 | Die Zeichnung ist der »obere Stollen Isar-Walchensee« und gehört auf Tafel 2 als Abb. 26. |
| [*45*] | 5 | — | Es fehlt der Gesamttitel: Walchenseekraftwerk. |
| | | | **6. Gold der Berge.** |
| [*46*] | 1 | 3 u. 10 | Notüberlauf + 890,1, nicht + 890,0. |
| [*47*] | 2 | 12 | Obere Breite 10,1, nicht 10,0.<br>Sohlenbreite 2,1, nicht 2,0. |
| [*48*] | 2 | 16 | Sohlenhöhe + 877,28, nicht + 887,28. |
| [*49*] | 2 | 18 | Der Längsschnitt steht schief (hängt um etwa 4 Grad nach rechts). |
| [*50*] | 2 | 24 | Einlaufbreite 27,0, nicht 26,0. |
| [*51*] | 3 | 29 | Stollensohle links + 823,26, nicht 823,36. |
| [*52*] | 3 | 30 | Stollenbreite 2,46, nicht 2,64. |
| [*53*] | 5 | 47 | Turbinenachse + 604,65, nicht + 604,94.<br>Höhenmaß 7,56, nicht 7,85. |

# I. TEIL

# ALLGEMEINES UND ÜBERSICHTEN

# I. Teil: Allgemeines und Übersichten.

## A. Das geplante Unternehmen, der Wettbewerb im allgemeinen und das vorliegende Buch.

### 1. Übersicht der bisherigen Vorgänge.

a) Die Vorgänge vor dem Wettbewerb.

Die neueren Bestrebungen zum Ausbau der Wasserkräfte haben seit einer Reihe von Jahren die Aufmerksamkeit des bayerischen Wirtschaftslebens auf den Umstand hingelenkt, daß im Seitengebiet der oberen Isar — zwischen Mittenwald und Tölz — der Walchensee etwa 200 m höher liegt als der dicht bei ihm anzutreffende Kochelsee, und daß die so vorhandene natürliche Gefällstufe im Zusammenhang mit den beträchtlichen Abflußmengen des Isargebietes und mit dem Speicherinhalt der beiden Seen die bequeme Möglichkeit bietet, ein großes Wasserkraftwerk entstehen zu lassen. Insbesondere hat die K. Bayerische Staatsregierung diese Möglichkeit frühzeitig aufgegriffen mit der Absicht, die erzeugte Kraft zum elektrischen Betrieb einiger südbayerischen Eisenbahnen zu verwenden. Über den Werdegang der verschiedenen Entwürfe ist das Nähere in der Denkschrift der K. Obersten Baubehörde im Staatsministerium des Innern »Die Wasserkräfte Bayerns« (1907) enthalten.

b) Der Wettbewerb und das Entstehen des vorliegenden Buches.

— Vgl. dazu den »Anhang« —

Die Kommission für die Ausnützung der Wasserkräfte hat in einer Besprechung am 19. Oktober 1907 den Vorschlag gemacht, es solle zur Gewinnung von ausführlichen Entwürfen mit Kostenanschlägen ein Wettbewerb veranstaltet werden; dieser Vorschlag fand das Einverständnis der beteiligten K. Staatsministerien. Die vom K. Staatsministerium des Innern in München in Aussicht genommenen Mitglieder des Preisgerichts setzten am 14. März 1908 in München gemeinsam die Wettbewerbsbedingungen fest; dabei wurde als Gegenstand des Wettbewerbs bezeichnet »die Bearbeitung von Entwürfen zur möglichst wirtschaftlichen Ausnützung der Wassermengen und Gefälle im Isar- und Walchenseegebiet bis zum Kochelsee«. Schon ehe der Wettbewerb eingeleitet wurde, hatte sich aus der Öffentlichkeit heraus gegen die Absicht, die Walchenseewasserkraft auszubauen, Widerspruch erhoben mit dem Hinweis darauf, daß durch den Ausbau die Naturschönheit leiden könne; insbesondere erhob man Einwände dagegen, daß der Spiegel des Sees — entsprechend der dem See zugedachten Aufgabe des Wassermengenausgleichs — erheblich schwanken solle. Mit Rücksicht hierauf setzten die Bedingungen in ihrem Abschnitt III, 4 fest, daß die Schwankung des Seespiegels in der ersten Ausbaustufe nicht mehr als 3,5 m betragen dürfe.

Der so vorbereitete Wettbewerb wurde demnächst durch den bayerischen Landtag genehmigt und am 20. August 1908 ausgeschrieben. Am 22. September 1908 besichtigte das eingesetzte Preisgericht die Örtlichkeit des Walchensees und seiner weiteren Umgebung.

Entsprechend den Unterlagen des Wettbewerbs sollten die Entwürfe — mit Frist von 5 Monaten — bis zum 20. Januar 1909 eingeliefert werden; infolge eingetretener Verzögerungen wurde durch einstimmigen Beschluß des Preisgerichts (entsprechend den Grundsätzen für das Verfahren bei Wettbewerben) der genannte Termin aufgehoben und statt seiner der 1. März 1909 festgesetzt. Zum 1. März 1909 wurden 31 Entwürfe bei der K. Obersten Baubehörde in München eingeliefert. Die eingelieferten Entwürfe wurden zunächst von zwei in München wohnenden Mitgliedern des Preisgerichts, nämlich dem K. Oberbaurat Stengler und dem K. Regierungsrat Dr. Gleichmann, soweit vorbehandelt, wie es für das Zusammentreten des Preisgerichts nötig erschien. Am 13. Juli 1909 trat dann das Preisgericht in München zusammen, um nach viertägiger Verhandlung seine Arbeit zu beendigen und das Ergebnis in einer Niederschrift festzulegen.

Das Preisgericht zeichnete 6 Entwürfe durch Preise aus; es erhielten:

a) den ersten Preis im Betrage von 20 000 M der Entwurf »Einfach und Sicher«, verfaßt von der A. G. Dyckerhoff & Widmann in Nürnberg mit Oberbaurat Dr. Kinzer in Wien, von der Maschinenfabrik Augsburg-Nürnberg mit Geh. Regierungsrat Professor E. Reichel in Charlottenburg und von den Siemens-Schuckertwerken in Berlin;

b) den zweiten Preis im Betrage von 15 000 M der Entwurf »Fons roburis aqua«, verfaßt von der A. G. Motor in Baden (Schweiz) und der A. G. Brown, Boveri & Cie. in Mannheim-Käferthal;

c) den dritten Preis im Betrage von 10000 M der Entwurf »Unsere Kohlen — Entwurf B«, verfaßt von Geh. Oberbaurat Schmick in Darmstadt, der Baufirma Heilmann & Littmann G. m. b. H. in München und der Allgemeinen Elektrizitäts-Gesellschaft in Berlin;

d) drei vierte Preise von je 5000 M die Entwürfe:

1. »Viribus unitis«, verfaßt von Ingenieur Kürsteiner in St. Gallen in Verbindung mit Professor Narutowicz in Zürich, von den Firmen Escher, Wyß & Cie. in Zürich, den L. von Rollschen Eisenwerken in Solothurn, der Maschinenfabrik Oerlikon,

der A. G. Wayß & Freytag in München und von dem Architekturbureau W. Heene in St. Gallen;

2. »Wikor«, verfaßt von der A. G. Felten & Guilleaume-Lahmeyerwerke in Frankfurt a. M.;

3. »Gold der Berge«, verfaßt von der A. G. Grün & Bilfinger Tiefbau-Unternehmung in Mannheim unter Mitwirkung von Professor Dr. Camerer in München[1]).

In der Zeit vom 25. bis zum 29. Juli 1909 wurden die eingelieferten Entwürfe in München öffentlich ausgestellt.

Auf Grund der Ergebnisse des Wettbewerbs fertigte die K. Bayerische Staatsregierung einen endgültigen Ausführungsentwurf für den Ausbau der Walchenseewasserkraft an. Dieser Entwurf weicht in verschiedener Hinsicht von den Grundlagen des Wettbewerbes ab, was vor allem durch Zugeständnisse an die Anwohner, durch den Verzicht auf den Rißbach und den Entschluß, die Seesenkung erheblich einzuschränken, bedingt ist. Hinsichtlich der Verwertung der Kraft ist in Aussicht genommen, das Werk zunächst für die Zwecke der allgemeinen Landesversorgung auszunützen.

Bei der Bearbeitung des Ausführungsentwurfs wurde aus Fachkreisen heraus der Wunsch laut, es möchte der in den Besitz der K. Staatsregierung übergegangene wertvolle und vielseitige Inhalt der preisgekrönten Entwürfe der Öffentlichkeit zugänglich gemacht werden. Die Preisträger veranlaßten daher mit Genehmigung der K. Staatsregierung die Bekanntgabe der 6 preisgekrönten Entwürfe durch das vorliegende Buch.

Die vorstehende Übersicht soll noch durch die folgenden Einzelheiten ergänzt werden.

Die Wettbewerbsbedingungen, die in ihrem Abschnitt V die Mitglieder des Preisgerichts angeben, sind im Anhang des vorliegenden Buches im Abschnitt A abgedruckt. In ihrem Abschnitt II sind die Grundlagen genannt, die als Zubehöre der Bedingungen für den Wettbewerb ausgehändigt wurden; die Grundlagen zu 2, 3 und 4 sind im Anhang unter B als Anlagen 1, 2, 3, 4 beigefügt; Abdrücke der Grundlagen zu 1 (Lage- und Höhenpläne) werden nicht besonders beigegeben, da sie inhaltlich in den Tafeln des Buches zum Ausdruck kommen.

Von den 13 Mitgliedern des Preisgerichts schieden zwischenzeitlich 2 Mitglieder aus, nämlich der K. Ministerialrat Brenner und der K. Oberbaudirektor von Sörgel; an ihrer Stelle nahmen gemäß den Bedingungen die vorgesehenen 2 Ersatzmänner am 13. bis 16. Juli 1909 als Preisrichter an den Verhandlungen teil. Ferner war der Nationalrat Dr. Zschokke verhindert, an den genannten Tagen sein Amt als Preisrichter wahrzunehmen; an seiner Stelle wurde Professor Thomann in Stuttgart als Preisrichter berufen.

Auf Grund des ihm durch die Bedingungen Abschnitt IV zustehenden Rechtes hat das Preisgericht einstimmig beschlossen, außer den vorgesehenen 3 abgestuften Preisen noch 3 gleichwertige vierte Preise in Höhe von je 5000 M. zuzuerkennen; der erforderliche Mehrbetrag wurde von der K. Staatsregierung bereitgestellt.

Eine Niederschrift über die Entscheidung des Preisgerichts und über ihre wichtigsten Gründe hat das Preisgericht selbst alsbald bekanntgeben lassen; sie ist u. a. in den Münchener Neuesten Nachrichten (16. Juli 1909 Morgenblatt) zum Abdruck gelangt.

Die Veröffentlichung der 6 preisgekrönten Entwürfe durch das vorliegende Buch wurde von drei Mitgliedern des Preisgerichts als Verfassern übernommen; hierbei übernahm

1. Professor Holz-Aachen den allgemeinen Teil, die Abschnitte betreffend die Wasserwirtschaft und die Kraftverhältnisse, sowie den wasserbau- und hochbautechnischen Teil einschließlich Rohrbahnen und Rohrführung,

2. Professor Thomann-Stuttgart den turbinentechnischen Teil einschließlich der Rohrkonstruktionen,

3. K. Ministerialrat Dr. Gleichmann-München den elektrotechnischen Teil.

Für die Wiedergabe der Entwürfe wurde der Grundsatz aufgestellt, daß der Inhalt des Buches nur berichtend sein solle, und daß die Verfasser kritische Bemerkungen über die Entwürfe, auch die Vornahme kritischer Vergleiche zwischen den einzelnen Entwürfen vermeiden sollten (vgl. Abschnitt B, 4).

Im vorliegenden Buche werden die 6 Entwürfe entsprechend der Preisfolge wie folgt mit Nummern bezeichnet:

Entwurf Nr. 1: »Einfach und Sicher«,
» » 2: »Fons roburis aqua«,
» » 3: »Unsere Kohlen«,
» » 4: »Viribus unitis«,
» » 5: »Wikor«,
» » 6: »Gold der Berge«.

### 2. Die sachlichen Dinge im allgemeinen.

a) Die sachlichen Grundlagen des Unternehmens.

Als Nachweis der natürlichen Verhältnisse und der wasserwirtschaftlichen Zustände des in Frage kommenden oberen Isargebietes wurden für den Wettbewerb diejenigen Grundlagen bereitgestellt, die in den Bedingungen im Abschnitt II genannt sind; die nicht zeichnerischen Grundlagen sind im Anhang des Buches als Anlagen 1 bis 4 abgedruckt (vgl. Abschnitt 1,b). Im Einklang mit den Grundlagen wird folgendes gesagt (vergl. Text-Abb. 1).

Der Mittelpunkt des Interesses wird durch den Walchensee und den in 2 km Uferabstand nördlich von ihm gelegenen Kochelsee gebildet. In 3,5 km Abstand vom Südrande des Walchensees fließt die Isar; sie fließt hier ungefähr von Westen nach Osten und zwar zwischen den Orten Wallgau (westlich) und Fall (östlich); im übrigen ist die Isar in ihrem Oberlauf wesentlich von Süden nach Norden gerichtet. Wallgau liegt gegenüber dem westlichen Ende des Walchensees; gegenüber dem östlichen Seeende mündet von Süden der Rißbach bei Vorderriß in die Isar ein. Die Sohle des Isartales liegt bei Wallgau auf etwa + 847 m, bei Vorderriß auf etwa + 781 m; die Zwischenstrecke ist etwa 12 km lang und hat 1:185 Gefälle. Der mittlere Wasserspiegel des Walchensees liegt auf + 801,49 m, derjenige des Kochelsees auf + 599,17 m. Zwischen der Isarstrecke Wallgau—Vorderriß, dem Walchensee und dem Kochelsee besteht keine unmittelbare Wasserverbindung. Als Hauptzufluß nimmt der Walchensee in seiner Südwestecke von Süden die Obernach auf; den Abfluß des Walchensees bildet im Osten die Jachen, die als Nebenfluß in die Isar geht. Der Kochelsee wird von der Loisach durchflossen; sie verläßt den See an seinem Nordende und ergießt sich bei Wolfratshausen in die Isar.

Die geologischen Verhältnisse des Ausbaugebietes sind in der Anlage 3 (Anhang) dargelegt. Aus dieser Anlage geht hervor, daß die Gebirgsstöcke, die für Stollen-

[1]) Wie nachträglich bekannt geworden ist, waren an dem Entwurf »Gold der Berge« als Mitverfasser außerdem beteiligt: Maschinenfabrik Briegleb, Hansen & Cie. in Gotha, A. G. Brown, Boveri & Cie. in Mannheim-Käferthal, Maschinenfabrik Augsburg-Nürnberg A. G. in Nürnberg Werk Gustavsburg, Architekten Gebr. Rank in München.

**Text-Abb. 1. Flußgebiet der oberen Isar.**

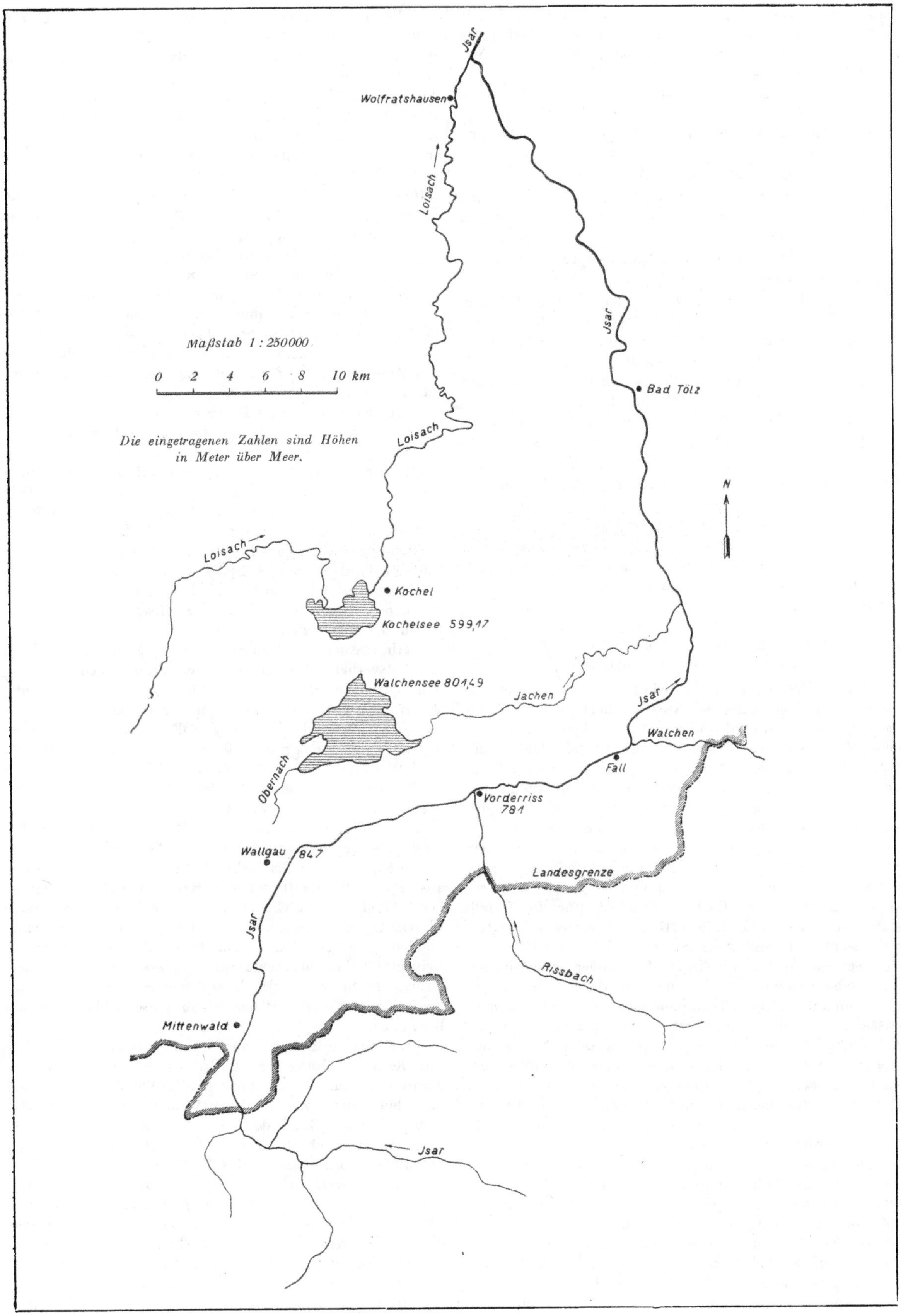

bauten in Frage kommen, aus Felsen aufgebaut sind, daß anderseits die dem Walchensee zunächst benachbarten Talstrecken der Isar und des Rißbachs auf große Tiefe aus Gerölle bestehen.

In der Anlage 2 des Anhangs sind für 3 Wasserlaufstellen und für jeden Tag der 6 Jahre 1902 bis 1907 die Abflußmengen in cbm/sec angegeben; diese drei Stellen sind:

1. Isar bei Wallgau mit 520 qkm Flußgebiet,
2. Rißbach bei Vorderriß mit 215 qkm Flußgebiet,
3. Jachen beim Auslauf des Walchensees mit 74 qkm Flußgebiet.

Die Abflußmenge der 3 Stellen beträgt im Mittel der 6 Jahre, wie folgt:

zu 1: Isar: 18,5 cbm/sec entsprechend 1120 mm Abflußhöhe jährlich,
zu 2: Rißbach: 10,2 cbm/sec entsprechend 1500 mm Abflußhöhe jährlich,
zu 3: Jachen: 2,6 cbm/sec entsprechend 1115 mm Abflußhöhe jährlich.

Zusammen liefern die 3 Stellen im Mittel **31,3** cbm/sec.

Die Raumverhältnisse des Walchenseebeckens gehen aus der Geistbeckschen Tiefenkarte hervor; die Spiegelfläche hat folgende Größen:

auf + 801,9 m: 17,0 qkm,
» + 788,9 m: 16,0 » ,
» + 782,9 m: 15,5 » .

Die Geistbecksche Tiefenkarte gehörte zu den Wettbewerbsunterlagen, sie wird im vorliegenden Buche nicht wiedergegeben.

### b) Der Aufbau des technischen Entwurfs im allgemeinen (Text-Abb. 1).

Für die Verwertung der in Rede stehenden Naturverhältnisse zur Anlage eines Kraftwerkes liegt ohne weiteres derjenige Grundgedanke nahe, den bereits der staatliche Vorentwurf verkörperte; dieser Grundgedanke umfaßt folgendes: Ausbau des etwa 200 m großen Höhenunterschiedes zwischen Walchensee und Kochelsee als Gefällstufe, künstliche Zufuhr von Kraftwasser aus den südlich benachbarten Flüssen, namentlich aus Isar und Rißbach, in den Walchensee, Ausgleich des so in dem See vereinigten Wassers durch den See selbst und Verwendung des ausgeglichenen Wassers als Dauerwassermenge in der 200 m hohen Gefällstufe. Für die Gefällstufe kann eine um so größere Dauerwassermenge bereitgestellt werden, je größer einerseits das Flußgebiet ist, aus dem man Wasser zuführt, und je größer anderseits der Speicherraum ist, den man im Walchensee in Anspruch nimmt; sinngemäß kann eine einmal vorhandene Dauerwassermenge dadurch gesteigert werden, daß man entweder das Flußgebiet oder den Speicherraum oder beides vergrößert; dabei ist allerdings zu bedenken, daß man zum vollen Ausgleich der entnommenen Wassermenge einen bestimmten Speicherraum benötigt, und daß ein Hinausgehen über diesen bestimmten Speicherraum naturgemäß im obigen Sinne zwecklos ist.

Der bezeichnete Grundgedanke klingt auch durch die Unterlagen des Wettbewerbs hindurch, jedoch waren nach dem Wortlaut der Bedingungen auch anders geartete Grundgedanken für den Wettbewerb zulässig.

Das Zuleiten großer Fremdwassermengen zum Walchensee und zum Kochelsee muß notwendigerweise die Loisach als den Ablauf des Kochelsees unnatürlich belasten; der hierfür erforderliche Ausbau der Loisach gehörte nicht zu den Forderungen des Wettbewerbs.

Es mag nun schon hier gesagt werden, daß alle 6 preisgekrönten Entwürfe nach dem obigen Grundgedanken aufgebaut sind; das nämliche gilt für die meisten anderen Wettbewerbsentwürfe; nur einige wenige von diesen haben einen wesentlich anderen Grundgedanken benutzt, insbesondere wurde vorgeschlagen, der Walchensee solle als Wasserausgleicher gar nicht oder nur in sehr eingeschränktem Maße in Anspruch genommen werden, und statt seiner solle man ein großes Staubecken mit hoher Staumauer im Isartal selbst anlegen. Von den Entwürfen, die als eigentlichen Wasserspeicher den Walchensee in Dienst stellen, haben manche zu seiner Entlastung außerdem Nebenspeicher vorgesehen, namentlich in Gestalt eines Staubeckens im Obernachtal oder in Gestalt von anderen Seen des Isargebiets. Der Ausbau der hohen Gefällstufe zum Kochelsee hinunter ist, wie nicht anders zu erwarten war, von allen Wettbewerbsentwürfen vorgesehen worden.

Zieht man nur den oben bezeichneten Grundgedanken in Betracht, so gilt für die nach ihm eingerichteten Entwürfe das Folgende.

Der Entwurf zerfällt in zwei Baugruppen: Baugruppe I umfaßt die Anlagen, welche die Verbindung zwischen der Isar und dem Rißbach einerseits und dem Walchensee anderseits herstellen, sie umfaßt also insbesondere die Anlagen für die Zuführung von Fremdwasser zum Walchensee. Zur Baugruppe I wird auch das Stauwerk gerechnet, das in der Jachen als dem natürlichen Ablauf des Walchensees herzustellen ist (Jachenschleuse). Baugruppe II umfaßt die Einrichtungen, die den Walchensee mit dem Kochelsee verbinden, und die dazu dienen, das im Walchensee bereitgestellte ausgeglichene Kraftwasser in der 200 m hohen Gefällstufe zu verwerten.

Hinsichtlich der Baugruppe II konnten, entsprechend den Ortsverhältnissen, grundsätzliche Unterschiede zwischen den einzelnen Entwürfen nicht erwartet werden; hier waren naturgemäß folgende Dinge vorzusehen: Druckstollen durch den zwischen Walchensee und Kochelsee liegenden Kesselberg mit Einlauf auf der Südseite und Wasserschloß auf der Nordseite, Druckleitung im Anschluß an das Wasserschloß, Kraftwerk und Unterwasserkanal zum Kochelsee. Alle Bauanlagen der Baugruppe II waren nach den Bedingungen des Wettbewerbs für eine Spitzenbelastung einzurichten, die das Dreifache der gewöhnlichen Belastung ausmacht. Das Kraftwerk der Baugruppe II, das eigentliche Walchenseekraftwerk, soll im vorliegenden Wortlaut im allgemeinen als Hauptwerk bezeichnet werden; dagegen wird in den Tafeln der Regel nach die Benennung »Walchenseekraftwerk« gebraucht; da, wo diese Benennung in den Tafeln als Sammeltitel erscheint, umfaßt sie die Bauwerke vom Wasserschloß (einschließlich) bis zum Kochelsee.

Im Gegensatz zur Baugruppe II stand für die Entwurfsform der Baugruppe I (Zufuhr von Isar- und Rißbachwasser zum Walchensee) eine große Mannigfaltigkeit zu Gebote und zwar sowohl in technischer wie in wasserwirtschaftlicher Hinsicht. Diese Mannigfaltigkeit ist in erster Linie durch die bestehenden Verhältnisse bedingt, sie wurde verstärkt durch das Verlangen der Bedingungen, daß die Entwürfe mehrere Ausbaustufen vorsehen sollten. Zwischen der Isar und dem Rißbach einerseits und dem Walchensee anderseits waren künstliche Wasserwege einzurichten; dabei mußte berücksichtigt werden, daß das Isartal gegenüber dem südwestlichen Seeende (bei Wallgau) höher liegt als der Seespiegel, gegenüber dem südöstlichen Ende (bei Vorderriß) dagegen tiefer (vgl. Text-Abb. 2). Im allgemeinen kommen als Wasserwege zwischen dem Isartal und dem Walchensee nur Stollen in Frage, weil das Zwischengebiet aus hochragendem Gebirge besteht. Dieses Zwischengebirge erfährt nur zwischen Wallgau und dem Südwestende des Sees eine Einsattelung und zwar durch das Tal der O b e r n a c h ; hier kann ein Stollen bereits im Obernachtal endigen, wo sich zudem Gelegenheit zur Anlage eines künstlichen Staubeckens als Nebenspeicher bietet, auch ist hier infolge der Einsattelung der Ersatz des Stollens durch einen offenen Kanal denkbar. Als Wasserweg für das Wasser des Rißbachs war südlich vom Isartal sowohl ein Stollen wie ein Kanal möglich. Beim Auslauf der künstlichen Wasserwege in den Walchensee bot sich Gelegenheit, kleinere Gefällstufen zu zugeführt werden solle; hierbei war zu beachten, daß die Bedingungen einen allmählichen Ausbau forderten. Ein angemessener Teil des Wassers mußte als V e r l u s t w a s s e r den Flüssen belassen werden, insbesondere für den Holzverkehr und für die Abfuhr der Geschiebe. Bei den zu schaffenden Wasserwegen war hiermit im Zusammenhang nach wirtschaftlichen Gesichtspunkten die s e h r w i c h t i g e Frage zu beantworten, für welche größte Wassermenge die Wasserwege eingerichtet werden sollten; die Entscheidung über diese G r ö ß t m e n g e war hinsichtlich der Höhe des Baukapitals von großer Wichtigkeit; dabei war es von vornherein selbstverständlich, daß man die H o c h w a s s e r s p i t z e n in den Flüssen zurückließ, daß man also die Wasserwege

**Text-Abb. 2. Bauanordnung der Baugruppe I.**

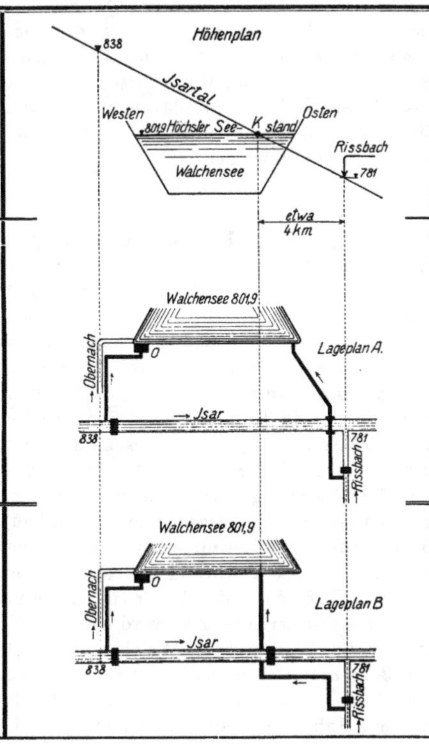


**Grundform A** mit 1 Isarwehr (im 1. Ausbau wird der obere Wasserweg gebaut)

**Grundform B** mit 2 Isarwehren (im 1. Ausbau wird der untere Wasserweg gebaut)

**Tabelle 2. Wichtige Einzelheiten der Baugruppe I.**

| Entwurf: Nummer | Entwurf: Name | Gefälle des Obernachkraftwerkes (abgerundet) m | Nebenspeicher für den Wasserausgleich (außer dem Walchensee) | Oberer Wasserweg: Bauweise | Oberer Wasserweg: Länge (abgerundet) vom Isarwehr bis zum Walchensee km | Unterer Wasserweg Bauweise: Strecke Rißbach bis Isar | Unterer Wasserweg Bauweise: Strecke Isar bis Walchensee | Unterer Wasserweg Bauweise: Kreuzung mit der Isar (nur bei Grundform A) | Bemerkungen |
|---|---|---|---|---|---|---|---|---|---|
| 2 | Fons roburis aqua | 29 | — | Stollen und Obernachkorrektion | 4,5 | Kanal | Stollen | Aquädukt | — |
| 3 | Unsere Kohlen | 40 | Obernachstaubecken u. 2 kleine Seen a. d. oberen Isar | Stollen u. Obernachstaubecken | 4,5 | Kanal | Stollen | Düker auf Brücke | — |
| 4 | Viribus unitis | 40 | — | Stollen | 4,4 | Kanal | Stollen | Aquädukt | — |
| 6 | Gold der Berge | 80 | — | Kanal | 12,0 | Stollen | Stollen | Düker im Flußbett | Niedernachkraftwerk am unteren Wasserweg h = 28 m |
| 1 | Einfach und Sicher | 36 | Obernachstaubecken | Stollen u. Obernachstaubecken | 4,5 | Stollen | Stollen | — | — |
| 5 | Wikor | 65 | — | Kanal und Stollen | 9,4 | Stollen | Stollen | — | — |

Erläuterungen: O = Obernachkraftwerk.
Text-Abb. 2 und Tabelle 2 gelten für die l e t z t e Ausbaustufe (Vollausbau bzw. nachträgliche Ergänzungsstufe).

schaffen, die sich zu N e b e n k r a f t w e r k e n ausbauen ließen, und deren Unterwasser durch den Walchensee gebildet wurde. Diesen Nebenkraftwerken stehen als Triebwasser die s c h w a n k e n d e n Wassermengen zur Verfügung, die dem Walchensee zufließen; ihre Kraft ist also, soweit nicht besondere Einrichtungen vorgesehen werden (z. B. Staubecken im Obernachtal), gleichfalls schwankend und daher in der Einheit weniger wertvoll als die Kraft des mit D a u e r wasser arbeitenden Hauptwerkes. Hierbei ist der Wert der Krafteinheit im Hauptwerk a u ß e r d e m noch d e s w e g e n erheblich größer, weil letzteres die technischen Mittel erhält, um bei Spitzenbedarf die Dauerkraft auf ihren 3-fachen Betrag zu erhöhen (vgl. Wettbewerbsbedingungen unter III). — W e h r e waren an den oberen Enden der Wasserwege vorzusehen, ferner beim Ausfluß der Jachen aus dem Walchensee.

In w a s s e r w i r t s c h a f t l i c h e r Hinsicht entstand für den Entwurf die Frage, in welchem U m f a n g e Wasser aus der Isar und aus dem Rißbach dem Walchensee

**Tabelle 1.**

**Abhängigkeit der ableitbaren Wassermenge von der Leistungsfähigkeit der Wasserwege.**

| Fluß | Natürlicher Abfluß in den 6 Jahren 1902—1907 cbm/sec | D Größtmenge, für die der Wasserweg bemessen wird cbm/sec | V Mittlere Wassermenge, die zugeleitet werden kann cbm/sec |
|---|---|---|---|
| Isar bei 520 qkm N. G. | $Q_{max} = 90$ | 90 | 18,5 |
| | $Q_{min} = 6,6$ | 70 | 18,4 |
| | Mittel = 18,5 | 60 | 18,3 |
| | | 50 | 18,1 |
| | | 40 | 17,5 |
| | | 30 | 16,2 |
| | | 6,6 | 6,6 |
| Rißbach bei 215 qkm N. G. | $Q_{max} = 130$ | 130 | 10,2 |
| | $Q_{min} = 3,9$ | 40 | 10,1 |
| | Mittel = 10,2 | 30 | 10,0 |
| | | 20 | 9,7 |
| | | 15 | 9,0 |
| | | 3,9 | 3,9 |

für sie nicht einrichtete. Stellt man sich vor, daß man auf diese Weise für den Wasserweg die Größtmenge festgesetzt hat, so liegt ohne weiteres der Gedanke nahe, daß nach Möglichkeit alles Wasser dem Walchensee zugeführt werden solle, soweit es nicht jene Größtmenge übersteigt. Die Tabelle 1 gibt in Verfolg dieses Gedankens an, welche Wassermenge $V$ im Mittel abgeleitet werden kann, falls man den Wasserweg für die Größtmenge $D$ bemißt, und falls das Verlustwasser $= 0$ gerechnet wird; beispielsweise kann man aus dem Rißbach mit einem Wasserweg von 40 cbm/sec Größtmenge im Mittel 10,1 cbm/sec ableiten; die Steigerung der Größtmenge von 40 auf 130 cbm/sec, die den Wasserweg ganz erheblich verteuern würde, würde das mittlere Nutzwasser nur von 10,1 auf 10,2 cbm/sec vermehren, diese Steigerung würde offenbar durchaus unwirtschaftlich sein.

Im Einklang mit dem Umstande, daß das obere Isargebiet im Hochgebirge liegt, tritt bei Isar und Rißbach die Niedrigwasserzeit regelmäßig im Winter auf, die Hochwasserzeit im ersten Teil des Sommers; daher wird der Walchensee, soweit er das Wasser ausgleichen soll, der Regel nach im Hochsommer, in der Turistenzeit, gefüllt sein; dieser Umstand ist geeignet, den Einwand betreffend die Beeinträchtigung der Naturschönheit wesentlich zu entkräften (vergl. Abschnitt 1,b).

Im Mittel der 6 Jahre 1902 bis 1907 gilt folgendes: Die Isar hat bei Wallgau 582 Mill. cbm Jahresabfluß; für den Ausgleich auf Mittelwasser ist ein Wasserspeicher von 166 Mill. cbm Inhalt erforderlich, d. i. 29% der Jahresmenge. Der Rißbach hat bei seiner Mündung 322 Mill. cbm Jahresabfluß; zum Ausgleich sind 68 Mill. cbm als Speicherraum erforderlich, d. i. 21% der Jahresmenge. Die Beziehung der Zahlen 29% und 21% beweist, daß der Abflußvorgang des Rißbachs gleichmäßiger ist als derjenige der Isar; dieser Umstand war für die Aufstellung des Entwurfs beachtenswert. Isar und Rißbach zusammen benötigen zum Ausgleich ihrer gesamten Abflußmenge im Mittel der verschiedenen Jahre $166 + 68 = 234$ Mill. cbm Speicherraum; dieser Inhalt wird im Walchensee durch Absenkung um 14,2 m unter seinen natürlichen Spiegel gewonnen; für besonders ungünstige Jahre wäre eine Absenkung bis annähernd 20 m erforderlich.

Der geplante Ausbau der Wasserkraft wird dem Isarfluß Wasser entziehen; die nächste größere Stadt, die hiervon betroffen wird, ist Tölz (Text-Abb. 1). Bei Tölz hat die Isar 1535 qkm Flußgebiet; aus etwa 520 qkm der Isar, 215 qkm des Rißbachs und 74 qkm der Jachen (Walchensee), zusammen also aus 809 qkm, wird bei Anwendung des oben bezeichneten Grundgedankens Wasser entnommen; es bleiben also für Tölz 726 qkm Flußgebiet von der Wasserentnahme vollkommen unberührt. —

Im folgenden Abschnitt B sollen die besonderen Verhältnisse der 6 preisgekrönten Entwürfe in ihren Hauptzügen zusammenhängend dargestellt werden; dabei werden noch einige Punkte zur Sprache kommen, die allgemein für die Lösung der Wettbewerbsaufgabe von Wichtigkeit sind, und die daher inhaltlich den vorliegenden Abschnitt 2 ergänzen.

# B. Die 6 preisgekrönten Entwürfe.

## 1. Die Verhältnisse der 6 Entwürfe im allgemeinen und in bautechnischer Hinsicht.

### a) Übersicht betreffend die Gesamtanlage.

Vorbemerkung. Vorweg soll eine Unstimmigkeit zwischen den 6 Entwürfen hervorgehoben werden. Die Bedingungen sagen im Abschnitt III, der Wasserstand von + 50 cm am Walchenseepegel sei als höchster zulässiger Stauspiegel des Walchensees anzunehmen. Der Nullpunkt des Walchenseepegels liegt gemäß Anlage 1 (Anhang) auf + 801,40 m; somit wäre **+ 801,90 m** als höchster Stauspiegel des Walchensees zulässig. Anderseits liegt das natürliche Mittelwasser des Walchensees gemäß Anlage 1 auf + 9 cm am Pegel, somit auf + 801,49 m. Die Entwürfe Nr. 1 und 3 haben die + 50 cm nicht auf den Nullpunkt des Pegels, sondern auf das Mittelwasser bezogen und haben daher **+ 801,99 m** als höchsten zulässigen Spiegel des Walchensees eingeführt. Im vorliegenden Abschnitt B soll allgemein **+ 801,9 m** eingesetzt werden.

Die 6 preisgekrönten Entwürfe sehen entsprechend den Bedingungen des Wettbewerbs mehrere Abstufungen für den Ausbau der Wasserkraft vor. Besondere Wichtigkeit besitzt bei allen Entwürfen einerseits der anfängliche 1. Ausbau und anderseits der spätere Vollausbau, wobei als Vollausbau diejenige Stufe gelten soll, bei der das Hauptwerk vollständig ausgebaut wird. Zwischen diesen beiden Grenzstufen haben die Entwürfe eine oder zwei Zwischenstufen vorgesehen; anderseits lassen die 2 Entwürfe »Fons roburis aqua« und »Wikor« dem Vollausbau noch eine nachträgliche Ergänzungsstufe folgen. Die angegebenen beiden Grenzstufen (1. Ausbau und Vollausbau) sind bei allen 6 Entwürfen übereinstimmend wie folgt gekennzeichnet.

Beim 1. Ausbau wird als nächstliegender und daher billigster Fluß nur die Isar in Anspruch genommen. In der wasserarmen Zeit wird aus ihr alles verfügbare natürliche Wasser zum Walchensee abgeleitet und hier mit dem natürlichen Zufluß des Walchenseegebietes, mit dem Inhalt von 3,5 m Speicherhöhe des Sees selbst und mit dem Inhalt der etwa eingerichteten Nebenspeicher vereinigt; die vereinigte Gesamtmenge wird auf die wasserarme Zeit gleichmäßig verteilt; die entsprechende sekundliche Wassermenge wird dem Hauptwerk nicht nur in der wasserarmen Zeit, sondern auch in der übrigen Zeit als Dauerwassermenge bereitgestellt. Der Isar wird in der wasserreichen Zeit soviel Wasser entnommen, wie dieser Arbeitsplan erfordert. Die 3,5 m Speicherhöhe sind durch die Bedingungen vorgeschrieben; sie besitzen 57 Mill. cbm Speicherraum.

Beim Vollausbau wird mit der noch anzugebenden Einschränkung jederzeit alles erreichbare Wasser aus Isar und Rißbach dem Walchensee zugeführt und in diesem mit seinem eigenen natürlichen Zufluß vereinigt; die Einschränkung besteht lediglich darin, daß die Wasserwege im Sinne des Abschnitts A, 2, b den Hochwasserspitzen den Eintritt versagen, und daß außerdem einige der 6 Entwürfe zeitweise gewisse Wassermengen für den Holzverkehr in den Flüssen zurücklassen (vergl. den folgenden Abschnitt b). Die vereinigte, ungleichmäßig zufließende Wassermenge wird durch den Walchensee und die etwa eingerichteten Nebenspeicher auf dauernd gleiche Menge ausgeglichen; hierfür wird vom Walchensee uneingeschränkt derjenige Speicherraum beansprucht, der nach Abzug der etwaigen Nebenspeicher noch erforderlich ist. Die so ausgeglichene Dauermenge wird dem Hauptwerk bereitgestellt.

Im Einklang mit dem Gesagten führen alle Entwürfe im 1. Ausbau nur aus der Isar Wasser zum Walchensee; aus dem Rißbach wird erst in einer späteren Ausbaustufe Wasser entnommen.

Hinsichtlich der Baugruppe II (Walchensee-Kochelsee) weisen die 6 Entwürfe keine grundsätzlichen Unterschiede auf. Hinsichtlich der Baugruppe I (Zuleitung zum Walchensee) können, mit Gültigkeit für die letzte Ausbaustufe, bei den 6 Entwürfen zwei verschiedene Grundformen der Gesamtanlage unterschieden werden, wobei von den Unterschieden in den Einzelheiten zunächst abgesehen werden soll. Diese beiden Grundformen sollen Grundform A und Grundform B heißen; sie sind wie folgt gekennzeichnet (vergl. Text-Abb. 2 und Tabelle 2).

Der höchste zulässige Stauspiegel des Walchensees liegt auf + 801,9 m. Bei Wallgau liegt das Isartal auf + 847 m, somit erheblich höher als der höchste Stauspiegel, bei Vorderriß auf + 781 m, also tiefer als der höchste Stauspiegel; etwa 4 km oberhalb Vorderriß bei Punkt *K* liegt das Isartal ungefähr so hoch wie der Stauspiegel.

Die Grundform A sieht zum Walchensee hin für Isar und Rißbach zwei getrennte Wasserwege vor: einen oberen für das Wasser der Isar (Isarweg) und einen unteren für das Wasser des Rißbachs (Rißbachweg). Der Isarweg führt durch das Obernachtal oder neben diesem her zum Walchensee, er liegt höher als dieser und erreicht ihn mit einer Gefällstufe, die zu einem Nebenkraftwerk, dem Obernachkraftwerk, ausgebaut wird; die Kraft desselben wird von den 6 Entwürfen durchweg dem Hauptwerk elektrisch zugeleitet. Der Rißbachweg führt am linken Hang des Rißbachtales vorbei nach Vorderriß, kreuzt hier die tiefer liegende Isar und geht dann als Stollen weiter zum Walchensee, den er in der Nähe seiner Südostecke bei Niedernach erreicht. Es wird 1 Isarwehr und 1 Rißbachwehr gebaut. Beim 1. Ausbau wird nur der obere Wasserweg, der Isarweg, hergestellt und zwar ganz oder teilweise.

Die Grundform B sieht, wie die Grundform A, einen oberen Wasserweg für Wasser aus der Isar vor; derselbe ist ebenso geartet wie der Isarweg der Grundform A. Außerdem sieht die Grundform B einen unteren Wasserweg vor, derselbe ist aber, abweichend von der Grundform A, für Wasser des Rißbachs und der Isar gemeinsam bestimmt. Dieser untere Wasserweg kreuzt die Isar bei dem oben bezeichneten Punkt *K* etwa 4 km oberhalb Vorderriß; zu dem bei *K* zu bauenden Isarwehr gelangt das Wasser des Rißbachs von Südosten mittels der vorgesehenen Zuleitung, es fließt dann zusammen mit einem Teil des Isarwassers durch einen Stollen auf kürzestem Wege weiter nach Norden zum Walchensee. Bei der Grundform B werden 2 Isarwehre und 1 Rißbachwehr gebaut. Im 1. Ausbau wird nur der untere Isarweg und zwar ohne die Einrichtungen für das Rißbachwasser hergestellt.

4 Entwürfe haben die Grundform A und 2 Entwürfe die Grundform B angewendet; das Nähere hierüber ist aus der Tabelle 2 zu ersehen. Die Tabelle 2 enthält Angaben über eine Reihe von wichtigen Bauabschnitten, hinsichtlich deren die Entwürfe sich wesentlich unterscheiden. Dabei soll folgendes hervorgehoben werden: Das Gefälle des bei allen 6 Entwürfen erscheinenden Obernachkraftwerks beträgt zwischen 29 und 80 m. Der Entwurf »Gold der Berge« (Grundform A) läßt als einziger Entwurf auch den unteren Wasserweg (den Rißbachweg) mit einer Gefällstufe, und zwar von 28 m Höhe, beim Walchensee in Niedernach endigen; er bringt hier ein zweites Nebenkraftwerk, das Niedernachkraftwerk, in Vorschlag. — Der Entwurf »Einfach und Sicher«, der nach Grundform B angelegt ist, sieht eine Wahlform vor; bei dieser fällt der obere Wasserweg fort, stattdessen wird beim weiteren Ausbau neben dem bestehenden Isar-Walchensee-Stollen des unteren Weges ein zweiter Stollen hergestellt.

b) Allmählicher Ausbau, Wirtschaftliches und Naturschutz.

Über den allmählichen Ausbau der Entwürfe, der die allmähliche Steigerung der zu erzeugenden Kraft zum Zweck hat, sind im Abschnitt a) bereits grundsätzliche Angaben gemacht worden. Hinsichtlich einer Reihe von wichtigen Hauptpunkten wird das Fortschreiten des Ausbaus durch die Tabelle 3 (Seite 10) veranschaulicht. Als Hauptpunkte haben dabei folgende Dinge Beachtung gefunden:

1. die Bauanlage,
2. die Speicherhöhe des Walchensees $= W$,
3. die mittlere Kraftwassermenge des Hauptwerkes $= Q$.

Die Tabelle 3 zeigt, wie sich diese drei Dinge bei dem geplanten Ausbau der Entwürfe nach und nach vergrößern. Hierbei soll folgendes herausgehoben werden:

Im 1. Ausbau ist die Speicherhöhe *W* bei allen 6 Entwürfen = 3,5 m; die Kraftwassermenge *Q* beträgt bei 5 Entwürfen zwischen 11,8 und 12,2 cbm/sec, nur beim Entwurf »Unsere Kohlen« ist $Q = 14{,}0$ cbm/sec; dieser besonders große Wert von *Q* wird dadurch ermöglicht, daß der genannte Entwurf sogleich im 1. Ausbau außer dem Speicherraum des Walchensees noch drei Nebenspeicher einrichtet. Über verschiedenartige Zwischenstufen hinweg erreichen die Kraftwassermenge *Q* und die Speicherhöhe *W* beim Vollausbau ihre Größtwerte $Q_{max}$ bzw. $W_{max}$; die vorkommenden nachträglichen Ergänzungsstufen lassen diese Größtwerte ungeändert. Es beträgt $Q_{max}$ zwischen 24,0 und 29,4 cbm/sec, $W_{max}$ zwischen 12,23 und 19,0 m. Zur gegenseitigen Würdigung der Größtwerte mag die Tabelle 4 dienen; in ihr sind unter I die 4 Entwürfe ohne Nebenspeicher, unter II die 2 Entwürfe mit Nebenspeichern angegeben. Im Hinblick auf das Vorhandensein der Nebenspeicher ist es zu verstehen, daß die Entwürfe unter II in Abhängigkeit von $W_{max}$ beziehentlich große Werte $Q_{max}$ aufweisen. Zieht man dies in Betracht, so ersieht man aus der Tabelle 4, daß die nachgewiesenen Zahlen einen genügend stetigen Verlauf zeigen.

**Tabelle 4.**

**Abhängigkeit der Kraftwassermenge von der Speicherhöhe.**

| Eingerichtete Wasserspeicher | Entwurf Nr. | Entwurf Name | Speicherhöhe $W_{max}$ im Walchensee m | Ausgeglichene Kraftwassermenge $Q_{max}$ des Hauptwerkes cbm/sec |
|---|---|---|---|---|
| I. Nur Walchensee ohne Nebenspeicher | 4 | »Viribus unitis« | 19,0 | 28,6 |
| | 2 | »Fons roburis aqua« | 18,5 | 28,3 |
| | 6 | »Gold der Berge« | 14,5 | 27,0 |
| | 5 | »Wikor« | 13,4 | 24,0 |
| II. Walchensee und Nebenspeicher (insbesondere Obernachstaubecken) | 3 | »Unsere Kohlen« | 14,35 | 29,4 |
| | 1 | »Einfach u. Sicher« | 12,23 | 26,0 |

Der allmähliche Ausbau des Unternehmens zeigt gemäß Tabelle 3 bei den 6 Entwürfen einen sehr verschiedenen Verlauf, worüber das Genauere in den späteren Einzelbeschreibungen nachgewiesen wird. Dieser unterschiedliche Verlauf ist zum Teil in der Verschiedenartigkeit der Gesamtanlage des Vollausbaus begründet (vgl. Tabelle 3);

**Tabelle 3. Übersicht der Ausbaustufen in bautechnischer und in wasserwirtschaftlicher Hinsicht.**

Allmähliche Vergrößerung der Bauanlage, der Speicherhöhe $W$ im Walchensee und der Kraftwassermenge $Q$ des Hauptwerkes.

| Grundform | Entwurf (es bedeutet: O Gefälle des Obernach-kraftwerkes, N Gefälle des Niedernach-kraftwerkes) | | Isar allein (links vom Linienzug A B C D E F) | | | | | | | | | A **Isar und Rißbach** (rechts vom Linienzug A B C D E F) | | | | | |
|---|---|---|---|---|---|---|---|---|---|---|---|---|---|---|---|---|---|
| | | | **Erster Ausbau** | | | Zwischenstufe ohne bauliche Änderung südlich vom Wasserschloß des Hauptwerkes | | | Zwischenstufe mit baulicher Änderung südlich vom Wasserschloß des Hauptwerkes | | | **Vollausbau des Hauptwerkes** | | | Nachträgliche Ergänzungsstufe | | |
| | Nr. | Name | Bauanlage | $W$ | $Q$ | Bauanlage | $W$ | $Q$ | Bauanlage | $W$ | $Q$ | Bauanlage | $W$ | $Q$ | Bauanlage | $W$ | $Q$ |
| Grundform A | 2 | Fons roburis aqua $O = 29$ m | I 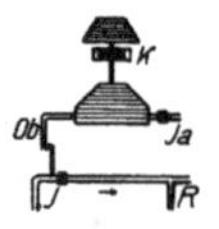 | | | | | | II 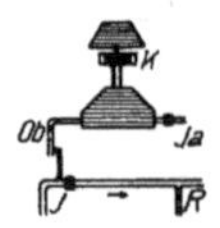 in Baugruppe I keine Veränderung | | | III 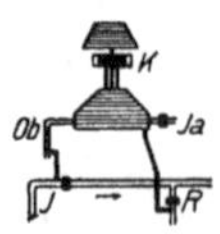 | | | IV 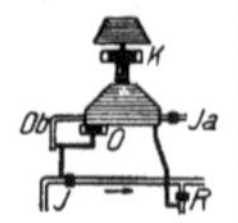 | | |
| | | $W \rightarrow$ | | 3,5 | — | | | | | 18,5 | — | | 18,5 | — | | 18,5 | — |
| | | $Q \rightarrow$ | | — | 11,8 | | | | | — | 18,5 | | — | 28,3 | | — | 28,3 |
| | 3 | Unsere Kohlen $O = 40$ m | I 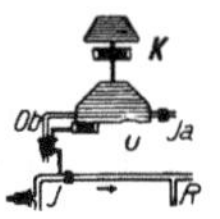 | | | II  | | | | | | III 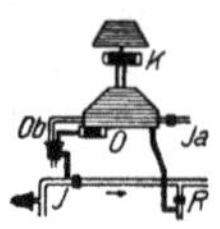 | | | | | |
| | | $W \rightarrow$ | | 3,5 | — | | 14,35 | — | | | | | 14,35 | — | | | |
| | | $Q \rightarrow$ | | — | 14,0 | | — | 19,5 | | | | | — | 29,4 | | | |
| | 4 | Viribus unitis $O = 40$ m | I 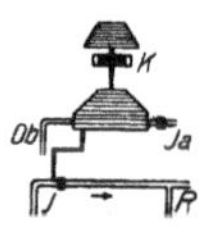 | | | | | | II 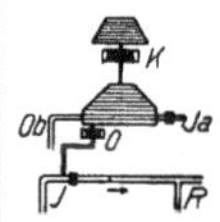 | | | III 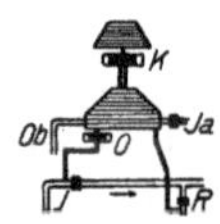 | | | | | |
| | | $W \rightarrow$ | | 3,5 | — | | | | | 3,5 | — | | 19,0 | — | | | |
| | | $Q \rightarrow$ | | — | 12,2 | | | C | | — | 11,8 | B | — | 28,6 | | | |
| | 6 | Gold der Berge $O = 80$ m $N = 28$ m | I 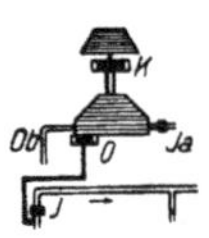 | | | II  | | | III 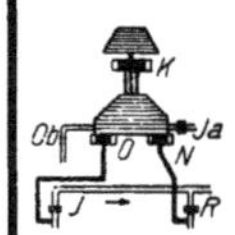 | | | IV 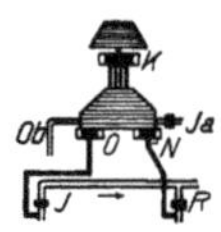 | | | | | |
| | | $W \rightarrow$ | | 3,5 | — | | 5,2 | — | | 6,5 | — | | 14,5 | — | | | |
| | | $Q \rightarrow$ | | — | 12,0 | | — | 14,0 | | — | 20,4 | | — | 27,0 | | | |
| Grundform B | 1 | Einfach und Sicher $O = 36$ m | I 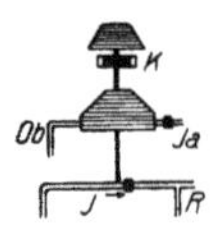 | | | II  | | | III 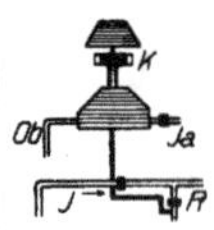 | | | IV 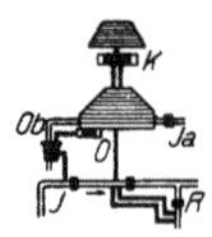 | | | | | |
| | | $W \rightarrow$ | | 3,5 | — | | 6,5 | — | | 5,25 | — | | 12,23 | — | | | |
| | | $Q \rightarrow$ | | — | 11,8 | | — | 14,5 | | — | 18,6 | E | — | 26,0 | | | |
| | 5 | Wikor $O = 65$ m | I 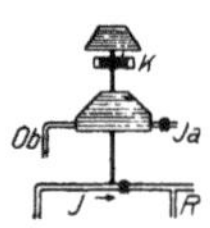 | | | | | D | | | | II 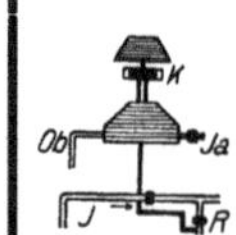 | | | III 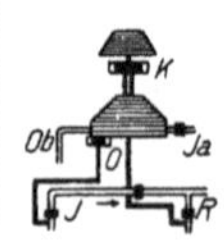 | | |
| | | $W \rightarrow$ | | 3,5 | — | | | | | | | | 13,4 | — | | 13,4 | — |
| | | $Q \rightarrow$ | | — | 12,0 | | | | | | | | — | 24,0 | | — | 24,0 |

**Erläuterungen.**

Die bauliche Vergrößerung, die beim Hauptwerk $K$ das Wasserschloß, die Druckrohrleitung und die Maschinenanlage erfahren, wird in der vorliegenden Tabelle nicht zum Ausdruck gebracht.

Es bedeutet:

- (schraffiertes Rechteck) die Bauanlage südlich vom Wasserschloß des Hauptwerkes bleibt ungeändert
- $W$ Speicherhöhe (größte Absenkung) d. Walchensees in m
- $Q$ Dauerwassermenge des Hauptwerkes in cbm/sec
- $J$ Isar
- $Ob$ Obernach
- $Ja$ Jachen
- $R$ Rißbach
- $K$ Walchensee-Kraftwerk bei Kochel (Hauptwerk)
- $O$ Obernach - Kraftwerk
- $N$ Niedernach-Kraftwerk
- Kraftwerk
- Wehr
- Wasserweg (Kanal, Stollen)
- Nebenspeicher außer dem Walchensee, namentlich Staubecken im Obernachtal
- I II III IV Nummer der Ausbaustufe

F

daneben war der Verlauf von der Antwort zu der Frage abhängig, welcher Teil des Vollausbaus als Bauanlage des 1. Ausbaus eingerichtet werden solle; auch diese Frage ist nach sehr verschiedenen Gesichtspunkten gelöst worden.

Von den 6 Entwürfen verwenden fünf (Nr. 2, 3, 4, 6, 1 — vgl. Tabelle 3 —) auch im 2. Ausbau lediglich Wasser aus der Isar; nur der Entwurf Nr. 5 »Wikor« zieht bereits im 2. Ausbau den Rißbach heran. Von den genannten 5 Entwürfen sehen vier (Nr. 2, 3, 6, 1) im 2. Ausbau eine Zunahme der Werte $W$ und $Q$ vor, ohne die Bauanlage der Baugruppe I zu verändern (selbstverständlich muß die Baugruppe II entsprechend der größeren Kraft des Hauptwerkes erweitert werden, dabei vergrößert aber nur der Entwurf Nr. 2 »Fons roburis aqua« die Anzahl der Druckstollen); der Entwurf Nr. 4 »Viribus unitis« steigert die Kraft durch Herstellung des Obernachkraftwerks, also durch den Ausbau eines neuen Gefälles. Von den beiden Entwürfen mit Nebenspeichern (Tabelle 4) richtet der Entwurf »Einfach und Sicher« den beziehentlich teueren Nebenspeicher (Obernachstaubecken) erst in der nachträglichen Ergänzungsstufe ein; der Entwurf »Unsere Kohlen« sieht dagegen seine 3 Nebenspeicher schon im 1. Ausbau vor, er hat dabei die Absicht, trotz der Beschränkung auf 3,5 m Speicherhöhe des Walchensees eine möglichst große Anfangskraft zu erzielen. Das Obernachkraftwerk wird von dem Entwurf »Einfach und Sicher« erst für den Vollausbau vorgesehen, wobei eine Wahlform das genannte Werk überhaupt aus dem Bauplan ausscheidet; die 2 Entwürfe Nr. 2 und 5 sehen das Obernachkraftwerk erst für die Zeit nach dem Vollausbau vor und zwar als nachträgliche Ergänzungsstufe; die übrigen Entwürfe lassen das Werk früher entstehen und zwar deswegen, weil der zugehörige obere Wasserweg ohnehin gebaut werden muß.

Im II. Teil des Buches wird der Einzelbeschreibung eines jeden der 6 Entwürfe eine Tabelle der Wirtschaftswerte beigefügt; gemeint sind hierbei die Tabellen 9, 10, 12, 16, 17 und 18. Die 6 Tabellen, die für die einzelnen Ausbaustufen das Nutzgefälle, die Kraftwassermenge, die Kraftleistung und die Baukosten angeben, sind vom wasserwirtschaftlichen Standpunkte aus aufgestellt worden; dies ist namentlich bei den in Rechnung gezogenen Wirkungsgraden der Turbinen zu beachten. Diese Wirkungsgrade wurden den Entwürfen unmittelbar entnommen; sie werden im Einklang mit den Entwürfen lediglich zum Nachweis der Gesamtleistung benutzt — unbeschadet der besonderen Erwägungen über die Wirkungsgrade vom maschinentechnischen Standpunkte aus.

Gestützt auf die bezeichneten 6 Tabellen und auf die bezüglichen Nachweise im II. Teil gibt die Tabelle 5 für alle 6 Entwürfe eine Übersicht über die Kraftleistungen und die Baukosten in den einzelnen Ausbaustufen.

Die Baukosten wurden (abgesehen vom Beseitigen aufgefundener Rechenfehler) so übernommen, wie die Entwürfe sie angegeben haben. Für ihren gegenseitigen Vergleich muß folgendes beachtet werden:

Die Entwürfe Nr. 1, 3, 5, 6 haben sich durch ein bindendes Angebot verpflichtet, die Arbeiten zu den nachgewiesenen Baukosten auszuführen; die Entwürfe Nr. 2 und 4 haben die Baukosten ohne bindendes Angebot nachgewiesen.

Bei den Nutzleistungen $K$ des Hauptwerkes, die das Werk ununterbrochen in stets gleicher Größe erzeugen kann, sind als Wassermengen die in der Tabelle 3 angegebenen Werte $Q$ eingesetzt worden; das Nutzgefälle des Hauptwerkes beträgt bei den 6 Entwürfen im 1. Ausbau zwischen 192,95 m und 201,0 m, beim Vollausbau (wegen der stärkeren Seesenkung) zwischen 188,0 m und 197,0 m. Als mittleren Wirkungsgrad der Turbinen im oben erläuterten Sinne nimmt »Gold der Berge« 0,82 an, die übrigen Entwürfe zwischen 0,75 und 0,79. Die Kraftgrößen $O$ und $N$ der Nebenwerke sind nicht überall als Dauerkräfte aufzufassen; näheres hierüber ergibt sich aus dem II. Teil des Buches.

Die in der Tabelle 5 angegebenen Einheitskosten $P$ sind die Baukosten der entworfenen Bauanlage für 1 PS der hydraulischen Nutzleistung $L$. $L$ ist die verfügbare Dauerkraft der Turbinen und zwar im Hauptwerk und in den vorhandenen Nebenwerken zusammen; dabei ist das Hauptwerk ausgerüstet mit den technischen Mitteln für das jederzeitige Erzeugen einer Spitzenkraft in Höhe der 3-maligen Dauerkraft. Es ist ferner $P = \frac{BM}{L}$, wobei $BM$ nur die bautechnischen und die maschinentechnischen Baukosten, also die Gesamtbaukosten $S$ abzüglich der Kosten $E$ der elektrotechnischen Einrichtungen umfaßt (vergl. Genaueres in der Tabelle 5); die Kosten für Grunderwerb und sonstigen Rechtserwerb sind ausgeschlossen. — Die Tabelle 5 gestattet, auch die Einheitsbaukosten der elektrischen Nutzleistung (bei den Sammelschienen) angenähert zu berechnen. Der Entwurf Nr. 1 nimmt an, daß diese elektrische Nutzleistung $= 0{,}92\ L$ ist; gilt dies für alle Entwürfe, so sind jene Einheitsbaukosten $= S : 0{,}92\ L$.

Wie aus dem II. Teil genauer hervorgeht, ist die Kraft der Nebenwerke im allgemeinen teuerer als die Kraft des Hauptwerkes; namentlich kommt dies bei den Entwürfen »Einfach und Sicher« und »Wikor« zum Ausdruck. Diejenigen Einheitskosten $P$, bei denen außer der Kraft des Hauptwerkes auch Kraft von Nebenwerken in Rechnung zu stellen war, sind in der Tabelle 5 schräg gedruckt; würden die Nebenwerke fortgelassen, so würden die betreffenden Werte $P$ im allgemeinen etwas kleiner sein, als die Tabelle 5 angibt. Sieht man von diesem Punkte ab, so erscheinen die Werte $L$ und $P$ in dem nachfolgend dargelegten Zusammenhang (vgl. die Darstellung bei der Tabelle 5 oben links).

Die Einheitsbaukosten $P$ zeigen beim Vergleich der Entwürfe nicht unerhebliche Unterschiede. Am kleinsten sind die Kosten des — ohne bindendes Angebot eingereichten — Entwurfs Nr. 2 »Fons roburis aqua«. Die Unterschiede sind zunächst darin begründet, daß die Voraussetzungen, von denen die Entwürfe hinsichtlich des erforderlichen Bauaufwandes und der Einheitspreise ausgingen, nicht gleichartig sind; ferner hat die technische Gesamtanlage und die Stufenfolge des allmählichen Ausbaus großen Einfluß auf die Höhe der Baukosten gehabt. Die größten Unterschiede weisen die Werte $P$ im 1. Ausbau auf, sie schwanken hier zwischen 298 M und 511 M; diese große Verschiedenheit steht im Einklang mit dem Umstande, daß für die technische Anordnung grade des 1. Ausbaus die mannigfaltigsten Möglichkeiten bestehen. Beim Vollausbau rücken die Werte $P$ einander erheblich näher, sie schwanken dann zwischen 297 M und 387 M, wenn man beim Entwurf Nr. 1, entsprechend dem Vorschlage des Entwurfs selbst, den Ausbau IVa (Wahlform) an die Stelle des Ausbaus IV setzt; beachtenswert ist dabei, daß die kleinsten Beträge von 297 M und 304 M für die Entwürfe Nr. 5 und 2 gelten, die auch beim Vollausbau noch frei von Nebenwerken sind.

Alle Entwürfe sind wirtschaftlich richtig bestrebt gewesen, für den 1. Ausbau möglichst kleine Einheitskosten $P$ zu erreichen und alle noch entbehrlichen, namentlich die teueren Bauten, den späteren Ausbaustufen zu überlassen; trotz dieses Bestrebens erscheinen im 1. Ausbau im allgemeinen die höchsten Einheitskosten und zwar offenbar infolge des Umstandes, daß aus allgemeinen Wirtschaftsgründen im 1. Ausbau bereits manches so groß gebaut werden muß, wie es erst später erforderlich ist. Im übrigen werden die Kosten des 1. Ausbaus offensichtlich auch dadurch erhöht, daß der Walchensee nach den Bedingungen im 1. Ausbau nur um 3,5 m gesenkt werden durfte; diese Vorschrift hat eine schlechte Ausnützung der Bauwerke zur Folge. Im Hinblick hieraufhaben die Entwürfe Nr. 1, 3, 4, 6, welche die höchsten Kosten des 1. Ausbaus aufweisen, im 2. Ausbau lediglich eine größere Senkung des Walchensees vorgesehen, ohne die Bauten der Baugruppe I zu vergrößern; infolgedessen sind die Einheitskosten des 2. Ausbaus beträchtlich kleiner als diejenigen des 1. Ausbaus.

Im allgemeinen zeigt sich, daß die Kosten $P$ beim allmählichen Ausbau zunächst kleiner werden, daß sie aber bei den späteren größten Kraftmengen wieder etwas anwachsen. Allem Anschein nach werden die kleinsten Einheitsbaukosten dann erreicht, wenn man etwa **40000 PS** oder etwas mehr ausbaut.

Hinsichtlich der Einzelkosten der maschinentechnischen und der elektrotechnischen Einrichtungen wird auf die Tabelle 7 verwiesen.

Das aus der Isar und aus dem Rißbach zum Walchensee abzuleitende Wasser ist nicht die gesamte Wassermenge der beiden Flüsse; die wirtschaftlich nicht verwertbaren Hochwasserspitzen bleiben selbstverständlich in den Flüssen zurück (vergl. Abschnitt A, 2, b), anderseits muß den Flüssen für die Geschiebeabfuhr und für den Holzverkehr das erforderliche Wasser belassen werden. Die 6 Entwürfe machen hinsichtlich dieses Punktes im allgemeinen geltend, daß die Geschiebeabfuhr durch die Hochwasserspitzen und das etwa außerdem für den Holzverkehr zurückgehaltene Wasser genügend sichergestellt sei. Hinsichtlich des Holzverkehrs selbst sind die wichtigsten wasserwirtschaftlichen Erwägungen der Entwürfe die folgenden: In den ersten Ausbaustufen bemessen die 3 Entwürfe »Einfach und Sicher«, »Unsere Kohlen« und »Viribus unitis« das abzuleitende Kraftwasser unabhängig vom Holzverkehr und machen alsdann geltend, daß das zurückbleibende Wasser den Bedarf des Holzverkehrs decke; der Entwurf »Gold der Berge« steigert die Menge des Kraftwassers planmäßig soweit, wie es der Holzverkehr nach rechnerischer Prüfung ohne Schaden gestattet; die Entwürfe »Fons roburis aqua« und »Wikor« halten von vornherein eine nach Zeit und Größe zahlenmäßig festgesetzte Wassermenge zurück, dabei sieht »Wikor« besondere Holzkanäle vor. Beim Vollausbau soll nach den Entwürfen »Gold der Berge«, »Fons roburis aqua« und »Unsere Kohlen« die Flößerei auf der Isar aufgehoben und durch ein anderes Verfahren (insbesondere mittels Holzbahn) ersetzt werden; der Entwurf »Einfach und Sicher« verwandelt die Isarflößerei in Holztrift; die Entwürfe »Viribus unitis« und »Wikor« halten bestimmte Wassermengen in den Flüssen zurück. Die hiernach erforderlichen technischen Einrichtungen (Floßschleusen usw.) sind bei allen Entwürfen vorgesehen. Wegen der Einzelheiten wird auf die Angaben im II. Teil des Buches verwiesen.

Dem Schutz der Naturschönheit haben alle 6 Entwürfe große Aufmerksamkeit geschenkt, insbesondere im Hinblick auf den Vollausbau. Die Einwände, die hinsichtlich der Naturschönheit gegen das Unternehmen erhoben worden sind, beziehen sich namentlich auf die etwaige unschöne Senkung des Walchensees und auf die etwaige Trübung seines Wassers durch das zugeleitete Fremdwasser. Hinsichtlich der Senkung betonen die Entwürfe allgemein, der im Winter entleerte Seespeicher werde sich mit der Flut des Vorsommers gewöhnlich wieder füllen, so daß er in der Turistenzeit des Sommers wieder gefüllt sei, sie betonen anderseits, daß im Winter die trockenen Seeränder gewöhnlich mit Schnee bedeckt sein würden; einige Entwürfe sehen Erdarbeiten an den Ufern vor, um die flachen Uferstrecken in steilere zu verwandeln; diejenigen Entwürfe, die Nebenspeicher vorgeschlagen haben, machen geltend, daß durch diese der See entlastet und die Absenkung eingeschränkt werde. Damit das Wasser des Walchensees nicht getrübt wird, sehen die Entwürfe bei den Flußwehren Klärbecken vor, die zum Teil sehr groß sind; zum nämlichen Zweck läßt der Entwurf »Gold der Berge« außerdem das zugeleitete Wasser unter dem tiefsten Seespiegel in den Seeraum ein, während die Entwürfe »Einfach und Sicher« und »Unsere Kohlen« in Anspruch nehmen können, das von ihnen geplante Obernachstaubecken reinige das Wasser auf das beste; der Entwurf »Wikor« macht geltend, das in den Walchensee eintretende Fremdwasser werde seine etwaigen Schwebestoffe in der nächsten Nähe der Eintrittsstelle ablagern, und die hier etwa vorhandene Trübung werde sich somit dem übrigen Bereich des Walchensees nicht mitteilen. — Für die Weitergabe der Kraft des Obernachkraftwerks an das Hauptwerk schlägt der Entwurf »Unsere Kohlen« ein Kabel vor; er fürchtet, eine Freileitung könne die Natur der betreffenden Gegend verunzieren. Aus ähnlichen Gründen sorgt der genannte Entwurf dafür, daß die Druckrohre des Hauptwerkes möglichst wenig sichtbar sind.

### c) Bautechnische Einzelheiten.

Die bautechnischen Einzelheiten der 6 Entwürfe sind sehr mannigfaltig, auch weichen die bei ihnen aufgestellten Gesichtspunkte sehr voneinander ab. Hinsichtlich dieser Dinge wird auf den II. Teil und auf die Tafeln verwiesen. Im folgenden sollen nur einige wenige Einzelpunkte von allgemeinerer Art behandelt werden.

Bei der früheren Entwickelung des Unternehmens und auch bei einigen der nicht preisgekrönten Wettbewerbsentwürfe ist der Gedanke aufgetaucht, im Isartal mittels einer hohen Staumauer oder einer anderen Stauanlage (Talsperre) ein künstliches Staubecken zum Ausgleich des Wassers herzustellen, um so den Walchensee als Wasserspeicher entbehren zu können. Zu diesem Gedanken haben auch die 6 preisgekrönten Entwürfe Stellung genommen; sie lehnen ihn ab mit dem Hinweis darauf, daß die bisherige Kenntnis des Untergrundes im Isartal den Vorschlag einer hohen Staumauer in keiner Weise rechtfertige.

Hinsichtlich der Wehre in der Isar und im Rißbach haben die Entwürfe besondere Rücksicht darauf genommen, daß die Flüsse sehr viel Geschiebe führen; diese Rücksicht hat dem einen Entwurf Anlaß zu einem festen Wehr gegeben, dem andern umgekehrt zu einem beweglichen Wehr. Mehrere Entwürfe versehen die Krone des festen Wehres mit einer Neigung zum Grundablaß hin. Als bewegliche Wehre werden im allgemeinen Schützen verwendet, nur »Einfach und Sicher« und »Gold der Berge« benutzen Walzenwehre. Sehr verschiedene Ansichten werden hinsichtlich der Notwendigkeiten für die Gründung der Wehre geltend gemacht. Dem Anlegen großer Klärbecken bei den Wehren schenken die Entwürfe besondere Aufmerksamkeit (vgl. Abschnitt b Ende); beachtenswert sind dabei die Fließgeschwindigkeiten und die Fließlängen, welche die Entwürfe für die Klärung für nötig halten. Die Entwürfe »Unsere Kohlen« und »Viribus unitis« klären das Wasser beim Rißbachwehr gründlicher als das Wasser beim Isarwehr; sie tun dies deswegen, weil der zum Walchensee führende Rißbachkanal nur ein kleines Gefälle erhalten

## Tabelle 5. Übersicht der Kraftleistungen und der Baukosten (mit einer Darstellung).

— vergl. hierzu die Tabelle 7 —

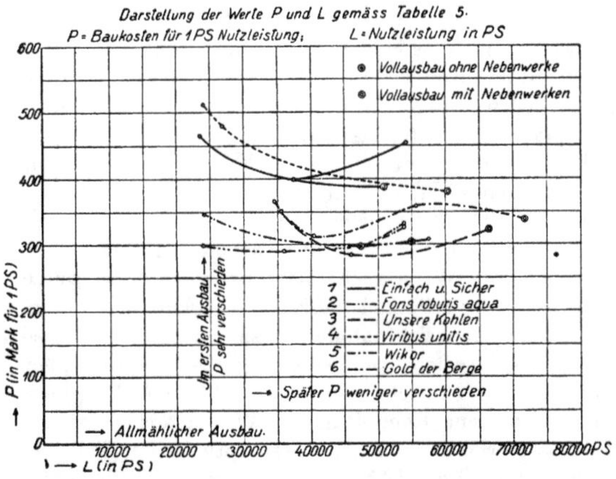


### Erläuterungen.

**$A$ = Ausbaustufe (gemäß der im vorliegenden Buch gewählten Benennung).**

**$K, O, N, L$ = Hydraulische Nutzleistungen auf der Turbinenwelle in PS (24 Stunden täglich).**

$K$ = Dauerleistung des Hauptwerkes (die technischen Einrichtungen gestatten, die Leistung $K$ auf eine 3-mal so große Spitzenleistung zu steigern).

$O$ = Mittlere Leistung des Obernach-Kraftwerkes (Nebenwerk).

$N$ = Mittlere Leistung des Niedernach-Kraftwerkes (Nebenwerk).

$L = K + O$ bzw. $K + O + N$ = Gesamtleistung des Hauptwerkes und der Nebenwerke (24 Stunden täglich).

**$BM, E, S$ = Baukosten in Millionen Mark nach den Kostenanschlägen der Entwürfe,** gültig für die betreffende Ausbaustufe und die früheren Ausbaustufen zusammen, unter Ausschluß der Baukosten der Fernleitung von den Nebenwerken zum Hauptwerk, sowie der übrigen Fernleitungen, ferner unter Ausschluß des Grund- und sonstigen Rechtserwerbs.

$BM$ = Baukosten der bautechnischen ($B$) und der maschinentechnischen ($M$) Einrichtungen einschl. der Hoch- und Tiefbauten für die elektrotechnischen Einrichtungen.

$E$ = Baukosten der elektrotechnischen Einrichtungen einschl. der Selbstausrüstung des Werkes (z. B. Beleuchtung, Heizung, Telephon, Elektromotoren) — nur beim Entwurf »Unsere Kohlen« sind die Baukosten dieser elektrischen Selbstausrüstung in $BM$ und nicht in $E$ enthalten.

$S = BM + E$ = Gesamtbaukosten.

**$P = BM : L$ = Einheitsbaukosten der hydraulischen Nutzleistung in Mark für 1 PS.**

Die schräg gedruckten Einheitskosten $P$ umfassen außer dem Hauptwerk auch die Nebenwerke; bei den übrigen Werten $P$ ist in der betr. Ausbaustufe nur das Hauptwerk vorhanden.

### Tabelle 5a. Kraftleistungen in PS.

| Entwurf | | 1. Ausbau | | | | Zwischenstufe | | | | Zwischenstufe | | | | | Vollausbau des Hauptwerkes | | | | | Nachträgliche Ergänzungsstufe | | | | Bemerkungen |
|---|---|---|---|---|---|---|---|---|---|---|---|---|---|---|---|---|---|---|---|---|---|---|---|---|
| Nr. | Name | $A$ | $K$ | $O$ | $L$ | $A$ | $K$ | $O$ | $L$ | $A$ | $K$ | $O$ | $N$ | $L$ | $A$ | $K$ | $O$ | $N$ | $L$ | $A$ | $K$ | $O$ | $L$ | |
| 1 | Einfach und Sicher | I | 23 600 | — | 23 600 | II | 29 000 | — | 29 000 | III | 37 400 | — | — | 37 400 | IV<br>IVa | 50 800<br>50 800 | 3420<br>— | —<br>— | 54 220<br>50 800 | — | — | — | — | — |
| 2 | Fons roburis aqua | I | 24 000 | — | 24 000 | II | 36 000 | — | 36 000 | — | — | — | — | — | III | 55 000 | — | — | 55 000 | IV | 55 000 | 2600 | 57 600 | Bei IV kommt nur das Obernach-Kraftwerk hinzu |
| 3 | Unsere Kohlen | I | 29 600 | 6000 | 35 600 | II | 40 100 | 6000 | 46 100 | — | — | — | — | — | III | 60 500 | 6000 | — | 66 500 | — | — | — | — | — |
| 4 | Viribus unitis | I | 24 156 | — | 24 156 | II | 23 364 | 3600 | 26 964 | — | — | — | — | — | III | 54 340 | 6040 | — | 60 380 | — | — | — | — | — |
| 5 | Wikor | I | 24 200 | — | 24 200 | | — | — | — | — | — | — | — | — | II | 47 500 | — | — | 47 500 | III | 47 500 | 6400 | 53 900 | Bei III kommt der ganze obere Wasserweg mit dem Obernach-Kraftwerk hinzu |
| 6 | Gold der Berge | I | 26 300 | 8300 | 34 600 | II | 30 700 | 9700 | 40 400 | III | 44 500 | 9500 | 1700 | 55 700 | IV | 58 100 | 12 300 | 1400 | 71 800 | — | — | — | — | — |
| | | **Nur Wasser aus der Isar** | | | | | | | | **Wasser aus der Isar und aus dem Rifsbach** | | | | | | | | | | | | | | |

### Tabelle 5b. Baukosten in Millionen Mark, $P$ in Mark für 1 PS.

| Entwurf | | 1. Ausbau | | | | | Zwischenstufe | | | | | Zwischenstufe | | | | | Vollausbau des Hauptwerkes | | | | | Nachträgliche Ergänzungsstufe | | | | | Kostenangebot |
|---|---|---|---|---|---|---|---|---|---|---|---|---|---|---|---|---|---|---|---|---|---|---|---|---|---|---|---|
| Nr. | Name | $A$ | $S$ | $E$*) | $BM$ | $P$ | $A$ | $S$ | $E$*) | $BM$ | $P$ | $A$ | $S$ | $E$ | $BM$ | $P$ | $A$ | $S$ | $E$*) | $BM$ | $P$ | $A$ | $S$ | $E$*) | $BM$ | $P$ | |
| 1 | Einfach und Sicher | I | 14,41 | 3,46 | 10,95 | 464 | II | Baukosten nicht bekannt | | | | III | 19,98 | 5,13 | 14,85 | 398 | IV<br>IVa | 31,77<br>26,44 | (1) 7,19<br>6,82 | 24,58<br>19,62 | *454*<br>387 | | | | | | bindend |
| 2 | Fons roburis aqua | I | 8,30 | 1,15 | 7,15 | 298 | II | 12,71 | 2,26 | 10,45 | 290 | | | | | | III | 20,08 | 3,37 | 16,71 | 304 | IV | 21,16 | 3,45 | 17,71 | *308* | nicht bindend |
| 3 | Unsere Kohlen | I | 17,33 | (2) 4,86 | 12,47 | *351* | II | 19,10 | (2) 6,02 | 13,08 | *284* | | | | | | III | 29,21 | (2) 7,83 | 21,38 | *322* | | | | | | bindend |
| 4 | Viribus unitis | I | 14,68 | 2,33 | 12,35 | 511 | II | 15,44 | 2,56 | 12,88 | *478* | | | | | | III | 28,06 | (3) 5,14 | 22,92 | *380* | | | | | | nicht bindend |
| 5 | Wikor | I | 11,23 | 2,84 | 8,39 | 346 | | | | | | | | | | | II | 19,66 | 5,55 | 14,11 | 297 | III<br>IIIa | 23,76<br>24,19 | (4) 6,23<br>6,40 (4) | 17,53<br>17,79 | *326*<br>*331* | bindend |
| 6 | Gold der Berge | I | 15,54 | 2,91 | 12,63 | *366* | II | 15,54 | 2,91 | 12,63 | *313* | III | 25,01 | 4,97 | 20,04 | *360* | IV | 30,41 | 6,23 | 24,18 | *337* | | | | | | bindend |
| | | **Nur Wasser aus der Isar** | | | | | | | | | | **Wasser aus der Isar und aus dem Rifsbach** | | | | | | | | | | | | | | | |

*) Über die Werte $E$ hinaus haben die Entwürfe als Baukosten der Fernleitung vom Obernach-Kraftwerk zum Hauptwerk nachgewiesen bei: (1) 0,045 = 45 000 M, (2) 0,520 = 520 000 M, (3) 0,289 = 289 000 M, (4) 0,098 = 98 000 M.

kann und daher der Gefahr der Versandung in erhöhtem Maße ausgesetzt ist.

Hinsichtlich der künstlichen Wasserwege (vergl. Tabelle 2) tritt bei den 6 Entwürfen überwiegend die Ansicht hervor, daß unter den obwaltenden Verhältnissen Stollen besser seien als offene Kanäle. Beim oberen Wasserweg (Obernach) haben nur die Entwürfe »Wikor« und »Gold der Berge« längere offene Kanäle vorgeschlagen; dies hängt damit zusammen, daß die beiden Entwürfe dem Obernachkraftwerk ein verhältnismäßig großes Gefälle geben, nämlich 65 bzw. 80 m, während die übrigen 4 Entwürfe zwischen 29 m und 40 m aufweisen. Für den Wasserweg zwischen Rißbach und Isar wählen 3 Entwürfe einen Stollen, die übrigen 3 einen offenen Kanal. Bei den 4 Entwürfen der Grundform A muß der untere Wasserweg die Isar kreuzen; als Bauwerk verwenden 2 Entwürfe einen Aquädukt, die übrigen 2 einen Düker bzw. eine Dükerbrücke.

Nebenspeicher zur Entlastung des Walchensees schlagen die Entwürfe »Einfach und Sicher« und »Unsere Kohlen« vor (vgl. Tabelle 2); beide planen ein Staubecken im Obernachtal, außerdem richtet »Unsere Kohlen« 2 kleine Seen an der oberen Isar als Nebenspeicher ein. Der Entwurf »Wikor« bringt als Tagesausgleicher den Sachensee (beim Obernachtal) in Vorschlag.

Bei dem Einlaufbauwerk in Urfeld, welches den Eingang zu den Druckstollen der Baugruppe II bildet, und dessen Ortslage ohne weiteres geboten erscheint, ist besonders beachtenswert die Bauausführung; dieselbe ist deswegen schwierig, weil die Druckstollen 20 m und mehr unter dem Seespiegel liegen. Der Entwurf »Unsere Kohlen« überwindet die Schwierigkeit durch Aussprengen des letzten Stollenendes mit einer starken Mine; »Einfach und Sicher« und »Wikor« legen die Baustelle des Einlaufs durch Seeabsenken mittels Voreinschnitts trocken; die übrigen 3 Entwürfe schlagen Druckluftarbeit vor. Alle diese Verfahren sind in der Praxis bereits angewendet worden.

Bei den Druckstollen sieht der Entwurf »Unsere Kohlen« einen Fensterstollen zu einem östlich benachbarten Tal vor; die anderen Entwürfe benutzen keinen Fensterstollen.

Das Wasserschloß des Hauptwerkes ist von den meisten Entwürfen sehr eingehend bearbeitet worden; insbesondere gilt dies hinsichtlich der hydraulischen Nachweise, bei denen die theoretischen Untersuchungen von Prášil, Pressel, Budau, Alliévi und Thoma angewandt worden sind.

Die Mittellinie der Baugruppe II auf der Strecke Wasserschloß—Druckrohrleitung—Hauptwerk—Unterwasserkanal haben die Entwürfe teils an die Westseite, teils an die Ostseite des am Kochelsee in Betracht kommenden Geländes gelegt; die westliche Lage neben dem Jochbach erfordert, wie die Entwürfe geltend machen, größere Erdarbeiten für das Hauptwerk und den Unterwasserkanal, auch längere Druckrohrleitung, dafür aber kürzere Druckstollen.

Die Längsachse des Turbinenhauses ordnen 4 Entwürfe spitzwinklig zur Grundrißachse der Druckrohrleitung an, eine Maßnahme, der zufolge im Falle eines Bruches in der Leitung oder im Wasserschloß das Gebäude des Kraftwerks gut geschützt erscheint; »Viribus unitis« legt die Gebäudeachse mit ähnlichem Erfolge in die Mittellinie der in 2 Hälften geteilten Druckleitung; »Unsere Kohlen« legt das Gebäude quer zur Achse der Druckleitung. »Einfach und Sicher« und »Viribus unitis« haben die Turbinen in 2 Reihen angeordnet.

Die architektonische Ausgestaltung der gesamten Kraftgewinnungsanlagen haben sich die 6 Entwürfe angelegen sein lassen. Bei allen geht das Bestreben hervor, ein Bild zu schaffen, das sich, seine Bestimmung erkennen lassend, in die Landschaft unaufdringlich einfügt.

## 2. Allgemeine Erläuterungen zum maschinentechnischen Teil der 6 Entwürfe.

### a) Die Rohrabschlüsse.

Entweder im Wasserschloß oder unmittelbar nachher sind in die Rohrleitungen die ersten Abschlußorgane einzubauen, die entweder nur von Hand oder selbsttätig oder vom Kraftwerk aus (elektrisch) bewegt werden können. Die selbsttätigen Rohrabschlüsse haben den Zweck, die Leitung abzuschließen, sobald die Wassergeschwindigkeit ihren gewöhnlichen Wert wesentlich übersteigt, wie dies bei einem Bruch der Leitung oder der Turbine der Regel nach vorkommen wird. Wenn auch solche Brüche äußerst selten sind und bei richtig gebauten Werken nie vorkommen sollten, so ist doch die Rücksichtnahme auf sie gerechtfertigt, weil ihre Folgen bei großen Gefällen und großen Leitungsquerschnitten außerordentlich schwer sein können, besonders wenn die gebrochene Rohrleitung ihr Wasser aus einem größeren Stausee erhält, wie das beim Hauptwerk der Fall sein wird. Die Betätigung der Abschlußorgane von Hand bedeutet im Fall eines größeren Rohrbruches eine unerwünschte Verspätung; auch der Elektromotor kann versagen, wenn die elektrische Leitung durch das austretende Wasser getroffen wird.

Alle preisgekrönten Entwürfe haben diese Umstände berücksichtigt; sie weichen nur in der Anwendung der einzelnen Apparate voneinander ab.

### b) Die Rohrleitungen.

Das durchaus richtige Bestreben, die Rohrleitungen möglichst kurz zu machen, tritt bei allen Entwürfen zutage. Eine kurze Rohrleitung bringt nicht nur Ersparnisse an Anlagekapital, sondern bietet auch Vorteile hinsichtlich der Regelung der Turbinen.

Die lichte Weite der Rohrleitungen bestimmt sich durch die zugelassene Wassergeschwindigkeit und die durchfließende Wassermenge oder die Größe und Anzahl der an einer Leitung hängenden Turbinen.

Teilweise sind recht große Geschwindigkeiten gewählt worden, allerdings in der Hauptsache mit Rücksicht auf den Umstand, daß die Spitzenleistung nur kurze Zeit andauern und es somit möglich sein wird, in der Hauptsache mit kleineren Leistungen der Einzelgruppen und dann mit kleineren Wassergeschwindigkeiten zu arbeiten. Auch wenn man diesen Gesichtspunkt als richtig anerkennt, ist doch zu beachten, daß es sich im Betrieb unter Umständen als vorteilhafter herausstellen wird, einzelne wenige Maschinen annähernd voll zu belasten und weniger Gruppen in Betrieb zu haben, als viele laufen zu lassen mit einer Leistung, bei der weder die Turbinen noch die Dynamomaschinen mit gutem Wirkungsgrad arbeiten. Eine große Durchflußgeschwindigkeit hat neben größeren hydraulischen Verlusten auch den Nachteil, daß die Massenwirkungen bei der Regeluhg der Turbinen größer werden. In dieser Hinsicht ist maßgebend die Anlaufzeit[1]) der Rohrleitung, deren Bedeutung sich dadurch kennzeichnet, daß die Massenwirkungen unter sonst gleichen Umständen um so kleiner ausfallen, je kleiner die Anlaufzeit der Rohrleitung sich stellt.

In allen preisgekrönten Entwürfen wird eine Abstufung der Leitungen in ihrem Durchmesser vorgeschlagen in der Weise, daß oben Rohre von größerem, unten von

[1]) Als Anlaufzeit $T_r$ (in Sekunden) einer Rohrleitung bezeichnet man die Größe

$$T_r = \frac{c\,L}{g\,H},$$

worin $c$ die größte Geschwindigkeit in der Leitung, $L$ die Länge der letzteren, $H$ das Gefälle und $g$ die Beschleunigung der Schwere bedeutet.

kleinerem Durchmesser eingebaut werden, wodurch bei gleichem Gesamtwiderstand und gleicher Anlaufzeit eine bessere Ausnützung des Materials und kleinerer Kostenaufwand erzielt wird.

### c) Die Turbinen.

(Vgl. hierzu die Gruppe »Turbinen« in der Tabelle 7 — Seite 19.)

Bei der Wahl geeigneter Turbinen ist zunächst deren Leistung festzusetzen, wobei zu beachten ist, daß zu große Einheiten eine zu große Reserve erfordern, oder daß bei großen Einheiten ein zu großer Ausfall an Leistung entsteht, falls an einer der Maschinen (Turbine oder Dynamomaschine) ein Betriebsunfall sich ereignet. Kleine Leistungen an den Turbinenwellen ergeben eine große Anzahl von Einheiten; es wird deshalb die Anlage teuer. Unter Berücksichtigung dieser Umstände darf angenommen werden, daß für das Hauptwerk Einheiten von 10000 bis 15000 bis gegen 20000 PS am vorteilhaftesten sein werden, und es haben denn auch in der Tat alle preisgekrönten Entwürfe Turbinen in diesen Grenzen vorgesehen. Nach dem Gesagten ist klar, daß zunächst kleinere Einheiten bevorzugt werden müssen, wenn geringe Aussicht besteht, das ganze Werk sofort auf seine volle Leistungsfähigkeit auszubauen, während die großen Einheiten eher am Platze sind, wenn dieser Ausbau bald zu erwarten ist. Hierbei ist nicht ausgeschlossen, daß, wenn zu Anfang kleinere Einheiten gewählt werden, in einem späteren Stand des Ausbaues zu größeren Einheiten übergegangen werden kann.

Außer der Größe der Leistung ist für die Wahl der Turbinenart die Drehzahl von Bedeutung, und hierfür kommen nun je nach der Wahl der Stromart Werte von 180 bis 450 bzw. 187 bis 500 (in 1 Minute) in Betracht. Bestimmend für die Auswahl der Turbinenart ist die sog. spezifische Umlaufzahl

$$n_s = \frac{n}{H}\sqrt{\frac{N}{\sqrt{H}}},$$

worin $n$ die minutliche Umdrehungszahl der Turbine, $H$ das Nutzgefälle und $N$ die Leistung in PS bezeichnet. Für eine spezifische Umlaufzahl von 0 bis 20 sind Peltonturbinen mit 1 Strahl, von 20 bis 40 solche mit 2 bis 4 Strahlen geeignet, während das Anwendungsgebiet der Francisturbine erst bei etwa 50 spezifischer Umlaufzahl beginnt; Francisturbinen mit noch kleineren spezifischen Umlaufzahlen, also bis etwa 45 herunter, haben bei großen Gefällen bisher stets Anstände in der Richtung ergeben, daß die Schaufeln bald angefressen werden und der Wirkungsgrad von der günstigsten Belastung an nach oben und unten rascher abfällt als bei normal gebauten Rädern. Die zwischen Pelton- und Francisturbinen klaffende Lücke könnte die Verbund-Francisturbine ausfüllen[1]).

Die Francisturbine hat vor der Peltonturbine den Vorteil, daß sie auch das Sauggefälle ohne weiteres ausnutzt, während dies bei der Peltonturbine nicht oder wenigstens nicht ohne besondere Vorsichtsmaßregeln hinsichtlich des Wasserspiegels im Saugrohr möglich ist. Wie aus der Tabelle 6 hervorgeht, befindet man sich bei den Verhältnissen des Hauptwerkes ungefähr an der Grenze zwischen Francis- und Peltonturbine, und es kommt die erstere bei höheren Drehzahlen und größeren Einheiten, die letztere bei kleineren Drehzahlen und kleineren Einheiten in Betracht.

[1]) Nach den neuesten Versuchen (E. Reichel und W. Wagenbach: Versuche an Becherturbinen, Zeitschrift des Vereins deutscher Ingenieure, Jahrg. 1913, S. 441 u. ff.) kann das Anwendungsgebiet der Peltonturbinen noch erheblich größer angenommen werden, als oben festgesetzt wurde, so daß die Becherturbinen unmittelbar da anschließen, wo die Francisturbinen unvorteilhaft zu werden beginnen.

**Tabelle 6.**

**Spezifische Umlaufzahlen bei den für das Hauptwerk in Betracht kommenden Leistungen und Umdrehungen.**

| Drehzahl | Leistung $N$ in PS | | | |
|---|---|---|---|---|
| | 10 000 | 13 000 | 15 000 | 20 000 |
| 180 | 23,9 | 27,2 | 29,3 | 33,8 |
| 250 | 33,2 | 37,9 | 40,7 | 47,0 |
| 450 | 59,8 | 68,2 | 73,3 | 84,6 |

Bei der Wahl der Turbinenart ist ferner noch zu beachten, daß die Francisturbinen wohl nur als Zwillingsturbinen gebaut werden können, weil sonst die Aufhebung des Axialdruckes zu schwierig wäre.

Zugunsten der Peltonturbine spricht ferner, daß es möglich ist, durch Ablenkung der einzelnen Strahlen die Leistung sehr rasch zu vermindern, ohne die Wassermenge zu verkleinern, und auf diese Weise Druckerhöhungen in der Rohrleitung trotz rascher Verminderung der Turbinenleistung zu vermeiden.

Die Francisturbinen sind im Hauptwerk überall mit liegender Welle angenommen, während die Peltonturbine teils mit liegender, teils mit stehender Welle vorgeschlagen ist.

Die stehende Welle hat den Vorteil, daß bei gleicher Leistung und gleicher Drehzahl weniger Grundfläche gebraucht wird, daß die Leitstrahlen gleichmäßig auf den Umfang verteilt, also reine Drehmomente erzeugt werden können, und daß bei der tiefen Lage des Laufrades auch ohne Anwendung eines Saugrohres das Gesamtgefälle besser ausgenutzt werden kann. Dafür sind die Turbinen mit stehender Welle etwas weniger übersichtlich, weil die Turbinen einerseits und die Dynamomaschinen anderseits in verschiedenen Stockwerken angeordnet werden müssen, und sie bieten insbesondere Schwierigkeiten hinsichtlich der Ablenkung des vom Laufrad weg nach oben strömenden Wassers. Immerhin zeigen ausgeführte Anlagen, daß auch diese Schwierigkeit nicht überschätzt werden darf. Der Entwurf »Fons roburis aqua« macht anderseits zugunsten der stehenden Welle geltend, daß die Turbinen in einem Untergeschoß unter dem Dynamoraum stehen, und daß daher im Falle eines Bruches des Turbinengehäuses das Wasser nicht in den Dynamoraum gelangen kann, so daß dieser geschützt ist. Daß ein Spurlager die sämtlichen Gewichte aufzunehmen hat, kann heutzutage nach den großen Erfahrungen in dieser Hinsicht kaum mehr als ein Nachteil angesehen werden.

Die liegende Welle bietet größere Übersicht in der Anordnung, die einzelnen Teile sind im allgemeinen zugänglicher, und die Maschinen sind alle auf einem Stockwerk angeordnet. Überdies ist die Ableitung des Wassers eine viel natürlichere und bietet, wenn nicht zu viele Strahlen angeordnet werden, keine Schwierigkeiten.

Unter den 6 preisgekrönten Entwürfen befinden sich 2 mit Francisturbinen, 3 mit Peltonturbinen mit stehender und einer mit Peltonturbinen mit liegender Welle. Der Antrieb der Regelung geschieht bei allen Entwürfen durch Drucköl, das in besonderen Pumpen erzeugt wird.

Einer Erwähnung bedürfen noch die Druckregelungsapparate an den Turbinen selbst. Wie schon mehrfach angedeutet, würden in den Rohrleitungen bei raschem Abschluß der Turbinen größere Druckerhöhungen eintreten, wenn nicht Vorsorge in der Richtung getroffen würde, daß die Wassergeschwindigkeit in der Rohrleitung nicht gleich rasch abnimmt wie die Leistung der Turbine. Dieser Zweck kann erreicht werden durch sog. Nebenauslässe, welche sich öffnen, sobald die Turbine schließt, und zwar, wenn sie in ihrer Größe richtig bemessen sind, derart, daß die gleiche Wassermenge, welche die Turbine abzuschließen versucht, zunächst durch den Nebenauslaß abgeführt wird. Der Nebenauslaß hat sich nach Schluß der Regelungstätigkeit dann wieder mit entsprechend kleiner Geschwindigkeit zu schließen. Eine andere Lösung besteht darin, daß die Turbine zunächst ihre Wassermenge gar nicht verkleinert, sondern durch Ablenkung der Strahlen und andere Vorrichtungen bei einer Entlastung nur ihre Leistung vermindert. Der Regulator wirkt in diesem Falle zuerst auf diese Ablenkorgane, und die hier klein zu wählende Abschlußbewegung der Regelungsorgane der Turbine setzt erst nachher ein. Im ersteren Fall geht also der Schluß der Turbine voraus, die Öffnung des Nebenauslasses ist durch ihn erst bedingt, während im zweiten Falle zuerst die Leistung durch die Ablenkung vermindert wird und erst danach die Organe zur Verminderung der Wassermenge in Bewegung gesetzt werden. Es ist einleuchtend, daß schon kleine Verspätungen des Nebenauslasses gegenüber dem Servomotor des Regulators Druckerhöhungen zur Folge haben werden, während eine Verspätung der Regelungsbewegung gegenüber der Strahlablenkung höchstens einen kleinen Wasserverlust mit sich bringt. Die Ablenkung der Strahlen bietet also zweifellos die größere Sicherheit gegen raschen Abschluß der Rohrleitung. Der Entwurf »Gold der Berge« benutzt zur Vermeidung von Druckerhöhungen die Strahlablenkung, alle anderen Entwürfe haben Nebenauslässe angeordnet.

### 3. Allgemeine Erläuterungen zum elektrotechnischen Teil der 6 Entwürfe.

Während die Unterlagen für den Wettbewerb im wasserbautechnischen Teil trotz der Mannigfaltigkeit der möglichen Lösungen infolge der natürlichen Verhältnisse engere Grenzen zogen, gewährten sie im maschinentechnischen und im elektrotechnischen Teil weiten Spielraum. Nur die Forderung, daß die Kraftleistung auf das Dreifache der 24-stündigen Durchschnittsleistung von etwa 50000 PS steigerbar sein sollte, damit aus den im Walchensee aufgespeicherten Wassermengen entsprechend Nutzen gezogen werden könnte, gab einen Anhalt für die Bearbeitung. Verschiedene Entwürfe bedauern, daß die Unterlagen nicht enger gefaßt seien, doch hat gerade diese freie Beweglichkeit im Entwerfen eine Reihe beachtenswerter Vorschläge für die Ausgestaltung der Kraftgewinnungsanlagen gezeitigt.

Die wichtigste Frage für die Bearbeitung des elektrotechnischen Teiles war die nach dem Verwendungszweck der zu gewinnenden elektrischen Arbeit.

Die Antwort auf diese Frage konnte der am 7. April 1908 herausgegebenen »Denkschrift[1]) des K. Bayer. Staatsministeriums für Verkehrsangelegenheiten über die Einführung des elektrischen Betriebes auf den Staatseisenbahnen« entnommen werden. In dieser Denkschrift wurde dargelegt, daß es technisch möglich sei, Haupteisenbahnen elektrisch zu betreiben und die hierzu erforderliche Kraft durch die im Besitz des Staates befindlichen Wasserkräfte zu decken. Würde die Einführung des elektrischen Betriebes nur hiervon abhängen, so könnte an die Durchführung in großem Umfang gedacht werden. Es könnten jedoch militärische und wirtschaftliche Gründe entgegenstehen, daher sei die Verwendung der Elektrizität als Zugkraft zunächst auf bestimmte verkehrsreichere Linien des südlichen Netzes beschränkt, bei denen militärische Gründe gegen eine Änderung in der Betriebsart nicht bestehen, die wirtschaftlichen Voraussetzungen aber eher als bei den nördlichen Linien des Netzes erfüllt seien, weil in Südbayern die Kohle teurer, die elektrische Arbeit jedoch wegen der hier vorhandenen größeren Wasserkräfte billiger als in der nördlichen Landeshälfte wäre.

Es wurde in der Denkschrift ferner ausgeführt, daß bei dem elektrischen Bahnbetrieb mit sehr starken Schwankungen in der Belastung zu rechnen sei, und daß sich für die Übernahme einer solchen Belastung unter den speicherfähigen Wasserkräften vor allem die aus dem Walchensee gewinnbare Kraft eigne, bei der die große Fläche des Walchensees mit annähernd 17 qkm, das hohe Gefälle von 200 m und das durch den Kochelsee gegebene, am Unterwasserkanal gelegene Ausgleichbecken besonders wertvoll zusammentreffen. Für eine Reihe von Linien wurde die Verhältniszahl des auf 24 Stunden ausgeglichenen Mittelwertes zum auftretenden Höchstbelastungswert angegeben und für die gemeinsame Versorgung mehrerer Strecken aus einem Werk im Mittel die Zahl 3 angenommen.

Eingehend hat sich die Denkschrift auch mit der wichtigen Frage nach der Wirtschaftlichkeit des elektrischen Bahnbetriebes beschäftigt und ihre Berechnungen in dieser Hinsicht auf die Schlußfolgerung gestützt, daß die elektrische Arbeit, bezogen auf das Kraftwerk, einen bestimmten Preis für die Kilowattstunde nicht übersteigen darf, wenn die elektrische Zugförderung den Wettbewerb mit der durch Dampflokomotiven erzeugten Zugkraft aufnehmen soll. Diese Frage ist insofern sehr wichtig, als sie zur möglichst günstigen technischen Anlage und Betriebsführung der Kraftwerke auffordert.

Da bei Wasserkraftwerken die Leistungsfähigkeit in Rücksicht auf die Anordnung und die Kosten des wasserbautechnischen Teiles der Anlage ein bestimmtes Maß nicht unterschreiten kann, der Kraftbedarf des elektrischen Bahnbetriebes aber namentlich in der ersten Entwickelungszeit wesentlich kleiner als der Kraftvorrat des Kraftwerkes ist, so muß zur Erzielung eines wirtschaftlichen Ergebnisses der für den Bahnbetrieb nicht erforderliche Teil der Kraft für die allgemeine Versorgung des Landes mit Elektrizität nutzbar gemacht werden. Indem die Denkschrift auch hierauf hinweist, spricht sie sich dahin aus, daß die Kraftwerke umso leichter lohnende Absatzgebiete gewinnen, je mehr sie den mit der Licht- und Kraftversorgung verbundenen veränderlichen Belastungen angepaßt werden.

Aus ihren elektrotechnischen Darlegungen kommt die Denkschrift zu dem Schluß, daß für den elektrischen Betrieb von Hauptbahnen der einphasige Wechselstrom mit niedriger Periodenzahl die Stromart darstelle, die den Anforderungen des Hauptbahnbetriebes im ganzen am besten entspreche. Für die Abgabe elektrischer Arbeit zu Licht- und Kraftzwecken im Zusammenhang mit der allgemeinen Landesversorgung komme hingegen nur die in Deutschland allgemein eingeführte Stromart, nämlich dreiphasiger Wechselstrom — Drehstrom — von 50 Perioden, in Frage.

Diese allgemeinen Grundlagen für die Wasserkraftausnützung, nach denen das Walchenseekraftwerk sich als vorzüglich geeignetes Bahnkraftwerk darstellt, nach denen es ebenso aber auch für die allgemeine Elektrizitätsversorgung nutzbar gemacht werden muß, haben sich die Wettbewerbsentwürfe als Richtschnur dienen lassen. Deshalb wurde von den preisgekrönten Entwürfen als Verwendungszweck der gewonnenen Arbeit der elektrische Bahnbetrieb auf den bayerischen Staatseisenbahnen und die allgemeine Überlandverteilung und industrielle Verwertung ins Auge gefaßt.

Über den zu erwartenden Entwickelungsgang gingen die Entwürfe von verschiedener Auffassung aus. Mehrere Entwürfe nahmen an, daß von vornherein das Werk überwiegend durch den Bahnbetrieb beansprucht werde; so die Entwürfe »Einfach und Sicher« und »Viribus unitis«. Der Entwurf »Wikor« nimmt an, daß der ganze Kraftvorrat

[1]) Eine vollständige Wiedergabe der in der vergriffenen Denkschrift niedergelegten Arbeiten des genannten Staatsministeriums hat mit dessen Genehmigung die Zeitschr. »Elektr. Kraftbetriebe u. Bahnen«, München, R. Oldenbourg, in Nr. 13—19 Jahrg. 1908 gebracht.

im Bahnbetrieb Absatz finde. Die betreffenden Entwürfe schlagen daher vor, die gesamte Maschinenleistung in der für den Bahnbetrieb günstigsten Stromart, nämlich Wechselstrom von 15 bis 16⅔ Perioden, aufzustellen.

Andere Entwürfe gingen von der Anschauung aus, daß der elektrische Betrieb auf den Hauptbahnen nur allmählich sich entwickeln werde, und daß deshalb ein großer Teil der Kraft für allgemeine und industrielle Zwecke verfügbar sei. Der Entwurf »Gold der Berge« sieht daher neben Wechselstrom-Bahnmaschinen die Aufstellung von Drehstrommaschinen für die Überlandverteilung vor. Der Entwurf »Fons roburis aqua« behandelt den Ausbau nach zwei Gesichtspunkten; einmal geht er von der Annahme aus, daß nur Maschinen für Drehstrom, und das andere Mal, daß nur Maschinen für Wechselstrom aufgestellt werden.

Während nun bei jenen Entwürfen, die sich die ganze Maschinenleistung im Werk in der nur einseitig für den Bahnbetrieb geeigneten Stromart aufgestellt denken, mit einer kostspieligen Umformung an Ort und Stelle gerechnet werden muß, sobald Bedarf für andere Zwecke vorliegt, und bei den anderen Entwürfen mit getrennten Maschinenanlagen für beide Verwendungszwecke die mit der Erzeugung zweier Stromarten verbundenen Unbequemlichkeiten mit in Kauf zu nehmen sind, schlägt der Entwurf »Unsere Kohlen« eine Stromart vor, die zwischen beiden Verwendungszwecken vermitteln und den Vorteil bringen soll, daß im Werk nur Maschinen einer Stromart aufzustellen sind. Der genannte Entwurf erblickt eine solche Stromart in dem Zweiphasenwechselstrom, der ähnlich wie der Drehstrom gut für Elektromotoren geeignet ist, der aber auch für den Hauptbahnbetrieb insofern geeignet sein soll, als die beiden Zweige des Zweiphasenwechselstromnetzes in zwei einphasige Netze aufgelöst werden können, auf welche die einzelnen Bahnlinien zu verteilen wären, so daß die Bahnmotoren mit dem für den Hauptbahnbetrieb geeigneten einphasigen Wechselstrom laufen könnten.

In den Nebenkraftwerken zwischen Isar und Walchensee denken sich die Entwürfe zumeist die gleiche Stromart wie im Hauptwerk erzeugt. Der Entwurf »Gold der Berge« schlägt jedoch nur Drehstrom statt Drehstrom und Wechselstrom wie im Hauptwerk und der Entwurf »Unsere Kohlen« Wechselstrom statt Zweiphasenstrom vor.

Da der weitaus größte Teil der erzeugten elektrischen Arbeit sowohl beim Bahnbetrieb, als auch bei der Überlandverteilung auf sehr große Entfernungen übertragen werden muß, in den Dynamomaschinen jedoch keine so hohe Spannung erzeugt werden kann, daß die Kraft in wirtschaftlicher Weise von der Erzeugungsstelle unabhängig gemacht werden könnte, so ergab sich die Notwendigkeit, zwischen den stromerzeugenden Maschinen und den Fernleitungen T r a n s f o r m a t o r e n einzuschalten, welche die Maschinenspannung auf die für die Fernübertragung geeignete Spannung erhöhen, die angesichts der großen Leistungen und Entfernungen einen sehr hohen Wert erhalten muß.

Hierbei nehmen sämtliche Entwürfe für die Dynamomaschinen eine solche Spannung an, daß der Anker mit Stabwicklung ausgeführt werden kann. Diese ist leicht auswechselbar, sie gewährt eine vorzügliche Isolation gegen das Eisen und ist in mechanischer Beziehung von höchster Widerstandsfähigkeit, was bei den stark wechselnden Belastungen des Bahnbetriebes, mit denen hohe elektrodynamische Beanspruchungen der Wicklung infolge der großen Stromstärken verbunden sind, besonders wichtig ist. Die Ankerspannung schwankt je nach der Stromart und der Größe der Maschinen zwischen 4600 und 10 000 Volt.

Die Dauerleistung der für den Bahnbetrieb bestimmten Dynamomaschinen ist von allen Entwürfen geringer als die Leistung der Turbinen angegeben, da die der Turbinenleistung entsprechende Höchstleistung der elektrischen Maschinen bei den Belastungen des Bahnbetriebes nur kurze Zeit auftritt. Es entspricht die S t u n d e n leistung der Dynamomaschinen der höchsten Leistung der Turbinen.

In ihren Mitteilungen über die Dynamomaschinen und Transformatoren beschränken sich die Entwürfe auf die Angabe der Leistungsgröße und die allgemeine Kennzeichnung der Bauart an Hand von Maßskizzen. Berechnungen und Angaben über die Abmessungen des Eisens und des Kupfers und Schaubilder über die charakteristischen elektrischen und magnetischen Größen sind nicht beigegeben.

Bei der Festsetzung der Spannung für die Fernübertragung gehen die Entwürfe von der wichtigen Forderung nach betriebssicherer Isolation der Transformatoren und Fernleitungen bei guter Wirtschaftlichkeit der Übertragung aus. Die Spannung, die hierfür vorgeschlagen wird, bewegt sich zwischen 50000 Volt bei zwei Leitern und 2 × 50000 Volt bei einer Dreileiteranordnung eines Einphasen-Wechselstromnetzes.

Um für die Transformatoren wirtschaftliche Abmessungen zu erhalten, ist von allen Entwürfen wegen der Überlastbarkeit der Transformatoren ihre Leistung kleiner als die Dynamomaschinenleistung angenommen, meist halb so groß, bei dem Entwurf »Wikor« ⅓ so groß; nur »Fons roburis aqua« setzt in dem Drehstromentwurf die Leistung der Transformatoren gleich der Leistung der Dynamomaschinen.

Die große Leistung der Transformatoren und die hohe Oberspannung bedingen zur sicheren Isolation und Abführung der Wärme die Anwendung von Öl und die Kühlung des Öls durch Wasser. Um die Gewichte in handlicher Größe zu halten und die Betriebsbereitschaft zu erhöhen, ist bei den Wechselstromentwürfen die Leistung der Transformatoren so unterteilt, daß die Leistung einer Dynamomaschine von 2 bis 3 Transformatoren aufgenommen wird.

Sämtliche preisgekrönten Entwürfe denken sich die in Öl zu kühlenden Transformatoren der größeren Feuersicherheit halber in abseits gelegenen und einzeln für sich abgeschlossenen, ferner feuersicheren und mit einem Ablauf für brennendes Öl ausgestatteten Zellen untergebracht, die sich meist zu Vorbauten des Schalthauses zusammenschließen.

Besonderes Augenmerk haben die Entwürfe darauf gerichtet, daß die viele Tonnen schweren Transformatoren zur Vornahme der laufenden Untersuchungen und zur Behebung von Schäden rasch und bequem in die mit Hebezeugen ausgestatteten Werkstätten verbracht werden können. Da, wo die Transformatoren in besonderen Bauten untergebracht werden, sind daher vor den Transformatorenzellen Gleise angeordnet und bis zur Werkstätte weitergeführt.

Im allgemeinen ist die Trennung des Schalthauses vom Maschinenhaus bevorzugt. Für diese Trennung sprechen Gründe der Feuersicherheit und die Unabhängigkeit in der Zergliederung des Schalthausbaues, der bei den für die hohen Spannungen weitläufig anzulegenden Apparaten und Sammelschienen größere Abmessungen als das Maschinenhaus beansprucht. Nur »Wikor« läßt das Schalthaus unmittelbar an die Maschinenhalle anstoßen, und »Fons roburis aqua« geht in der Raumausnützung noch weiter und denkt sich die Schaltanlagen in dem entsprechend ausgestalteten Dachgeschoß der geräumigen Maschinenhalle untergebracht, während die Transformatoren ihren Platz in Kammern finden, die gegen den Maschinenhausboden vertieft sind, doch so, daß sie mit dem Laufkran des Maschinenhauses bestrichen werden können.

Allen preisgekrönten Entwürfen gemeinsam ist die Unterteilung des ganzen Schalthauses in feuersichere in Beton hergestellte Zellen, in denen die einzelnen Apparate, Schalter,

Meßinstrumente, Verbindungsleitungen und Sammelschienen nach Phasen getrennt untergebracht werden sollen.

Die Hochspannungsölschalter sind überall als einpolige Elemente angenommen. Bei der räumlich sehr ausgedehnten Schaltanlage haben alle Entwürfe die elektrische Fernbedienung dieser Schalter von einer Kommandostelle aus mit Rückmeldung des vollzogenen Schaltvorganges vorgeschlagen.

Alle 6 Entwürfe wurden bei dem Aufbau der Schaltanlage von dem Bestreben geleitet, durch vielfache Unterteilung zur Erhöhung der Betriebssicherheit zahlreiche Schaltungen übersichtlich und einfach zu ermöglichen. Die vorgeschlagenen Lösungen sind jedoch sehr verschieden.

Während sämtliche Entwürfe auf der Oberspannungsseite doppelte Sammelschienen vorsehen, die sich bei »Fons roburis aqua« und bei »Gold der Berge« zu Ringen zusammenschließen, und neben denen bei »Wikor« außerdem noch einzelne Untergruppensammelschienen eingegliedert werden, gehen die Entwürfe bei der Anordnung der Unterspannungsseite von verschiedener Auffassung aus. »Einfach und Sicher« sieht von Sammelschienen ganz ab, »Gold der Berge« und »Fons roburis aqua« haben nur Hilfssammelschienen für den Werkbedarf und für Nebenschaltungen; dagegen schlagen die Entwürfe »Unsere Kohlen«, »Viribus unitis« und »Wikor« doppelte Unterspannungssammelschienen vor, wobei »Wikor« auch hier außerdem noch Untergruppensammelschienen einfügt.

In den obersten Stockwerken des Schaltgebäudes sind von allen 6 Entwürfen neben den Ausführungen der Fernleitungen die Überspannungsschutzanlagen untergebracht.

Die Nebenkraftwerke zwischen Isar und Walchensee weisen bei den 6 Entwürfen im allgemeinen den gleichen konstruktiven Aufbau der Dynamomaschinen und der Schaltanlage wie das betreffende Hauptwerk auf. Der geringeren Leistung entsprechend sind die Schaltanlagen jedoch wesentlich einfacher gehalten. Die elektrische Arbeit wird von den Nebenkraftwerken aus meist nicht verteilt, sondern dem Hauptwerk zugeleitet. Da dies mit der Spannung der Maschinen des Hauptwerkes geschehen kann, sind in den Nebenwerken zum Teil keine Transformatoren vorgesehen; der erzeugte Strom wird erst im Hauptwerk auf die Fernspannung gebracht; dadurch wird auch die Verbindungsleitung zwischen Nebenwerk und Hauptwerk einfacher, wofür im Entwurf »Unsere Kohlen« Erdkabel, in den anderen Entwürfen Freileitungen vorgeschlagen werden. Bei »Einfach und Sicher«, »Wikor« und »Gold der Berge« wird der Strom im Nebenwerk mit Transformatoren auf die Fernspannung des Hauptwerkes gebracht.

Da die Nebenkraftwerke Belastungsschwankungen nicht zu übernehmen brauchen und somit ständig gut ausgenützt werden können, so entspricht bei ihnen die Dauerleistung der Dynamomaschinen der größten Leistung der Turbinen.

Eine Zusammenstellung der Leistungen, Gewichte, Wirkungsgrade und Kosten der Dynamomaschinen und Transformatoren, soweit Angaben hierüber vorliegen, gibt die Tabelle 7.

Die beiden Entwürfe »Einfach und Sicher« und »Unsere Kohlen« haben auch Rechnungsangaben über die jährlichen Betriebskosten beigefügt. Von einer zahlenmäßigen Mitteilung dieser Kosten im vorliegenden Buche wird Umgang genommen, da in der Kostenanschlagssumme eine Reihe von Ausgaben fehlt, wie z. B. der Aufwand für Ablösungen und für Grunderwerb (vergl. Tabelle 5 Erläuterungen). Der Entwurf »Einfach und Sicher« gibt eine zeichnerische Darstellung der Betriebskosten, die er auf folgenden Zahlen aufbaut:

1. 4% für Verzinsung des Anlagekapitals,
2. ½% für Abschreibung auf bautechnische,
3. 5% für Abschreibung auf maschinentechnische,
4. 8% für Abschreibung auf elektrotechnische Einrichtungen,
5. ¾% für Unterhaltung.
6. Die Jahresausgaben für Löhne, Schmier- und Putzmaterial werden mit 2,75 M für eine Turbinen-Pferdestärke angesetzt, wobei jedesmal die höchste Spitzenleistung einzusetzen ist.

Der Entwurf »Unsere Kohlen« hat als Grundlagen folgende Zahlen angenommen:

1. 4% für Verzinsung der Staatsanleihe,
2. 0,7% für Amortisation des Kapitals in 50 Jahren bei 4% Verzinsung der Rücklagen,
3. 3,4% für Abschreibungen auf den maschinentechnischen und elektrotechnischen Teil einschl. der Schaltanlage,
4. 0,5% als Mittelwert für Instandsetzung und Unterhaltung der bau- und maschinentechnischen Anlagen.
5. Die Kosten für das Personal sind an der Hand einer besonderen Aufstellung des Personalbedarfes entwickelt.

### 4. Die Wiedergabe der 6 Entwürfe durch das vorliegende Buch.

Die 6 Entwürfe sind für den Wettbewerb sämtlich sehr eingehend bearbeitet worden und zwar sowohl in wirtschaftlicher, namentlich wasserwirtschaftlicher, wie auch in technischer Hinsicht; eine Übersicht über die eingelieferten Entwurfsstücke gibt die Tabelle 8.

**Tabelle 8.**
**Anzahl der Entwurfsstücke der einzelnen Entwürfe.**

| Nr. | Entwurf | Anzahl der Entwurfsstücke | |
|---|---|---|---|
| | | Bücher u. Hefte (Berichte, Berechnungen usw.) | Entwurfspläne einschl. Perspektiven |
| 1 | »Einfach und Sicher« | 6 | 46 |
| 2 | »Fons roburis aqua« | 3 | 68 |
| 3 | »Unsere Kohlen« | 7 | 64[1]) |
| 4 | »Viribus unitis« | 3 | 75 |
| 5 | »Wikor« | 16 | 91 |
| 6 | »Gold der Berge« | 19 | 148 |

[1]) Gültig für Entwurf A und Entwurf B zusammen (vergl. Einzelbeschreibung des Entwurfs »Unsere Kohlen«).

Naturgemäß konnte das vorliegende Buch nur einen Auszug der Entwürfe bringen; vor allem mußte bei der Wiedergabe der Pläne eine erhebliche Einschränkung eintreten. Die Verfasser des Buches haben Wert darauf gelegt, das Wichtige und Ausschlaggebende aus den Entwürfen herauszuholen und in einer für alle Entwürfe möglichst einheitlichen Form darzustellen; insbesondere wird auf die gleichartige Einteilung des Wortlautes der Einzelbeschreibungen (II. Teil) hingewiesen. Um anderseits die besondere Eigenart der Entwürfe in äußerlichen Dingen nicht ohne Not zu unterdrücken, wurde in dieser Hinsicht auf die Einheitlichkeit manchmal verzichtet. Zu einem solchen Verzicht zwangen im übrigen auch Gründe, die mit der Technik der Drucklegung zusammenhängen; dies gilt u. a. für folgenden Punkt: Die 6 Entwürfe haben für die vorkommenden 3 Kraftwerke, für die der Wortlaut des Buches gemäß Abschnitt A, 2, b einheitliche Namen verwendet (Hauptwerk, Obernachkraftwerk, Niedernachkraftwerk), in ihren Plänen sehr verschiedenartige Namen in Anwendung gebracht; diese verschiedenartigen Namen mußten stellenweise in die Tafeln des Buches übernommen werden.

## Tabelle 7. Einzelheiten der Turbinen, sowie der Dynamomaschinen und Transformatoren (vergl. Tabelle 5).

**Turbinen**

| Entwurf | Kraftwerk | Anzahl Ausbaustufe I | II | III | IV | IVa | Bauart | Dauerleistung einer Turbine PS | Höchstleistung einer Turbine PS | Mittleres Nutzgefälle (im Einklang mit den Tabellen 9, 10, 12, 16, 17, 18) m | Umdrehungen in 1 Minute | % Wirkungsgrad 1/1 | 3/4 | 1/2 | Spezifische Umlaufzahl | Kosten für eine Turbine mit Zubehör M | Kosten für 1 PS M |
|---|---|---|---|---|---|---|---|---|---|---|---|---|---|---|---|---|---|
| 1 Einfach und Sicher | Hauptwerk | 8 | 10 | 12 | ● 16 | 16 | stehend Pelton | 9500 | 10550 | 192,95÷188,0 | 225 | 78 | 78 | 78 | 34 | 124779 | [1] 13,1 |
| | Obernach-kraftwerk | | | | 4 | | stehend Francis | 1170 | 1715 | 34÷44 (Grenzwerte) | 450 bis 462,5 | 78 | 82 | 77 | 192 | | |
| 2 Fons roburis aqua | Hauptwerk | | | ● | | | | | | | | | | | | | |
| | Wahlentwurf B 1 | 4 | 8 | 12 | 12 | | stehend Pelton | 15000 | | 196,7÷188,45 | 187 | 77 | 78 | 75 | 32,4 | 130166 | [1] 8,7 |
| | Wahlentwurf B 2 | » | » | » | » | | » | » | | » | 180 | » | » | » | 31,2 | » | » |
| | Obernach-kraftwerk | | | | 2 | | liegend Francis | 1450 | | 28,7 | 250 | | | | 142 | 20800 | 14,3 |
| 3 Unsere Kohlen | Hauptwerk | 7 | 9 | ● 12 | | | liegend Francis | 15000 | 17500 | 200,37÷194,95 | 450 | 79 | 81 | | 84 | 110000 | [1] 7,35 |
| | Obernach-kraftwerk | 3 | | | | | liegend Francis Zwilling | 4000 | | 28,75÷40,0 (Grenzwerte) | 450 | 78 | 81 | 75 | 283 | 44000 | 11,00 |
| 4 Viribus unitis | Hauptwerk | 5 | 6 | ● 12 | | | liegend Francis Zwilling | 15000 | | 198÷175 (Grenzwerte) | 450 | 77 | 78 | 76 | 78 | [6] 112000 | [6] 7,4 |
| | Obernach-kraftwerk | | 2 | 5 | | | liegend Francis | 2000 | 2130 | 40 | 450 | 77 | 80 | 75 | 207 | [1] 33000 | [1] 16,5 |
| 5 Wikor | Hauptwerk | 6 | ● 12 | 12 | | | stehend Pelton | 12000 | 13000 | 194,1÷190,0 | 200 | 77 | 78 | 75 | 29 | [6] 125000 | [6] 9,6 |
| | Obernach-kraftwerk | | III<br>IIIa | 3<br>4 | | | liegend Francis | 3500 | 3780 | III a: 66,73 | 333 | 78 | 80 | 75 | 112 | [3] 68930 | [3] 19,7 |
| 6 Gold der Berge | Hauptwerk | 6 | 6 | 10 | ● 13 | | liegend Pelton | 16500 | 17200 | 201÷197 | 150 | 83 | 83 | 83 | 28 | [10] 130980 | [10] 7,9 |
| | Obernach-kraftwerk | 3 | 3 | 4 | 6 | | Francis Zwilling | 3200 | 3520 | 79÷81 | 500 | 79 | 80 | 73 | 116 | [3] 34595 | [3] 10,3 |
| | Niedernach-kraftwerk | | | 2 | 2 | | Francis Zwilling | 1000 | 1150 | 12,87÷26,88 (normale Grenzwerte für die Turbinen 15,0÷26,1) | 215 | | | | 230 | [3] 35740 | [3] 35,74 |

**Dynamomaschinen**

| Entwurf | Kraftwerk | Dauerleistung einer Dynamomaschine KVA | Polzahl | Periodenzahl | Umdrehungen in 1 Minute | Spannung Volt | Stromart | Wirkungsgrad % bei Belastung von 1/1 | 3/4 | 1/2 | bei cos φ | Spannungsänderung in % bei Entlastung auf 0 und bei cos φ=1 | cos φ=0,8 | Gewicht einer Maschine (einschl. Erregerm.) t | Schwungmoment $GD^2$ kg/m² | Kosten für eine Dynamomasch. M | Kosten für 1 KVA M |
|---|---|---|---|---|---|---|---|---|---|---|---|---|---|---|---|---|---|
| 1 Einfach und Sicher | Hauptwerk | 6250 | 8 | 15 | 225 | 7000 | Wechselstrom | | | | | | | 161,5 | 500000 | [2] 231650 | 37,0 |
| | Obernach-kraftwerk | 900 | 4 | 15 | 450 bis 462,5 | 3000 | „ | | | | | | | 35,0 ohne Erreg.-Masch. | | [3] 41550 | 46,1 |
| 2 Fons roburis aqua | Wahlentwurf B 1 | 10000 | 32 | 50 | 187 | 8000 | Drehstrom | 96 (einschl. Erregung, Reibung und Lüftung) | | 94 | 1 | 10 | 25 | 135 | 700000 | [4] 175400 | 17,5 |
| | Wahlentwurf B 2 | 10000 | 10 | 15 | 180 | 8000 | Wechselstrom | 94,5 | | 92 | 1 | 10 | 25 | 165 | 700000 | [4] 204000 | 20,4 |
| | Obernach-kraftwerk | 1250 | 24 | 50 | 250 | 8000 | Drehstrom | | | | | | | | | [4] 33200 | 26,5 |
| 3 Unsere Kohlen | Hauptwerk | 11000 | 4 | 15 | 450 | 4600 Phasenspann.<br>6500 verkett. | Zweiphasen-Wechselstrom | 94 (Wechselstrom)<br>94,5 (Zweiphasen-Wechselstrom) | 93,5 (Wechselstrom) | | 0,95<br>0,85 | | | | 218000 | [4] 346000 | 31,4 |
| | Obernach-kraftwerk | 3150 | 4 | 15 | 450 | 6500 | Wechselstrom | 93,5<br>92,5 | 92<br>91 | 89,5<br>88 | 1<br>0,85 | | | | | [5] 141200 | 44,8 |
| 4 Viribus unitis | Hauptwerk | 13000 auf 1 Std. | 4 | 15 | 450 | 10000 | Wechselstrom | | | | | | | 108 ohne Erreg.-Masch. | 120000 | [7] 156000 | 12,0 |
| | Obernach-kraftwerk | 1550 | 4 | 15 | 450 | 11000 | „ | | | | | | | 42 | 20000 | [8] 72000 | 46,4 |
| 5 Wikor | Hauptwerk | 10000 | 10 | 16,7 | 200 | 8000 | Wechselstrom | 96<br>94,9 | 95,1 (ohne Reibung)<br>93,8 | 93,2<br>91,5 | 1<br>0,8 | 12 | 25 | 177,8 | 700000 | [9] 238500 | 23,8 |
| | Obernach-kraftwerk | 3000 | 6 | 16,7 | 333 | 8000 | „ | 95,5<br>94 | 94,5 (ohne Reibung)<br>93 | 92,5<br>90,5 | 1<br>0,8 | 12 | 25 | 66,34 | 40000 | [9] 93200 | 31,0 |
| 6 Gold der Berge | Hauptwerk | 12000 | 12 | 15 | 150 | 10000 | Wechselstrom | 94 | 94,5 (einschl. Erregung und Reibung) | 92 | 1 | 10 | 25 | 195 | 800000 | [4] 227800 | 18,9 |
| | Obernach-kraftwerk | 2750 | 12 | 50 | 500 | 5000 | Drehstrom | 94 | | 91,5 (ohne Reibung) | 1 | 8 | 20 | 43 | 40000 | [4] 47800 | 17,3 |
| | Niedernach-kraftwerk | 850 | 28 | 50 | 215 | 5000 | „ | 93,5 | | 91 (ohne Reibung) | 1 | 8 | 20 | 23 | 36000 | [4] 24200 | 28,4 |

**Transformatoren**

| Entwurf | Kraftwerk | Anzahl für 1 Dynamomaschine | Dauerleistung eines Transformators KVA | Übersetzungsverhältnis | Wirkungsgrad % bei Belastung von 1/1 | 3/4 | 1/2 | bei cos φ | Kurzschlußspannung % | Spannungsabfall in % bei Vollast und bei cos φ = 1 | 0,8 | Gewicht eines Transformators einschl. Ölfüllung t | Kosten für einen Transformator M | Kosten für 1 KVA M |
|---|---|---|---|---|---|---|---|---|---|---|---|---|---|---|
| 1 Einfach und Sicher | Hauptwerk | 2 | 3125 | 7000/50000 | 97,7 | | | 1 | 3,2 | | | 50 | [3] 46700 | 14,9 |
| | Obernach-kraftwerk | 1 | 900 | 3000/50000 | | | | | | | | 31 | [3] 27800 | 30,8 |
| 2 Fons roburis aqua | Wahlentwurf B 1 | 1 | 10000 | 8000/60000 | 99<br>98,75 | | 98,4<br>98,0 | 1<br>0,8 | | 0,5 | 2,8 | 50 | [5] 54200 | 5,4 |
| | Wahlentwurf B 2 | 2 | 5000 | 8000/60000 | 98,3<br>97,85 | | 98<br>97,5 | 1<br>0,8 | | 1,1 | 3,2 | 50 | [5] 52000 | 10,4 |
| 3 Unsere Kohlen | Hauptwerk | 2 | 7500 Wechs.-strom | 4600/50000 | 98,5 | | | | | | | | [5] 80300 | 10,7 |
| 4 Viribus unitis | Hauptwerk | 2 | 6500 | 10000/50000 | | | | | | | | 22,8 | [11] 35000 | 5,3 |
| 5 Wikor | Hauptwerk | 3 | 3350 | 8000/50000 | 97,9 | 97,85 | 97,45 | 0,8 | | | 3,3 | 28,7 | [5] 34550 | 10,3 |
| | Obernach-kraftwerk | 2 | 1500 | 8000/50000 | 97,3 | 97,2 | 96,85 | 0,8 | | | 3,7 | 17,45 | [5] 22340 | 14,8 |
| 6 Gold der Berge | Hauptwerk | 2 | 6000 | 10000/60000 | 98,3<br>97,8 | | | 1<br>0,8 | | 1,1 | 3,2 | 50 | [11] 48000 | 8,0 |
| | Obernach-kraftwerk | 1 | 3200 | 5000/60000 | 98,5<br>98,1 | | | 1<br>0,8 | | 0,75 | 3 | 17,5 | [11] 20000 | 6,2 |

[1]) Mit Fracht und Montage. [2]) Einschl. Erregermaschine, ohne Fracht und ohne Montage. [3]) Ohne Fracht und Montage. [4]) Einschl. Erregermaschine und Montage. [5]) Einschl. Montage. [6]) Fracht und Montage nicht besonders erwähnt. [7]) Ohne Montage und ohne Erregermaschine. [8]) Einschl. Erregermaschine, ohne Montage. [9]) Einschl. Erregermaschine, Regulatoren und Montage. [10]) Ohne Fracht, mit Montage. [11]) Ohne Montage.

● Vollausbau des Hauptwerkes.

Im einzelnen waren die Verfasser des Buches bestrebt, die Gründe zu unterstreichen, auf welche die Entwürfe ihre hauptsächlichen Maßnahmen aufgebaut haben; in einigen Fällen waren diese Gründe in den Entwürfen nicht greifbar dargestellt. Die Bezifferung der Ausbaustufen (1., 2., . . . Ausbau bzw. Ausbau I, II, . . .) wurde zwecks Einheitlichkeit des Buches bei einigen Entwürfen geändert. Die wasserwirtschaftlichen Entwurfspläne wurden von der Wiedergabe ausgeschlossen, da die wasserwirtschaftlichen Nachweise sich auch ohne die Pläne im Wortlaut ausreichend darstellen ließen. Auch die Einzelentwürfe von Schützen, Rechen usw. (meistens im Maßstab 1:20) wurden weggelassen; ferner blieben die selbstverständlichen Bauten, wie Straßenkreuzungen, kleine Brücken, Wärterhäuser usw., unberücksichtigt. Die Zeichnungen auf den Tafeln des Buches stellen im allgemeinen die letzte Ausbaustufe der Entwürfe dar, also entweder den Vollausbau oder die Ergänzungsstufe; sie sind der Regel nach so angeordnet, daß das Wasser von links nach rechts fließt. Für gleichartige Bauwerke (z. B. Wehre, Maschinenhäuser usw.) wurde bei den Tafeln im allgemeinen der nämliche Maßstab gewählt.

An mehreren Stellen haben die Verfasser des Buches in den Entwurfsstücken Irrtümer und Unstimmigkeiten festgestellt, ein Umstand, der bei einem Wettbewerb nicht auffallend ist; die so gefundenen Punkte wurden für das vorliegende Buch nach Möglichkeit berichtigt. Die Verfasser waren bestrebt, möglichst alle Punkte der bezeichneten Art aufzufinden, sie halten es aber für möglich, daß ihnen diese oder jene Unstimmigkeit entgangen ist.

Bei einigen Entwürfen war, wie in diesem Zusammenhang erwähnt werden mag, deutlich zu erkennen, daß die Entwurfsverfasser noch in der letzten Zeit vor dem Abgabetermin Änderungen vorgenommen hatten; diese Änderungen konnten offensichtlich nicht mehr bei allen in Betracht kommenden Entwurfsstücken durchgeführt werden, und dadurch sind in den Entwürfen selbst Unklarheiten verblieben.

Die so vorhanden gewesenen Unklarheiten und Unstimmigkeiten haben im Verein mit anderen Dingen die Arbeit der Verfasser des vorliegenden Buches nicht unerheblich erschwert, zumal da die unklaren Punkte sich zum großen Teil erst sehr spät herausstellten. Unter diesen Umständen war es aus druckereitechnischen und anderen Gründen insbesondere nicht möglich, die Tafeln von allen erkannten Irrtümern zu befreien. In dieser Hinsicht wird dem Buch ein Verzeichnis der in den Tafeln verbliebenen Fehler und Unstimmigkeiten beigefügt (Seite VIII); an denjenigen Stellen, an denen Angaben des Verzeichnisses in Betracht kommen, wird in Fällen von Erheblichkeit die betreffende Nummer des Verzeichnisses im Wortlaut des Buches angegeben und zwar in der Form (z. B.): [*24*].

II. TEIL

# EINZELBESCHREIBUNG DER SECHS PREISGEKRÖNTEN ENTWÜRFE

# Einfach und Sicher.

**Vorbemerkung.**

Der Entwurf »Einfach und Sicher« hat für den höchsten Stauspiegel des Walchensees teils + 801,9 m, teils + 801,99 m oder abgerundet + 802,0 m eingeführt. Im nachfolgenden Wortlaut erscheint nur die Höhe + 801,9 m.

## A. Allgemeine Anordnung, Ausbaustufen und Bauprogramm.

### 1. Allgemeines und Ausbaustufen.

— Tafel 1 Abb. 1 und Tafel 3 Abb. 33 —

Der Entwurf »Einfach und Sicher« hat für die Zuführung des Wassers zum Walchensee (Baugruppe I) die Grundform B angewendet, bei der zuerst ein unterer Wasserweg als gemeinsamer Zubringer von Wasser aus Isar und Rißbach und später beim Vollausbau ein oberer Wasserweg mit einem Obernachkraftwerk für Wasser aus der Isar allein gebaut wird. Diese Grundform B hat der Entwurf »Einfach und Sicher« mit dem Entwurf »Wikor« gemein. Der obere Wasserweg enthält ein Staubecken im Obernachtal zur Ergänzung des durch den Walchensee gebotenen Stauraumes; dieses Obernachbecken hat auch der Entwurf »Unsere Kohlen« angewendet.

Im 1. Ausbau besteht im Einklang mit dem Gesagten als Kraftwerk nur das Hauptwerk. Für dieses wird im Walchensee Wasser aus dem Seegebiet selbst und Wasser aus der Isar bereitgestellt und zwar nur so viel, wie der See mit 3,5 m Speicherhöhe (nach den Wettbewerbsbedingungen) ausgleichen kann. Der Walchensee wird durch eine Sperrschleuse in der ausfließenden Jachen abgeschlossen. Vom unteren Wasserweg wird nur das gebaut, was zum Überleiten des Wassers der Isar (ohne den Rißbach) nötig ist, nämlich das untere Isarwehr und der Stollen zwischen Isar und Walchensee; der Stollen wird so groß gemacht, wie es die größeren Wassermengen der späteren Ausbaustufen erfordern; für den 1. Ausbau ist er zu groß. Ehe der Stollen in den Walchensee einmündet, wird aus ihm nach Osten ein Triftwasserkanal (Stollen) abgezweigt, der unterhalb der Sperrschleuse in die Jachen mündet und die Aufgabe hat, bei tiefem Seestand zeitweise der Jachen Wasser für die Holztrift zuzuleiten. Die Baugruppe II (Walchensee-Kochelsee mit dem Hauptwerk) wird entsprechend der bereitgestellten Wassermenge ausgebaut; dabei wird von den 2 Druckstollen durch den Kesselberg, die der Vollausbau benötigt, zunächst nur einer ausgeführt.

Im 2. Ausbau (der Entwurf bezeichnet ihn als Zwischenstufe) wird die Wasserzuführung aus der Isar so weit gesteigert, wie es der Stollen Isar—Walchensee ermöglicht. Für den Ausgleich der so vergrößerten Wassermenge, die ohne Neubauten in der Baugruppe I zugeleitet werden kann, ist der Walchensee bis zu 6,5 m abzusenken. Entsprechend der größeren Wassermenge sind die Einrichtungen des Hauptwerkes und seiner Nebenanlagen zu erweitern.

Im 3. Ausbau wird auf dem unteren Wasserwege auch Wasser aus dem Rißbach in den Walchensee geleitet; hierfür soll im Bereich der Baugruppe I das Rißbachwehr und zunächst 1 Stollen vom Rißbachwehr zum unteren Isarwehr neu hergestellt werden. Der untere Stollen Isar—Walchensee führte bereits im 2. Ausbau soviel Wasser, wie er zu führen vermag; das von ihm geführte Wasser war lediglich Wasser der Isar. Jetzt im 3. Ausbau wird die Wassermenge aus der Isar nach dem Wasserwirtschaftsplan des Entwurfs wieder auf die Menge des 1. Ausbaus vermindert; dafür wird das Wasser des Rißbachs bis zu derjenigen Größtmenge zugeleitet, die der untere Wasserweg im Zustande des 3. Ausbaus ermöglicht. Die Größtmenge des Gesamtwassers ist nicht größer als im 2. Ausbau; trotzdem werden die Verhältnisse im Vergleich mit dem 2. Ausbau verbessert, vor allem dadurch, daß jetzt in der Niederwasserzeit nicht nur die Isar, sondern auch der Rißbach Wasser liefert; infolgedessen wird einerseits dem Walchensee im ganzen mehr Wasser zugeführt und dementsprechend die Kraft des Hauptwerkes gesteigert, anderseits wird vom Walchensee eine kleinere Speicherhöhe beansprucht als im 2. Ausbau: die größte Absenkung beträgt im 3. Ausbau nur 5,25 m statt 6,50 m im 2. Ausbau. (Wie aus dem Gesagten hervorgeht, ist der 2. Ausbau eingeschaltet worden, um ohne weitere Bauten in der Baugruppe I die Wassermenge zu vergrößern; in diesem Sinne bezeichnet der Entwurf den 2. Ausbau als Zwischenstufe, die gegebenenfalls ausfällt.) Entsprechend der größeren Wassermenge des 3. Ausbaus ist das Hauptwerk mit Zubehör zu erweitern; dabei wird dem vorhandenen Druckstollen ein zweiter Stollen (mit Gültigkeit für den Vollausbau) hinzugefügt.

Im 3. Ausbau werden aus der Isar und aus dem Rißbach (nach den Ausführungen des Entwurfs) nur die Niedrig- und Mittelwassermengen abgeleitet. Im 4. Ausbau (Vollausbau) soll auch das Hochwasser der beiden Flüsse in Anspruch genommen und dementsprechend das im Walchensee bereitgestellte Wasser bis zur möglichen Größtmenge gesteigert werden. Baulich geschieht hierfür in der Baugruppe I folgendes: Vom Rißbachwehr bis zum unteren Isarwehr wird ein zweiter Stollen für die Zuleitung von Rißbachwasser hergestellt (der Entwurf erwartet, daß das Rißbachwasser erst in einer ziemlich fernen Zeit zu steigern sein wird, daher hat er zwei einzelne Rißbachstollen vorgesehen). Der obere Wasserweg (Tafel 1 Abb. 1 und 2) wird im vollen Umfange ausgeführt; er umfaßt das obere

Isarwehr unterhalb Wallgau, von ihm ausgehend einen Stollen zum Obernachtal, das Staubecken im Obernachtal mit Staumauer und das Obernachkraftwerk. Das beim oberen Isarwehr abgeleitete Wasser gelangt durch den Stollen in das Staubecken, wird in diesem ausgeglichen und treibt dann das Obernachkraftwerk mit 36 m Gefälle; danach fließt es in den Walchensee. Der untere Stollen Isar—Walchensee wurde im 3. Ausbau durch Wasser aus Isar und Rißbach bereits voll beansprucht; jetzt beim Vollausbau soll er mehr Wasser aus dem Rißbach bewältigen; daher wird ihm ein Teil des Isarwassers abgenommen, dieser Teil wird nebst dem beim Vollausbau hinzugefügten Hochwasser der Isar über den oberen Wasserweg in den Walchensee geleitet. Beide Wasserwege führen nunmehr die Größtmenge von je 22,5 cbm/sec, zusammen 45,0 cbm/sec. Zum Ausgleich der Wassermenge wird der Walchensee bis zu einem Größtmaß von 12,23 m abgesenkt; mit dieser Absenkung stellt er einen Stauinhalt von 202 Mill. cbm bereit; daneben bietet das Obernachbecken 10 Mill. cbm Stauinhalt. — Die Bauanlagen der Baugruppe II (Hauptwerk) werden entsprechend der größeren Wassermenge fertig ausgebaut. Das Obernachkraftwerk gibt seine Kraft an das Hauptwerk ab.

Bei dem dargestellten Ausbauplan ist der Entwurf den nachstehenden Erwägungen gefolgt.

Für die ersten Ausbaustufen, die dem Vollausbau vorangehen, wird verlangt:

1. Die in angemessener Anfangsgröße zu schaffende Kraft soll vor allem möglichst billig sein, unter anderem deswegen, weil in der ersten Zeit die Industrie Kraftabnehmerin sein dürfte.
2. Aus den Flüssen wird nur so viel Wasser entnommen, und der See nur so weit gesenkt, daß die Flößerei, die Geschiebeabfuhr und die Naturschönheit ungestört bleiben; insbesondere sollen aus den Flüssen nur die Nieder- und Mittelwassermengen abgeleitet werden.

Die Höhe der Baukosten wird namentlich durch die zum Walchensee führenden Wasserwege bedingt. Im Hinblick auf beide obigen Forderungen ist zunächst nur die Isar (als der nächstliegende Fluß) in Anspruch zu nehmen; bald wird man aber auch Wasser aus dem Rißbach zuleiten müssen. Es erscheint daher wirtschaftlich richtig, daß sofort im 1. Ausbau mit kleinsten Kosten ein gemeinsamer Wasserweg für Isar und Rißbach gebaut wird. Als billigste Stelle für den gemeinsamen ersten Wasserweg ergab sich die für den unteren Stollen Isar—Walchensee ausgewählte Ortslage.

Erst beim Vollausbau sollen (nebst den betreffenden Bauanlagen) diejenigen Kraftmöglichkeiten verwirklicht werden, die beziehentlich teuer sind (Obernachkraftwerk); die höheren Kraftkosten können beim Vollausbau leichter getragen werden als in der ersten Zeit. Nunmehr wird auch das Hochwasser übergeleitet; die Kraftmenge wird bis zur wirtschaftlich möglichen Höchstgrenze gesteigert; gleichzeitig wird die zweite der obigen Forderungen, soweit angängig, fallen gelassen, jedoch wird verlangt, daß der Walchensee möglichst in jedem Jahr den höchsten Stauspiegel erreicht; dabei erscheint die Anlage eines Obernachbeckens als ein geeignetes Mittel, um die Absenkung des Sees einzuschränken.

Das Gesagte rechtfertigt zugleich die Wahl der Grundform B.

Der obere Wasserweg wird eigentlich nur vorgesehen, um beim Vollausbau das Obernachkraftwerk zu ermöglichen. Der Entwurf weist nach, daß die hierin begründeten hohen Kosten des Kraftwerkes an die Grenze des wirtschaftlich Zulässigen heranreichen; daher empfiehlt er folgende Wahlform für den Vollausbau: Der obere Wasserweg mit dem Obernachkraftwerk wird nicht gebaut, stattdessen wird beim unteren Wasserweg ein zweiter Stollen Isar—Walchensee hergestellt.

In technischer Hinsicht legt der Entwurf unter anderem Wert darauf, daß für die Stauwerke nur einfache und bewährte Formen, namentlich niedrige Wehre, vorgeschlagen werden.

### 2. Bauprogramm.

Der Entwurf hat ein genaues Bauprogramm für die einzelnen Ausbaustufen aufgestellt; in ihm werden folgende Bauzeiten vorgesehen: für den 1. und den 4. Ausbau je 3 Jahre, für den 3. Ausbau 2 Jahre.

## B. Wasserwirtschaft, Kraftleistung, Baukosten und Naturschutz.

### 1. Allgemeines.

Als Kraftwasser steht das Wasser des Walchensees (Jachen), der Isar und des Rißbachs zur Verfügung. Die in den Wettbewerbsunterlagen angegebenen Abflußmengen der 3 Flüsse betragen im Mittel bzw. 2,6, 18,5, 10,2 cbm/sec, zusammen 31,3 cbm/sec. Diese Zahlen sind die Mittel aus 6 Jahren; der Entwurf macht geltend, daß 6 Jahre für eine durchaus zuverlässige Planlegung nicht genügten. Bei der Meßstelle der Isar beträgt das Flußgebiet 520 qkm, bei dem unteren Isarwehr des Entwurfs aber 605 qkm; trotz der Mehrgröße des Gebiets zieht der Entwurf nur die gemessenen Wassermengen in Betracht und zwar zum Ausgleich für einige rechnerischen Vereinfachungen. Bei dem Staubecken im Obernachtal wird das durch die Sperrmauer beherrschte Gebiet der Obernach = $^1/_3$ des Seegebiets (Jachen) gesetzt. Der Entwurf betont, daß die Wassermengen der Isar und des Rißbachs sich gegenseitig vorteilhaft ausgleichen, er verwertet diesen Umstand bei den wasserwirtschaftlichen Maßnahmen.

### 2. Verlustwassermengen und Holzverkehr.

Die unter 1 genannten Wassermengen der 3 Flüsse können nicht vollständig als Kraftwasser in Dienst gestellt werden. Zunächst sind die Hochwasserspitzen den Flüssen zu belassen, da ihre Verwertung unwirtschaftlich ist. Im Zusammenhang hiermit sind gewisse notwendige Verlustmengen in Rechnung zu stellen; als solche zieht der Entwurf den Wasserbedarf für Flößerei und Holztrift, sowie für Geschiebe- und Eisabfuhr in Betracht.

Für die Abfuhr des Eises bei den Stauwehren weist der Entwurf einen bestimmten Wasserbedarf nicht nach; er vertritt die Ansicht, daß das erforderliche Wasser in dem übrigen Verlustwasser ohne weiteres enthalten sei; die technischen Einrichtungen werden in den Wehren vorgesehen, insbesondere in Gestalt von zweiteiligen Schützen.

Hinsichtlich der Geschiebeabfuhr macht der Entwurf folgendes geltend: Während der ersten 3 Ausbaustufen sind für die Abfuhr der Geschiebe neben den Hochwasserspitzen diejenigen Wassermengen vollkommen ausreichend, die gemäß dem Nachstehenden für den Holzverkehr in den Flüssen verbleiben; insbesondere sind in der Hochwasserzeit die dem Walchensee zugeführten Größtmengen im Vergleich mit dem gesamten Hochwasser so klein, daß ihr Fehlen im Fluß belanglos erscheint. Beim Vollausbau dagegen ist das den Flüssen belassene Wasser nicht groß genug, um in dem natürlichen Flußbett die Abfuhr der Geschiebe sicherzustellen; daher wird für den Vollausbau in der Isar und im Rißbach unterhalb der Wehre bis Vorderriß eine Flußkorrektion vorgesehen, die einen engeren Flußschlauch entstehen läßt und gleichzeitig gegen Uferabbrüche schützt. Selbstverständlich erhalten die Wehre die für die Geschiebeabfuhr nötigen technischen Anlagen.

Hinsichtlich des Holzverkehrs (vgl. Tafel 1 Abb. 1) hat der Entwurf festgestellt, daß gegenwärtig jährlich 3 Sommermonate hindurch auf der Isar mit 7,5 cbm/sec geflößt und im Rißbach mit 4,0 cbm/sec getriftet wird. Wie aus den Wasserwirtschaftsplänen hervorgeht, ist das dem Walchensee zugeführte Kraftwasser so bemessen, daß für den Holzverkehr folgendes gilt (vergl. Abschnitt 3): Im 1. Ausbau bleiben für die Flößerei auf der Isar jährlich mindestens 90 Tage lang 7,5 cbm/sec oder mehr im Flußbett; der Rißbach wird dabei noch gar nicht für Kraftzwecke benutzt. Im 3. Ausbau gilt für die Isar das nämliche wie im 1. Ausbau; für die Holztrift im Rißbach bleiben jährlich mindestens 137 Tage lang 4,0 cbm/sec oder mehr im Flußbett. Im 2. Ausbau (Zwischenstufe) ist, wegen der verstärkten Inanspruchnahme der Isar, auf der Strecke vom unteren Isarwehr bis zur Rißbachmündung eine Triftrinne herzustellen; diese Rinne wird für den nachfolgenden 3. Ausbau (wenigstens zunächst) entbehrlich sein, da alsdann der Isar nur so viel Wasser entzogen wird wie im 1. Ausbau. Beim Vollausbau ist das in Isar und Rißbach belassene Wasser ohne weiteres nicht mehr ausreichend für den Holzverkehr; daher wird nach dem Entwurf außer der Triftrinne, die aus dem 2. Ausbau bereits auf der Strecke vom unteren Isarwehr bis zur Rißbachmündung besteht, eine Triftrinne zwischen den beiden Isarwehren und ferner eine Triftrinne vom Rißbachwehr bis zur Rißbachmündung gebaut. Von der Rißbachmündung an die Isar abwärts soll beim Vollausbau die Flößerei entweder mittels Klausen gehandhabt oder aufgehoben und durch eine Holzbahn ersetzt werden. Die Triftrinnen sollen mit 1 cbm/sec arbeiten; das Triften in den Rinnen soll beginnen, sobald der Walchensee anfängt zu steigen, es soll endigen, sobald er anfängt zu fallen. Im Mittel wird nach den Wasserwirtschaftsplänen jährlich 172 Tage lang getriftet; die Menge des Triftwassers beträgt, auf das Jahr verteilt, für Isar und Rißbach je 0,47 cbm/sec. — Die 3 Wehre erhalten für den Holzverkehr technische Einrichtungen, die mit dem Gesagten im Einklang stehen.

Für die Holztrift auf der Jachen, die sofort durch die erste Absenkung des Walchensees beeinflußt wird, werden vom 1. Mai bis zum 1. August (3 Monate) täglich 12 Stunden lang 2 cbm/sec aus dem unteren Wasserweg in das Jachental abgeleitet (unterhalb der Jachenschleuse); diese Wassermenge macht, auf das Jahr verteilt, 0,25 cbm/sec aus. In den ersten Ausbaustufen fließen nach dem 1. August, nachdem der See gefüllt ist, in jedem Jahr außerdem größere Hochwassermengen in die Jachen ab, wobei zugleich aus dem See Holz zur Jachen getriftet werden kann; beim Vollausbau ist dies nicht in jedem Jahr der Fall, da der See nicht in jedem Jahr den höchsten Spiegel erreicht.

Der Entwurf macht geltend, daß durch die obigen Maßnahmen der Holzverkehr vollauf sichergestellt sei.

### 3. Die Kraftwassermengen.

Im Einklang mit den nachgewiesenen Verlustmengen stellt der Entwurf die Kraftwassermengen auf Grund eingehender Untersuchungen wie folgt fest.

Im 1. Ausbau stehen dem Hauptwerk 11,75 cbm/sec ausgeglichenes Kraftwasser im Walchensee zur Verfügung; mehr kann man in ungünstigen Jahren mit der vorgeschriebenen größten Absenkung von 3,5 m nicht erreichen. Die 11,75 cbm/sec stammen aus dem Seegebiet (M. W. 2,6 cbm/sec) und aus der Isar (M. W. 18,5 cbm/sec), sie machen nur 56% des gesamten Mittelwassers von 21,1 cbm/sec aus, es kommen von ihnen etwa 1,45 cbm/sec aus dem Seegebiet und 10,3 cbm/sec aus der Isar; einschließlich der 0,25 cbm/sec für die Jachentrift würde sonach die Isar etwa 10,55 cbm/sec liefern, während anderseits der Jachen tatsächlich nur 1,45 – 0,25 = 1,20 cbm/sec entzogen werden. Zur Erreichung des Mittels von etwa 10,55 cbm/sec ist das Isarwasser bis zur Größtmenge von 15,0 cbm/sec zuzuleiten; der untere Stollen Isar—Walchensee wird sogleich für die Größtmenge von 22,5 cbm/sec eingerichtet, die der Vollausbau benötigt.

Während des 2. Ausbaus (Zwischenstufe) wird der vorhandene Stollen Isar—Walchensee voll ausgenutzt, d. h. es wird das Wasser der Isar bis zur Größtmenge von 22,5 cbm/sec zugeleitet. Hierdurch werden für das Hauptwerk dauernd 14,5 cbm/sec bereitgestellt, d. i. 69% des gesamten Mittelwassers von 21,1 cbm/sec; von den 14,5 cbm/sec kommen etwa 1,8 cbm/sec aus dem Seegebiet und 12,7 cbm/sec aus der Isar; wegen der 0,25 cbm/sec für die Jachentrift würde tatsächlich die Isar etwa 12,95 cbm/sec liefern, während der Jachen 1,55 cbm/sec entzogen werden. Der See ist bis zu 6,5 m abzusenken.

Im 3. Ausbau wird die Wasserzuführung aus der Isar wieder auf den Umfang zurückgeführt, den sie im 1. Ausbau hatte, d. h. es werden aus der Isar die Wassermengen bis zur Größtmenge von 15,0 cbm/sec entnommen. Außerdem wird jetzt aus dem Rißbach das Wasser bis zur Größtmenge von 7,5 cbm/sec zum Walchensee geleitet. Hiernach wird der untere Stollen Isar—Walchensee wieder mit seiner vollen Leistung von 22,5 cbm/sec beansprucht; der hergestellte erste Stollen Rißbachwehr—Isarwehr ist für 7,5 cbm/sec Größtmenge eingerichtet. Im ganzen stellt der 3. Ausbau im Walchensee 18,6 cbm/sec Kraftwasser bereit, d. i. 59% des gesamten Mittelwassers von 31,3 cbm/see aus Jachen, Isar und Rißbach. Die größte Absenkung des Sees beträgt 5,25 m; sie ist trotz der größeren Wassermenge kleiner als im 2. Ausbau; dies ist darin begründet, daß die Wasserzufuhr in der Niederwasserzeit mit Hilfe des Rißbachs erheblich vergrößert wird.

Beim Vollausbau wird der zweite Stollen Rißbachwehr—Isarwehr mit gleichfalls 7,5 cbm/sec Größtleistung hergestellt und das Rißbachwasser bis zur Größtmenge von 15,0 cbm/sec durch den unteren Stollen Isar—Walchensee übergeleitet. Die Isar liefert eine Größtmenge von 30,0 cbm/sec zum Walchensee. Der obere Stollen Isar—Obernach wird mit 22,5 cbm/sec Leistung hergestellt, er übernimmt das Isarwasser bis zur Größtmenge von 22,5 cbm/sec. Bei Überschreiten der 22,5 cbm/sec in der Isar geht der Überschuß bis zur Größtmenge von 7,5 cbm/sec durch den unteren Stollen in den See; der untere Stollen wird also gleichfalls bis zu seiner Größtleistung von 22,5 cbm/sec beansprucht. Auf diese Weise stehen im Walchensee ausgeglichene 26,0 cbm/sec Kraftwasser bereit, d. i. 83% des gesamten Mittelwassers von 31,3 cbm/sec. Ungefähr dürften von den 26,0 cbm/sec 2,2 cbm/sec aus dem Seegebiet, 15,3 cbm/sec aus der Isar und 8,5 cbm/sec aus dem Rißbach stammen. In Anbetracht der 0,25 cbm/sec Triftwasser, die aus dem unteren Stollen in die Jachen geleitet werden, würde sich ergeben, daß die Isar im Durchschnitt etwa 15,4 cbm/sec und der Rißbach etwa 8,65 cbm/sec liefert, während aus der Jachen nur 1,95 cbm/sec entnommen werden. Aus der Tabelle 1 findet man unmittelbar, daß man bei Ableitung aller Isarmengen bis zu 30 cbm/sec im Mittel 16,2 cbm/sec erhält, bei Ableitung aller Rißbachmengen bis zu 15 cbm/sec im Mittel 9,0 cbm/sec; dies steht mit dem Obigen (15,4 statt 16,2, bzw. 8,65 statt 9,0 cbm/sec) genügend im Einklang, wenn man bedenkt, daß der Entwurf noch einige kleine Wasserverluste rechnet. — Für den planmäßigen Holzverkehr werden im Mittel in der Jachen 0,25 cbm/sec, in Isar und Rißbach je 0,47 cbm/sec verbraucht, zusammen rund 1,2 cbm/sec. Daher verteilen sich die 31,3 cbm/sec im ganzen wie folgt:

Kraftwasser . . . . . . . . 26,0 cbm/sec
Holzverkehr . . . . . . . . 1,2 »
Hochwasserspitzen . . . . . 4,1 »

Das Staubecken im Obernachtal (Tafel 1 Abb. 2) hat etwa 35 m Stauhöhe. Nach dem Entwurf sollen hiervon nur die obersten 10 m als Ausgleichraum benutzt werden; diese enthalten 9,5 Mill. cbm Inhalt. Der Entwurf hat die Absenkung des Stauspiegels auf 10 m beschränkt, damit das Gefälle des Obernachkraftwerks möglichst wenig schwankt. Die 9,5 Mill. cbm bilden nur einen kleinen Teil des für den Vollausbau erforderlichen Speicherraums; neben den 9,5 Mill. cbm muß der Walchensee 202 Mill. cbm Inhalt liefern, wozu er um 12,23 m abzusenken ist. Die Rücksichtnahme auf das Obernachkraftwerk würde dazu führen, daß man die freien Wassermengen zunächst im Obernachbecken aufspeichert, die Rücksichtnahme auf die Naturschönheit dazu, daß man sie zuerst dem Walchensee zuführt; der Entwurf läßt in dieser Hinsicht den Wasserwirtschaftsplan offen. — Für das Triebwasser des Obernachkraftwerks (als Teil des auf dem oberen Weg zugeleiteten Isarwassers) setzt der Entwurf zugunsten eines sicheren Dauerbetriebs den Größtwert auf nur 9 cbm/sec fest. Diese Wassermenge wird nur ausnahmsweise unterschritten, da aus der Isar und aus dem Obernachtal selbst in den trockensten Zeiten 7 bis 8 cbm/sec bereitstehen; die Dauer der Mengen von weniger als 9 cbm/sec ist sehr kurz. Unter diesen Umständen stellt der Entwurf 9 cbm/sec als Triebwasser des Obernachkraftwerks in Rechnung. — Das Gefälle des Kraftwerkes ist der Höhenunterschied zwischen dem jeweiligen Stauspiegel des Obernachbeckens und demjenigen des Walchensees; seine Größe schwankt zwischen 32,5 und 50,0 m und beträgt im Mittel 38 m.

### 4. Kraftleistung.

Die Tabelle 9 gibt in den Reihen 1 bis 12 die Kraftverhältnisse der 4 Ausbaustufen an und zwar einschließlich des im Ausbau IV erscheinenden Obernachkraftwerks. Die Zahlen für den Ausbau II wurden teilweise durch Schätzung ermittelt; der Entwurf hat für den Ausbau II nur die Zahlen der Reihen 2 und 7 angegeben. Als Ausbau IVa ist in die Tabelle 9 die im Abschnitt A, 1 erwähnte Wahlform zum Vollausbau eingeführt worden, bei welcher der obere Wasserweg fortbleibt und ein zweiter unterer Stollen Isar—Walchensee gebaut wird. Als Nutzleistung des Ausbaus IVa setzt der Entwurf die Leistung des Hauptwerkes im Ausbau IV ein (50 800 PS); dies ist auch in der Tabelle 9 geschehen. Für den Nachweis der Gesamtleistung der Turbinen (Reihe 8) ist der Wirkungsgrad der Turbinen = 0,78 gesetzt worden, bei den Zahlen der Reihe 12 der elektrische Wirkungsgrad (von Turbine bis Sammelschiene) = 0,92. Im übrigen wurden die Zahlen der Reihen 1 bis 12 dem Entwurf entnommen bzw. so ermittelt, wie die Tabelle 9 angibt.

Die Nutzleistung des Obernachkraftwerks im Ausbau IV wurde in Reihe 10 nach dem Entwurf mit 3420 PS eingesetzt. Diese Kraftmenge ergibt sich aus folgenden Zahlen (vergl. Abschnitt 3): Wassermenge = 9 cbm/sec; mittleres Nutzgefälle = 38 m weniger 2 m (Druckverlust) = 36 m; Wirkungsgrad der Turbinen = 0,79. Die Größtleistung (bei großem Gefälle) beträgt etwa 4500 PS; hierfür werden 3 Turbinen zu je 1500 PS vorgesehen, außerdem eine vierte als Reserve (vergl. Abschnitt C, I, 2, d); die Kraft wird an das Hauptwerk abgegeben.

### 5. Die Baukosten.

In den Reihen 13, 14, 15 der Tabelle 9 sind die vom Entwurf in Gestalt eines bindenden Angebots nachgewiesenen Baukosten angegeben (vergl. Tabelle 5); aus ihnen wurden in den Reihen 16 und 17 die Einheitsbaukosten für 1 PS Nutzleistung (täglich 24 Stunden) ermittelt. Diese Einheitskosten dürfen mit den Einheitskosten der anderen Entwürfe nicht ohne weiteres verglichen werden. Für den Ausbau II sind die Einheitskosten nicht ermittelt worden, da der Entwurf für ihn die Baukosten nicht nachgewiesen hat; sie dürften aber erheblich kleiner sein als diejenigen des Ausbaus I und wohl auch kleiner als diejenigen des Ausbaus III. Trotzdem der Entwurf bestrebt gewesen ist, den 1. Ausbau so billig wie möglich zu gestalten, weist der 1. Ausbau doch die höchsten Einheitskosten auf; dies ist augenscheinlich in den allgemeinen Verhältnissen des Unternehmens begründet. — Sehr beachtenswert ist die Beziehung zwischen den Einheitsbaukosten der Ausbaustufen IV und IVa. Die Kraft des Ausbaus IVa ist erheblich billiger als die Kraft des Ausbaus IV. Der Entwurf ist sich dessen vollauf bewußt; er hebt als wichtige Eigenschaften der Form IV hervor, daß sie ohne ausschlaggebende Rücksicht auf den Preis eine möglichst große Kraftmenge erzielt, und daß sie mit Hilfe des Obernachbeckens den Walchensee zugunsten der Naturschönheit entlastet. Anderseits

**Tabelle 9 „Einfach und Sicher".**

| 1 | 2 | 3 | 4 | 5 | 6 | 7 | 8 | 9 | 10 | 11 | 12 | 13 | 14 | 15 | 16 | 17 | 18 |
|---|---|---|---|---|---|---|---|---|---|---|---|---|---|---|---|---|---|
| Ausbaustufe | Hauptwerk | | | | | | | | Mittlere Nutzleistung des Obernachkraftwerks | Hauptwerk und Obernachkraftwerk zusammen | | | | | | | Ausbaustufe |
| | Größte Absenkung des Walchensees unter + 801,90 | Mittlerer Spiegel des Walchensees | Mittleres Rohgefälle | Gefällverlust vom Walchensee an | Mittleres Nutzgefälle | Kraftwasser | Hydraulische Nutzleistung | Eingerichtete Turbinen-Nutzleistung für Spitzenbelastung | | Gesamte hydraul. Nutzleistung auf der Turbinenwelle | Gesamte elektr. Nutzleistung an der Schalttafel | Baukosten: ohne die elektr. Einrichtungen | Baukosten: der elektr. Einrichtungen allein | Baukosten: im ganzen | Einheitsbaukosten für 1 PS der hydraulischen Nutzleistung | Einheitsbaukosten für 1 PS der elektrischen Nutzleistung | |
| | m | m üb. Meer | m | m | m | cbm/sec | PS | PS | PS | PS | PS | Millionen Mark | Millionen Mark | Millionen Mark | M | M | |
| I | 3,50 | 800,5 | 196,75 | 3,80 | 192,95 | 11,75 | 23 600 | 8 · 9500 = 76 000 | — | 23600 | 21700 | 10,95 | 3,46 | 14,41 | 464 | 665 | I |
| II | 6,50 | — | — | — | ca. 192,0 | 14,50 | 29 000 | 10 · 9500 = 95 000 | — | 29000 | 26700 | — | — | — | — | — | II |
| III | 5,25 | 799,9 | 196,15 | 3,65 | 192,90 | 18,60 | 37 400 | 12 · 9500 = 114 000 | — | 37400 | 34400 | 14,85 | 5,13 | 19,98 | 398 | 581 | III |
| IV | 12,23 | 796,4 | 192,65 | 4,65 | 188,00 | 26,00 | 50 800 | 16 · 9500 = 152 000 | 3420 | 54220 | 49800 | 24,58 | 7,19 | 31,77 | 454 | 638 | IV |
| IVa[1]) | ca. 12,8 | — | — | — | — | — | 50 800 | 16 · 9500 = 152 000 | — | 50800 | 46660 | 19,62 | 6,82 | 26,44 | 387 | 567 | IVa[1]) |
| — | — | $N$ | $H = N - 603{,}75$[2]) | $r$ | $h = H - r$ | $Q$ | $K = \frac{Q \cdot h \cdot 1000 \cdot 0{,}78}{75}$ | $T =$ etwa $3 \cdot K$ | $O$ | $L = K + O$ | $L_e = 0{,}92 \cdot L$ | $BM$ (vgl. Tabelle 5) | $E$ (vgl. Tabelle 5) | $S = BM + E$ (vgl. Tabelle 5) | $P = \frac{BM}{L}$ | $P_e = \frac{S}{L_e}$ | — |

[1]) Ausbaustufe IVa ist die Wahlform zu IV.
[2]) Höhenlage der Düsen der Peltonräder = + 603,75 m.

betont der Entwurf sehr deutlich, daß die Form IVa, die den oberen Wasserweg fortläßt, bei weitem die wirtschaftlichere sei; er erhärtet dies namentlich durch folgenden Hinweis: Der Ausbau IV gewinnt die 3420 PS des Obernachkraftwerks, die bei Ausbau IVa fehlen (Reihe 10 der Tabelle 9). Den 3420 PS Turbinennutzleistung entsprechen 0,92 · 3420 = 3140 PS elektrisch an der Sammelschiene. Um diese 3140 PS zu gewinnen, muß ein Mehrkapital von 31,20 — 25,82 = 5,38 Mill. Mark aufgewendet werden (Reihe 14 der Tabelle 9). Also betragen die Einheitsbaukosten für 1 PS 1740 M, d. i. 3 bis 4 mal soviel wie die Kosten in Reihe 16. Die Kraft des Obernachkraftwerks ist hiernach beziehentlich teuer.

Zur Verminderung der Baukosten empfiehlt der Entwurf zu prüfen, ob man nicht eine kleinere Spitzenkraft zugrunde legen solle als diejenige im Verhältnis von 3 : 1; er weist die Kosten für das Verhältnis 1,75 : 1 nach und findet, daß diese Kosten erheblich kleiner sind als die Kosten bei 3 : 1. Als weiteres Mittel zur Kostenverminderung schlägt der Entwurf vor, daß statt zwei Turbinen von je 9500 PS (Reihe 9 der Tabelle 9) eine größere von 19 000 PS genommen werden solle.

#### 6. Schutz der Naturschönheit.

Hinsichtlich der Beeinflussung der Naturschönheit durch das Unternehmen macht der Entwurf folgendes geltend:

Die laut gewordenen Einwände sind teilweise berechtigt, namentlich soweit man beanstandet hat, daß der Walchensee nicht etwa einmalig und dauernd abgesenkt werden soll (was man durch Baumwuchs ausgleichen könnte), daß vielmehr eine erhebliche Schwankung des Seespiegels beabsichtigt wird. Wenn auch der Ausbau der Wasserkraft als die wirtschaftlich wichtigere Aufgabe gelten muß, so muß man doch auch dem Verlangen nach Schutz der Naturschönheit im Rahmen der Möglichkeit Rechnung tragen. Dies soll in erster Linie dadurch geschehen, daß die größte Absenkung in den ersten Ausbaustufen beziehentlich klein gehalten wird, und daß sie auch beim Vollausbau viel kleiner ist, als die Öffentlichkeit sich vorgestellt hat; teilweise wird dies dadurch ermöglicht, daß das Obernachbecken den Walchensee entlastet. Im Sommer wird der See in den ersten Ausbaustufen in jedem Jahre mehrere Monate hindurch wie früher gefüllt sein; auch beim Vollausbau wird dies der Regel nach zutreffen. Im Winter treten die Absenkungen ein; um das etwaige häßliche Aussehen der dann trocken werdenden Uferflächen zu beseitigen, wird empfohlen, auf der für den Turistenverkehr wichtigsten 8 km langen Strecke Walchensee—Urfeld (Tafel 1 Abb. 1) die von den Nachbarbächen zu Tal gesandten Murmassen in abgestaffelten und geböschten Terrassen aufzuschütten; dies soll mit dem allmählichen Ausbau nach und nach geschehen bei gleichzeitiger Bepflanzung. Weitere 2,5 km Ufer besitzen steile Felshänge. Die Möglichkeit der Sperrung des Seezipfels bei Walchensee durch einen Erddamm lehnt der Entwurf ab. Die Bauwerke, auch der beim Obernachbecken zeitweise auftretende Wasserfall, werden die Landschaft nach Ansicht des Entwurfs verschönern und beleben.

## C. Technische Einzelbeschreibung.

### I. Baugruppe I.

#### 1. Der untere Wasserweg mit der Jachenschleuse.

a) Allgemeines betreffend die Strecke Isar — Walchensee (Tafel 1 Abb. 1 und 4).

Der Entwurf hat in seinen Grundgedanken festgelegt, daß zwischen Isar und Walchensee im 1. Ausbau der untere, für Isar und Rißbach gemeinsame Wasserweg gebaut wird. Im Rahmen dieser Maßnahme war die Stelle für das untere Isarwehr auszuwählen; diese Auswahl hat der Entwurf mit folgenden Forderungen getroffen: Die Wehrstelle soll genügend hoch über dem Spiegel des Walchensees liegen, sie soll aber anderseits möglichst weit flußabwärts liegen, damit der Wasserweg Rißbach—Isar möglichst kurz ist; sie ist ferner so zu wählen, daß die Stauhöhe des Wehres möglichst klein wird. Der höchste Seespiegel liegt auf + 801,9 m; die Sohle des Stollens Isar—Walchensee wird bei seiner Mündung in den Walchensee behufs sicherer Vorflut 0,6 m höher gelegt, somit auf + 802,5 m. Der Stollen ist 3335 m lang; in Anbetracht des gewählten Querschnitts und der Fließtiefe von 3,18 m bei der Größtmenge von 22,5 cbm/sec wurde dem Stollen ein Gefälle von 1 : 1670 gegeben; bei der Berechnung wurde die Formel von Ganguillet & Kutter angewandt und die Rauhigkeitzahl $n = 0{,}012$ gesetzt mit Gültigkeit für glatten, aber jahrelang vom Wasser bespülten Zement. Für Druckverlust durch Rechen und Schützen beim Stolleneinlauf wurden 0,12 m gerechnet. Hiernach muß der Stauspiegel des Wehres auf + 807,8 m liegen; bei der Wehrstelle liegt die Isarsohle auf etwa + 805,0 m, somit beträgt die Stauhöhe 2,8 m. Der Rückstau reicht (entsprechend 1 : 250 Gefälle der Isar) 1600 m flußaufwärts.

b) Das untere Isarwehr und die Isarkorrektion (Tafel 2 Abb. 10 bis 17 — [*1*] —).

Für die genaue Bearbeitung des Wehres hat der Entwurf bei der Wehrstelle 3 Talschnitte in je 200 m Abstand aufgenommen (Abb. 10). Dementsprechend wurde das Wehr mit etwa 95 m Lichtweite zwischen den Ufermauern eingerichtet; es umfaßt (vom rechten Ufer ausgehend) das 70,0 m lange feste Wehr, eine 3,5 m breite Kiesschleuse, einen 1,2 m weiten Fischpaß, eine Floßgasse von 8,0 m Weite und neben dem linken Ufer eine Grundschleuse mit zwei Öffnungen von je 3,0 m Weite. Gleich oberhalb der Grundschleuse liegt in der linken Uferwand der Einlauf zum Stollen; die Lage des Einlaufs ist eine derartige, und die Sohle der Grundschleuse ist so tief vorgesehen, daß eine Verlegung des Flußschlauchs neben die linke Uferwand erwartet werden kann; durch diese Verlegung wird eine sichere Abfuhr der Geschiebe ermöglicht. Die Bettsohle wurde im allgemeinen auf + 805,2 m angenommen, die Sohle der Grundschleuse aber auf + 804,3 m; die Schwelle des Einlaufs liegt auf + 805,8 m; da der Stauspiegel und ebenso die oberen Wehrkanten auf + 807,8 m liegen, so tritt das Wasser mit 2,0 m Tiefe in den Einlauf ein. Die Schützen der Grundschleuse sind zweiteilig; die übereinander liegenden Schütztafeln lassen sich unabhängig voneinander heben und senken; insbesondere soll bei Eisgang die obere Tafel zum Einschränken der Wassermenge gesenkt werden, anderseits wird zur Sinkstoffspülung die untere Tafel gehoben. Gegebenenfalls kann auch die Bauweise der Grundschleuse des oberen Isarwehres angewandt werden. Die 1 : 10 geneigte Floßgasse wird entsprechend den für die bestehenden Isarwehre geltenden Vorschriften mit einer 0,5 m hohen Schütze verschlossen; ihre feste Schwelle liegt auf + 807,3 m. Die Kiesschleuse, die eine einteilige Schütze besitzt, soll die Einfahrt zur Floßgasse von Sinkstoffen freihalten. Das feste Wehr hat einen 12 m breiten Sturzboden mit einem 0,8 m tiefen Kolk (Kolkboden auf + 803,8 m). Das ganze Wehr ist in Beton gebaut, es ist da, wo größere Lasten vorkommen, auf Pfähle gegründet; die Schleißflächen sind mit Holz bekleidet. Der Wehrbau ist oberhalb und unterhalb mit Spundwänden umgrenzt, der unteren Spundwand sind 3 Sinkwalzen vorgelagert. Oberhalb und unterhalb des Wehres ist für den Vollausbau eine Flußkorrektion (Tafel 2 Abb. 10) vorgesehen mit einer 20 m breiten Rinne für Mittelwasser und einer 105 m breiten Rinne für Hochwasser; flußabwärts liegt die Sohle der Mittelwasserrinne auf + 804,3 m, also ebenso hoch wie die Sohle der Grundschleuse.

Der Entwurf stellt für das Wehr bei 605 qkm N.G. 363 cbm/sec größtes Hochwasser in Rechnung mit 1,7 m Fließtiefe flußabwärts (U. W.-Spiegel + 806,0 m); er weist nach, daß dieses Hochwasser mit 1,0 m Aufstau über Wehrkrone bewältigt wird, wenn alle Schützen (ohne den Einlauf) geöffnet sind.

Der Einlauf ist 34,3 m breit und zeigt 6 Schützenfelder zwischen Betonpfeilern. Die 2,0 m hohen Schützen sind zweiteilig: untere Tafel 0,75 m hoch, obere Tafel 1,25 m hoch. Darüber steht eine feste Holzwand. Bei Hochwasser soll die untere Schütztafel geschlossen bleiben. Vor dem Einlauf steht ein Grobrechen aus 12 cm dicken Rundhölzern mit 15 cm weiten Lücken. Hinter der Einlaufwand liegt ein großes Ablagerungsbecken; in diesem sollen sich möglichst alle Sinkstoffe absetzen zum Schutz der Stollenwände und der Klarheit des Walchensees; für die Abfuhr der Sinkstoffe ist eine Spülschleuse vorhanden. — Vor dem Eingang zum Stollen steht ein Feinrechen.

Vom 2. Ausbau an soll das Holz getriftet werden; dazu wird im Anschluß an die Grundschleuse eine hölzerne Triftrinne (Tafel 2 Abb. 17) in Trapezform mit 0,40 m Sohlenbreite, 1,30 m Spiegelbreite und 0,52 m Wassertiefe gebaut; die Grundschleuse wird hierfür als Kammerschleuse eingerichtet, dies wird bereits beim 1. Ausbau berücksichtigt.

c) Stollen Isar — Walchensee und Jachenschleuse (Tafel 1 Abb. 1, 4 und 8, Tafel 2 Abb. 18 und 19).

Der mit haubenförmigem Querschnitt hergestellte Stollen liegt mit den ersten 200 m im Kieshang; er erhält hier eine verstärkte Ausmauerung. Weiterhin liegt er im festen Gebirge und wird hier in üblicher Weise mit Mauerwerk bekleidet. In seinem nördlichen Teil weicht der Stollen dem zerdrückten Gebirge des Alpenbachtales aus. Beim Stollenauslauf ist eine gemauerte Absturzkaskade (Tafel 2 Abb. 18) vorgesehen, die entsprechend der Seesenkung des 3. Ausbaus bis auf 5,08 m Tiefe unter den höchsten Spiegel reicht; sie wird allmählich ausgebaut. Für die weitere Absenkung beim Vollausbau ist nach Ansicht des Entwurfs eine gemauerte Kaskade vielleicht nicht mehr nötig; der Entwurf erwartet alsdann Felsen.

Der Ablauf des Walchensees wird durch die Jachenschleuse gesperrt (Tafel 2 Abb. 19); sie umfaßt eine 4,5 m weite Auslauföffnung und daneben eine 4,8 m weite Triftgasse, letztere mit 0,5 m Überfallhöhe; beide Bauwerke können bei hochgezogenen Schützen zusammen nicht mehr als 10 cbm/sec Wasser zur Jachen abführen, das heutige schädliche Hochwasser von 19 cbm/sec wird also vorteilhaft vermindert. Die Triftgasse erhält einen von der Seeseite her ansteigenden Holzboden, auf dem man bei niedrigem Seestand Holz aus dem See hochziehen und dem Jachental zuweisen kann.

Beim Stollenauslauf wird der im Abschnitt A, 1 erwähnte Triftwasserkanal (Tafel 1 Abb. 1) für 2 cbm/sec nach Osten zur Jachen abgeleitet; der 1675 m lange Kanal wird als betonierter Haubenstollen mit je 1,30 m Breite und Höhe gebaut bei 1,27‰ Sohlengefälle; sein Wasser fließt in die Auslauföffnung der Jachenschleuse und befördert von hier das Triftholz weiter.

d) Zuleitung des Rißbachs zum Isarwehr (Tafel 1 Abb. 1, 5 und 9).

Der Stauspiegel des unteren Isarwehres liegt auf + 807,8 m. Diesem Spiegel wird im 3. Ausbau Wasser aus dem Rißbach zugeleitet. Der Entwurf hat geprüft, ob man die Zuleitung als offenen Hangkanal oder als Stollen ausführen solle; er lehnt den offenen Hangkanal ab, weil derselbe wegen der zu durchfahrenden Schutthalden teuer in der Unterhaltung und unsicher im Betrieb sein würde; er entscheidet sich für die Stollenanlage, die er zwar im Bau für beziehentlich teuer, anderseits aber für zuverlässig hält, weil sie festen Felsen durchfährt. Im 3. Ausbau wird für die Zuleitung des Rißbachwassers zum Isarwehr zunächst 1 Stollen gebaut, beim Vollausbau wird ein zweiter Stollen hinzugefügt. Die Stollen erhalten 0,75‰ = 1 : 1333 Gefälle; daraus ergibt sich für sie, vom Isarwehr aus gerechnet, eine Länge von 5030 m, sie beginnen dementsprechend an einem Punkt des Rißbachtals, bei dem die Flußsohle auf etwa + 811,0 m liegt; hier wird ein Wehr gebaut mit Stauspiegel auf + 812,9 m. Die so gewonnene Wehrstelle liegt oberhalb der Mündung des Fischbachs; ihre Ortsverhältnisse sind günstig: Schuttkegel fehlen, und der gewachsene Felsen tritt dicht an das Ufer heran. Die Stollen unterfahren die Klamm des Fischbachs und nehmen mittels eines kleinen Bauwerks sein Wasser mit auf.

Das Rißbachwehr (Tafel 2 Abb. 20 bis 22) umfaßt (vom rechten Ufer aus) das 25 m lange feste Wehr, einen Fischpaß, eine 4,8 m breite Triftgasse und bei dem Stolleneinlauf am linken Ufer eine 7,3 m breite Grundschleuse mit zwei Öffnungen. Als Wehrverschlüsse sind Schützen vorgesehen. Der Einlauf (mit Schützenverschluß) ist 14,6 m breit; vor ihm steht ein Grobrechen, hinter ihm liegt ein Sinkstofffang mit Spülschleuse; in dem Fangbecken fließt das Wasser mit 70 cm/sec Geschwindigkeit. Durch einen Feinrechen gelangt das Wasser in die Stollen. — Die Einzelheiten des Rißbachwehres stimmen mit denjenigen des unteren Isarwehres wesentlich überein; jedoch sind wegen des gröberen Geschiebes die Betonflächen in größerem Umfang mit Holz bekleidet. Mit Rücksicht auf etwaige spätere Flußvertiefung wurden die Sturzböden tiefer als die Flußsohle gelegt. — Beim Wehr hat der Rißbach 215 qkm Flußgebiet mit etwa 129 cbm/sec größtem Hochwasser; dieses Wasser wird mit 1,0 m Überstau (Stauspiegel + 813,9 m) bewältigt, wenn die Schützen der Grundschleuse und diejenigen der Floßgasse geöffnet sind; dabei steht das Unterwasser 1,2 m über Flußsohle. Die Betriebsflächen liegen auf + 814,9 m.

Die beiden Felsstollen (Tafel 1 Abb. 9) arbeiten mit 2,0 m Fließtiefe. Für ihre Ausführung sind drei Zwischenfenster vorgesehen; die längste Teilstrecke mißt 2250 m. Die Stollen münden mittels eines sie vereinigenden 160 m langen Erdkanals in das Staubecken des unteren Isarwehres (Tafel 2 Abb. 10 Schnitt *a—b*); beim Auslauf des Kanals ist eine Schütze vorhanden, durch sie soll das Rißbachwasser unter Druck austreten, um etwa vorgelagerte Sinkstoffe des Isarbettes auszuräumen.

### 2. Der obere Wasserweg.

a) Allgemeines (Tafel 1 Abb. 1, 2 und 6).

Der Ausgangspunkt des oberen Wasserweges ist das obere Isarwehr; dasselbe legt der Entwurf ungefähr an die nämliche Stelle, die auch der frühere Staatsentwurf und die Entwürfe Nr. 2, 3 und 4 gewählt haben; unmittelbar beim Wehr beginnt der in den linken Uferhang hineinführende Leitungsstollen. Die betreffende Stelle bietet, wie der Entwurf geltend macht, die einzige wirtschaftliche Möglichkeit für ein oberes Isarwehr, falls man einen längeren offenen Leitungskanal vermeiden will; bei ihr verengt sich das Flußbett durch das Hineinschieben der am rechten Ufer vorhandenen Aue, infolgedessen wird der Wehrbau beziehentlich billig sein. Bei der Wehrstelle liegt die Flußsohle auf etwa + 837,8 m, die Krone des festen Wehres (gewöhnliche Stauhöhe) wird auf + 841,5 m gelegt; der Entwurf sieht hiernach einen beziehentlich hohen Aufstau vor, der deswegen erwünscht ist, weil das Staugefälle das Nutzgefälle des Obernachkraftwerks vermehrt. Der 2184 m lange Stollen zum Obernachtal erhält 0,6‰ = 1 : 1670 Gefälle; beim Stolleneingang gehen durch Feinrechen und Schütze 0,21 m Gefälle verloren; hiernach tritt das Wasser im Obernachtal mit Spiegelhöhe + 840,0 m aus. Diese Höhe von + 840,0 m wird als höchster Stauspiegel des Staubeckens im Obernachtal festgelegt.

### b) Das obere Isarwehr und der Isarstollen.

Der Rückstau des Isarwehres (Tafel 2 Abb. 23) reicht nach dem Entwurf höchstens 1,32 km talaufwärts; die Uferverhältnisse gestatten diesen Rückstau.

Der Entwurf hat die Wehranlage vom linken Ufer abgerückt, da er das Anschneiden der hier vorhandenen beweglichen Schutthalden vermeiden wollte. Mit Rücksicht auf die im ganzen nicht günstigen Ortsverhältnisse der Wehrstelle werden oberhalb und unterhalb des Wehres umfangreiche Uferbauten (Tafel 2 Abb. 24) vorgesehen, namentlich oberhalb am rechten Ufer ein langer Hochwasserdamm. Die flußabwärts geplanten Ufermauern sollen zunächst nur teilweise ausgeführt werden, bis man weiß, inwieweit sich nach dem Bau des Wehres die Flußsohle vertieft. Für den Vollausbau ist unterhalb des Wehres eine Flußkorrektion vorgesehen (vergl. Abschnitt B, 2); auch oberhalb soll der Fluß nach Bedarf korrigiert werden.

Das Isarwehr (Tafel 2 Abb. 23) umfaßt 3 Hauptgruppen: am linken Ufer, in üblicher Lage vor dem Stolleneinlauf, den 7,0 m breiten Grundablaß (Oberkante des Verschlusses + 842,0 m), daneben 14,0 m breit das bewegliche Wehr mit festem Unterbau (feste Krone + 839,9 m, Oberkante des Verschlusses + 842,0 m), schließlich am rechten Ufer das 49,0 m lange feste Wehr (Krone + 841,5 m). Die Wehrsohle liegt flußaufwärts und unter dem Grundablaß auf + 838,2 m. Die angegebenen Breiten entsprechen folgenden Forderungen: Das feste Wehr soll die Größtmenge des Stollens = 22,5 cbm/sec mit 0,4 m Strahldicke (Spiegelhöhe + 841,9 m) abführen; das feste Wehr und das bewegliche Wehr mit gehobenem Verschluß sollen zusammen ein mittleres Hochwasser von 90 cbm/sec mit Spiegelhöhe + 841,9 m bewältigen; alle 3 Öffnungen zusammen sollen bei gehobenen Verschlüssen das größte Hochwasser von 300 cbm/sec mit Spiegelhöhe + 842,5 m abführen. — Als Wehrverschlüsse sind Walzenwehre vorgesehen; der Entwurf hält diese für besonders wasserdicht und für betriebssicher bei Hochwasser und bei Eisgang; die niedrigere Walze des beweglichen Wehres besitzt in der Mitte der Krone einen 6,0 m breiten und 0,75 m tiefen Einschnitt, dem ein besonderer Verschluß gegeben wird; durch den Einschnitt sollen Eisschollen mit kleinem Wasserverlust durchgelassen werden. Das Wehr erhält keine Floßgasse, sondern am linken Ufer eine Triftschleuse mit 2 Verschlußschützen (vergl. Abschnitt B, 2); die Triftschleuse führt zum Triftkanal über (Tafel 2 Abb. 17). In der Mitte des Wehres befindet sich ein Fischpaß. Am linken Ufer liegt der 25 m breite Stolleneinlauf mit Grobrechen, 5 zweiteiligen Verschlußschützen mit Kiesfang, Spülschleuse, Feinrechen und einem letzten Verschluß vor dem Stollenmundloch; die Schwelle des Einlaufs liegt auf + 839,5 m (1,3 m über dem Vorboden); der Grobrechen hat 15 cm Lückenweite mit $v = 0{,}45$ m/sec zwischen den Stäben, der Feinrechen 5 cm Lückenweite mit $v = 0{,}80$ m/sec. Da das Wehr, wie oben gesagt wurde, vom linken Ufer abgerückt ist, so liegen die Böden der Triftschleuse und des Kiesfangs höher als das tiefliegende alte Flußbett; hier ist eine Unterfüllung mit Magerbeton vorgesehen. Im einzelnen ist die Bauweise der Wehranlage ähnlich derjenigen des unteren Isarwehres, jedoch sind die Vorsichtsmaßregeln durchweg gesteigert, da die Ortsverhältnisse der oberen Stelle ungünstiger erscheinen; der unteren Spundwand des Wehres sind z. B. vier starke Senkfaschinen vorgelagert worden.

Als Wahlform schlägt der Entwurf ein Wehr mit Kronenhöhe + 861,0 m oberhalb Wallgau bei Krünn vor, wo die Ortsverhältnisse sehr günstig sind (Tafel 1 Abb. 1); von hier soll ein offener Kanal zum Stollenmundloch führen.

Der 3,70 m breite und 3,75 m hohe Stollen (Tafel 1 Abb. 6), der einen druckfesten Querschnitt erhalten hat, mündet in das Obernachtal dort ein, wo der Spiegel des Staubeckens bei niedrigstem Wasserstand zu Ende ist; diese Stelle ist trotz der größeren Stollenlänge deswegen gewählt worden, weil bei ihr das Wasser des Stollens (Größtmenge = 22,5 cbm/sec) auf kürzestem Wege in das Staubecken stürzt; auch ist dort felsiger Boden vorhanden. Beim Stollenauslauf fließt das Wasser über einen Überfall (Tafel 3 Abb. 25); hierdurch soll dafür gesorgt werden, daß die Geschwindigkeit im Stollen nicht über 2,2 m/sec anwächst.

### c) Obernachsee (Staubecken) und Obernachkraftwerk — Bautechnisches.

— Tafel 1 Abb. 1 und 2, Tafel 3 Abb. 25 —

Für das geplante Staubecken im Obernachtal wird 700 m oberhalb der Mündung der Obernach eine Staumauer gebaut. Bei der Baustelle liegt die Talsohle auf + 805,0 m, das Tal ist daselbst durch Felsköpfe eingeschnürt. Der Stauspiegel liegt auf + 840,0 m; bis zu diesem Spiegel beträgt der Stauinhalt 19 Mill. cbm; zur Sicherung eines Kleinstgefälles für das Obernachkraftwerk wird das Wasser nur um 10,0 m bis auf + 830,0 m abgesenkt, über diesem Spiegel liegt ein Stauinhalt von 9,5 Mill. cbm. Ist das Becken gefüllt, so reicht der Stauspiegel 3 km talaufwärts. Bei der Sperrstelle ist die Talsohle 60 m breit, die Talweite in der Kronenhöhe beträgt 230 m. Das Gebirge besteht in der Hauptsache aus Dolomit, bei der Baustelle der Sperrmauer tritt Plattenkalk zutage. Zur Sicherheit nimmt der Entwurf an, daß die Mauer bis 10 m unter Talsohle gegründet werden muß. Die in das Staubecken fallende Staatsstraße wird verlegt und zwar unter Benutzung der Mauerkrone.

Die Staumauer (Tafel 3 Abb. 26 bis 29) wird in üblicher Weise im Grundriß gekrümmt. Für den angenommenen Mauerquerschnitt wird eine größte Pressung von 7 kg/qcm nachgewiesen; dabei ist Bruchsteinmauerwerk mit Gewicht = 2200 kg/cbm vorgesehen. Auf der Wasserseite erhält die Mauer eine Dichtungsschicht mit außen vorgelegter schützenden Betondecke, letztere mit Teilfugen.

Für die Entnahme des Wassers, zugleich für die Entleerung des Beckens, wird auf der Wasserseite ein Schacht an die Staumauer angebaut. In den Schacht kann das Wasser durch 3 Öffnungen, die unter dem niedrigsten Stauspiegel liegen, eingelassen werden: 2 Öffnungen von je 4,0/2,0 m Größe mit Feinrechen und Schützenverschluß liegen auf + 825,0 m bzw. + 818,0 m, eine Bodenöffnung von 2,0 m Durchmesser mit Drosselklappe liegt auf etwa + 805,5 m, außerdem ist ein 200 mm weites Füllrohr vorhanden. Der Abfluß aus dem Schacht erfolgt durch ein 2,5 m weites eingemauertes Eisenrohr, welches in seinem weiteren Verlauf als Druckrohr von 2,3 m Durchmesser das Wasser zum Obernachkraftwerk führt; auf der Luftseite der Staumauer ist das Druckrohr mit einer vom Kraftwerk aus elektrisch bedienbaren Drosselklappe, einem Rohrbruchventil und einem 1,5 m weiten Leerlauf versehen. Die Einzelheiten der angegebenen maschinellen Einrichtungen sind die nämlichen, wie die entsprechenden Einzelheiten beim Wasserschloß des Hauptwerkes. — In der Mitte der Mauerkrone sind 5 Überlauföffnungen von je 7 m Weite vorgesehen; durch sie kann das Überwasser in das dem Mauerfuß vorgelegte Sturzbett fallen, um dann durch den 700 m langen Leerlaufkanal (Tafel 3 Abb. 25), der in Erdbau für die größte Isarmenge von 22,5 cbm/sec eingerichtet ist, zum Walchensee zu fließen. Der Kanal (Gefälle 1 : 1320) mündet mit einer in Pflaster und Holzwerk erstellten Absturzkaskade in den See ein; seine Sohle liegt oberhalb der Kaskade auf +800,0 m; hier sind Dammbalkenfalze im Kanal vorgesehen, um bei niedrigem Seestand durch Einlegen von Balken die Fließgeschwindigkeit einschränken zu können.

Für die bauliche Anordnung des Maschinenhauses des Obernachkraftwerks (Tafel 3 Abb. 30 bis 32) war maßgebend, daß das Unterwasser (Walchensee) um 12,23 m schwankt (N. W. + 789,67 m); die schachtartige Turbinenkammer ist für den einseitigen äußeren Wasserdruck genügend stark, im allgemeinen soll aber bei hohem Seestand das Wasser in die Kammer eintreten.

### d) Die maschinentechnischen Einrichtungen des Obernachkraftwerks.

Gemäß Abschnitt A, 1 soll das Obernachkraftwerk erst im 4. Ausbau ausgeführt werden. Bei seiner Inbetriebsetzung wird daher das Hauptwerk schon zum größten Teil ausgebaut sein; das Obernachkraftwerk hat also nur eine Ergänzung zum Hauptwerk zu bilden, so daß es mit den einfachsten Mitteln erstellt und betrieben werden kann, ohne die Bereitschaft der beiden Werke zusammengenommen irgendwie herabzusetzen.

Die 2,3 m weite Rohrleitung (1 Rohrstrang) hat eine Länge von 760 m; sie ist in ihren Längs- und Quernähten genietet und besteht durchwegs aus Blech von 12 mm Stärke. Die Wassermenge beträgt während des größten Teils des Jahres 9 cbm/sec, die ihr entsprechende Geschwindigkeit 2,16 m/sec; die Anlaufzeit der Rohrleitung erreicht dabei den außergewöhnlich hohen Wert von 4,8 Sekunden. Die Leitung liegt vollständig im Boden, Expansionsstücke erscheinen deshalb entbehrlich.

Der Oberwasserspiegel schwankt etwa um 10,0 m, der Unterwasserspiegel um 12,23 m, so daß auch das Nutzgefälle, unter Einrechnung von etwa 2 m Verlusthöhe in der Rohrleitung, von 34 bis 44 m wechselt.

Im Obernachkraftwerk (Tafel 3 Abb. 30 bis 32) sollen normal 3500, im Höchstfalle 4500 PS an den Turbinenwellen erzeugt werden. Die erstgenannte Leistung soll durch 3 Turbinen aufgebracht werden, während eine vierte in Reserve steht, solange die Leistung von 3500 PS nicht überschritten werden kann.

Bei den vorerwähnten Verhältnissen kommen nur Francis-Turbinen in Betracht und zwar, falls die großen Schwankungen des Unterwasserspiegels vollständig ausgenutzt werden sollen, nur solche mit stehender Welle; denn nur durch diese Anordnung ist es möglich, die Dynamomaschinen ständig über dem Spiegel des Walchensees zu erhalten, ohne mit der Saughöhe über die zulässige Grenze hinauszugehen. Da der Unterwasserspiegel zeitweise höher steht als die Turbine, so sind nicht nur deren Zuleitungen, sondern auch die Ableitungen verschließbar zu machen, und deshalb sind auch im Saugrohr Schieber anzuordnen. Da auf eine vollkommene Dichtheit des Betons der Turbinenkammer nicht gerechnet werden darf, ist vorgesehen, allfälliges Sickerwasser durch eine besondere Entwässerungspumpe wieder zu entfernen.

Die Francis-Spiralturbinen laufen normal mit 462½ Umdrehungen in 1 Minute, ihr Laufraddurchmesser ist mit 750 mm angenommen, der Wirkungsgrad zu 78,8% bei $^4/_4$ und zu 77,0% bei ¾ Wassermenge angegeben. Von dem im ganzen 10,5 t betragenden Gewicht auf der Welle soll der Betrag von 1,25 t durch Gegendruck im Laufrad und der Rest durch das auf dem Armkreuz der Dynamomaschine sitzende Spurlager getragen werden.

Schwankungen in der Leistung des Gesamtwerkes sollen lediglich durch das Hauptwerk aufgenommen werden, das Obernachkraftwerk kann dann stets mit gleicher Leistung arbeiten, solange die Turbinen nicht von Hand anders eingestellt werden. Es ist daher vorgesehen, die Regulatoren des Obernachkraftwerks auf eine gegenüber dem Hauptwerk ungefähr um 7% erhöhte Frequenz einzustellen und nur dafür zu sorgen, daß die Wassermenge der Turbinen der verfügbaren Wassermenge und dem Gefälle von Hand angepaßt werden kann. Durch diese Maßnahmen sind für gewöhnlich Beschleunigungen in der Rohrleitung vermieden und damit auch die Druckschwankungen in derselben. Müssen aber die Regulatoren ausnahmsweise einmal schließen, so sind bei der großen Anlaufzeit von 4,8 Sekunden sehr starke Druckerhöhungen zu erwarten. Um diesen zu begegnen, ist mit jeder Turbine ein 0,75 m weiter Nebenauslaß verbunden, der sich selbsttätig öffnet, wenn die Turbine schließt; überdies ist eine Brechplatte angeordnet, welche eine entsprechende Öffnung freimacht, sobald der Druck in der Hauptleitung den gewöhnlichen Druck um ein gewisses Maß übersteigt.

### e) Die elektrotechnischen Einrichtungen des Obernachkraftwerks.

Über den Turbinen werden im hochwasserfreien Obergeschoß 4 asynchrone Wechselstromdynamomaschinen mit einer Dauerleistung von je 900 Kilovoltampere bei 3000 Volt mit senkrechter Wellenanordnung aufgebaut. Sie sind 4-polig und erzeugen bei 450 bis 462½ Umdrehungen Wechselstrom von 15 Perioden (Tafel 3 Abb. 30 bis 32).

Die Asynchronmaschinen bieten nach Hinweis des Entwurfes den wesentlichen Vorteil, daß alle Einrichtungen für die Spannungsregelung beim Zusammenarbeiten des Obernachkraftwerks mit dem Hauptwerk entfallen. Infolgedessen kann die elektrotechnische Anlage des Nebenwerkes einfach und billig ausgestaltet werden.

Der zur Erregung der Asynchronmaschinen benötigte wattlose Strom wird von den Synchronmaschinen des Hauptwerkes geliefert. Die Inbetriebsetzung erfolgt dadurch, daß die Turbinen auf eine der Periodenzahl des vom Hauptwerk zugeführten Stromes entsprechende Drehzahl gebracht werden, was durch einen Frequenzzeiger festgestellt wird. Alsdann wird das Werk an die zum Hauptwerk führende, bereits unter Spannung stehende Fernleitung durch Einlegen des Ölschalters angeschlossen.

Die Asynchronmaschinen sind sehr einfache und daher betriebssichere Maschinen; ihr von den Turbinen angetriebener Teil ist ein Kurzschlußanker. Dieser einfache Drehkörper ist den Geschwindigkeitserhöhungen bis zu 80%, welche die Turbinen bei Versagen des Regulators annehmen können, gewachsen; besondere, der Wartung bedürftige Teile sind nicht vorhanden.

Von den Dynamomaschinen fließt der Strom zu den Ölschaltern und Unterspannungssammelschienen im Erdgeschoß des an das Maschinenhaus anstoßenden Schaltgebäudes (Tafel 3 Abb. 30 und 32), dann zu den Wechselstromtransformatoren von 900 KVA, welche die Spannung auf 50 000 Volt erhöhen, und die, wie bei der Beschreibung des Hauptwerkes (Abschnitt C, II, 8) noch näher ausgeführt wird, auf der Unterspannungsseite nebeneinander, auf der Oberspannungsseite hintereinander geschaltet sind, wobei der Mittelpunkt geerdet ist (Tafel 5 Abb. 51).

Oberspannungsseitig sind Ölschalter nicht vorhanden. Muß ein Transformator abgeschaltet werden, so muß man allerdings die ganze Anlage vom Hauptwerk aus auf kurze Zeit außer Betrieb setzen. Bei der geringen abzuschaltenden Leistung und in Anbetracht der durch die gewählte Anordnung erzielbaren Ersparnisse erachtet aber der Entwurf diesen Nachteil für zulässig.

Beim Zusammenarbeiten der asynchronen Maschinen des Obernachkraftwerks mit den Synchronmaschinen des Hauptwerkes könnte der Fall eintreten, daß die ersteren Strom an die letzteren abgeben, sobald das vom Hauptwerk ausgehende Fernleitungsnetz bei Überlastungen durch die selbsttätigen Schalter von den Sammelschienen abgetrennt wird. Diese Stromaufnahme der Dynamomaschinen des Hauptwerkes hätte eine unzulässige Beschleunigung ihrer Magneträder zur Folge. Um dieser Gefahr zu begegnen, schlägt der Entwurf vor, in die Fernleitung, welche beide Werke verbindet, einen selbsttätigen Unterbrecher einzubauen.

Zwei Wechselstrom-Gleichstromumformer, jeder von 40 KW, und eine Sammler-Batterie von 310 Amp.Std. bei 2-stündiger Entladung erzeugen Gleichstrom von 220 Volt für den Eigenbedarf des Werkes, nämlich für den Betrieb der Hilfsmotoren zum Antrieb der Abschlußvorrichtungen der Rohrleitung und der Ölpumpen, sowie für die Beleuchtung und Heizung (Tafel 5 Abb. 51).

Die Verbindung der beiden Werke bildet eine Freileitung in Dreileiteranordnung von 2 × 50 000 Volt mit geerdetem Mittelleiter. Der Querschnitt jeder der 3 von Hängeisolatoren auf Eisenmasten getragenen Leiter ist 25 qmm.

## II. Baugruppe II.

### 1. Allgemeines und Druckstollen.

— Tafel 1 Abb. 3 und 7, Tafel 3 Abb. 33 —

Die Baugruppe II umfaßt das Einlaufbauwerk im Walchensee, die 2 Druckstollen, das Wasserschloß, die Druckrohre, das Hauptwerk und den Unterwasserkanal. Das Einlaufbauwerk legt der Entwurf nach Urfeld und zwar ungefähr an diejenige Stelle, die der frühere Staatsentwurf gewählt hat. Hinsichtlich der Lage des Wasserschlosses und der Rohrstraße im Zusammenhang hat der Entwurf die Örtlichkeit besonders eingehend untersucht; indem er sich für die von ihm gewählte Lage entscheidet, nimmt er für sie namentlich folgende Vorzüge in Anspruch: Die Baustelle des Wasserschlosses ist der flachste und daher bequemste Platz in der betreffenden Höhenlage; bei ihr wird festes Felsfundament angetroffen, während überhängende Felswände durchaus fehlen; der vorhandene Hochwald schützt bestens gegen Absturzmassen. Die vom Wasserschloß ausgehende Rohrbahn (Tafel 4 Abb. 40 und 41) liegt auf einem Geländerücken zwischen zwei parallelen Runsen, in denen der Felsen zutage tritt; daher kann auch für die Rohrbahn selbst Felsen erwartet werden; der Geländerücken ist einfach gestaltet und ermöglicht es, die Rohrleitung in einem kurzen, steilen und gradlinigen Zuge betriebssicher an den Fuß des Talhanges zu führen. Hier, neben dem rechten Ufer des Jochbaches, wird das Hauptwerk angeschlossen; seine Lage fast unmittelbar am Hangfuß, die der Entwurf auf Grund von Kostenvergleichen festgesetzt hat, läßt die Niederung für sonstige Bauanlagen in hohem Maße frei. Die Nähe des Jochbaches erleichtert das Entleeren und das Entlasten des Wasserschlosses. Hiernach ergibt sich die Lage der Druckstollen und des Unterwasserkanals von selbst.

Für die beiden Druckstollen (Tafel 1 Abb. 7) hat der Entwurf aus statischen Gründen Kreisquerschnitt von 3,9 m Durchmesser gewählt; die Stollen sind 1060 m lang, liegen in 40 m Achsabstand und haben 0,75‰ Sohlengefälle. Die Höhenlage der Stollen ist wesentlich durch die Schwankung der Wasserstände im Walchensee bzw. im Wasserschloß bedingt (vergl. Abschnitt 3); dementsprechend liegt die Stollensohle im Walchensee beim Einlauf auf +782,87 m, beim Auslauf im Wasserschloß auf +782,03 m; der niedrigste Spiegel des Walchensees liegt auf +789,67 m. Die beiden Stollen müssen bis $3 \cdot 26 =$ 78 cbm/sec führen; sie haben zusammen 23,9 qm Querschnitt; also beträgt die größte Fließgeschwindigkeit 3,25 m/sec.

### 2. Einlauf bei Urfeld.

— Tafel 4 Abb. 34 bis 39 — [3], [4], [5] —

Die Sohle des Einlaufbauwerks liegt gemäß Abschnitt 1 auf + 782,87 m, d. i. etwa 19 m unter dem höchsten Seespiegel. Der Entwurf sieht ein einheitliches Bauwerk für die beiden Druckstollen vor; gegen zwei getrennte Bauwerke macht er geltend, daß der verfügbare Bauplatz sehr eingeschränkt sei, und daß bei der späteren Herstellung des zweiten Bauwerks in der Nähe des in Betrieb befindlichen ersten Bauwerks große Schwierigkeiten entstehen würden. Im Zusammenhang mit der Frage: »Ein oder zwei Bauwerke« hat der Entwurf folgendes Verfahren für die Bauausführung geprüft: »Die Stollen werden, zunächst ohne Einlaufbauwerk, bis zur Nordseite hin fertig ausgesprengt; in die so ausgeführten Stollen wird der See durch Voreinschnitte hindurch stufenweise und im Einklang mit dem betreffenden Ausbau entleert; alsdann wird das Einlaufbauwerk wesentlich im Trockenen hergestellt.« Dieses bereits angewendete Verfahren erscheint dem Entwurf zu zeitraubend und für den Vollausbau, falls ein Teilausbau vorangegangen ist, nicht genügend sicher; er sieht daher vor, daß das Bauwerk auf einem einheitlichen Caisson von 20/25 m Grundfläche mittels Druckluft gegründet werden soll und zwar sogleich ausreichend für den Vollausbau. Der Caisson erhält 4 Arbeitsschächte; zwei von ihnen bleiben für den Betrieb des Einlaufs bestehen. Die beiden Einlauföffnungen des Bauwerks erhalten Schützenverschlüsse und Korbrechen; die mit Füllrohren ausgerüsteten Verschlüsse sind bereits während der Bauausführung in geschlossenem Zustande vorhanden. Die bergseitigen Stollenöffnungen des Caissons sind während des Absenkens durch einen Schild geschlossen; sie sollen nach erfolgter Absenkung im Bereich des geschlossenen Felsens stehen, damit man hier möglichst sicher die von der Bergseite her vorzutreibenden Felsstollen anschließen kann. Die beiden Mundlöcher des Einlaufbauwerks haben 7 m Achsabstand (Tafel 4 Abb. 38); dieser Abstand vergrößert sich in den Berg hinein im Bereich einer kurzen Übergangsstrecke auf 40 m; am Ende der Übergangsstrecke besitzt jeder Stollen einen 3,0 m weiten Schacht (Tafel 4 Abb. 36 und 37); die zum Walchensee hin gelegenen Stollenstrecken sollen nebst dem Anschluß an den Caisson von den beiden Schächten aus hergestellt werden. Die Ortslage der Schächte ist möglichst so zu wählen, daß bei ihr unter der Spiegelhöhe des Sees nur Felsen angetroffen wird. Im 1. Ausbau wird auch vom zweiten

Stollen bereits der Schacht und der Anschluß an den Caisson gebaut; die freie Stollenstrecke nach Norden folgt erst im 3. Ausbau. In den beiden Bedienungsschächten des Einlaßbauwerks sind als zweite Verschlüsse Segmentschützen vorgesehen mit 5,2 m Halbmesser; ihre Achse wird durch eine Walze von 0,5 m Halbmesser gebildet; bei den Schützen ist der Stollenquerschnitt quadratisch. Neben dem Einlaßbauwerk werden zwei von ihm getrennte Flügelmauern mittels Druckluft niedergebracht (Tafel 4 Abb. 39).

### 3. Wasserschloß.

— Tafel 4 Abb. 40 und 41, Tafel 5 Abb. 43 bis 48 — [*6*] bis [*10*] —

Das Wasserschloß wurde als einheitliche Kammer entworfen, die sogleich im 1. Ausbau ausreichend für den Vollausbau hergestellt wird; die Kammer ist an den Felsen angelehnt. Der Entwurf hat geprüft, ob man nicht das Wasserschloß stufenweise ausbauen oder etwa zwei getrennte Wasserschlösser herstellen solle; ersteres lehnt er ab wegen der bau- und betriebstechnischen Schwierigkeiten, letzteres deswegen, weil der erforderliche Bauplatz fehlt. In das Wasserschloß münden die 2 Druckstollen; die gegenseitige Ortslage von Einlauf, Wasserschloß und Rohrbahn macht es notwendig, daß die Druckstollen kurz vor ihrem Ende nach links abgelenkt werden (Tafel 3 Abb. 33); diesen Umstand verwertet der Entwurf in folgendem Arbeitsplan: Im 1. Ausbau wird der westliche Druckstollen gebaut, im 3. Ausbau wird der östliche hinzugefügt; die gradlinig verlängerte Hauptachse des östlichen Stollens geht infolge jener Ablenkung in reichlichem Abstand am Wasserschloß vorbei ins Freie hinaus, daher ist es bequem möglich, für den Bau des zweiten Stollens seine gradlinige Fortsetzung als Förderstollen zu verwerten.

Die Kammer des Wasserschlosses wird als lotrechter Schacht eingerichtet, der entsprechend der baulichen Gesamtanlage rechteckigen Grundriß erhält; Seitenkammern sind nicht vorhanden. Es entstand die Frage, wie groß die Grundrißfläche werden solle, und welche Höhe die Kammer haben müsse. Die Beantwortung dieser Frage hängt von den zu erwartenden Schwankungen des Kraftbedarfs (Bahnbetrieb) ab. Die Kammer ist 41,0 m lang; diese Länge ist durch die Druckrohre bedingt; als Breite sind aus praktischen Gründen etwa 16,4 m vorgesehen, so daß die Grundfläche 670 qm beträgt. Der Entwurf verlangt unter Annahme dieser Grundfläche folgendes: Wenn bei gefülltem Walchensee die größte Spitzenkraft von 150 000 PS ausgeschaltet wird, so soll der dann im Wasserschloß vorhandene Druckspiegel von + 800,35 m nicht über + 806,90 m steigen. Dementsprechend sieht der Entwurf auf Grund seiner Berechnungen (nach Prof. Prášil) einen 15 m langen Überlauf mit Wehrkrone auf + 806,00 m vor. Der Entwurf weist anderseits unter Annahme eines niedrigsten Spiegels von + 789,75 m im Walchensee folgendes nach: Ist das Hauptwerk mit 50 000 PS belastet (Spiegel im Wasserschloß + 789,58 m), und werden dann plötzlich 75 000 PS hinzugeschaltet, so sinkt der Spiegel im Wasserschloß auf + 785,63 m; wird das stillstehende Hauptwerk plötzlich mit 125 000 PS belastet, so sinkt der Spiegel auf + 783,75 m. In Anbetracht dieser Ergebnisse legt der Entwurf die Oberkante des Auslaufs der Druckstollen auf + 785,93 m und die Oberkante des Einlaufs der abgehenden Druckrohre auf + 783,70 m; er vertritt die Ansicht, daß hierdurch genügende Betriebssicherheit geboten sei, insbesondere um den Eintritt von Luft in die Druckrohre zu verhüten.

Die Kammer des Wasserschlosses ist hiernach etwa 26 m hoch; sie soll in folgender Art gebaut werden: Die vom Wasser berührten Innenwände bilden einen dichten Behälter aus Eisenbeton mit 0,5 m Wandstärke; diese innere Eisenbetonwand lehnt sich gegen eine äußere Stützkonstruktion, die zur Bergseite hin durch die geglättete Felsfläche gebildet wird, während nach den drei anderen Seiten freistehende Stützmauern vorgebaut sind; letztere werden mit Ausdehnungsfugen versehen; von der Innenwand wird erwartet, daß sie infolge der gleichmäßigen Wärme des Kammerraumes nicht zur Formänderung neigt; zwischen die Innenwand und die äußeren Stützmauern wird eine Dichtungsschicht eingelegt. Die in der Kammer anzubringenden Ausrüstungen werden in der Innenwand befestigt; letztere erhält dann zum Schluß noch einen dichtenden Zementputz. Die durch Steinsturz gefährdeten äußeren Oberflächen werden durch Eisenbetondecken geschützt.

Gegenüber den beiden Druckstollen durchsetzen im Wasserschloß die 8 Druckrohre von 2,2 m Durchmesser die talseitige Längswand; sie sind mit Dichtungsringen in diese Längswand eingemauert. Vor den Rohreinläufen sind im Wasserschloß Zungenpfeiler vorgesehen, die einen Dammbalkenverschluß ermöglichen; sie werden gegen die talseitige Innenwand lose angesetzt. Zum Entleeren und Entschlammen des Wasserschlosses ist auf dem Boden in der westlichen Querwand ein Freilauf vorgesehen, der zu einem Leerschußstollen führt; dieser vereinigt sich auf ungefähr gleicher Höhe mit dem Stollen, der zum Entleeren der beiden Druckstollen dient; die vorgesehenen Einrichtungen gestatten, jeden einzelnen Druckstollen trocken zu legen, während der andere in Betrieb ist. Gleichfalls in der westlichen Querwand wird der schon erwähnte Überlauf eingerichtet; das Überlaufwasser gelangt mit zweimaligem Absturz durch Felsschächte hindurch in den Leerschußstollen; dieser mündet in die westlich benachbarte Talrunse, die für eine Größtmenge von 6 cbm/sec zu verbauen ist.

Für jedes Druckrohr sind im Wasserschloß vor der 2,4 m weiten Einlauföffnung und zwar im Schutze des Dammbalkenverschlusses 2 Schützen und ein Rechen von 15 qm Fläche mit 20 mm Lückenweite vorgesehen; zum Heben der Schützen und der Rechen dienen zwei fahrbare Motorwinden von je 15 PS. Die Gleitflächen der Schützen und der Schützenbahn sind mit Bronzeleisten ausgerüstet. Am luftseitigen Fuß des Wasserschlosses erhält jedes Druckrohr eine Drosselklappe, die sich auch selbsttätig als Rohrbruchventil schließen kann; neben der Drosselklappe befindet sich eine Luftleitung von 700 mm Durchmesser und ein Umlaufrohr.

Jeder der beiden Druckstollen besitzt im Wasserschloß einen Schützenverschluß, dessen Gesamtöffnung lotrecht in zwei Hälften geteilt ist.

### 4. Druckrohrleitung.

— Tafel 4 Abb. 40 und 41 — [*6*], [*7*] —

Die gewählte Lage der Rohrbahn führt die Rohre in kurzer und im Grundriß gradliniger Fahrt zum Fuß des Talhanges; hier, im Festpunkt 6, werden die Rohre in stumpfem Winkel nach rechts[1]) zum Turbinenhaus abgebogen; dieses und die anderen Gebäude des Hauptwerkes sind gänzlich außerhalb des Geländestreifens angelegt, der die gradlinige Verlängerung der Rohrbahn bildet (Tafel 3 Abb. 33); hiermit ist die Absicht verbunden, daß im Falle eines

[1]) Der Grundriß Tafel 4 Abb. 41 ist infolge eines Versehens bei der Umzeichnung der Entwurfspläne als Spiegelbild zur Darstellung gelangt; daher biegen die Rohre in der Abb. 41 irrtümlich nach links ab; ferner erscheint in der Abb. 41 das Seilbahngleis irrtümlich am westlichen (statt am östlichen) Rand der Rohrbahn, während für das Hilfsrohr das umgekehrte gilt. Zutreffend ist die Lagebeziehung auf Tafel 3 Abb. 33 und auf Tafel 5 Abb. 46.

Rohrbruches der abstürzende Wasserstrom an den wertvollen Gebäuden vorbeigeleitet werden soll, ohne sie zu beschädigen; eine Schußrinne führt in der Verlängerung der westlich benachbarten Talrunse das Sturzwasser unmittelbar in den Unterwasserkanal. Gleichzeitig wird auf diese Weise erreicht, daß die Gebäude und der Kanal von dem bei Hochwasser gefährlichen Jochbach abrücken.

Es sind 8 Hauptrohre vorgesehen mit oben 2,20 m und unten 1,70 m äußerem Durchmesser, ferner an der Westseite[1]) 1 engeres Hilfsrohr für die Erregermaschinen und für Nebenzwecke. Die Hauptrohre, deren obere Verschlüsse im vorigen Abschnitt 3 besprochen wurden, liegen in 2,70 m Achsabstand. Zwischen dem Wasserschloß und dem Turbinenhaus sind 6 Knickpunkte vorgesehen; ein letzter Knickpunkt liegt in der Außenwand des Turbinenhauses selbst. Sämtliche Knickpunkte sind als Festpunkte ausgebildet. Die Festpunkte oberhalb des besonders wichtigen Festpunktes 6 (vergl. oben) zeigen wesentlich nur Knicke in der lotrechten Ebene; 2 Knicke sind konvex, diese werden verankert. Der Entwurf nimmt an, daß die Festpunkte, mit Ausnahme von Nr. 5 und 6, in geringer Tiefe unter Gelände Felsen antreffen; für das endgültige Festlegen des Längenschnitts der Rohrbahn sieht er eine genaue Ortsprüfung vor. Die Zwischenstützen der Rohre stehen in 6 m Abstand. Die ganze Fläche der Rohrbahn wird 15 cm stark mit Beton abgedeckt, um die Rohrstützen und die Festpunkte gegen Unterwaschen durch eindringendes Wasser zu schützen; die Entwässerung geht zur westlich benachbarten Runse. Am östlichen[1]) Rande der Rohrbahn ist für den Bau und für den Betrieb eine Seilbahn vorgesehen.

Im 1. Ausbau werden die 4 westlichen Hauptrohre und das Hilfsrohr ausgeführt, im 2. und im 3. Ausbau je ein folgendes Hauptrohr und im 4. Ausbau die 2 letzten Rohre nach Osten. Die Rohrstützen im Wasserschloß und die Mauerkörper der Rohrbahn bis Geländehöhe werden sogleich im 1. Ausbau für alle 8 Rohre hergestellt.

Für die Bestimmung der Durchmesser und Wandstärken der Hauptrohre waren die Untersuchungen von Bauersfeld über die wirtschaftlichsten Abmessungen von Rohrleitungen maßgebend. Nach diesen Grundlagen errechneten sich die Rohrdurchmesser (im Einklang mit dem bereits Gesagten) für den obersten Teil der Leitung zu 2,2 m, für den untersten zu 1,7 m. Die Rohrstränge sind in je 4 Zonen eingeteilt, die unter sich mit konischen Rohrstutzen verbunden sind.

Für die Rohrleitungen wird Siemens-Martinschweißeisen mit 3400 bis 4200 kg/qcm Festigkeit und 25% Dehnung vorgeschlagen; die einzelnen Rohre sind mit 6 m Baulänge (= Abstand der Zwischenstützen) angenommen, sie sollen in den Längsnähten im Werk geschweißt, in den Querverbindungen jedoch durch Vernietung auf dem Bauplatz hergestellt werden. Als Zugbeanspruchung ist in der Längsnaht 750 kg/qcm angenommen. Jeder Rohrteil zwischen zwei Festpunkten ist an seinem unteren Ende in dem dort befindlichen Betonblock eingemauert, während ihm oben eine Expansionsmuffe die nötige Beweglichkeit gestattet. Die Zwischenstützen sind zur Verminderung der Reibung an den Auflagerstellen mit Blech ausgekleidet. Zur Begehung der Rohrleitung ist eine Anzahl Mannlöcher angebracht.

Jedes Hauptrohr hat eine größte Wassermenge von 10,4 cbm/sec zu führen, was einer Geschwindigkeit von 4,85 m/sec und je nach der Länge der Leitung einer Anlaufzeit von 0,83 Sekunden bei der kürzesten und 1,24 Sekunden bei der längsten Leitung entspricht. Allerdings wird damit gerechnet, daß die Spitzenleistung, bei der die hohen Geschwindigkeiten auftreten, nur ganz kurze Zeit anhält, so daß man gewöhnlich mit kleineren Wassergeschwindigkeiten und folglich auch mit kleineren Verlusten und Anlaufzeiten zu rechnen hat.

[1]) Siehe Fußnote Seite 32.

Das schon erwähnte Hilfsrohr wechselt in seinem äußeren Durchmesser von 750 bis 550 mm und soll bis 1 cbm/sec Wasser führen. Die an dasselbe angeschlossenen Maschinen können überdies von dem benachbarten Hauptrohr aus gespeist werden.

### 5. Hauptwerk — Allgemeines und Bautechnisches.

— Tafel 3 Abb. 33, Tafel 6 Abb. 52 bis 54, Tafel 7 Abb. 56 und 57 —
— [*11*], [*12*] —

Die beim Kochelsee angelegte Gebäudegruppe des Hauptwerkes enthält in erster Linie das Turbinenhaus, ferner östlich und parallel zu ihm 2 Gebäude, die symmetrisch als Schalt- und Transformatorenhäuser eingerichtet sind; zwischen diesen und dem Turbinenhaus ist eine Werkstätte mit Magazin vorgesehen. Im 1. Ausbau wird der nördliche Teil des Turbinenhauses gebaut (Tafel 6 Abb. 54 links); hier liegen am Gebäudeende die Schalträume, auf diese folgen die Erregergruppen und weiter nach Süden die Turbinen. Der Entwurf schließt gemäß Abschnitt 7 an jedes Hauptrohr 2 stehende Turbinen an; die so zusammengehörenden 2 Turbinen stehen quer zur Längsrichtung des Gebäudes nebeneinander, wobei die Querachsen 11,0 m Abstand haben; so entstehen 2 Turbinenreihen, und dementsprechend besitzt das Turbinenhaus im untersten Geschoß 2 parallele Ablaufkanäle von je 10,0 m Weite; im darüberliegenden Geschoß liegen in 2 Turbinentunnels die eingekapselten Turbinen und über dem Hauptflur die Dynamomaschinen[1]). Der unter Flur liegende Unterbau wurde in seiner Gesamtheit als versteifter Eisenbetonrahmen entworfen, der auch die Endkräfte der Druckrohre aufnimmt. Die Gewichte der Maschinen werden durch freitragende Rahmen auf den Unterbau übergeleitet. Die Sohle der beiden Ablaufkanäle wird zum Schutz gegen das Einströmungswasser mit 20 mm dickem Eisenblech bekleidet, die Wandungen mit Blech von 15 mm Dicke; zum weiteren Schutz werden den Nebenauslässen der Turbinen Ablenker aus Stahlguß vorgelegt. Behufs guter Beleuchtung und Belüftung soll der Oberbau des Turbinenhauses hoch und zwar in Massivbau ausgeführt werden; das massive Dach wird mit Ziegeln abgedeckt. Zur Kühlung der Dynamomaschinen wird durch Luftkanäle, die im Flurgewölbe liegen, Frischluft angesaugt (vergl. Abschnitt 8). — Der Unterbau des Turbinenhauses wird bis zur Grundwasserhöhe zwischen Spundwänden hergestellt; er soll bis zu dieser Höhe schon im 1. Ausbau im vollen Umfang ausgeführt werden. — Bei den beiden Schalt- und Transformatorenhäusern ist für unbedingte Feuersicherheit gesorgt worden; alle Decken und Säulen werden in Eisenbeton hergestellt.

### 6. Unterwasserkanal.

— Tafel 4 Abb. 42 — [7] —

Dem 450 m langen Unterwasserkanal (zwischen dem Kraftwerk und dem Kochelsee) fließt das Wasser der 2 Ablaufkanäle und der Schußrinne zu (betr. Schußrinne vgl.

[1]) Gemäß Abschnitt 7 (Endabsatz) macht der Entwurf den Nebenvorschlag, beim späteren Ausbau des Werkes an die Hauptrohre nicht je 2 Turbinen von je 9500 PS, sondern je 1 Turbine von 19000 PS anzuschließen. Der Grundriß Tafel 6 Abb. 54 zeigt dementsprechend 4 Rohre mit je 2 Turbinen (links) und 4 Rohre mit je 1 Turbine (rechts).

Abschnitt 4 Absatz 1). Im Kochelsee liegt der höchste Spiegel auf + 600,29 m, der niedrigste auf + 598,59 m. Die Sohle des Kanals wurde wagerecht auf + 596,65 m gelegt, die Düse der vorgesehenen Peltonturbinen auf + 603,75 m. Der Kanal wird in geböschtem Erdbau hergestellt; der Querschnitt zeigt beiderseits und zwar 0,5 m über dem höchsten Wasserspiegel eine 1,5 m breite wagerechte Berme; unterhalb der Bermen werden die Böschungen 1 : 2 angelegt mit Grobkiesdecke, oberhalb 1 : 1½ mit Berasung. Die größte Fließgeschwindigkeit beträgt 1,35 m/sec. Beim Turbinenhaus ist der Kanal 16 m tief eingeschnitten. Im 1. Ausbau wird die Sohle des Kanals vom westlichen Ufer ab mit 9,0 m Breite hergestellt; diese Breite wird im 3. Ausbau auf 13,0 m und beim Vollausbau auf 25,5 m vergrößert.

Beim Bau soll der Kanal möglichst bald vom See bis zum Turbinenhaus durchgeschlitzt werden, um für das Heranschaffen der Bauzubehöre eine Wasserfahrt zu erhalten. Diese Wasserfahrt auf dem Kanal soll auch für den Betrieb bestehen bleiben. Hierfür ist im Turbinenhaus zwischen dem Schaltraum und den Erregergruppen eine etwa 7,0/8,0 m große Bodenluke vorgesehen als Vermittelung zwischen dem westlichen Ablaufkanal und dem Gebäudeflur; an diese Bodenluke schließen auf der Flurhöhe Fahrgleise an.

### 7. Die maschinentechnischen Einrichtungen des Hauptwerkes.

Nach einer eingehenden Würdigung der in Betracht kommenden Gesichtspunkte schlägt der Entwurf Peltonturbinen von je 9500 PS vor, die mit Umdrehungszahlen von nicht mehr als 250 in 1 Minute laufen sollen, weil gegen höhere Umdrehungszahlen seitens der Elektrotechniker Bedenken bestehen. Als Wirkungsgrad wird bei voller und nahezu voller Beaufschlagung 78% angegeben; diese Zahl soll erst bei ¼ Beaufschlagung auf etwa 74% heruntersinken. Um die nötigen 4 Düsen gleichmäßig auf das Rad verteilen zu können und dadurch reine Drehmomente an der Turbinenwelle zu erhalten, um anderseits das Rad nahe am Unterwasserspiegel aufstellen und dennoch die Dynamomaschinen in bequemer Geländehöhe annehmen zu können, wählt der Entwurf die Achsen lotrecht. Die Turbinen sind, wie aus Tafel 6 Abb. 52 bis 54 und aus Tafel 7 Abb. 56 und 57 hervorgeht, in zwei Reihen angeordnet, wobei je zwei nebeneinanderliegende Gruppen von demselben Druckrohr gespeist werden (vgl. Abschnitt 5). Das Rohr schlingt sich spiralförmig um den Ablaufkessel herum und ist an seinem Ende an den Nebenauslaß angeschlossen, der vom Geschwindigkeitsregulator geöffnet wird, sobald dieser die Turbine schließt. Jede Turbine kann gegen ihr Druckrohr durch einen hydraulisch bewegten Schieber mit Umführungsleitung abgeschlossen werden. Die Mitte des Turbinenrades liegt 4 bis 5 m über dem Unterwasserspiegel, so daß immerhin noch 2 bis 2,5% der Gesamtleistung durch Freihängen verloren gehen. Der mittlere Raddurchmesser ist mit 2300, der Strahldurchmesser bei 4 Strahlen mit 172 mm angenommen. Zur sicheren Aufnahme der 93 t betragenden Gewichte von Turbinenlaufrad, Welle und Dynamoläufer wird vorgeschlagen, das untere Ende der Turbinenwelle in einen mit Metalldichtung versehenen Topf eintauchen zu lassen, der von vier am unteren Teil des Turbinengehäuses angegossenen Hohlrippen getragen wird, und der durch ein besonderes, mit doppeltem Filter versehenes Rohr vor dem Turbinenschieber an die Hauptleitung angeschlossen ist. Es sollen auf diese Weise 60 t entlastet werden, während der Rest von 33 t durch den Spurzapfen aufgenommen wird, der oben an der Dynamomaschine aufgebaut ist. Die Wassermenge der 4 Leitdüsen soll durch Nadeln verändert werden, die alle durch ein Gestänge zusammengefaßt und von einer Regelungswelle aus bewegt werden. Die Nadeln schließen also alle gleichzeitig.

In Schienenhöhe der Rollbahn, die in jedem der beiden unter Flur liegenden Turbinentunnels (Abschnitt 5) an der östlichen Längswand entlang läuft (Tafel 7 Abb. 56 rechts), sind über den Druckrohren für die Turbinen und zum Teil auf diese gestützt Abdeckplatten zu einem Boden vereinigt, von dem aus sämtliche beweglichen Teile der Turbinen, besonders aber die Düsen und die Nebenauslässe, zugänglich sind. Von diesem Boden führt eine Treppe bei jeder Turbine nach unten und zwischen je 4 Einheiten eine Wendeltreppe nach oben auf den Dynamoboden.

Die Pendel der Öldruckregulatoren werden von einer dicht unter dem Fußboden der Dynamohalle liegenden Welle betätigt, die ihren Antrieb durch Hyperbelräder von der Turbinenwelle aus erhält. Das für je zwei Regulatoren notwendige Drucköl wird von einer mit einem Elektromotor gekuppelten Druckpumpe erzeugt. Alle Regulatoren sind außerdem an eine gemeinsame, an den Längswänden der Dynamohalle gelagerte Ringleitung angeschlossen, die durch eine größere, für 6 Einheiten ausreichende Reservepumpe gespeist wird; die letztere erhält ihren Antrieb von einem Peltonrad von 40 PS, das an das Hilfsrohr angeschlossen ist und sich automatisch in Betrieb setzt, sobald die Ölpressung in der Ringleitung unter ein zulässiges Maß sinkt. Die Geschwindigkeit soll sich zur Schonung der Getriebe selbsttätig dem Ölbedarf anpassen. Sämtliche Pumpen und Leitungen sind für 20 Atmosphären Betriebsdruck angenommen, doch ist die Regelung so bemessen, daß schon ein Arbeitsdruck von 10 Atmosphären genügt, um bei plötzlicher Entlastung keine höhere Geschwindigkeitssteigerung als 12% auftreten zu lassen. Der selbsttätige Nebenauslaß soll die größte Steigerung des Druckes auf alle Fälle unter 10% halten, der Ungleichförmigkeitsgrad der Regelung ist zu 4% angenommen.

Da seitens der Elektrotechniker nur 20% Geschwindigkeitserhöhung für die Dynamomaschinen zugelassen wurden (vergl. Abschnitt 8), ist außer der üblichen Regelung noch eine besondere Sicherheitsregelung vorgesehen, die unabhängig von der ersteren arbeitet und entweder von beliebiger Stelle des Gebäudes von Hand oder selbsttätig in Gang gesetzt werden kann, wenn die Maximalschalter der elektrischen Hauptleitung herausfallen, oder wenn der Hauptregulator in irgendeinem Punkte zu versagen beginnt.

Zur Schmierung der Spur- und Halslager sind elektrisch betriebene Umlaufpumpen vorgesehen, von denen jede zwei Maschinensätze von 9500 PS versorgt. Auch ist hier noch eine Reserveleitung mit Pumpe eingerichtet, um von Betriebsstörungen der übrigen Pumpen unabhängig zu sein.

Die großen Absperrschieber vor den Turbinen, die Nebenauslässe und die Entlastungszapfen erhalten ihr Druckwasser unmittelbar aus der Hauptleitung; allfällige Verunreinigungen des Betriebswassers werden in einem besonderen Filter abgehalten.

Aus dem Hilfsdruckrohr werden außer dem erwähnten Peltonrad für den Betrieb der Preßölpumpen noch 3 weitere Peltonräder von je 350 PS und 450 Umdr./Min. gespeist, die mit Gleichstromdynamos für 220 Volt unmittelbar gekuppelt sind.

Der Entwurf verwendet besondere Sorgfalt auf die gute und reibungslose Herbeischaffung und Wiederentfernung der einzelnen Maschinenteile; es ist zu diesem Zweck nicht nur in der Haupthalle ein Kran mit Winden von 10 und 90 t angebracht, sondern in den Turbinengeschossen noch je ein besonderer Kran zur Bedienung und zum Abbau der einzelnen Turbinenteile eingerichtet. Außerdem sind überall die nötigen Montage- und Entladeluken vorgesehen. —

Der Entwurf hat sich auch die Frage vorgelegt, ob nicht an Stelle der Peltonturbinen von 9500 PS Francisturbinen doppelter Leistung (19 000 PS) angewandt werden können; er macht den Nebenvorschlag, bei einem späteren Ausbau solche Einheiten zu wählen und die Anlage so auszuführen, wie Tafel 6 Abb. 54 auf der rechten Seite zeigt (vgl. Fußnote auf Seite 33 rechte Spalte).

### 8. Die elektrotechnischen Einrichtungen des Hauptwerkes.

#### a) Allgemeines.

Der Entwurf findet die Kraft zwischen Walchensee und Kochelsee als besonders ausbauwürdig für die Versorgung des elektrischen Bahnbetriebes, da sie wegen ihrer außerordentlichen Speicherfähigkeit die täglichen und monatlichen Schwankungen des Kraftbedarfes auszugleichen gestattet und auch ein gutes, wirtschaftliches Zusammenarbeiten mit Niederdruckwerken gewährleistet, welche die ständige Leistung decken, während das speicherfähige Hochdruckwerk die Spitzen übernimmt und eine Kraftreserve für die Niederdruckwerke bildet.

Wenn auch in der ersten Zeit das Werk durch den Bahnbetrieb nicht voll ausgenützt sein wird, so schlägt der Entwurf trotzdem mit Rücksicht auf die voraussichtlich künftig überwiegende Beanspruchung durch den Bahnbetrieb für den gesamten Ausbau des Werkes die nach seiner Anschauung die meisten Vorteile für den Bahnbetrieb bietende Stromart, nämlich Wechselstrom von 15 Perioden, vor.

Der Entwurf legt besonders Wert darauf, daß im Hauptwerk nur eine Stromart erzeugt wird; daher soll der für die Landesversorgung und andere Zwecke verfügbare Kraftvorrat, für dessen Verteilung sich nach Ansicht des Entwurfs am besten Drehstrom von 50 Perioden eignet, durch Umformung des Wechselstromes am Ort des Bedarfes in Drehstrom oder Gleichstrom abgesetzt werden. Auf diese Weise kommt, wie der Entwurf ausführt, der Strom für den Bahnbetrieb billiger zu stehen, als wenn umgekehrt im Werk Drehstrom erzeugt und dieser in den Unterwerken in Wechselstrom umgeformt würde. Der Entwurf sagt, es sei notwendig, die Stromkosten für den elektrischen Bahnbetrieb möglichst niedrig zu halten, da dieser wegen des Wettbewerbes mit dem Dampfbetrieb nur einen beschränkten Preis zu zahlen vermöge; dagegen könnten die Abnehmer von Licht und Kraft viel höhere Preise zahlen und daher eher die Kosten der Umformung übernehmen.

Um bei einer endgültigen Einführung des elektrischen Bahnbetriebes einen möglichst großen Teil des gesamten Bahnnetzes von den fast ausschließlich im Süden gelegenen Wasserkräften versorgen zu können, wird als wirtschaftlichste Übertragungsspannung die zurzeit technisch erreichbare höchste Spannung von 100 000 Volt empfohlen. Jedoch soll mit dieser Spannung nicht in Zweileiteranordnung gearbeitet werden, sondern es wird für die Fernübertragung eine Dreileiteranordnung vorgeschlagen, so daß zwar die Spannung zwischen den Außenleitern 100 000 Volt beträgt; da aber der dritte Leiter, der Mittelleiter, geerdet werden soll, hat jeder Außenleiter gegen Erde nur eine Spannung von 50 000 Volt.

Diese bisher noch nicht ausgeführte Lösung hat nach Ansicht des Entwurfs den Vorteil, daß bei Erdschlüssen die störenden Einflüsse der Erdströme auf Schwachstromanlagen ganz erheblich vermindert werden, da die Ausgleichströme ihren Weg nicht durch die Erde und parallel liegende Schwachstromleitungen, sondern durch den einen geringeren Widerstand bietenden Mittelleiter nehmen.

Der auf der Spitze der Maste verlegte und an jedem Mast geerdete Mittelleiter bildet gleichzeitig einen vorzüglichen Schutz der Leitungsanlage gegen die Überspannungen der Atmosphäre, worauf der Entwurf besonders hinweist.

#### b) Beschreibung.

Beim Vollausbau sollen im Hauptwerk 16[1]) synchrone 8-polige Wechselstrommaschinen mit lotrechter Welle aufgestellt werden (Tafel 7 Abb. 56 und Tafel 6 Abb. 52 bis 54 — [*11*], [*12*] —). Ihre Dauerleistung ist je 6250 KVA bei 15 Perioden. Die Drehzahl beträgt 225. Die Dynamomaschinen, deren Dauerleistung in Rücksicht auf die kurz auftretenden Spitzenbelastungen des Bahnbetriebes um 30% niedriger bemessen ist als die Höchstleistung der Turbinen, sind für die großen Beanspruchungen durch den Bahnbetrieb kräftig gebaut. Der Anker soll daher in Stabwicklung ausgeführt werden, mit der die im Verhältnis zur Größe der Maschine geringe Spannung von 7000 Volt erzeugt wird. Die umlaufenden Pole erhalten kräftige Dämpferwicklungen, um bei Belastungsänderungen die Maschinen nicht zum Pendeln zu bringen.

Der Ersparnis halber sollen die Läufer nicht für die höchste beim Durchgehen einer Turbine erreichbare Drehzahlerhöhung von etwa 80%, sondern nur für eine solche von 20% gebaut werden. Um aber die gleiche Sicherheit zu erhalten wie bei einer durchgangssicheren Bauart, schlägt der Entwurf gegen das Durchgehen der Turbinen die besondere Sicherheitsregelung vor, die im Abschnitt 7 erläutert wurde.

Die Dynamomaschinen müssen gekühlt werden. Zu diesem Zweck ist an den Läufer eine Blasvorrichtung angebaut, mit der die kalte Luft aus den in den Flurgewölben ausgesparten Kanälen angesaugt und durch die Maschine gepreßt wird. Die erwärmte Luft wird in den Maschinenraum ausgestoßen. Der Entwurf führt aus, daß sich bei guter Lüftung des Maschinenraumes auch im Sommer ein erträglicher Wärmezustand erzielen läßt, während im Winter bei mehr oder weniger geschlossenen Dachlüftern eine sehr erwünschte Erwärmung des Maschinenraumes erhalten werden kann.

Jede Dynamomaschine wird durch eine auf das Polrad aufgesetzte Maschine für sich erregt. Die Magnetwicklung dieser Erregermaschine steht unter dem Einfluß eines Einankerumformers, dessen Magnete an eine gleichbleibende Gleichstromspannung von 220 Volt gelegt sind, während seinen Schleifringen niedrig gespannter Wechselstrom aus einem in den Hauptstromkreis der Hauptmaschine gelegten Stromtransformator zugeführt wird. (Siehe das Schaltbild Tafel 5 Abb. 49 und Tafel 6 Abb. 55.) Bei dieser Regelung nach Danielson wirkt also jede Änderung der Stromstärke im Hauptstromkreis auf die Erregung ein und hält dadurch die Spannung auf nahezu gleicher Höhe. Durch Drehen des Magnetgestells des Einanker-Umformers kann die Phase der im Umformer erzeugten Wechselstromspannung gegenüber der von der Hauptmaschine zugeführten verschoben und je nach dem Drehsinn des Gestelles die Umformerspannung und hierdurch die Stärke und Richtung der »Compoundierung« geändert werden.

Von den Dynamomaschinen führen eisenbewehrte Bleikabel den Strom mit der Spannung von 7000 Volt unmittel-

[1]) Die 16 Maschinen entsprechen dem Hauptvorschlag des Entwurfs; Tafel 6 Abb. 54 (Grundriß) stellt den Nebenvorschlag dar — vgl. Fußnote auf Seite 33 rechte Spalte.

bar zu den Transformatoren. Diese sind in Vorbauten der von dem Krafthaus getrennten, symmetrisch angeordneten beiden Schalthäuser in feuersicher abgeschlossenen Kammern aufgestellt. Die Transformatoren stehen über Gruben, die mit Ziegelbrocken gefüllt werden. In diesen Gruben soll allenfalls ausfließendes brennendes Transformatorenöl aufgefangen und zum Verlöschen gebracht werden (Tafel 6 Abb. 53 und 54). Zwischen den einander zugekehrten Transformatorenräumen ist eine Schiebebühne angeordnet, auf der die Transformatoren bequem zur Werkstätte verbracht werden können. Um die Dreileiteranordnung für die Fernleitungen durchführen zu können, braucht der Entwurf für jede Dynamomaschine zwei Transformatoren. Sie sollen als fahrbare Öltransformatoren in Mantelbauart ausgeführt werden. Die Leistung eines Transformators beträgt 3125 KVA. Die Spannung wird von 7000 auf 50 000 Volt erhöht. Zur Kühlung des Öles wird im Innern des Ölkessels eine von Wasser durchströmte Kühlschlange eingebaut.

Die auch aus Rücksicht auf die Gewichte empfehlenswerte Unterteilung der Transformatorleistung auf 2 Transformatoren für jede Maschine benützt der Entwurf zu einer vorteilhaften Schaltung, wie folgt.

Es läge nahe, die beiden zu einer Dynamomaschine gehörigen Transformatoren auch auf der Unterspannungsseite in Reihe zu schalten, wie dies auf der Oberspannungsseite, um die Dreileiterspannung von 2 × 50 000 Volt zu erhalten, auf jeden Fall geschehen muß. Die Unterspannungsseite eines Transformators hätte alsdann nur die halbe Maschinenspannung, also 3500 Volt, aufzunehmen. Würde die Schaltung so durchgeführt, so würde beim Erdschluß eines Außenleiters der in Mitleidenschaft gezogene Transformator kurzgeschlossen, der andere in Reihe mit ihm geschaltete würde die ganze Maschinenspannung von 7000 Volt erhalten und auf der Oberspannungsseite die Spannung von 100 000 Volt statt 50 000 erzeugen. Eine solche schädliche Wirkung wird aber verhütet, wenn im Kraftwerk die zu einer Dynamomaschine gehörigen beiden Transformatoren auf der Unterspannungsseite n e b e n einander geschaltet werden (Tafel 5 Abb. 49 und Tafel 6 Abb. 55); bei einem Erdschluß wird lediglich der zugehörige Transformator kurzgeschlossen.

Für die Unterwerke wird dagegen empfohlen, sowohl die Ober-, als auch die Unterspannungsseiten h i n t e r einander zu schalten. Würde auch hier die für das Kraftwerk vorgeschlagene Schaltweise angewendet, so würde eine geringe Verschiedenheit in den Wicklungen der beiden zusammengehörigen Transformatoren eine ungleiche Belastung der Transformatoren und Außenleiter zur Folge haben, so daß der geerdete Mittelleiter ständig einen den Schwachstrombetrieb störenden Ausgleichstrom führen würde. Damit übrigens beim Erdschluß eines Außenleiters ein allzu starkes Anwachsen des Kurzschlußstromes im Mittelleiter verhütet wird, sieht der Entwurf eine Drosselspule zwischen Transformator und Fernleitung vor.

Die S c h a l t a n l a g e ist dadurch gekennzeichnet, daß die Unterspannungsseite k e i n e Sammelschienen erhält, während auf der Oberspannungsseite die Sammelschienen z w e i fach angeordnet werden, und daß ferner alle Ölschalter, die Transformatorenschalter für sich und die Fernleitungsschalter für sich, in zwei parallelen Reihen aufgestellt in einem Raume vereinigt sind.

Von den Oberspannungsklemmen der Transformatoren werden die Hochspannungsleitungen zu den Ölschaltern im 1. Obergeschoß der Schaltgebäude, sodann zu den im Erdgeschoß angeordneten Doppelsammelschienen von 2 × 50 000 Volt geführt (Tafel 6 Abb. 53). Hier werden die Fernleitungen abgezweigt, die über Ölschalter im 1. Obergeschoß zu den Ausführungen im 2. Obergeschoß gelangen. Im ganzen können 12 Fernleitungen abgezweigt werden. Im 2. Obergeschoß wird die vom Obernachkraftwerk kommende Leitung eingeführt. Der im 2. Obergeschoß unmittelbar an den Leitungsausführungen angeordnete Überspannungsschutz besteht aus Stufendrosselspulen, Hörnerblitzableitern, Öl- und Wasserwiderständen (Tafel 6 Abb. 55).

Abgesehen von den Unterspannungssammelschienen spart der Entwurf auch die Ölschalter zwischen Dynamomaschine und Transformator. Um trotzdem die Transformatoren bei Kurzschlüssen spannungslos machen zu können, sind Relais vorgesehen, teils auf der Oberspannungsseite mit kleiner Verzögerung, teils zwischen Dynamomaschine und Transformator mit größerer Verzögerung; die Relais schalten je nach der Lage des Kurzschlusses den Ölschalter vor den Oberspannungssammelschienen oder den Erregerkreis der Erregermaschine ab (Tafel 6 Abb. 55).

Da bei Hauptbahnbetrieb Kurzschlüsse in den Fernleitungen zahlreich und mit großer Heftigkeit auftreten, so werden in jeder Fernleitung 2 Ölschalter hintereinander angeordnet, auf die sich die Stromunterbrechung verteilt. Bei Kurzschlüssen schaltet zunächst der nach der Fernleitung zu gelegene Schalter Ölwiderstände vor, welche den Kurzschlußstrom schwächen; dann erst schaltet der nach den Sammelschienen zu liegende Schalter die Leitung ab. Beim Einschalten einer Fernleitung wird zuerst durch den äußeren Schalter der Ölwiderstand vorgeschaltet und dann erst der Hauptschalter geschlossen.

Sämtliche Schalter werden von einem an die nördliche Querseite der Maschinenhalle angebauten S c h a l t r a u m (Tafel 6 Abb. 52 und 54) aus gesteuert. Hier sind auf Pulten alle zur Fernbedienung der Dynamomaschinen, Transformatoren und Fernleitungen notwendigen Apparate und Rückmeldevorrichtungen untergebracht.

Unterhalb dieses Schaltraumes befindet sich die Schalttafel für die Gleichstromanlage zur Erregung der Hauptmaschinen im Aushilfsfalle, zum Betrieb der Fernsteuerung der Ölschalter, der Hilfsmotoren, der Beleuchtung und der Beheizung des Schalthauses mit den Nebenräumen.

Die Gleichstromanlage besteht aus 3 Dynamomaschinen von je 250 KW bei 220 Volt, die von Turbinen angetrieben werden, und 2 Sammlergruppen, jede von 310 Amp. Std. bei 2-stündiger Entladung (Tafel 5 Abb. 50).

Um die wichtigen mit Gleichstrom zu betreibenden Einrichtungen, wie die Motoren zum Abschluß der Druckrohre im Wasserschloß, die Kranmotoren, die Fernsteuerung der Ölschalter und die Beleuchtung, von dem Wasserkraftbetrieb unabhängig machen zu können, was für die erste Betriebszeit und für Fälle von Betriebsstörungen wichtig ist, soll ein Wärmekraftmotor der Bauart Diesel mit einer Gleichstromdynamo von 50 KW aufgestellt werden.

# Fons roburis aqua.

## A. Allgemeine Anordnung, Ausbaustufen und Bauausführung.

### 1. Allgemeines und Ausbaustufen.

— Tafel 1 Abb. 1 —

Der Entwurf »Fons roburis aqua« hat für die B a u g r u p p e I (Zuführung des Wassers zum Walchensee) die G r u n d f o r m A angewendet, bei der für das Wasser der Isar und dasjenige des Rißbachs zwei voneinander getrennte Wasserwege eingerichtet werden. In dieser Hinsicht zeigt der Entwurf große Ähnlichkeit mit dem Entwurf »Viribus unitis«; beide Entwürfe stimmen in den wichtigsten Punkten mit dem Regierungsentwurf überein, der dem Wettbewerb voranging.

Zu der Grundform A hat sich der Entwurf auf dem Boden der nachstehenden Erwägungen entschlossen.

Daß sowohl aus der Isar wie aus dem Rißbach Wasser zum Walchensee überzuleiten ist, kann nach den Unterlagen des Wettbewerbs als selbstverständlich gelten. Isar und Rißbach vereinigen sich bei dem Orte Vorderriß, und dieser Ort liegt in der Luftlinie dem Walchensee beziehentlich nahe; daher taucht ohne weiteres der Gedanke auf, für das Wasser der beiden Flüsse einen einzigen, gemeinsamen Wasserweg zum Walchensee einzurichten. Zur Durchführung einer solchen Absicht käme zunächst der Bau einer Stauanlage in Betracht, die im Isartal bei Vorderriß zu schaffen sein würde, und zwar in e r s t e r Linie u n t e r h a l b der Rißbachmündung, in z w e i t e r Linie o b e r h a l b derselben. Das Tal liegt bei Vorderriß auf + 785 m oder niedriger, der höchste Stauspiegel des Walchensees liegt auf + 801,9 m; die unter diesen Umständen nötige h o h e Stauanlage hält der Verfasser des Entwurfs aus technischen Gründen für bedenkenerregend und zwar wegen der großen Höhe einerseits und wegen der Durchlässigkeit des Untergrundes sowie der beträchtlichen Menge des Hochwassers anderseits. — Nach Ausschaltung dieser Möglichkeit eines hohen Stauwerkes bei Vorderriß zieht der Entwurf für die Anlage des einheitlichen Wasserweges diejenige Form in Betracht, die man erhält, wenn man bei der Grundform B den oberen Wasserweg fortläßt und nur den unteren Wasserweg herstellt. Aber auch diese letztere Möglichkeit, bei der nur ein n i e d r i g e s Isarwehr nötig ist, lehnt der Entwurf ab und zwar wegen der technischen Schwierigkeiten, denen nach seiner Ansicht die zwischen dem Rißbachwehr und dem Isarwehr zu bauende Wasserleitung im Isartal infolge der Verhältnisse der Talhänge begegnen könnte.

Nach diesen Erwägungen nimmt der Entwurf von der Anlage eines gemeinsamen Wasserweges für Isar und Rißbach Abstand und entschließt sich, gemäß der Grundform A für jeden der beiden Flüsse einen besonderen Wasserweg einzurichten; diese vollkommene Trennung bietet ihm die Möglichkeit, für den einzelnen der beiden Wasserwege die beziehentlich günstigste Form anzuwenden.

Hinsichtlich der B a u g r u p p e II (Walchensee—Kochelsee, Tafel 3 Abb. 23) soll zunächst hervorgehoben werden, daß der Entwurf für den Vollausbau 3 Druckstollen durch den Kesselberg vorsieht. Sowohl diese Maßnahme wie auch die Gestaltung der oben erläuterten beiden Wasserwege zum Walchensee ist in wesentlicher Abhängigkeit von dem allmählichen Ausbau des Werkes zustande gekommen. Dazu ist folgendes zu sagen.

Der Entwurf sieht 4 A u s b a u s t u f e n vor.

Im 1. A u s b a u hat der Entwurf mit den übrigen 3 Entwürfen, welche die Grundform A benutzt haben, hinsichtlich der Baugruppe I das Wichtigste gemein: nur der o b e r e Wasserweg wird gebaut, und auf ihm wird dem Walchensee so viel I s a r wasser zugeleitet, wie mit 3,5 m Speicherhöhe des Sees verwertet werden kann (Tafel 1 Abb. 3 und 4). Als Zuleitung erscheint ein Stollen, der beim Isarwehr beginnt und etwa auf halber Länge des gesamten Wasserweges im Obernachtal endigt; vom Tunnelende aus fließt das Isarwasser, ohne Kraft zu erzeugen, durch das Obernachtal dem Walchensee zu, hierfür erhält das Tal eine flußbauliche Korrektion; diese O b e r n a c h k o r r e k t i o n bildet eine beachtenswerte Sonderheit des Entwurfs. Der aus dem Stollen und der korrigierten Obernach bestehende Wasserweg ist gemäß den Nachweisen des Entwurfs billiger als etwa ein längerer Stollen, der unmittelbar zum Walchensee führen würde. Die J a c h e n als Ablauf des Walchensees erhält eine Sperrschleuse. Von den 3 Druckstollen durch den Kesselberg wird im 1. Ausbau nur einer gebaut; das Hauptwerk mit Zubehör wird in entsprechendem Umfange hergestellt.

Im 2. A u s b a u soll ohne weitere Bauten in der Baugruppe I die aus der Isar zuzuleitende Wassermenge vergrößert und dem Walchensee so viel Wasser zugeführt werden, wie man mit 18 bis 19 m Speicherhöhe verwerten kann; ein zweiter Kesselbergstollen wird hinzugefügt bei entsprechender Erweiterung des Hauptwerkes.

Im 3. A u s b a u, der als V o l l a u s b a u gelten kann, entsteht der untere Wasserweg, der Wasser aus dem R i ß b a c h zuführen soll. Die Strecke vom Rißbachwehr bis zur Isar wird als offener Kanal hergestellt, der Übergang über die Isar als Aquädukt. Die Speicherhöhe des Walchensees ist nicht größer, als sie im 2. Ausbau war; trotzdem steht infolge der Hinzunahme des Rißbachs dem Hauptwerk eine größere Wassermenge zur Verfügung; dementsprechend wird der 3. Kesselbergstollen hergestellt und das Hauptwerk voll ausgebaut.

Der nachträgliche 4. A u s b a u, dem der Entwurf nur eine eingeschränkte Bedeutung beimißt, läßt das O b e r n a c h k r a f t w e r k entstehen; für dasselbe wird ein Oberwasserkanal gebaut, der dort, wo die Bachkorrektion talaufwärts beginnt, aus dem oberen Wasserweg abzweigt. Das Obernachkraftwerk verwertet nur einen Teil des zugeleiteten Isarwassers.

### 2. Bauausführung.

Hinsichtlich der Bauausführung hat der Entwurf für die einzelnen Bauwerksgruppen Angaben gemacht. In allgemeiner Hinsicht schlägt er für die Bauzeit des 1. Ausbaus eine Kraftquelle vor, bei welcher der vom Kesselberg kommende Bach mit etwa 130 m Gefälle verwertet, und bei der auf etwa +730 m ein Ausgleichweiher gebaut wird.

---

## B. Wasserwirtschaft, Kraftleistung, Baukosten und Naturschutz.

### 1. Allgemeines.

Folgende Wassermengen sind unter Vermittelung des Walchensees für das Hauptwerk als Kraftwasser verfügbar: die in der Jachen erscheinenden natürlichen Abflüsse des Walchensees selbst, die künstlich zugeführten Wassermengen der Isar und diejenigen des Rißbachs. Es entsteht die Frage: Welche Wassermengen müssen den drei Wasserläufen belassen werden zur Deckung von berechtigten wasserwirtschaftlichen Ansprüchen, bzw. als technisch unvermeidliche Verluste? Die Frage nach diesen Wassermengen, die im Hauptwerk nicht verwertet werden können, hat der Entwurf sehr eingehend geprüft; dabei hat sich folgendes ergeben.

### 2. Verlustwassermengen, Holzverkehr und Abfuhr der Sinkstoffe.

Der natürliche Ablauf des Walchensees, die Jachen, wird nach dem Entwurf sogleich vom 1. Ausbau an vollständig gesperrt; die Sperrschleuse ist der Regel nach geschlossen, sie muß geöffnet werden, wenn ausnahmsweise der See zu hoch steigt. Dementsprechend stellt der Entwurf die gesamte natürliche Ablaufmenge des Walchensees als Nutzwasser des Hauptwerkes in Rechnung. Hiermit im Einklang wird die Jachen von vornherein trockengelegt; die auf der Jachen betriebene Holztrift soll aufgehoben und in anderer Form ersetzt werden.

Die Flößerei auf der Isar und die Holztrift auf dem Rißbach bleiben möglichst lange bestehen, werden aber später beim Vollausbau aufgehoben; zwar zieht der Entwurf auch die dauernde Aufrechterhaltung der genannten Betriebe in Betracht, er weist aber dabei nach, daß diese Aufrechterhaltung die Kraftmenge des Hauptwerkes um jährlich 36 Mill. PS-Stunden (7½ %) vermindern würde; der Verzicht auf diese 7½% ist nach Ansicht des Entwurfs unwirtschaftlich, daher setzt er bei dem Wirtschaftsnachweis des Vollausbaus voraus, daß die Flößerei und die Holztrift aufgehoben sind. Gemäß dem Früheren wird der Rißbach erst beim Vollausbau zum Walchensee abgeleitet; daher wird die Holztrift des Rißbachs in den ersten Ausbaustufen in keiner Weise berührt. Die Flößerei der Isar soll in den ersten beiden Ausbaustufen trotz der Überleitung des Wassers zum Walchensee bestehen bleiben. Baulich ist hierfür im Isarwehr eine Floßschleuse mit einem Abflußvermögen von rund 15 cbm/sec vorgesehen; hinsichtlich des Flößereibetriebs setzt der Entwurf folgendes fest: Die Flößerei wird auf die acht wasserreichsten Monate des Jahres zusammengedrängt, wie dies auch schon heute ungefähr der Fall sein dürfte; während der 8 Monate wird die Floßschleuse nach Bedarf geöffnet; auf Grund von örtlichen Beobachtungen im Zusammenhang mit den Angaben in den Wettbewerbsunterlagen ergibt sich dann, daß die Isar, solange das Werk noch nicht voll ausgebaut ist, während der 8 Monate durchschnittlich 2 cbm/sec für die Flößerei behalten muß. Bestimmte Vorschläge für den späteren Ersatz der Flößerei werden im Entwurf nicht gemacht.

Neben der Flößerei beansprucht die Sinkstoffabfuhr das Belassen einer angemessenen Wassermenge in der Isar und im Rißbach. Hierfür sieht der Entwurf im Isarwehr und im Rißbachwehr je eine Spülschleuse vor (außerdem selbstverständlich die nötigen Spüleinrichtungen bei den Sandfängen). Die Abfuhr der Sinkstoffe soll in der Hauptsache während der sechs wasserreichsten Monate des Jahres stattfinden, und zwar soll alle 8 Tage 2 Stunden lang ein Spülstrom von im Mittel 25 cbm/sec erzeugt werden; im Durchschnitt der 6 Monate beträgt dann das Spülungswasser für jedes der beiden Flußwehre 0,3 cbm/sec. In den ersten beiden Ausbaustufen ist nur das Isarwehr vorhanden, beim Vollausbau auch das Rißbachwehr; also müssen während der 6 Monate in den ersten beiden Ausbaustufen 0,3 cbm/sec, beim Vollausbau 0,6 cbm/sec Spülungswasser in den Flüssen zurückbleiben.

Bei beiden Flußwehren wird infolge von Undichtigkeit oder von betriebswidrigem Überlaufen dauernd eine gewisse Verlustmenge talabwärts fließen; diese Verlustmenge schätzt der Entwurf auf durchschnittlich 0,35 cbm/sec für das Isarwehr und 0,25 cbm/sec für das Rißbachwehr, sie beträgt also in den ersten Ausbaustufen 0,35 cbm/sec, beim Vollausbau 0,60 cbm/sec. Für jeden der 3 Druckstollen im Kesselberg rechnet der Entwurf einen dauernden Verlust von 0,10 cbm/sec.

Sieht man die so ermittelten Wassermengen im Hinblick auf den Kraftbetrieb sämtlich als Verlustmengen an, so beträgt die gesamte Verlustmenge im Durchschnitt beim 1. Ausbau 1,9 cbm/sec, beim 2. Ausbau 2,0 cbm/sec und beim Vollausbau (nach Aufhebung der Flößerei) 1,2 cbm/sec als Teil der Wassermenge von 28,7 cbm/sec, die sich aus der mittleren Isarmenge von 18,5 cbm/sec und der mittleren Rißbachmenge von 10,2 cbm/sec zusammensetzt.

### 3. Die Kraftwassermengen.

Unter Abzug der Verlustmengen berechnet der Entwurf die Menge des Kraftwassers für die einzelnen Ausbaustufen. Dabei ergibt sich das Folgende.

Im 1. Ausbau beträgt das Kraftwasser des Hauptwerkes 11,8 cbm/sec; mehr läßt sich mit der Speicherhöhe von 3,5 m nicht erreichen. Da im Kesselbergstollen 0,1 cbm/sec verloren geht, so werden dem Walchensee 11,9 cbm/sec entnommen; hierin ist die gesamte Jachenmenge mit durchschnittlich 2,6 cbm/sec enthalten, also werden der Isar im Mittel 9,3 cbm/sec entnommen; um dieses Mittel zu erreichen, muß der Wasserweg für eine Größtmenge von etwa 20 cbm/sec genügen. Der als Wasserweg vorgesehene Stollen wird stattdessen, ebenso wie die Obernachkorrektion, sogleich für die Größtmenge des Vollausbaus, nämlich für 50 cbm/sec, eingerichtet.

Der verwandte Entwurf »Viribus unitis« hat für den 1. Ausbau statt der 11,8 cbm/sec die größere Menge von 12,2 cbm/sec in Rechnung gestellt; der Unterschied ist wesentlich darin begründet, daß der Entwurf »Viribus unitis« kleinere Verlustmengen annimmt.

Im 2. Ausbau wird die Speicherhöhe des Walchensees auf 18 bis 19 m vergrößert, so daß mehr Isarwasser zugeführt und ausgeglichen werden kann; dementsprechend stellt der 2. Ausbau dem Hauptwerk 18,5 cbm/sec Kraftwasser dauernd bereit. In den 2 Druckstollen gehen 0,2 cbm/sec verloren; also werden dem Walchensee 18,7 cbm/sec entnommen; hiervon werden im Durchschnitt 18,7 − 2,6 (Jachen) = 16,1 cbm/sec aus der Isar zugeleitet; diese Durchschnittsmenge benötigt die Ableitung des gesamten Isarwassers bis zur Größtmenge von 50 cbm/sec; der Wasserweg ist, wie schon gesagt, für diese Größtmenge eingerichtet. Gemäß Tabelle 1 würde man der Isar mittels des Wasserweges von 50 cbm/sec Abflußvermögen, falls die oben nachgewiesenen Verlustmengen = 0 wären, 97,8% ihrer Gesamtmenge bzw. ihrer durchschnittlichen Wassermenge von 18,5 cbm/sec, also im Mittel 18,1 cbm/sec, entnehmen können; nach dem Entwurf können nur 16,1 cbm/sec entnommen werden, also 2,0 cbm/sec weniger; dieser Unterschied ist verständlich im Hinblick auf die Verlustmenge, die nach dem Obigen im 2. Ausbau durchschnittlich 2,0 cbm/sec beträgt.

Im 3. Ausbau, der als Vollausbau gelten kann, beträgt das Kraftwasser des Hauptwerkes 28,3 cbm/sec; die Speicherhöhe und somit der Speicherinhalt bleiben wie im 2. Ausbau, aber es wird der Rißbach zugeleitet, und daher ist in der Niedrigwasserzeit der Zufluß zum Walchensee größer als beim 2. Ausbau; ferner ist wegen des Fortfalls der Flößerei die Verlustmenge erheblich kleiner; unter diesen Umständen ist es zu verstehen, daß trotz des Gleichbleibens des Speicherinhalts das Kraftwasser des Vollausbaus (28,3 cbm/sec) erheblich größer ist als dasjenige von 18,5 cbm/sec beim 2. Ausbau. In den 3 Druckstollen gehen 0,3 cbm/sec verloren; also werden dem Walchensee 28,6 cbm/sec entnommen; hiervon werden im Mittel 28,6 − 2,6 (Jachen) = 26,0 cbm/sec aus Isar und Rißbach zusammen zugeführt. Von den 26,0 cbm/sec dürften etwa 64,5% = 16,8 cbm/sec auf die Isar und 9,2 cbm/sec auf den Rißbach entfallen; im ganzen führt im Durchschnitt die Isar 18,5 cbm/sec, der Rißbach 10,2 cbm/sec. Der Wasserweg des Rißbachs wird für 20 cbm/sec eingerichtet; nach dem Entwurf müssen alle Wassermengen der Isar und des Rißbachs bis zur größten Leistung der Wasserwege von 50 bzw. 20 cbm/sec abgeleitet werden; wären die Verlustmengen = 0, so würde man gemäß Tabelle 1 im Mittel 18,1 bzw. 9,7 cbm/sec ableiten können; der Unterschied dieser Zahlen gegenüber den berechneten Mengen von 16,8 bzw. 9,2 cbm/sec steht mit den Verlustmengen des 3. Ausbaus in angemessenem Einklang.

Der Entwurf sieht noch einen 4. Ausbau vor, jedoch mißt er ihm nur einen eingeschränkten Wirtschaftswert bei. Im 4. Ausbau wird dem Bestande des 3. Ausbaus in Anlehnung an den oberen Wasserweg das Obernachkraftwerk (einschließlich Oberwasserkanal) hinzugefügt, alles andere bleibt ungeändert. Die baulichen Grundzüge des Obernachkraftwerks wurden im Abschnitt A, 1 angegeben; sein Nutzgefälle beträgt entsprechend der Höhenlage des oberen Wasserwegs 28,7 m. Das Kraftwerk soll das zugeführte Isarwasser im unausgeglichenen Zustande bis zur Größtmenge von 10 cbm/sec verwerten; hierfür werden alle bezüglichen Bauwerke angelegt. Ausnahmsweise sinkt die Wasserführung der Isar auf 6,6 cbm/sec, hiervon können nach Abzug des Undichtigkeitsverlustes des Isarwehres 6,25 cbm/sec zum Kraftwerk gelangen. Im Durchschnitt dürfte das Triebwasser des Obernachkraftwerks etwa 9,0 cbm/sec betragen.

### 4. Kraftleistung.

Im Einklang mit dem Gesagten wird die im Hauptwerk zu erzeugende Kraft in den drei ersten Ausbaustufen nach und nach gesteigert; sie erreicht im 3. Ausbau (Vollausbau) ihren Höchstbetrag. Die durch den Entwurf für die 4 Ausbaustufen vorgesehenen Kraftverhältnisse des Hauptwerkes und des Obernachkraftwerks werden im einzelnen durch die Tabelle 10 angegeben.

In der Tabelle 10 sind die Werte $N$ und $r$ (Reihen 3 und 5) unmittelbar dem Erläuterungsbericht des Entwurfs entnommen worden. Die übrigen Zahlen der Reihen 1 bis 8 stimmen teils mit den früheren Zahlen überein, teils ergeben sie sich gemäß den Angaben in der Tabelle selbst. Im einzelnen wird zur Tabelle 10 noch folgendes bemerkt: In Reihe 8 ist die mittlere Nutzleistung des Hauptwerkes für die 3 Ausbaustufen nachgewiesen; hierbei hat der Entwurf im Hinblick auf die günstigen Gefällverhältnisse den Wert von 0,77 als Wirkungsgrad der Turbinen eingesetzt. In Reihe 9 ist angegeben, welche größte Nutzleistung der Turbinen (für Spitzenbedarf) im Hauptwerk in den einzelnen Ausbaustufen eingerichtet sein soll; der Entwurf sieht Turbinen von je 15 000 PS Nutzleistung vor; in den 3 Ausbaustufen sollen bzw. 4, 8 und 12 Turbinen in Betrieb sein, so daß der Vollausbau im Hauptwerk eine Spitzenkraft von $T = 180\,000$ PS ermöglicht. Die mittlere Nutzleistung des Hauptwerkes beträgt nach der Tabelle 10 bzw. $L = 24\,000$, 36 000 und beim Vollausbau 55 000 PS.

Das im 4. Ausbau hinzugefügte Obernachkraftwerk ist gemäß Abschnitt 3 mit 9,0 cbm/sec mittlerem Kraftwasser und mit 28,7 m Nutzgefälle ausgerüstet; der Entwurf nimmt für die Turbinen einen Wirkungsgrad von 0,75 an; danach würde die mittlere Nutzleistung rund 2600 PS betragen; abweichend hiervon beträgt die Nutzleistung während der längsten Zeit des Jahres (mit 10,0 cbm/sec) rund 2900 PS; für die Niederwasserzeit stellt der Entwurf anderseits einen Kleinstwert von rund 2000 PS in Rechnung. Das Obernachkraftwerk hat in seinem Rücken keinen Wasserspeicher, wie ihn das Hauptwerk in Gestalt des Walchensees besitzt; daher kann man das Obernachkraftwerk zu Spitzenleistungen nicht heranziehen. Die mittlere Nutzleistung von 2600 PS wurde in die Reihe 10 der Tabelle 10 eingeführt; die Gesamtkraft beider Werke ist in Reihe 11 nachgewiesen.

**Tabelle 10 „Fons roburis aqua“.**

| 1 | 2 | 3 | 4 | 5 | 6 | 7 | 8 | 9 | 10 | 11 | 12 | 13 | 14 | 15 | 16 |
|---|---|---|---|---|---|---|---|---|---|---|---|---|---|---|---|
| | Hauptwerk | | | | | | | | | Hauptwerk u. Obernachkraftwerk zusammen | | | | | |
| Ausbaustufe | Größte Absenkung des Walchensees unter + 801,9 m | Mittlerer Spiegel des Walchensees | Mittleres Rohgefälle | Gefällverlust vom Walchensee an | Mittleres Nutzgefälle | Kraftwasser | Hydraulische Nutzleistung | Eingerichtete Turbinen-Nutzleistung für Spitzenbedarf | Mittlere Nutzleistung des Obernachkraftwerks | Gesamte hydraulische Nutzleistung | Baukosten: ohne die elektro-techn. Einrichtungen | Baukosten: der elektro-techn. Einrichtungen allein | Baukosten: im ganzen | Einheitsbaukosten für 1 PS der hydraulischen Nutzleistung | Bemerkungen |
| | m | m üb. Meer | m | m | m | cbm/sec | PS | PS | PS | PS | Millionen Mark | | | M | |
| I | 3,5 | 800,7 | 198,5 | 1,80 | 196,70 | 11,8 | 24 000 | 4 · 15 000 = 60 000 | — | 24 000 | 7,15 | 1,15 | 8,30 | 298 | — |
| II | 18—19 | 792,2 | 190,0 | 1,55 | 188,45 | 18,5 | 36 000 | 8 · 15 000 = 120 000 | — | 36 000 | 10,45 | 2,26 | 12,71 | 290 | — |
| III | 18—19 | 794,3 | 192,1 | 3,55 | 188,55 | 28,3 | 55 000 | 12 · 15 000 = 180 000 | — | 55 000 | 16,71 | 3,37 | 20,08 | 304 | Vollausbau des Hauptwerkes |
| IV | 18—19 | 794,3 | 192,1 | 3,55 | 188,55 | 28,3 | 55 000 | 12 · 15 000 = 180 000 | 2600 | 57 600 | 17,71 | 3,45 | 21,16 | 308 | — |
| — | — | $N$ | $H = N - 602{,}2$ [1] | $r$ | $h = H - r$ | $Q$ | $K = \frac{Q \cdot h \cdot 1000 \cdot 0{,}77}{75}$ | $T =$ etwa $3\,K$ | $O$ | $L = K + O$ | $BM$ (vgl. Tabelle 5) | $E$ (vgl. Tabelle 5) | $S = BM + E$ (vgl. Tabelle 5) | $P = BM : L$ | — |

[1]) Turbinenachse = + 602,2 m.

### 5. Die Baukosten.

Für beide Kraftwerke zusammen sind in der Tabelle 10 in den Reihen 12 bis 14 die Baukosten genannt, die nach den Ermittelungen des Entwurfs für die 4 Ausbaustufen nötig sein würden (vgl. Tabelle 5); ein bindendes Angebot hat der Entwurf nicht abgegeben. In Reihe 15 der Tabelle 10 wurde berechnet, wieviel Baukapital für 1 PS der mittleren hydraulischen Nutzleistung benötigt wird; diese Einheitsbaukosten betragen in den 4 Ausbaustufen beziehentlich 298, 290, 304 und 308 M. Der Entwurf hat hiernach die Verhältnisse der für das Hauptwerk allein geltenden 3 ersten Ausbaustufen so gewählt, daß die Baukosten für 1 PS in den 3 Stufen ungefähr die nämliche Größe haben; im 2. Ausbau, der die Kraft steigert, ohne in der Baugruppe I neue Bauwerke hinzuzufügen, sind die Einheitskosten gemäß den obigen Zahlen am kleinsten.

Das Hinzufügen des Obernachkraftwerks im 4. Ausbau benötigt für sich allein nach der Tabelle 10 (Reihe 12) einen Mehrbetrag von 17,71 — 16,71 = 1,0 Mill. M Baukosten für den hydraulischen Teil bei 2600 PS mittlerer Nutzleistung; hierbei benötigt 1 PS 385 M, die Kraft des Obernachkraftwerks ist also teuerer als diejenige des Hauptwerkes. Im ganzen (für beide Kraftwerke zusammen) würden nach der Tabelle 10 durch den 4. Ausbau die hydraulischen Baukosten auf 17,71 Mill. M und die mittlere Nutzkraft auf 57 600 PS anwachsen; die Einheitskosten des 4. Ausbaus betragen danach 308 M, so daß durch das Hinzufügen des Obernachkraftwerks eine geringe Verschlechterung in geldlicher Hinsicht eintritt; diese Verschlechterung kann der 4. Ausbau als nachträgliche Ergänzungsstufe am besten ertragen.

### 6. Schutz der Naturschönheit.

Für die Erhaltung der landschaftlichen Schönheit des Walchensees werden besondere Vorschläge nicht gemacht; der Entwurf vertritt die Ansicht, daß nötigenfalls die auf jene Erhaltung gerichteten Wünsche zurücktreten sollten, wenn es sich um die Inanspruchnahme des Walchensees für Kraftzwecke handelt; dabei wird hervorgehoben, daß die Naturschönheit in der Gegend der steilen Seehänge nicht beeinträchtigt werde; hinsichtlich derjenigen Hänge, die nicht felsig sind, wird betont, daß man bei Zunahme der Seesenkung Mittel ins Auge fassen müsse, um die Seeränder gegen Rutschen zu schützen.

---

# C. Technische Einzelbeschreibung.

## I. Baugruppe I.

### 1. Zuleitung der Isar (oberer Wasserweg) und Obernachkraftwerk.

— Tafel 1 Abb. 3 und 4 —

a) Isarwehr (Tafel 2 Abb. 7 bis 12).

Das Isarwehr wird etwa 2 km flußabwärts vom Orte Wallgau gebaut. Die Wehrstelle wurde zuerst ausgewählt mit der Forderung, daß der zur Obernach zu leitende Stollen möglichst kurz sein solle; das Erfüllen dieser Forderung führt zu einem Punkt, der sehr nahe unterhalb Wallgau liegt; dieser Punkt wurde aber nicht angenommen, vielmehr wurde das Wehr so weit flußabwärts geschoben, daß der Kulturboden von Wallgau nicht durch den Rückstau beeinträchtigt wird. An der Wehrstelle ist das Isarbett 450 bis 500 m breit; im Hinblick darauf, daß das größte Hochwasser nur 310 cbm/sec beträgt, wurde die Wehranlage auf $\frac{1}{4}$ der Flußbreite eingeschränkt; die Einschnürung des Flußlaufes erfolgt durch Hochwasserdämme.

Die im Flußbett liegende Wehranlage umfaßt, vom rechten Ufer ausgehend, das feste Wehr, die Floßschleuse und den Grundablaß, letztern neben dem linken Ufer. Auf der linken Uferfläche liegen im Anschluß an das Wehr die Bauwerke, die dem zur Obernach führenden Stollen das gestaute Isarwasser zuleiten; diese Bauwerke sind insbesondere der in der linken Uferlinie liegende Einlauf, der Sandfang und der Tunnelzulauf. Von den beiden Enden der Gesamtanlage gehen die Hochwasserdämme aus; sie schließen flußaufwärts an die hochwasserfreien Uferflächen an.

Die Stauwirkung ist durch die Kronenhöhe des festen Wehres bedingt; diese liegt auf + 841,5 m. Das Kraftwasser gelangt durch den Einlauf in den Sandfang; grobe Gerölle und Schwimmkörper werden vor dem Einlauf zurückgehalten, der Grundablaß des Wehres ist für ihre Abfuhr vorgesehen. Im Sandfang wird durch geeignete Größenverhältnisse das Kraftwasser auf eine Geschwindigkeit von 0,5 m/sec verlangsamt; diese Geschwindigkeit ist nach der Ansicht des Entwurfs klein genug, um den groben Sand abzulagern, der etwa über die 1,5 m hohe Schwelle des Einlaufs hinweg noch in den Sandfang eintreten sollte; zum Ausspülen des abgelagerten Sandes dient eine Spülschütze. Eine Befreiung des Wassers von feinen Schlammteilen vor seinem Eintritt in den Stollen wird nicht beabsichtigt, es wird vielmehr damit gerechnet, daß das Wasser sich erst im Walchensee vollständig klärt; das Einführen der schwebenden Schlammstoffe in den Stollen ist nach Ansicht des Entwurfs deswegen zulässig, weil dem Stollen nach Maßgabe der Ortsverhältnisse ein erhebliches Gefälle gegeben werden kann, ein Gefälle, welches zur Verhütung von Schlammniederschlag im Stollen selbst ausreichend erscheint.

Als eigentliches Stauwehr im Isarbett hat der Entwurf ein festes Überfallwehr vorgesehen; dasselbe ist 100 m lang. Die Ortslage und die Länge des Wehres konnten im Hinblick auf den Rückstau und auf den Abfluß des Hochwassers so gewählt werden, daß ein teueres bewegliches Wehr nicht erforderlich erschien; die Abführung der Sinkstoffe durch ein bewegliches Wehr würde nach der Ansicht des Entwurfs sehr lästig sein. Unter diesen Umständen hat sich der Entwurf für das billigere feste Wehr entschieden; er stellt sich dabei vor, daß das Wehr bald bis zur Krone mit Gerölle hinterfüllt sein werde, und daß dann das Gerölle von selbst über die Krone talabwärts gelange; hierfür wird die gesamte Außenfläche des im übrigen in Beton hergestellten Wehres mit Granit bekleidet. Das Sturzbett ist als Wasserpolster ausgebildet und außerdem durch Betonblöcke gesichert. Entsprechend dem Befund bei der Bauausführung soll das feste Wehr, wie auch die anderen anschließenden Wehrabschnitte, gegebenenfalls zwischen Spundwänden hergestellt werden.

Das größte Hochwasser von 310 cbm/sec fließt mit einer Strahldicke von 1,25 m über das feste Wehr ab, falls die übrigen Wehröffnungen geschlossen sind; öffnet man die letzteren, so kann die Wehranlage ein viel größeres Hochwasser bewältigen.

Neben dem festen Wehr liegt die 10,0 m breite Floßgasse; ihre 1:20 abfallende Sohle ist mit Bohlen belegt; auf der Einlaufkrone, die 0,80 m tiefer liegt als die Krone des festen Wehres, steht ein eisernes Verschlußschütz. Bei geöffnetem Schütz fließen 14,3 cbm/sec mit 0,28 m Fließtiefe durch die Floßgasse ab. Für die betriebssichere Zufuhr der Hölzer zur Floßgasse ist ein Leitwerk vorgesehen.

Der neben der Floßgasse liegende 8,0 m breite Grundablaß mit Schützenverschluß soll in der Hauptsache dazu dienen, vor dem Einlauf durch Ausspülen des Gerölles den Fließquerschnitt derart freizuhalten, daß die vorgesehenen 50 cbm/sec Kraftwasser in den Einlauf eintreten können; die Schwelle des Grundablasses (+ 838,2 m) liegt hierfür 1,80 m tiefer als die Schwelle des Einlaufs. Der Entwurf rechnet damit, daß nötigenfalls an dieser Stelle die Beseitigung des Gerölles durch Baggern befördert werden muß. Die Sohle des Grundablasses und der mit ihm zusammenhängende Vorboden des Einlaufs sind durch einen besonders gut befestigten Holzbelag gesichert.

Die Hochwasserdämme reichen 1,50 m über den höchsten Hochwasserstand.

Der die linke Uferlinie bildende Einlauf, der nach dem Gesagten in engem Zusammenhang mit dem Grundablaß steht, besitzt eine auf + 840,0 m liegende Einlaufschwelle; der Einlauf ist 45 m lang, er hat einen Schützenverschluß und einen Grobrechen aus 25 mm dicken Stäben in 200 mm Abstand; der Einlauf ist reichlich groß gemacht worden wegen der Möglichkeit, daß er teilweise durch Gerölle versperrt werden könnte.

Der Sandfang ist ein Becken von 50/40 m Grundfläche; er ist mit einem Überlauf versehen und besitzt einen in der Mitte liegenden Sandablaß, zu dem sich die Sohle von allen Seiten her absenkt. Aus dem Sandfang tritt das Kraftwasser über eine Sandschwelle hinweg in den Stolleneinlauf, der mit allmählicher Verengung den Übergang aus dem Sandfang in den Isarstollen bildet; vor dem letzteren ist ein Schützenverschluß eingerichtet.

Die gesamte beschriebene Wasserfassung, mit Ausnahme lediglich des rechtsseitigen Hochwasserdammes, soll innerhalb eines Fangedamms im Trockenen gebaut werden; der Fangedamm schließt flußaufwärts und flußabwärts an das linke Ufer an; die Isar wird neben seiner Außenseite an der Baustelle vorbeigeleitet.

### b) Isarstollen (Tafel 1 Abb. 2 bis 4).

Für den 2150 m langen Isarstollen war ein großes Gefälle verfügbar; daher wurde zur Verminderung der Baukosten ein kleiner Querschnitt gewählt; das Sohlengefälle beträgt 1,7‰, die größte Fließgeschwindigkeit (bei 50 cbm/sec) 3,04 m/sec. Der Stollen wird in seiner ganzen Länge mit Beton ausgekleidet, im festen Felsen 20 bis 30 cm stark, auf unfesten Strecken 30 bis 50 cm stark. Zementputz wurde nicht vorgesehen; die ohne diesen bereits vorhandene Glätte des Betons erschien wegen des großen Gefälles ausreichend. Für den Bau des Stollens werden 2 Jahre angenommen.

Am Ende des Stollens im Obernachtal liegt ein Bauwerk zur Überleitung des Wassers in die korrigierte Obernach (Tafel 2 Abb. 13 bis 17); dasselbe ist im Hinblick auf das spätere Obernachkraftwerk als Teilbauwerk (zum Teilen des Wassers) eingerichtet worden. Bei dem bezeichneten Bauwerk fließt das Isarwasser (soweit es nicht für das Obernachkraftwerk bestimmt ist) aus einem geräumigen Ruhebecken über einen 50 m langen Überlauf in das Obernachtal ab; am unteren Ende des Überlaufs ist ein Grundablaß vorhanden, der bei großen Isarmengen geöffnet sein soll, um das gerade dann zu erwartende Ablagern von Sinkstoffen zu verhüten.

### c) Korrektion des Obernachtales (Tafel 1 Abb. 3 und 4, Tafel 3 Abb. 18 bis 20).

Das gefällreiche Obernachtal ist ohne weiteres nicht in der Lage, die 50 cbm/sec Isarwasser abzuführen; daher wurde eine Korrektion der Obernach vorgesehen; diese mußte einschließlich des Selbstwassers der Obernach für 58 bis 63 cbm/sec eingerichtet werden. Für den Abfluß dieser Wassermenge wurde das mit einem mittleren natürlichen Gefälle von 1: 100 ausgerüstete Obernachtal in Stufenform ausgebaut (ein Betonkanal erschien zu teuer); zur Überwindung des Gesamtgefälles von 29,5 m wurden Absturzstufen von je 1,7 m Höhe eingerichtet, zwischen denen 125 bis 280 m lange künstliche Fließstrecken mit Gefälle 1: 1000 liegen. Für diese Fließstrecken ergibt sich eine Geschwindigkeit von 1,56 m/sec; um ein Überschreiten dieser Zahl auszuschließen, wurde der Querschnitt beim Übergang zu den Absturzstufen eingeschnürt; die Fließstrecken haben 16,0 m Sohlenbreite mit geböschten Ufern, die lichte Weite der Stufen beträgt im Mittel 8,4 m. Die Stufen werden als Betonwehre mit Granitbekleidung gebaut; ihr unter einem 1 m dicken Wasserpolster liegender Absturzboden wird als auswechselbarer Holzboden zwischen ⊏-Eisen hergestellt. Die in Erdbau ausgeführten Fließstrecken haben gepflasterte Flächen; die vorhandenen Seitendämme werden auf 1 m Dicke mit Kalkmilch gedichtet.

Am unteren Ende der Obernachkorrektion wird der Übergang zum Walchensee durch eine 25 m breite Absturzkaskade gebildet; diese muß der vorgesehenen Schwankung des Walchensees Rechnung tragen (bis zu 19 m im 3. und 4. Ausbau). Die Kaskade besteht aus Absturzstufen von je 2,1 m Höhe, über die das Wasser mit etwa 1,2 m Strahldicke überfällt; bei jeder Stufe ist ein Wasserpolster von 5,0 m Breite und 1,5 m Tiefe vorhanden; aus jedem Wasserpolster führen zum nächstunteren 12 Schächte von je 0,6/0,6 m Querschnitt, die dauernd offen sind. Die Überfallkanten werden mit Granit bekleidet, die Kanten des Granits durch Winkeleisen gesichert. Die Kaskade wird nach und nach entsprechend dem tiefsten Seespiegel des betreffenden Ausbaus hergestellt und zwar unter Zuhilfenahme von Druckluftgründung.

### d) Das Obernachkraftwerk einschließlich der maschinentechnischen und der elektrotechnischen Einrichtungen (Tafel 1 Abb. 3 bis 6 — [*13*] — ).

Das Triebwasser des Obernachkraftwerks wird bei dem im Obernachtal eingerichteten Teilbauwerk (Tafel 2 Abb. 13 bis 17) mit Spiegelhöhe + 836,15 m abgeleitet. Es tritt hier durch eine 5,1 m weite Schleuse, die mit einer Sinkstoffschwelle verbunden ist, in das Schlammbecken, in dem es bei 10,0 cbm/sec auf eine Geschwindigkeit von 0,3 m/sec verlangsamt wird (Spiegel + 836,0 m); das Becken besitzt Grundablaß und Überlauf; durch einen Feinrechen, der auf einer Schlammschwelle ruht, und ferner durch ein Abschlußschütz tritt das Wasser in den Oberwasserkanal; es erreicht denselben nach den Berechnungen des Entwurfs mit Spiegelhöhe + 835,60 m. Der für 10,0 cbm/sec eingerichtete Oberwasserkanal ist 2420 m lang; er wird auf der ersten 160 m langen Strecke als offener Betonkanal von 2,35 m mittlerer Breite und 2,10 m Fließtiefe gebaut (mit Betondecke), im übrigen wird er als Stollen mit 1,6 ‰ Sohlengefälle hergestellt; die Ausführung als Stollen empfiehlt der Entwurf auf Grund seiner Kenntnis der Ortsverhältnisse und zwar wegen der schlechten Beschaffenheit des Hanges. Der Stollen wird von mehreren Fenstern aus angegriffen. Er endigt beim Kraftwerk in einem offenen Wasserschloß; in diesem steht der Wasserspiegel auf + 831,70 m. Vom Wasserschloß führen 2 freiliegende Druckrohre von 1,5 m Durchmesser zu den vorgesehenen 2 Turbinen; zwischen den 2 Rohren liegt eingebettet ein drittes Rohr von 1,5 m Durchmesser, welches den vorgesehenen Überlauf als Leerlaufleitung bedient. Alle 3 Rohre werden ohne Zwischenknicke ausgeführt. Die Turbinenrohre sind im Wasserschloß mit Verschlußschützen ausgerüstet, die vom Maschinenhaus her bedient werden; die Rohre sind in der Stützmauer des Wasserschlosses verankert und haben hier ihren einzigen festen Punkt; bei ihrem Anschluß an die fest eingemauerten Turbinen ist daher eine Expansion eingebaut, auch ist hier ein Leerlauf von 300 mm Weite vorhanden.

Unter dem Krafthause beginnt mit Spiegelhöhe + 802,40 m der zum Walchensee führende Unterwasserkanal; diesem gibt auch die Leerlaufleitung des Wasserschlosses ihr Wasser ab; dieselbe mündet derart ein, daß sie mittels Ejektorwirkung das Sauggefälle der Francisturbinen vorteilhaft vergrößert. Als Nutzgefälle setzt der Entwurf 28,7 m ein. Bei 10,0 cbm/sec und Wirkungsgrad = 0,75 beträgt die Nutzleistung 2870 PS, wofür 2 Turbinen von je 1450 PS vorgesehen sind. Die erzeugte Kraft wird dem bei weitem größeren Hauptwerk unmittelbar zugeführt; daher hat der Entwurf im Obernachkraftwerk eine Maschinenreserve für überflüssig gehalten. Das einfach gehaltene Maschinenhaus, für welches der Entwurf durch entsprechende Anordnung der Maschinen eine möglichst billige Bauweise angestrebt hat, zeigt Betonunterbau mit Betonsaugrohren; der 33 m lange Maschinenraum wird von der talseitigen Längswand aus beleuchtet.

Der Unterwasserkanal ist 250 m lang; er mündet in die korrigierte Obernach und zwar oberhalb der bei ihrer Mündung vorgesehenen Absturzkaskade, so daß er über dem höchsten Stauspiegel des Walchensees liegt. Der Kanal wird innerhalb der ersten 100 m als gemauertes Gewölbe hergestellt, weil er hier in das Gelände tief eingeschnitten werden muß; im weiteren Verlauf wird er als geböschter Erdgraben ausgeführt; letzterer bleibt wegen der kleinen Geschwindigkeit von 1,0 m/sec in der Hauptstrecke unbekleidet, nur in der Auslaufstrecke werden auf 30 m Länge die Kanalwände befestigt und zwar deshalb, weil hier bei niedrigem Seestand eine größere Geschwindigkeit eintreten kann. Der Kanal hat ein Sohlengefälle von 2,4‰.

Mit den beiden liegenden Turbinen sind 24-polige Drehstromdynamomaschinen mit angebauter Erregermaschine gekuppelt; sie geben bei 250 Umdrehungen Drehstrom von 50 Perioden und leisten 1250 KVA bei 8000 Volt (Tafel 1 Abb. 5).

Die Leistung der meist voll ausgenützten Maschinen soll ohne Spannungserhöhung nach dem Hauptwerk weitergeleitet werden. Die elektrotechnische Einrichtung ohne Transformatoren gestaltet sich daher sehr einfach und besteht in der Hauptsache nur aus den Maschinenschaltern und den Vorrichtungen zum Parallelschalten und Regeln der Maschinen. Die Schaltanlage ist im Maschinenraum untergebracht (Tafel 1 Abb. 5). Sämtliche Apparate werden durch Handantrieb unmittelbar bedient.

Die Verbindung mit dem Hauptwerk bildet eine Freileitung, die wegen ihrer geringen Länge nur mit Hörnerblitzschutzapparaten und Wasserwiderständen gesichert werden soll.

### 2. Zuleitung des Rißbachs (unterer Wasserweg).

a) Allgemeines und Rißbachwehr (Tafel 1 Abb. 1).

Für die Zuleitung des Rißbachs zum Walchensee war nur ein mäßig großes Gefälle verfügbar; ein größeres Gefälle hätte man durch ein höheres Stauwehr oder dadurch erhalten können, daß man das Wehr sehr weit talaufwärts anlegte; beides erschien dem Entwurf ungeeignet. Unter diesen Umständen hat der Entwurf die Wasserfassung des Rißbachs etwa 2,2 km oberhalb seines Einlaufs in die Isar vorgesehen; die Fassung liegt unterhalb des Fischbachs, weil das Wasser dieses Baches ohne weiteres mit aufgenommen werden soll. Der Wasserweg von der Fassungsstelle bis zum Walchensee hat etwa 5820 m Länge; die Krone des Wehres liegt auf + 805,25 m, der höchste Stauspiegel des Walchensees auf + 801,90 m.

Entsprechend der mäßigen Größe des Gefälles ist auch die Fließgeschwindigkeit auf dem Wasserwege beziehentlich klein; die kleine Geschwindigkeit war einerseits für den vorgesehenen offenen Fließkanal wegen seiner Bauverhältnisse erwünscht, anderseits entsteht durch sie der Übelstand, daß die vom Wasser etwa mitgeführten feinen Schwebestoffe sich im Bereich des Wasserweges ablagern und den letztern verschlammen können; deshalb wurde beim Wehr eine Klärung vorgesehen, die erheblich weiter geht als die entsprechende Klärung beim Isarwehr: der Sandfang der Rißbachfassung wurde so groß angelegt, daß in ihm eine Geschwindigkeit von höchstens 0,25 m/sec entsteht, während die entsprechende Geschwindigkeit beim Isarwehr 0,50 m/sec beträgt. Der Entwurf vertritt die Ansicht, daß die Verlangsamung des Wassers auf 0,25 m/sec auch den feineren Schlamm ausscheidet.

Auf dem Rißbach wird nicht Flößerei, sondern Holztrift betrieben; für diese ist eine Triftrinne vorgesehen; sobald im Zeitbereich des 3. Ausbaus der Holzverkehr zu Wasser durch eine andere Form des Holzverkehrs ersetzt wird, ist die Triftrinne auszuschalten.

Im übrigen wurde die Rißbachfassung im ganzen wie auch in den baulichen Einzelheiten ähnlich angeordnet wie die Isarfassung; ihre Maße sind im allgemeinen kleiner, da die größte Entnahmemenge nur 20 cbm/sec statt 50 cbm/sec bei der Isar, ferner das größte Hochwasser nur 130 cbm/sec statt 310 cbm/sec bei der Isar beträgt.

Das feste Wehr hat 50 m Länge (Kronenhöhe + 805,25 m); bei 130 cbm/sec entsteht, wenn alle anderen Durchlässe geschlossen sind, eine Strahldicke von 1,0 m. Die Triftrinne wird durch eine 4,0 m breite und 0,8 m tiefe Aussparung in der Wehrkrone geschaffen; sie wird durch eine Klappe verschlossen; zum Schutz des Kraftwassereinlaufs ist ein Holzabweiser vorhanden.

Der Grundablaß ist 5,0 m breit; seine Schwelle liegt 3,05 m unter der Wehrkrone; die Verschlußschütze ist 3,05 m hoch.

Der Einlauf für das abzuleitende Wasser (20 cbm/sec) hat 4 verschließbare Öffnungen von je 5,0 m Weite; ihre lichte Höhe beträgt 1,4 m; die Einlaufschwelle liegt auf + 803,85 m. Der gemäß dem Gesagten beziehentlich groß hergestellte Sandfang ist ein Becken von 30 m Breite und 50 m Länge; er besitzt ebenso wie der Sandfang des Isarwehres einen Überlauf und zwar auf + 805,10 m; die Sohle des Sandfangs liegt im Mittel auf + 802,40 m. Beim Übergang vom Sandfang zum Kanal ist eine Sandschwelle von 1,5 m Höhe vorgesehen.

Die Bauausführung des Rißbachwehres ist ähnlich derjenigen des Isarwehres gedacht.

b) Wasserleitung für das Wasser des Rißbachs (Tafel 3 Abb. 21 und 22).

Der für 20 cbm/sec eingerichtete 5820 m lange Wasserweg zum Walchensee umfaßt, beim Rißbachwehr beginnend, drei Abschnitte; ihre allgemeinen Verhältnisse sind in der Tabelle 11 angegeben.

**Tabelle 11. Die Verhältnisse der Rißbachzuleitung (Fons roburis aqua).**

| Strecke | Bauweise der Strecke | Länge der Strecke m | Sohlengefälle | Gesamtgefälle auf der Strecke m | Fließgeschwindigkeit bei 20 cbm/sec m/sec | Bemerkungen |
|---|---|---|---|---|---|---|
| I | Offener Kanal[1]) im Schutt | 1620 | 1 : 3090 | 0,79 | 1,43 | Spiegel beim Kanalbeginn + 805,0 m |
| II | Aquädukt | 260 | 1 : 590 | 0,85 | 3,00 | — |
| III | 1 Stollen im Felsen | 3940 | 1 : 1820 | 2,16 | — | Spiegel beim Stollenauslauf + 801,2 m |

[1]) Eine kurze Strecke ist überwölbt.

Die Strecke I (offener Kanal) hat 5,0 m Sohlenbreite, Böschungen 1:1 mit 15 cm dicken Betonplatten abgedeckt und 2,0 m Fließtiefe. Die Strecke liegt in einem Hang aus losem Schutt; daher wurden die Böschungen steil angelegt in der Absicht, den Anschnitt der Schuttmasse möglichst einzuschränken; aus dem nämlichen Grunde erhielt die Strecke I das kleinste Gefälle.

Der Aquädukt über die Isar (Strecke II) soll in Eisenbeton ausgeführt werden; der Entwurf bringt für ihn eine genaue statische Berechnung. Das Tragwerk zeigt drei symmetrische Bogen von je 46 m Spannweite und 12 m Pfeilhöhe, sowie einen vierten Bogen von anderen Abmessungen. Wegen der Hochwassergefahr wurde die Zahl der Pfeiler möglichst klein gehalten, die Bogen wurden wegen der Unsicherheit des Untergrundes als Dreigelenkbogen ausgebildet. Auf dem Tragwerk ruht der Wassertrog mit 3,0 m Sohlenbreite, Seitenwänden in Neigung 5:1 und 2,0 m Wassertiefe; der Querschnitt des Troges ist klein gemacht worden (das Gefälle entsprechend groß), um das Bauwerk möglichst leicht zu gestalten. Die Tragpfeiler werden auf 25 bis 30 cm dicke Pfähle gesetzt, die in 75 bis 80 cm Abstand auf 4 bis 5 m Tiefe eingerammt werden; die Belastung der Pfähle beträgt im Mittel je 20 t. In der Nähe des Aquädukts wird das Isarbett ausgebaut. Ein Düker an Stelle des Aquädukts erschien dem Entwurf ungeeignet wegen der Bodenverhältnisse des Flußbetts.

Der Stollen (Strecke III) hat je 3,6 m lichte Weite und lichte Höhe; er wird mit Beton ausgekleidet und wegen des kleinen Gefälles (behufs größerer Fließglätte) mit Zement abgeputzt.

Auf den drei Strecken wurde der Gefällverlust bei Verengung des Querschnitts $= \frac{v_1^2 - v_2^2}{2g}$ gerechnet, derjenige bei Erweiterung des Querschnitts infolge des Wasserstoßes $= \frac{(v_2 - v_1)^2}{2g}$.

Der Auslauf des Stollens in den Walchensee wurde nach den nämlichen Grundsätzen entworfen wie der Auslauf der korrigierten Obernach. Beim Auslauf ist ein Dammbalkenverschluß vorgesehen; soll ausnahmsweise bei gefülltem Walchensee der Stollen entleert werden, so werden die Dammbalken eingesetzt, der Stollen wird zum Aquädukt hin geöffnet und der letzte Wasserrest hinter dem Verschluß ausgepumpt. Eine rückstaufreie Höhenlage der Stollensohle ist nach Ansicht des Entwurfs unwirtschaftlich.

### 3. Jachenschleuse.

Beim Ausfluß der Jachen aus dem Walchensee wird eine Sperrschleuse hergestellt mit Schwellenhöhe + 801,0 m; sie besitzt 4 Schützen von je 6,5 m Breite und 1,4 m Höhe. An die Sperrschleuse anschließend wird die Jachen auf 250 m Länge vertieft und ausgebaut; die Ausbaustrecke erhält 22,0 m Sohlenbreite mit geböschten Seitenwänden und 1:1250 Sohlengefälle; die größte Wassertiefe soll 1,25 m betragen. Der Entwurf sieht vor, daß die Sperrschleuse im Mittel 25 cbm/sec ablassen soll, falls ausnahmsweise bei gefülltem See (Spiegel + 801,9 m) das größte natürliche Hochwasser des Walchenseegebiets = 73 cbm/sec eintritt; hierbei wird angenommen, daß das Hochwasser 24 Stunden dauert, daß noch 10 cbm/sec Isarwasser hinzukommen, und daß das Hauptwerk stillsteht; in diesem Falle steigt der See auf + 802,2 m; im Naturzustand kann er bis + 802,4 m steigen.

## II. Baugruppe II.

### 1. Allgemeines und Druckstollen.

— Tafel 3 Abb. 23 und Tafel 4 Abb. 29 —

Als Teile der Baugruppe II sind bereits die 3 durch den Kesselberg führenden Druckstollen erwähnt worden. Jeder der 3 Stollen besitzt im Walchensee eine besondere Wasserfassung; zum Kochelsee hin folgen auf die Stollen die 3 Wasserschlösser, die 6 Druckrohre, das Hauptwerk mit 12 Turbinen und der Unterwasserkanal. Die Gesamtachse der bezeichneten Bauwerke im Grundriß hat der Entwurf auf die östliche Seite des beim Kochelsee in Frage kommenden Geländebereichs gelegt; die Wasserfassung im Walchensee liegt bei Urfeld, die Bauwerke der Nordseite liegen beim Orte Joch. Die westliche Seite (beim Jochbach) hätte kürzere Stollen, aber längere Druckrohre und längeren Unterwasserkanal bedingt; der Entwurf hat aus geldlichen und betrieblichen Gründen den kürzeren Rohren den Vorzug gegeben; ferner rechtfertigt der Entwurf auf Grund genauen Ortsstudiums seine Entschließung damit, daß die östliche Lage für Wasserschloß und Rohrstraße festen Felsen bereitstellt, während an der westlichen Seite stattdessen Gehängeschutt vorhanden ist.

Das durchschnittliche Kraftwasser des Hauptwerkes beträgt beim Vollausbau 28,3 cbm/sec; nach den Wettbewerbsunterlagen muß das Werk für einen dreimal so großen Wasserverbrauch angelegt werden, somit für 84,9 cbm/sec; für diese Größtmenge sind alle Abschnitte der Baugruppe II eingerichtet worden. Der Entwurf hat in erster Linie die 3 Druckstollen entsprechend der genannten Größtmenge bemessen; er hat dabei folgendes erwogen: Der Gesamtquerschnitt der Druckstollen soll einerseits möglichst klein sein, zunächst wegen der Baukosten, ferner deswegen, weil dann auch die Wasserverluste klein sind, die infolge der Schwankung des Wasserdrucks (zwischen etwa 4 und 22 m) selbst bei bester Beschaffenheit des Stollenmauerwerks erwartet werden müssen; anderseits werden durch zu kleine Querschnitte zu große Fließgeschwindigkeiten bedingt, und diese benötigen entweder sehr große Abmessungen der Wasserschlösser, oder sie haben erhebliche Betriebsschwierigkeiten im Gefolge. Auf Grund dieser Erwägungen und gleichzeitig im Hinblick auf den allmählichen Ausbau des Hauptwerkes in den 3 Ausbaustufen hat der Entwurf 3 Druckstollen von je 15,35 qm Querschnitt mit 4,3 m Höhe vorgesehen (Tafel 4 Abb. 27); die Stollen liegen in je 50 m Abstand nebeneinander, ihre Länge beträgt etwa je 1500 m. Die Fließgeschwindigkeit der Größtmenge soll der Regel nach 2 m/sec betragen, sie tritt ein, wenn alle 3 Stollen im Betrieb sind; der Entwurf sieht aber vor, daß die Größtmenge nötigenfalls auch durch 2 Stollen abgeleitet werden soll, dann beträgt die Fließgeschwindigkeit 3 m/sec. Die Druckstollen liegen mit ihrem vollen Querschnitt tiefer als der niedrigste Wasserspiegel im Walchensee bzw. in den Wasserschlössern; ihre Sohle ist 1:1600 geneigt. Die Stollen werden mit Stampfbeton ausgekleidet im Mischungsverhältnis von 200 kg Zement, 75 kg Traß, 0,3 cbm Sand, 0,8 cbm Kies; der in zwei Lagen aufzutragende innere Verputz besteht aus 1 Zement, 0,6 Traß, 3 Sand. Im Scheitel soll der Beton Eiseneinlagen erhalten, weil ohne diese ein Absetzen des Betons und hinter ihm die Bildung von Hohlräumen befürchtet wird; letztere könnten infolge des inneren Wasserdrucks ein Zersprengen des Betonmantels zur Folge haben.

### 2. Einlauf bei Urfeld.

— Tafel 3 Abb. 24 —

Jeder der 3 Druckstollen erhält im Walchensee einen besonderen Einlauf. Gemäß dem Folgenden sollen die

3 Einläufe mit Hilfe von Druckluftcaissons ausgeführt werden; die Kostspieligkeit der dreimaligen Caissonarbeit legte dem Entwurf den Gedanken nahe, für alle 3 Stollen eine einheitliche Einlaufanlage vorzusehen; die Durcharbeitung dieses Gedankens stieß einerseits auf erhebliche technische Schwierigkeiten, anderseits erschien das Aufteilen in 3 Einläufe deswegen erwünscht, weil es die Möglichkeit bietet, die beim ersten Einlauf gesammelten Erfahrungen demnächst nützlich zu verwerten.

In jedem der 3 Druckstollen ist hinter dem Einlauf ein Arbeitsschacht (Schacht I) vorgesehen, von dem aus der Stollen nach beiden Seiten vorgetrieben werden soll. Der Vortrieb zur Seeseite hin soll vom Arbeitsschacht aus so weit wie eben möglich durchgeführt werden; sobald diese Arbeit wegen des Wasserdrucks bedenklich wird, geht man dazu über, die lose Schuttmasse auf der Seeseite in ihrer Hauptmenge wegzubaggern und dann den eigentlichen Seeanstich, wie schon angedeutet wurde, mit Hilfe eines Druckluftcaissons auszuführen. Die Caissonarbeit wird im 2. und im 3. Ausbau leichter sein, da man dann eine Zeit abwarten kann, in der der See abgesenkt ist. Die Sohle der 3,8 m hohen und ebenso breiten Einlaufstrecke liegt auf + 774,8 m; als Höhenlage des denkbar tiefsten Seespiegels führt der Entwurf + 780,0 m ein.

Die Einlaufanlage jedes einzelnen Stollens wird mit einer Reihe von Einrichtungen zum Reinigen des Wassers und zum Abschluß des Stollens ausgerüstet. Für jeden dieser beiden Zwecke werden zur Sicherheit mehrere Einrichtungen vorgesehen und zwar zur Seeseite hin gröbere, zur Landseite hin feinere Einrichtungen. Unmittelbar über dem Stollenmundloch, also dem Wassereintritt zunächst, liegt ein Grobrechen; derselbe ist unter dem Caisson herzustellen, er besteht aus lotrechten Eisenrohren von 100 mm Weite in 400 mm Abstand. Vom Mundloch aus trifft man landeinwärts zunächst den Schacht I an; in ihm ist als erster gröberer Verschluß eine Drehschütze vorgesehen, zu der man hinuntersteigen kann; die Dichtung der Schütze erfolgt unten durch eine Eichenschwelle, oben durch anpreßbare Nickelinbleche und an den beiden Seiten durch »schikanenartig« angeordnete Bronzeleisten. In der Nähe der Schütze werden die Stollenwände durch einen Blechschuß bzw. durch verankerte Eichenbohlen gesichert, weil hier starker Strömungsangriff zu erwarten ist. Weiter landeinwärts wird in der Einlaufstrecke ein Schacht II ausgeführt; dieser erhält unten im Stollen einen Feinrechen und einen Feinverschluß. Der Feinrechen ist sackartig gestaltet; in den Zeiten kleiner Fließgeschwindigkeit wird er nach oben gezogen und dort gereinigt. Der Feinverschluß besteht aus zwei flachen Aufschlagklappen, die um eine obere Achse drehbar sind. Dieser Feinverschluß soll vollkommen dicht schließen; er kann unter einseitigem Wasserdruck nicht gehandhabt werden, daher ist ein Umlaufrohr von 750 mm Weite mit Schieberverschluß vorgesehen. Über dem Schacht II steht ein Gebäude; von diesem aus werden mittels entsprechender Kraftantriebe die genannten Verschlüsse und der Feinrechen bedient; auch führt aus dem Gebäude ein schräger Steigschacht in den Stollen hinunter. Hinter dem Schacht II beginnt der normale 4,3 m hohe Stollenquerschnitt mit Sohlenhöhe + 774,5 m.

### 3. Die Wasserschlösser und die Rohrbahn.

— Tafel 4 Abb. 29 —

Jeder der 3 Druckstollen erhält an seinem nördlichen Ende (beim Übergang zu den 6 Druckrohren) ein Wasserschloß; dasselbe konnte infolge der günstigen Ortsverhältnisse als Aussprengung im Felsen entworfen werden. Beim Wasserschloß liegt die Stollensohle auf + 773,7 m; hier besitzt der Stollen in der Scheitelwand eine schachtartige Öffnung, die in geringer Höhe über dem Scheitel in eine querliegende wagerechte Stollenkammer von 5 m Höhe — die untere Kammer — übergeht; am Ende dieser Kammer befindet sich ein 7,5 m weiter Felsschacht von etwa 33 m Höhe, und an diesen ist eine obere, von außen zugängliche Stollenkammer seitlich angeschlossen; diese obere Kammer besitzt einen Überlauf. Da die Lage des mittleren Druckstollens zwischen den beiden äußeren Stollen sehr beengt ist, so werden bei ihm die Wasserschloßkammern in je zwei Hälften auf die beiden Seiten verteilt. Die Sohle der oberen Kammer (+ 804,6 m) liegt höher als der höchste Stauspiegel des Walchensees (bei H. W. der Jachen +802,2 m). Der Scheitel der unteren Kammer (+ 784,5 m) liegt nur wenig höher als der gewöhnliche niedrigste Seespiegel (+ 784,0 m), ihre Sohle liegt, ebenso wie die Schachtsohle, auf + 779,5 m. Hiernach wird für gewöhnlich bei eintretenden Schwankungen der Wasserentnahme der Betriebsspiegel nur im Höhenbereich des Schachtes schwanken, wobei die obere Kammer ganz wasserfrei und die untere Kammer ganz mit Wasser gefüllt ist. In Ausnahmefällen treten die untere und die obere Kammer in Wirksamkeit, und zwar wird von ihnen folgendes verlangt: Wenn bei niedrigstem Seespiegel (+ 784,0 m) das Werk stillsteht, so soll für den Fall des Anlassens der Turbinen die untere Kammer groß genug sein, um den tiefsten abgesaugten Spiegel über dem Scheitel des Druckstollens zu halten, so daß keine Luft in den Druckstollen und in die Druckrohre eintreten kann; wenn anderseits bei höchstem Seespiegel das Werk in Betrieb ist, so soll für den Fall des Ausschaltens der Turbinen die obere Kammer groß genug sein, um den höchsten hinaufgetriebenen Spiegel angemessen niedrig zu halten, so daß der Druck nicht nachteilig gesteigert wird. Im Hinblick auf diese Forderungen hat der Entwurf die Größe der Wasserschlösser nach dem Verfahren von Prof. Pressel berechnet und zwar mit folgenden Annahmen: hinsichtlich der unteren Kammer wird vorausgesetzt, daß dem in Ruhe befindlichen Druckstollen plötzlich 10 cbm/sec entnommen werden, hinsichtlich der oberen Kammer, daß ein Verbrauch von 30 cbm/sec, d. h. etwa die Größtmenge des einzelnen Stollens, plötzlich abgebrochen wird. Der Entwurf kommt hiernach zu folgenden Ergebnissen: In der unteren Kammer, die 76,6 qm wagerechten Querschnitt hat, senkt sich der Spiegel in 45 Sekunden um 4,01 m, so daß der niedrigste Spiegel auf +779,99 m steht; die Sohle der Kammer liegt auf +779,5 m, der Scheitel des Druckstollens auf + 778,0 m, der Eintritt von Luft in die Druckrohre erscheint also ausgeschlossen. In der oberen Kammer, die 300 qm wagerechten Querschnitt hat, ist die Sohle zufolge der Berechnung auf + 804,6 m gelegt worden; der hydraulische Betriebsspiegel liegt bei höchstem Seestand auf + 800,5 m, durch das plötzliche Sperren der 30 cbm/sec steigt er auf + 808,0 m; auf dieser Höhe liegt der Überlauf des Wasserschlosses.

Der Entwurf sieht für einen Druckstollen mit Einlauf und Wasserschloß eine Bauzeit von $2\frac{1}{2}$ Jahren vor; der Stollen wird von der Nordseite her mit Maschinenbohrung hergestellt, von der Südseite her mit Handbohrung.

Von den Wasserschlössern ab, bei denen noch ein letzter Feinrechen eingerichtet ist, ändern die 3 Druckstollen sowohl im lotrechten wie im wagerechten Sinne ihre Richtung, um zu den 6 Druckrohren überzugehen; die Einläufe je zweier Druckrohre werden in die schrägliegenden Stollenfortsetzungen eingemauert. Jedes Rohr hat bis zu 15 cbm/sec zu führen und speist im Hauptwerk zwei Turbinen.

In ungefähr zwei Drittel der Gefällhöhe über dem Unterwasser, möglichst nahe den Druckstollen, ist im Zuge der Druckrohre zur Aufnahme der Verschlüsse die Apparatenkammer eingerichtet (Tafel 4 Abb. 28 — vergl. dazu Abschnitt 4). Oberhalb der Kammer liegen die Rohre im Anschluß an die Einmauerungsstücke zugänglich in den Stollen; von der Kammer aus abwärts liegen sie frei auf dem felsigen Hang, sie führen hier gradlinig (unter Einschaltung je einer Expansion beim oberen Ende) zu dem am Hangfuß liegenden Mauerwerksklotz, bei dem sie mit Achsenhöhe +604,5 m in die wagerechte Lage übergehen; ehe dann die Rohre in der wagerechten Ebene zu den Turbinen abzweigen, sind sie (nach erneuter Einschaltung je einer Expansion) paarweise in je einem letzten Mauerkörper verankert. In der Apparatenkammer ist durch Einbau von Überschiebern dafür gesorgt, daß der bei gesperrtem Verschluß auftretende Wasserdruck durch die talseitige starke Betonmauer (Festpunkt) aufgenommen wird, so daß die eingemauerten Einlaufrohre entlastet sind; hierdurch wird die Wasserdichtigkeit der oberen Einmauerung begünstigt. Bei allen Einmauerungsstellen erhalten die Rohre aufgenietete Winkel. Zwischen den Festpunkten ruhen die Rohre mittels eiserner Gleitsättel auf Betonstützen.

Die für den 1. Ausbau nötigen Einmauerungsklötze werden sogleich mit allen für später in ihnen vorgesehenen Rohrstücken fertig hergestellt.

#### 4. Druckrohrleitung.

— Tafel 4 Abb. 28 und 29 —

In der im Abschnitt 3 bereits erwähnten Apparatenkammer sind, wie aus Tafel 4 Abb. 28 ersichtlich ist, die 6 Druckrohre zu je dreien durch eine Querleitung verbunden. Jedes Druckrohr besitzt oben und unten einen Mannlochstutzen und zwischen den beiden Stutzen einen Entleerungsschieber, eine von Hand oder durch Transmission anzutreibende Drosselklappe, den Stutzen des Verbindungsrohres und eine durch Druckwasser bewegliche Drosselklappe. In der Querleitung sitzen zwischen je 2 Hauptrohren hydraulisch bewegliche Absperrschieber mit Umleitungen, sowie zwei weitere Entleerungsschieber. Durch geeignete Einstellung all dieser, allerdings ziemlich zahlreichen Abschlußorgane wird es möglich, das Wasser irgendeines äußeren Stollens ganz oder teilweise den Druckrohren des mittleren Stollens zuzuführen und umgekehrt das Wasser des mittleren Stollens zum Speisen der äußeren Leitungen zu benutzen und so eine Reserve für den Fall zu schaffen, daß es je notwendig werden sollte, einen Stollen, jedoch nicht dessen Druckrohre außer Betrieb zu setzen und umgekehrt. Die unteren Drosselklappen können auch vom Kraftwerk aus betätigt werden, sie schließen sich überdies von selbst, sobald das Wasser in der betreffenden Leitung mit einer zu hohen Geschwindigkeit strömt, wie dies insbesondere im Falle eines Rohrbruches eintreten würde.

Unterhalb der selbsttätigen Drosselklappe sorgt ein Rückschlagventil für den Zutritt der Luft, falls durch den Abschluß der Leitung eine Luftverdünnung in ihr eintreten sollte.

Wie der Entwurf mit Recht ausführt, würden diese verschiedenen Absperr- und Umschaltapparate in der Zone hohen Druckes nicht geringe Gefahrmöglichkeiten in sich schließen. Da aber in der Apparatenkammer nur ein Druck von höchstens 75 bis 80 m herrscht, so sind auch die Apparate ohne Schwierigkeit ausreichend betriebssicher herzustellen.

Das Druckwasser zur Bewegung der selbsttätigen Drosselklappen und der Schieber wird einem der Hauptrohre entnommen und durch eine elektrisch angetriebene Zentrifugalpumpe zu einem Behälter auf der Höhe der oberen Wasserkammer gedrückt.

Die auf der linken Seite der Druckrohre anzulegende Seilbahn (vergl. Abschnitt 5) endigt in der Apparatenkammer, der so alle Maschinen- und Rohrteile leicht zugeführt werden können; zu ihrer bequemen Verteilung und Montierung ist in der Kammer ein Laufkran vorgesehen.

An dieser Stelle wird erneut auf die im Abschnitt 3 bereits erwähnten Überschieber aufmerksam gemacht, die aus bautechnischen Gründen in die Druckrohre oberhalb der mechanischen Drosselklappe eingebaut sind; dieselben erleichtern das Ausbauen der einzelnen Rohrstücke erheblich.

Im Einklang mit dem Früheren umfaßt die Druckrohrleitung 6 Rohrstränge von je ungefähr 375 m Länge; jeder Rohrstrang ist in 3 Zonen unterteilt, wovon die obere mit 2600 mm, die mittlere mit 2450 mm und die untere mit 2300 mm lichtem Durchmesser vorgesehen ist. Da jedes Rohr bis zu 15 cbm/sec zu führen hat, so treten bei dieser Höchstwassermenge in den oben erwähnten Zonen Geschwindigkeiten von 2,83, 3,2 und 3,6 m/sec auf. Dabei stellt sich die Anlaufzeit der Leitung auf rund 0,7 Sekunden. Die genannten Geschwindigkeiten erscheinen durchaus zulässig, ganz besonders, wenn sie sich, wie im vorliegenden Falle, nur auf die Spitzenbelastung beziehen. Der Entwurf empfiehlt, die Rohre an Ort und Stelle und ohne Zwischenschaltung von Flanschen oder Muffen zu nieten. Die Wandstärken wechseln zwischen 15 und 35 mm; nur im unteren Verankerungsklotz liegen Rohre mit 36 mm Wandstärke.

Da für jede Turbine 2 Speiserohre vorgesehen sind, so konnten die erforderlichen Abzweigungen (für jedes Hauptrohr 4) mit einem Durchmesser von nur 900 mm durchgeführt werden, wobei sich allerdings die Geschwindigkeit auf rund 6,5 m/sec steigert.

Für jedes Hauptdruckrohr ist ein Leerlaufschieber von 300 mm Durchmesser veranschlagt.

#### 5. Hauptwerk — Allgemeines und Bautechnisches.

— Tafel 4 Abb. 29 und Tafel 5 Abb. 35 bis 37 —

Das Maschinenhaus wird im Grundriß in spitzem Winkel zur Richtung der Druckrohre angelegt; seine den Druckrohren zugekehrte Längswand wird als starke Betonmauer hergestellt, die letztere wird zur Bergseite hin ins Freie noch erheblich verlängert. Der Entwurf hat bei diesen Maßnahmen, sowie auch bei der baulichen Gestaltung der Apparatenkammer (Abschnitte 3 und 4), an die Möglichkeit gedacht, daß zwischen den Wasserschlössern und dem Turbinenhaus ein Bruch der Wasserleitung, namentlich der Rohre, eintreten, und daß eine große Wassermenge schadendrohend den Hang hinunterstürzen kann. In diesem Falle soll zunächst die starke untere Betonmauer der Apparatenkammer das von oben kommende Wasser abfangen und der seitlich vorgesehenen Ablaufrinne zuweisen. Ferner wird das den Hangfuß erreichende Absturzwasser infolge der bezeichneten Richtung des Turbinenhauses an der starken äußeren Betonmauer vorbeigeleitet, ohne das Gebäude erheblich beschädigen zu können.

Das langgestreckte Maschinenhaus besitzt als Hauptraum eine Halle von 125 m Länge und 18 m Breite; in ihr stehen die 12 Maschinensätze in einer graden Linie; der Entwurf hat diese Anordnung deswegen gewählt, weil sie den allmählichen Ausbau erleichtert. Die eine (bereits oben besprochene) Längsseite des Gebäudes ist den Druckrohren zugekehrt, die andere dem Unterwasserkanal. Jede der 12 mit lotrechter Achse arbeitenden Turbinen steht über einem besonderen betonierten Ablaufkanal; derselbe hat 6,2 m Weite, die Zwischenpfeiler sind 2,2 m dick. Durch die lotrechte Lage der Turbinenachsen wird nach der Meinung des Entwurfs erreicht, daß bei einem etwaigen Gehäusebruch kein Wasser in die Dynamohalle gelangen kann. Das Gebäude soll im unteren Teil, einschließlich der ganzen rückseitigen Mauer, in Beton, im oberen Teil in Bruchstein ausgeführt werden. Die Maschinenhalle erhält ihr Licht in der Hauptsache durch die großen Fenster in der nordöstlichen Längswand.

Um das Kraftwerk an den Bahnhof Kochel anzuschließen, sieht der Entwurf für den Bau und für den späteren Betrieb folgendes vor: Auf dem Kochelsee wird eine Eisenbahnfähre eingerichtet, die beim Hauptwerk wieder an ein Ufergleis anschließt; dieses Ufergleis führt zum Maschinenhaus und zum Fuß der Druckrohre; von hier aus wird, den Hang hinaufsteigend, eine zur Apparatenkammer führende Drahtseilbahn in üblicher Bauweise hergestellt und zwar für 4 t Nutzlast; ihr Antrieb liegt neben dem Fuß der Rohrbahn.

### 6. Unterwasserkanal.

— Tafel 4 Abb. 26 —

Der 300 m lange Unterwasserkanal wird als ausgehobener Erdkanal ohne Flächenschutz gebaut; die Sohle ist 27 m breit, die Böschungen sind 1 : 1,5 geneigt, das Sohlengefälle beträgt 1 : 1500. Die größte Wassermenge von 84,9 oder rund 90 cbm/sec benötigt 2,0 m Fließtiefe. Der Kanal erhält sein Wasser aus den stehenden Turbinen; diese müssen als Peltonräder (Abschnitt 7) frei über dem Unterwasser, folglich höher als der durch den Kochelsee bedingte höchste Spiegel eingebaut werden. Im Hinblick hierauf und zur Ersparung von Erdarbeiten wird im Kanal dauernd derjenige Spiegel gehalten, der dem höchsten Spiegel des Kochelsees entspricht; dies geschieht mit Hilfe eines 55 m langen Überfallwehres, welches im Kanal bei dessen Auslauf in den Kochelsee gebaut wird. Der Entwurf schätzt den höchsten Spiegel des Kochelsees auf + 600,8 m. Die Krone des Überfallwehres liegt auf + 600,0 m. Dementsprechend steht bei 90 cbm/sec der Spiegel oberhalb des Wehres auf + 601,0 m und unter den Turbinen auf + 601,2 m; die Sohle des Kanals liegt 2,0 m tiefer.

### 7. Die maschinentechnischen Einrichtungen des Hauptwerkes.

— Tafel 4 Abb. 30 —

Die ganze Leistung des Hauptwerkes soll durch 12 Peltonturbinen von je 15 000 PS Größtleistung bei einem Nutzgefälle von 192 m und mit Wassermengen von je 7,8 cbm/sec erzeugt werden. Die Drehzahl wurde auf 187 bzw. 180 festgesetzt (vgl. Abschnitt 8, b Absatz 1). Je nach dem Gefälle wechselt die normale Leistung einer Turbine zwischen 12 700 und 14 000 PS. Als zugehörige Wirkungsgrade sind angegeben:

| | | | |
|---|---|---|---|
| bei $^5/_4$ | Öffnung | — | (Größtleistung) |
| bei $^4/_4$ | » | 77% | (Normalleistung) |
| bei $^3/_4$ | » | 78% | |
| bei $^2/_4$ | » | 75%. | |

Gemäß Abschnitt 6 steht das Unterwasser des Hauptwerkes dauernd auf der Höhe des höchsten Spiegels des Kochelsees; in dem Bestreben, das so verfügbare Gefälle möglichst gut auszunützen und daher die Turbine möglichst wenig freihängen zu lassen, wurde die senkrechte Welle gewählt und die Achse der Düsen bis auf 1 m an den Hochwasserspiegel des Kochelsees herangerückt. Geht man von der Vorstellung aus, daß der jeweilige Seestand das Unterwasser bilde, so würde die Turbine bei gewöhnlichem Seestand um rund 3 m freihängen; in dieser Auffassung würden bei Hochwasser ½ % und bei gewöhnlichem Wasserstand ungefähr 1½ % der möglichen Leistung durch das Freihängen des Rades verloren gehen.

Für jedes Rad sind im ganzen 4 Düsen von rd. 225 mm Durchmesser angeordnet, deren lichte Öffnung durch eine axial bewegliche Nadel verändert werden kann (spezifische Umlaufzahl 30,8). Um die Axialkraft der Nadel, insbesondere in geschlossenem Zustande, zum Teil aufzuheben, sitzt auf der Nadelspindel ein kleiner, stets unter dem Wasserdruck der Düse stehender Kolben. Die eigentliche Bewegung der Nadeln geschieht jedoch durch ein Gestänge, das von einem auf dem Maschinenboden stehenden Öldruckregulator verstellt wird.

Die Radschaufeln sind mit der Nabenscheibe vernietet gedacht; die letztere wird an die Welle angeflanscht. Oberhalb des Kuppelflansches wird die Welle von rd. 450 mm Durchmesser durch ein zwischen den beiden Zuleitungen eingespanntes, sehr langes Traversenlager geführt.

Die beiden Speiserohre (Abschnitt 4) können durch Absperrschieber geschlossen werden. Um kleine Montagefehler ausgleichen und die Absperrschieber besser ausbauen zu können, schließt an diese je eine Expansionsmuffe an; da jedoch die Verankerungen der Düsenrohre, wie auch die Abzweigungen nicht den ganzen Axialdruck aufnehmen können, ist anscheinend vorgesehen, die Flanschen der Expansionsmuffen mit den Flanschen der eingeschobenen Teile durch kräftige Schrauben zu verbinden.

Der Regulator ist mit seinen zugehörigen Öldruckpumpen unmittelbar zusammengebaut und enthält alle für diese Bauart nötigen Teile; sein Antrieb erfolgt durch Riemen von einer durch Kegelräder bewegten Vorgelegewelle aus.

Zur Regelung des Druckes in der Rohrleitung bzw. zur Verhinderung größerer Drucksteigerungen in den Rohren ist für jede Turbine zwischen den beiden Speiserohren ein Druckausgleichapparat gedacht, auf dessen Beschreibung der Entwurf jedoch nicht weiter eingeht.

Die lotrechte Belastung der Welle wird durch ein kräftiges, auf das Armkreuz der Dynamomaschine aufgebautes Spurlager aufgenommen, das natürlich bei den großen Gewichten erst durch Ölentlastung betriebsfähig wird. Es sind daher für je 4 Turbinen 2 Ölpumpengruppen aufgestellt, von denen jede die ganze Ölmenge für die 4 zu bedienenden Gruppen liefern kann. Der Antrieb erfolgt unter Zwischenschaltung einer Stirnradübersetzung durch Peltonturbinen, die an eines der Hauptdruckrohre angeschlossen sind. Das Öl wird den Turbinenzapfen durch eine Ringleitung zugeführt. Für jede Gruppe der Ölleitungen ist eine besondere Filteranlage mit Ölbehälter vorgesehen.

Der Entwurf hat bei der Beschreibung der Regulatoren ausgeführt, es werde durch den Zusammenbau von Pumpe und Regulator jede Gruppe selbständig; hinsichtlich der Ölzufuhr zum Spurlager trifft dies nach dem oben Gesagten nicht zu.

Die ganze Maschinenhalle ist durch einen auf Trägern laufenden, elektrischen Laufkran bedienbar, durch den auch die Transformatoren (vgl. Abschnitt 8) mit leichter Mühe gehoben werden können. Auch die an das Hauptgebäude sich anschließende Werkstätte enthält einen kleinen Bedienungskran.

### 8. Die elektrotechnischen Einrichtungen des Hauptwerkes.

#### a) Allgemeines.

Der Entwurf nimmt zwar an, daß der größere Teil der zu gewinnenden Kraft für den elektrischen Bahnbetrieb, ein kleinerer für Licht und Kraft Verwendung finden werde, befaßt sich aber trotzdem mit 2 Grenzfällen, das eine Mal unter der Annahme, daß die gesamte Kraft in Form von Drehstrom von 50 Perioden für Licht und Kraftabgabe ausgenützt wird, das andere Mal unter der Annahme, daß die gesamte Kraft in der Form von Wechselstrom von 15 Perioden für Bahnzwecke zur Abgabe gelangt.

Sollen beide Stromarten gleichzeitig erzeugt werden, so hält der Entwurf es für zweckmäßig, 2 getrennte Kraftwerke zu bauen.

Damit es beim weiteren Ausbau möglich ist, ohne Änderung des bautechnischen und des maschinentechnischen Teiles von einer Stromart auf die andere überzugehen, ist bei der Bemessung des Bedarfes an Platz für die verschiedenen elektrotechnischen Einrichtungen immer diejenige Stromart zugrunde gelegt worden, die den größten Platz beansprucht; das ist für die Transformatoren der Wechselstrom, für die Schaltanlage der Drehstrom. Für das Obernachkraftwerk ist nur der Ausbau auf Drehstrom angenommen.

Für die Fernübertragung wird mit Rücksicht auf die großen in Frage kommenden Entfernungen und Leistungen eine Spannung von 60 000 Volt für beide Stromarten vorgeschlagen.

b) Beschreibung.

Beim vollen Ausbau sollen 12 Dynamomaschinen von je 10 000 KVA Dauerleistung aufgestellt werden, die auf 2 bis 3 Stunden das 1,25-fache leisten können (Tafel 4 Abb. 31 und Tafel 5 Abb. 35 bis 37). Wird Drehstrom von 50 Perioden erzeugt, so sind die Maschinen bei 187 Umdrehungen in 1 Minute 32-polig auszuführen; wird Wechselstrom von 15 Perioden erzeugt, so erhalten sie bei 180 Umdrehungen 10 Pole. Die Grundfläche der Dynamomaschinen ist bei beiden Stromarten die gleiche, die Wechselstrommaschine wird nur um 500 mm höher.

In dem Bestreben, der Billigkeit halber möglichst wenige, aber große Maschinensätze aufzustellen, wurde davon abgesehen, besondere Maschinen in Bereitschaft zu halten. Die Einheiten sollen dafür reichlich bemessen werden, damit bei Außerbetriebsetzung eines Satzes die übrigen Sätze die Leistung des außer Betrieb gestellten mit übernehmen können.

Die im Verhältnis zur Größe der Dynamomaschinen geringe Spannung von 8000 Volt ist gewählt worden, damit der Anker eine kräftige und wechselnden Beanspruchungen gewachsene Stabwicklung erhalten kann.

Die Dynamomaschine ist oben geschlossen. Durch Flügel am Polrad wird die frische Luft aus dem Ablaufkanal der Turbinenkammer gesaugt und durch den zu kühlenden Anker, wie die in Tafel 4 Abb. 31 eingezeichneten Pfeile erkennen lassen, gepreßt. Um die Wärme des Maschinensaales nicht unzulässig zu erhöhen, kann die erwärmte Luft durch Kanäle im Fußboden und an der Längswand des Gebäudes ins Freie geleitet werden.

Die elektrischen Maschinen müssen in Rücksicht auf die Bauart der Turbinen senkrechte Wellen erhalten. Als Vorteil dieser Bauart führt der Entwurf an, daß bei unzulässigem Anwachsen der Drehzahl der Turbinen die infolge Berstens des Magnetrades allenfalls eintretenden Schäden weniger unheilvoll sind als bei Maschinen mit wagerechter Anordnung; denn während bei der wagerechten Anordnung die Gefahr vorhanden ist, daß beim Durchgehen der Turbine die Dynamomaschine unter dem Einfluß des geborstenen Polrades von den Fundamenten losgerissen wird, ins Rollen kommt und so die vollständige Vernichtung des Kraftwerkes zur Folge haben kann, eine Tatsache, die sich bereits abgespielt hat, würde — so führt der Entwurf aus — bei der lotrechten Wellenanordnung im Fall des Durchgehens der Turbine das losgerissene Maschinengehäuse mit dem Polrad nur auf dem Platze sich drehen.

Die Erregermaschinen, die den Drehstrommaschinen 90 KW, den Wechselstrommaschinen 120 KW bei 250 Volt zuführen, sind über den Hauptmaschinen angeordnet (Tafel 4 Abb. 31) und durch eine Treppe zugänglich gemacht.

Die Erregermaschinen können für mehrere Dynamomaschinen zu Gruppen elektrisch gekuppelt werden. Bei dieser Schaltung regelt ein selbsttätiger Regulator die Spannung entsprechend der Fernleitungsbelastung. Von einem Parallelbetrieb der Spannungsregler bei parallel geschalteten Dynamomaschinen wird wegen des gegenseitigen störenden Einflusses solcher parallel arbeitenden Regler abgeraten; für einen solchen Betrieb liefert eine Erregermaschine unter dem Einfluß eines einzigen Spannungsreglers den Erregerstrom für sämtliche parallel geschalteten Maschinen, so daß auf alle gleichzeitig eingewirkt wird.

Von den Dynamomaschinen führen Kabel den Strom zunächst zu den seitlich in einem Untergeschoß des Maschinenhauses (Tafel 5 Abb. 35 u. 37) angeordneten Hilfssammelschienen von 8000 Volt, auf welche jede Dynamomaschine mittels Stoßunterbrecher geschaltet werden kann, von hier sodann zu den an der Längswand des Krafthauses aufgestellten Transformatoren. Diese sind in abgeteilten, oben durch entsprechende Montageöffnungen zugänglichen Räumen aufgestellt, damit sie mit dem Hauptkran des Krafthauses zu dem im letzteren vorgesehenen Montageplatz verbracht werden können (Tafel 5 Abb. 35 u. 37).

Für jede Drehstrommaschine ist ein Drehstromtransformator von 10 000 KVA vorgesehen, für jeden Wechselstromgenerator dagegen der Baugröße halber 2 Wechselstromtransformatoren von je 5000 KVA. In beiden Fällen wird die Spannung von 8000 auf 60 000 Volt gebracht.

Die Transformatoren sollen mit »getrennter künstlicher Ölkühlung« gebaut werden. Wie aus einer Skizze gefolgert werden kann, besteht diese Kühlung darin, daß das Öl durch eine in einem Wasserbad befindliche Kühlschlange gepreßt wird.

Im Anschluß an die Hilfssammelschienen von 8000 Volt sind noch besondere Ringsammelschienen (Tafel 5 Abb. 34) von 8000 Volt mit 2 abgehenden Freileitungen zur Versorgung des näheren Umkreises des Werkes vorgesehen. Auf die Ringsammelschienen arbeitet auch die vom Obernachkraftwerk kommende Freileitung von 8000 Volt.

Es wird davon abgeraten, eine Dynamomaschine auf einen anderen nicht zugehörigen Transformator durch die Hilfssammelschienen zu schalten, und empfohlen, an die Stelle eines allenfalls beschädigten Transformators einen gesunden zu verbringen, was mit Hilfe der Hebevorrichtungen schnell vollzogen werden kann. Auf diese Weise werden unrichtige Schaltungen und Überkreuzungen von Schienen vermieden.

Von den Oberspannungsklemmen der Transformatoren führen blanke Leitungen den Strom mit einer Spannung von 60 000 Volt an der Längswand des Maschinenhauses entlang in die Höhe zu der im Dachraum der Maschinenhalle untergebrachten Schaltanlage von 60 000 Volt (Tafel 5 Abb. 35 bis 37). Hier sind im unteren Dachgeschoß die Ausschalter, die Ausführungen der 12 Freileitungen, sowie der Überspannungsschutz, bestehend aus Blitzschutzapparaten Bauart Wurtz mit Wasserwiderständen, Drosselspulen und Hörnern mit abschaltbaren Funkenstrecken, im oberen Dachgeschoß die Sammelschienen von 60 000 Volt angeordnet.

Der konstruktive Aufbau eines Feldes ist in Tafel 3 Abb. 25 und in Tafel 5 Abb. 33 dargestellt.

Jede Sammelschiene besteht aus 2 Strängen (Tafel 6 Abb. 38), welche gewöhnlich für je 2 Dynamomaschinen und 2 Fernleitungen zu einer Ringleitung zusammengefaßt werden und ein Element bilden. Die kleineren, je 2 Maschinen und 2 Fernleitungen umfassenden Ringe können durch besondere Ölschalter miteinander verbunden werden, so daß immer größere Ringe entstehen. Die zu einer Dynamomaschine gehörenden Schalter sind in der im Dachraum untergebrachten Schaltanlage so angeordnet, daß sie unmittelbar über der betreffenden Maschine zu stehen kommen, wodurch kurze Leitungsführungen erzielt werden (Tafel 5 Abb. 36 u. 37). Die Unterteilung der ganzen Anlage in eine Reihe voneinander unabhängiger kleineren Anlagen bietet nach Darlegung des Entwurfes den Vorteil großer Betriebssicherheit, da bei Störungen nicht das ganze Werk, sondern nur der gefährdete Teil außer Betrieb gesetzt wird.

Bei der gewählten Anordnung der Schaltanlage im Dachraum, die nach Ansicht des Entwurfes nicht erheblich teuerer als andere Anordnungen ist, werden verschiedene Vorteile erreicht. Da die Seite des Hauses, auf der die Rohre zu den Turbinen durch die Gebäudemauer eingeführt werden, vor den Folgen einer bei Rohrbruch eintretenden Überflutung geschützt werden muß (vergl. Abschnitt 5, sowie Tafel 5 Abb. 37), so lassen sich in dieser Wand nur kleine hochliegende Fenster anordnen. Daher ist es zur Gewinnung genügenden Lichteinfalles vorteilhaft, wenn die gegenüberliegende Längsseite für reichliche Fensterabmessungen frei gehalten werden kann und nicht durch Schalthausanbauten verstellt zu werden braucht. Auch erhalten die Schalträume reichlich Licht, ein Vorzug, der bei Verwendung von Betonzellen nicht zu unterschätzen ist.

Sämtliche Apparate für die Bedienung der ganzen Anlage werden mittels Fernsteuerung von einer Kommandostelle aus betätigt (Tafel 5 Abb. 35 u. 36), welche in einem turmartigen Anbau des Maschinenhauses in einem abgeschlossenen Raum untergebracht ist. Hier sind auf Pulten alle Meß- und Kontrolinstrumente, die Rückmeldelampen, die Steuerschalter, ein Telephon und eine Synchronschaltvorrichtung zum Parallelschalten der Maschinen, Fernleitungen und Sammelschienen untergebracht (Tafel 5 Abb. 32). Sie schließt den Hauptschalter auf der Oberspannungsseite des Transformators durch die Fernsteuerung selbsttätig, sobald die Gleichheit der Phasen, Spannung und Periodenzahl als notwendige Bedingung für die Parallelschaltung der Dynamomaschinen erreicht ist. Die Gleichheit der Periodenzahl und der Phasen wird hierbei durch einen Motor, dessen Windungen von den beiden Dynamomaschinen beeinflußt sind, eingestellt; die Gleichheit der Spannungen wird durch ein Differentialrelais erzielt (Tafel 6 Abb. 38).

Für jede Dynamomaschine ist außerdem im Maschinenraum eine besondere Schalttafel für den Wärter aufgestellt, an welcher die Maschine im Notfall auch abgeschaltet werden kann (Tafel 5 Abb. 35 u. 36).

Der überwiegende Teil des Eigenbedarfs des Werkes an Licht und Kraft einschließlich der Drahtseilbahn zum Wasserschloß wird durch 2 Drehstromtransformatoren von 80 KVA und 250 bis 144 Volt Unterspannung gedeckt. Den geringeren Teil und zwar den Bedarf für eine Notbeleuchtung und für die Fernsteuerung der Schalter liefern ein Drehstrom-Gleichstromumformer und eine Akkumulatorenbatterie von 54 Amp. Std.

Die Anordnung des Werkes und der Schaltanlagen ist in den Abbildungen 35 bis 37 der Tafel 5 dargestellt.

# Unsere Kohlen.

**Vorbemerkung.**

Der Entwurf »Unsere Kohlen« nimmt den höchsten Spiegel des Walchensees auf + 801,99 m an (nicht auf + 801,90 m — vgl. I. Teil Abschnitt B, 1, a Vorbemerkung —). Stellenweise rundet der Entwurf die Spiegelhöhe auf + 802,0 m ab. Im folgenden ist die Zahl + 801,99 m beibehalten worden.

## A. Allgemeine Anordnung, Ausbaustufen und Bauprogramm.

### 1. Allgemeines und Ausbaustufen.

— Tafel 1 Abb. 1 und Tafel 3 Abb. 26 —

Der Entwurf »Unsere Kohlen« hat für die Zuführung des Wassers zum Walchensee (Baugruppe I) die Grundform A angewendet und dementsprechend zwei voneinander getrennte Wasserwege für das Wasser der Isar bzw. das Wasser des Rißbachs vorgesehen; in der ersten Ausbaustufe wird auf dem oberen Wasserwege (Obernachtal) Wasser aus der Isar zugeleitet, beim Vollausbau auf dem unteren Wasserwege auch Wasser aus dem Rißbach. Bei der Baugruppe II (Walchensee-Kochelsee) wird durch den Kesselberg im ersten Ausbau 1 Druckstollen geführt; beim weiteren Ausbau wird ein zweiter Druckstollen hinzugefügt.

Besondere Aufmerksamkeit hat der Entwurf der Wettbewerbsforderung geschenkt, daß der Walchensee zunächst nicht mehr als um 3,5 m schwanken dürfe. Diese Forderung war der Niederschlag des allgemeineren Verlangens, daß der See so wenig wie möglich als Ausgleichspeicher in Anspruch genommen werden solle. Im Hinblick auf dieses allgemeinere Verlangen hat der Entwurf die Frage aufgeworfen: Wie kann man außerhalb des Walchensees Ausgleichspeicher (Nebenspeicher) für das Wasser schaffen, welches dem Walchensee zugeführt wird? Im Sinne dieser Frage bringt der Entwurf für das Wasser der Isar 3 Nebenspeicher in Vorschlag: an der oberen Isar — etwa 12 bzw. 3 km oberhalb Wallgau — sollen die beiden Seen Lautersee und Barmsee als Wasserspeicher ausgebaut werden; ferner wird im Obernachtal als Teil des oberen Wasserweges mittels einer hohen Staumauer ein Staubecken, der Obernachsee, hergestellt. Für das Wasser des Rißbachs werden besondere Ausgleichspeicher nicht vorgesehen. Der Entwurf stellt hiernach, und zwar sogleich für den 1. Ausbau, nicht nur den 3,5 m hohen Speicherraum des Walchensees, sondern auch die genannten 3 Nebenspeicher bereit und erreicht dadurch eine beziehentlich große Anfangsleistung des Werkes.

Auf dieser Grundlage hat der Entwurf nun weiterhin zwei verschiedene Ausbauformen bearbeitet; er nennt sie Entwurf A und Entwurf B.

Um das oben bezeichnete Verlangen möglichst weitgehend zu erfüllen, wird beim Entwurf A festgesetzt, daß die Speicherhöhe im Walchensee auch in der weiteren Zukunft das Maß von 3,5 m niemals überschreiten solle; beim Vollausbau wird hierbei Wasser aus dem Rißbach zugeleitet, dadurch wird zwar das Nutzwasser, trotz der eingeschränkten Speicherhöhe, gegenüber dem 1. Ausbau vergrößert, aber von der Vollausnützung des Wassers der Isar und des Rißbachs bleibt man doch sehr weit entfernt. Das Einhalten der Größthöhe von 3,5 m wird beim Entwurf A technisch dadurch sichergestellt, daß zur Entnahme des Wassers aus dem Walchensee ein Heber vorhanden ist, der mehr als 3,5 m Absenkung des Seespiegels nicht gestattet.

Der Entwurf B bindet sich nur für den 1. Ausbau an die 3,5 m Speicherhöhe des Walchensees; beim weiteren Ausbau wird das Wasser der Isar und des Rißbachs bis zur Vollausnützung herangezogen und der See so weit gesenkt, wie hierfür erforderlich ist; die Kraft des Hauptwerkes ist entsprechend größer, als sie der Entwurf A aufweist.

Beim Wettbewerb ist nicht dem Entwurf A, sondern dem Entwurf B der Preis zuerkannt worden. Die nachfolgende weitere Beschreibung gilt nur für den Entwurf B.

Im Einklang mit dem Gesagten leitet der Entwurf B im 1. Ausbau aus der Isar so viel Wasser zu, wie mit den 3 Nebenspeichern und mit den 3,5 m Speicherhöhe des Walchensees ausgeglichen werden kann. Im 2. Ausbau wird mehr Wasser aus der Isar zugeleitet; der zu seinem Ausgleich erforderliche Wasserspeicher wird durch Vergrößerung der 3,5 m gewonnen; der Rißbach wird noch nicht in Anspruch genommen. Gemäß den wasserwirtschaftlichen Nachweisen des Entwurfs soll die größte Absenkung des Walchensees endgültig 14,35 m betragen; ist diese im 2. Ausbau erreicht, so wird auf dem Wege zum Vollausbau (3. Ausbau) mit allmählicher Zunahme das Wasser des Rißbachs zugeführt. Die Einrichtungen der Baugruppe II (Walchensee-Kochelsee) werden entsprechend den so gearteten Ausbaustufen nach Bedarf erweitert; von den 2 Druckstollen wird der eine im 1. Ausbau, der andere im 3. Ausbau hergestellt.

Die Jachen als natürlicher Ausfluß des Walchensees wird sogleich im 1. Ausbau durch ein Wehr gesperrt. In der Nähe der Ausflußstelle bringt der Entwurf noch ein weiteres, allerdings weniger bedeutungsvolles Mittel in Vorschlag, um trotz der anfänglichen Einschränkung des Walchenseespeichers auf 3,5 m Höhe die Nutzwassermenge des Werkes möglichst groß zu machen; hierfür sollen 2 kleine Wasserläufe, die im Naturzustande erst unterhalb des Seeausflusses in die Jachen gehen, nämlich der Alpenbach und die Eibenlaine, durch eine Hangleitung teilweise in den Walchensee geführt werden; das Normalwasser der beiden Bäche = 0,1 cbm/sec soll nach wie vor in die Jachen fließen, die größeren Mittelwassermengen und das Hochwasser aber in den Walchensee.

Der Entwurf läßt sogleich im 1. Ausbau 2 Kraftwerke entstehen, nämlich das Hauptwerk und das Obernachkraftwerk, letzteres in unmittelbarem Anschluß an die Staumauer des Obernachsees. Das Obernachkraftwerk nützt das jeweilige Gefälle zwischen dem Obernachsee und dem Walchensee aus und zwar mit dem Größtwert von etwa $h = 40$ m. Da das Obernachkraftwerk den Stausee im Rücken hat, so kann es bis zu gewissem Grade vorübergehend zu Spitzenleistungen herangezogen werden.

Der Entwurf hat die Frage untersucht, ob man den Obernachsee oder das Obernachkraftwerk oder beide Anlagen weglassen solle; hierzu ist Genaueres im Abschnitt C, I, 2, c gesagt; auf Grund der betreffenden Nachweise wurden beide Anlagen in den Entwurf aufgenommen.

Beim unteren Wasserweg (Rißbach) ist beachtenswert, daß der Entwurf zwischen Rißbach und Isar einen offenen Kanal anwendet (er hält ihn für billiger als einen Stollen), ferner daß die Kreuzung mit der Isar als Düker entworfen wurde, der auf einer Brücke liegt.

### 2. Bauprogramm.

Nach dem Bauprogramm des Entwurfs sollen die Bauarbeiten des 1. Ausbaus am 1. April des 1. Jahres beginnen und am 1. August des 3. Jahres beendet sein. Sogleich soll beginnen der Bau der Stollen, des Isarwehres, der Obernachstaumauer und des Hauptwerkes. Der Bau der Staumauer soll die gesamte Bauzeit in Anspruch nehmen.

## B. Wasserwirtschaft, Kraftleistung, Baukosten und Naturschutz.

### 1. Verlustwassermengen und Holzverkehr.

Gemäß Abschnitt A vereinigt der Entwurf folgende Wassermengen im Walchensee: den natürlichen Zufluß des Seegebiets, also die Ablaufmengen des Sees zur Jachen, ferner Wasser aus der Isar und Wasser aus dem Rißbach, schließlich noch das Wasser der kleinen Wasserläufe Alpenbach und Eibenlaine.

Hinsichtlich des Verlustwassers schenkt der Entwurf in erster Linie der Flößerei und der Holztrift Beachtung, soweit diese Betriebe auf den in Frage stehenden Wasserläufen ausgeübt werden. Hierbei macht er geltend, die Erfahrung zeige, daß der Holzverkehr zu Wasser mehr und mehr zurückgehe, namentlich dort, wo bessere Ersatzeinrichtungen Eingang fänden. Der Entwurf gibt zu, daß die Entnahme des Kraftwassers den bestehenden Holzverkehr beeinflussen werde, er erwartet aber, daß dies den Übergang zu den ohnehin unvermeidlichen besseren Ersatzeinrichtungen nur wohltuend beschleunigen wird; er empfiehlt in diesem Sinne das Anlegen guter Waldwege und den baldigen Bau einer Holzbahn von Mittenwald bis Tölz. Unter diesen Umständen bringt der Entwurf für den Holzverkehr keine Verlustmengen in Abzug; jedoch werden in den Wehren Holzdurchlässe vorgesehen.

Eine eigentliche Verlustmenge erwartet der Entwurf als Folge des Wasserverbrauchs der Fischpässe und der Undichtigkeiten der Wehre; er schätzt sie auf durchschnittlich 0,2 cbm/sec und weist nach, daß sie gedeckt wird durch das Wasser aus dem Alpenbach und der Eibenlaine; daher läßt er sie außer Berechnung und setzt anderseits das Wasser der 2 Bäche als Nutzwasser nicht ein.

Aus allgemeinen wasserwirtschaftlichen Gründen müssen schließlich beim Vollausbau die Hochwasserspitzen in den Flüssen verbleiben; sie dienen dabei gleichzeitig zur Abfuhr der Sinkstoffe.

### 2. Die Kraftwassermengen.

Im Einklang mit dem Vorstehenden zieht der Entwurf für den Vollausbau das Wasser des Walchenseegebiets, der Isar und des Rißbachs in seiner Gesamtmenge in Betracht und scheidet als Nutzwasser lediglich die Hochwasserspitzen aus, die aus allgemeinen Wirtschaftsgründen unverwertbar erscheinen. Die Gesamtmengen betragen im Durchschnitt: für das Seegebiet 2,6 cbm/sec, für die Isar 18,5 cbm/sec, für den Rißbach 10,2 cbm/sec, zusammen 31,3 cbm/sec.

Gemäß den Nachweisen des Entwurfs steht dem Hauptwerk im 1. Ausbau zur Entnahme aus dem Walchensee eine ausgeglichene Dauerwassermenge von 14,0 cbm/sec zur Verfügung; das Wasser stammt aus dem Seegebiet und aus der Isar. Als ausgleichende Wasserspeicher treten dabei die 3,5 m des Walchensees und die 3 Nebenspeicher in Wirksamkeit; mehr als 14,0 cbm/sec kann man mit dem so vorhandenen Speicherinhalt nicht erreichen. Die 3,5 m des Walchensees machen 57 Mill. cbm aus. Der Lautersee soll um 16,5 m aufgestaut werden, dadurch entsteht ein Wasserspeicher von 4,6 Mill. cbm; als mittleren jährlichen Zufluß erwartet der Entwurf aus dem 3,5 qkm großen Seegebiet 4,5 Mill. cbm. Der Barmsee soll mit 4,4 m künstlicher Stauhöhe 4,2 Mill. cbm Inhalt bereitstellen; der Entwurf führt den benachbarten Kranzbach dem Barmsee zu und erreicht dadurch einen jährlichen Seezufluß von 26,2 Mill. cbm. Der künstliche Obernachsee bietet nach dem Entwurf mit 37,5 m größter Stauhöhe 21,7 Mill. cbm Speicherraum; hiervon wäre nach dem Wasserwirtschaftsplan des Entwurfs während der 6 Jahre 1902 bis 1907 nur der Inhalt der obersten 14,75 m benötigt worden. Im ganzen haben die 3 Nebenspeicher hiernach 30,5 Mill. cbm Inhalt. Dieser Inhalt tritt zu den 57 Mill. cbm des Walchensees mit gleicher Wirksamkeit hinzu; die 30,5 Mill. cbm sind gleichbedeutend mit weiteren 1,65 m Speicherhöhe des Walchensees, es stehen also ideell im 1. Ausbau nicht nur 3,5 m, sondern 5,15 m Stauhöhe des Walchensees zur Verfügung.

Der Entwurf »Unsere Kohlen« ist der einzige unter den 6 Entwürfen, der schon im 1. Ausbau Nebenspeicher einführt; dadurch erklärt es sich, daß er im 1. Ausbau dem Hauptwerk 14,0 cbm/sec bereitstellt, während die übrigen 5 Entwürfe nur 11,8 bis 12,2 cbm/sec aufweisen. Ohne die 3 Nebenspeicher würden nach dem Entwurf 12,5 cbm/sec vorhanden sein. Die 3 Nebenspeicher erhöhen daher die Nutzleistung des Hauptwerkes um $\frac{1,5}{12,5}$ = rund 12% entsprechend 3160 PS bei $h = 200$ m.

Die 14,0 cbm/sec machen etwa 66% des im ganzen aus der Isar und aus dem Seegebiet zu erwartenden Mittelwassers von 21,1 cbm/sec aus; dementsprechend dürften etwa 1,7 cbm/sec aus dem Seegebiet und 12,3 cbm/sec aus der Isar stammen. Als größte Wassermenge muß im 1. Ausbau gemäß der Angabe des Entwurfsberichts der Betrag von 63 cbm/sec aus der Isar zugeleitet werden; der Isarstollen (oberer Wasserweg) wird sogleich für 70 cbm/sec Leistung gebaut, wie dies nach dem Entwurf für den Vollausbau nötig ist.

Beim weiteren Ausbau, der als 2. Ausbau gelten mag, wird die Speicherhöhe des Walchensees von 3,5 m auf ihr endgültiges Größtmaß von 14,35 m gesteigert (niedrigster Seespiegel + 787,64 m); die Entnahme aus der Isar wird so weit vermehrt, wie es der vergrößerte Speicherinhalt für vollen Ausgleich zuläßt. Die 3 Nebenspeicher entsprechen nach dem Obigen einer Seehöhe von 1,65 m; der 2. Ausbau besitzt also ideell einen Seespeicher von 16,0 m Höhe (statt 5,15 m im 1. Ausbau). Auf diese Weise stellt der 2. Ausbau dem Hauptwerk 19,5 cbm/sec ausgeglichenes Nutzwasser zur Entnahme aus dem Walchensee bereit.

19,5 cbm/sec machen etwa 92,5 % der im ganzen verfügbaren Wassermenge von 21,1 cbm/sec aus; daher dürften etwa 2,4 cbm/sec aus dem Seegebiet und 17,1 cbm/sec aus der Isar stammen.

Beim V o l l a u s b a u wird mittels des unteren Wasserweges auch das Wasser des R i ß b a c h s zugeführt. Der Speicherinhalt bleibt ebenso groß, wie er im 2. Ausbau war, entsprechend 14,35 m Speicherhöhe des Walchensees bzw. ideell 16,0 m bei Hinzunahme der 3 Nebenspeicher; die Menge des zugeführten Rißbachwassers steht im Einklang mit der Forderung, daß der verfügbare Speicherinhalt das Gesamtwasser auszugleichen imstande sein solle. Auf diese Weise werden nach den Berechnungen des Entwurfs dem Hauptwerk 29,4 cbm/sec ausgeglichenes Nutzwasser geboten. Diese 29,4 cbm/sec stammen aus dem Seegebiet, aus der Isar und aus dem Rißbach; sie machen 94 % der im ganzen verfügbaren Mittelwassermenge von 31,3 cbm/sec aus; daher dürften von den 29,4 cbm/sec etwa 2,4 (von 2,6) cbm/sec aus dem Seegebiet, 17,4 (von 18,5) cbm/sec aus der Isar und 9,6 (von 10,2) cbm/sec aus dem Rißbach stammen. Zur Durchführung des so gearteten Wasserwirtschaftsplanes sind aus der Isar mit dem Seegebiet Wassermengen bis zu 70 cbm/sec und aus dem Rißbach die Mengen bis zu 20 cbm/sec abzuleiten; für diese Größtmengen werden die beiden Wasserwege eingerichtet. Unabhängig von den Nachweisen des Entwurfs würde gemäß Tabelle 1 ein Isarstollen mit 70 cbm/sec Fließvermögen im Durchschnitt 18,4 cbm/sec als Teil der Gesamtmenge von 18,5 cbm/sec ableiten können, ein Rißbachweg mit 20 cbm/sec Fließvermögen ebenso 9,7 cbm/sec als Teil der Gesamtmenge von 10,2 cbm/sec; diese Zahlen stehen mit den obigen Entwurfszahlen genügend im Einklang.

Nach dem Früheren wird im Anschluß an die Staumauer des Obernachsees das O b e r n a c h k r a f t w e r k eingerichtet. Dasselbe arbeitet mit den aus dem Obernachsee in den Walchensee abfließenden Wassermengen, die aus der Isar und aus der Obernach stammen. Das natürliche Kleinstwasser der Isar beträgt etwa 6,5 cbm/sec; nach dem Wasserwirtschaftsplan des Entwurfs soll das aus dem Obernachsee abzulassende Kleinstwasser 10,0 cbm/sec betragen; die Erhöhung von 6,5 auf 10,0 cbm/sec ist möglich mittels des Ausgleichs durch die 3 Nebenspeicher. Anderseits fließen zeitweise bis zu 70 cbm/sec aus dem Obernachsee ab. In den Jahren 1903 bis 1905 wäre die Kleinstmenge von 10 cbm/sec an 155 bis 240 Tagen jährlich vorhanden gewesen, nur an 50 bis 110 Tagen wären anderseits 30 cbm/sec überschritten worden. Unter diesen Umständen setzt der Entwurf 30 cbm/sec als größtes Nutzwasser des Obernachkraftwerks fest. Soweit die Maschinen es gestatten, ist für vorübergehende Spitzenkraft ein Verbrauch von m e h r als 10 bzw. 30 cbm/sec zulässig.

### 3. Kraftleistung.

Im Einklang mit den im Abschnitt 2 festgestellten Kraftwassermengen weist die Tabelle 12 in den Reihen 1 bis 9 die Kraftverhältnisse des Hauptwerkes in den 3 Ausbaustufen nach. Die Verhältnisse des Obernachkraftwerks, die in allen 3 Stufen die nämlichen sind, werden im folgenden besonders nachgewiesen; seine Nutzleistung = 6000 PS wurde in die Reihe 10 der Tabelle eingeführt. In der Reihe 11 ist die Gesamtleistung angegeben.

Die Werte $N$ und $r$ der Tabelle 12 sind dem Entwurfsbericht unmittelbar entnommen worden. Die in der Reihe 5 angegebenen Gefällverluste gelten für die durchschnittlichen Kraftwassermengen $Q$ (Reihe 7). Für die größte Inanspruchnahme mit Wassermenge = $3 \cdot Q$ gibt der Entwurf entsprechend den Ausbaustufen I, II, III die Gefällverluste von bzw. 4,50 m, 4,54 m, 4,33 m an. Die Mengen $Q$ (Reihe 7) wurden dem Früheren entnommen; die Werte der übrigen Reihen bis Reihe 9 ergeben sich nach der in der Tabelle 12 angedeuteten Berechnungsart. Als Wirkungsgrad der Turbinen setzt der Entwurf für den Nachweis der Gesamtleistung 0,79 ein (vergl. Reihe 8 der Tabelle 12).

Das O b e r n a c h k r a f t w e r k arbeitet gemäß Abschnitt 2 vom 1. Ausbau an mit einer zwischen 10 und 30 cbm/sec schwankenden Wassermenge. Das größte Nutzgefälle (bei gefülltem Obernachsee) beträgt 40,0 m, das kleinste Nutzgefälle (bei tiefstem Spiegel) 28,75 m. Nach den Wirtschaftsplänen des Entwurfs trifft die kleinste Wassermenge = 10 cbm/sec mit dem kleinsten Gefälle = 28,75 m zusammen, die größte Wassermenge = 30 cbm/sec mit dem größten Gefälle = 40,0 m. Die entsprechenden Grenzleistungen betragen (mit Wirkungsgrad = 0,79):

größte Nutzkraft . . . . . 12 640 PS,
kleinste Nutzkraft . . . . 3 030 » .

Der Kleinstwert von rund 3000 PS wird im allgemeinen länger als ½ Jahr andauern; daher setzt der Entwurf lediglich diese 3000 PS als Leistung in den Wirtschaftsnachweis ein. Vorgesehen sind 3 Turbinen mit je 4000 PS, zusammen 12 000 PS. Bis zu dieser Grenzhöhe von 12 000 PS wird die jeweilige Kraft gewonnen und dem Hauptwerk zugeführt. Die tatsächliche Durchschnittsleistung des Obernachkraftwerks dürfte etwa 6000 PS betragen (statt der vom Entwurf angenommenen 3000 PS) — vergl. Reihe 10 der Tabelle 12.

### 4. Die Baukosten.

In den Reihen 12, 13, 14 der Tabelle 12 sind die vom Entwurf ermittelten Baukosten angegeben (vergl. Tabelle 5). Diese Baukosten hat der Entwurf durch ein b i n d e n d e s A n g e b o t nachgewiesen. Weiterhin werden in Reihe 15 der Tabelle 12 die Einheitsbaukosten für 1 PS der gesamten hydraulischen Nutzleistung ermittelt (1 PS

**Tabelle 12 „Unsere Kohlen".**

| 1 | 2 | 3 | 4 | 5 | 6 | 7 | 8 | 9 | 10 | 11 | 12 | 13 | 14 | 15 |
|---|---|---|---|---|---|---|---|---|---|---|---|---|---|---|
| | Hauptwerk | | | | | | | | | Hauptwerk und Obernachkraftwerk zusammen | | | | |
| Ausbaustufe | Größte Absenkung des Walchensees unt. + 801,99 m | Mittlere Spiegelhöhe des Walchensees | Mittleres Rohgefälle über dem Kochelsee | Gefällverlust vom Walchensee an | Mittleres Nutzgefälle | Kraftwasser | Hydraulische Nutzleistung | Eingerichtete Turbinennutzleistung für Spitzenbelastung | Mittlere Nutzleistung des Obernachkraftwerks | Gesamte hydraulische Nutzleistung | Baukosten: ohne die elektrotechn. Einrichtungen | Baukosten: der elektrotechn. Einrichtungen allein | Baukosten: im ganzen | Einheitsbaukosten für 1 PS der hydraulisch. Nutzleistung |
| | m | m üb. Meer | m | m | m | cbm/sec | PS | PS | PS | PS | Millionen Mark | | | M |
| I | 3,50 | 800,60 | 201,48 | 1,11 | 200,37 | 14,0 | 29 600 | 7·15 000 = 105 000 | 6000 | 35 600 | 12,47 | 4,86 | 17,33 | 351 |
| II | 14,35 | 795,14 | 196,02 | 1,07 | 194,95 | 19,5 | 40 100 | 9·15 000 = 135 000 | 6000 | 46 100 | 13,08 | 6,02 | 19,10 | 284 |
| III | 14,35 | 795,45 | 196,33 | 1,17 | 195,16 | 29,4 | 60 500 | 12·15 000 = 180 000 | 6000 | 66 500 | 21,38 | 7,83 | 29,21 | 322 |
| — | — | $N$ | $H = N - 599{,}12$[1]) | $r$ | $h = H - r$ | $Q$ | $K = \frac{Q \cdot h \cdot 1000 \cdot 0{,}79}{75}$ | $T =$ etwa $3\,K$ | $O$ | $L = K + O$ | $BM$ | $E$ | $S = BM + E$ | $P = BM : L$ |
| | | | | | | | | | | | vgl. Tabelle 5 | | | |

[1]) M. W. des Kochelsees ist + 599,17 m; der Entwurf nimmt + 599,12 m an.

mit täglich 24 Stunden Dauerbetrieb und mit der Möglichkeit dreifacher Kraft bei Spitzenbedarf); die Einheitsbaukosten betragen in den 3 Ausbaustufen bzw. 351, 284, 322 M. Diese Beträge dürfen mit den entsprechenden Beträgen der anderen Entwürfe nicht ohne weiteres verglichen werden. Vergleicht man sie untereinander, so ist beachtenswert, daß die Kraft im 2. Ausbau am billigsten ist; die Verhältnisse des 2. Ausbaus sind deswegen besonders günstig, weil er in Bezug auf die Wassermenge den größten Wasserspeicher besitzt; beim Vollausbau wird trotz der Vermehrung des Kraftwassers der Ausgleichspeicher nicht vergrößert, daher sind die Einheitskosten des 3. Ausbaus (Vollausbaus) größer als diejenigen des 2. Ausbaus.

Die Frage, welche Einheitsbaukosten das Obernachkraftwerk für sich allein erfordert, kann nicht eindeutig beantwortet werden, da die Art des Entwurfs dies nicht zuläßt. Geht man von der Vorstellung aus, daß der Obernachsee ganz dem Hauptwerk zur Last fällt, daß also das Obernachkraftwerk lediglich mit den Bauten zwischen der Staumauer und dem Walchensee zu belasten ist, so scheint die Kraft des Obernachkraftwerks vergleichsweise billig zu sein.

#### 5. Schutz der Naturschönheit.

Der Entwurf trägt dem Schutz der landschaftlichen Schönheit in besonders hohem Maße Rechnung; er erklärt es für angemessen, daß für diesen Schutz große Aufwendungen gemacht werden. Hinsichtlich seiner Maßnahmen macht der Entwurf folgende Punkte geltend.

Der Rißbach wird erst beim Vollausbau herangezogen; sein Wasser soll möglichst lange dem Isarlauf bis Tölz erhalten bleiben. — Durch den Bau der 3 Nebenspeicher für den Wasserausgleich wird die Schwankung des Walchensees auf ein Kleinstmaß eingeschränkt. — Das künstlich geschaffene Obernachbecken wird das Isarwasser klären, ehe es in den Walchensee gelangt, so daß die Farbenschönheit des Seewassers erhalten bleibt. — Hinsichtlich der Trockenlegung der Seeränder macht der Entwurf geltend, daß der See in der ersten Ausbaustufe während des Sommers der Regel nach vollgefüllt sein werde, und daß dies auch beim weiteren Ausbau in vielen Jahren der Fall sei; er macht ferner geltend, daß die Ränder im Winter mit Schnee bedeckt seien. Die tieferen Strandflächen werden gemäß den Nachweisen des Entwurfs erst sichtbar, wenn die Kraftleistung über 30 000 PS steigt. Im übrigen schlägt der Entwurf vor, daß auf den wichtigsten Strecken des Seerandes die flachen Ufer durch Abgraben bzw. durch Auffüllen von Erde und Steinen in steile Ufer (Böschung 1 : 1) umgewandelt und als Promenadenstraßen ausgebildet werden sollen. Dieses Vorgehen soll bei den späteren Ausbaustufen entsprechend fortgesetzt werden. Der Entwurf hat den bezeichneten Vorschlag auf Grund einer genauen örtlichen Aufnahme der Ufer technisch durchgearbeitet und empfiehlt, das angegebene Mittel auch beim Obernachsee anzuwenden. Anderseits macht der Entwurf auf die Notwendigkeit des Schutzes der steileren Ufer gegen Rutschen aufmerksam.

Für die Weitergabe der Kraft des Obernachkraftwerks an das Hauptwerk hat der Entwurf ein Kabel vorgesehen, um zu verhüten, daß die Zwischenstrecke durch eine Freileitung verunziert wird. Beim Hauptwerk wird die Druckrohrleitung in Hochwald bzw. in Rohrstollen verlegt, um sie nach Möglichkeit unsichtbar zu machen.

## C. Technische Einzelbeschreibung.

### I. Baugruppe I.

#### 1. Lautersee und Barmsee (Nebenspeicher).

— Tafel 1 Abb. 1 —

Der etwa 200 m höher als Mittenwald[1]) liegende Lautersee bildet einen geschlossenen felsigen Talkessel. Der See wird um 16,5 m aufgestaut; die geologischen Vorbedingungen für diesen Aufstau sind nach Ansicht des Entwurfs genügend erfüllt, jedoch wird eine genauere Prüfung für nötig gehalten. Der Staudamm wird zu zwei Drittel seiner Länge als Betonmauer mit Bruchsteinmantel hergestellt, zu ein Drittel als geschütteter Damm mit Betonkern. Die nötigen Betriebseinrichtungen sind vorgesehen. Die am See vorbeiführende Straße ist zu heben.

Der Barmsee bei Krünn (Spiegelhöhe + 885,6 m) liegt flach eingebettet im Hügelland und hat stellenweise sumpfige Ränder. Als Stauwerk ist ein etwa 6 m hoher Erddamm vorgesehen, bei dem ein in Lehm eingehüllter Betonkern mit Erde überschüttet wird. Die nutzbare Stauhöhe beträgt 4,4 m. Die Entnahme wird 0,3 m höher als der heutige Spiegel eingerichtet in der Absicht, die heutigen sumpfigen Ränder dauernd unter Wasser zu setzen. Im übrigen hat der Staudamm die nötigen Ausrüstungen erhalten. Der benachbarte Kranzbach wird dem See zugeleitet. Die vorhandene Straße muß gehoben und auf einen Damm gelegt werden.

#### 2. Zuleitung der Isar (oberer Wasserweg) und Obernachkraftwerk.

— Tafel 1 Abb. 1 und Tafel 2 Abb. 7 —

a) Isarwehr und Isarregulierung (Tafel 1 Abb. 2 bis 6 — [*17*], [*18*], [*19*] —).

Das Isarwehr soll mit Stauspiegel + 842,0 m etwa 2 km unterhalb Wallgau am Milchgraben bei etwa 520 qkm Flußgebiet gebaut werden; hier liegt das Isartal dem unteren Obernachtal am nächsten. Bei der Bearbeitung des Wehres geht der Entwurf von der Annahme aus, daß auch ohne den Ausbau der Wasserkraft auf der in Frage kommenden Isarstrecke eine Flußregulierung nötig sein werde, um die Mißstände des Flußbetts zu beseitigen; er setzt ferner voraus, daß sie ausgeführt wird, ohne das Kraftwerk geldlich zu belasten. Die Regulierung ist auf der 12 km langen Strecke von Wallgau bis Vorderriß auszuführen; für diese Strecke wird mit dem mittleren Gefälle von 5,4‰ ein Doppelquerschnitt vorgesehen; derselbe enthält eine Mittelwasserrinne mit 1,0 m Tiefe, 38 m Sohlenbreite und dreifachen Böschungen, darüber eine Hochwasserrinne mit 82 m Sohlenbreite, Böschungen unter 30° und 0,7 m Fließtiefe. Die Mittelwasserrinne führt 94 cbm/sec, der Gesamtquerschnitt mit 1,7 m Tiefe 315 cbm/sec; als größtes Hochwasser nimmt der Entwurf $520 \cdot 0{,}6 = 312$ cbm/sec an. Die größte Fließgeschwindigkeit beträgt 3,75 m/sec.

Hinsichtlich der vorgesehenen Wehrstelle macht der Entwurf geltend, daß man bei ihr gemäß den Ortsverhältnissen die ausgebaute Flußrinne und daher auch das Wehr an den linken Talrand legen müsse, und daß hierdurch der Übergang zum Stollen erleichtert werde. Die weiter flußaufwärts möglichen Wehrstellen lehnt der Entwurf ab wegen der Rückstaugefahr für Wallgau; bei der gewählten Gesamtanlage reicht der Rückstau des Wehres nur 400 m weit, dieser Rückstau ist wegen der Höhe der Ufer unbedenklich.

Nachdem durch die Flußregulierung eine planmäßige und sichere Abfuhr des Gerölles erreicht ist, darf diese

[1]) Mittenwald liegt auf + 913 m.

Abfuhr durch das Wehr nicht wieder gestört werden; daher sieht der Entwurf für die gesamte mittlere Breite der Mittelwasserrinne = 40,0 m ein bewegliches Wehr als Grundlauf mit Sohle auf + 839,0 m vor, wobei die normale Stauhöhe entsprechend 3,0 m Wassertiefe auf + 842,0 m festgesetzt wird. Die Sohlenhöhe von + 839,0 m entspricht der Regulierung. Der Grundlauf allein (bei beseitigtem Wehrverschluß) führt das im Unterwasser 1,70 m tiefe größte Hochwasser mit 0,45 m Aufstau, also mit 2,15 m Tiefe des Oberwassers ab; er genügt somit als Stauwehr.

Im ganzen umfaßt die Stauanlage folgende Teile: am rechten Ufer eine 2,0 m breite Fischtreppe, daneben den 40,0 m breiten Grundlauf und neben ihm eine 8,0 m breite Floßgasse. Auf die Floßgasse folgt zum linken Ufer hin die umfangreiche Einlaufanlage für das dem Isarstollen zuzuführende Wasser. Mit Rücksicht auf den kiesigen und steinigen Untergrund sieht der Entwurf für alle stark belasteten Wehrteile zwischen dem rechten Ufer und der linksuferigen Außenwand der Floßgasse (also im Bereich des stärksten Wasserstroms) Druckluftgründung vor; nur diese Bauweise führt nach seiner Ansicht genügend rasch und sicher zum Ziel; es sollen Betoncaissons bis 6 m unter Flußsohle niedergebracht werden, wodurch auch Schutz gegen Unterspülen geboten ist. An den übrigen Stellen wird die Wehranlage auf Holzpfahlrost gegründet unter Sicherung durch Spundwände und eingepackte Steine. Die gefährdeten Kanten der Betonbauten erhalten Quaderschutz, die Ablaufflächen einen schützenden Holzbelag. Der Grundlauf zeigt 6 Doppelschützen mit Zwischenpfeilern in Eisenbeton, er besitzt ein 20 m breites Sturzbett; die Schützen werden durch fahrbare Elektromotorwinden bewegt, jedoch ist auch Handantrieb vorgesehen. Die Floßgasse wird in der an der Isar üblichen Bauweise ausgeführt; sie erhält 4,3 % Gefälle; ihre Eintrittsschwelle liegt auf +841,5 m, eine eiserne Schütze dient als Verschluß; am unteren Ende der Floßgasse befindet sich für die Niederwasserzeit eine hölzerne Wippe.

Das abzuleitende Isarwasser tritt durch den 42,0 m breiten Einlauf in das Ablagerungsbecken. Der Einlauf zeigt eine über Flußsohle 1,5 m hohe Sinkstoffschwelle, ferner auf dieser 7 je 1,5 m hohe eiserne Abschlußschützen von je 6,0 m Breite und über den Schützen einen Hochwasserschild von 1,1 m Höhe. Vor dem Einlauf steht ein Grobrechen aus Gasrohren mit angegliedertem Schwimmbalken. Die Richtung des Einlaufs im Grundriß ist behufs sicherer Abfuhr der zurückgehaltenen Sinkstoffe unter 45° gegen den Fluß geneigt. Im Bereich des Einlaufs fließt das Wasser bei normaler Größtmenge mit 0,3 m/sec Geschwindigkeit, bei Spitzenbelastung mit 0,9 m/sec. Die feinen Schwebestoffe, die bei diesen Geschwindigkeiten noch übertreten, sollen im Ablagerungsbecken niedergeschlagen werden; der Querschnitt des Beckens ist (bei 40 m Breite) so groß, daß die Fließgeschwindigkeit bei gewöhnlicher Größtmenge nur 0,19 m/sec, bei Spitzenbelastung nur 0,57 m/sec beträgt. Die Beckensohle bildet eine Mulde mit Quer- und Längsgefälle; am unteren Ende können die Sinkstoffe durch eine 12,0 m breite Spülschleuse ausgeschwemmt werden; neben ihr liegt ein 44 m langer Überfall. Aus dem Becken tritt das gereinigte Wasser über eine 23 m lange Schwelle in den Stolleneinlauf, der einen 12,0 m breiten Schützenabschluß besitzt.

b) Isarstollen (Tafel 2 Abb. 7 und 9).

Der 1850 m lange gradlinige Isarstollen endigt im Obernachtal beim Sachensee; er soll hier das Isarwasser dem Obernachstaubecken übergeben. Der Stollenquerschnitt ist ungefähr kreisförmig, die Sohle ist abgeflacht, um die Bauausführung zu erleichtern; die lichte Höhe mißt 5,6 m. Die größte Fließgeschwindigkeit bei der seltenen Größtmenge von 70 cbm/sec beträgt 2,55 m/sec. Die Stollensohle hat ein Gefälle von 1 : 1500; sie liegt beim Eintritt des Stollens auf + 836,40 m, beim Austritt auf + 835,17 m; der Stollenscheitel liegt beim Eintritt auf der Stauhöhe des Isarwehres = + 842,0 m, ebenso hoch liegt der höchste Stauspiegel des Obernachsees. Das zu durchfahrende Gebirge ist fester und ziemlich geschlossener Dolomit; zur Sicherheit ist für den Stollen überall Ausmauerung vorgesehen und zwar für gewöhnlich 0,4 m stark, an schlechten Gebirgsstellen 0,5 bis 0,6 m und nötigenfalls mehr; hierbei soll Schotterbeton verwendet werden mit 200 kg Zement für 1 cbm fertigen Beton. Die Innenfläche erhält einen dichtenden und glättenden Zementputz; bei klüftigem Gebirge wird nötigenfalls ein inneres Futterrohr mit 10 cm Wandstärke in Eisenbeton hergestellt. — Der Stollen wird von beiden Enden aus mit Bohrmaschinen vorgetrieben; dies erscheint notwendig wegen der für den 1. Ausbau erforderlichen Beschleunigung. Für die Bauzeit und für spätere Besichtigungen ist unter der Stollensohle ein 0,3 m weites Zementrohr als Ablaufkanal vorgesehen; entsprechend der Höhenlage des Stollens erwartet der Entwurf nur etwa 25 l/sec Drängewasser; der Kanal erhält wasserdicht verschließbare Schächte in je 100 m Abstand. — Beim Auslauf des Stollens werden im Obernachtal Verbaue hergestellt, die bei niedrigem Spiegel des Obernachsees die Talhänge gegen den Angriff des einströmenden Isarwassers schützen sollen (Tafel 2 Abb. 8).

c) Obernachsee (Staubecken — Tafel 2 Abb. 7, 10 und 11).

Der mittels einer Staumauer geschaffene Obernachsee, dem das Wasser der Isar zufließt, hat 37,5 m größte Stauhöhe und 21,7 Mill. cbm Stauinhalt; nach dem Wasserwirtschaftsplan sollen zugunsten des Nutzgefälles des Obernachkraftwerks im allgemeinen nur die obersten 14,75 m der Stauhöhe für den Wasserausgleich benutzt werden (vgl. Abschnitt B, 2). Der Füllungsspiegel liegt auf +842,0 m, d. i. ebenso hoch wie der Stauspiegel des Isarwehres. — Der allgemeine Wert des Obernachsees liegt auf dem Gebiet des Schutzes der Naturschönheit. Der Obernachsee ermöglicht es zunächst, die Absenkung des Walchensees erheblich einzuschränken (bzw. im 1. Ausbau ohne Überschreiten der gestatteten Absenkung eine beziehentlich große Kraft zu erzeugen); er ermöglicht ferner, wie der Entwurf geltend macht, daß man während der Sommermonate das Schwanken des Walchensees ganz vermeiden kann; dabei ist der Wasserwirtschaftsplan im Hinblick auf den Ausbau des Lautersees und des Barmsees so aufgestellt worden, daß auch der Spiegel des Obernachsees im Sommer möglichst hochgehalten wird. Der Obernachsee wirkt im übrigen als Klärbecken für das zugeleitete Isarwasser, so daß dieses geklärt in den Walchensee eintritt.

Das Isarwasser muß, um in den Walchensee zu gelangen, den Obernachsee und das Obernachkraftwerk durchfließen. Der Entwurf hat — unabhängig von dem obigen allgemeinen Wert des Staubeckens — die Frage aufgeworfen, ob man nicht die beiden Bauanlagen oder eine von ihnen fortlassen solle; er verneint beide Teilfragen mit folgender Begründung: Läßt man den Obernachsee und das Obernachkraftwerk fort, so muß das Obernachtal für 70 cbm/sec Isarwasser verbaut werden; das ist sehr kostspielig und vernichtet die Schönheit des Tales, da zutreffendenfalls die Verbaue im späteren Sommer gewöhnlich trocken liegen. Wollte man im angenommenen Falle etwa nachträglich noch die Gefällstufe für ein Kraftwerk ausbauen, so wären die Kosten der Talverbauung verloren. Stellt man im Rahmen des Entwurfs das Obernachkraftwerk ohne den Obernachsee her, indem man den Isarstollen bis an den Walchensee verlängert, so sind die Baukosten um eine Million Mark höher, als wenn man den Obernachsee beibehält, während anderseits die Kraftmenge wegen des Ausfalls des Obernachwassers und wegen des Fehlens des Wasserausgleichs kleiner ist. Baut man den Obernachsee ohne das Obernachkraftwerk, so verzichtet man auf eine Kraft, die für beziehentlich kleine Mehrkosten gewonnen werden kann.

Entsprechend diesen Erwägungen sieht der Entwurf beide Bauanlagen vor.

Die Staumauer soll 600 m oberhalb des Walchensees bei Talsohle + 804,5 m gebaut werden, wo sich unterhalb eines breiten Talgrundes die Talwände steil und eng zusammenziehen; bei der Sperrstelle tritt an den Seiten der Felsen zutage; in der Sohle hat der Entwurf durch 4 Bohrlöcher in 9 m Tiefe Felsen ermittelt, er gründet daher die Mauer 12 m unter Talsohle. Die Staumauer wird in Beton (Kalksteinschotter und Zementtraßmörtel) mit Bruchsteinmantel hergestellt. Der Entwurf weist nach, daß die Stützlinie stets im Kern verbleibt; hierbei setzt er einen höchsten Spiegel = + 843,0 m voraus mit der Bedingung, daß in den an der Luftseite geschlossen angenommenen Fugen voller Auftrieb wirkt. Auf der Wasserseite erhält die Staumauer als dichtende Außenhaut einen Zementglattstrich mit Anstrich aus Siderosthenlubrose; zur Ableitung des etwa eingedrungenen Wassers wird die Mauer im Innern dräniert. Am linken Flügel der Mauer ist auf + 842,0 m der Überlauf vorgesehen, dessen Wirkung durch Aufziehen von Schützen noch gesteigert werden kann; der Überlauf zeigt 6 Felder von je 3,0 m Breite, die mit 1 m Strahldicke zusammen 46 cbm/sec zu bewältigen vermögen; demgegenüber erwartet der Entwurf eine größte Überfallmenge von nur 40 cbm/sec, nämlich 70 cbm/sec Isarwasser abzüglich 30 cbm/sec Verbrauch des Obernachkraftwerks. Das überfallende Wasser gelangt über eine auf Felsen gegründete Kaskade auf den Talboden hinunter. Die Staumauer ist im Grundriß mit $r = 250$ m gegen das Wasser gekrümmt. Zur Entnahme des Wassers sind, zugleich als Druckleitung des Obernachkraftwerks, 3 Rohre von je 2,0 m Durchmesser in die Mauer einbetoniert, ferner ein Leerlaufrohr von 1,5 m Durchmesser. Die natürliche Dichtigkeit der Talwände hält der Entwurf vorläufig für ausreichend. — Die Anlage des Obernachsees macht eine Verlegung der Landstraße nötig; die neue Straße wird über die Krone der Staumauer geführt.

### d) Obernachkraftwerk — Allgemeines und Bautechnisches.

— Tafel 2 Abb. 10 bis 14 — [20] —

Über die Wassermengen, das Gefälle und die Kraftgröße des Obernachkraftwerks sind im Abschnitt B, 3 Angaben gemacht worden. Das Maschinenhaus liegt in 20 m Abstand vor dem Fuß der Staumauer; es enthält 3 Turbinen von je 4000 PS Nutzleistung; das aus ihnen abfließende Wasser gelangt durch den 700 m langen Unterwasserkanal in den Walchensee; die kleinste Fließtiefe des Kanals beträgt 2,0 m über der auf + 795,5 m liegenden Kanalsohle. Der Flur des Maschinenhauses liegt auf + 803,9 m, d. i. etwa 2 m höher als der höchste Spiegel des Walchensees; der in Bruchstein hergestellte Hochbau wird mit Ziegeln auf doppelter Holzverschalung eingedeckt. Der Enddruck der 3 Druckrohre wird durch das Gehäuse der Turbinen auf den Unterbau des Maschinenhauses übertragen. Auf der Ablaufseite des Gebäudes münden die Kaskade und das Leerlaufrohr der Staumauer in den Unterwasserkanal; zum Schutz gegen den Angriff des Wassers ist hier folgendes vorgesehen: am Fuß der Kaskade wird durch einen 2 m hohen Überfall ein Wasserpolster gebildet; am Ende des Leerlaufrohres wird ein Auslaufschacht von 16 m Länge und 4 m Breite hergestellt; vor dem Kraftwerk wird der Boden des Unterwasserkanals auf 10 m Breite durch Beton auf Pfahlrost gesichert.

### e) Die maschinentechnischen Einrichtungen des Obernachkraftwerks.

Die im vorigen Abschnitt d bereits erwähnten 3 Druckrohre von je 2,0 m Durchmesser führen das Wasser aus dem Obernachsee zum Kraftwerk (Tafel 2 Abb. 11 bis 13). Die 3 Turbinen sind als Zwillings-Francisturbinen mit liegender Welle gedacht; sie sollen bei 40 m Nutzgefälle und 450 Umdrehungen in der Minute eine Wassermenge von je 9,65 cbm/sec durchlassen; über Leistung und Wirkungsgrad bei dem Gefälle von 40 m gibt die Tabelle 13 Auskunft.

**Tabelle 13.**

| Öffnung | Wirkungsgrad | Leistung einer Turbine PS |
|---|---|---|
| 1/1 | 78 % | 4000 |
| 3/4 | 81 „ | 3100 |
| 1/2 | 75 „ | 1925 |

Allerdings schwankt der Oberwasserspiegel im Obernachsee beträchtlich (vgl. Abschnitt B, 3), so daß bei den kleineren Gefällen auch entsprechend kleinere Leistungen zu erwarten sind, wie die Tabelle 14 zeigt.

**Tabelle 14.**

| Gefälle der Turbinen m | Wassermenge einer Turbine cbm/sec | Leistung einer Turbine PS |
|---|---|---|
| 45 | 10,3 | 4850 |
| 40 | 9,6 | 4000 |
| 30 | 8,1 | 2400 |
| 20 | 6,4 | 800 |

Die Regelung besorgen Öldruckregulatoren bekannter Bauart.

### f) Die elektrotechnischen Einrichtungen des Obernachkraftwerks.

Mit den 3 Turbinen sind Wechselstrommaschinen von je 3150 KVA Dauerleistung bei 6500 Volt gekuppelt (Tafel 2 Abb. 12 u. 13). Sie haben 4 Pole und erzeugen Wechselstrom von 15 Perioden bei 450 Umdrehungen. Der Läufer wird für eine Drehzahlerhöhung von 80% gebaut. Die Erregermaschine ist an die Hauptmaschine angebaut. Es ist das gleiche »Compoundierungsverfahren« wie im Hauptwerk vorgesehen (vergl. Abschnitt II, 9).

Die elektrische Arbeit des Obernachkraftwerks wird aus wirtschaftlichen Gründen ohne Spannungserhöhung nach dem Hauptwerk weitergeleitet. Infolge des Entfalls der Transformatoren gestaltet sich die Schaltanlage sehr einfach. Sie besteht im wesentlichen aus den Doppelsammelschienen von 6500 Volt, den Ölschaltern mit selbsttätiger Auslösung und den abgehenden Kabeln mit dem im Abschnitt II, 9 beschriebenen »Differentialschutz«.

Die Apparate werden alle von Hand von einer seitlich im Maschinensaal erhöht angeordneten Schalttafel aus bedient (Tafel 2 Abb. 12 u. 13). Beim Parallelschalten mit dem Hauptwerk werden zunächst die Sammelschienen des Obernachkraftwerks vom Hauptwerk aus unter Spannung gesetzt und dann die Dynamomaschinen auf die synchrone Drehzahl gebracht.

2 Wechselstrom-Gleichstromumformer von je 100 KW Gleichstromleistung für 110 bis 140 Volt im Anschluß an Wechselstromtransformatoren von 6500/500 Volt, sowie

eine Akkumulatorenbatterie von 972 Amp. Std. bei dreistündiger Entladung, decken den Verbrauch des Werkes für Licht und Kraft und im Bedarfsfall für die Erregung.

In Rücksicht auf das Landschaftsbild werden die beiden 12 km voneinander entfernten Werke nicht durch Freileitungen, sondern durch 3 Erdkabel verbunden (vergl. Abschnitt B, 5). Jedes Kabel hat 4 Kupferleiter von 70 qmm, von denen je 2 parallel zu schalten sind. Außerdem sind noch Niederspannungskabel für das Telephon und für den Differentialschutz zu legen. Da die Übertragung von Zweiphasenstrom, wie er im Hauptwerk erzeugt wird, noch ein Kabel bedingen würde, so hat der Entwurf für das Obernachkraftwerk aus Ersparnisrücksichten den Ausbau auf Wechselstrom vorgeschlagen.

### 3. Zuleitung des Rißbachs (unterer Wasserweg).

a) Rißbachwehr (Tafel 2 Abb. 15 bis 20).

Das Rißbachwehr wird unterhalb des Fischbachs angelegt entsprechend der Absicht, das Wasser dieses Baches unmittelbar zu fassen. Die gewählte Stelle liegt nach den Ausführungen des Entwurfs hoch genug, um mit mäßig großem Aufstau das nötige Fließgefälle bis zum Walchensee bereitzustellen; sie hat genügend hohe Ufer und ermöglicht einen bequemen Übergang zum Rißbachkanal. Das Rißbachwehr wurde im einzelnen nach dem Vorbild des Isarwehres entworfen; ein Unterschied besteht in folgendem Punkte: Wegen der Abgelegenheit und Unwirtlichkeit des Rißbachtales setzt der Entwurf nicht, wie bei der Isar, eine Flußregulierung voraus; da demzufolge die Geröllabfuhr niedrigere Ansprüche an das Wehr stellt, so sieht der Entwurf, was auch wegen der sonstigen Eigenschaften des Rißbachs und wegen des schwierigen Zugangs zur Wehrstelle erwünscht ist, in der Hauptsache ein festes Überfallwehr und neben ihm einen nur mäßig großen Grundlauf vor, während er beim Isarwehr das feste Wehr nicht für zulässig gehalten hat.

Bei der Staustelle wird die Wehrsohle nicht auf der Höhe des Bachbettes, sondern tiefer als diese auf + 802,0 m angelegt; dies geschieht deswegen, weil der Entwurf eine selbsttätige Vertiefung der Flußsohle nach Inbetriebnahme des Wehres erwartet; der Stauspiegel liegt entsprechend dem bis zum Walchensee erforderlichen Gefälle auf + 806,4 m.

Das 123 m lange feste Überfallwehr beginnt am rechten Ufer, neben seinem linksseitigen Ende liegt eine Fischtreppe mit 0,4 m Stufenhöhe; dann folgt zum linken Ufer hin der 25,0 m breite Grundlauf (3 Öffnungen von je 8,33 m) und neben der am linken Ufer vorgesehenen Einlaufanlage die 8,0 m breite Triftgasse (auf Tafel 2 als Floßgasse bezeichnet). Als größtes Hochwasser sind aus dem Flußgebiet von 215 qkm $215 \cdot 0{,}6 = 129$ cbm/sec zu erwarten; da 20 cbm/sec zum Walchensee fließen, so muß das Rißbachwehr 109 cbm/sec bewältigen; sind schlimmstenfalls alle Schützen geschlossen, so steht in den 4 Abschnitten des Wehres eine gesamte Überfalllänge von 155 m zur Verfügung, dementsprechend fließen die 109 cbm/sec mit 0,37 m Strahldicke über die Wehrkrone ab. Der Grundlauf allein vermag bei geöffneten Schützen viel mehr als das größte Hochwasser abzuführen.

Das 4,4 m hohe feste Wehr ist in seiner Querschnittsform der Strahlparabel angepaßt; die Absturzseite wird durch Holzbelag geschützt. Die 8,33 m weiten Öffnungen des Grundlaufs werden durch eiserne Doppelschützen geschlossen; die untere Schütztafel ist 2,0 m, die obere 2,5 m hoch; sollte die untere teilweise eingekiest sein, so bleibt die obere beweglich. Die Triftgasse hat das starke Gefälle von 6,9 % erhalten; dasselbe ist größer als das Gefälle der Floßgasse des Isarwehres; die Verschlußschütze der Triftgasse ist 0,5 m hoch.

Das abzuleitende Wasser fließt durch den Einlauf in das Ablagerungsbecken. Der Einlauf ist 36,0 m lang, er wird durch 6 Schützen von 6,0 m Breite und 1,5 m Höhe verschlossen; vor ihm steht ein Grobrechen aus Gasrohren. Bei größter Wassermenge = 20 cbm/sec hat das Wasser im Einlauf 0,37 m/sec Geschwindigkeit, im Becken nur 0,15 m/sec. Diese Geschwindigkeit von 0,15 m/sec ist noch kleiner als die entsprechende Geschwindigkeit beim Isarwehr und zwar deswegen, weil auch der feine Sand beim Wehr abgelagert werden soll; letzteres hält der Entwurf im Hinblick darauf für nötig, daß das Wasser in dem anschließenden langen Rißbachkanal sehr langsam fließt, und daß der Kanal infolgedessen leicht versanden kann. Die Sohle des Ablagerungsbeckens hat 3,85 m = 3,56 % Längsgefälle und zu einer Mittelrinne hin 1 : 10 Quergefälle; das Becken besitzt einen 30 m langen Überlauf und eine 10,0 m breite Spülschleuse mit 2 Doppelschützen von je 5,0 m Breite und 2,0 m Höhe. Über eine etwa 20 m lange Schwelle und durch einen 10,0 m breiten Schützenverschluß mit 2 Schützen von je 5,0 m Breite und 1,5 m Höhe tritt das Wasser in den Rißbachkanal. — Die Gründung des Rißbachwehres und die technischen Einzelheiten sind ebenso geartet wie die entsprechenden Dinge des Isarwehres.

b) Wasserleitung vom Rißbachwehr zum Walchensee (Tafel 1 Abb. 1 und Tafel 3 Abb. 21 — [21] —).

Beim Rißbachwehr liegt der Stauspiegel auf + 806,4 m, im Walchensee liegt der höchste Spiegel auf + 801,99 m. Der zwischen diesen beiden Punkten für 20 cbm/sec Rißbachwasser vorgesehene Wasserweg ist etwa 6015 m lang; er umfaßt in der Fließrichtung folgende 3 Abschnitte: den 1785 m langen Rißbachkanal, der sich am linken Ufer des Rißbachs bis zur Isar hinzieht, den 230 m langen Düker durch das Isartal gleich oberhalb der Rißbachmündung bei Bettsohle + 785 m und den etwa 4000 m langen Rißbachstollen. Der Entwurf lehnt den Ersatz des Rißbachkanals durch einen Gebirgsstollen als unnötig teuer ab; er ist auf Grund örtlicher Prüfung der Meinung, daß sich bei Obwalten genügender Vorsicht ein Kanal an dem Talhang vorbei sehr wohl ausführen lasse.

Der mit Betonwänden ausgerüstete Rißbachkanal (Tafel 3 Abb. 25) hat schwaches Gefälle erhalten und zwar durchweg nur 1:5000; die größte Fließgeschwindigkeit beträgt 1,33 m/sec. Es sind 3 Kanalprofile vorgesehen, die je nach den Ortsverhältnissen zur Anwendung kommen. Für gewöhnlich wird das Einschnittprofil benutzt mit 3,5 m Sohlenbreite, Böschungen 1:1 und 2,5 m Wassertiefe; dasselbe erhält einen 15 cm dicken Betonbelag. An steileren Hängen wird das Hangprofil angewendet, ein freistehender Trog von 6,0 m Breite und 3,0 m Höhe in Eisenbeton. Bei gefährlichen Geröllhalden und an anderen gefährlichen Stellen soll der Kanal als überwölbtes Profil mit Zementputz und Glattstrich ausgeführt werden.

Der Düker (Tafel 3 Abb. 22 und 23) führt das Wasser in 2 Eisenrohren von je 2,05 m Lichtweite über das Isartal hinüber; einen Aquädukt hält der Entwurf für zu teuer und für landschaftlich störend. Die Dükerrohre werden nicht etwa in die Flußsohle eingebettet, sondern in einer 134 m langen Trogbrücke aus Eisenbeton auf Stühlen gelagert; die Brücke wird durch Holzbekleidung der Landschaft angepaßt, sie erhebt sich als Bauwerk für leichten öffentlichen Verkehr nur um das übliche Maß über das Hochwasser. Die in 20 m Abstand stehenden 1,5 m dicken Pfeiler werden 6 m tief mit Druckluft gegründet. Im Bereich der Brücke liegen die Rohre auf der Höhe von etwa + 790,0 m mit

Gefälle 1:200; die Tiefpunkte besitzen Leerläufe. Beim Anfang des Dükers am rechten Isarhang befindet sich mit Spiegelhöhe + 806,076 m in üblicher Ausrüstung ein Einlaufbauwerk mit je einer Kammer für die beiden Rohre; beim Ende des Dükers am linken Isarhang liegt ein ähnlich durchgebildetes Auslaufbauwerk mit Spiegelhöhe + 805,0 m. Die in den Rohren auftretende große Wassergeschwindigkeit (bei 20 cbm/sec 3,0 m/sec) hält der Entwurf für ausreichend als Schutz gegen Einfrieren.

Der 4000 m lange Rißbachstollen im Dolomitgebirge (Tafel 3 Abb. 24) findet ähnliche Verhältnisse vor wie der Isarstollen, er hat daher auch eine entsprechende Profilform erhalten; der lichte Querschnitt ist 3,6 m breit und 3,4 m hoch, bei 20 cbm/sec beträgt die Fließgeschwindigkeit 2,0 m/sec. Die Ausmauerung ist die nämliche wie beim Isarstollen. Als Entwässerungskanal wurde unter der Stollensohle ein 0,35 m weites Zementrohr vorgesehen. Beim Walchensee liegt der Stollenscheitel auf der Höhe des höchsten Seespiegels = + 801,99 m. Der Stollen wird von den beiden Enden aus hergestellt; um die Baukosten einzuschränken, soll mit Handbohrung gearbeitet werden; dieselbe erscheint zulässig, weil die Bauzeit des Stollens (im 3. Ausbau) reichlich bemessen werden kann.

### 4. Jachenschleuse.

Die Jachenschleuse wird 140 m vom Seeauslauf entfernt in der Jachen hergestellt und zwar flußabwärts von der vorhandenen hölzernen Straßenbrücke; diese Lage soll dadurch einen Schutz für die Brücke bieten, daß die Holzpfeiler dauernd unter Wasser gesetzt werden, und daß der Angriff durch stark strömendes Wasser ausgeschaltet wird. Die Schleuse zeigt 4 handbediente Schützen von je 5,0 m Breite und 1,0 m Höhe mit Oberkante auf + 801,99 m (höchster Seespiegel); die Zwischenpfeiler bestehen aus Eisenbeton. Im übrigen ist Betonbau zwischen Spundwänden vorgesehen und zwar mit Holzbekleidung und mit tragenden Holzpfählen für die schwereren Bauteile. Die Schleuse gestattet, den See zu entlasten und die Jachenau mit Wasser zu versorgen. — Die Bäche Alpenbach und Eibenlaine werden mit Umgehung der Schleuse in den Walchensee eingeleitet.

## II. Baugruppe II.

### 1. Allgemeines.

— Tafel 3 Abb. 26 und 28 — [22] —

Die Baugruppe II umfaßt der Reihe nach folgende Bauwerke: den Einlauf bei Urfeld, die Druckstollen, das Wasserschloß, die Druckrohre, das Hauptwerk und den Unterwasserkanal. Die Gesamtachse der Gruppe II im Grundriß hat der Entwurf beziehentlich weit nach Osten geschoben und zwar in der Absicht, für die Bauausführung der Druckstollen einen Zwischenangriff zu ermöglichen; diesen hat er durch einen 190 m langen Fensterstollen gewonnen, der von dem östlich benachbarten Mühlbachtal aus nach Südwesten getrieben wird; dementsprechend erhalten die Druckstollen einen Zwischenknick. Auf der Nordseite des Kesselbergs liegt die Bauachse etwa 600 m östlich vom Jochbach in der Nähe des Ortes Joch. Bei der gewählten Anordnung sind die Druckstollen beziehentlich lang, jedoch entstehen anderseits folgende Vorteile: kurze Bauzeit und billiger Arbeitsbetrieb für die Stollen, Abwurf ihrer Ausbruchmassen in einem abgelegenen Waldtal, mäßig große Erdarbeiten beim Kraftwerk, kurzer Unterwasserkanal.

Jeder der beiden Druckstollen erhält im Walchensee ein besonderes Einlaufbauwerk; im 1. Ausbau und beim Vollausbau wird je ein Stollen mit seinem Einlauf hergestellt; die beiden Einläufe haben ebenso, wie die Stollen, übereinstimmende Bauform mit Gültigkeit für den Vollausbau. Die Druckstollen liegen so tief, daß sie auch bei den niedrigsten Wasserständen im Walchensee bzw. im Wasserschloß mit ihrem vollen Querschnitt unter Wasser bleiben.

### 2. Einlauf bei Urfeld.

— Tafel 3 Abb. 27 und 28 — [22] —

Im Walchensee liegt der höchste Spiegel auf + 801,99 m; bei der größten Absenkung von 14,35 m liegt der Spiegel auf + 787,64 m, bei Fehlen der 3 Nebenbecken würde er ideell um 16 m auf + 785,99 m sinken. Beim Einlauf liegt der Stollenscheitel auf dieser Höhe von + 785,99 m und die Stollensohle auf + 780,49 m. Im Einklang mit diesen Höhenzahlen muß das Einlaufbauwerk in große Tiefe hinabgeführt werden; um trotzdem die Bauausführung von Wasserandrang frei zu halten, hat der Entwurf eine Baustelle östlich von Urfeld gewählt, bei der die Einlaufanlage ganz in den anstehenden Felsen zu liegen kommt. Von der vorhandenen Uferstraße aus wird im Felsmassiv für jeden Stollen ein 22 m tiefer Schacht von 10,4/5,0 m Querschnitt niedergebracht; der Schacht wird mit Beton bzw. Eisenbeton ausgekleidet und wasserdicht verputzt. Vom Schachtboden aus wird der Stollen zum See hin vorgetrieben und nach Möglichkeit ausgemauert; das letzte Ende soll mittels einer kräftigen Mine durchgeschlagen werden. Das Stollenmundloch im See erhält einen Grobrechen; dieser und etwaige Räumungsarbeiten werden durch Taucher ausgeführt. In dem Schacht steht zur Seeseite hin eine Abschlußwand von 9,6 m Breite und 3,5 m Höhe; sie ist durch abgestrebte Mittelpfosten in 3 Felder geteilt, jedes Feld besitzt eine 3,0 m breite Doppelschütze aus Eisen mit dichtenden Holzleisten. Der Antrieb der in der oberen Kammer stehenden Schützenwinden erfolgt entweder von Hand durch 2 Mann oder durch einen Elektromotor; für letztern sind neben den Schützenwinden 2 Vorgelegewellen vorgesehen mit Stirngetrieben zum Einschalten von Reibungskupplungen. Für vollen Wasserdruck stehen 40 t Zugkraft (mit Gültigkeit für 1 Schütztafel) bereit. Das knicksichere Gestänge ist mit den Tafeln starr verbunden. Hinter dem Schützenverschluß werden 2 Feinrechen aus Flacheisen eingesetzt, ein erster mit 25 mm und ein zweiter mit 20 mm Lückenweite, letzterer unmittelbar im Einlaufquerschnitt des weiterführenden Druckstollens; die Rechen sind ähnlich wie die Schützen in Felder geteilt, jedes Rechenfeld ist an 2 Drahtseilen aufgehängt; die Felder können behufs Reinigung bis über den Boden der oberen Kammer elektrisch oder von Hand emporgezogen werden. Der 20 mm-Rechen trägt an seinem unteren Rand eine Schaufel, die zum Abfangen etwaiger Sinkstoffe dient. In der Nähe der Rechen wird die Durchflußweite des Stollens angemessen vergrößert.

### 3. Die Druckstollen.

— Tafel 3 Abb. 28 und 29 — [22] —

Im 1. Ausbau wird nur einer der beiden Druckstollen gebaut; dieser muß entsprechend den Verhältnissen des 2. Ausbaus bei Spitzenbelastung bis zu 3 · 19,5 = 58,5 oder rund 60 cbm/sec führen können. Beim Vollausbau sollen die beiden Stollen zusammen nur bis zu 3 · 29,4 = 88,2 cbm/sec führen; behufs Schaffung einer Reserve wird trotzdem der zweite Stollen ebenso groß gemacht wie der erste. Die Stollen sind 1325 m lang und haben Sohlengefälle 1 : 400; der mit glatten Zementwänden herzustellende Querschnitt ist 5,8 m breit und 5,5 m hoch. Bei 60 cbm/sec in 1 Stollen entsteht eine Geschwindigkeit von 2,27 m/sec; diese hält der Entwurf für zulässig, jedoch lehnt er die größeren Geschwindigkeiten ab mit Rücksicht auf den Verschleiß des Mauerwerks und auf die Schwierigkeiten im Wasserschloß bei plötzlichem Abstellen der Turbinen. Die Stollensohle liegt beim Einlauf auf + 780,49 m, beim Auslauf auf + 777,20 m.

Die Stollen durchfahren Dolomitgebirge; Felsklüfte erscheinen nicht ausgeschlossen, jedoch hält der Entwurf die Festigkeit des Gebirges bei sorgfältiger, möglichst dichter Mauerung für ausreichend gegenüber dem inneren Wasserdruck von 25 m Wassersäule. Zur Sicherheit erhalten die Stollen den erheblichen gegenseitigen Abstand von 54 m und zwar mit Rücksicht auf die Vorgänge beim Simplontunnel, wo bei nur 15 m Abstand die Felslockerungen, die das Sprengen des einen Tunnels verursachte, noch über den zweiten Tunnel hinausreichten. Die Stollen werden mit fettem Beton ausgekleidet und zwar in gutem Gestein 30 bis 40 cm, in klüftigem 50 cm und in druckhaftem Gestein 60 cm stark — vorbehaltlich weiterer Maßnahmen; die Sohlenstärke beträgt 40 cm. Entsprechend der Tiefenlage der Stollen unter dem Walchenseespiegel wird für die Bauausführung großer Wasserandrang erwartet; warnend erscheint in dieser Hinsicht eine Quelle am Nordhang des Kesselbergs, die zeitweise mehrere 100 l/sec liefert. Der Entwurf sieht unter jedem Stollen 2 Sohlenkanäle vor für zusammen 500 l/sec, von ihnen wird zunächst nur einer gebaut. Um das etwa angeschlagene Wasser nicht als Kraftwasser zu verlieren, soll versucht werden, es wieder zurückzudämmen und zwar nötigenfalls mit Druckluft.

Die Stollen werden von der Nordseite (Wasserschloß) her mit Handbetrieb und vom Fensterstollen aus (vergl. Abschnitt II, 1) mit Maschinenbohrung hergestellt; von der Einlaufseite her werden die Stollen nicht in Angriff genommen. Für den Bau ist ein großer Sohlenstollen und ein Firstschlitz vorgesehen. Nach dem Entwurf empfiehlt es sich vielleicht, die Bauzeit des 1. Stollens dadurch zu verkürzen, daß man zugleich mit ihm einen Richtstollen des zweiten Stollens sprengt und von diesem aus, etwa in je 250 m Abstand, durch Quergallerien den ersten Stollen angreift.

### 4. Wasserschloß.

— Tafel 3 Abb. 28 und Tafel 4 Abb. 31 und 32 — [*22*], [*23*], [*24*] —

Beim nördlichen Ende der beiden Druckstollen muß das Wasser in die 12 Druckrohre übergehen, die oben 2,0 m Durchmesser haben; an der Übergangsstelle wird in folgender Weise das Wasserschloß hergestellt: Die beiden in 54 m Abstand liegenden Stollen endigen im Gebirgsmassiv und werden hier durch einen Q u e r s t o l l e n von 5,0 m Höhe und 6,6 m Breite verbunden; aus dem Querstollen werden in der Richtung der Druckstollen die 12 Druckrohre mit konischen Einlaufstücken abgezweigt. Als Übergang von den Druckstollen zum Querstollen wird beiderseits eine Krümmungsstrecke eingeschaltet, und über jeder der beiden Krümmungsstrecken wird ein lotrechter Schacht hergestellt; die beiden Schächte bilden das eigentliche Wasserschloß, so daß also, entsprechend den beiden Druckstollen, zwei einzelne Wasserschlösser vorhanden sind. Im 1. Ausbau wird der westliche Druckstollen mit seinem Wasserschloß gebaut, dazu die 7 westlichen Druckrohre mit dem entsprechenden Teil des Querstollens; im 2. Ausbau werden 2 Rohre hinzugefügt und der Querstollen entsprechend verlängert; beim Vollausbau wird der östliche Druckstollen mit seinem Wasserschloß hinzugefügt und die Anlage im übrigen fertiggestellt.

Dem Querstollen wird parallel das S c h i e b e r h a u s vorgelagert; zwischen diesem und dem Querstollen sind die Druckrohre auf 21 m Länge in den Felsen wagerecht eingemauert; im Schieberhaus wird in jedes Rohr ein Schieber eingebaut.

Der Querstollen hat 2 Zwischenwände erhalten; in jede derselben werden 2 Drosselklappen von 2,75 m Durchmesser eingeschaltet, die vom Schieberhaus her mittels Öldruck bedient werden; mit Hilfe dieser Einrichtung kann man den Querstollen in 3 Kammern mit bzw. 5, 4 und 3 Rohren teilen, was für den Betrieb und auch für den allmählichen Ausbau von Nutzen ist.

Für die beiden kreisrunden Schächte ist bis zur Höhe + 801,99 m (höchster Spiegel des Walchensees) ein Durchmesser von 12,5 m vorgesehen, darüber von 15,5 m. Hinsichtlich der Ausgleichwirkung nimmt der Entwurf für den einzelnen Schacht folgende Grenzfälle an: **A:** Bei höchstem Spiegel im Walchensee (+ 801,99 m) und größter Verbrauchsmenge des 2. Ausbaus = 58,5 oder rund 60 cbm/sec wird die ganze Kraft plötzlich ausgeschaltet. **B:** Bei niedrigstem Spiegel im Walchensee (+ 785,99 m, nur gültig, wenn die 3 Nebenspeicher aussetzen) und bei ruhendem Betrieb werden 14,0 cbm/sec Verbrauch binnen 50 Sekunden eingeschaltet. — Der Entwurf weist nach, daß der Spiegel im Falle A auf + 810,23 m steigt, und daß er im Falle B auf + 783,18 m sinkt. Die obere Bedienungsfläche und die entsprechenden Mauerschwellen liegen auf + 812,0 m, also etwa 2 m über + 810,23 m. Der Scheitel des Druckstollenauslaufs liegt auf + 782,70 m, somit tiefer als + 783,18 m; die Rohreinläufe liegen noch tiefer, sie bleiben also, was verlangt werden muß, auch im Grenzfalle unter Wasser.

Die gesamte Bauanlage liegt mit Ausnahme der Schachtaufsätze im Felsen. Auf dem Boden der beiden Schächte (+ 773,5 m) ist eine 1,4 m hohe Sinkstoffschwelle und ein Rechen vorgesehen; je 2 Spülrohre ermöglichen die Reinigung.

### 5. Schieberhaus und Rohrbahn.

— Tafel 3 Abb. 28 und Tafel 4 Abb. 31 und 32 — [*22*], [*23*], [*24*] —

Das im Lichten 6,5 m breite Schieberhaus überspannt die 12 Druckrohre und die Spülrohre; es enthält auch die Öldruckzentrale, die das zum Bewegen der Absperrschieber erforderliche Drucköl herstellt (vergl. Abschnitt 6). Das Gebäude wird massiv in Beton hergestellt mit Eisenbetondach und Ziegelbelag. Im Schieberhaus biegt die auf + 773,20 m liegende Achse der hier oben 2,0 m weiten Druckrohre abwärts den Hang hinunter; in etwa 260 m wagerechtem Abstand erreicht die Rohrleitung den Hangfuß, wo sie mit dem durch allmähliche Abnahme entstandenen Durchmesser von 1,4 m auf Achsenhöhe + 602,85 m wagerecht zu den Turbinen überleitet. Zwischen diesen beiden Grenzpunkten, die als Festpunkte ausgebildet sind, verläuft die Rohrleitung im Grundriß gradlinig. Im Längsschnitt besitzt die Zwischenstrecke nur einen Knickpunkt, derselbe liegt im oberen Teil der Rohrstrecke und hat einen sehr kleinen Knickwinkel; er ist gleichfalls als Festpunkt ausgebildet. Auf dem unteren Abschnitt der schrägen Rohrstrecke sind die Knickpunkte und die mit ihnen verbundenen Schwierigkeiten dadurch vermieden worden, daß die Rohrleitung innerhalb der untersten 175 m **in F e l s s t o l l e n** gelegt wurde, während nur die obersten 125 m freiliegen; der Entwurf macht im Hinblick auf die Naturschönheit geltend, daß diese 125 m durch Hochwald den Blicken entzogen werden. Die Rohrstollen (Tafel 3 Abb. 30) sind 5,5 m breit und 3,1 m hoch, sie werden mit Beton stark ausgemauert; in jedem Stollen liegen im allgemeinen 2 Rohre. Entsprechend den erwähnten Festpunkten sind Expansionen vorgesehen. Außer den Festpunkten werden Hauptstützpunkte an denjenigen Punkten eingerichtet, bei denen zum Übergang von einem größeren zu einem kleineren Durchmesser Konusstücke einzubauen sind. Im übrigen wird die Rohrleitung durch Betonstühle getragen; auf der unteren

Strecke, auf der (in den Stollen) geschweißte Muffenrohre verwendet werden, sind die Rohre mittels aufgenieteter Eisensättel fest mit den Betonstühlen verbunden, die Längsdehnung wird hier auf die Muffen verteilt.

Jedes Rohr hat 7 bis 8 cbm/sec zu führen.

### 6. Druckrohrleitung.

Im Einklang mit den Abschnitten 4 und 5 beginnen die einzelnen Druckrohre von 2,0 m oberem Durchmesser mit einer konischen Erweiterung am Querstollen, durchlaufen das Schieberhaus mit dem gleichen Durchmesser und werden von da ab mit verschiedenen lichten Weiten und Wandstärken bis zum Kraftwerk geführt (Tafel 3 Abb. 28 und Tafel 4 Abb. 31 und 32).

Über die Einteilung der ganzen Leitung gibt die Tabelle 15 Auskunft.

**Tabelle 15.**

| Zone | Lichte Weite mm | Länge m | Wandstärke mm |
|---|---|---|---|
| oben: 1 | 2000 | 17,5 | 10 |
| 2 | 1750 | 88,5 | 10 bis 12 |
| 3 | 1600 | 71,5 | 10 » 12 |
| 4 | 1500 | 72,0 | 12 » 16 |
| 5 | 1450 | 72,5 | 16 » 19 |
| unten: 6 | 1400 | 26,0 | 19 |

Die einzelnen Zonen werden durch konische Rohre üblicher Baulänge ineinander übergeführt. Die Zonen 1 und 2 bestehen aus genieteten Rohren, die Rohre der übrigen Zonen sollen überlappt geschweißt, ausgeglüht und nachher rund gewalzt werden. Die Beanspruchung der Bleche ist im ungeschwächten Teil und bei gewöhnlichem Druck für die genieteten Rohre zu 550 kg/qcm, für die geschweißten zu 750 kg/qcm angenommen. Der Gesamtreibungsverlust eines Druckstranges wird für eine Wasserführung von 7 cbm/sec auf rd. 3,7 m, also auf ungefähr 2% des Gefälles, angegeben.

In sämtliche Druckrohre sind Absperrschieber eingebaut, zu deren Betätigung von 2 elektrisch angetriebenen Ölpumpen Drucköl erzeugt werden soll. Die Steuerventile der Schieber sind sowohl von Hand als auch auf elektrischem Wege vom Krafthause aus zu bewegen.

Jeder Hauptschieber besitzt zwei Entlastungsschieber.

Sowohl die an die Hauptschieber, wie auch die an die Drosselklappen im Querstollen unmittelbar anschließenden Rohre sind beidseitig fest einbetoniert.

Sicherheitsabschlüsse, die bei zu hoher Wassergeschwindigkeit und demnach auch bei Rohrbrüchen selbsttätigen Schluß herbeiführen könnten, sind nicht vorgesehen.

### 7. Hauptwerk (Allgemeines und Bautechnisches) und Unterwasserkanal.

— Tafel 3 Abb. 28 und Tafel 4 Abb. 33 und 34 — [22] —

Die Längsachse des Maschinenhauses liegt quer zur Achse der Rohrleitung; der Entwurf macht geltend, daß hierdurch in den Druckrohren größere Längenunterschiede, die den Betrieb gefährden könnten, vermieden werden. Parallel zum Maschinenhaus liegt das Schalt- und Transformatorenhaus; es ist vom Maschinenhaus getrennt worden, insbesondere um Feuersicherheit und gute Beleuchtung zu erzielen. Zwischen den beiden Gebäuden liegt der Ablaufkanal; er geht von hier aus unter dem Schalthause her und setzt sich dann mit etwa 300 m Länge als Erdkanal (Unterwasserkanal) bis zum Kochelsee fort. Der Flur des Maschinenhauses liegt auf + 605,10 m, der mittlere Spiegel des Kochelsees, wie der Entwurf annimmt, auf + 599,12 m. Die Baustelle wurde so gewählt, daß die Flurhöhe ungefähr in Geländehöhe liegt. In dem Maschinenhause sind im 1. Ausbau 7, im 2. Ausbau 9 und beim Vollausbau 12 Turbinen von je 15 000 PS mit liegender Welle aufgestellt, jede Turbine ist an ein besonderes Druckrohr angeschlossen. Unter dem Flur liegt ein Kanal, der die Dynamomaschinen mit Luft zur Kühlung speisen soll; die erwärmte Luft strömt oben aus den Maschinengehäusen ab und dient dann zur Heizung des Maschinenraumes; nötigenfalls wird eine planmäßige Anlage zum Ableiten der warmen Luft ins Freie geschaffen. Für beide Gebäude ist Ausführung in Schichtenmauerwerk mit eisernem Dachstuhl und mit Ziegeldach auf doppelter Dielenlage vorgesehen. — Im Anschluß an die Bahnstation Kochel soll ein Bahngleis bis in das Kraftwerk hinein geführt werden. — Auf der Strecke zwischen dem Schalthause und dem Kochelsee werden die Böschungen des Unterwasserkanals unter Wasser mit Betonplatten belegt.

### 8. Die maschinentechnischen Einrichtungen des Hauptwerkes.

Wie schon in Abschnitt 7 bemerkt wurde, ist an jedes Druckrohr eine Turbine angeschlossen; dieselbe soll bei einem Nutzgefälle von 180 bis 200 m und einer Umdrehungszahl von 450 in der Minute 15 000 PS leisten. Dem kleineren Gefälle entspricht eine Wassermenge von 7,9 cbm/sec. Sind hierbei schon im untern Teil der Hauptrohre von 1400 mm Durchmesser 5,1 m/sec Wassergeschwindigkeit notwendig, so steigt diese Geschwindigkeit am Ende des beim Eintritt in das Krafthaus angeordneten konischen Rohres von 1400/1000 mm Durchmesser bis auf 10,0 m/sec.

Jeder Turbine (Tafel 4 Abb. 33 u. 34 und Tafel 5 Abb. 35 u. 36) ist ein hydraulischer Absperrschieber aus Stahlguß mit zwei Entlastungsleitungen vorgeschaltet. Die Geschwindigkeit der Schlußbewegung ist beliebig einstellbar, so daß zu große Druckerhöhungen beim Schließen des Schiebers mit Sicherheit vermieden werden können.

Als Wirkungsgrade bei voller und bei $^3/_4$ Leistung werden für die hier gewählten Doppelspiralturbinen 79 bzw. 81% vorgesehen (spezifische Umlaufzahl eines Laufradkranzes bei 200 m Gefälle nur 53).

Der Entwurf nimmt an, daß durch die Klärung des Betriebswassers im Walchensee die Gefahr stärkerer Schleifwirkungen ausgeschlossen sei.

Die wagerechte Turbinenachse liegt bei niedrigstem Stand des Kochelsees 8 m über dem Unterwasserspiegel, was in Anbetracht des großen Gefälles hier durchaus zulässig erscheint.

Das Spiralgehäuse (Tafel 5 Abb. 36) ist aus Stahlguß gedacht und zur Erleichterung des Transportes wagerecht geteilt. Die glattbearbeiteten stählernen Drehschaufeln bestehen aus einem Stück mit ihren Achsen, letztere werden durch außen angebrachte Hebel, Laschen und einen Regelungsring bewegt.

Die Wände der Leitapparate, die Deckel usw. sind mit starkem Stahlfutter ausgekleidet, das an sich der Abnützung möglichst gut widerstehen und schlimmstenfalls wieder ausgewechselt werden kann.

Das ebenfalls aus Stahlguß angenommene Laufrad wird durch einen Flansch mit der Welle verbunden. Diese letztere stützt sich einerseits auf ein Traglager, das zur Aufnahme der Axialkräfte als Kammlager ausgebildet, und dessen Wellenteil durch Wasser gekühlt ist, anderseits auf die mit Zentrierung versehene Kupplung der Dynamomaschinenwelle. Turbine und Dynamomaschine besitzen also zusammen nur 3 Lager. Die ganze Gruppe wird dadurch in ihrer axialen Abmessung sehr kurz; die einzige, jedoch nicht schwer wiegende Unbequemlichkeit dieser Anordnung bildet die Notwendigkeit, die Turbinenwelle abzustützen, wenn die Dynamowelle aus ihren Lagern gehoben werden muß.

Zur Regelung der Geschwindigkeit der Turbinen sind hydraulische Regulatoren bekannter und bewährter Bauart vorgeschlagen, deren Betriebsöl von einer auf der Grundplatte der Hauptturbine aufgebauten und durch eine besondere kleine Turbine mit Übersetzung angetriebenen Pumpe geliefert wird.

Um im Bedarfsfalle einer Turbine das Drucköl von andern Turbinen zuführen zu können, sind die Pumpen untereinander durch eine Rohrleitung verbunden.

Für die Dynamomaschinen ist ein Schwungmoment von 218 $tm^2$ angegeben, welchem Wert eine Anlaufzeit der Turbine von 10,8 Sekunden entspricht; die Anlaufzeit der Rohrleitung stellt sich im ungünstigsten Fall auf 0,86 Sekunden. Für plötzliche Belastungsänderungen wird folgendes gewährleistet:

| Belastungsänderungen in % | — 25 | + 25 | — 50 | + 50 | — 100 |
|---|---|---|---|---|---|
| Geschwindigkeitsschwankungen in % | + 2,5 | — 3,0 | + 4,5 | — 6,0 | + 8,0 |

Über die im Betrieb zu erwartenden Kraftschwankungen äußert sich der Entwurf wie folgt:

»Die ungünstigsten Verhältnisse, d. h. die wirklich größten Kraftschwankungen ergeben sich bei Bahnbelastung und bei Betrieb einer einzigen Maschine. Nimmt man an, daß die Zugeinheiten im Durchschnitt eine Höchstleistung von 1000 KW erfordern, so wäre eine der von uns zugrunde gelegten Maschineneinheiten imstande, den Betrieb von etwa 10 Vollzügen zu übernehmen. Die Rechnung zeigt, daß bei 50 Anfahrten eines jeden Zuges innerhalb 24 Stunden und bei mittleren Anfahrzeiten von 100 Sek. das gleichzeitige Anfahren von 6 Zügen einmal in 4 Jahren zu erwarten ist. Berücksichtigt man ferner, daß das Anfahren durchschnittlich in 5 Schaltstufen erfolgt, und daß unter obigen Annahmen das gleichzeitige Umschalten aller Züge in ca. 300 Fällen einmal zu erwarten ist, so dürfte es berechtigt sein, die gleichzeitige Stufenschaltung von 6 Zügen als Höchstwert plötzlicher Belastungszunahme zugrunde zu legen. Dieser beträgt hiernach 1200 KW für eine Maschineneinheit (etwa 11%).

Hinsichtlich der Entlastung sind angenähert die gleichen Betrachtungen maßgebend, nur mit dem Unterschied, daß das Umschalten praktisch augenblicklich erfolgt und daher im ungünstigsten Fall mit dem plötzlichen Abschalten von 6 Zügen zu rechnen ist, entsprechend einem Höchstwert der Entlastung von 6000 KW (ca. 55%).«

Wenn die den vorstehenden Überlegungen zugrunde liegende Wahrscheinlichkeitsrechnung auch sehr beachtenswerte Ausblicke auf die gewöhnlich zu erwartenden Kraftschwankungen liefert und die eine oder andere Sicherheitsmaßnahme in den anderen Entwürfen als recht weitgehend erscheinen läßt, so ist doch nicht zu vergessen, daß in Wirklichkeit weit größere Schwankungen auftreten und sich zufällig in Zwischenräumen wiederholen können, die sich hinsichtlich der Massenwirkung in der Rohrleitung als ungünstig erweisen. Die Druckerhöhungen in der Rohrleitung sollen daher auch bei diesem Entwurf durch einen Druckregler auf das zulässige Maß herabgemindert werden.

## 9. Die elektrotechnischen Einrichtungen des Hauptwerkes.

### a) Allgemeines.

Im Entwurf wird folgendes ausgeführt:

Die gewinnbare Kraft ist in erster Linie für den elektrischen Bahnbetrieb geeignet und kann schon im ersten Ausbau ein Bahngebiet von dem fünffachen Umfang des nach der »Denkschrift über die Einführung des elektrischen Betriebes auf den bayerischen Staatseisenbahnen« zunächst in Frage kommenden Gebietes versorgen. Es kann aber mit der Aufnahme des elektrischen Bahnbetriebes nicht in einem solchen Umfang gerechnet werden, daß es möglich wäre, neben dem Hauptwerk mindestens ein zweites von ihm unabhängiges Reservewerk wirtschaftlich auszunützen, um dem Betrieb die nötige Sicherheit zu verleihen. Daher müssen schon in der ersten Ausbaustufe noch weitere Absatzgebiete für den überschüssigen Strom herangezogen werden, um gleich von Anfang an die Wirtschaftlichkeit zu gewährleisten. Aber auch für späterhin, wenn noch mehr Bahnkraftwerke gebaut sind, ist ein erheblicher Teil der gewonnenen Arbeit für andere Zwecke verfügbar.

Um für den Bahnbetrieb Einphasenstrom und für die Kraftversorgung Mehrphasenstrom benützen und dabei die Kosten für die Leitungsanlage möglichst niedrig halten zu können, kommt der Entwurf zu einer »verketteten Einphasen-Zweiphasen-Wechselstromanordnung mit geerdetem Mittelleiter«. Diese soll auch einen Übergang auf eine andere Stromart für den Bahnbetrieb ermöglichen, so daß es nicht notwendig ist, die einmal gewählte Stromart grundsätzlich für immer festzulegen.

Da der Verbrauch privater Betriebe sich auf Gegenden erstrecken wird, die an der Eisenbahn gelegen sind, so besteht ein Stromkreis nur aus 2 Hochspannungsleitungen, nämlich den Außenleitern, während der dritte geerdete Leiter durch die Eisenbahngleise gebildet wird. Der Einphasenbetrieb für die Bahnen wird auf die Außenleiter verteilt, wobei das Gleis als Rückleitung benutzt wird, der Mehrphasenstrom für den allgemeinen Kraftbedarf wird allen 3 Leitern entnommen. Durch Scottsche Schaltung kann auch Drehstrom abgenommen werden.

Bei sehr großem Verbrauch für den Bahnbetrieb hält es der Entwurf, um Verzerrungen der Phasen durch ungleiche Belastungen zu vermeiden, für vorteilhaft, die Wechselstrom- und Zweiphasenleitungen zu trennen, so daß nunmehr 4 Leitungen in Betracht kommen; diese können aber immer noch auf den gleichen Gestängen verlegt werden. Die beiden Leitungspaare bilden auch eine gegenseitige wirtschaftliche Reserve.

Zu seinem Vorschlag der verketteten Einphasen-Zweiphasenanordnung mit den Schienen als geerdetem Mittelleiter kommt der Entwurf aus der Überlegung, daß jene Anordnung gegenüber der Zweileiteranordnung (Einphasen- oder offenes Zweiphasensystem) nur die Hälfte des Kupferaufwandes erfordere. Wenn, wie der Entwurf annimmt, gleichviel Einphasen- und Zweiphasenstrom übertragen wird, so leistet die vorgeschlagene Anordnung nur 14,5% weniger als bei einer Übertragung von Zweiphasenstrom allein.

Mit Rücksicht darauf, daß die elektrische Arbeit zum großen Teil für Bahnbetrieb, in zweiter Linie für allgemeine Kraftzwecke in Anspruch genommen wird, und daß der geringe Bedarf an Licht nicht von ausschlaggebender Bedeutung ist und durch Umformung an der Verbrauchsstelle gedeckt werden kann, soll für die Periodenzahl die für die Hauptbahnmotoren sich besser eignende Zahl von 15 angewendet werden. Sollten die bis jetzt bekannten Reihenschlußmotoren bis zur Ausführung des Werkes verbessert sein, so empfiehlt der Entwurf, die Periodenzahl auf die für

Kraftbetriebe gebräuchlichere und wirtschaftlichere Zahl von 20 bis 25 zu erhöhen, weil sich bei dieser Periodenzahl die Dynamomaschinen und Transformatoren um 20 bis 30% billiger stellen. Der Einfluß der steigenden Periodenzahl auf die Selbstinduktion und auf den Leistungsfaktor des Netzes kann nach dem Vorschlag des Entwurfes durch Synchronmotoren im Netz ausgeglichen werden.

In Rücksicht auf die Betriebssicherheit, die bei Eisenbahnen unbedingt verlangt werden muß, entscheidet sich der Entwurf für eine Fernübertragungsspannung von 50 000 Volt für die Phase und Erde oder 1,4 · 50 000 Volt = 70 000 Volt zwischen den Außenleitern. Hiermit ist nach Ansicht des Entwurfs eine wirtschaftliche Übertragung bei bewährter Bauart der Isolatoren betriebssicher auch in die entferntesten Teile Bayerns bis zu 360 km zu ermöglichen. Die Überschreitung der genannten Spannung lehnt der Entwurf ab, da die Ersparnisse an Kupfer durch teuere Isolatoren und Schalteinrichtungen wieder ausgeglichen würden.

b) Beschreibung.

Mit jeder Turbine ist in wagerechter Wellenanordnung eine Zweiphasenwechselstrommaschine von 11 000 KVA und 4600 Volt Phasenspannung oder 6500 Volt verketteter Spannung verbunden (Tafel 5 Abb. 37).

Da als Kraftmaschine die Francisturbine gewählt wurde, also eine Turbine mit hoher Umdrehungszahl, so mußte die Dynamomaschine, um 15-periodigen Strom zu erzeugen, für geringe Polzahl gebaut werden. In Rücksicht auf die beträchtliche Maschinenleistung wurde eine Polzahl von 4 gewählt, so daß die Drehzahl 450 ist. Die Dynamomaschine ist also nach der Bauart der Turbinenmaschinen auszuführen.

Die Leistung ist so bemessen, daß eine Maschine kurze Belastungsstöße bis 15 600 PS für den Einphasenbetrieb oder dauernd 13 400 PS in Zweiphasenstrom abgeben kann.

Hierfür wird folgendes gewährleistet:

| | | Einphasenbetrieb bei $\cos \varphi = 0{,}95$ | Zweiphasenbetrieb bei $\cos \varphi = 0{,}85$ |
|---|---|---|---|
| Dauerbetrieb | Scheinbare Leistung | 7 800 KVA | 11 000 KVA |
| | Kraftaufnahme | 10 700 PS | 13 400 PS |
| Zeitbelastung auf 1 Stunde | Scheinbare Leistung | 11 100 KVA | 14 300 KVA |
| | Kraftaufnahme | 13 600 PS | 17 400 PS |
| Zeitbelastung auf $^1/_2$ Stunde | Scheinbare Leistung | 10 900 KVA | — |
| | Kraftaufnahme | 15 600 PS | — |

Der vierpolige glatte Läufer ist für eine Drehzahlerhöhung von 80% gebaut. Die Maschine ist vollständig gekapselt und wird durch angesaugte Außenluft gekühlt.

Beim Vollausbau sollen 12 Maschinensätze aufgestellt werden, von denen einer in Bereitschaft zu halten ist (Tafel 4 Abb. 33 u. 34). Die Erregermaschine von 100 KW und 110 Volt Spannung ist an die Dynamomaschine angebaut. Zum Ausgleich der Spannungsschwankungen bei plötzlichen Belastungsänderungen ist die »Compoundierung von Blondel« vorgesehen. Hierbei ist die Erregermaschine mit doppelter Feldwicklung (Tafel 5 Abb. 38) — die eine im Nebenschluß zum Erregeranker, die andere im Anschluß an eine Batterie — ausgestattet. Die Schleifringe des Ankers stehen durch einen Reihentransformator mit dem Hauptstromkreis der Hauptmaschine in Verbindung, so daß jede Belastungsänderung auf das Primärfeld der Erregermaschine einwirkt und jede Spannungsschwankung ausgleicht. Widerstände im Erregerkreis gestatten, die Maschinenspannung und den Grad der Compoundierung in weiten Grenzen zu regeln.

Um eine zu große »Steifigkeit der compoundierten Maschinen bei Überlastungen« zu vermeiden, werden vom Entwurf für den Compoundierungsstromkreis »selbsttätige Überspannzeitschalter« (Tafel 5 Abb. 38 Ziff. 13) vorgeschlagen, die bei zu großer Stromstärke die Erregung abschalten.

Von den Dynamomaschinen aus führen Kabel den Strom von 4600 Volt Phasenspannung über eine Kabelbrücke (Tafel 4 Abb. 33 u. 34) zu dem in einiger Entfernung parallel zum Maschinenhaus aufgestellten Transformatoren- und Schaltgebäude und zwar zunächst in das 1. Obergeschoß zu den Betriebs- und Hilfsschienen von 4600/6500 Volt, an welche auch die 3 vom Obernachkraftwerk ankommenden Kabel (Tafel 5 Abb. 38) angeschlossen sind; von hier führen blanke Leitungen zu den Unterspannungsklemmen der Transformatoren.

Es sollen für jede Maschine in besonderen feuersicheren Zellen 2 fahrbare Wechselstrom-Öltransformatoren von 7500 KVA ständiger Leistung mit einem Übersetzungsverhältnis von 4600/50000 Volt aufgestellt werden (Tafel 4 Abb. 33 u. 34), welche die höchste Leistung sowohl nach dem Einphasen-, als auch nach dem Zweiphasensystem abgeben können. Die obersten Windungen der Transformatoren, die erfahrungsgemäß dem zerstörenden Einfluß der Über spannungen am meisten ausgesetzt sind, sollen als Schutz gegen letztere eine besonders starke Isolationsschicht erhalten. Das erwärmte Öl wird zur Kühlung durch eine in einem Wasserbad liegende Kühlschlange gedrückt.

Von den Transformatoren fließt der Strom wieder in das 1. Obergeschoß zu den Doppelsammelschienen von 50 000 Volt Phasen- oder 70 000 Volt verketteter Spannung, welche ebenso wie die Unterspannungssammelschienen in Gruppen unterteilt sind. Auf eine Gruppe arbeiten gewöhnlich 3 Maschinen (Tafel 5 Abb. 38). Die Einzelgruppen können wiederum zu größeren Gruppen zusammengefaßt werden.

Von den Oberspannungssammelschienen im 1. Obergeschoß fließt der Strom in das Erdgeschoß zu den Ölschaltern (Tafel 4 Abb. 33), dann in das 2. Obergeschoß des Schalthauses zu den Ausführungen der 8 abgehenden Fernleitungen.

Im gleichen Geschoß ist der Überspannungsschutz, bestehend aus Drosselspulen und Hörnerblitzableitern mit hintergeschalteten Wasserwiderständen, aufgestellt.

Zur Sicherung gegen übermäßiges Anwachsen der Stromstärke wird von dem Entwurf für die Transformatoren, für die Kabel vom Obernachkraftwerk und für jede Phase der Freileitungen von 50 000 Volt am Anfang und am Ende der Leitungen ein »Differentialschutz« (D. R. P. Nr. 166 224) empfohlen (Tafel 5 Abb. 38). Zwei an den Enden des zu schützenden Teiles eingebaute, durch eine Hilfsleitung gegeneinander geschaltete Transformatoren (Tafel 5 Abb. 38 Ziff. 11) wirken bei einem zu starken Anwachsen der Stromstärke auf ein Relais ohne Zeiteinstellung (Tafel 5 Abb. 38 Ziff. 10 bei den Kabeln und Fernleitungen, Ziff. 30 bei den Transformatoren), das die schadhafte Strecke oder den gefährdeten Transformator sofort durch Auslösen der Ölschalter (Ziff. 26 und 27 der gleichen Abbildung) vom Netz abtrennt. Einen besonderen Vorzug dieses Schutzes gegenüber den sonst verwendeten Rückstrom- und Maximalzeitrelais erblickt der Entwurf darin, daß lediglich die fehlerhafte Stelle und nicht auch ein Teil des gesunden Netzes abgetrennt wird.

Von dem gleichen Schutz für die Sammelschienen wurde abgesehen, da diese bei den neueren Anlagen kurzschlußsicher sind, und da durch die vielfache Unterteilung der Anlage ein Sammelschienenkurzschluß nie zu einem Stillstand der ganzen Anlage führen kann, sondern höchstens den zu einer Gruppe gehörenden Teil in Mitleidenschaft zieht.

Alle zu einem Maschinensatz gehörenden Schalteinrichtungen entwickeln sich mit den Maschinen und Transformatoren in den verschiedenen Gebäudeteilen in einer senkrechten Ebene.

Wie die Transformatoren, so sollen auch die Ölschalter, Strom- und Spannungswandler einphasig ausgebildet und feuersicher getrennt werden.

Sämtliche blanken Leitungen sind aus Rundkupferstücken zusammengesetzt, die nach dem »konzentrischen System« verschraubt werden, so daß Lötstellen vermieden sind.

Der Entwurf legt besonderen Wert auf Übersicht in der Schaltanlage und auf gefahrlose Bedienung, sowie auf feuersichere Anordnung. Daher sollen breite Gänge und feuerfeste Zwischenwände zur Trennung der Phasen angeordnet und für die Deckendurchführungen der Leiter an Stelle offener Durchlässe Durchführungsisolatoren eingebaut werden.

Die ganze Anlage wird von einem abseits von der Maschinen- und Schaltanlage gelegenen Hauptbedienungsraum (Tafel 4 Abb. 34) oberhalb des Raumes für die Widerstände bedient. Hier sind auf Schaltpulten sämtliche Instrumente und Schalter für die Fernbetätigung, die Zeigertelegraphen zur Verständigung der Maschinenwärter, die Fernthermometer für die Transformatoren, sowie die ganze Gleichstromschaltanlage untergebracht.

In einem Zimmer neben dem Bedienungsraum überwacht der Betriebsleiter den Betrieb an der Hand eines mechanischen Modells der Anlage, an welchem bewegliche, die Ölschalter und Trennschalter darstellende Stücke der Betriebsschaltung entsprechend eingestellt werden, so daß der Betriebsleiter jederzeit ein klares Bild über die augenblicklich bestehenden Schaltungen der Gesamtanlage hat.

Der Gleichstrombedarf des Werkes für Erregung, Notbeleuchtung und Fernsteuerung wird erzeugt durch zwei Wechselstrom- (Zweiphaseninduktionsmotoren-) Gleichstromumformer von 200 KW und 110/140 Volt Gleichstromleistung im Anschluß an 2 Wechselstromtransformatoren von 250 KVA, deren Übersetzungsverhältnis 4600/500 Volt ist (Tafel 5 Abb. 38). 2 Akkumulatorenbatterien von je 2160 Amp. Std. bei 3 Stunden Entladung bilden die Reserve.

Das Eisenbahngleis von Kochel soll bis unter den Laufkran geführt werden, um die Lasten unmittelbar vom Bahnwagen heben zu können.

Für das Schalthaus und die Nebenräume wird Warmluftheizung vorgeschlagen. Zur Heizung des Maschinenhauses werden die Wärmeverluste der Dynamomaschinen für ausreichend erachtet.

# Viribus unitis.

## A. Allgemeine Anordnung, Ausbaustufen und Bauzeiten.

— Tafel 1 Abb. 1 und 2 — [26] —

Hinsichtlich der Zuleitung des Kraftwassers zum Walchensee (Baugruppe I) hat der Entwurf »Viribus unitis« zwei Möglichkeiten untersucht, nämlich

1. die Grundform A mit zwei getrennten Wasserwegen für Isar bzw. Rißbach,
2. diejenige Ausbauform, die man erhält, wenn man bei der Grundform B den oberen Wasserweg fortläßt und nur den unteren gemeinsamen Wasserweg baut.

Beim Vergleich dieser beiden Möglichkeiten hat sich der Entwurf für die Grundform A, also für zwei getrennte Wasserwege, entschieden. Die Gründe, die für diesen Entschluß sprechen, sind nach der Ansicht des Entwurfs namentlich die folgenden: Die getrennte Wasserzuleitung (Grundform A) erleichtert den durch die Wettbewerbsunterlagen geforderten allmählichen Ausbau des Werkes in besonderem Maße, auch ist sie nach den örtlichen Untersuchungen des Entwurfs sowohl technisch wie geldlich vorteilhafter; sie ermöglicht ferner eine kürzere Bauzeit und bietet schließlich den Vorteil, das Gefälle zwischen Isar und Walchensee in der 40 m hohen Gefällstufe bei Obernach mit 6000 PS auszunützen; das Gewinnen dieser Nebenkraft hält der Entwurf für eine wichtige Maßnahme.

Unter Annahme der Grundform A für die Baugruppe I sieht der Entwurf für den allmählichen Ausbau des Werkes drei Ausbaustufen vor.

Im 1. Ausbau wird in wesentlicher Übereinstimmung mit den übrigen Entwürfen, die der Grundform A entsprechen, der obere Wasserweg (Isar — Walchensee) gebaut und auf ihm so viel Isarwasser zugeleitet, wie mit 3,5 m Speicherhöhe des Walchensees ausgeglichen werden kann. Der obere Wasserweg umfaßt das Isarwehr 2 km unterhalb Wallgau und den neben dem Obernachtal liegenden Stollen vom Wehr bis zum Walchensee bei Obernach; hier bei Obernach entsteht die 40 m hohe Gefällstufe zwischen dem Stollen und dem Seespiegel, jedoch wird sie für Kraftzwecke noch nicht verwertet. Die Jachen als natürlicher Abfluß des Walchensees wird durch eine Schleuse gesperrt. Die Gefällstufe Walchensee—Kochelsee (Baugruppe II — Tafel 3 Abb. 16) und das zu ihr gehörende Hauptwerk werden teilweise ausgebaut; von den für den Vollausbau vorgesehenen beiden Druckstollen durch den Kesselberg wird nur einer hergestellt, das Hauptwerk wird für etwa 40 % seiner zukünftigen Kraftgröße eingerichtet. In dem so geschaffenen Werk gelangt das im Walchensee vereinigte Wasser (Isar und Walchensee) zur Verwertung.

Im 2. Ausbau fügt der Entwurf dem Bestande des 1. Ausbaus das Obernachkraftwerk hinzu; die bereits im 1. Ausbau hergestellte Gefällstufe von etwa 40 m zwischen dem Isarstollen und dem Walchensee wird in Dienst genommen, und das zugeleitete Isarwasser in ihr für Kraftzwecke benutzt. Die Maschinenanlage des Hauptwerkes ist wegen der größeren Kraftschwankung von 40 % auf etwa 50 % zu vergrößern. Im übrigen bleiben die Verhältnisse der Baugruppe II wesentlich in dem Zustande, in dem sie im 1. Ausbau waren; namentlich wird der Walchensee für den Wasserausgleich ebenso, wie im 1. Ausbau, mit nur 3,5 m Speicherhöhe beansprucht, ferner bleibt die zugeleitete Isarwassermenge wesentlich ungeändert.

Im 3. Ausbau (Vollausbau) wird die Forderung, daß der Walchensee nur um 3,5 m schwanken dürfe, fallen gelassen und der Stauraum des Walchensees uneingeschränkt zum Ausgleich größerer Wassermengen bereitgestellt. Bei Baugruppe I entsteht der untere Wasserweg, der das Wasser des Rißbachs zuleiten soll; er umfaßt das Rißbachwehr 200 m unterhalb des Fischbachs, einen offenen Kanal vom Wehr bis zur Kreuzung mit der Isar, einen Aquädukt über die Isar und den Rißbachstollen zwischen Isartal und Walchensee. Mittels des unteren Wasserweges wird dem Walchensee soviel Rißbachwasser zugeleitet, wie die äußeren Verhältnisse, namentlich die Flößerei, es gestatten; nur das unbedingt nötige Wasser bleibt im Rißbach zurück. Im nämlichen Sinne wird nunmehr auch aus der Isar mittels des oberen Wasserweges möglichst viel Wasser abgeleitet, indem die Beschränkung durch die 3,5 m fortfällt. Für diese neuen Verhältnisse muß der Spiegel des Walchensees bis zu 19,0 m gesenkt werden. Das Obernachkraftwerk wird entsprechend der größeren Menge des zugeleiteten Isarwassers baulich vergrößert, ebenso das Hauptwerk entsprechend der größeren Menge des im Walchensee vereinigten und ausgeglichenen Gesamtwassers; dabei wird namentlich der zweite Druckstollen durch den Kesselberg hinzugefügt. Die auf diese Art geschaffene Gesamtkraft des 3. Ausbaus ist mehr als doppelt so groß wie diejenige des 2. Ausbaus.

Die Spitzenbelastung wird vom Hauptwerk allein übernommen; das Obernachkraftwerk arbeitet mit Dauerbetrieb (vergl. im übrigen unter B).

Der Entwurf »Viribus unitis« zeigt im 1. Ausbau und beim Vollausbau große Ähnlichkeit mit dem Entwurf »Fons roburis aqua«, namentlich führen beide Entwürfe den Rißbach erst beim Vollausbau zum Walchensee. Die beiden Entwürfe unterscheiden sich aber erheblich hinsichtlich des Zwischenausbaus: im Zwischenausbau steigert »Fons roburis aqua« die Entnahme aus der Isar bereits bis zur äußersten Grenze und benötigt gleichzeitig schon die größte Speicherhöhe des Walchensees (18,5 m); bei »Viribus unitis« dagegen hat der Zwischenausbau mehr den Sinn einer Vervollständigung des 1. Ausbaus als den Sinn einer eigentlich neuen Ausbaustufe: nur das kleinere Obernachkraftwerk kommt hinzu, dagegen bleiben die übrigen Dinge, namentlich Speicherhöhe und Isarwassermenge, wesentlich ungeändert. Das Bestreben des Entwurfs »Viribus unitis« ist somit darauf gerichtet gewesen, das für die Seeschwankung zunächst zugelassene Größtmaß von nur 3,5 m möglichst lange einzuhalten, aber trotzdem in zwei Ausbaustufen eine möglichst große Kraftmenge zu schaffen.

Der Entwurf sieht als Bauzeit für den 1. Ausbau $2\frac{1}{2}$ Jahre vor (darin 3 Sommer), für den 3. Ausbau $2\frac{3}{4}$ Jahre.

# B. Wasserwirtschaft, Kraftleistung, Baukosten und Naturschutz.

## 1. Verlustwassermengen und Holzverkehr.

Die in der Isar und im Rißbach sowie im Gebiet des Walchensees vorhandenen Wassermengen können nicht ganz zur Kraftverwertung herangezogen werden; ein Teil wird als Verlustmenge entweder von selbst oder unter dem Zwang äußerer Umstände in den Wasserläufen verbleiben müssen. Der Entwurf rechnet als Verlust durch Undichtigkeiten bei dem oberen Wasserweg (Wehr und Zuleitung der Isar) 0,15 cbm/sec, bei dem unteren Wasserweg (Wehr und Zuleitung des Rißbachs) 0,10 cbm/sec. Daneben kommen als Verlustmengen namentlich in Betracht: die unvermeidlich abfließenden Hochwasserspitzen, die Spülmengen für die Abfuhr der Sinkstoffe und das Wasser für die Flößerei bzw. die Holztrift. (Die erforderlichen technischen Einrichtungen sind in den Wehren vorgesehen.)

Die bezeichneten Verlustmengen hat der Entwurf für den Bereich des 1. und des 2. Ausbaus zahlenmäßig nicht untersucht; er macht in dieser Hinsicht folgendes geltend: Während der beiden ersten Ausbaustufen bleibt der Rißbach ungestört, das Kraftwasser wird lediglich der Isar und der Jachen (Walchenseegebiet) entnommen; die Frage nach den Verlustmengen kann also nur Isar und Jachen treffen. Aus diesen beiden Wasserläufen wird (vergl. Abschnitt 2) nur während der 5 bis 6 trockensten Monate des Jahres das erreichbare Wasser g a n z abgeleitet, während der 6 bis 7 wasserreicheren Monate wird aber nur ein Teil des Wassers entnommen; in diesen 6 bis 7 Monaten bleiben bedeutende Hochwassermengen — mehr als ein Drittel der Jahresmenge — in den Wasserläufen zurück. Unter diesen Umständen ist es berechtigt zu sagen, daß während des 1. und des 2. Ausbaus die Sinkstoffabfuhr und die Flößerei durch das Unternehmen fast gar nicht beeinträchtigt werden, denn die genannten Vorgänge benötigen das Wasser wesentlich nur zur Hochwasserzeit, in dieser läßt aber das Unternehmen reichlich Wasser in den Flüssen. Das so benötigte und zurückgelassene Wasser hat für das Unternehmen nicht die Bedeutung von Verlustwasser.

Anders verhält es sich mit dem 3. Ausbau (Vollausbau), bei dem möglichst a l l e s erreichbare Wasser verwendet werden soll. Für ihn setzt der Entwurf im Hinblick auf den Kraftbetrieb folgendes fest: Die Flößerei und die Holztrift werden auf die wasserreichsten Tage zusammengedrängt; die hierbei abzulassenden Wassermengen dienen zugleich der Sinkstoffabfuhr. An den betreffenden Tagen werden während je 12 Stunden folgende Wassermengen durch die Holzschleusen abgelassen: in der Isar (Flößerei) 20 cbm/sec, im Rißbach (Holztrift) 6 bis 10 oder durchschnittlich 8 cbm/sec. Der Entwurf hat in diesem Sinne für den Holzbetrieb eine Dauer von 8 bis 10 oder im Mittel 9 Tagen jährlich vorgesehen; in einem Nachtrage sieht er stattdessen 1 Monat bzw. 2 Monate vor. Bei Einschränkung auf 9 Tage (selbstverständlich die allerstärksten Hochwassertage, an denen die Wasserwege ohnehin das ganze Wasser nicht fassen können) ist der für den Kraftbetrieb entstehende Wasserverlust verschwindend klein; der Entwurf setzt ihn dementsprechend bei den weiteren wasserwirtschaftlichen Erwägungen = 0. (Bei Annahme von 1 Monat als Dauer des Holzbetriebs würde der Verlust auf das Jahr verteilt in der Isar 0,60, im Rißbach 0,25, zusammen 0,85 cbm/sec betragen, bei 2 Monaten in der Isar 1,20, im Rißbach 0,54, zusammen 1,74 cbm/sec.)

Allgemein macht der Entwurf geltend, die Flößerei nehme merklich ab, und es sei zu erwägen, ob man sie nicht ganz aufheben und durch eine Holzbahn von Wallgau bis Tölz ersetzen solle.

## 2. Die Kraftwassermengen.

Unter Berücksichtigung der im Abschnitt 1 angegebenen Undichtigkeitsverluste ermittelt der Entwurf die Kraftwassermengen wie folgt.

Im 1. A u s b a u besteht nur das Hauptwerk mit etwa 200 m Gefälle. Dasselbe entnimmt dem Walchensee eine mittlere Wassermenge von 12,2 cbm/sec. Um diese Wassermenge bereitzustellen, wird die J a c h e n als Auslauf des Sees durch eine Schleuse gesperrt, und aus der I s a r auf dem oberen Wege Wasser zugeleitet; dazu steht ein Seespeicher von 3,5 m Höhe zur Verfügung. Gemäß den Nachweisen des Entwurfs kann man (auf heute übertragen) in der trockensten Zeit der 6 Jahre 1902 bis 1907, nämlich in den 5 Wintermonaten 1906/07, mit 3,5 m Speicherhöhe mehr als 12,2 cbm/sec nicht bereitstellen; in der genannten Winterzeit würde im Mittel die Isar 6,75, das Seegebiet 1,10 und der Seespeicher 4,35 cbm/sec liefern. In den übrigen Trockenzeiten und namentlich in der wasserreichen Zeit stehen m e h r als 12,2 cbm/sec zur Verfügung, der Entwurf hält aber auch für diese Zeiten die ungünstigste Verbrauchsmenge von nur 12,2 cbm/sec fest. Im Mittel der 6 Jahre führt die Isar 18,5 cbm/sec, die Jachen beim Seeausfluß 2,6 cbm/sec, zusammen 21,1 cbm/sec. Hiervon werden im 1. Ausbau nur 12,2 cbm/sec, also 58 % verwertet; dementsprechend werden im Mittel aus der Isar e t w a 10,7 cbm/sec und aus dem Seegebiet 1,5 cbm/sec zum Hauptwerk geführt. In den Walchensee gelangen aus der Isar durchschnittlich m e h r als 10,7 cbm/sec, der Überschuß fließt durch die Jachen ab. Für die so geartete Wasserlieferung muß in den e t w a 6 wasser ä r m e r e n Monaten des Jahres (abgesehen von den Verlustmengen) die Jachen g ä n z l i c h trockengelegt und aus der Isar a l l e s Wasser zum Walchensee abgeleitet werden; in den e t w a 6 wasser r e i c h e r e n Monaten müssen aus der Isar dauernd 16,8 cbm/sec zum Walchensee fließen, nur der Überschuß verbleibt in der Isar. Zur Sicherheit hat der Entwurf die Größtmenge von 16,8 cbm/sec auf 20 cbm/sec erhöht. Der Isarstollen wird sogleich im 1. Ausbau mit 40 cbm/sec Leistungsfähigkeit gebaut, wie er sie für den 3. Ausbau benötigt; der Entwurf vertritt hierbei die Ansicht, daß wahrscheinlich schon nach 5 bis 6 Jahren die im 1. Ausbau geschaffene Kraft vergrößert werden muß.

Im 2. A u s b a u bleibt die Zuführung des Wassers der Isar zum Walchensee die nämliche wie im 1. Ausbau; auch die Speicherhöhe von 3,5 m bleibt ungeändert. In den oberen Wasserweg wird das O b e r n a c h k r a f t w e r k mit rund 40 m Gefälle neu eingebaut. Dasselbe soll das Isarwasser bis zur Größtmenge von 10 cbm/sec verwerten; in trockenen Zeiten liefert die Isar stattdessen nur etwa 6,4 cbm/sec; im Mittel verwertet das Obernachkraftwerk etwa 9,0 cbm/sec. Hiernach ist die Leistung des Obernachkraftwerks schwankend; demgegenüber fordert der Entwurf, daß die mittlere G e s a m t leistung der beiden Werke stets die nämliche Größe haben solle; also muß auch die Leistung des Hauptwerkes schwanken. Unter diesen Umständen leistet das Hauptwerk in der wasserarmen Zeit, in der dem Obernachkraftwerk nur 6,4 cbm/sec zufließen, die größte Kraft; es verbraucht alsdann im Monatsmittel bis zu 12,3 cbm/sec. Anderseits beträgt der Verbrauch des Hauptwerkes während der Zeit, in der das Obernachkraftwerk 10 cbm/sec verwertet, nur 11,6 cbm/sec. Im Mittel verbraucht das Hauptwerk etwa 11,8 cbm/sec, es leistet also im Durchschnitt weniger Kraft als im 1. Ausbau (12,2 cbm/sec).

Im 3. A u s b a u (V o l l a u s b a u) wird der untere Wasserweg hergestellt und auch aus dem R i ß b a c h

Wasser zum Walchensee geführt. Der Entwurf setzt auf Grund von Wirtschaftsnachweisen fest, daß nunmehr (nach Abzug der Verlustbeträge) alle Wassermengen aus der Isar bis zu 40 cbm/sec und aus dem Rißbach bis zu 20 cbm/sec in den Walchensee fließen und nur die Überschüsse in den Flußbetten bleiben sollen; die Leitungsstollen werden für die Größtmenge von 40 bzw. 20 cbm/sec eingerichtet. Für den Ausgleich der so zugeleiteten Wassermengen muß der Walchensee mit 19,0 m Speicherhöhe beansprucht werden. Das entsprechend erweiterte Obernachkraftwerk soll nunmehr das zugeleitete Isarwasser bis zur Größtmenge von 25 cbm/sec verwerten; dementsprechend beträgt sein mittlerer Verbrauch 15,1 cbm/sec. Hinsichtlich des gleichfalls zu vergrößernden Hauptwerkes fordert der Entwurf, das Werk solle möglichst alles im Walchensee vereinigte Wasser verwerten, dabei solle aber wieder die mittlere Gesamtleistung der beiden Werke stets die nämliche Größe haben. Hiernach verbraucht das Hauptwerk in der wasserarmen Zeit am meisten Wasser, in der wasserreichen Zeit am wenigsten; unter Berücksichtigung des schwankenden Gefälles (bei den verschiedenen Spiegelhöhen) ergibt sich im Mittel der größte Verbrauch zu 31,6 cbm/sec, der kleinste zu 25,4 cbm/sec; im Gesamtdurchschnitt verbraucht das Hauptwerk 28,6 cbm/sec. Isar, Rißbach und Seegebiet liefern zusammen im Mittel 31,3 cbm/sec; davon verbraucht das Hauptwerk hiernach 91,5%, also etwa aus der Isar 16,9 cbm/sec, aus dem Rißbach 9,3 sec/cbm und aus dem Seegebiet 2,4 cbm/sec. Die Isar führt im ganzen im Mittel 18,5 cbm/sec, der Rißbach 10,2 cbm/sec. Gemäß Tabelle 1 können (bei Verlustmenge = 0) dem Walchensee mittels des Isarstollens (40 cbm/sec) im Durchschnitt 17,5 cbm/sec zugeführt werden, mittels des Rißbachstollens (20 cbm/sec) im Durchschnitt 9,7 cbm/sec. Die genannten Zahlen stehen miteinander im Einklang.

### 3. Kraftleistung.

Entsprechend den nachgewiesenen Wassermengen werden die durch den Entwurf für die 3 Ausbaustufen vorgesehenen Kraftverhältnisse in der Tabelle 16 angegeben. Die Zahlen der Nutzgefälle $h_1$ und $h_2$ sind dem Entwurfsbericht entnommen worden. Bei ihrer Ermittelung hat der Entwurf folgende größten Gefällverluste berechnet: für den Wasserweg vom Walchensee bis zum Kochelsee (Druckstollen, Druckrohre und Unterwasserkanal) im ganzen 9,4 m bei größter Spitzenbelastung des Hauptwerkes entsprechend rund 90 cbm/sec im 3. Ausbau; für den Wasserweg vom Isarwehr bis zum Wasserschloß des Obernachkraftwerks bei größter Wassermenge des Isarstollens (40 cbm/sec) 3,2 m ohne die Nebenverluste. Der Entwurfsverfasser hat durch Versuche gefunden, daß in der Formel von Ganguillet & Kutter für neuen glatten Zementputz $n = 0{,}0125$ gesetzt werden kann; zur Sicherheit setzt er den üblichen Wert $n = 0{,}015$ ein, der für rauh gewordene Zementflächen gilt. Die Zahlen der Reihen 4 und 7 der Tabelle 16 entsprechen den früheren Nachweisen; hinsichtlich der übrigen Reihen wird auf die erläuternden Angaben in der Tabelle 16 hingewiesen. In den Reihen 5 und 8 ist im Einklang mit dem Entwurf der Wirkungsgrad der Turbinen = 0,75 gesetzt worden.

Im übrigen dürfte die Tabelle 16 sich hinsichtlich der Kraftverhältnisse (Reihen 1 bis 10) genügend selbst erläutern.

### 4. Die Baukosten.

In der Reihe 11 der Tabelle 16 werden die Baukosten (wie auch bei den übrigen Entwürfen) in derjenigen Höhe angegeben, in der sie durch den Kostenanschlag des Entwurfs nachgewiesen werden; ein bindendes Angebot hat der Entwurf nicht abgegeben. Die Zahlen gelten für den Gesamtumfang der betreffenden Ausbaustufe, sie umfassen also beide Kraftwerke; die Ausgaben für Grunderwerb, Gerechtsame und Ähnliches sind in ihnen nicht enthalten. In der Reihe 12 ist angegeben, welches Baukapital für 1 PS der in Reihe 10 nachgewiesenen Gesamtkraft (Dauerkraft während 24 Stunden täglich mit Möglichkeit der Steigerung für Spitzenbedarf) nach dem Entwurf benötigt wird; diese Einheitsbaukosten betragen beziehentlich 511, 478 und 380 M. Diese Geldbeträge dürfen mit den entsprechenden Beträgen der anderen Entwürfe nicht ohne weiteres verglichen werden, da die Annahmen, von denen die einzelnen Entwürfe hinsichtlich des Arbeitsaufwandes und der Einheitspreise ausgegangen sind, zu große Verschiedenheit aufweisen. Vergleicht man jene Einheitsbaukosten unter sich, so ist beachtenswert, daß der 1. Ausbau die höchsten und der 3. Ausbau die kleinsten Kosten aufweist; der 1. Ausbau ist also beziehentlich stark belastet.

### 5. Schutz der Naturschönheit.

Wie der Entwurf im einzelnen ausführt, ist der Walchensee während des 1. und während des 2. Ausbaus (Speicherhöhe nur 3,5 m) im Sommer stets vollgefüllt; der Sommer ist aber die Zeit des Turistenverkehrs, der letztere findet also

**Tabelle 16 „Viribus unitis".**

| 1 | 2 | 3 | 4 | 5 | 6 | 7 | 8 | 9 | 10 | 11 | 12 |
|---|---|---|---|---|---|---|---|---|---|---|---|
| Ausbaustufe | Speicherhöhe des Walchensees unter dem höchsten Spiegel + 801,9 m | Hauptwerk | | | | Obernachkraftwerk (Nutzgefälle $h_2 = 40$ m) | | | Hauptwerk und Obernachkraftwerk zusammen | | |
| | | Nutzgefälle | Mittleres Kraftwasser | Mittlere Nutzleistung | Eingerichtete Turbinen-Nutzleistung für Spitzenbelastung | Mittleres Kraftwasser | Mittlere Nutzleistung | Eingerichtete Turbinennutzleistung für die größte Kraftwassermenge | Gesamte hydraulische Nutzleistung der beiden Werke | Baukosten ohne die elektrotechnischen Einrichtungen | Baukosten für 1 PS der hydraulischen Nutzleistung |
| | m | m | cbm/sec | PS | PS | cbm/sec | PS | PS | PS | Millionen M | M |
| I | 3,5 | 198 | 12,2 | 24 156 | 5 · 15 000 = 75 000 | — | — | — | 24 156 | 12,35 | 511 |
| II | 3,5 | 198 | 11,8 | 23 364 | 6 · 15 000 = 90 000 | 9,0 (6,4 bis 10,0) | 3600 | 2 · 2000 = 4000 | 26 964 | 12,88 | 478 |
| III | 19,0 | 190 [175] | 28,6 [31,6] | 54 340 [55 300] | 12 · 15 000 = 180 000 | 15,1 (6,4 bis 25,0) | 6040 | 5 · 2000 = 10 000 | 60 380 | 22,92 | 380 |
| — | — | $h_1$ | $Q_1$ | $K = \frac{Q_1 \cdot h_1 \cdot 1000 \cdot 0{,}75}{75}$ | $T_1 =$ etwa $3 \cdot K$ (Forderung der Wettbewerbsbedingungen) | $Q_2$ | $O = \frac{Q_2 \cdot h_2 \cdot 1000 \cdot 0{,}75}{75}$ | $T_2$ | $L = K + O$ | $BM$ | $P = BM : L$ |
| | | | | | | | | | vergl. Tabelle 5 | | |

Zu den Reihen 5, 8, 10: einschließl. Erregerkraft.

Zu Reihe 10: Die Kraftmengen zu II und III weichen infolge der Umrechnung um einen unwesentlichen Betrag von den betreffenden Zahlen des Entwurfs ab. Die Kraftmengen der Reihe 10 sind, von den Spitzen abgesehen, gleichbleibend.

[....] Grenzwerte bei kleinstem Nutzgefälle des Hauptwerkes.

den See hinsichtlich der Spiegelhöhe in natürlicher Beschaffenheit. Die Absenkung des Spiegels tritt nur im Winter ein; alsdann sind die trockengelegten Ränder ebenso, wie der See, mit Eis und Schnee bedeckt, daher wird die landschaftliche Schönheit im Winter nach Ansicht des Entwurfs nicht wesentlich geändert. Dabei führt der Entwurf aus, die bei 3,5 m Senkung frei werdenden Ufer seien überall steil.

Erst im 3. Ausbau, in welchem der See bis 19,0 m gesenkt wird, werden, wenn auch nicht in allen, so doch in manchen Sommern die Seeufer trocken gelegt werden. Da der 3. Ausbau erst für die weitere Zukunft erwartet wird, so empfiehlt der Entwurf, es sollten bis dahin geeignete Sachverständige untersuchen, was alsdann zu geschehen habe. Für die Winterzeiten der 3. Ausbaustufe führt der Entwurf das ins Feld, was oben für den 1. und 2. Ausbau gesagt worden ist; im Hinblick auf die entsprechenden Sommerzeiten regt er an, man solle schon von Anfang an bei Urfeld in beschränktem Umfange eine aus Steinen geschüttete Böschung und Kaianlage herstellen mit Anschüttungsfuß auf + 796,5 m (etwa 5 m unter dem höchsten Seespiegel).

Der Entwurf erwartet, daß die Spiegelschwankung hier und da Bauten zum Schutz gegen Abrutschen der Hänge erfordern wird.

Im übrigen werden die Bauwerke am Walchensee nach Ansicht des Entwurfs Gelegenheit bieten, die landschaftliche Schönheit zu vergrößern.

---

# C. Technische Einzelbeschreibung.

## I. Baugruppe I.

### 1. Zuleitung der Isar (oberer Wasserweg) und Obernachkraftwerk.

a) Allgemeines (Tafel 1 Abb. 1 und 2 — [26] — ).

Gemäß Abschnitt A hat sich der Entwurf dafür entschieden, das Wasser der Isar und das Wasser des Rißbachs auf 2 getrennten Wegen zum Walchensee zu führen. Als oberer Wasserweg (Isar) ist ein Stollen vorgesehen. Dieser würde, wie der Entwurf ausführt, am kürzesten sein, wenn man den Punkt, an dem das Isartal auf etwa + 800 m liegt, mit der östlichen Bucht des Walchensees verbinden würde; der hierfür erforderliche 3200 m lange Stollen könnte aber nur von den beiden Endpunkten aus angegriffen werden. Daher verwirft der Entwurf diese Möglichkeit und lehnt den Wasserweg an das Obernachtal an, in welchem bei etwa halber Länge des Stollens ein Fensterstollen möglich ist; die hierbei entstehende größere Stollenlänge wird durch die Vorteile des Fensterstollens und ferner namentlich dadurch aufgewogen, daß man eine Gefällstufe von 40 m Höhe zum Betrieb des Obernachkraftwerks gewinnt. Nach dieser Entschließung hält der Entwurf es für selbstverständlich, daß der Stollen im Isartal bei dem Knickpunkt beginnt, den die Isar zwischen dem Stiergraben und dem Milchgraben bildet; von diesem Knickpunkt aus kann die Stollenachse auf kürzestem Wege die östliche Hangwand des Obernachtales in geeigneter Höhenlage erreichen. Der so ausgewählte Ausgangspunkt des Stollens bietet unmittelbar eine geeignete Baustelle für das Isarwehr; denn bei ihm ist der Fluß durch den Schuttkegel des Laimgrabens an den linken Hang gedrängt, daher ist die Breite des Flußbettes und somit der Umfang der Wehrbauten klein. Unter diesen Umständen ist günstigerweise nur ein kleiner Aufstau erforderlich. Es erschien ferner selbstverständlich, daß das Obernachkraftwerk bei der Mündung der Obernach in den Walchensee angelegt wurde; hiernach ergab sich für den Stollen im Grundriß ein Knick beim Fensterstollen.

b) Isarwehr (Tafel 2 Abb. 9 bis 12 — [29] — ).

Bei der Wehrstelle liegt das natürliche Niedrigwasser der Isar auf + 838,91 m. Für die Zwecke der Wasserfassung hält der Entwurf einen Aufstau von 2,59 m für ausreichend; er legt daher den Stauspiegel für Niedrig- und Mittelwasser auf + 841,5 m fest. Nachteiliger Rückstau ist nach Ansicht des Entwurfs bei den vorhandenen Flußverhältnissen ausgeschlossen.

Oberhalb und unterhalb der gesamten Bauanlage werden auf dem linken Ufer die Ausbruchmassen des Stollens und etwaiger anderer Aushub abgelagert; durch Abpflasterung dieser Massen auf der Flußseite wird eine gesicherte grade Uferlinie gebildet, in welcher der Einlauf für das Kraftwasser liegt, und zu der die Achse des Wehres senkrecht steht. In üblicher Lage zum Einlauf zeigt das Wehr zunächst neben dem linken Ufer einen großen Grundablaß von 15,0 m Weite, daneben eine 8,0 m breite Floßgasse und im Anschluß an das rechte Ufer ein 98,0 m langes festes Wehr. Das gesamte Isarwehr ist 125,3 m lang. In dem Pfeiler zwischen dem festen Wehr und der Floßgasse liegt ein Fischpaß. Am rechten Ufer ist oberhalb und unterhalb des Wehres ein Hochwasserdamm vorgesehen; der Raum hinter diesem, der flußabwärts offen ist, wird sich, wie der Entwurf erwartet, von selbst durch Sinkstoffe aufhöhen.

Die feste Schwelle des Grundablasses liegt auf + 839,0 m = ausgeglichener Flußsohle, diejenige der Floßgasse auf + 840,2 m; bei beiden Wehrteilen liegt die freie Oberkante der Verschlüsse auf + 841,5 m. Die Krone des festen Wehres liegt am linken Ufer auf + 841,5 m, am rechten Ufer 1,0 m höher auf + 842,5 m; mit dieser Maßnahme wird beabsichtigt, den Wasserstrom an das linke Ufer zu drängen, um hier mit Hilfe des großen Grundablasses vor dem Einlauf die Sinkstoffe wirksam beseitigen zu können. Als größtes Hochwasser aus 520 qkm werden 520 · 0,6 = rund 300 cbm/sec erwartet; wenn schlimmstenfalls Grundablaß und Floßgasse geschlossen sein sollten, so fallen die 300 cbm/sec mit Spiegelhöhe + 843,0 m über; zur Sicherheit für etwa noch schlimmere Hochfluten wurden die wasserfrei zu haltenden Flächen beim Wehr auf + 844,0 m gelegt, die beiderseitigen Uferwerke wurden, hiervon ausgehend, entsprechend dem Flußgefälle mit der Längsneigung 1 : 200 versehen.

Das über Flußsohle 2,5 bis 3,5 m hohe feste Wehr (Schnitt A—B) wird in Beton hergestellt mit Flächenschutz in harten Bruchsteinen; den Schutz der Flächen durch Holzbelag lehnt der Entwurf ab, weil die große Wehrlänge die bei Holzbelag nötige Instandhaltung erschwert. Der Wehrkörper reicht 3 m unter Flußsohle. Dem Wehr wird ein stark betoniertes und mit 12 cm dickem Bohlenbelag abgedecktes Sturzbett vorgelegt, welches 19 m breit und unter Flußsohle 1,0 m tief ist. — Der Fischpaß arbeitet mit 60 l/sec Wasser. Der Entwurf erwartet, daß die Fische bei Vorhandensein größerer Wassermengen am festen Wehr vorbeistreichen und den neben dem festen Wehr im Fluß liegenden Fischpaß leicht finden werden. — Die Floßgasse (Schnitt C—D) wird durch eine 1,3 m hohe, mit Blech verschalte eiserne Schütze mittels Handbetrieb verschlossen. Die Ablaufrinne hat oben 4% Gefälle, das Gefälle wird in der Fließrichtung kleiner; die hierdurch gesicherte gleichmäßige Wassertiefe beträgt 0,5 m bei einem Stauspiegel von + 841,5 m. Der Boden der Ablaufrinne besteht aus doppeltem Bohlenbelag von 12 cm Gesamtstärke auf Pfahl-

und Schwellrost; er ist flußabwärts durch eine Herdmauer begrenzt. — Der 15,0 m weite Grundablaß (Schnitt E—F) hat eine sehr starke Sohle erhalten; sie wird mit harten Steinen gepflastert und durch Querschwellen und eine Herdmauer gesichert. Die auf einer Hartgußschwelle stehende Schütze ist zweiteilig: die obere 1,0 m hohe Tafel kann gehoben und gesenkt werden, letzteres ist namentlich für Eisbewältigung wichtig; die untere Grundtafel ist 1,5 m hoch. Die mit Blech verschalten Schütztafeln erhalten vorläufig Handantrieb und zwar für den Druckspiegel + 843,0 m.

Die ganze Wehranlage wird durch Spundwände gesichert, die im allgemeinen 2,0 m unter das Fundament reichen; nötigenfalls sollen sie durch tiefere Gründung und Steinvorlagen ersetzt werden.

Der in der linken Uferlinie eingerichtete Einlauf für das Kraftwasser hat zur Erzielung kleiner Eintrittsgeschwindigkeit die beträchtliche Länge von 75,0 m erhalten; der rechte Winkel zwischen der Wehrachse und dem Einlauf soll den letztern gegen Hochwasserschaden und gegen Verstopfen schützen. Die Schwelle des Einlaufs liegt auf + 840,0 m; über ihr ist ein 1,5 m hoher Eintrittsquerschnitt frei, derselbe wird nach oben durch eine hölzerne Hochwasserwand begrenzt. Vor dem Einlauf wird die 1:200 geneigte Flußsohle durch 12 cm starken Bohlenbelag auf Pfahl- und Schwellrost abgedeckt; die Abdeckfläche ist flußaufwärts 6,0 m, flußabwärts 16,8 m breit. Auf der Schwelle steht ein Grobrechen aus 45 mm dicken, einzeln aushebbaren Gasrohren mit 100 mm Lückenweite. Hinter dem Grobrechen befindet sich ein Schützenverschluß; dieser ist durch 2 Zwischenpfeiler in 3 Felder geteilt, jedes Feld enthält 6 hölzerne Schützen von je 4,0 m Breite mit Zwischenpfosten. Jede Schütze besteht aus zwei 0,8 m hohen Tafeln, die in der nämlichen Ebene liegen; die obere Tafel nimmt nach 0,7 m Weg die untere durch Flacheisengabeln mit. Die größte Wassermenge des Vollausbaus = 40 cbm/sec durchfließt den Grobrechen mit nur 0,6 m/sec Geschwindigkeit und mit 0,02 m Gefällverlust, so daß das Wasser gewöhnlich mit Spiegelhöhe + 841,48 m in das hinter dem Einlauf beginnende Klärbecken tritt. Das große Klärbecken hat 235 m Länge, 60 m Breite und 2,3 m mittlere Tiefe; die Größtmenge von 40 cbm/sec durchfließt das Becken mit nur 0,3 m/sec Geschwindigkeit und zwar 13 Minuten lang. Eine 1,0 m hohe Schwelle teilt das Klärbecken in 2 Bodenräume; jeder derselben erhält eine besondere 8,0 m breite Spülschütze mit Oberkante auf + 841,48 m; der obere Bodenraum, der mit Pflaster in Beton befestigt wird, soll die groben Sinkstoffe abfangen, der untere, der nur Trockenpflaster erhält, die feinen. Das Klärbecken besitzt einen 26 m langen Überlauf mit Krone auf + 841,48 m; über diesen und über die Spülschützen würden 40 cbm/sec mit Spiegelhöhe + 842,13 m abfließen. Die Umfassungsmauern liegen auf + 842,50 m.

Am unteren Ende des Klärbeckens tritt das geklärte Wasser über die 28 m lange auf + 839,70 m liegende Einlaufschwelle in den Stollen; auf der Schwelle steht ein 4,1 m hoher Feinrechen aus 80/8 mm starken Stäben mit 40 mm Lücke; einen Verschluß an dieser Stelle hält der Entwurf für entbehrlich. Bei 40 cbm/sec steht der normale Wasserspiegel beim Stollenanfang auf etwa + 841,30 m.

Zu der westlichen Ablagerung am linken Ufer wird im Anschluß an den öffentlichen Verkehr eine Anschlußstraße mit Gefälle 1:10 hinabgeführt.

c) Isarstollen (Tafel 1 Abb. 2 und 3 — [26] —).

Der Isarstollen hat von seinem Anfang beim Isarwehr bis zum Wasserschloß des Obernachkraftwerks 4400 m Länge; nach 2390 m Länge wird der Knickpunkt erreicht, bei dem vom Obernachtal her der 250 m lange Fensterstollen einmündet. Die Möglichkeit, im 1. Ausbau vom Fensterstollen ab statt der zweiten Stollenstrecke eine Regulierung des Obernachtals für 40 cbm/sec auszuführen, lehnt der Entwurf als unwirtschaftlich ab; ebenso behandelt er den Gedanken, im 1. Ausbau einen kleineren Stollen zu bauen und später einen zweiten Stollen hinzuzufügen; er entschließt sich zur sofortigen Anlage eines einzigen bis zum späteren Obernachkraftwerk reichenden Stollens, der so groß ist, daß er für den Vollausbau genügt. Der vorgesehene lichte Stollenquerschnitt hat 5,0 m Breite und 4,7 m Höhe mit 4,0 m Fließtiefe bei 40 cbm/sec; er soll — unter Annahme geschlossenen Felsens — 30 bis 50 cm dick ausbetoniert werden (200 kg Zement auf 1 cbm fertigen Beton) und einen 22 mm starken wasserdichten Verputz erhalten, der in 2 bis 3 Schichten aufgetragen wird. Diese Verhältnisse bedingen für $v = 2{,}25$ m/sec ein Fließgefälle von 0,7 ‰ (1:1430); mit dem nämlichen Gefälle wird die Stollensohle angelegt; als gewöhnliche Spiegelhöhe im Wasserschloß des Obernachkraftwerks legt der Entwurf hiernach rund + 838,3 m zugrunde.

Der Entwurf sieht vor, daß der Isarstollen vom Fensterstollen aus mit Bohrmaschinen bei 2,5 bis 2,8 m Tagesfortschritt vorgetrieben werden soll, von den beiden Enden aus mit Handarbeit bei 1,2 bis 1,5 m Tagesfortschritt; so erwartet er die Fertigstellung des Stollens einschließlich der Mauerarbeit in 26 Monaten; eine größere Beschleunigung hält er nicht für nötig, da das Isarwehr ungefähr die nämliche Bauzeit erfordert.

d) Das Obernachkraftwerk einschließlich der maschinentechnischen und der elektrotechnischen Einrichtungen (Tafel 1 Abb. 6 bis 8 - [28] -).

Die Bauanlagen beim Obernachkraftwerk werden allmählich ausgeführt und erreichen erst im 3. Ausbau ihren vollen Umfang; die nachfolgenden Angaben beziehen sich zunächst nur auf diesen Zustand beim Vollausbau.

Das Kraftwerk liegt mit Flurhöhe + 802,9 m unmittelbar am Ufer des Walchensees (höchster Spiegel des Sees + 801,9 m). In etwa 90 m Abstand von ihm liegt am Hang das Wasserschloß mit normaler Spiegelhöhe + 838,3 m. Das Wasserschloß ist ein Becken von 17 m Länge und 9 m Breite; ihm fließen bis zu 40 cbm/sec Isarwasser zu; hiervon werden bis zu 25 cbm/sec als Kraftwasser verbraucht, während das so nicht verwendete Wasser als Freiwasser abfließt. Das Kraftwasser gelangt durch 2 Druckrohre von 2,2 m Durchmesser, 10 mm Wandstärke und 66 m Länge den Hang hinunter zu den liegenden Turbinen des Kraftwerkes und fließt aus diesen in den Walchensee; das Freiwasser wird mittels einer Grundschütze in die neben den Druckrohren liegende 7,0 m breite Kaskade abgelassen, die in den Walchensee einmündet. Das Wasserschloß erhält einen Notüberlauf mit Kronenhöhe + 841,2 m, d. i. Stauhöhe des Isarwehres.

Das Nutzgefälle beträgt im Mittel 40 m, die Leistung bei der größten Betriebswassermenge von 25 cbm/sec rd. 10 000 PS, erzeugt in 5 Doppel-Francisturbinen von je 2000 PS (Tafel 1 Abb. 8). Die beiden Laufräder einer Turbine gießen nach verschiedenen Seiten aus, doch vereinigen sich die beiden Saugrohre im Zwischenstock wieder zu einem einzigen. Turbine und Dynamomaschine sind durch eine elastische Kupplung miteinander verbunden. Jedes der beiden Druckrohre ist vor den Abzweigungen durch eine Drosselklappe mit Umleitung verschließbar, wodurch unter Zuhilfenahme von zwei Verbindungsstutzen die Möglichkeit geboten wird, die Turbinen sowohl von dem einen, wie von dem anderen Druckrohr aus zu speisen.

Mit den 5 Turbinen sind Wechselstrommaschinen von 1550 KVA in wagerechter Wellenanordnung gekuppelt. Sie sind 4-polig, damit sie bei 450 Umdrehungen Wechselstrom von 15 Perioden erzeugen können. Um besondere Erregerturbinen zu vermeiden, sind die Erregermaschinen von 50 KW und 200 Volt auf der Dynamowelle selbst angeordnet.

Da der Strom mit der Maschinenspannung von 11 000 Volt zum Hauptwerke geleitet wird, um erst dort, an der Hauptverteilungsstelle, auf die Fernspannung gebracht zu werden, ist die Schaltanlage einfacher als im Hauptwerk. Sie ist in dem an den Maschinensaal unmittelbar anschließenden Vorbau (Tafel 1 Abb. 8) untergebracht und besteht im wesentlichen (Tafel 5 Abb. 31) aus den Maschinenschaltern im Erdgeschoß, den Doppelsammelschienen im 2. Stockwerk, den Ausführungen der 2 abgehenden Freileitungen und den Blitzschutzvorrichtungen in einem turmartigen Aufbau. Ein Schaltpult im 1. Stockwerk dient zur Bedienung.

Ein Wechselstrom-Gleichstrom-Umformer von 55 KW und 110 bis 165 Volt Spannung und eine Batterie von 300 Amp. Std. liefern den Gleichstrom für die Hilfsstromkreise und die Beleuchtung.

Vom Obernachkraftwerk führen 2 Freileitungen von etwa 10 km Länge und je 2 · 175 qmm Querschnitt, auf eisernen Gittermasten gemeinsam mit einer Telephon- und einer Telegraphenleitung verlegt, zum Hauptwerk.

Von den beschriebenen Bauanlagen werden im 1. Ausbau, bei dem das eigentliche Kraftwerk noch fehlt, wesentlich nur das Wasserschloß und die Kaskade gebaut; gleichzeitig werden die 2 Rohrstutzen in die Wand des Wasserschlosses eingelegt und mit Deckeln verschlossen. Im 2. Ausbau wird die Rohrstraße und das Gebäude des Kraftwerkes, dazu eines der beiden Rohre und 2 Maschinensätze hinzugefügt, ferner die elektrische Fernleitung für den Vollausbau. Beim Vollausbau, bei dem die Seesenkung von 3,5 m auf 19,0 m anwächst, wird das noch Fehlende hergestellt; auch ist dann im Unterwasserkanal eine Stauschütze einzubauen, die dafür sorgt, daß bei tiefem Seestand das Sauggefälle nicht zu groß wird.

Das untere Ende der Kaskade muß im 1. Ausbau noch mittels Wasserhaltung hergestellt werden, da zu der betreffenden Zeit der Walchensee noch nicht gesenkt wird; die Gründung des Kraftgebäudes im 2. Ausbau ist erheblich leichter, weil dann der See bis zu 3,5 m gesenkt werden kann.

### 2. Zuleitung des Rißbachs (unterer Wasserweg).

a) A l l g e m e i n e s (Tafel 1 Abb. 1 und 2 — [*26*] —).

Der beim Vollausbau zu erstellende untere Wasserweg soll bis zu 20 cbm/sec Wasser des Rißbachs zum Walchensee führen; der höchste Spiegel des Sees liegt auf + 801,9 m. Indem der Entwurf beim unteren Wasserweg auf Kraftgefälle verzichtet, legt er für ihn unter Erstrebung möglichst kleiner Gesamtlänge folgende Bauabschnitte fest: das Rißbachwehr, den Kanal im Rißbachtal, den Übergang über die Isar und den Stollen von der Isar zum Walchensee.

Der Entwurf nimmt als Leitung im Rißbachtal von vornherein einen offenen Hangkanal an, der sich, entsprechend den örtlichen Lageverhältnissen, an der linken Seite des Tales entlang zieht. Nach dieser Annahme taucht die Frage auf, ob das Rißbachwehr als oberer Ausgangspunkt des Kanals o b e r h a l b oder u n t e r h a l b des von links in den Rißbach einmündenden Fischbachs angelegt werden soll. Um die schwierige Kreuzung des Kanals mit dem Fischbach zu vermeiden, legt der Entwurf das Wehr etwa 200 m u n t e r h a l b des Fischbachs an; er gesteht hierbei zu, daß die Wehrstelle nicht ganz einwandfrei sei, daß namentlich die L ä n g e des Wehres sehr groß sein müsse, er macht aber anderseits geltend, daß die Ortsverhältnisse die Anlage eines großen Klärbeckens erleichterten, und daß ein solches K l ä r b e c k e n bei der erheblichen Sinkstoffmasse des Rißbachs sehr notwendig sei.

Nach dieser Festlegung des Wehres war die Linie des Kanals in der Hauptsache gegeben, ebenso die Stelle, bei welcher der Wasserweg die Isar zu kreuzen hatte. Für den Übergang über die Isar verwendet der Entwurf einen Aquädukt.

Auf diese Weise erhält der Wasserweg folgende Teillängen:

| | |
|---|---|
| Offener Kanal (davon 240 m Aquädukt) . . . . . . . . | 1894 m |
| Stollen . . . . . . . . . . . | 4002 » |
| im ganzen | 5896 m. |

(In Abb. 2 wurde statt 1894 m abgerundet 1900 m eingesetzt.)

Entsprechend den gewählten Querschnitten und den sonstigen technischen Einzelheiten benötigt der Wasserweg vom Spiegel des Rißbachwehres bis zum Spiegel des Walchensees bei 20 cbm/sec im ganzen ein Fließgefälle von nachweislich 3,56 m oder zur Sicherheit 3,6 m; hierbei erhält der Kanal ein Gefälle von 0,5‰ und der Stollen ein solches von 0,6‰. Das Fließgefälle von 3,6 m stellt der Entwurf bereit, er setzt daher den Stauspiegel des Rißbachwehres auf + 801,9 m + 3,6 m = + 805,5 m fest; infolgedessen erhält das Rißbachwehr die beträchtliche Höhe von 6 m über Flußsohle. Eine Erniedrigung des Wehres um 1,7 m würde für Kanal und Stollen das Gefälle auf 0,3‰ vermindern; dadurch würde das Wehr um 100 000 M billiger, aber der anschließende Wasserweg um 600 000 M teuerer; somit ist das hohe Wehr wirtschaftlich geboten.

b) R i ß b a c h w e h r (Tafel 2 Abb. 13 bis 15 — [*29*], [*30*] —).

In der linken Uferlinie des vom Rißbachwehr gebildeten Beckens liegt senkrecht zur Wehrachse der E i n l a u f für das Kraftwasser. Oberhalb der Gesamtanlage werden die beiden Uferflächen mit Rücksicht auf den erheblichen Stau durch die gelösten und nötigenfalls auch durch andere Bodenmassen aufgehöht; der aufgeschüttete Erdkörper erhält eine durch Steinpflaster gesicherte Uferlinie. Das Wehr besteht aus einem 7,5 m breiten G r u n d l a u f am linken Ufer und einem 100 m langen f e s t e n W e h r am vorspringenden rechten Ufer; im Zwischenpfeiler liegt ein F i s c h p a ß.

Im einzelnen ist das Rißbachwehr ganz wesentlich nach den für das Isarwehr angewandten Grundsätzen entworfen worden. Die Krone des festen Wehres steigt von + 805,5 m am linken Ufer auf + 806,0 m am rechten Ufer; die Schwelle des Grundlaufs liegt auf + 801,5 m (ausgeglichene Flußsohle), die Oberkante seines Verschlusses auf + 805,5 m. Bei geschlossenem Grundlauf hebt sich das gestaute höchste Hochwasser (130 cbm/sec) auf + 806,52 m; die Bedienungsflächen liegen auf + 807,5 m. Der Rißbach steigt flußaufwärts 1 : 85, so daß Rückstaubedenken nicht vorliegen.

Das f e s t e W e h r (Schnitt A—B) besitzt ein stark befestigtes Sturzbett, dessen Oberfläche ebenso wie die Krone des Wehres einen doppelten Bohlenbelag als Flächenschutz erhält. Der F i s c h p a ß überwindet das erhebliche Gefälle mit Neigung 1 : 8; er arbeitet mit 100 l/sec Wasser; in zwei verschiedenen Höhen sind Einlaufschützen vorgesehen. Der G r u n d l a u f (Schnitt C—D) besitzt zwei voneinander unabhängige, für Handbetrieb eingerichtete Schütztafeln, eine untere von 2,6 m und eine obere von 1,5 m Höhe;

die obere Tafel soll insbesondere zur Bewältigung des Eises und für die Zwecke der Holztrift benutzt werden. Zum Schutz gegen den Angriff des Geschiebes bei geöffnetem Grundlauf ist folgendes vorgesehen: Vor dem Einlauf liegt bis zum Grundlauf ein 8 m breiter Spülboden mit 2% Gefälle; der besonders stark angegriffene Boden des Grundlaufs selbst wird mit 15/20 cm starken Hölzern abgedeckt, die in verankerte Eisenrahmen auswechselbar eingelegt werden; die Seitenfläche der Einlaufschwelle wird mit Natursteinen bekleidet, ebenso die Kanten und Seitenflächen des Grundlaufs.

Der in der linken Uferlinie liegende Einlauf hat 5 Öffnungen von je 6,0 m Lichtweite mit 1,5 m dicken Zwischenpfeilern; seine feste Schwelle liegt auf + 803,5 m und zwar 1,3 bis 2,0 m höher als der vorgelagerte Spülboden auf der Flußsohle (Schnitt E—F). In jeder der 5 Öffnungen stehen auf der Schwelle nebeneinander 2 hölzerne Schützen von je 3,0 m Breite und 2,6 m Höhe; vor ihnen steht ein Grobrechen aus einzeln aushebbaren Eisenrohren von 45 mm Durchmesser mit 100 mm Lückenweite; durch den Rechen fließt das Wasser bei 20 cbm/sec mit $v = 0{,}5$ m/sec. Hinter dem Einlauf liegt das 100 m lange und auf der Sohle 42,8 m breite Klärbecken; dasselbe ist ähnlich, wie das Klärbecken des Isarwehres, mit 2 getrennten Bodenräumen versehen, von denen der erste 2 Spülschützen, der zweite 1 Spülschütze von je 4,0 m Breite erhält; in der flußab zeigenden Seitenmauer ist ein 49 m langer Überlauf auf + 805,50 m vorgesehen. Bei 20 cbm/sec fließt das Wasser im Klärbecken (Spiegel + 805,49 m) mit nur 0,12 m/sec Geschwindigkeit, also erheblich langsamer als im Klärbecken des Isarwehres; das Rißbachwasser wird somit stärker geklärt als das Isarwasser, dies ist wegen des kleineren Gefälles des Rißbachweges und wegen seiner kleineren Wassermenge erforderlich. Bei der unteren Spülschütze, bei der die gepflasterte Sohle auf + 802,0 m bis + 802,5 m liegt, tritt das Wasser über die auf + 803,0 m liegende Endschwelle mit allmählichem Übergang in den Hangkanal ein; auf der Schwelle steht ein 12,5 m breiter Feinrechen aus Flacheisen von 60/8 mm Querschnitt mit 40 mm Lückenweite; etwa 50 m hinter dem Rechen beginnt der eigentliche Kanalquerschnitt mit Sohlenhöhe + 803,46 m und Spiegelhöhe + 805,36 m bei 20 cbm/sec.

Die Gesamtanlage des Wehres soll zwischen Spundwänden hergestellt werden, die an den wichtigsten Stellen bis 6 m unter Bodenhöhe reichen (meist 2,0 m unter Fundament des Mauerwerks); nach Bedarf tritt Druckluftgründung ein. Auf beiden Ufern wird der Untergrund im Anschluß an das Wehr mittels besonderer Grundmauern gedichtet.

c) Wasserleitung vom Rißbachwehr zum Walchensee (Tafel 1 Abb. 1, 2, 4 und 5 — [26], [27] —).

Der mit Sohlengefälle 1:2000 entworfene Hangkanal soll innerhalb der oberen 870 m als Erdkanal, innerhalb der unteren 762 m als Eisenbetonrinne ausgeführt werden; dazwischen liegt eine 12 m lange Übergangsstrecke. Der Erdkanal (Abb. 4) hat 3,5 m Sohlenbreite, Böschungen 1:1,5 und 1,9 m Wassertiefe; seine Sohle wird 15 cm stark betoniert, die Böschungen werden mit Eisenbetonplatten von 8 cm Dicke belegt; die Platten sollen in Kies gebettet und ausgefugt werden, sie erhalten bei Auftragboden noch eine Lehmunterlage. Die innen glatt verputzte Eisenbetonrinne hat rechteckigen Querschnitt mit 4,8 m Breite und 2,5 m Wassertiefe; die Seitenwände sind 14 cm, die Sohle 12 cm dick. Stützung und Abdeckung der Rinne werden den jeweiligen Ortsverhältnissen angepaßt.

Der 240 m lange Aquädukt kreuzt die Isar bei Flußbetthöhe + 785,2 m; der Wasserspiegel im Aquädukt liegt auf etwa + 804,5 m; das Bauwerk ist also rund 20 m hoch. Der Aquädukt besitzt als Tragwerk über dem Isarbett einen Eisenbetonbogen von 54,2 m Spannweite, im übrigen Balkenöffnungen von 14,4 m und 9,6 m Spannweite mit lotrechten Pfeilern. Über diesen Unterbau hinweg wird die schon besprochene Eisenbetonrinne fortgesetzt und zwar über dem Gewölbe mit unveränderten Abmessungen, über den Pfeilern mit 30 cm dicken tragenden Seitenwänden. Im Bereich des Gewölbes ist die Rinne auf Bleiplatten gleitend aufgelagert, auch erhält sie über dem Scheitel und über den Kämpfern des Gewölbes Ausdehnungsfugen.

Nach einer 10 m langen Übergangsstrecke tritt das Wasser mit Spiegelhöhe + 804,45 m aus dem Aquädukt in den 4002 m langen Stollen ein. Der Stollen (Abb. 5) hat 0,6‰ Gefälle, seine Sohle liegt beim Eintritt auf + 801,25 m, beim Austritt auf + 798,70 m. Der lichte Querschnitt, ähnlich demjenigen des Isarstollens, zeigt 4,0 m Breite und 3,55 m Höhe; bei 20 cbm/sec entstehen 3,2 m Wassertiefe und 1,76 m/sec Fließgeschwindigkeit. Der Stollen wird je nach der Gebirgsart 30 bis 50 cm dick ausbetoniert und erhält einen 22 mm starken Verputz. Aus dem Stollen fließt das Wasser durch eine 25 m lange offene Betonrinne und weiter durch eine 1:2 geböschte Steinwurfrinne in den Walchensee; die Ausführung dieser Auslaufanlage wird dadurch erleichtert, daß zu der betreffenden Zeit der Walchensee um 3,5 m gesenkt werden kann. Der Stollen soll von beiden Seiten aus mittels Bohrmaschinen vorgetrieben werden entsprechend einem Tagesfortschritt von etwa 5,5 m; daher kann der Stollen in 2¾ Jahren fertiggestellt sein.

### 3. Jachenschleuse.

Der natürliche Ausfluß des Walchensees, die Jachen, ist für die neuen Verhältnisse baulich einzurichten. Der Entwurf verlangt hierbei, daß die bisherige Größtmenge der Jachen, nämlich 19 cbm/sec, abgelassen werden kann, ohne daß der höchste Spiegel des Walchensees = + 801,9 m überschritten wird. Zur Erfüllung dieses Verlangens soll vom Seerande aus die Jachen auf 300 m Länge ein vertieftes künstliches Bett erhalten; dieses künstliche Bett beginnt beim Seerand mit Sohlenhöhe + 800,17 m und hat 0,6‰ Gefälle; sein Querschnitt zeigt 12,0 m Sohlenbreite mit Böschungen 1:1,5; bei 19,8 cbm/sec entsteht eine Fließtiefe von 1,3 m mit $v = 1{,}06$ m/sec. Ferner wird am Seerand eine Schleuse gebaut; sie hat 12,0 m Lichtweite und wird durch 4 Eisenschützen von je 3,0 m Breite und 1,0 m Höhe geschlossen; zwischen den Schützen stehen Eisenböcke. Der feste Unterbau der Schleuse mit Schwellenhöhe + 800,9 m wird als 4,0 m breiter Betonkörper zwischen Spundwänden hergestellt; auf der geneigten Ablauffläche wird der Beton mit harten Bruchsteinen bekleidet. Die Schleuse soll auch der Holztrift dienen; um den Wasserverbrauch einzuschränken, wurde daher den Schützen eine kleine Breite gegeben. Die Eisenböcke werden mit Bohlen verschalt. — Die Schleuse soll im Schutz von Fangedämmen in zwei Hälften ausgeführt werden.

## II. Baugruppe II.

### 1. Allgemeines.

— Tafel 3 Abb. 16, 17 und 18 — [31] —

Das Hauptwerk verbraucht im Mittel im 1. Ausbau 12,2 cbm/sec, beim Vollausbau 28,6 oder, wie der Entwurf in Rechnung stellt, rund 30 cbm/sec. Dementsprechend teilt der Entwurf die Baugruppe II in zwei Hälften, eine östliche und eine westliche, und stellt die östliche Hälfte im 1. Ausbau, die westliche beim Vollausbau her. Jede Hälfte umfaßt einen Druckstollen mit besonderem Einlaufbauwerk[1]) und besonderem Wasserschloß, dazu, an letzteres anschließend, 3 Druckrohre; das Maschinenhaus enthält zwei symmetrische Hallen mit je 6 Turbinen, von den beiden Hallen wird im 1. Ausbau nur die östliche mit ihren 6 Turbinen hergestellt. An das Maschinenhaus reiht sich der Unterwasserkanal an.

Den nördlichen Abschnitt der Gruppe II legt der Entwurf in den westlichen Teil des am Ufer des Kochelsees verfügbaren Geländes, wo die Bauwerke neben dem Jochbach ihren Platz erhalten. Diese Maßnahme begründet der Entwurf mit dem Hinweis, daß der für die Rohrleitung gewählte Abschnitt des Steilhanges das Verlangen nach einer gleichmäßig geneigten Rohrbahn am vollkommensten erfülle; hierbei mußte behufs bester Gefällverwertung das Maschinenhaus im Mittel um 6 m in das Gelände eingeschnitten werden.

Die beiden Hälften des nördlichen Abschnitts sind, von den Wasserschlössern ausgehend, mit 55 m Abstand der Mittelachsen parallel zueinander angelegt worden. Diese Parallellage war für die Druckstollen nicht anwendbar, weil die vom Entwurf gewählte Form der beiden Wasserfassungen beim Walchensee wegen der Ortsverhältnisse einen größeren Abstand der Druckstollen verlangt.

Die Sohlenhöhe des einzelnen Einlaufbauwerks wurde unabhängig von der Sohlenhöhe des Wasserschlosses festgesetzt; der Höhenunterschied bildet das Sohlengefälle des Druckstollens.

Die größte Wassermenge beim Vollausbau beträgt $3 \cdot 30 = 90$ cbm/sec, für jede Hälfte also 45 cbm/sec.

### 2. Einlauf bei Urfeld.

— Tafel 3 Abb. 18 und Tafel 4 Abb. 21[1]) — [32] —

Der Walchensee wird bis auf + 782,9 m abgesenkt. Der Einlauf der Druckstollen wird unter dem Geländepunkt + 777,9 m mit Sohlenhöhe + 772,9 m angelegt, also 10 m tiefer als der niedrigste Seespiegel. Jeder der beiden Stollen erhält als Einlauf einen rechteckigen, oben offenen Schacht, dessen Oberkante auf + 779,9 m liegt; über dem 3,0/6,0 m weiten Schacht steht ein im Grundriß 3,3/6,3 m großer eiserner Schutzkorb, dessen 1,5 m hohe Seitenwand als Rechen ausgebildet ist; als Rechenstäbe sind verzinkte Gasrohre von 26 mm Durchmesser in 100 mm Abstand vorgesehen.

An den Einlaufschacht, der nach dem Gesagten stets ganz unter Wasser liegt, schließt sich ein Einlaufstollen von 3,0/6,0 m Querschnitt mit 3,2‰ Sohlengefälle an; in denselben werden 2 Bedienungsschächte eingebaut. Der Schacht 1 (Sohlenhöhe + 772,75 m) hat 3,0/6,0 m Querschnitt, in ihm kann der Stollen durch eine Segmentschütze von 6,0 m Breite und 3,0 m Höhe gesperrt werden. Der Schacht 2 (Sohlenhöhe +772,58 m) hat 6,5 m Durchmesser, in ihm sind als Stollenverschluß 2 Ringschützen von 3,5 m Durchmesser und 1,5 m Höhe vorgesehen; als Ersatz der beiden Ringschützen wird eine 4,4 m weite schrägschließende Drosselklappe mit Druckölantrieb vorgeschlagen. Der Entwurf empfiehlt die Ringschützen wegen des leichten Antriebs und zwar trotz der zweimaligen Ablenkung des Wassers um 90°. Die vorgesehenen Verschlüsse ermöglichen das Sperren und Entleeren der Stollen in allen Bedarfsfällen; die erforderlichen Luftleitungen sind vorhanden. Der Einlaufschacht wird nötigenfalls nach Abnahme des Schutzkorbes durch einen Deckel geschlossen, dies soll mittels einer Taucherglocke geschehen.

Für den Bau des Einlaufschachtes soll ein Druckluftcaisson niedergebracht werden, der in seinem unteren Teil das Gerippe des Schachtes bildet, und der zur Bergseite hin so eingerichtet ist, daß man von ihm aus die erste Strecke des Einlaufstollens bis in wasserdichtes Gebirge hinein herstellen kann. Die weitere Ausführung des Einlaufstollens erfolgt von den Bedienungsschächten aus, dazu muß der Einlaufschacht vorläufig durch einen Deckel geschlossen werden. Die Endarbeiten sind erneut unter Druckluft auszuführen.

### 3. Die Druckstollen.

— Tafel 3 Abb. 18 und 19 —

Die Druckstollen beginnen im Schacht 2 mit Sohlenhöhe + 772,58 m und endigen im Wasserschloß mit Sohlenhöhe + 769,20 m; der westliche Stollen hat vom Schacht 2 aus gerechnet 1071 m Länge und 3,2‰ Sohlengefälle, der östliche bzw. 1038 m und 3,1‰. Der Innendruck beträgt 3 bis 4 Atm. Der Stollenquerschnitt, der für geschlossenen Felsen vorgesehen wurde, ist annähernd kreisförmig und hat 15,9 qm Fläche bei 4,4 m Weite und Höhe; er ist für 45 cbm/sec bestimmt. Die Stollen werden 40 bis 50 cm dick ausbetoniert und 22 mm dick wasserdicht verputzt; der Verputz soll gegebenenfalls mit Rabitzgeflecht unterlegt und mit Siderosthen gestrichen werden. Für unfeste oder sonstwie schwierige Gebirgsstellen ist ein Kreisquerschnitt von 4,4 m Durchmesser vorgesehen; derselbe erhält unmittelbar unter dem Verputz eine 80 mm dicke Eisenbetonschicht; die Eiseneinlage besteht aus 34 mm dicken Eisenringen in 100 mm Abstand mit 20 mm dicken Längsstäben in 200 mm Abstand.

Die Stollen sollen — vermutlich nur von der Nordseite aus — mit Maschinenbohrung (Bohrhammer) ausgeführt werden, und zwar gilt dies sowohl für den Sohlenstollen, als auch für die Ausweitung. Die Bauzeit eines Stollens wird auf 1¾ Jahre bemessen.

### 4. Die Wasserschlösser.

— Tafel 3 Abb. 18 und Tafel 4 Abb. 22 —

Das Wasserschloß des einzelnen Druckstollens soll, wie der Entwurf von vornherein festsetzt, als kreisförmiger Felsschacht von 15,0 m Durchmesser ausgeführt werden. Die Kreisform wird gewählt, um etwa nötige Eisenverstärkung zu erleichtern. Die Möglichkeit eines engeren Schachtes mit Seitenkammern oben und unten lehnt der Entwurf ab, weil bei ihr das Nutzgefälle je nach dem Seestand sehr verschieden schwanken würde.

Die hydraulische Berechnung des Wasserschlosses ist nach einfachen Grundsätzen und angelehnt an die Prášilschen Untersuchungen durchgeführt worden. Es wurde die denkbar ungünstigste Annahme gemacht, daß die größte Wassermenge des Druckstollens = 45 cbm/sec plötzlich eingeschaltet bzw. ausgeschaltet wird; hierfür berechnet der Entwurf entsprechend den gegebenen Maßen des Stollens und des Wasserschlosses 10,6 m als größte Senkung bzw. Hebung des Spiegels im Wasserschloß. Im Falle des größten Verbrauchs von 45 cbm/sec (für 1 Wasserschloß gerechnet) steht bei höchstem Seespiegel (+801,9 m) der Betriebsspiegel im Wasserschloß auf + 798,2 m entsprechend 3,7 m Druckverlust; daher erreicht der Spiegel bei plötzlichem Ausschalten der 45 cbm/sec die Höhe von $+ 798{,}2 + 10{,}6 = +808{,}8$ m; dementsprechend wurde die Schwelle des Eingangs zum Wasserschloß auf +809,2 m gelegt unter Verzicht auf den Überlauf. Bei allerniedrigstem Seespiegel (19,0 m Absenkung) steht das Wasser im Wasserschloß beim Ruhezustand auf +782,9 m; die plötzliche Entnahme von 45 cbm/sec senkt diesen Spiegel um 10,6 m auf + 772,3 m. Der Entwurf legt daher die Sohle des Wasserschlosses auf + 769,2 m, den

[1]) Tafel 4 Abb. 21 zeigt das Einlaufbauwerk mit 2 anschließenden Druckstollen; durch diese Angabe der beiden Stollen soll lediglich die Richtung gekennzeichnet werden, in der die Stollen aus ihrem zugehörigen Einlaufwerk abzweigen.

Scheitel des Stollenauslaufs auf + 773,6 m und den Scheitel des 3,0 m hohen Einlaufs der Druckrohre auf + 772,2 m; somit würde in dem angenommenen schlimmsten Falle der Scheitel des Rohreinlaufs noch 0,1 m unter dem Wasserspiegel liegen. Die so gewählte Anordnung hält der Entwurf für ausreichend, namentlich da der angenommene Fall als Grenzfall aller Möglichkeiten so gut wie ausgeschlossen ist.

### 5. Druckrohrleitung.

— Tafel 3 Abb. 17 und 18, Tafel 4 Abb. 22 — [*31*] —

Die beiden Rohrstraßen zeigen entsprechend der Geländeform verschiedenen Längsschnitt, insbesondere besitzen die beiden Rohrfahrten eine verschiedene Anzahl von Knickpunkten. Im Wasserschloß beginnt die Achse der Druckrohre auf +770,3 m; von hier verläuft die Rohrleitung auf 63 m bzw. 67 m Länge fast wagerecht mit Gefälle 1:50, dann geht sie bis zu 246,5 m bzw. 217,0 m wagerechtem Abstand schräg den Hang hinunter, um nunmehr mit der Rohrachsenhöhe + 604,6 m in das Maschinenhaus überzuführen. Aus jedem der beiden Wasserschlösser zweigen von der Sohle aus mittels Konus 3 Hauptrohre und 1 Erregerrohr ab. Die Hauptrohre (2,2 bis 2,0 m Durchmesser) sind auf der freien Rohrbahn mit 3,5 m Achsabstand gelagert; sie werden oben auf etwa 27 m Länge in den Felsen eingemauert und haben auf dieser Strecke 7,3 m Achsabstand; hiernach treten sie in die vor dem Wasserschloß vorgesehene Apparatenkammer, deren Raum teils als Stollenbau, teils als Felseinschnitt gewonnen wird.

Im Bereich der beiden Apparatenkammern (Tafel 4 Abb. 22) sind sämtliche Druckrohre, einschließlich der beiden Rohre für die Erreger, unter sich durch eine Querleitung von 3,0 m Durchmesser verbunden. Oberhalb der Anschlüsse dieser Querleitung sind in die Druckrohre Drosselklappen mit Handantrieb, sowie je eine 300 mm weite Leerlaufleitung, unterhalb je eine Klappe mit Antrieb durch Drucköl eingeschaltet, so daß es möglich ist, aus dem oberen Teil irgendeines Rohres dem unteren Teil der übrigen offenstehenden Rohre Wasser zuzuführen. Das Öl wird durch eine in der Kammer befindliche und mittels Elektromotor angetriebene Pumpe unter Druck gesetzt. Die unteren Drosselklappen schließen sich selbsttätig, sobald die Wassergeschwindigkeit in dem betreffenden Rohr eine bestimmte Grenze überschreitet; sie dienen daher zugleich als Sicherungsorgane bei Rohrbrüchen. Ferner ist es möglich, die Klappen vom Kraftwerk aus in Bewegung zu setzen. Die Schlußzeit ist auf ½ Minute festgesetzt.

Der Unterbau der beiden Rohrstraßen wird in seiner vollen Breite betoniert. Die Knickpunkte hat der Entwurf in üblicher Weise mittels Einmauerung und Verankerung als Festpunkte ausgebildet. Im übrigen werden die aus 6,0 m langen Einzelrohren bestehenden Leitungen in je 6,0 m Abstand in Gleitsätteln auf Betonstützen gelagert.

In dem Bestreben, kleine Wandstärken zu erhalten, ist die Geschwindigkeit im unteren Teil der Hauptrohre bei größter Wassermenge mit 4,8 m/sec angenommen worden, einem Wert, der allerdings nur bei steilen Leitungen und nur dann angängig erscheint, wenn er, wie im vorliegenden Fall, nur bei den äußersten Spitzen der Belastung auftritt (Anlaufzeit der Rohrleitung = 1 Sekunde).

Jedes Hauptrohr ist in 3 Zonen eingeteilt:

1. Zone mit 2200 mm l. W., 10 bis 12 mm Wandstärke und 110 m Länge,
2. » » 2100 » » , 11 » 22 » » » 140 » » ,
3. » » 2000 » » , 21 » 28 » » » 140 » » .

Die Rohre sind im untern Teil der Leitung geschweißt, das Material wird bei der gerechneten größten Drucksteigerung von 90 m, also bei 290 m Wasserdruck, am Ende mit 1060 kg/qcm beansprucht.

Die obere Zone wird genietet und zwar mit Ausnahme der Krümmer, Expansionsstücke und Drosselklappen an Ort und Stelle. Unmittelbar unterhalb der Knickpunkte sind in jede Leitung Expansionsstücke eingesetzt, die zugleich als Paßstücke zu dienen haben und aus diesem Grunde verhältnismäßig lang ausgeführt sind (gesamte Verschiebungslänge ungefähr 1 m).

Die beiden Erregerrohre sind oben 900 mm, unten 800 mm weit.

Auf der Innenseite jeder Rohrstraße liegt für den Bau und für den Betrieb eine Drahtseilbahn.

### 6. Hauptwerk — Allgemeines und Bautechnisches.

— Tafel 4 Abb. 24 bis 26 und Tafel 5 Abb. 27 bis 29 — [*33*] —

Das Hauptwerk umfaßt 2 Gebäude: das Maschinenhaus und das durch einen Gang mit ihm verbundene Transformatorenhaus. Wie schon erwähnt wurde, besteht das Maschinenhaus beim Vollausbau wesentlich aus 2 parallelen Hallen, die zusammen 35,0 m Lichtweite haben; die lichte Länge der Hallen beträgt 73,0 m (ohne den Anbau). In jeder Halle stehen 6 Haupturbinen und 2 Erregerturbinen; die 6 Haupturbinen haben parallele wagerechte Achsen mit 8,0 m Abstand; je 2 Turbinen sind an 1 Druckrohr angeschlossen. Die Druckrohre treten mit Achsenhöhe + 604,6 m in das Gebäude ein; der Gebäudeflur liegt auf + 604,1 m, die Achse der Turbinen auf + 605,5 m. Jede der beiden Hallen hat einen besonderen 6,0 m breiten Ablaufkanal, dessen Sohlenhöhe am oberen Ende auf + 596,0 m und beim Austritt ins Freie auf + 595,0 m liegt. Der Unterwasserspiegel schwankt zwischen + 598,60 m und + 600,26 m. Die Gebäude sind einfach gehalten; die tragenden Teile (Stützen, Decken, Dächer) werden in Eisenbeton hergestellt, im übrigen kommt Naturstein bzw. Backstein zur Verwendung.

### 7. Unterwasserkanal.

— Tafel 3 Abb. 20 —

Der Unterwasserkanal, der die beiden Ablaufkanäle vereinigt, führt mit etwa 400 m Länge zum Ufer des Kochelsees und wird als 200 m lange Rinne noch in den See hinein fortgesetzt. Die Kanalsohle liegt wagerecht auf +595,0 m. Der Kanal wird mit ungedecktem Erdquerschnitt ausgeführt und zwar mit 25,0 m Sohlenbreite und Böschungen 1:2; auf + 604,0 m liegt beiderseits eine Berme; der Erdeinschnitt ist bis zu 14 m tief. Die Fließtiefe schwankt zwischen 3,5 und 5,2 m, die größte Fließgeschwindigkeit beträgt 0,8 m/sec.

### 8. Die maschinentechnischen Einrichtungen des Hauptwerkes.

Im Einklang mit Abschnitt 6 wird entsprechend der verfügbaren Wassermenge die Aufstellung von 12 Turbinen von je 15000 PS Leistung vorgeschlagen, wovon eine als Reserve gedacht ist. Die normale Drehzahl ist mit 450 angenommen. Bei einem Gefälle von 190 m würde sich die spezifische Umlaufzahl auf 78 stellen. Trotzdem diese Umlaufzahl schon bei einem Rad den Typ eines Langsamläufers ergibt, mußte mit Rücksicht auf die Beseitigung des Axialdruckes die Wassermenge nochmals geteilt und eine Zwillings-Francisturbine (Tafel 4 Abb. 23) mit zwei getrennten Spiralen und gemeinsamem Saugrohr vorgesehen werden. Jedes Laufrad ist daher für die spezifische Umlaufzahl von 55 zu bauen. Um die in diesem Umstand begründeten Schwierigkeiten zum Teil zu umgehen, ist das Laufrad mit fliegend aufgesetzten Schaufeln und daher gegen die Saugseite hin offenen Kanälen gedacht. Das Stahlfutter des Leitapparates auf der Saugseite ist bis zum Ende der Laufradschaufel verlängert und schließt überall möglichst genau an die Laufradschaufel an. Am Deckel sind auch gegen das Laufrad hin Rippen angeordnet, mit denen der Entwurf wohl einen besseren Ausgleich des Axialdruckes zu erreichen hofft.

Die Drehschaufeln des Leitrades bestehen aus einem Stück mit ihren durch Stopfbüchsen hindurchtretenden Achsen, welch letztere durch Hebel, Laschen und Regelungsringe von einer gemeinsamen Welle aus angetrieben werden. Als Druckflüssigkeit für den hydraulischen Regulator ist filtriertes Leitungswasser angenommen. Zur Aufnahme der Axialspannung am inneren Teil des Spiralgehäuses sind anscheinend Stahlbolzen bestimmt. Die beiden Spiralgehäuse schließen an eine durch einen hydraulischen Absperrschieber von 1200 mm Durchmesser abschaltbare Zweigleitung an, an deren Ende die selbsttätige Druckregelung sitzt.

Die Turbinenwelle von 350 mm Durchmesser auf der Dynamoseite trägt einen massiven Kuppelflansch zur Verbindung mit der Dynamomaschine. Lager, Saugrohr, Spiralgehäuse und Regelung sind auf einen kräftigen Fundamentrahmen aufgesetzt.

An jeder der beiden Erregerleitungen sitzen zwei Erregerturbinen von je 1800 PS, die als Freistrahlturbinen mit regelbaren Düsen angenommen sind.

## 9. Die elektrotechnischen Einrichtungen des Hauptwerkes.

### a) Allgemeines.

Für den Entwurf war maßgebend, daß der größere Teil der erzeugten Arbeit für elektrische Zugförderung gebraucht und nur ein kleiner Teil im näheren Umkreis der Kraftanlagen für andere Zwecke abgesetzt werden sollte. Es wird deshalb unter Bezugnahme auf die »Denkschrift über die Einführung des elektrischen Betriebes auf den bayerischen Staatseisenbahnen« vorgeschlagen, das Hauptwerk wie auch das Obernachkraftwerk für Wechselstrom von 15 Perioden auszubauen.

Für die Fernübertragung wird eine Spannung von 50 000 Volt empfohlen mit dem Hinweis, daß diese Spannung erprobt sei und eine wirtschaftliche und betriebssichere Übertragung nach dem in Frage kommenden Versorgungsgebiet ermögliche.

### b) Beschreibung.

Zur vollen Ausnützung der Kraft sollen 12 Wechselstrommaschinen von je 13 000 KVA aufgestellt werden (Tafel 5 Abb. 27 bis 29).

Der Anker soll mit einer festen Stabwicklung belegt werden und mit einer Spannung von 10 000 Volt arbeiten.

Da sich der Entwurf für Francisturbinen entschieden hat, müssen der hohen Drehzahl dieser Maschinengattung von 450 entsprechend die Läufer der Dynamomaschinen vierpolig gebaut werden, damit Wechselstrom von 15 Perioden erzeugt werden kann. Der Läufer muß nach Art der Turbodynamos ausgebildet werden und soll dementsprechend eine geschlossene Nutenwicklung erhalten, um die mechanischen und elektrischen Schwierigkeiten besonders ausgeprägter Pole zu umgehen und durch Käfigwirkung die unvermeidlichen magnetischen Strömungen zu dämpfen.

Der Gleichstrom für die Erregung der Hauptmaschinen wird von 4 mit Turbinen gekuppelten Erregergruppen von je 1200 KW bei 170 bis 450 Volt geliefert (Tafel 5 Abb. 28). Ihre Drehzahl ist 300. Diese beiden Haupterregergruppen sollen wieder fremd erregt werden durch zwei Wechselstrom-Gleichstromumformer von je 55 KW Leistung mit 110 bis 165 Volt in Verbindung mit einer Akkumulatorenbatterie von 500 Amp. Std. Ein selbsttätiger Regulator im Magnetkreis der Haupterregermaschinen beeinflußt die Klemmenspannung der Bahnmaschinen.

Der Entwurf hat sich unter Vorbehalt zunächst für diese Art der gemeinsamen Erregung aller Dynamomaschinen (Tafel 5 Abb. 30) entschieden, damit die Erregung den starken Belastungsschwankungen innerhalb weiter Grenzen hinreichend rasch und sicher folgen kann; er ist jedoch der Ansicht, daß die Frage, ob nicht die Erregung durch besondere Erregermaschinen auf jeder Dynamowelle den Vorzug verdient, durch eine Untersuchung auf Grund von vorausberechneten Belastungsschaulinien entschieden werden muß.

Die Schaltanlage ist in 2 Gruppen unterteilt, in die Gruppe für die Apparate und Sammelschienen der Dynamomaschinen — diese ist in einem Kellerraum unter der an das Maschinenhaus angeschlossenen Werkstätte untergebracht — und in die Transformatoren- und Oberspannungsgruppe, für die ein vom Maschinenhaus getrenntes 6-stöckiges Gebäude errichtet werden soll; dieses ist mit dem Maschinenhaus durch einen schmalen Zwischenbau verbunden (Tafel 4 Abb. 24 bis 26).

Die Sammelschienen sollen überall doppelt ausgebildet werden. Auf der Oberspannungsseite sind sie nochmals unterteilt und zwar in eine Gruppe für die Transformatoren und in eine Gruppe für die abgehenden Leitungen.

Auf die Unterspannungssammelschienen, denen der Strom von den Dynamomaschinen durch Kabel zugeleitet wird, arbeitet durch 2 Fernleitungen auch das Obernachkraftwerk (Taf. 5 Abb. 30). Zwei Freileitungen zweigen hier ab, um den näheren Umkreis mit Elektrizität zu versorgen.

Kabel verbinden die Unterspannungsgruppe mit den Transformatoren im Schalthaus. Letztere sind im Erdgeschoß in besonderen Zellen mit einer Leistung von je 6500 KVA, je einer für eine Dynamomaschine, aufgestellt (Tafel 4 Abb. 25 und 26); sie sind fahrbar, werden mit Wasser gekühlt und erhöhen die Spannung von 10 000 auf 50 000 Volt.

In dem Stockwerk über den Transformatoren (Tafel 4 Abb. 26) sind die Ölschalter, im 3. Geschoß die Doppelsammelschienen für die Transformatoren und im 4. Geschoß die Doppelsammelschienen für die abgehenden Fernleitungen untergebracht. Das 5. Geschoß enthält die Ölschalter und das 6. die Ausführungen der 6 Fernleitungen und den Überspannungsschutz; derselbe besteht aus Hörnern und Wasserwiderständen, Induktionsspulen und Wasserstrahlerdern.

Der Entwurf erwähnt schließlich Kompensationsapparate, durch welche die Spannung an allen Verteilungspunkten in gleicher Höhe erhalten werden kann.

Doppelsammelschienen für die Unter- und Oberspannungsanlage wurden gewählt, um durch die weitgehende Unterteilung möglichst große Betriebssicherheit zu erzielen.

Über der Werkstätte mit einem guten Blick auf den Maschinensaal ist der Raum für die zentrale Bedienung der gesamten Anlage angeordnet (Tafel 4 Abb. 24 und 26 und Tafel 5 Abb. 27 und 28). Hier sind auf Schaltpulten alle Apparate für die Fernbedienung, alle Meßinstrumente, Signal- und Rückmeldevorrichtungen untergebracht. Die einzelnen Räume der ganzen Anlage sind durch Telephon miteinander verbunden; außerdem vermittelt ein Telegraph die einwandfreie Verständigung mit dem Obernachkraftwerk.

Eine Gleichstromschalttafel an der Rückwand des Bedienungsraumes dient zur Verteilung des Gleichstromes für die Erregung, Fernsteuerung und Beleuchtung.

Ein von Pumpen gespeister Wasserbehälter unter dem Dach des Transformatorenhauses liefert das Wasser für die Wasserstrahlerder und für die Kühlung der Transformatoren.

# Wikor.

## A. Allgemeine Anordnung, Ausbaustufen und Bauprogramm.

### 1. Allgemeines und Ausbaustufen.

— Tafel 1 Abb. 1 und 2 —

Der Entwurf »Wikor« hat für die Baugruppe I die Grundform B angewendet: ein unterer Wasserweg führt zum Walchensee Wasser aus der Isar und Wasser aus dem Rißbach, ein oberer Wasserweg außerdem Wasser aus der Isar allein. Der untere (gemeinsame) Wasserweg, der in der Isar und im Rißbach je ein Wehr aufweist, liegt nur so viel über dem höchsten Spiegel des Walchensees, wie zur Sicherung des nötigen Fließgefälles erforderlich ist; seine Spiegellinie kreuzt das Isartal in der Höhe des Flußquerschnitts, so daß das Rißbachwasser ohne teueren Aquädukt oder Düker übergeleitet werden kann; letzteres hat der Entwurf von vornherein gefordert, diese Forderung hat ihn zur Annahme der Grundform B geführt. Der obere Wasserweg für die Isar (beim Obernachtal) kommt mit der beträchtlichen Gefällstufe von 65 m Höhe über dem Seespiegel beim Walchensee an; das zu ihm gehörende zweite Isarwehr wurde entsprechend weit talaufwärts angelegt. Die 65 m bilden das Arbeitsgefälle des an den oberen Wasserweg angelehnten Obernachkraftwerks.

Bei der Baugruppe II besitzt der Entwurf 2 Druckstollen durch den Kesselberg (Tafel 4 Abb. 38).

Der allmähliche Ausbau des Werkes soll sich nach dem Entwurf wie folgt vollziehen.

Im 1. Ausbau wird von dem unteren Wasserweg derjenige Teil gebaut, der für die Zuleitung von Wasser aus der Isar zum Walchensee nötig ist; der obere Wasserweg wird noch nicht in Angriff genommen. Vom unteren Wasserweg entsteht das untere Isarwehr und der Stollen zwischen dem Wehr und dem Walchensee; der Stollen erhält sogleich das für den Vollausbau erforderliche Fließvermögen. Dem Walchensee wird soviel Isarwasser zugeführt, wie der See mit 3,5 m Höhe ausgleichen kann. Die Jachen wird beim Seeausfluß durch ein Wehr gesperrt. Die Baugruppe II mit dem Hauptwerk wird entsprechend der bereitstehenden Wassermenge teilweise ausgebaut, dabei entsteht einer der 2 Druckstollen durch den Kesselberg.

Im 2. Ausbau soll der untere Wasserweg fertiggestellt werden; in entsprechender Höhenlage wird das Rißbachwehr ausgeführt, dazu der Verbindungsweg zwischen ihm und dem unteren Isarwehr. Mit Hilfe der Volleinrichtung des unteren Wasserweges leitet man nun aus der Isar und aus dem Rißbach soviel Wasser zum Walchensee, wie aus allgemeinen wasserwirtschaftlichen Gründen und im Hinblick auf den Schutz der Naturschönheit des Walchensees angängig erscheint; dabei wird die Speicherhöhe des Sees auf 13,4 m gesteigert. Ebenso wie der untere Wasserweg wird auch die Baugruppe II mit dem Hauptwerk voll ausgebaut. Durch den 2. Ausbau erreicht die Wasserzufuhr zum Walchensee und gleichfalls die Leistung des Hauptwerkes ihren Größtwert.

Im nachträglichen 3. Ausbau wird der obere Wasserweg einschließlich des oberen Isarwehres und des Obernachkraftwerks im vollen Umfang hergestellt. Von dem Wasser der Isar, welches im 2. Ausbau auf dem unteren Wasserweg zum Walchensee floß, werden nunmehr alle kleinen Wassermengen bis zum Größtwert von 10 cbm/sec über den oberen Weg geführt; den unteren Weg benutzen in der Regel nur mehr diejenigen Isarmengen, die über 10 cbm/sec hinausgehen, jedoch kann hinsichtlich der Zufuhr des Wassers zum Walchensee nach Bedarf der Zustand des 2. Ausbaus wieder eingerichtet werden. Die Isarmengen bis zu 10 cbm/sec werden in dem Obernachkraftwerk verwertet, die erzeugte Kraft wird mit der Kraft des Hauptwerkes vereinigt. Unter diesen Umständen entspricht die Leistung des Obernachkraftwerks der jeweiligen Wassermenge aus der Isar (bis zu 10 cbm/sec). Um abweichend hiervon die Leistung dem schwankenden Kraftbedarf anpassen zu können, sieht der Entwurf in einer Wahlform zum 3. Ausbau vor, daß der neben dem oberen Wasserweg liegende Sachensee als Tagesausgleichweiher eingerichtet werden soll (Tafel 1 Abb. 1).

Nach dem Gesagten gelten die Bauanlagen des 1. und des 2. Ausbaus lediglich für das Hauptwerk, diejenigen des 3. Ausbaus lediglich für das Obernachkraftwerk; durch den 3. Ausbau wird an den Verhältnissen des Hauptwerkes nichts geändert. Sieht man das Hauptwerk als das eigentliche Endziel des Unternehmens an, so ist der 2. Ausbau als der Vollausbau zu betrachten; neben ihm erscheint dann der 3. Ausbau (Obernachkraftwerk) als nachträgliche Ergänzungsstufe. Jede der 3 Ausbaustufen läßt ein neues Flußwehr entstehen.

Besonders beachtenswert ist beim Entwurf »Wikor« das Streben nach möglichst großer Sicherheit und Zuverlässigkeit sowohl in wirtschaftlicher wie in technischer Hinsicht. Dieses Streben kommt namentlich bei den noch zu besprechenden wasserwirtschaftlichen Maßnahmen und Nachweisen zum Ausdruck; bei diesen war der Entwurf offensichtlich bemüht, den Ertrag des Unternehmens vorsichtig einzuschätzen und jede Überschätzung zu vermeiden; die Verlustwerte in Gestalt von Wasser und Gefälle hat er in diesem Sinne beziehentlich hoch angenommen; im nämlichen Sinne wurde die größte Absenkung des Walchensees beziehentlich klein bemessen. In baulicher Hinsicht fordert der Entwurf von vornherein, daß im Hinblick auf die ungünstige Beschaffenheit der Flüsse und der Flußbetten nur einfache, zuverlässige Bauweisen angewendet werden sollen, die sich an verwandten Stellen bereits gut bewährt haben — beispielsweise nur niedrige Wehre in einfacher, gediegener Form —, und daß anderseits schwierige und hohe oder bedenkliche Bauten nach Möglichkeit vermieden werden sollen. Mit dieser Forderung steht auch die Wahl der Grundform B (vgl. oben) im Einklang; denn die von ihr abweichende Grundform A benötigt für den unteren Wasserweg ein beziehentlich schwieriges Bauwerk in Gestalt eines Aquädukts oder Dükers. Aus Gründen der Sicherheit hat der Entwurf ferner festgesetzt, daß die

Antriebe bei den Wehren von Hand bewegt werden sollen; elektrischen Betrieb hält er für weniger zuverlässig.

### 2. Bauprogramm.

Der Entwurf hat ein sehr eingehendes Bauprogramm für die 3 Ausbaustufen aufgestellt; am genauesten ist dabei der Bau des Druckstolleneinlaufs bei Urfeld durchgearbeitet worden (vgl. Abschnitt C, II, 2). Einzelheiten des Programms werden später bei den betreffenden Entwurfsgruppen angegeben; im allgemeinen sei hier folgendes gesagt: Im 1. Ausbau benötigt das fertige Herstellen des Einlaufs bei Urfeld, des unteren Isarstollens und seiner Absturzkaskade bereits eine Absenkung des Walchensees. Um diese zu ermöglichen, wird zuerst das Jachenwehr und die mit ihm verbundene Jachenvertiefung beschleunigt ausgeführt; alsdann kann man den See bereits um 3,5 m senken. Inzwischen soll, gleichfalls beschleunigt, der erste Druckstollen mit seinen 3 Druckrohren fertiggestellt sein; mit Hilfe des Stollens und der Rohre wird dann der See vorübergehend noch weiter bis auf im ganzen etwa 5,0 bis 5,5 m gesenkt; gleichzeitig bietet sich dadurch die Möglichkeit, Kraft für den Baubetrieb zu erzeugen.

Nach dem Entwurf werden folgende Bauzeiten benötigt: für den 1. Ausbau 40 Monate, für den 2. Ausbau 27 Monate, für den 3. Ausbau ohne Sachensee 24 Monate, mit Sachensee (wegen der größeren Zahl der Maschinensätze) 27 Monate.

---

## B. Wasserwirtschaft, Kraftleistung, Baukosten und Naturschutz.

### 1. Allgemeines.

Zur Verwertung für Kraftzwecke stehen die Wassermengen des Walchensees (Jachen), der Isar und des Rißbachs zur Verfügung. Die Möglichkeit, auch Flüsse unterhalb des Rißbachs heranzuziehen, lehnt der Entwurf ab, weil er bei ihr einen schädlichen Einfluß auf die Geschiebeabfuhr befürchtet.

Für je einen Punkt der 3 Wasserläufe sind durch die Wettbewerbsunterlagen Wassermengen nachgewiesen worden. Der Entwurf hat bei der Isar und beim Rißbach die Entnahmewehre nicht an die Meßstellen gelegt; dementsprechend sind die ihm bereitstehenden Wassermengen bei der Isar um $^1/_{26}$ größer und beim Rißbach um $^5/_{43}$ kleiner als diejenigen Mengen, die in den Unterlagen genannt sind. Diese Unterschiede hat der Entwurf berücksichtigt.

Hinsichtlich der Verlustmengen, die man als Teil der so geänderten Abflußmengen für Kraftzwecke nicht verwerten kann, gilt das Nachstehende (Abschnitt 2).

### 2. Holzverkehr und Geschiebeabfuhr.

Für Holztrift, Flößerei, Fischzucht und Abfuhr der Sinkstoffe sollen folgende Wassermengen in den Wasserläufen bleiben: In der Isar in den 5 Sommermonaten vom 1. Mai bis 1. Oktober (eigentliche Flöß- und Triftzeit) während 16 Stunden des Tages 5,0 cbm/sec, während 8 Stunden der Nacht 0,5 cbm/sec, in den 7 Wintermonaten dauernd 0,5 cbm/sec; im Rißbach vom 1. Mai bis 1. Oktober während 16 Stunden des Tages 3,0 cbm/sec, während 8 Stunden der Nacht 0,5 cbm/sec, in den 7 Wintermonaten dauernd 0,5 cbm/sec. Im Jahresmittel betragen diese Verlustmengen bei der Isar 1,75, beim Rißbach 1,20, zusammen 2,95 cbm/sec. Weitere Wassermengen werden der Isar und dem Rißbach durch die Festsetzung gesichert, daß das über die genannten Verlustmengen hinaus vorhandene Wasser beim Vollausbau (2. Ausbau) nur bis zu folgenden Größtwerten abgeleitet werden soll: bei der Isar bis zu 40 cbm/sec, beim Rißbach bis zu 15 cbm/sec (vgl. Abschnitt 3); demzufolge bleiben den Wasserläufen auch beim Vollausbau noch erhebliche Hochwasserspitzen für die Geschiebeabfuhr und zugleich, da das Hochwasser im Sommer auftritt, zugunsten der Naturschönheit erhalten.

Neben der Sicherstellung des nötigen Wassers sieht der Entwurf für die Flößerei und die Holztrift noch folgendes vor:

Die Sperrschleuse der Jachen wird als Floßschleuse hergestellt; die anschließende Jachenstrecke wird so vertieft, daß bis zu 3,5 m Senkung des Walchensees noch Holz zur Jachen getriftet werden kann; besonderes Verlustwasser wird hierfür nicht gerechnet. Neben der Isar und neben dem Rißbach richtet der Entwurf im 2. Ausbau einerseits vom unteren Isarwehr aus, andererseits vom Rißbachwehr aus bis in die Nähe des Zusammenflusses von Isar und Rißbach einen Floßkanal bzw. Triftkanal ein (Tafel 1 Abb. 1); in den Kanälen soll die eingeschränkte Wassermenge zusammengehalten werden, so daß ein für den Holzverkehr genügender Wasserstrom entsteht. Der Isarfloßkanal endigt flußabwärts beim Ochsensitz, von wo ab er gemäß Ansicht des Entwurfs mit Rücksicht auf die Form des Flußschlauchs und auf die der Isar verbleibende Wassermenge nicht mehr erforderlich ist. Der Rißbachtriftkanal wird im Isartal an den bestehenden Triftkanal angeschlossen. Im übrigen regt der Entwurf den Ersatz der Flößerei und der Holztrift oberhalb Tölz durch eine Holzbahn an; dadurch würde man das Verlustwasser erheblich vermindern können, man würde aber zutreffendenfalls, wie der Entwurf nicht verkennt, wegen der weitgehenden Trockenlegung der Flußläufe die landschaftliche Schönheit beeinträchtigen.

Für die Zwecke der Geschiebeabfuhr gibt der Entwurf (neben dem Belassen des erforderlichen Freiwassers) den Wehren eine geeignete Querschnittsform; auch begünstigt er die Geschiebeabfuhr durch geringe Höhe der Wehre.

### 3. Die Kraftwassermengen.

Wie bereits im Abschnitt 2 gesagt wurde, sollen beim Vollausbau aus der Isar bis zu 40 cbm/sec und aus dem Rißbach bis zu 15 cbm/sec alle verfügbar bleibenden Wassermengen zum Walchensee fließen. Der Festsetzung dieser Größtwerte von 40 bzw. 15 cbm/sec hat der Entwurf besondere Aufmerksamkeit gewidmet; hierbei hat er etwa folgenden Gedankengang eingehalten: Die festzusetzenden Größtmengen sind bestimmend für die Ausmaße und für die Baukosten der Stollen des unteren Wasserweges. Die Größtmenge darf nicht zu groß angenommen werden; denn die Kosten der Stollen nehmen mit ihr ziemlich gleichmäßig zu, der Gewinn an Kraftwasser ist aber gegebenenfalls, da die Hochwasserspitzen wenig Wasser bringen, unwirtschaftlich klein (vergl. Tabelle 1). Dementsprechend gibt es eine wirtschaftlich beste Größtmenge. Von dieser Erwägung ausgehend, hat der Entwurf die verschiedenen Annahmen gemacht, daß die Größtmenge bei der Isar 30, 35 bzw. 40 cbm/sec, beim Rißbach 10, 15 bzw. 20 cbm/sec betrage; hiermit im Einklang hat er ferner überschlagen, daß dem Hauptwerk zwischen 20 und 25 cbm/sec ausgeglichenes Kraftwasser bereitgestellt werden können. Der Entwurf hat nun für die bei den genannten Zahlen möglichen 9 Kombinationen von 30 + 10 cbm/sec bis 40 + 20 cbm/sec die mittleren Kraftbeträge und die Baukosten überschläglich berechnet; dabei hat sich herausgestellt, daß sich bei der Annahme von 40 + 15 cbm/sec die Kosten der Krafteinheit am günstigsten stellen; bei Überschreiten dieser Zahlen erfordern die nächsten PS der Turbinennutzleistung schon je etwa 600 M Baukosten; dieser Betrag würde nach Ansicht des Entwurfs unter den obwaltenden Umständen die Grenze des wirtschaftlich Zulässigen sein.

Hiernach hat sich der Entwurf zu den Größtmengen von 40 cbm/sec aus der Isar und 15 cbm/sec aus dem Rißbach entschlossen. Entsprechend diesen Zahlen würde es möglich sein, dem Hauptwerk verschieden große ausgeglichene Kraftwassermengen zu liefern; je größer sie sein sollen, desto mehr muß der Walchensee für den Ausgleich beansprucht werden. In dieser Hinsicht hat der Entwurf festgestellt, daß der See sich bei starker Ausgleichinanspruchnahme in wasserarmen Jahren nicht wieder auf den höchsten Spiegel von + 801,9 m heben wird; dies läßt er zu, er fordert aber, daß der See alsdann wieder bis mindestens auf + 800,9 m steigen soll, daß also der Füllspiegel höchstens um etwa 1,0 m unter dem höchsten Stauspiegel von + 801,9 m zurückbleiben darf. Diese Forderung wird dann erfüllt, wenn dem Walchensee durch das Hauptwerk dauernd nicht mehr als 23,85 cbm/sec ausgeglichenes Wasser entnommen wird. Dementsprechend setzt der Entwurf das Kraftwasser des Hauptwerkes für den 2. Ausbau auf dauernd rund 24,0 cbm/sec fest. Hierfür beträgt die größte Absenkung des Walchensees 13,4 m, die mittlere 4,4 m; dabei gilt statt des oben geforderten Maßes von 1,0 m das Maß von 1,3 m. Im Einklang mit dem Gesagten wird der untere Stollen zwischen Isar und Walchensee für 40 + 15 = 55 cbm/sec eingerichtet.

Im 1. Ausbau darf die Speicherhöhe des Walchensees nicht mehr als 3,5 m betragen. Dementsprechend und unter Abzug der oben genannten Verlustmengen können nach dem Entwurf dem Hauptwerk 12,0 cbm/sec ausgeglichenes Kraftwasser zur Entnahme aus dem Walchensee bereitgestellt werden. Dabei beträgt die mittlere Absenkung des Sees 0,8 m. Für die Zuleitung des erforderlichen Wassers aus der Isar wird sogleich der mit 55 cbm/sec Fließvermögen ausgerüstete untere Stollen gebaut, derselbe dürfte aber im 1. Ausbau mit höchstens 20 bis 30 cbm/sec beansprucht werden. Die 12,0 cbm/sec stammen aus der Isar und aus dem Seegebiet; hier stehen im Durchschnitt 18,5 bzw. 2,6, zusammen 21,1 cbm/sec bereit; der 1. Ausbau verwertet also 57 % dieser Gesamtmenge und zwar aus der Isar etwa 10,5 und aus dem Seegebiet etwa 1,5 cbm/sec.

Im 2. Ausbau (Vollausbau) stammen die 24,0 cbm/sec Kraftwasser aus der Isar, dem Rißbach und dem Seegebiet; hier stehen im ganzen 31,3 cbm/sec zur Verfügung; also werden rund 77 % verwertet, und dementsprechend kommen von den 24,0 cbm/sec etwa aus der Isar 14,2 (von 18,5), aus dem Rißbach 7,8 (von 10,2) und aus dem Seegebiet 2,0 (von 2,6) cbm/sec. Bei Annahme der Wassermengen der Wettbewerbsunterlagen (ohne Abzug der Verlustmengen) würden gemäß Tabelle 1 aus der Isar bei 40 cbm/sec Größtmenge im Mittel 17,5 cbm/sec, aus dem Rißbach bei 15 cbm/sec Größtmenge im Mittel 9,0 cbm/sec abgeleitet; diese Zahlen stehen mit den vorstehenden Zahlen genügend im Einklang.

Im 3. Ausbau werden aus der Isar alle verfügbaren Wassermengen bis zu 10,0 cbm/sec über den oberen Wasserweg zum Obernachkraftwerk geleitet; das kleinste Triebwasser des Obernachkraftwerks beträgt hierbei nach Abzug der Verlustmenge von 0,5 cbm/sec (bei Niedrigwasser im Winter) rund 6,0 cbm/sec; im Mittel beträgt das Triebwasser rund 9,0 cbm/sec. — Bei der Wahlform zum 3. Ausbau sieht der Entwurf im Sachensee einen Tagesausgleichweiher von 150 000 cbm Inhalt vor; er empfiehlt auf Grund wirtschaftlicher Prüfung, mit Hilfe des Weihers das Wasser wie folgt zu verteilen:

an den trockensten Tagen (mit 6,0 cbm/sec Triebwasser):
4 Stunden mit 17,0 cbm/sec,
20 » » 4,0 » ;

an den Tagen mit 10,0 cbm/sec Triebwasser:
6 Stunden mit 17,0 cbm/sec,
18 » » 7,7 » .

Nach dem Gesagten ist der Stollen zwischen dem unteren Isarwehr und dem Walchensee im 3. Ausbau der Regel nach zu groß; etwaige Einwände hiergegen lehnt der Entwurf wie folgt ab: Der Stollen ist für den 2. Ausbau in seiner vollen Größe (55 cbm/sec) erforderlich, der 2. Ausbau wird aber wahrscheinlich lange Zeit dauern. Ferner bietet der große Stollen zusammen mit dem oberen Wasserweg die Möglichkeit, im 3. Ausbau zeitweise auch mehr als 55 cbm/sec und zwar bis zu 65 cbm/sec in den Walchensee überzuleiten; dies kann in wasserarmen Jahren für den Kraftbetrieb ausnahmsweise dringend erwünscht sein, außerdem liegt in jener Möglichkeit ein Mittel, um die landschaftliche Schönheit des Walchensees zu fördern.

### 4. Kraftleistung.

In der Tabelle 17 werden im Einklang mit den nachgewiesenen Wassermengen die Kraftverhältnisse des Hauptwerkes und des Obernachkraftwerks angegeben. Die Zahlen der Reihen 4 und 5 (betr. Gefälle) sind dem Entwurfsbericht unmittelbar entnommen worden. Der höchste Walchenseespiegel liegt auf + 801,9 m. Im Ausbau I beträgt die mittlere Absenkung 0,8 m, also liegt der mittlere Seespiegel auf + 801,1 m; im Ausbau II gilt entsprechend 4,4 m und + 797,5 m. Als wirksame Unterwasserhöhe des Hauptwerkes kommt abgerundet die Ordinate + 601,5 m in Betracht (+ 601,54 m = Höhenlage der Düsen der Freistrahlturbinen). Somit beträgt das mittlere Rohgefälle zu I: 199,6 m, zu II: 196,0 m. Als Wirkungsgrad der Turbinen hat der Entwurf bei der Rechnung überall 0,78 eingeführt (vergl. Reihen 8 und 9 der Tabelle 17). Die in Reihe 10 angegebenen Turbinen von je 12 000 PS Nutzleistung sind auf 13 000 PS überlastbar. Im übrigen dürfte sich die Tabelle 17 hinsichtlich der Reihen 1 bis 11 genügend selbst erläutern.

### 5. Die Baukosten.

In den Reihen 12 bis 14 der Tabelle 17 werden die Baukosten angegeben, die der Entwurf für die einzelnen Ausbaustufen in Gestalt eines bindenden Angebots nachweist (vergl. Tabelle 5). In der Reihe 15 sind die Baukosten für 1 PS der in Reihe 11 angegebenen hydraulischen Nutzleistung ermittelt. Diese Einheitskosten betragen für das Hauptwerk allein im 1. Ausbau 346 M, im 2. Ausbau 297 M; nach dem Früheren ist der 2. Ausbau der Vollausbau des Hauptwerkes. Das Überwiegen der Einheitskosten des 1. Ausbaus ist wesentlich darin begründet, daß der 1. Ausbau durch den großen (unteren) Isarstollen belastet wird.

Der 3. Ausbau dient ausschließlich der Anlage des Obernachkraftwerks, seine Baukosten fallen also diesem allein zur Last. In diesem Sinne betragen nach der Tabelle 17 die Baukosten für 1 PS Nutzleistung des Obernachkraftwerks allein 535 M, bzw. bei der Wahlform (IIIa) 575 M. Die Wahlform zeigt größere Einheitskosten, dafür ist aber ihre Leistungseinheit wertvoller, weil die Kraft mit Hilfe des Sachensees dem Bedarf angepaßt werden kann.

Nach den obigen Zahlen ist die Kraft des Obernachkraftwerks nicht unerheblich teuerer als diejenige des Haupt-

**Tabelle 17 „Wikor."**

| 1 | 2 | 3 | 4 | 5 | 6 | 7 | 8 | 9 | 10 | 11 | 12 | 13 | 14 | 15 | 16 |
|---|---|---|---|---|---|---|---|---|---|---|---|---|---|---|---|
| — | Ausbaustufe | Größte Senkung des Walchensees unter + 801,9 m | Mittleres Rohgefälle | Gefällverlust | Mittleres Nutzgefälle | Kraftwasser | Hydraulische Nutzleistung: des Hauptwerkes (Dauerleistung) | Hydraulische Nutzleistung: des Obernachkraftwerks (im Mittel) | Eingerichtete Turbinennutzleistung (beim Hauptwerk für Spitzenbelastung) | Gesamte hydraulische Nutzleistung | Baukosten: ohne die elektrotechn. Einrichtungen | Baukosten: der elektrotechn. Einrichtungen allein | Baukosten: im ganzen | Einheitsbaukosten für 1 PS d. hydraulisch. Nutzleistung | Bemerkungen |
| | | m | m | m | m | cbm/sec | PS | PS | PS | PS | Millionen Mark | | | M | |
| **A.** Reihe 4—10 ohne 9: Hauptwerk allein. Reihe 11—15: Hauptwerk u. Obernachkraftwerk zusammen. | | | Hauptwerk allein | | | | | | | Hauptwerk u. Obernachkraftwerk zusammen | | | | | |
| | I | 3,5 | 199,6 | 5,5 | 194,1 | 12,0 | 24 200 | — | 6 · 12 000 = 72 000 | 24 200 | 8,39 | 2,84 | 11,23 | 346 | — |
| | II | 13,4 | 196,0 | 6,0 | 190,0 | 24,0 | 47 500 | — | 12 · 12 000 = 144 000 | 47 500 | 14,11 | 5,55 | 19,66 | 297 | Vollausbau des Hauptwerkes |
| | III | 13,4 | 196,0 | 6,0 | 190,0 | 24,0 | 47 500 | 6400 | 12 · 12 000 = 144 000 | 53 900 | 17,53 | 6,23 | 23,76 | 326 | — |
| | IIIa | 13,4 | 196,0 | 6,0 | 190,0 | 24,0 | 47 500 | 6400 | 12 · 12 000 = 144 000 | 53 900 | 17,79 | 6,40 | 24,19 | 331 | — |
| **B.** Obernachkraftwerk allein (mit dem oberen Wasserweg). | Obernachkraftwerk allein | | | | | | | | | | | | | | |
| | III | — | 69,23 | — | — | ca. 9,0 | — | 6400 | 3 · 3500 = 10 500 | 6400 | 3,42 | 0,68 | 4,10 | 535 | — |
| | IIIa | — | 69,23 | 2,5 | 66,73 | ca. 9,0 ($Q_{max}$ = 17,0) | — | 6400 | 4 · 3500 = 14 000 | 6400 | 3,68 | 0,85 | 4,53 | 575 | — |
| — | — | — | $H$ | $r$ | $h = H - r$ | $Q$ | $K = \frac{Q \cdot h \cdot 1000 \cdot 0{,}78}{75}$ | $O =$ (dto.) | $T$ (beim Hauptwerk etwa $T = 3 \cdot K$) | $L = K + O$ bezw. $= O$ | $BM$ (vergl. Tabelle 5) | $E$ (vergl. Tabelle 5) | $S = BM + E$ (vergl. Tabelle 5) | $P = BM:L$ | |

Zu Reihe 2: Ausbaustufe I = 1. Ausbau.
» II = 2. » (Vollausbau).
» III = 3. » (nachträgliche Ergänzungsstufe) ohne Sachensee.
» IIIa = 3. » ( » » ) mit » (Wahlform).

werkes; die mittleren Kraftkosten des 3. Ausbaus (nach der Tabelle 326 bzw. 331 M) sind daher höher als diejenigen des 2. Ausbaus. Die Kraft des 2. Ausbaus ist am billigsten.

### 6. Schutz der Naturschönheit.

— Tafel 1 Abb. 1 —

Hinsichtlich der Beeinflussung der landschaftlichen Schönheit durch das Unternehmen macht der Entwurf namentlich folgendes geltend: Die in der Öffentlichkeit gehegten Bedenken sind übertrieben. Die niedrigen Stauspiegel des Walchensees treten im Winter auf, also zu einer Zeit, in der das Vorhandensein von Schnee verhütet, daß die trockengelegten Ufer häßlich aussehen. In der Sommerzeit beim Turistenverkehr ist der See ganz oder nahezu bis zur heutigen Höhe gefüllt; insbesondere im 1. Ausbau ist in dieser Hinsicht nichts zu befürchten, zumal da der untere Isarstollen reichlich bemessen ist. Die Bauwerke dürften Gelegenheit bieten, die Landschaft vorteilhaft zu beleben; beispielsweise läßt das Unternehmen Wasserabstürze entstehen, die bisher fehlten. Das Einlaufbauwerk bei Urfeld wird ganz unter Geländehöhe angelegt. — Über diese Hinweise des Entwurfs hinaus ist zu beachten, daß die größte Absenkung des Walchensees im Vergleich mit den übrigen Entwürfen beziehentlich klein ist. — Beim Dorf Walchensee ist der Seerand ziemlich flach geneigt; es wird vorgeschlagen, hier das flache Ufer steiler aufzuhöhen und zu begrünen.

Hinsichtlich der Standsicherheit der Seeufer macht der Entwurf geltend: Die Ufer sind durchweg steil, aber diese Steilufer sind felsig und daher standfest. Die Uferstrecke beim Dorf Walchensee, die aus losem Boden besteht, ist günstigerweise flach und dürfte daher im allgemeinen eine künstliche Befestigung nicht benötigen; zur Sicherheit soll aber die tiefste Rinne der vor dem Dorf gelegenen schmalen Bucht, die heute 30 m Wassertiefe aufweist, zum Dorf hin um 10 m und gegenüber um 5 m aufgefüllt werden, so daß dann nur mehr 20 bis 25 m Wassertiefe vorhanden sind.

Die Klarheit des Wassers im Walchensee sichert der Entwurf durch sorgfältiges Reinigen des zuzuleitenden Fremdwassers bei den Wehren; er macht dabei geltend, daß die etwa noch mitgerissenen Schwebestoffe sich unmittelbar bei den Auslaufstellen auf den Boden des Walchensees niedersenken würden, so daß der See schlimmstenfalls nur bei diesen beschränkten Stellen eine Trübung erfahren könne.

---

## C. Technische Einzelbeschreibung.

### I. Baugruppe I.

#### 1. Allgemeine technische Maßnahmen.

Für die Mauerkörper der Wehre und der verwandten Bauten sieht der Entwurf Beton (aus Isarkies) vor und zwar deswegen, weil ihm die Beschaffung von Bruchsteinen nicht genügend gesichert erscheint; die Schleißflächen werden gewöhnlich mit Holz bekleidet. Die beweglichen Wehrteile werden als Schützen ausgebildet, die der Entwurf für zuverlässiger hält als andere Wehrarten, wie Walzen usw. Die Schützen werden durch 1 bis 2 Mann von Hand bedient; elektrischer Antrieb wäre nach Ansicht des Entwurfs zu teuer und nicht genügend betriebssicher.

#### 2. Der untere Wasserweg.

a) Allgemeines betreffend die Strecke Isar—Walchensee (Tafel 1 Abb. 1 und Abb. 2 unterer Teil).

Der untere Wasserweg hat auf der Stollenstrecke Isar—Walchensee bis zu 55 cbm/sec zu führen, nämlich bis 40 cbm/sec aus der Isar und bis 15 cbm/sec aus dem Rißbach. Die Zuflußmenge von 55 cbm/sec trifft im gefüllten Walchensee den höchsten Spiegel von + 801,9 m an; zur Sicherheit hat der Entwurf für 55 cbm/sec den Spiegel im Stollenauslauf 2,5 m höher gelegt, also auf + 804,4 m. Auf Grund genauer Berechnung der Gefällverluste wird der Stauspiegel des unteren Isarwehres auf + 806,4 m festgesetzt. Als Ortslage des Wehres wird die Stelle gewählt, bei welcher der Hochgraben in die Isar mündet; hier, bei Sohlenhöhe + 804,3 m, hat die Isar 540 qkm Flußgebiet mit einem größten Hochwasser von 540 · 0,6 = 324 cbm/sec.

b) Das untere Isarwehr (Tafel 2 Abb. 11 bis 19 [38], [39]).

Bei der Wehrstelle kommt vom rechten Ufer her das aus dem Rißbach abgeleitete Wasser an (Größtmenge 15 cbm/sec). Der Entwurf leitet das Rißbachwasser nicht in den Stauraum des Isarwehres hinein, sondern führt es durch den als Kanal ausgebildeten Wehrkörper hindurch unmittelbar auf das linke Isarufer, wo es mit dem bereits gereinigten Isarwasser zusammentrifft; auf diese Weise wird einerseits das beim Rißbachwehr gereinigte Rißbachwasser vor erneuter Verunreinigung geschützt, anderseits wird ein Nebenweg geschaffen, über den man das gereinigte Rißbachwasser auch allein (ohne das Isarwasser) zum Walchensee führen kann.

Die Stauanlage besitzt, vom rechten Ufer ausgehend, ein 140 m langes festes Wehr, dessen Krone sich zum linken Ufer hin von + 806,5 m auf + 806,4 m senkt. Zwischen dem festen Wehr uud dem linken Ufer liegen 2 je 5,0 m breite Kiesschleusen mit Schwellenhöhe + 804,3 m, in ihrer Mitte liegt die 6,0 m breite Floßschleuse mit Kronenhöhe + 805,8 m; im zweiten Strompfeiler befindet sich ein Fischpaß. Beim Übersturz des größten Hochwassers von 324 cbm/sec über das 140 m lange feste Wehr (unter Ausschaltung der Schützenfelder) entsteht eine Strahldicke von 1,0 m, so daß als höchster Stauspiegel + 807,4 m gelten kann. Der Rückstau beträgt bei Hochwasser 600 m, für gewöhnlich 430 m. Das Wehr wird auf Beton zwischen Holzspundwänden gegründet; das Fundament reicht etwa 3,4 m unter Flußsohle.

Das feste Wehr, welches im Mittel etwa 2,5 m über die Flußsohle emporragt, zeigt in der äußeren Grenzlinie seines Querschnitts auf der Oberwasserseite eine flache Ansteigung, auf der Unterwasserseite einen fast senkrechten Absturz; die flache Ansteigung soll die selbsttätige Abfuhr der Geschiebe befördern, der steile Absturz soll die flußabwärts gerichtete Seitenfläche des Wehres gegen den Angriff durch das Gerölle schützen. Der im Wehrkörper mit Gefälle 1 : 1000 eingerichtete Rißbachkanal arbeitet — allerdings mit nur kleinem Überdruck — als Düker; daher soll er in Eisenbeton ausgeführt werden. Der Wehrkörper erhält als Schutz gegen etwaige Querströmung auf der Oberwasserseite einen 6,0 m breiten betonierten Vorboden, er erhält ferner einen 8,0 m breiten Kolkboden mit 8 cm starkem Bohlenbelag auf Beton; der Belag ist unmittelbar unter dem Absturz doppelt hergestellt.

Vor der Floßgasse (Schwellenhöhe + 805,8 m) liegt flußaufwärts zwischen etwa 7 m langen Führungsmauern eine durch Holzbelag befestigte Rampe; die Ablaufrinne ist 1 : 10 geneigt, ihre Sohle ist 8 cm stark gedielt; den nämlichen Flächenschutz erhalten ihre Seitenwände auf 1,5 m Höhe. Unter der Floßgasse und unter den Geröllschleusen wird der Rißbachkanal zweiteilig gebaut, weil hier die Bauhöhe beschränkt ist.

Oberhalb der Stauanlage tritt das abzuleitende Isarwasser durch den in der linken Uferlinie angeordneten Einlauf in die zu seiner Reinigung vorgesehene Baugruppe; dieselbe besteht aus dem Kiesfang und dem auf ihn folgenden Sandfang; die erste grobe Reinigung findet vor dem Einlauf statt. Der für 40 cbm/sec Größtmenge bestimmte Einlauf ist 30,0 m breit; seine Geröllschwelle liegt auf + 805,1 m, d. i. 0,8 m über dem Ablaufboden der benachbarten Geröllschleuse; der Einlauf wird durch 6 Doppelschützen von je 5,0 m Breite und 2,9 m Höhe (zwischen Eisenböcken) geschlossen; vor den Schützen steht auf der Schwelle ein 2,8 m hoher Grobrechen mit 50 mm Stababstand. Der zunächst hinter dem Einlauf liegende Kiesfang ist gedielt; seine Sohle fällt 1 : 100 zu der am unteren Ende liegenden 5,0 m breiten Kiesschleuse hin, deren Schwelle auf + 804,2 m liegt. Über eine auf + 805,4 m liegende Zwischenschwelle gelangt das Wasser in den Sandfang; dieser ist 25 m breit und 110 m lang; das Wasser steht in ihm bei 40 cbm/sec auf Spiegelhöhe + 805,84 m, auf der nämlichen Höhe liegt die Krone der 5 Überfälle, die mit je 6,0 m Breite in der flußseitigen Außenwand vorgesehen sind. In der Außenwand werden ferner zum Ausspülen des Sandes 7 Grundablässe mit Schwellenhöhe + 803,3 m eingerichtet, sie stehen mit entsprechenden Querrinnen auf dem Boden des Sandfangs in Verbindung; die Wassertiefe über dem Boden dieser Rinnen beträgt bei 40 cbm/sec zwischen etwa 1,5 und 2,0 m. Der unterste Grundablaß besitzt einen 0,2 m hohen Aufsatz zum Reinigen des Wasserspiegels. Am unteren Ende des Sandfangs liegt mit Kronenhöhe + 804,0 m [1]) die 15 m lange Sandschwelle, über die hinweg das gereinigte Isarwasser zum Stollen gelangt; sie trägt als Verschluß 3 Schützen von je 5,0 m Breite. — Neben der landseitigen Außenmauer des Sandfangs befindet sich die 6,0 m breite Rinne, die das Rißbachwasser zuführt; auch in ihr ist ein Verschluß vorhanden.

Die beschriebene Wehranlage gestattet, das Wasser der Isar bzw. das Wasser des Rißbachs einzeln auszuschalten und die Zuleitungen einzeln zu entleeren.

Nach dem Bauplan werden zuerst die linksuferigen Bauten der Wehranlage ausgeführt, in einem zweiten Bauabschnitt folgt das feste Wehr.

Im 2. Ausbau wird an die Floßgasse der Floßkanal angeschlossen, der am linken Ufer flußabwärts führt (Tafel 1 Abb. 1 und Tafel 2 Abb. 21). Ferner sind in Verbindung mit der Wehranlage Uferbauten vorgesehen und zwar flußaufwärts links 430 m und rechts 600 m weit, flußabwärts links 80 m und rechts 300 m weit; es sollen befestigte Kiesdämme mit Böschungen 1 : 1½ und mit 2 m Kronenbreite hergestellt werden; sie werden auf der Wasserseite gepflastert und an die Hochufer angeschlossen, ihr Hinterraum wird teilweise ausgefüllt. Das rechtsseitige Ufer des Floßkanals bildet gleichzeitig das befestigte Ufer der Isar (Tafel 2 Abb. 21).

c) Der untere Stollen Isar — Walchensee (Tafel 1 Abb. 2 unten und Tafel 3 Abb. 34). [1])

Hinter dem Sandfang des Isarwehres tritt das vereinigte Isar- und Rißbachwasser (55 cbm/sec) mit Spiegelhöhe + 805,75 m in den zum Walchensee führenden Wasserweg. Dieser zeigt zuerst einen 100 m langen offenen Kanal mit Sohlenbreite 13,7 m und Böschungen 1 : 1½ (Tafel 2 Abb. 12 [38]); die Wände sind betoniert, die Fließtiefe beträgt 3,6 m. Aus dem Kanal tritt das Wasser in den 3120 m langen Stollen; derselbe wird sogleich für die spätere Größtmenge von 55 cbm/sec ausgebaut, führt aber bis zum Vollausbau nur eine Größtmenge von 40 cbm/sec. Der Stollen erhält ein Gefälle von 1 : 2500; er wird überall mit Mauerwerk ausgekleidet und wasserdicht glatt verputzt; für etwa ein Drittel seiner Länge ist wegen drückenden Gebirges stärkere Ausmauerung vorgesehen. Die größte Fließgeschwindigkeit beträgt 1,75 m/sec. Der Ausbruch des Stollens er-

[1]) Offensichtlich hat sich der Entwurf nach Fertigstellung der Zeichnungen des unteren Isarwehrs entschlossen, den Wasserspiegel zwischen dem Sandfang und dem Walchensee, daher insbesondere auch die Bauanlage des Stollens, um 0,75 m zu heben und damit im Zusammenhang die Sandschwelle des Sandfangs um 0,5 m zu senken; anscheinend ist dies geschehen, um den ausgefällten Sand im Sandfang sicherer zurückzuhalten. Bei dieser Änderung hat der Entwurf die Zeichnung gelassen, wie sie war, und lediglich die Höhenzahlen ausgewechselt. Daher sind insbesondere bei Tafel 2 Abb. 14 und 16 die betreffenden Zahlen richtig, während die Zeichnungen bei ihrem rechten Ende nicht genau zutreffen.

folgt auf etwa zwei Drittel seiner Länge vom Walchensee aus, im übrigen von der Isar aus. Beim Ausbruch wird zuerst ein Firststollen hergestellt, was ohne weiteres im Trockenen geschehen kann; die Nordstrecke wird ausgetieft, nachdem der Walchensee bereits abgesenkt ist (vgl. Abschnitt A, 2).

d) Auslauf in den Walchensee (Tafel 2 Abb. 20).

Das Wasser erreicht den Walchensee mit Spiegelhöhe + 804,4 m (2,5 m über dem höchsten Seespiegel). Hier am Ende des Wasserweges, wo der Entwurf das Sohlengefälle anscheinend auf 1 : 3000 vermindert, ist ein Auslauf vorgesehen, der das Wasser über eine Kaskade mit breiten und daher schützenden Stufen in den See abfallen läßt. Durch Verschlußschützen wird der Spiegel auf + 804,4 m gehalten. Die Stufen haben von den beiden Seiten her Gefälle zur Mitte; so entsteht in der Mitte der Kaskade eine tiefere Mulde, die bei Niederwasser das Wasser zusammenhält und die Anlage vor Eisschwierigkeiten schützt. Von der Kaskade werden im 1. Ausbau (im Schutz der beabsichtigten Seesenkung) nur die oberen Stufen ausgeführt; die unteren Stufen werden erst im 2. Ausbau hergestellt bei entsprechend stärkerer Senkung des Sees; der jeweilige untere Rand wird durch eine Spundwand gesichert.

e) Allgemeines betreffend die Strecke Rißbach—Isar (Tafel 1 Abb. 1 und Abb. 2 unterer Teil).

Die beschriebene Anlage des unteren Wasserweges von der Isar zum Walchensee wird beim 2. Ausbau dadurch ergänzt, daß dem unteren Isarwehr auch Wasser aus dem Rißbach zugeführt wird und zwar bis zur Größtmenge von 15 cbm/sec. Hierfür sieht der Entwurf ein Wehr im Rißbach und einen Stollen von diesem Wehr bis zum unteren Isarwehr vor. Für das Rißbachwehr wurde von vornherein verlangt, daß es möglichst niedrig sein solle; daher mußte das Wehr beziehentlich weit flußaufwärts angelegt werden. Gemäß Abschnitt c) vereinigt sich beim Isarwehr das Wasser des Rißbachs mit dem Wasser der Isar auf Spiegelhöhe + 805,75 m; der Stauspiegel des annähernd 5 km entfernten Rißbachwehres wurde auf + 812,0 m festgesetzt, wobei der Stollen ein Gefälle von 1 : 1000 erhielt.

f) Rißbachwehr (Tafel 1 Abb. 4 bis 10 — [*35*], [*36*], [*37*] —).

Die gemäß Abschnitt e) festgelegte Baustelle des Rißbachwehres liegt etwa 800 m oberhalb des Fischbachs. Der Entwurf macht für sie folgende Vorzüge geltend: Die Höhe des erforderlichen Wehrkörpers ist klein; der Anschluß an die Ufer ist sehr sicher; am linken Ufer, bei dem der Stollen abzuzweigen ist, steht unmittelbar der Felsen an; das Gelände des rechten Ufers erleichtert die Herstellung eines Triftkanals.

Bei der Wehrstelle beträgt das Flußgebiet 190,5 qkm entsprechend einem größten Hochwasser von 114 cbm/sec.

Das Rißbachwehr wurde einschließlich der linksuferigen Anlage zur Wasserreinigung nach den nämlichen Grundsätzen und wesentlich in der nämlichen Bauform entworfen wie das untere Isarwehr; es umfaßt vom rechten Ufer ab ein 56 m langes festes Wehr, eine 6,0 m breite Floßgasse und eine 6,0 m breite Grundschleuse, letztere vor dem Einlauf zur Reinigungsanlage. Die Krone des festen Wehres liegt auf + 812,0 m, die Schwelle der Floßgasse auf + 811,2 m und diejenige der Grundschleuse auf + 810,2; die Oberkante der Verschlußschützen wurde auf + 812,2 m eingerichtet. Die Geröllschwelle des Einlaufs liegt, 0,8 m höher als der Grundablaß, auf + 811,0 m. Die Krone des festen Wehres trägt auf 5 Pfeilern von je 1,2 m Dicke einen Betriebssteg. Die im ganzen 50 m große lichte Öffnung des Wehres führt das größte Hochwasser mit 1,0 m Strahldicke ab; dabei beträgt der größte Rückstau 240 m. Das feste Wehr ragt nur etwa 1,75 m über die Flußsohle. Der Entwurf erwartet, daß sich die Flußsohle beim Wehr später durch Auskolken vertiefen wird, er hält daher eine tiefe Gründung für erforderlich; Holzspundwände sind nach seiner Ansicht wegen des sehr groben Geschiebes ausgeschlossen; daher wird eine mit ihren Spornen 4 bis 5 m tief reichende Betongründung vorgesehen; für dieselbe ist es von großem Wert, daß das starke Gefälle die Entwässerung der Baugrube erleichtert. Dem Entwurf schwebt, abweichend von dem bezeichneten Verfahren, eine Möglichkeit vor, bei der man das Wehr zunächst weniger tief gründet, und bei der das Sturzbett erst später, bei etwa eintretendem Auskolken, bis auf größere Tiefe hergestellt wird; diese Möglichkeit schaltet der Entwurf zugunsten der sofortigen endgültigen Gründung aus, und zwar tut er dies wegen der besonders leichten Entwässerung.

Am rechten Ufer ist vom Wehr ab der Triftkanal vorgesehen, der sich gemäß Abschnitt B, 2 an den Triftkanal der Isar anschließt. Ein großes Leitwerk führt das Holz dem Triftkanal zu, ein anderes Leitwerk hält dem Einlauf am linken Ufer schädigendes Treibholz fern. Um den Durchgang von etwaigem Treibholz zwischen den Pfeilern des Wehrsteges zu erleichtern, sollen die Pfeiler, wie der Entwurf zusätzlich zu seinen Plänen bemerkt, im Grundriß abwechselnd gegeneinander versetzt werden.

Der Einlauf (für 15 cbm/sec) ist 12,0 m breit; er selbst und die an ihn sich anschließende Reinigungsanlage (aus Kiesfang und Sandfang bestehend) wurden durchaus nach den beim unteren Isarwehr angewandten Grundsätzen entworfen. Im Sandfang steht der höchste Spiegel auf + 811,5 m.

g) Wasserweg vom Rißbachwehr zum Isarwehr (Tafel 1 Abb. 2 unten und Tafel 2 Abb. 26[1]) — [*41*] —).

Für die Strecke zwischen dem Rißbachwehr und dem unteren Isarwehr lehnt der Entwurf einen offenen Kanal wegen der beweglichen Hänge ab. Er wählt einen Stollen und legt ihn, um druckfreies Gebirge zu erreichen, möglichst weit in das Berginnere hinein (Tafel 1 Abb. 1); wegen der großen Länge des Stollens sieht er zur Verminderung der Baukosten ein Angriffsfenster im Isartal vor. Die Stollenstrecke vom Rißbachwehr bis zum Fenster ist 2880 m lang, diejenige vom Fenster bis zum Isarwehr 1580 m. Das 6 qm große Fenster wird mit einer Ablaufschütze geschlossen. In dem 1 : 1000 geneigten Stollen tritt eine größte Geschwindigkeit von 1,8 m/sec auf. Der Stollen wird ebenso ausgekleidet wie der unter c) besprochene Stollen Isarwehr—Walchensee. Als Übergang vom Stollen zum Isarwehr wird ein 130 m langer offener Kanal gebaut, in dessen Bereich ein 25 m langer Überlauf zur Isar vorgesehen ist (Tafel 2 Abb. 11). Die Durchführung des Rißbachwassers durch das Isarwehr wurde im Abschnitt b besprochen.

### 3. Der obere Wasserweg und das Obernachkraftwerk.

a) Allgemeines (Tafel 1 Abb. 1 und Abb. 2 oberer Teil).

Der obere Wasserweg umfaßt folgende Bauwerke: das obere Isarwehr oberhalb Krünn, von diesem ausgehend die 9395 m lange Zuleitung zum Walchensee und am

[1]) Bei der Herstellung der Tafeln 1, 2 u. 4 sind die 3 Stollenquerschnitte miteinander verwechselt worden. Im Gegensatz zu der gedruckten Beschriftung stellt dar:
Tafel 1 Abb. 3: den Druckstollen zwischen Walchensee und Kochelsee,
Tafel 2 Abb. 26: den Stollen Rißbach—Isar,
Tafel 4 Abb. 40: den oberen Stollen Isar—Walchensee.

Ufer des Sees das Obernachkraftwerk mit rund 70 m Gefälle. Diese Gesamtanlage dient lediglich der nachträglichen Schaffung des Nebenwerkes; ihre sämtlichen Bauten können für das Hauptwerk durchaus entbehrt werden, sie sind in diesem Sinne also lediglich dem Obernachkraftwerk zur Last zu legen. Der Entwurf »Wikor« unterscheidet sich in diesem Punkt wesentlich von den übrigen 5 Entwürfen; denn bei den letzteren sind die Bauten, die den Nebenwerken Wasser zuführen, zugleich auch für das Hauptwerk erforderlich.

Der Entwurf hat sich die Aufgabe gestellt, das Gefälle des Obernachkraftwerks (70 m) im Rahmen der Wirtschaftlichkeit möglichst groß zu machen; dadurch ist die erhebliche Länge des Wasserweges (9395 m) entstanden. (In dieser Hinsicht ist der Entwurf »Gold der Berge« noch weiter gegangen: er hat 12 km Wasserweg eingeführt und erreicht 80 m-Gefällstufe). Als größte Wassermenge soll der Wasserweg 10,0 cbm/sec ableiten; diese Menge ist während zwei Drittel des Jahres vorhanden, in der Niederwasserzeit sinkt der Zufluß auf 6 bis 7 cbm/sec. Baulich ist der obere Wasserweg nach den nämlichen Grundsätzen entworfen worden wie der untere Wasserweg und zwar sowohl hinsichtlich des Wehres, wie hinsichtlich der Wasserleitung.

b) Das obere Isarwehr (Tafel 2 Abb. 22 bis 25 [*40*]).

Das obere Isarwehr liegt 1,5 km unterhalb des Isarhorns (bei Mittenwald); sein Stauspiegel wurde auf +874,55 m festgesetzt. Die Wehranlage besitzt am rechten Ufer ein 135 m langes festes Wehr von 2,5 bis 3,0 m freier Höhe, ferner am linken Ufer 2 je 5,0 m breite Geröllschleusen mit einer zwischen ihnen liegenden Floßschleuse von 6,0 m Breite. Der Einlauf am linken Ufer ist 10,0 m breit; seine Geröllschwelle liegt auf + 872,9 m. Hinter dem Einlauf liegt ähnlich, wie bei den zwei anderen Wehren, für die Zwecke der Wasserreinigung ein Kiesfang und ein Sandfang.

c) Wasserleitung zum Walchensee (Tafel 1 Abb. 1 und Abb. 2 oben, Tafel 2 Abb. 27 und Tafel 4 Abb. 40[1]) — [*44*] —).

Die für 10,0 cbm/sec bemessene 9395 m lange Wasserleitung vom Wehr zum Walchensee zeigt zunächst eine 3485 m lange offene Kanalstrecke am linken Ufer des Isartals; in ihrem Zuge ist eine Reihe von erheblichen Kunstbauten auszuführen. Im Anschluß an den Kanal wird mit einem 1750 m langen Stollen die Wasserscheide zwischen der Isar und dem Obernachtal durchfahren; im Obernachtal folgt zuerst ein 260 m langer offener Kanal und schließlich bis zum Walchensee, an der rechten Lehne des Obernachtals entlang, eine 3900 m lange Stollenstrecke; diese wird durch 2 Fenster in Teilstrecken von bzw. etwa 1800, 1600 und 500 m Länge zerlegt. Die offenen Kanalstrecken erhalten 1:3333 Gefälle, die Stollen 1:1000. Die offenen Kanäle (Tafel 2 Abb. 27) werden unbefestigt mit folgenden Abmessungen hergestellt: Sohlenbreite 3,0 m, Wassertiefe 2,0 m, Böschungen 1:1¾. In den in bekannter Weise auszuführenden Stollen (Tafel 4 Abb. 40[1])) tritt eine größte Fließgeschwindigkeit von 1,74 m/sec auf. Die 260 m lange Kanalstrecke im Obernachtal liegt neben dem in die Obernach entwässernden Sachensee; zu diesem hin soll in der linken Kanalwand ein Überlauf und ein Grundablaß gebaut werden. Abweichend hiervon hat der Entwurf die in den Abschnitten A, 1 und B, 3 erläuterte Wahlform vorgesehen (Ausbau IIIa); bei ihr wird der Sachensee in den Zug des Wasserweges eingeschaltet und als Tagesausgleichweiher eingerichtet; er erhält hierfür bei seinem Auslauf ein Stauwerk von 2,75 m Stauhöhe, dasselbe ermöglicht einen Weiherinhalt von 150 000 cbm. Bei der Wahlform ist die untere Stollenstrecke als Druckstollen einzurichten.

d) Obernachkraftwerk — Allgemeines und Bautechnisches (Tafel 3 Abb. 28 bis 31).

Am unteren Ende des Wasserweges beim Walchensee liegt mit rund 70 m Rohgefälle das Obernachkraftwerk; für dasselbe ist als niedrigstes Unterwasser der um 3,5 m gesenkte Spiegel des Walchensees vorgesehen. Das Kraftwerk hat 6400 PS mittlere Nutzleistung; dieselbe kann bei der Wahlform bis 12 000 PS gesteigert werden. Die bautechnischen Einzelheiten gehen aus den Zeichnungen hervor, sie wurden nach den für das Hauptwerk geltenden Gesichtspunkten entworfen.

Die ohne ein besonderes Abschlußorgan im Wasserschloß beginnende Rohrleitung (1 Rohrstrang von 1900/1800 mm lichtem Durchmesser) besteht aus genieteten Rohren von normal 6 m Baulänge, die wiederum an Ort und Stelle durch Vernietung verbunden werden. Die Blechstärke schwankt zwischen 8 und 11 mm. Vor den Abzweigungen zu den Turbinen ist eine Drosselklappe eingeschaltet; unmittelbar vorher zweigen noch Leitungen zu einem Leerlaufschieber und einer Brechplatte zur Sicherung der Rohrleitung gegen zu große Druckerhöhungen ab.

e) Die maschinentechnischen Einrichtungen des Obernachkraftwerks.

Die Leistung des Werkes soll durch 2 liegende Turbinen von je 3500 PS und 333 Umdrehungen in 1 Minute aufgebracht werden, während eine dritte Gruppe in Reserve steht. Der angegebenen Drehzahl entspricht eine spezifische Umlaufzahl von 111, es kommen daher zum Ausbau nur Francisturbinen in Betracht, und zwar schlägt der Entwurf Turbinen vor, wie sie aus Tafel 3 Abb. 28 bis 32 ersichtlich sind. Für die Turbinen ist Außenregelung vorgesehen, so daß keine Regelungszapfen ins strömende Wasser zu liegen kommen, und überdies sind, da bei den vorliegenden Verhältnissen immerhin die Gefahr von Anfressungen im Leitrad besteht, die Leitradwände mit Bronzeringen versehen. Ebenso ist beim Saugrohrspalt ein auswechselbarer Ring angeordnet. Zum Abschluß besitzt jede Turbine einen Schieber mit hydraulischer Steuerung und Rückführung, zu dessen Entlastung noch je eine Umlaufleitung mit Handschieber angeordnet ist. Für die Lager der Turbine ist Ölkühlung in Aussicht genommen. Die Verbindung der Turbinen mit den Dynamomaschinen erfolgt durch starre Kupplungen, deren eine Hälfte als Schwungrad ausgebildet ist. Die selbsttätige Regelung besorgen Öldruckregulatoren. Zur Vermeidung von hydraulischen Stößen in der Leitung bei plötzlichen großen Entlastungen sind Druckregelungsapparate vorgesehen.

Für die Turbine werden Wirkungsgrade von 78, 80 und 75% bei $^4/_4$, ¾ bzw. ½ Öffnung vorgesehen, für die Regelung bei plötzlichen Belastungsänderungen von 25 bzw. 50% größte Geschwindigkeitsänderungen von 3 bzw. 6% über dem bleibenden Beharrungszustand; hierbei wird ein $GD^2$ der Dynamomaschine von 40 000 kg · m² vorausgesetzt.

Das für die Regelung nötige Drucköl wird durch zwei kleine, von je einem Peltonrad angetriebene Pumpen erzeugt und in Windkesseln aufgespeichert.

Die im Abschnitt B, 3 näher erläuterte Wahlform des Obernachkraftwerks bietet hinsichtlich des maschinentechnischen Teiles nur insofern eine Abweichung, als der Durchmesser der Rohrleitung auf 2300 mm (statt 1800) erhöht ist, und als statt 3 Turbinen deren 4 vorgesehen sind.

[1]) Siehe Fußnote S. 77.

f) Die elektrotechnischen Einrichtungen des Obernachkraftwerks.

Der Hauptentwurf richtet 3, der Wahlentwurf 4 Wechselstrommaschinen mit einer Dauerleistung von je 3000 KVA ein (Tafel 3 Abb. 28 bis 30 u. 33). Die Periodenzahl soll $16^2/_3$ betragen. Die Maschinen erhalten 6 Pole und müssen dementsprechend 333 Umdrehungen in 1 Minute machen.

Die Magneträder sind für eine Drehzahlerhöhung von 80% gebaut, sie werden jedoch, bevor die Spannung gefährlich wird, selbsttätig abgeschaltet.

An jede Dynamomaschine ist eine Erregermaschine von 35 KW Leistung und 220 Volt Spannung angebaut.

Von der Hauptmaschine aus wird der Strom in Kabeln mit einer Spannung von 8000 Volt (Tafel 3 Abb. 29) nach dem Erdgeschoß des anstoßenden Schaltgebäudes zu den Gruppensammelschienen und Hilfssammelschienen von 8000 Volt und von hier zu den Wechselstromtransformatoren geleitet. Zu jeder Maschine gehören 2 Transformatoren von je 1500 KVA; ihr Übersetzungsverhältnis ist 8000 auf 50 000 Volt. Die Transformatoren sind fahrbar in besonderen Zellen aufgestellt; ihr Öl wird durch Wasser gekühlt. Von den Transformatoren fließt der Strom zu den Ölschaltern und Sammelschienen von 50000 Volt in das 2. Obergeschoß (Tafel 3 Abb. 29), dann zu den Ausführungen der 2 Freileitungen im nächsten Geschoß. Oberhalb derselben ist der Blitz- und Überspannungsschutz untergebracht.

Auf doppelte Sammelschienen, wie sie im Hauptwerk angeordnet sind, wurde beim Obernachkraftwerk verzichtet; die Hilfssammelschienen von 8000 Volt dienen nur dem Eigenbedarf des Werkes für die Beleuchtung und Fernsteuerung.

Die ganze Anlage wird von einer im ersten Obergeschoß angeordneten Schaltbühne aus bedient (Tafel 3 Abb. 28 bis 30). Dort sind auf Pulten alle Instrumente, Signalvorrichtungen und Steuerschalter untergebracht. Gegenüber den Schaltpulten ist eine besondere Schalttafel für die Gleichstromverteilung für Licht und Motoren eingerichtet (Tafel 3 Abb. 29).

Der Gleichstrombedarf des Werkes für Hilfsmotoren und Beleuchtung wird durch 2 Wechselstrom-Gleichstrom-Umformer mit einer Gleichstromleistung von 40 KW bei 220 Volt im Anschluß an 2 Wechselstrom-Öltransformatoren von je 80 KVA mit einem Übersetzungsverhältnis von 8000 auf 220 Volt gedeckt. Eine Batterie von 594 Amp.Std. bei dreistündiger Entladung dient zur Unterstützung.

Zwei voneinander unabhängige Freileitungen, jede mit einem Gesamtquerschnitt von 70 qmm, der in 2 Seile von 35 qmm unterteilt ist, gemeinsam auf einem Eisengestänge verlegt, leiten die elektrische Arbeit mit 50 000 Volt nach dem 8,5 km entfernten Hauptwerk. Damit an der einen Leitung ohne Gefahr gearbeitet werden kann, wenn die zweite unter Spannung steht, sollen auf den Gittermasten besondere Schutzmittel angeordnet werden.

#### 4. Vertiefung der Jachen und die Jachenschleuse.

Als Sperrbauwerk beim Ausfluß des Walchensees zur Jachen hat der Entwurf eine gemauerte Kammerschleuse vorgesehen. Dieselbe hat in erster Linie die Aufgabe, den Holzverkehr vom Walchensee zur Jachen auch bei abgesenktem Seespiegel aufrecht zu erhalten; hierfür ist der Einlaufdrempel der Schleuse auf + 797,9 m gelegt worden (4,0 m unter dem höchsten Seespiegel + 801,9 m), ferner wurden die obersten 700 m des Jachenlaufs entsprechend vertieft; auf diese Weise bleibt der Holzverkehr bis zu etwa 3,5 m Seesenkung möglich. In zweiter Linie soll die Schleuse zum Entlasten des Sees bei Hochwasser bzw. vor einer zu erwartenden Flut dienen. Die Kammer der Schleuse ist 17,5 m lang und 4,0 m breit; ihre Sohle liegt auf + 797,4 m. Der Verschluß beim Oberhaupt besteht aus einer zweiteiligen Holzschütze, der Verschluß beim Unterhaupt aus einer Bodenschütze mit oberer fester Wand. Das vertiefte Jachenbett beginnt bei der Schleuse mit Sohlenhöhe + 797,87 m und hat 1: 2000 Gefälle; es wird ähnlich ausgebaut wie der Isarfloßkanal (Tafel 2 Abb. 21).

## II. Baugruppe II.

### 1. Allgemeines.

— Tafel 4 Abb. 38 und 39 —

Als Ausgangspunkt für die mittlere Achse der Baugruppe II im Grundriß hat der Entwurf, ebenso wie die anderen Entwürfe, die Bucht des Walchensees bei Urfeld angenommen; dies ist nach seiner Ansicht deswegen geboten, weil sich so die kürzeste Stollenleitung zum Kochelsee ergibt. Vom bezeichneten Punkte aus führt der Entwurf die Mittelachse zum westlichen Teil des Geländes, welches am Südufer des Kochelsees für das Hauptwerk in Frage kommt. In der Mittelachse folgen aufeinander von Süden nach Norden: der Einlauf bei Urfeld, die 2 je 1040 m langen Druckstollen, die 2 Wasserschlösser, die 6 Druckrohre, das Hauptwerk und der Unterwasserkanal. Das Hauptwerk hat der Entwurf auf Grund von Wirtschaftsvergleichen in den Fuß des Nordhangs hineingeschoben, um die Länge der teueren Druckrohre möglichst zu vermindern; auf diese Weise werden die Erdarbeiten für das Hauptwerk und seine Freilegung beziehentlich groß.

Die Baugruppe II soll beim Vollausbau 24,0 cbm/sec Dauerwasser führen, bei Spitzenbedarf dagegen die Größtmenge von 72,0 cbm/sec; im 1. Ausbau sind die Wassermengen nur halb so groß, nämlich bzw. 12,0 und 36,0 cbm/sec. Im Einklang hiermit und zugleich zum Nutzen der Betriebssicherheit hat der Entwurf die Bauwerke nach Möglichkeit in 2 getrennte Halbgruppen geteilt, von denen jede 36,0 cbm/sec Größtmenge zu bewältigen hat; im 1. Ausbau wird der östliche Druckstollen mit seinem Wasserschloß und den 3 östlichen Druckrohren gebaut, beim Vollausbau die entsprechenden westlichen Bauwerke. Der Einlauf bei Urfeld wurde als einheitliches Bauwerk entworfen. Das Gebäude des Hauptwerkes liegt im Grundriß in bekannter Weise spitzwinkelig zur Achse der Druckrohre; im Einklang mit dem Gesagten wird von ihm im 1. Ausbau die südliche Hälfte gebaut, beim Vollausbau die nördliche Hälfte; würde umgekehrt die südliche Hälfte erst beim Vollausbau hergestellt, so würden dicht neben ihrer Baugrube 3 Druckrohre liegen, die durch das Sprengen der Fundamente gefährdet wären; diese Schwierigkeit fällt, wie der Entwurf geltend macht, bei dem von ihm gewählten Bauplan fort. Der Unterwasserkanal wird ungeteilt bereits im 1. Ausbau hergestellt.

Entsprechend dem Bauprogramm des Entwurfs soll im 1. Ausbau der östliche Druckstollen mit seinen Druckrohren sogleich mit großer Beschleunigung ausgeführt werden; dies ist nötig, weil mittels des Stollens und der Rohre der Walchensee abgesenkt werden muß, um den Bau des Einlaufs bei Urfeld sowie den Bau des unteren Isarstollens und seines nördlichen Absturzes zu ermöglichen (vgl. Abschnitt A, 2).

### 2. Einlauf bei Urfeld.

— Tafel 3 Abb. 35 bis 37 — [*42*], [*43*] —

Der Einlauf bei Urfeld ist zum Schutz der Naturschönheit so entworfen worden, daß sich möglichst alle seine Teile im Erdeinschnitt unter Wasser befinden. Der höchste

Seespiegel liegt auf + 801,9 m, der niedrigste Spiegel des Vollausbaus auf + 788,8 m[1]). Beim Beginn des normalen Querschnitts der Druckstollen unmittelbar hinter dem Einlauf liegt die Stollensohle auf + 782,30 m, der Stollenscheitel auf + 786,85 m; der Stollen liegt also genügend tief unter dem niedrigsten Seespiegel. Der Einlauf zeigt einen großen Voreinschnitt mit Stirnmauer und Seitenmauern; derselbe ist 16,0 m breit und bis etwa 23 m tief. Durch eine mittlere Zungenmauer wird der Einschnitt, entsprechend den beiden Druckstollen, in zwei Hälften von je 7,0 m Breite geteilt. Jedem Druckstollen wird das Wasser (bis 36,0 cbm/sec) durch zwei 3,5 m weite Rohrstutzen zugeführt; hinter diesen ziehen sich die Druckstollen auf 30 m Achsabstand auseinander. In die 4 Rohrstutzen sind 3,5 m weite Drosselklappen eingebaut; die 4 Klappen werden von einem sie überquerenden Bedienungsstollen aus bewegt und zwar mittels eines Elektromotors von 5 PS oder von Hand. Die Drosselklappen sind mit losen Ringflanschen und Gummiringen in die Rohre eingesetzt und können daher leicht herausgenommen werden. Der Bedienungsstollen ist durch einen Schacht zugänglich. Hinter dem Einlauf erhält jeder Druckstollen einen Luftschacht. Im Voreinschnitt ist im Zusammenhang mit der Zungenmauer ein großer Rechen vorgesehen, der für den Betrieb vierfach abgestuft ist.

Für den Bau des Einlaufs hat der Entwurf einen genauen Arbeitsplan, namentlich hinsichtlich der Wasserhaltung, aufgestellt und zwar mit folgenden Hauptzügen: Der äußere Teil des Felsmassivs im Voreinschnitt bleibt bis zur Höhe von + 802,9 m als Fangedamm zunächst noch bestehen; in seinem Schutz werden die landeinwärts liegenden Teile des Einlaufs sogleich für beide Druckstollen gebaut und zwar für den westlichen Stollen mit Ausnahme seiner 2 Drosselklappen und seiner Rechenhälfte; gleichzeitig wird der östliche Druckstollen ausgeführt. Inzwischen ist der Walchensee durch die Jachenschleuse um etwa 3,5 m gesenkt worden, und dementsprechend wird der obere Teil des abdämmenden Felsmassivs weggesprengt. Jetzt wird der See mittels des fertigen östlichen Druckstollens noch weiter gesenkt, und gleichzeitig wird das abdämmende Felsmassiv noch tiefer abgesprengt und bis auf + 796,4 m wieder aufgemauert; alsdann wird das Wasser mittels einer Holzrinne zum östlichen Druckstollen übergeleitet und der Rest der für den 1. Ausbau noch erforderlichen Arbeiten ausgeführt. Während der Dauer der 1. Ausbaustufe (niedrigster Seespiegel + 798,4 m) bleibt die Oberkante der Felsrippe auf + 796,4 m. Beim Vollausbau wird zu günstiger Zeit durch allmähliches Abbrechen der noch bestehenden Felsrippe der See gesenkt und zwar während des Betriebes; dann werden die für den westlichen Stollen noch fehlenden Einlaufeinrichtungen im Trockenen ausgeführt.

### 3. Die Druckstollen.

— Tafel 4 Abb. 38 und 39, Tafel 1 Abb. 3[2]) — [*34*] —

Die Druckstollen sind 1040 m lang; ihre Sohle liegt beim Stollenanfang in Urfeld auf + 782,3 m, beim Stollenende an der Nordseite auf + 780,0 m. Der für 36,0 cbm/sec berechnete lichte Stollenquerschnitt ist 4,55 m hoch und 4,40 m breit; die größte Fließgeschwindigkeit beträgt 2,28 m/sec. Um die Stollen wasserdicht zu machen, werden die durch sorgfältigen Ausbruch freigelegten Felsflächen mit Zementbeton und Zementmörtel abgeglichen und mit Glattstrich versehen; alsdann wird der eigentliche Mauermantel mit dichtem Anschluß an den Felsen hergestellt und im Innern wasserdicht verputzt. Der erste (östliche) Druckstollen wird zunächst nur von der Nordseite aus und zwar mit Handbohrung vorgetrieben, später von beiden Seiten aus mit Maschinenbohrung. Der Abstand der beiden Stollen ist auf 30 m bemessen worden, um den zweiten Stollen unbedenklich ausführen zu können, während der erste in Betrieb ist.

[1]) Stattdessen erscheinen im Entwurf auch die Zahlen + 788,4 m und + 788,5 m.

[2]) Siehe Fußnote S. 77.

### 4. Die Wasserschlösser.

— Tafel 4 Abb. 39 —

Die am Nordende der Druckstollen befindlichen beiden Wasserschlösser wurden als lotrechte Kreisschächte von 8,0 m Durchmesser eingerichtet; die Schächte wurden zur Sicherheit in den Berg hineingelegt. In den unteren Teil des einzelnen Schachtes mündet der Druckstollen mit Sohlenhöhe + 780,0 m und Scheitelhöhe + 784,55 m ein; gegenüber verlassen die 3 je 2,0 m weiten Druckrohre den Schacht mit Achsenhöhe + 781,6 m, der obere Rand ihrer trichterförmig erweiterten Einlauföffnung liegt auf etwa + 782,9 m. Beim Vollausbau steht der Ruhespiegel im Schacht beim höchsten Spiegel des Walchensees auf + 801,9 m, beim niedrigsten Spiegel auf + 788,4 m. Wenn bei Vorhandensein dieses niedrigsten Spiegels das ruhende Werk in Gang gesetzt wird, so wird der Schachtspiegel vorübergehend erheblich sinken; der Entwurf hat diesen Fall unter der Grenzannahme untersucht, daß die volle Dauermenge eines Stollens = 12,0 cbm/sec auf einmal entnommen wird; wie der Entwurf als Ergebnis der Untersuchung geltend macht, steht auch in diesem schlimmsten Falle der Schachtspiegel genügend hoch, um den Eintritt von Luft in die Druckrohre zu verhüten; hierbei wird in Betracht gezogen, daß die technischen Betriebsmittel eine plötzliche Entnahme von 12,0 cbm/sec nicht gestatten, daß sich vielmehr das Anwachsen der Entnahmemenge auf eine gewisse Zeit verteilt. Wenn im umgekehrten Falle bei hohem Schachtspiegel das Werk in Betrieb ist und die Wasserentnahme in kurzer Zeit ganz oder teilweise aufgehoben wird, so tritt vorübergehend ein erhebliches Steigen des Wassers über den höchsten Spiegel hinaus ein. Um dieses Ansteigen einzuschränken, hat der Entwurf jeden der beiden Schächte über dem höchsten Spiegel von + 801,9 m durch Hinzufügen von 2 großen Querkammern (30 m bzw. 13 m lang mit 7,6 m Durchmesser) erweitert. Unter diesen Umständen ist nach dem Entwurf ein höchster Schachtspiegel von + 806,6 m zu erwarten. Die obere Bedienungsfläche der Schächte liegt auf + 810,5 m; die Schächte haben daher eine Höhe von etwa 33 m.

### 5. Druckrohrleitung.

— Tafel 4 Abb. 39, 41 und 42 —

Aus jedem der beiden Wasserschlösser zweigt in der Verlängerung der Druckstollenachse ein kurzer Rohrstollen ab; die auf dem Schachtboden des einzelnen Wasserschlosses eingemauerten 3 Druckrohre von 2,0 m Durchmesser sind im zugehörigen Rohrstollen mit Achsenhöhe + 781,6 m frei gelagert. Beim Ende des Rohrstollens werden die Rohre mit einem Schieberhaus überbaut.

Von den beiden Schieberhäusern aus gehen die 6 Druckrohre in den besprochenen 2 Gruppen zu je 3 schräg den Hang hinunter. Die Schieberhäuser haben noch den Achsabstand von 30 m, den auch die Druckstollen besitzen; vom Schieberhaus abwärts werden jedoch die beiden Rohrgruppen enger zusammengezogen. Die Achse der Rohre liegt in den oberen Rohrstollen auf + 781,6 m, sie liegt unten neben dem Hauptwerk auf + 603,04 m. Außer dem oberen und dem unteren Knickpunkt ist noch ein zwischenliegender Knickpunkt vorgesehen. Die Rohre liegen mit 3,0 m Achsabstand zu je 3 in 2 Rohrgräben; sie ruhen auf Betonsockeln. Die 3 Knickpunkte werden mittels Einmauerung und Verankerung als Festpunkte ausgebildet; gleich unterhalb der beiden oberen Festpunkte werden Expansionen eingebaut. Die auf den untersten Knickpunkt noch folgenden wagerechten Rohrstrecken sind bei den 3 westlichen Rohren (2. Ausbau) beziehentlich lang; in diese 3 längeren Rohrstrecken wurde noch ein letzter Festpunkt eingeschaltet, dementsprechend sind die 3 westlichen Rohre auch neben jenem untersten Knickpunkt mit Expansionen versehen.

Im Gegensatz zu den anderen Entwürfen ist die Druckrohrleitung des Entwurfs »Wikor« in ihrem oberen Teil außerordentlich einfach gehalten. Jedes Rohr ist im Schieberhaus durch eine einfache, entweder von Hand oder elektrisch zu betätigende Drosselklappe absperrbar, hinter welcher ein Luftkamin für die Belüftung der Leitung angeschlossen ist. Die Druckrohre sind auf der oberen Strecke mit 2000 mm Durchmesser ausgeführt, auf der mittleren mit 1900 mm und auf der unteren mit 1800 mm. Da jedes Druckrohr bei ganz geöffneten Turbinen 13 cbm/sec zu führen hat, so ergibt sich die größte Geschwindigkeit zu rd. 5 m/sec, die Anlaufzeit zu 1,5 Sekunden; der größte Gefällverlust ist im Entwurf zu 7 m angenommen.

Die obere Zone der Rohrleitung ist genietet, die beiden unteren bestehen aus geschweißten Rohren von ungefähr 6 m Baulänge, die an Ort und Stelle zusammengenietet werden sollen. In der oberen Zone geschieht die Nietung mit gewöhnlicher Überlappung, in den beiden unteren Zonen mit muffenartigen Erweiterungen, wie Tafel 4 Abb. 42 sie zeigt. Die genieteten Rohre sind unter Zugrundelegung einer Zugbeanspruchung von 600 kg/qcm im ungeschwächten Blech, die geschweißten Rohre bis 750 kg/qcm gerechnet. Am unteren Ende kann jeder Rohrstrang durch einen Leerlaufschieber entwässert werden; überdies ist hinter je einem zweiten Schieber eine Brechplatte angeordnet, bei deren Bruch eine so große Wassermenge zum Ausfluß kommt, daß sehr starke Druckerhöhungen nicht eintreten sollten.

Neben der Rohrleitung liegt für ihren Bau und für ihren Betrieb ein Gleisaufzug; der Bau dieses Aufzugs und derjenige der Rohrbahn des 1. Ausbaus wird zeitig begonnen und so beschleunigt, daß der Aufzug für die Ausmauerung des ersten Druckstollens und seines Wasserschlosses bereits benutzt werden kann.

### 6. Hauptwerk — Allgemeines und Bautechnisches.

— Tafel 4 Abb. 39 und Tafel 5 Abb. 46 bis 49 —

Für das Hauptwerk hat der Entwurf besonders eingehend die Frage untersucht, ob die Maschinensätze in einer einzigen langgestreckten Reihe oder je zur Hälfte in 2 Reihen aufgestellt werden sollten. Er hat sich für die einreihige Aufstellung, also für einen langgestreckten Maschinenraum entschieden. Hierbei hat er hinsichtlich der Transformatoren- und Schalträume vorweg einerseits das Verlangen gestellt, daß diese Räume mit dem Maschinenraum unmittelbar zusammenhängen sollten, anderseits forderte er aber, daß sie von den Druckrohrleitungen getrennt zu halten seien. Diese beiden Forderungen lassen sich gleichzeitig, wie der Entwurf ausführt, nur bei einreihiger Aufstellung der Turbinen einwandfrei erfüllen. Im übrigen bevorzugt der Entwurf die einreihige Aufstellung wegen ihrer Einfachheit und Übersichtlichkeit, ferner deswegen, weil bei ihr störende Mittelsäulen im Maschinenraum ohne weiteres vermieden werden.

Im Einklang hiermit sieht der Entwurf in einem einheitlichen Gesamtgebäude drei langgestreckte, nebeneinander liegende Haupträume vor, nämlich den Maschinenraum, das Schalthaus und den Transformatorenraum. In Anbauten sind die außerdem erforderlichen Räume eingerichtet. In den Maschinenraum münden von der äußeren Längsseite her die 6 Druckrohre ein (Rohrachse + 603,04 m). Die 12 stehenden Maschinensätze, deren Einzelheiten in den Abschnitten 8 und 9 behandelt werden, haben 9,0 m Achsabstand; in der Mitte wird dabei behufs Schaffung eines Montageplatzes der Raum eines Maschinensatzes freigelassen. Hiernach erhält der Maschinenraum eine Länge von 122,0 m bei einer lichten Weite von 14,5 m zwischen den Pfeilern des Laufkrans. Der Flur liegt auf + 607,29 m. Die zum Kühlen der Dynamomaschinen erforderliche Frischluft wird durch die Maschinen selbst von unten her angesaugt und nach oben abgeblasen; das Weitere besorgen die oberen Fenster.

### 7. Unterwasserkanal.

— Tafel 4 Abb. 45 —

Der Unterwasserkanal wird unter dem Gebäude als betonierter Doppelkanal mit Sohlenhöhe + 595,29 m ausgeführt; jeder der beiden Einzelkanäle bedient 6 Turbinen; derjenige, der die Turbinen des 1. Ausbaus bedient, ist länger. Außerhalb des Gebäudes wurde der Unterwasserkanal bis zum Kochelsee als ungedeckter Erdkanal entworfen mit 10,0 m Sohlenbreite und Böschungen 1 : 1,5. Das Sohlengefälle beträgt 1 : 1700, die Fließtiefe beim höchsten Wasserstand des Kochelsees (+ 600,29 m) zwischen 5,0 und 5,5 m.

### 8. Die maschinentechnischen Einrichtungen des Hauptwerkes.

— Tafel 4 Abb. 43 —

An jedes der 6 Druckrohre sind 2 Turbinen angeschlossen; daher entstehen bei den gegebenen Gefällen und Wassermengen Einheiten von 12 000 PS, die nach dem Entwurf auf 13 000 PS überlastet werden können, so daß im Hauptwerk bei 12 Einheiten 144 000 PS, überlastbar auf 156 000 PS, eingerichtet sind. Reservegruppen wurden nicht vorgesehen, da in dem Ausbau auf das Dreifache der mittleren Leistung schon eine ausreichende Reserve erblickt wurde. Der Entwurf hat eingehende Erwägungen darüber angestellt, ob Turbinen mit liegender Welle und 500 bis 600 Umdr./Min. oder solche mit stehender Welle und mäßig hoher Umdrehungszahl vorgeschlagen werden sollen. Insbesondere mit Rücksicht auf den elektrischen Teil wurde der letzteren Lösung der Vorzug gegeben, und so sind für jedes Druckrohr 2 Peltonturbinen mit lotrechter Achse angeordnet, die mit 200 Umdr./-Min. laufen sollen. Die stehende Welle wurde im übrigen gewählt, damit durch das Freihängen der Laufräder nicht zu viel Nutzgefälle verloren gehe; da die Düsen auf + 601,54 m zu stehen kommen, während der höchste Unterwasserspiegel auf + 600,29 m liegt, so beträgt der diesbezügliche Verlust immer noch zwischen 1 und 2%. Die Wirkungsgrade der Turbinen werden wie folgt gewährleistet:

| Turbinenöffnung | 4/4 | 3/4 | 2/4 |
|---|---|---|---|
| Wirkungsgrad | 77% | 78% | 75% |

Über den Aufbau der Turbine gibt Tafel 4 Abb. 43 Auskunft. Es sei hierzu noch folgendes ergänzend hinzugefügt: Das Laufrad sitzt fliegend auf dem Kuppelflansch der Stahlwelle, die zunächst durch ein kräftiges Halslager geführt und unmittelbar darüber durch einen Preßölzapfen auch axial gelagert ist. Der letztere hat außer dem Gewicht von Laufrad und Welle natürlich auch dasjenige des umlaufenden Teiles der Dynamomaschine aufzunehmen und erheischt deshalb eine sehr sorgfältige und kräftige Stützung. Der Entwurf nimmt hierzu eine Traverse an, die sich auf die durch Säulen gehaltene Rohrleitung beidseitig abstützt. Über dem Spurlager sitzt der Kuppelflansch zur Dynamomaschine, so daß die Turbinenwelle nur durch 1 Halslager geführt ist.

Ähnlich wie bei dem Entwurf »Fons roburis aqua« zweigen auch hier für jede Turbine von dem Hauptrohr 2 Zweigleitungen ab, die je mit einem hydraulischen Absperrschieber von 800 mm l. W. geschlossen werden können. Jede Zweigleitung trägt sodann 2 Düsen, so daß das Laufrad durch 4 auf den Umfang gleichmäßig verteilte Strahlen beaufschlagt wird.

Die zur Regelung der Strahlstärke verwendeten Nadeln sind ähnlich entworfen wie bei »Fons roburis aqua« und werden ebenfalls von einer senkrechten Welle aus betätigt.

Um größere Druckerhöhungen bei raschen, plötzlichen Entlastungen zu vermeiden, ist für jede Turbine eine Druckregelung angewandt, die mit beiden Zweigrohren verbunden ist. Ihr Schieber ist so tief angenommen, daß er bei hohen Wasserständen ins Unterwasser zu liegen kommt.

Die Geschwindigkeitsregulatoren werden natürlich mit Preßöl betrieben. Zur Erzeugung des letzteren, das zugleich auch zur Speisung des Ringspurlagers dient, erhält jede Gruppe eine Ölpumpe, die durch eine kleine Wasserturbine angetrieben wird. Außerdem ist für das ganze Werk eine Reservegruppe, bestehend aus 2 durch Elektromotor angetriebenen Pumpen, vorgesehen; sie liegt unter dem nicht zu überbauenden Gruppenfeld in der Mitte des Maschinenraums (vergl. Abschnitt 6).

Zur Bedienung der Haupthalle ist ein Kran mit Winden von 10 und 75 t angeordnet.

### 9. Die elektrotechnischen Einrichtungen des Hauptwerkes.

#### a) Allgemeines.

Der Entwurf geht von der Annahme aus, daß die gewonnene Kraft gleich von Anfang an ausschließlich für den Bahnbetrieb verwendet wird. Er schlägt deshalb mit Rücksicht auf die Ausführungen der »Denkschrift über die Einführung des elektrischen Betriebes auf den bayerischen Staatseisenbahnen« den Wechselstrom als die für den genannten Betrieb geeignetste Stromart einheitlich für sämtliche Werke vor und bezeichnet es als nicht entsprechend, Drehstrom zu erzeugen und ihn für den Bahnbetrieb durch Scottsche Transformatoren in Wechselstrom umzuwandeln, weil dadurch die Phasen ungleich belastet und die Kosten für die Transformatoren gesteigert werden. Im Anschluß an die Arbeitsergebnisse der »Schweizerischen Studienkommission für den elektrischen Bahnbetrieb« wird eine Periodenzahl von 16⅔ gewählt, damit geeignete Drehzahlen für die Umformung von Wechselstrom auf Drehstrom und umgekehrt erhalten werden. Die niedrige Periodenzahl ist nach dem Entwurf für die Glühlampenbeleuchtung der Fahrzeuge nicht von Nachteil, wenn dickdrähtige, wärmeträge Lampen verwendet werden.

Für die Fernübertragung wurde eine Spannung von 50 000 Volt gewählt, die nach Ansicht des Entwurfes bei dem heutigen Stand der Hochspannungstechnik eine betriebssichere und wirtschaftliche Kraftübertragung auf die in Frage kommenden Übertragungsweiten gewährt.

#### b) Beschreibung.

Das Hauptwerk soll beim Vollausbau 12 Wechselstrommaschinen erhalten, die in senkrechter Wellenanordnung mit den Peltonrädern gekuppelt werden (Tafel 4 Abb. 39 u. 44, Tafel 5 Abb. 46 u. 49). Da die Kraftmaschinen 200 Umdrehungen in 1 Minute machen, so müssen die Magneträder für Strom von 16⅔ Perioden 10-polig ausgeführt werden.

Die Anker erhalten eine gut isolierte und kräftig versteifte Stabwicklung und erzeugen damit eine Spannung von 8000 Volt.

Wegen der großen Fliehkräfte ist das Polrad in einen inneren Stahlgußkranz und in einen äußeren Kranz aus geschmiedeten Stahlringen unterteilt (Tafel 4 Abb. 44) und die Längsseite jeder Polwicklung nach einer Kettenlinie ausgebogen. Ein Bedienungspodest auf dem Ankergehäuse umgibt den ruhenden Teil der aufgebauten Erregermaschine, deren Leistung 100 KW bei 220 Volt beträgt. Die kühlende Luft wird aus der Turbinenkammer durch die Fenster der Radnabe angesaugt und, wie aus den Pfeilen auf Tafel 4 Abb. 44 ersichtlich ist, durch den Anker in das Innere des Maschinenhauses gepreßt. Für den Fall, daß der Regulator einer Turbine versagt, wird die Dynamomaschine, bevor die Turbine eine gefährliche Umdrehungszahl erreicht, selbsttätig von den Sammelschienen getrennt.

Von den Dynamomaschinen wird der Strom mit 8000 Volt Spannung in Kabeln (Tafel 5 Abb. 46 u. 49) nach dem Erdgeschoß des an die Maschinenhalle unmittelbar anschließenden Schalthauses zu den Ölschaltern, dann in das nächste Geschoß zu den Gruppensammelschienen und den Doppelsammelschienen von 8000 Volt geleitet. Von diesen gelangt er zu den in einem Anbau des Schaltgebäudes in Zellen untergebrachten Wechselstromtransformatoren, welche die Spannung von 8000 Volt auf 50 000 Volt erhöhen. Es sind für jede Maschine 3 fahrbare, wassergekühlte Öltransformatoren von 3350 KVA in Kernbauart vorgesehen (Tafel 5 Abb. 46 und 49). Die Unterteilung in 3 Einheiten wurde gewählt, um eine bessere Bereitschaft und kleinere, handlichere Gewichte für das Verbringen der Transformatoren nach und von dem Aufstellungsort zu erhalten.

Das Kühlwasser wird der Hauptdruckrohrleitung unter Zwischenschaltung eines Druckverminderungsventils entnommen und durch eine das ganze Gebäude entlang laufende Rohranlage den in den Ölkesseln der Transformatoren befindlichen Kühlschlangen zugeleitet.

Von den Transformatoren gelangt der Strom mit der Spannung von 50 000 Volt (Tafel 5 Abb. 47 u. 49) nach dem 2. Obergeschoß zu den Ölschaltern, dann nach dem 3. Obergeschoß zu den Gruppensammelschienen und den doppelten Hauptsammelschienen von 50 000 Volt, von hier in das nächste Geschoß zu den Ausführungen der 12 abgehenden Fernleitungen (Tafel 5 Abb. 48 u. 49). Im gleichen Geschoß werden die 2 vom Obernachkraftwerk kommenden Fernleitungen in das Hauptwerk eingeführt (Tafel 5 Abb. 50). Die beiden obersten Geschosse nimmt der Überspannungs- und Blitzschutz in Anspruch; er besteht aus Blitzhörnern mit Wasserwiderständen, Drosselspulen, Hörnern mit Karborundumwiderständen und Wasserstrahlerdern (Tafel 5 Abb. 48 bis 50).

Die Anordnung von Gruppensammelschienen (Tafel 5 Abb. 50) und doppelten Hauptsammelschienen auf der Ober- und Unterspannungsseite bietet, wie der Entwurf ausführt, den Vorteil weitgehender Schaltungsmöglichkeiten sowohl für die einzelnen Maschinen und Fernleitungen, als auch für das Zusammenarbeiten beliebiger Maschinen auf beliebige Fernleitungen; durch die bezeichnete Anordnung soll eine große Betriebssicherheit bei Beschädigung einzelner Teile erzielt werden.

Die Schalter vor den Gruppenschienen sind mit einem Maximalzeitrelais, die Maschinenschalter außerdem noch mit einem Rückstromrelais ausgestattet. Die hochspannungs- und niederspannungsseitig abschaltbaren Transformatoren sind bei außergewöhnlichen Unterschieden in Primär- und Sekundärstromstärke dadurch geschützt, daß die Schalter unter dem Einfluß eines Differentialrelais stehen, welches den gefährdeten Transformator beiderseitig abschaltet.

Die ganze Anlage wird von einem im 1. Obergeschoß des Mittelbaues des Schaltgebäudes vorgesehenen Raum aus bedient, der eine in den Maschinensaal vorspringende Bühne hat (Tafel 5 Abb. 46). Hier sind auf Schaltpulten für die Dynamomaschinen, Transformatoren und Fernleitungen die Meßinstrumente, die Steuerschalter, die Druckknöpfe für die Wechselstromkollektormotoren des Wasserschlosses und des Einlaufbauwerkes, die Synchronisier- und Parallelschaltvorrichtungen und die Rückmeldungen untergebracht. Gegenüber den Pulten ist die Schalttafel für die Niederspannung angeordnet.

Außer der Hauptschaltpultanlage ist neben jeder Dynamomaschine an derWand des Maschinenraums eine weitere Schalttafel für den Wärter angebracht, an welcher die Maschine im Notfall ebenfalls abgeschaltet werden kann.

Eine Telephonanlage verbindet alle wichtigeren Stellen des Kraftwerkes.

Als Hilfsmaschinen sind 3 Wechselstrom-Gleichstromumformer von 70 KW bei 220 Volt im Anschluß an zwei Wechselstromtransformatoren von je 120 KVA mit einem Übersetzungsverhältnis von 8000 auf 220 Volt vorgesehen (Tafel 5 Abb. 50), welche den Gleichstrombedarf des Werkes für Kraft, Licht und Fernsteuerung, unterstützt durch eine Akkumulatorenbatterie von 972 Amp. Std. bei dreistündiger Entladung, zu decken vermögen.

Von den übrigen Einrichtungen des Werkes ist noch die Ölküche mit Walzenkessel und Vakuumpumpe zu erwähnen, die sich an die Transformatorkammern anschließt, und in der das Transformatoröl vor dem Gebrauch durch Erhitzen von Feuchtigkeit befreit werden kann. Die an den Dampfdom angeschlossene Vakuumpumpe unterstützt hierbei die durch das Abkochen bewirkte Entfeuchtung. 2 Ölpumpen drücken das abgekochte Öl durch eine besondere Rohrleitung in den elektrisch vorgewärmten Transformator, während durch eine zweite Rohrleitung das verbrauchte Öl aus dem Transformator nach dem Kessel gepumpt wird.

Die Heizung des Maschinenhauses und seiner Nebenräume soll mittels Dampf bewerkstelligt werden; eine Heizung des Schalthauses wird von dem Entwurf nicht für erforderlich gehalten.

# Gold der Berge.

## A. Allgemeine Anordnung, Ausbaustufen und Bauzeiten.

— Tafel 1 Abb. 1 —

Der außerordentlich eingehend bearbeitete Entwurf »Gold der Berge« hat für die Baugruppe I (Zuleitung des Wassers der Isar und des Rißbachs zum Walchensee) die Grundform A angewendet, bei der für das Wasser der Isar ein oberer Wasserweg und für das Wasser des Rißbachs ein besonderer unterer Wasserweg gebaut wird. Bei den Erwägungen, die zur Wahl der Grundform A führten, zeigt der Entwurf das deutliche Bestreben, die bestehenden Rechte möglichst lange unberührt zu lassen: im Hinblick auf die Naturschönheit hält er die Absenkung des Walchensees für absehbare Zeit möglichst klein, die Flößerei und die Holztrift läßt er möglichst lange ungestört.

Trotz der hierdurch bedingten Einschränkung der Wassermenge will der Entwurf gleichzeitig eine möglichst große Kraftmenge schaffen; daher kommt es ihm darauf an, möglichst viel Gefälle auszubauen. Hierbei muß die Gefällhöhe des Hauptwerkes (Baugruppe II) in der Hauptsache als gegeben angesehen werden; daher kann man das für die beabsichtigte Vergrößerung der Kraftmenge nötige Mehrgefälle nur zwischen Isar und Rißbach einerseits und dem Walchensee anderseits ausbauen, also im Bereich der Zuleitungen zum Walchensee (Baugruppe I). In dieser Hinsicht geht der Entwurf »Gold der Berge« erheblich weiter als die übrigen 5 Entwürfe: einerseits baut er nicht nur beim oberen Wasserweg, sondern auch beim unteren Wasserweg eine Gefällstufe aus und sieht daher außer dem Obernachkraftwerk auch ein Niedernachkraftwerk vor; anderseits macht er das Gefälle bei beiden Nebenwerken möglichst groß. Hierbei hält es der Entwurf von vornherein für eine Wirtschaftsnotwendigkeit, daß Nebenkraftwerke gebaut werden; ferner macht er auf Grund bezüglicher Nachweise geltend, es sei trotz der erforderlichen großen Länge der Zuleitungen am richtigsten, die Nebengefälle möglichst groß zu machen. Für das Obernachkraftwerk wird ein Nutzgefälle von rund 80 m vorgesehen, für das Niedernachkraftwerk ein solches von rund 28 m. Dementsprechend wird vor allem das Isarwehr (oberer Wasserweg) beziehentlich weit talaufwärts, also in großer Höhe, angelegt (Stauspiegel + 890,25 m). Unter Verwertung der so gewonnenen Höhenlage sieht der Entwurf vom Wehr bis zum Walchensee einen offenen Kanal vor, der den Zwischensattel zwischen Isar und Obernach überschreitet. Der Kanal hat die beträchtliche Länge von 12 km; er nimmt unterwegs, bzw. im Staubereich des Wehres, das Wasser von 3 Bächen auf; diese sind hierfür mit Fassungswehren und Zuleitungskanälen ausgerüstet. Der lange offene Isarkanal mit den bezeichneten Bachzuleitungen bildet eine beachtenswerte Sonderheit des Entwurfs »Gold der Berge«; die Bauverhältnisse des Kanals hat der Entwurf durch eigene Geländeaufnahmen klargestellt. An den Kanal ist das Obernachkraftwerk angeschlossen.

Das Rißbachwehr (unterer Wasserweg) ist im Rißbachtal so weit talaufwärts geschoben, daß der Rückstau bis an die Landesgrenze reicht; weiter zu gehen erschien dem Entwurf untunlich. Der Wasserweg vom Wehr bis zum Walchensee ist überall als Stollen ausgebildet mit Ausnahme der Kreuzung mit der Isar; bei dieser ist ein Düker (unter der Flußsohle) vorgesehen. An das Auslaufende des Stollens ist das Niedernachkraftwerk angegliedert; ein Niedernachkraftwerk (Kraftwerk beim unteren Wasserweg) hat von den 6 Entwürfen nur der Entwurf »Gold der Berge« eingerichtet.

Bei der Baugruppe II (Walchensee—Kochelsee, Tafel 3 Abb. 37 und 39) sieht der Entwurf bis zum Maschinenhaus des Hauptwerkes 4 gleiche getrennte Teilgruppen vor, dabei insbesondere 4 Druckstollen durch den Kesselberg; bei den übrigen 5 Entwürfen ist die Zahl der Druckstollen kleiner.

Im 1. Ausbau wird im Bereich der Baugruppe I beim oberen Wasserweg der Isarkanal in seiner endgültigen Form und mit der für den Vollausbau nötigen Leistungsfähigkeit hergestellt; das Isarwehr erhält noch nicht ganz seinen endgültigen Umfang, das Obernachkraftwerk wird nur mit einem Teil seiner vollen Leistung ausgeführt. Die Jachen als natürlicher Abfluß des Walchensees erhält eine Sperrschleuse. Aus der Isar wird auf dem oberen Wege dem Walchensee so viel Wasser zugeleitet, wie der See neben seinem Eigenwasser mit 3,5 m Speicherhöhe ausgleichen kann. Entsprechend der so bereitgestellten Wassermenge wird die Baugruppe II mit dem Hauptwerk teilweise ausgebaut, dabei entstehen 2 von den 4 Teilgruppen. Der 1. Ausbau läßt hiernach bereits 2 Kraftwerke entstehen.

Durch die im 1. Ausbau entnommene Wassermenge wird gemäß den Nachweisen des Entwurfs die Flößerei auf der Isar und die Holztrift auf der Jachen nicht beeinflußt, weil die in den Wasserläufen verbleibenden Hochwasserspitzen für die genannten Betriebe genügen. Man kann nach dem Entwurf in dieser Hinsicht sogar noch mehr Wasser entnehmen; daher steigert der Entwurf im 2. Ausbau die Wasserentnahme aus Isar und Jachen so weit, wie es ohne Nachteil für den bestehenden Holzverkehr zulässig erscheint. Durch den Ausgleich der so gesteigerten Wassermenge wird die Absenkung des Walchensees von 3,5 m auf 5,2 m vergrößert. Für die Verwertung der größeren Wassermenge sind die baulichen Anlagen des 1. Ausbaus ausreichend.

Im 3. Ausbau bleiben die Verhältnisse der Zuleitung des Isarwassers die nämlichen wie im 2. Ausbau, jedoch wird das Obernachkraftwerk für eine größere Verbrauchsmenge erweitert. Der untere Wasserweg mit dem Niedernachkraftwerk wird für die Zuleitung des Rißbachwassers mit Leistungsfähigkeit für den Vollausbau hergestellt; zunächst wird aber nur so viel Rißbachwasser abgeleitet, wie ohne Schaden für die Holztrift des Rißbachs entnommen werden kann. Der Ausgleich des hiernach im Walchensee vereinigten Wassers macht es notwendig, daß der Seespiegel bis 6,5 m gesenkt wird. Nach dem Gesagten läßt der 3. Ausbau die Flößerei und die Holztrift in allen beanspruchten Wasserläufen ungestört. Bei der Baugruppe II (Hauptwerk) wird die dritte der 4 Teilgruppen (mit dem dritten Druckstollen) hinzugefügt. Der 3. Ausbau besitzt hiernach 3 Kraftwerke; von diesen wird das Niedernachkraftwerk bereits mit seiner Größtleistung beansprucht.

Für den 4. Ausbau (Vollausbau) wird das Verlangen nach Aufrechterhaltung der Flößerei und der Holztrift in der heute bestehenden Form fallen gelassen; ohne diese Betriebe zu ändern, würde es nicht möglich sein, die Wassermenge noch weiter zu steigern. Nach dem Entwurf soll im 4. Ausbau insbesondere auf der Isar die Flößerei aufgehoben und der Holzverkehr anders eingerichtet werden. Die Entnahmemenge aus Isar und Rißbach wird nunmehr so weit gesteigert, wie es ohne Rücksicht auf den Walchensee möglich erscheint; die bestehenden Wasserwege der Baugruppe I sind hierfür ausreichend mit Ausnahme des Isarwehres, dessen Sandfang zu ergänzen ist. Zum Ausgleich der so gesteigerten Wassermenge ist der See bis zu 14,5 m abzusenken. Das Obernachkraftwerk wird auf seine größte Leistung ausgebaut. Die Baugruppe II mit dem Hauptwerk wird durch Hinzufügung der 4. Teilgruppe fertiggestellt.

Der Entwurf sieht folgende Bauzeiten vor: Für den 1. Ausbau 3½ Jahre, für den 3. Ausbau 2¾ Jahre, für den 4. Ausbau 2 Jahre. Der 1. und der 3. Ausbau würden vereinigt 4½ Jahre benötigen. Die sofortige Verwirklichung des Vollausbaus würde 5 Jahre erfordern.

## B. Wasserwirtschaft, Kraftleistung, Baukosten und Naturschutz.

### 1. Allgemeines.

Der Entwurf vereinigt im Walchensee Wasser aus der Isar, aus dem Rißbach und aus dem Seegebiet (Jachen). Mit besonderer Absicht (vergl. Abschnitt 2) leitet er auch das Wasser der kleineren Bäche Alpenbach und Eibenlaine, die der Jachen unterhalb des Walchensees zufließen, in den See hinein (Tafel 1 Abb. 1). Die natürlichen Abflußmengen der Jachen und des Rißbachs wurden übereinstimmend mit den bezüglichen Zahlen der Wettbewerbsunterlagen in Rechnung gestellt. Die in den Unterlagen angegebenen Abflußmengen der Isar, die für Wallgau gelten, wurden entsprechend der Lage des Isarwehres verkleinert, die Wassermengen der dem Isarkanal zugeführten Einzelbäche wurden anderseits hinzugefügt; im ganzen dürften die für den oberen Wasserweg verfügbaren Wassermengen mit den Isarmengen bei Wallgau ungefähr gleiche Größe besitzen.

### 2. Verlustwassermengen und Holzverkehr.

Ein Teil der verfügbaren Wassermengen muß als Verlustwasser in den Flüssen verbleiben, insbesondere das Wasser für die Sinkstoffabfuhr und das Wasser für die Flößerei und die Holztrift. Hinsichtlich dieses Punktes vertritt der Entwurf die Ansicht, daß für die Sinkstoffabfuhr und für andere Nebendinge genügend gesorgt sei, wenn man für den Holzverkehr in den Flüssen genügend Wasser beläßt, bzw. wenn die als Kraftwasser ohnehin auszuschließenden Hochwasserspitzen in den Wasserläufen bleiben. Hiermit wird die Frage der Verlustmengen in der Hauptsache auf die Forderung zurückgeführt, daß Flößerei und Holztrift genügend sichergestellt werden. Diese Forderung hat nun der Entwurf, wie schon im Abschnitt A besprochen wurde, weitgehend erfüllt, indem er sich bei allen dem Vollausbau vorangehenden Ausbaustufen hinsichtlich der Größe des Kraftwassers erhebliche Beschränkungen auferlegte und verlangte, daß der Holzverkehr während der 3 ersten Ausbaustufen hinsichtlich der Wassermenge gar nicht beeinflußt werden solle; durch diese Maßnahme wird gleichzeitig die Absenkung des Walchensees klein gehalten.

Hiernach hat sich der Entwurf auf Grund von Versuchsrechnungen entschlossen, im 3. Ausbau den 3 Wasserläufen zusammen nicht mehr als 20,4 cbm/sec für das Hauptwerk zu entnehmen, d. h. nur 65% ihrer mittleren Gesamtmenge von 31,3 cbm/sec; die dann in den Wasserläufen noch verbleibenden Wassermengen, die sehr eingehend nachgewiesen werden (vergl. auch später), sind nach der Ansicht des Entwurfs hinsichtlich Menge und Jahreszeit so geartet, daß Flößerei und Holztrift nicht beeinflußt werden.

Beim Vollausbau mit seiner größeren Kraftwassermenge von 27,0 cbm/sec für das Hauptwerk wird nach dem Entwurf die Flößerei auf der Isar aufgehoben, eine Holzbahn soll alsdann den Holzverkehr im Isartal übernehmen; für die Sinkstoffspülung erscheinen die nicht verwertbaren Hochwasserspitzen ausreichend. Die Holztrift im Rißbach bleibt bestehen; für sie beläßt der Entwurf im Rißbach genügend Wasser und zwar mindestens an 90 Tagen (im Sommer) 5 cbm/sec während 5 Stunden täglich. Die Holztrift in der Jachen würde in wasserreichen Jahren ohne weiteres genügend Wasser behalten; für wasserarme Jahre leitet der Entwurf die im Abschnitt 1 erwähnten Bäche Eibenlaine und Alpenbach (mit zusammen 7,7 qkm Flußgebiet) in den Walchensee; das so zugeleitete und im See ausgeglichene Wasser, das als Kraftwasser nicht angerechnet wird, genügt, um die Jachen für die Holztrift 90 Tage hindurch je 8 bis 9 Stunden lang mit 2,5 cbm/sec zu speisen. Im übrigen zieht der Entwurf auch für die Jachen eine Holzbahn in Betracht. Einzelzahlen betreffend das Flößereiwasser erscheinen noch im folgenden. Selbstverständlich sieht der Entwurf die für den Holzverkehr nötigen Wasserbauten vor.

Die Sinkstoffabfuhr in der Isar und im Rißbach wird nach dem Entwurf zunächst durch das Zurücklassen des nötigen Wassers sichergestellt. Ferner sieht der Entwurf in den Wehren große Spülöffnungen mit Walzenwehren vor, die ein kräftiges Freispülen der Sohle ermöglichen. Schließlich empfiehlt der Entwurf bei der Isar, die oberhalb des Wehres vorhandene Flußregulierung bis zum Wehr und nötigenfalls noch weiter flußabwärts fortzusetzen.

### 3. Die Kraftwassermengen.

Im 1. Ausbau stellt der Entwurf dem Hauptwerk eine ausgeglichene Kraftwassermenge von dauernd 12,0 cbm/-sec bereit. Das Wasser stammt aus dem Seegebiet (Jachen) und aus der Isar; mehr als 12,0 cbm/sec kann mit nur 3,5 m größter Ausgleichhöhe des Walchensees nicht dauernd geliefert werden; die mittlere Ausgleichhöhe beträgt 2,6 m (oder, wie der Entwurf an anderer Stelle sagt, 2,2 m). Der Seespiegel steht im Durchschnitt 6 Monate jährlich (im Sommer) auf der höchsten Höhe von + 801,90 m. Solange der See nicht gefüllt ist, wird ihm aus der Isar der gesamte Abfluß bis zur Größtmenge von 25 cbm/sec zugeleitet, dabei bleibt die Jachenschleuse gewöhnlich geschlossen; ist der See gefüllt, so werden aus der Isar nur mehr die Mengen bis zu 12 cbm/sec zugeleitet, und die Jachen behält ihre natürlichen Abflußmengen uneingeschränkt. Der obere Wasserweg wird bereits im 1. Ausbau für seine spätere Größtleistung von 50 cbm/sec eingerichtet. Das Obernachkraftwerk verwertet im 1. Ausbau die zugeleiteten Isarmengen bis zur Größtmenge von 12,0 cbm/sec, sein Verbrauch schwankt zwischen etwa 6,5 und 12,0 cbm/sec, der mittlere Verbrauch beträgt etwa 10 cbm/sec.

Isar und Jachen haben, mit Gültigkeit für die betreffenden Meßstellen, im Mittel 18,5 + 2,6 = 21,1 cbm/sec Abfluß; davon nimmt der 1. Ausbau nur 12,0 cbm/sec = 57 % in Dienst. Gemäß den Nachweisen des Entwurfs steht der Rest mindestens 3 bis 4 Monate jährlich ununterbrochen in großen Augenblicksmengen für die Flößerei usw. zur Verfügung.

Im 2. Ausbau werden dem Hauptwerk 14,0 cbm/sec (statt bisher 12,0 cbm/sec) bereitgestellt, wofür die Seesenkung bis auf 5,2 m zu steigern ist. Mehr als 14,0 cbm/sec kann man gemäß den Nachweisen des Entwurfs aus Jachen und Isar nicht entnehmen, ohne den Holzverkehr zu beeinflussen. Das Anwachsen der Wassermenge von 12,0 auf 14,0 cbm/sec gestattet, die Leistung der beiden Kraftwerke entsprechend zu vergrößern.

Im 3. Ausbau wird außer den im 2. Ausbau zugeführten Wassermengen dem Walchensee auch Wasser aus dem Rißbach zugeleitet und zwar soviel, wie die Holztrift des Rißbachs entbehren kann; dabei beträgt die Größtmenge 15,0 cbm/sec. Hierdurch wird dem Hauptwerk eine ausgeglichene Kraftwassermenge von 20,4 cbm/sec dauernd zur Verfügung gestellt. Für den Ausgleich muß der Walchensee bis zum Größtmaß von 6,5 m abgesenkt werden; die mittlere Absenkung beträgt 4,8 m. Der Seespiegel steht im allgemeinen jährlich 5 Monate lang auf der größten Höhe + 801,90 m. Die 20,4 cbm/sec werden nach dem Wasserwirtschaftsplan des Entwurfs durch folgende Maßnahmen sichergestellt:

a) Solange der See nicht gefüllt ist: Aus der Isar wird außerhalb der in den Sommer fallenden Flößereizeit alles Wasser bis zum Höchstbetrag von 25 cbm/sec zugeführt, nur die Mengen über 25 cbm/sec bleiben in der Isar; in der Flößereizeit (also im Sommer) werden dagegen mindestens etwa 10 cbm/sec in der Isar belassen. In die Jachen fließen in der Triftzeit angemessene Wassermengen ab, z. B. 2,5 cbm/sec, außerhalb der Triftzeit bleibt die Jachenschleuse geschlossen. Aus dem Rißbach werden außerhalb der Triftzeit die Mengen bis zu 15 cbm/sec zugeführt; in der Triftzeit werden aber mindestens etwa 2 bis 4 cbm/sec im Rißbach belassen.

b) Wenn der See gefüllt ist: Aus der Isar werden höchstens 15 cbm/sec zugeführt. Die Jachen behält ihre natürliche Abflußmenge unvermindert, der Rißbach in der Triftzeit mindestens 8 bis 9 cbm/sec.

Der untere Wasserweg (Rißbach) wird im Hinblick auf den Vollausbau sogleich für 20 cbm/sec gebaut. Der Größtverbrauch des Obernachkraftwerks wird im 3. Ausbau auf 15 cbm/sec gesteigert, sein mittlerer Verbrauch beträgt etwa 11,2 cbm/sec. Das Niedernachkraftwerk soll bis 15 cbm/sec verbrauchen; die natürliche Wassermenge des Rißbachs kann bis 3,9 cbm/sec sinken; der mittlere Verbrauch dürfte etwa 6,6 cbm/sec betragen. Isar, Rißbach und Jachen haben zusammen im Mittel 31,3 cbm/sec; davon verwertet der 3. Ausbau 20,4 cbm/sec = 65 %. Die Flößerei ist gemäß den Nachweisen des Entwurfs für jährlich mindestens 3 Monate ununterbrochen sichergestellt.

Im 4. Ausbau (Vollausbau) wird die Flößerei auf der Isar aufgehoben und die Holztrift auf der Jachen und auf dem Rißbach so gehandhabt, wie im Abschnitt 2 angegeben wurde. Dem Hauptwerk werden nunmehr ausgeglichene 27,0 cbm/sec, d. i. 86 % der mittleren Gesamtmenge von 31,3 cbm/sec bereitgestellt; für den Ausgleich muß der Walchensee bis zu 14,5 m abgesenkt werden, die mittlere Absenkung beträgt 11,2 m. Der Seespiegel erreicht in jedem Jahr die größte Höhe von +801,90 m und bleibt auf ihr mindestens 4 bis 5 Wochen. Entsprechend dem Bedarf des Vollausbaus ist der obere Wasserweg (Isar) für eine Lieferung von 50 cbm/sec, der untere (Rißbach) für 20 cbm/sec bereits eingerichtet. Solange der Walchensee nicht gefüllt ist, werden die Abflußmengen der Isar bis zu 50 cbm/sec und diejenigen des Rißbachs bis zu 20 cbm/sec zugeleitet, der Abfluß des Seegebiets wird ganz im See zurückgehalten. Ist der See gefüllt, so werden aus der Isar die Wassermengen nur bis 24 cbm/sec zugeleitet; die Jachen behält ihren natürlichen Abfluß unvermindert, die Zuflußmenge aus dem Rißbach wird bis auf 3 cbm/sec eingeschränkt, namentlich in der Triftzeit. Der Größtverbrauch des Obernachkraftwerks wird auf 24 cbm/sec gesteigert, sein mittlerer Verbrauch beträgt etwa 14,4 cbm/sec. Der Größtverbrauch des Niedernachkraftwerks bleibt 15 cbm/sec wie im 3. Ausbau; während einer Anzahl von Hochwassertagen mit mehr als 15 cbm/sec Zufluß aus dem Rißbach (unter Umständen jährlich 60 bis 70 Tage) muß das Niedernachkraftwerk stillliegen, weil dann der Gefällverlust im Stollen zu groß und das Nutzgefälle zu klein ist. Im Mittel dürfte das Niedernachkraftwerk etwa 5,6 cbm/sec (also weniger als die 6,6 cbm/sec des 3. Ausbaus) verbrauchen.

Eine eingehende Untersuchung widmet der Entwurf der Frage, wie der Abflußvorgang bei Tölz durch das Unternehmen beeinflußt wird (vgl. Text-Abb. 1). Er hebt hierbei den Hochwasserschutz hervor, den Tölz durch die Ausgleichtätigkeit des Walchensees erfährt. Die Verminderung der Wassermenge bei Tölz ist in der gewöhnlichen Zeit gemäß den Nachweisen des Entwurfs nicht bedenklich, namentlich in Anbetracht der erheblichen Größe des von dem Unternehmen nicht berührten Flußgebietes. Günstig wirkt dabei der Umstand, daß im Sommer, sobald der See gefüllt ist, die den Flüssen zu entnehmende Wassermenge ganz erheblich vermindert wird (vgl. oben).

#### 4. Kraftleistung und Baukosten.

In der Tabelle 18 sind die Kraftverhältnisse der 3 Kraftwerke im Zusammenhang angegeben. Die Kraftwassermengen der Reihe 4 und die Kraftmengen der Reihen 5, 9, 13 wurden dem Entwurf unmittelbar entnommen. Die Werte der Reihen 3, 7, 8, 11, 12 wurden aus dem Entwurf errechnet. Das Hauptwerk hat (abgesehen von den Spitzenbelastungen) einen ziemlich gleichmäßigen Betrieb; die Kraftmengen des Obernachkraftwerks und diejenigen des Niedernachkraftwerks schwanken erheblich in Abhängigkeit von der Wassermenge (vergl. Abschnitt 3). Die beiden Nebenwerke geben ihre Kraft an das Hauptwerk ab; dabei soll die Kraft der Nebenwerke hauptsächlich für Industrie und für Licht verwendet werden, die Kraft des Hauptwerkes für den Bahnbetrieb; dementsprechend setzt der Entwurf für den Nachweis der Gesamtleistung den Wirkungsgrad der Turbinen beim Hauptwerk = 0,82, dagegen bei den Nebenwerken wegen der Schwankungen = 0,79 (vgl. Reihen 5, 9, 13 der Tabelle 18).

In den Reihen 16 und 17 der Tabelle 18 sind Angaben über die Baukosten gemacht auf Grund des bindenden Angebots des Entwurfs. Die Kosten sind für die jeweilig bestehenden Kraftwerke zusammen angegeben; der Ausbauplan des Entwurfs schließt eine Verteilung der Baukosten auf die einzelnen Kraftwerke aus.

#### 5. Schutz der Naturschönheit.

Hinsichtlich des Schutzes der landschaftlichen Schönheit macht der Entwurf geltend, daß die größte Senkung des Walchensees (14,5 m) beziehentlich klein sei, und daß der See, insbesondere in den ersten 3 Ausbaustufen, während des ganzen Sommers gefüllt sein werde. Im Hinblick auf die

**Tabelle 18 „Gold der Berge".**

| 1 | 2 | 3 | 4 | 5 | 6 | 7 | 8 | 9 | 10 | 11 | 12 | 13 | 14 | 15 | 16 | 17 |
|---|---|---|---|---|---|---|---|---|---|---|---|---|---|---|---|---|
| Ausbaustufe | Größte Absenkung des Walchensees unter + 801,90 m | Hauptwerk | | | | Obernachkraftwerk | | | | Niedernachkraftwerk | | | | Mittlere Gesamt-Nutzleistung der Turbinen | Baukosten ohne die elektrotechn. Einrichtungen | Baukosten für 1 PS Nutzleistung der Turbinen |
| | | Mittelwerte | | | | Mittelwerte | | | | Mittelwerte | | | | | | |
| | | Nutzgefälle | Kraftwasser | Nutzleistung der Turbinen | Eingerichtete Turbinen-Nutzleistung für Spitzenbelastung | Nutzgefälle | Kraftwasser | Nutzleistung der Turbinen | Eingerichtete Turbinen-Nutzleistung für größte Wassermenge | Nutzgefälle | Kraftwasser | Nutzleistung der Turbinen | Eingerichtete Turbinen-Nutzleistung | | | |
| | m | m | cbm/sec | PS | PS | m | cbm/sec | PS | PS | m | cbm/sec | PS | PS | PS | Mill. M | M |
| I | 3,5 | 201 | 12,0 | 26 300 | $6 \cdot 16500 = 99000$ | 79 | 10,0 | 8 300 | $3 \cdot 3200 = 9600$ | — | — | — | — | 34 600 | 12,63 | 366 |
| II | 5,2 | 200,6 | 14,0 | 30 700 [1]) | $6 \cdot 16500 = 99000$ | 79,5 | — | 9 700 [1]) | $3 \cdot 3200 = 9600$ | — | — | — | — | 40 400 | 12,63 | 313 |
| III | 6,5 | 200 | 20,4 | 44 500 | $10 \cdot 16500 = 165000$ | 80 | 11,2 | 9 500 | $4 \cdot 3200 = 12800$ | 24 | 6,6 | 1700 | $2 \cdot 1000 = 2000$ | 55 700 | 20,04 | 360 |
| IV | 14,5 | 197 | 27,0 | 58 100 | $13 \cdot 16500 = 214500$ | 81 | 14,4 | 12 300 | $6 \cdot 3200 = 19200$ | 24 | 5,6 | 1400 | $2 \cdot 1000 = 2000$ | 71 800 | 24,18 | 337 |
| — | — | $h_1$ | $Q_1$ | $K = \frac{Q_1 \cdot h_1 \cdot 1000 \cdot 0{,}82}{75}$ | $T \geqq$ etwa $3\,K$ | $h_2$ | $Q_2$ | $O = \frac{Q_2 \cdot h_2 \cdot 1000 \cdot 0{,}79}{75}$ | $Q_{max} =$ I: 12 cbm, III: 15 „, IV: 24 „ | $h_3$ | $Q_3$ | $N = \frac{Q_3 \cdot h_3 \cdot 1000 \cdot 0{,}79}{75}$ | — | $L = K + O + N$ | $BM$ (vergl. Tabelle 5) | $P = BM : L$ |

[1]) Die Zahlen wurden aus dem Entwurfsbericht ohne weiteres übernommen.

Winterzeit empfiehlt der Entwurf, an dem von Turisten am meisten besuchten Nordufer die f l a c h e n Uferränder abzubaggern und zwar bis 0,5 m unter dem tiefsten Seespiegel des 3. Ausbaus (wobei er die Sorge für den 4. Ausbau der Zukunft überläßt); auch zieht er diese Maßnahme für den g a n z e n Seerand in Betracht, er hält sie in diesem Umfang für wirtschaftlich möglich. Ein schädliches Rutschen der s t e i l e r e n Ufer (als Folge der Spiegelschwankung oder auch des Frostes) ist nach Ansicht des Entwurfs nicht zu erwarten. Für die Klärung des dem Walchensee zuzuleitenden Isar- und Rißbachwassers werden bei den Wehren sehr große Sandfänge eingerichtet; ferner wird das Wasser in großer T i e f e in das Becken des Walchensees eingeführt, wobei der Entwurf geltend macht, daß das Flußwasser kälter sei und daher m i t seinen etwaigen Schwebestoffen im See zu Boden sinke. Hinsichtlich des Abflußvorgangs der Isar bei T ö l z wird auf das im Abschnitt 3 Gesagte verwiesen.

Besondere Aufmerksamkeit widmet der Entwurf der architektonischen Ausbildung der Bauwerke und ihrer Anpassung an die Natur.

## C. Technische Einzelbeschreibung.

### I. Baugruppe I.

#### 1. Zuleitung der Isar (oberer Wasserweg) und Obernachkraftwerk.

a) A l l g e m e i n e s und I s a r k o r r e k t i o n (Tafel 1 Abb. 1 und 2).

Das I s a r w e h r ist beziehentlich weit flußaufwärts und zwar 3,6 km unterhalb Mittenwald vorgesehen; sein Stauspiegel liegt auf + 890,25 m. Neben dem Wert dieser großen Höhe für das Gefälle des Obernachkraftwerks macht der Entwurf zugunsten der gewählten Ortslage noch folgendes geltend: Weil das Wehr so hoch liegt, ist es möglich, als Wasserweg zum Walchensee einen o f f e n e n K a n a l anzuwenden, der nur mäßig große Erdarbeiten erfordert; ein offener Kanal ist billiger und daher wünschenswerter als ein Stollen. Bei der Wehrstelle ist das Tal eng; der Felsen tritt beiderseits zutage, daher ist auch unter der Sohle bald Felsen zu erwarten; hierdurch ist, neben der Erleichterung der Bauarbeiten, die Möglichkeit geboten, daß man durch das Wehr auch den Grundwasserstrom nutzbar machen kann; die Erheblichkeit des Grundwasserstromes wird durch Wahrnehmungen am Rißbach erwiesen. Das Bewältigen des Gerölles stellt an das Wehr beziehentlich hohe Ansprüche; in dieser Hinsicht muß beachtet werden, daß bei der gewählten Wehrstelle die Geröllmasse viel kleiner ist als weiter flußabwärts.

Wegen der immerhin vorhandenen E r h e b l i c h k e i t d e s G e r ö l l e s richtet der Entwurf den größeren Teil des Wehres als G r u n d l a u f mit beweglichem Verschluß ein; als bewegliches Wehr verwendet er dabei ein W a l z e n - w e h r. Die Möglichkeit, das Wehr überwiegend als festes Wehr zu bauen, lehnt der Entwurf ab, da ein festes Wehr zu bald verkiesen würde. Von Mittenwald abwärts ist die Isar auf 1,5 km Länge bereits korrigiert; damit die durch diese Korrektionsstrecke bequem talwärts geführten Geschiebe nicht innerhalb der 2,1 km oberhalb des Wehres liegen bleiben, sieht der Entwurf folgendes vor: Die K o r - r e k t i o n wird bis 350 m oberhalb des Wehres fortgesetzt; innerhalb dieser 350 m wird ein Durchstich ausgeführt, und dadurch wird das Flußgefälle für den Zulauf zum Wehr auf 7,7‰ örtlich vergrößert; das vergrößerte Gefälle bringt das Geschiebe mit Hilfe eines eingeengten Spülquerschnitts sicher bis vor das Walzenwehr, so daß es hier zuverlässig abgelassen werden kann. Unterhalb des Wehres wird das Flußbett auf 450 m Länge für die weitere Abfuhr des Geschiebes ausgebaut; der Entwurf rechnet darauf, daß sich die Geschiebemasse in dem 400 m breiten Talbecken zwischen dem Seinsbach und dem Ort Wallgau ablagern wird; nötigenfalls ist die Korrektion weiter flußabwärts zu führen. Für die Korrektion sind einfache Holz- und Steinbauten (auch Senkstücke) auf Faschinen vorgesehen.

b) I s a r w e h r (Tafel 1 Abb. 3 bis 11 — [*46*] —).

In der linken Uferlinie liegt oberhalb des Wehres der E i n l a u f, durch den das abzuleitende Isarwasser in den S a n d f a n g tritt. Unmittelbar vor dem Einlauf liegt als S p ü l s c h l e u s e neben der linken Uferlinie ein 6,0 m breites und 2,9 m hohes Walzenwehr; in seinem Uferpfeiler ist ein F i s c h p a ß vorgesehen. Neben der 6 m breiten Walzenöffnung liegt zum rechten Ufer hin eine 20 m breite Walzenöffnung von der nämlichen Höhe; beide Öffnungen zusammen bilden den G r u n d l a u f. Hiernach folgt weiter nach rechts eine 7 m breite F l o ß g a s s e; den Anschluß an das rechte Ufer bildet dann ein 27 m langes f e s t e s W e h r, welches von der eigentlichen Wehrachse aus flußaufwärts unter 45° gegen den Strom geneigt ist. Im Bereich der beiden Walzenwehre ist das Flußbett als vertiefte Mittelwasser- und Geröllrinne ausgebildet; diese wird rechts durch eine 1 m hohe Betonmauer begrenzt, die den höheren Vorboden der Floßgasse und des festen Wehres abstützt.

Die Oberkante des festen Wehres und der Wehrverschlüsse liegt auf + 890,25 m. Das in den rechtsuferigen Felsen eingebundene feste Wehr hat ein etwa 1 m tiefes Sturzbett von 8 m Breite erhalten (Bettsohle + 887,5 m); das vom überfallenden Wasser getroffene rechte Ufer wird befestigt. Die feste Krone der Floßgasse liegt auf + 889,32 m; die Floßgasse wird durch eine 0,93 m hohe Holzschütze verschlossen. Der Gerinneboden der Floßgasse ist 1: 25 geneigt; am unteren Ende der Rinne ist ein 15 m langes Schwimmfloß vorgesehen, dasselbe soll den Anprall mildern, den die Flöße hier durch die Ablenkung in der lotrechten Ebene erfahren. Die schräge Lage des festen Wehres dürfte dem Auflaufen großer Sinkstoffmassen vor dem Wehrkörper entgegenwirken. Der Unterbau der beiden Walzenwehre zeigt eine 0,35 m hohe Grundschwelle (+ 887,35 m) als Lager der Walzen, ferner zum Unterwasser hin ein 13 m breites Beruhigungsbecken von etwa 1 m Tiefe (Beckensohle etwa + 886 m).

Der Entwurf hat bei den meisten Wehren — und zwar nicht allein in der Isar, sondern auch im Rißbach und in den abgefangenen Seitenbächen — für die Grundläufe Walzenwehre angewendet und zwar wegen der Vorzüge, die grade die Walzenwehre hinsichtlich der Abfuhr der Geschiebe besitzen. Auch bei Vorhandensein großer Geschiebemassen läßt sich das Walzenwehr, wie der Entwurf geltend macht, leicht öffnen, und der beim Anheben frei werdende Spülstrom fegt die etwa aufgehaltenen Geschiebe alsbald unter dem Wehrkörper weg; sollte anderseits, während die Walze gehoben war, das Hochwasser Geschiebe unter ihr abgelagert haben, so wird, wie Versuche an der Mangfall zeigen, der durch langsames Absenken allmählich verstärkte Wasserstrom die Geschiebe ausräumen. Im übrigen hebt der Entwurf hervor, daß die Walzen dem Anprall schwerer Gegenstände ohne Schaden widerstehen. Die gewählten Wehrkörper zeigen eine hölzerne Stauwand, die mit der Eisenwalze (von kleinerem Durchmesser) verbunden ist. Alle Einzelheiten wurden nach den neuesten Erfahrungen entworfen. Das Isarwehr besitzt die größten Walzen; seine Walzen werden mit Laschengelenkketten bewegt, diejenigen der übrigen Wehre mit gewöhnlichen Gallketten; die Walzen des Isarwehres erhalten elektrischen Antrieb, diejenigen der übrigen Wehre Handantrieb, letzterer ist aber für den etwaigen nachträglichen Einbau eines Elektromotors eingerichtet. Die Stauwand der beiden Walzen des Isarwehres ist 2,9 m hoch.

Hinsichtlich der Bewältigung des Hochwassers hat der Entwurf gefordert, daß das größte Hochwasser bei gehobenen Walzen durch die beiden Grundläufe gehen kann, ohne die übrigen Wehrteile zu überfluten. Im übrigen wurde mit ungünstigen Annahmen (Wehr und Einlauf geschlossen bei 263 cbm/sec) ein höchster Wasserspiegel = + 891,73 m ermittelt; die Pfeilerflächen liegen im Bereich des Stauspiegels auf + 892,73 m. Für diejenigen Wehrteile, die in der Randlinie des Stauspiegels liegen, ist Gründung auf 5 m tiefen Brunnen vorgesehen, die in das linke Ufer hinein als Spundwand fortgesetzt werden (Tafel 1 Abb. 4).

Der Weitergabe des Wassers an den Isarkanal dienen namentlich der Einlauf, der Sandfang und das Streichwehr. Diese drei Baugruppen werden im 1. Ausbau nur zum Teil hergestellt und erst beim Vollausbau ganz ausgeführt; im 1. Ausbau ist der Einlauf 18,4 m und das Streichwehr 45,0 m lang, beim Vollausbau der Einlauf 46,0 m und das Streichwehr 90,0 m; der Sandfang erhält entsprechende Größe. Der Unterwasserspiegel des Einlaufs liegt bei der gewöhnlichen Größtmenge auf + 890,04 m, ausnahmsweise (bei geschlossenem Wehr und bei 263 cbm/sec) auf + 890,75 m. Die Schwelle des Einlaufs liegt auf + 888,35 m, d. i. 1,35 m über der benachbarten Flußsohle. Der Einlauf wird durch Schützen von je 4,6 m Breite und 1,9 m Höhe und einen darüberliegenden festen Hochwasserschild verschlossen; vor den Schützen steht ein Grobrechen aus I-Eisen N. P. 14 mit 10 cm Lücke in Feldern von je 6 Stück. Der Sandfang ist sehr groß angelegt worden entsprechend der Absicht, dem Walchensee nur sorgfältig geklärtes Wasser zuzuleiten, im übrigen auch zum Schutz der Turbinen; bei der größten Wassermenge beträgt die Fließgeschwindigkeit im Sandfang nur 24 cm/sec, die Fließdauer (bei 85 m Länge) 6 Minuten. Die in der Längsrichtung des Sandfangs auf seinem Boden vorhandene 1: 50 geneigte Mittelrinne führt zu der 10 m weiten Spülschütze; die flußseitige Mauer ist als 30 m langer Notüberlauf eingerichtet mit Krone auf + 890,10 m.

Das geklärte Wasser fällt mit 0,38 m größter Strahldicke über das Streichwehr (Krone + 889,66 m) in das 1:100 geneigte Sammelbecken. Am unteren Ende des Beckens steht beim Übergang zum Kanal eine 8,4 m breite Abschlußschleuse mit 2 Schützen von je 4,2/2,9 m Größe unter einer festen Sperrwand, ferner ein Feinrechen aus Eisenstäben von 80/10 mm mit 30 mm weiten Lücken.

Für die meisten Schützen beim Isarwehr und bei den übrigen Wehren ist Ausführung in Holz vorgesehen und zwar mit mindestens 12 cm Stärke; die Bohlen werden durch lotrechte Rundeisen verspannt; zum Anheben und als Gleitflächen sind Flacheisen angebracht.

Alle vom Wasserstrom und vom Geschiebe stark angegriffenen Flächen der Wehre erhalten eine Betondecke mit auswechselbarem Holzbelag.

c) Fassung der Bäche Seinsbach, Finzbach und Kranzbach (Tafel 1 Abb. 1).

Die hohe Lage des Isarwehres hat zur Folge, daß das Wasser mehrerer Seitenbäche, die erst weiter flußabwärts in die Isar münden, unmittelbar nicht festgehalten wird. Daher führt der Entwurf mittels einzelner Bachfassungen den Seinsbach, der gleich unterhalb des Wehres von rechts einmündet, in den Staubereich des Wehres selbst, ferner den Finzbach und den Kranzbach, die weiter unterhalb von links kommen, in den Isarkanal. Das Gesamtgebiet der 3 gefaßten Bäche beträgt 71 qkm. Die 3 Fassungswehre sind oberhalb der Schuttkegel im Gebiet des Felsuntergrundes angelegt worden und zwar in der Absicht, das dort sichtbar fließende Wasser vor dem Versickern im Geröllschutt zu bewahren. Der Stauspiegel liegt beim Seinsbach auf + 917,5 m, beim Finzbach auf + 899,5 m und beim Kranzbach auf + 889,7 m. Als Wehr wurde beim Kranzbach eine 3,0 m breite und 2,3 m hohe Schütze benutzt: die Geröllmenge ist klein, und daher ist eine Walze nicht erforderlich; die beiden anderen Bäche haben Walzenwehre mit 1,5 m hoher Stauwand erhalten und zwar beim Seinsbach 4,0 m, beim Finzbach 8,0 m breit. Nur mit dem Finzbachwehr ist ein Sandfang verbunden. Im übrigen wurden die für das Isarwehr geltenden Grundsätze angewendet. Das gefaßte Wasser wird durch Seitenkanäle dem Isarkanal zugeführt. — Der Wasserwirtschaftsplan sieht vor, daß im Sommer das Wasser der 3 Bäche nicht zum Walchensee geht; daher stehen die 3 Wehre im Sommer offen, so daß die Abführung des alsdann erheblichen Geschiebes sichergestellt ist.

d) Isarkanal (Tafel 2 Abb. 12 — [*47*] —).

Der 12 km lange Isarkanal führt das Wasser vom Isarwehr (Stauspiegel + 890,25 m) bis zum Wasserschloß des Obernachkraftwerks (Wasserspiegel bei 50 cbm/sec + 883,48 m). Der Kanal erhält ein normales Gefälle von 1: 2000; seine Sohle liegt beim Kanalanfang auf + 886,13 m, beim Wasserschloß auf + 879,48 m. Im allgemeinen liegt der Kanal im Abtrag, der bedeutendste Einschnitt ist ein Felseinschnitt von 16 m Tiefe und 1 km Länge; im übrigen kommen auch Auftragstrecken und zahlreiche Kunstbauten vor; letztere sind sämtlich vom Entwurf sehr eingehend bearbeitet worden. Der Kanal wird bereits im 1. Ausbau für die Größtmenge des Vollausbaus = 50 cbm/sec eingerichtet; bei 50 cbm/sec entsteht eine Geschwindigkeit von 2,5 m/sec. Im kiesigen Boden hat der Kanalquerschnitt 2,1 m Sohlenbreite, Böschungen 1 : 1 und 4,0 m Tiefe, im Felseinschnitt 3,0 m Sohlenbreite, Böschungen 1 : ½ und 4,5 m Tiefe. Zur Abdichtung des Kanals sollen seine Wände auf den kiesigen Einschnittstrecken 20 cm dick mit Zementtraßbeton 1 : 1 : 12 und Zementtraßputz 1 : 1 : 3 bekleidet werden; bei höherem Erdauftrag wird die Dammkrone von 1,0 m auf 1,5 m erbreitert und die Betonstärke bis 80 cm in der Sohle und 45 cm in den Böschungen vergrößert, auch erhält der Beton bei mehr als 1 m Auftraghöhe Eiseneinlagen. — Der Kanal kreuzt zweimal die Isar; die erste Kreuzung wurde wegen der geringen Konstruktionshöhe als 5,1 m weites eisernes Dükerrohr mit 1,0 m Betonhülle zwischen Spundwänden entworfen, die zweite als Aquädukt. Unter den übrigen Kunstbauten sind namentlich die zahlreichen Eisenbetonaquädukte beachtenswert, mit denen der Kanal vorhandene Verkehrs- oder Wasserwege überschreitet; die großen Gewölbe wurden mit drei durch Bleieinlage gebildeten Gelenken versehen; in die Eisenbetongerinne wurden nach Bedarf verzinkte Wellblechstreifen als Dilatationen eingebaut.

### e) Obernachkraftwerk — Allgemeines und Bautechnisches.

— Tafel 2 Abb. 13 bis 21 — [*48*], [*49*] —

Am unteren Ende des Isarkanals kommt das Wasser bei 50 cbm/sec auf der Spiegelhöhe + 883,48 m im Wasserschloß des Obernachkraftwerks an (bei 24 cbm/sec auf + 882,06 m); die wagerechte Achse der Francisturbinen liegt auf + 806,10 m, das höchste Unterwasser (höchster Spiegel des Walchensees) auf + 801,90 m; das tiefste Unterwasser der Turbinen wird durch eine in den Ablaufkanal eingebaute Schwelle auf + 798,60 m gehalten. Der Entwurf macht folgende Vorzüge der gewählten Grundrißanordnung geltend (Tafel 2 Abb. 13): Das Wasserschloß wird auf einer geeignet gebogenen und sanft geneigten Bergnase gebaut; die gewählte Stelle ermöglicht eine kurze Rohrleitung; die Achse des Kraftwerkes ist in spitzem Winkel zur Achse der Rohrleitung angelegt, daher ist es möglich, im Grundriß mit einem einzigen Knickpunkt der Rohre auszukommen.

Beim Vollausbau muß das Wasserschloß bis 50 cbm/sec bewältigen, davon gehen bis 24 cbm/sec durch die Rohrleitung, die hierfür mit 6 Rohren ausgerüstet ist; im 1. Ausbau hat die Rohrleitung nur 12 cbm/sec Größtmenge zu führen, daher werden zuerst nur 3 Rohre gebaut; im 3. Ausbau wird 1 Rohr hinzugefügt, beim Vollausbau folgen die 2 letzten Rohre. Das Kraftwerk wird dementsprechend hergestellt; in ihm ist an jedes der 6 Druckrohre 1 Turbine angeschlossen.

Das nicht zur Krafterzeugung verwendete Wasser fällt im Wasserschloß (Tafel 2 Abb. 14 bis 18) über einen 20,5 m breiten Überfall (+ 882,48 m) und weiter über eine 10,2 m breite Kaskade den Hang hinunter. Das Kraftwasser anderseits tritt über die 15,2 m lange Geröllschwelle (+ 879,83 m mit 4 Schützen und Feinrechen) in den Sandfang; über die 20,7 m lange talseitige Abschlußmauer des Sandfangs fällt das geklärte Wasser in das Vorbecken der Druckrohre; die Krone der Abschlußmauer senkt sich in der Fließrichtung von + 880,73 m bis + 879,03 m, wodurch das Entsanden des Wassers befördert werden soll. Für den Geröllfang und den Sandfang sind 2 Spülschützen vorgesehen. — Die 1,5 m weiten Druckrohre wurden entsprechend den Druckrohren des Hauptwerkes entworfen und ausgerüstet. Die Rohre haben auf der Rohrbahn 2,5 m Achsabstand, sie gehen mit 7,5 m Abstand in das Kraftwerk über (Tafel 2 Abb. 19 und 20). — Der Unterwasserkanal (Tafel 2 Abb. 21), der das Wasser des Kraftwerkes und dasjenige der Kaskade abzuleiten hat, ist ebenso, wie die letztere, für 50 cbm/sec eingerichtet; sein Querschnitt (Böschungen 1 : 2) wurde niedrig gewählt in der Absicht, das Anschneiden des in geringer Tiefe liegenden Felsens zu vermeiden; auf den unbefestigten Strecken, die bei weitem überwiegen, beträgt die größte Fließgeschwindigkeit 1,2 m/sec. Die Einmündung des Unterkanals in den Walchensee wurde so entworfen, daß das Wasser tiefer als der tiefste Seespiegel in den See eintritt; hierdurch soll das kältere und daher schwerere Isarwasser nebst seinen etwaigen Schwebestoffen der Oberfläche des Sees ferngehalten werden, so daß das Wasser der Oberfläche nicht getrübt wird. Für den bezeichneten Zweck steht beim Auslauf des Kanals auf dem Seerand eine über 13 m hohe Quermauer, in der drei unter dem Spiegel des 3. Ausbaus liegende Öffnungen von zusammen 45 qm Größe ausgespart sind; beim Vollausbau sollen tieferreichende Betonrohre an die 3 Öffnungen angesetzt werden; die Mauer ist oben 0,9 m, unten 1,6 m dick.

### f) Die maschinentechnischen Einrichtungen des Obernachkraftwerks.

Die Bauweise der 6 Turbinen des Obernachkraftwerks (Nutzleistung je 3200 PS) ist aus Tafel 2 Abb. 20 und 22 zu ersehen. Jedes Laufrad hat eine spezifische Umlaufzahl von 83,6 und läßt daher recht guten Wirkungsgrad erwarten. Den (allerdings kaum in erheblichem Maße zu befürchtenden) Anfressungen des Leitrades ist durch besondere, leicht auswechselbare Futterstücke und Zwischendeckel Rechnung getragen. Durch die schon im Abschnitt e erwähnte, in den Ablaufkanal eingebaute Schwelle ist das Sauggefälle der Turbinen auch bei stärkster Absenkung des Walchensees auf 7,5 m beschränkt.

Die Regelung der Turbinen besorgt je ein hydraulischer Regulator, für den eine Schlußzeit von 2 Sekunden angegeben wird. Unter Anrechnung eines Schwungmomentes von 40 000 kg/m$^2$ werden für Belastungsschwankungen von 1,0, 0,5 bzw. 0,25 der Größtleistung Geschwindigkeitsschwankungen von nicht mehr als 14 bzw. 7 bzw. 3,5 % über die Gleichgewichtslage hinaus gewährleistet. Nebenauslässe sind nicht vorgesehen.

### g) Die elektrotechnischen Einrichtungen des Obernachkraftwerks.

Mit den 6 Turbinen sind Drehstrommaschinen von 2750 KVA Dauerleistung gekuppelt (Tafel 2 Abb. 19 u. 20). Die Maschinen erhalten wagerechte Wellen und machen bei 12 Polen 500 Umdrehungen in 1 Minute. Die angebauten Erregermaschinen liefern die Erregerleistung von je etwa 31 KW bei 120 Volt.

Der Strom gelangt über Hilfssammelschienen zu den fahrbaren Öltransformatoren von 3200 KVA mit einem Übersetzungsverhältnis von 5000/60 000 Volt. Auf die Hilfssammelschienen von 5000 Volt (Tafel 2 Abb. 23) arbeitet auch das Niedernachkraftwerk, dessen Strom in der Hauptsache dem Obernachkraftwerk zugeleitet wird. Von den 5000 Volt-Schienen sollen mehrere Freileitungen zur Kraftabgabe im näheren Umkreis abgezweigt werden.

Bei der Schaltanlage ist die Ringsammelschiene für 60 000 Volt hervorzuheben, von der eine Fernleitung abgezweigt ist (Tafel 2 Abb. 20 u. 23). Dieselbe leitet die im Obernach- und im Niedernachkraftwerk erzeugte Arbeit nach dem Hauptwerk; sie kann zur Zeit der Wasserklemme auch Kraft vom Hauptwerk nach den beiden Nebenwerken zur Verteilung an die daselbst allenfalls angeschlossenen Verbrauchsstellen verbringen.

Ein Transformator von 30 KVA mit einem Übersetzungsverhältnis von 5000/110 Volt liefert den Drehstrom für den Eigenbedarf des Werkes.

### 2. Zuleitung des Rißbachs (unterer Wasserweg) und Niedernachkraftwerk.

a) Allgemeines (Tafel 1 Abb. 1 und Tafel 3 Abb. 29 [*51*]).

Der Entwurf hat, um ein möglichst großes Nutzgefälle zu gewinnen, das Rißbachwehr möglichst weit talaufwärts angelegt; er hat infolgedessen für den Wehrbau eine nicht über 20 m breite Talstelle im geschlossenen anstehenden Felsen auswählen können; dies erleichtert den Bau und sichert die Nutzbarmachung des Grundwasserstroms. Die Flußsohle liegt an der Wehrstelle auf + 827,50 m; vom Wehr aus sind mittels des am linken Rißbachufer vorgesehenen Stollens Wassermengen von etwa 3,9 cbm/sec bis zu 20 cbm/sec zum Walchensee zu führen, dessen höchster Spiegel auf + 801,90 m liegt.

b) Rißbachwehr (Tafel 2 Abb. 24 bis 28 — [*50*] —).

Die gesamte Wehranlage wurde nach den für das Isarwehr geltenden Grundsätzen entworfen (Abschnitt 1 b). In der linken Uferwand liegt der Einlauf, durch den das Wasser behufs Weitergabe an den Stollen entnommen wird. Das unterhalb des Einlaufs befindliche Wehr zeigt, vom linken Ufer ausgehend, 2 Walzenwehröffnungen von je 6 m Breite und eine Triftgasse von 5 m Breite, letztere mit Verschlußschütze. Die Oberkante der 3 Verschlußkörper liegt auf + 830,00 m, die feste Schwelle der Walzenwehre auf + 827,80 m, diejenige der Triftgasse auf + 829,20 m. Die beiden Walzenwehre dienen als Grundläufe für das Geschiebe, das linksseitige Walzenwehr insbesondere als Spülschleuse vor dem Einlauf; das flußabwärts noch anhaltende starke Gefälle des an dieser Stelle engen und felsigen Tales schützt gegen Geröllschwierigkeiten; am rechten Ufer ist Felsen wegzusprengen. Hinter den Walzenwehren liegt ein Absturzbecken von 4 m Breite und 1 m Tiefe. Die Triftgasse ist 1 : 10 geneigt. Als größtes Hochwasser werden 130 cbm/sec erwartet; wenn schlimmstenfalls das Wehr und der Einlauf geschlossen sind, hebt sich der Stauspiegel bei 130 cbm/sec auf + 832,14 m; die Bedienungsflächen liegen auf + 832,20 und + 833,00 m. — Der Einlauf in der linken Uferlinie ist 27 m breit; seine Schwelle liegt 1 m über Flußsohle (Schwellenhöhe flußauf + 829,04 m, flußab + 828,50 m); auf der Schwelle steht ein Grobrechen aus 10 cm breiten Schienen mit 10 cm weiten Lücken. Das eingelaufene Wasser durchströmt das 100 m lange Becken des Sandfangs, dessen Sohle am unteren Ende auf + 825,20 m liegt (Längsgefälle der mittleren Sohlenrinne = 1 : 32); in der Nähe des Einlaufs steht im Sandfang ein 16 m breiter Abschluß aus 4 m breiten und 2 m hohen Schützen, darüber ein fester Schild. Die normale Breite des Sandfangs beträgt 20 m. Bei der Größtmenge von 20 cbm/sec steht der Wehrspiegel auf + 829,95 m, der Spiegel im Sandfang auf + 829,70 m. Bei einer mittleren Menge von 10 cbm/sec durchfließt das Wasser den Sandfang mit 2 m Tiefe und 25 cm/sec Geschwindigkeit, die Fließdauer beträgt 6,5 Minuten. In der flußseitigen Außenwand des Sandfangs ist ein 25 m langer Überlauf mit Kronenhöhe + 829,90 m vorgesehen, an seinem unteren Ende eine 6 m breite und 2 m hohe eiserne Spülschütze; neben dieser liegt ein Fischpaß.

Die ganze Anlage wird in ihren Hauptteilen auf Felsen gegründet; alle Schützen mit Ausnahme der Spülschütze des Sandfangs werden aus Holz hergestellt.

Aus dem Sandfang tritt das geklärte Wasser über eine auf + 828,30 m liegende etwa 1,9 m hohe und 15,0 m lange Schwelle in den Stollen; auf der Schwelle steht ein Feinrechen aus 10 mm dicken Flacheisen mit 30 mm weiten Lücken. Hinter dem Rechen liegt der Eintrittsspiegel des Stollens bei 20 cbm/sec auf + 829,45 m.

c) Stollenleitung vom Rißbachwehr zum Walchensee (Tafel 1 Abb. 1 und Tafel 3 Abb. 29 und 30 — [*51*], [*52*] —).

Der gewählte Endpunkt des Stollens im Walchensee ist derjenige Punkt des Seeufers, der dem Rißbachwehr am nächsten liegt. Von der durch ihn bedingten graden Linie weicht der Entwurf aus folgenden Gründen ab: Nach etwa 2 km Länge vom Rißbachwehr ab unterfährt der Stollen den Fischbach, dessen Flußgebiet 25,5 qkm beträgt; sein Wasser soll dem unter ihm im Gebirge liegenden Stollen zugeführt werden; um den erforderlichen Zuführungsstollen und zugleich den sich von selbst ergebenden Fensterstollen möglichst kurz zu erhalten, wurde der Rißbachstollen innerhalb der ersten 2 km (im Rißbachtal) etwas nach Osten gedreht. Nach etwa 4 km muß der Stollen die Isar kreuzen; hier wurde als Kreuzungspunkt eine enge Talstelle mit steilen Hängen gewählt. Nach weiteren 4 km erreicht der Stollen den Walchensee, seine Gesamtlänge beträgt also rund 8 km.

Der Fischbach wird in einer sehr engen Schlucht gefaßt und zwar mittels eines 3,2 m langen Walzenwehres mit 1,8 m hoher Stauwand, deren Oberkante auf + 838,90 m liegt. Beachtenswert ist der zugehörige Sandfang: er wurde als Becken entworfen, welches von einem zwischen die beiden Schluchtwände eingespannten hochliegenden Gewölbe getragen wird. Das Wasser wird dem tiefer und zwar auf + 817,30 m (Sohlenhöhe) liegenden Rißbachstollen zugeleitet.

Der Rißbachstollen ist zur Sicherheit so tief vorgesehen worden, daß er während derjenigen Zeiten, in denen das Niedernachkraftwerk arbeiten kann, als Druckstollen wirkt; das Werk arbeitet, solange die Wassermenge nicht über 14 cbm/sec steigt; bei größeren Wassermengen (bis 20 cbm/sec) muß der Betrieb aussetzen, da das Nutzgefälle zu klein ist. Die Stollensohle liegt beim Rißbachwehr auf + 823,26 m, beim Anfang des Isardükers auf + 814,29 m; auf der 4 km langen Zwischenstrecke, auf der beim Fischbach der Zwischenangriff vorgesehen ist, hat die Sohle zum Düker hin 1 : 430 Gefälle. Zwischen Isar und Walchensee (4 km) ist ein Zwischenangriff nicht möglich; hier liegt zum Walchensee hin die Sohle auf 2 km Länge wagerecht auf + 801,00 m, zur Isar hin fällt sie dann 1 : 1800 und liegt beim linksuferigen Dükerende auf + 800,00 m; auf diese Weise wird ein Luftsack vermieden. Im Düker liegt die Tiefsohle auf + 784,40 m, darüber liegt das Isarbett auf + 788,90 m.

Für den Stollen wird bei der Größtmenge von 20 cbm/sec eine Geschwindigkeit von 3,6 m/sec angenommen; dementsprechend wird der Querschnitt mit 2,46 m Breite und 2,64 m Höhe ausgeführt; er ist annähernd kreisförmig. Der Ausbruch soll bei felsigem Gebirge ohne Zimmerung erfolgen. Der Stollen wird 30 cm stark (nach Bedarf stärker) mit Beton ausgekleidet und zwar im Scheitel mit Betonquadern; er erhält im Innern 3 cm dicken Zementglattstrich. Nötigenfalls ist unter der Sohle ein Dränagerohr einzulegen.

Für die Kreuzung mit der Isar hat der Entwurf den Düker den anderen Möglichkeiten vorgezogen und zwar mit Rücksicht auf Billigkeit und Einfachheit und wegen der frostfreien Lage. Der Düker wird als 2,68 m weites Eisenrohr von 10 mm Wandstärke hergestellt und 50 bis 80 cm dick mit Beton umhüllt; in der Talsohle wird das Bauwerk mit Wasserhaltung zwischen Spundwänden ausgeführt. Auch die im Schutt liegende Stollenstrecke am linken Isarhang soll als Eisenrohr hergestellt werden. Beim Dükeranfang am rechten Hang (Sohle + 814,29 m) steht ein 3 m weiter Luftschacht (Standrohr) in Eisenbeton mit innerer Blechhaut von 4 bis 8 mm Dicke; der obere Flur des Schachtes liegt auf + 831,00 m, d. i. 1,0 m höher als die Krone des Rißbachwehres. Am rechten Isarhang ist ein Leerlauf für den Stollen eingerichtet.

### d) Niedernachkraftwerk — Allgemeines und Bautechnisches.

— Tafel 3 Abb. 31 bis 34 —

Für den Übergang zum Niedernachkraftwerk ist beim nördlichen Stollenende ein 2,7 m weites Eisenrohr mit Sohlenhöhe + 801,00 m in den Stollen eingebaut; dieses Rohr mündet mit einem Schieber in das Wasserschloß, welches als Schacht von 6,0 m Durchmesser gebaut ist; aus dem Schacht führen 2 eiserne Druckrohre von je 2,0 m Durchmesser in 10,0 m Abstand zu den vorgesehenen 2 Turbinen; zwischen den 2 Rohren liegt, mit Schieber verschließbar, ein 2,7 m weites Freilaufrohr aus Beton. Das Wasser der 3 Rohre vereinigt sich wieder in dem Unterwasserbecken auf der Seeseite des Kraftwerkes; aus dem Becken führt ein 3,0 m weites Betonrohr in den See hinein; das Rohr endigt zum Schutz der Klarheit des Seewassers unter dem niedrigsten Seespiegel der betreffenden Ausbaustufe. Der Flur des Maschinenhauses liegt auf + 805,25 m; durch eine Überfallschwelle auf der Ablaufseite der 4,0 m breiten Unterwasserkammern der beiden Francisturbinen ist dafür gesorgt, daß das Sauggefälle nicht über 7,5 m wächst.

Dem Wasserschloß fließt eine Wassermenge zu, die zwischen etwa 3 und 20 cbm/sec schwankt. Unter Annahme des höchsten Seespiegels = + 801,90 m (U. W.) und des im Abschnitt b) angegebenen Spiegels von + 829,45 m beim Stolleneintritt im Rißbachtal (O. W.) weist der Entwurf folgende Nutzgefälle bei den Turbinen nach:

bei 3 cbm/sec . . . . 26,88 m,
» 10 » . . . . 20,97 »,
» 14 » . . . . 14,74 »,
» 15 » . . . . 12,87 ».

Hiernach entschließt sich der Entwurf, bei Zufluß von mehr als 15 cbm/sec den Betrieb des Niedernachkraftwerks auszuschalten, weil dann das Gefälle zu klein wird.

Hinsichtlich der Abmessungen und der Ausrüstung des Wasserschlosses hat der Entwurf folgendes erwogen: Da das Niedernachkraftwerk wesentlich Nebenwerk ist, so wird es mit Dauerbetrieb arbeiten, ohne durch Spitzenbedarf beeinflußt zu sein; die zu erzeugende Kraftmenge entspricht der jeweiligen Wassermenge des Rißbachs, diese soll bis zur Größtmenge von 15 cbm/sec verwertet werden. Angenommen, es fließen dem Wasserschloß im Augenblick 8 cbm/sec zu, und es wird gemeldet, daß der Rißbach nunmehr 9 cbm/sec führt. In diesem Falle soll das Kraftwerk alsbald nach Eingang der Nachricht 9 cbm/sec Verbrauch einschalten. Entsprechend dem größeren Druckverlust wird der Spiegel im Wasserschloß allmählich um 0,98 m sinken; das Einschalten des größeren Verbrauchs wird diese Senkung einleiten, dadurch wird die Wassermenge von 8 cbm/sec beschleunigt; die Beschleunigung bis auf 9 cbm/sec erfordert entsprechend den Verhältnissen des Stollens 6,3 Sekunden. Hiernach müßte der Schacht mit 0,98 m seiner Höhe 6,3 cbm/sec bereitstellen, er müßte also 6,43 qm Querschnitt besitzen. Ebenso ergibt sich ein Querschnitt von 11,45 qm für die Steigerung von 3 auf 4 cbm/sec bei hohem Schachtspiegel und von 5,15 qm für die Steigerung von 13 auf 14 cbm/sec bei niedrigem Schachtspiegel. Zur Sicherheit und aus praktischen Gründen hat der Schacht 6,0 m Durchmesser mit 28 qm Querschnitt erhalten. Anderseits ist es denkbar, daß bei starker Belastung des Kraftwerkes die ganze Kraft plötzlich ausgeschaltet werden muß; für diesen Fall ist im Wasserschloß ein Überlaufrohr vorgesehen, dessen Einlaufrand von 1,5 m Durchmesser auf + 830,00 m (Krone des Rißbachwehres) liegt; das Wasser müßte 3,95 m über den Rand steigen, um das Rohr 15 cbm/sec schlucken zu lassen; dementsprechend ist das Wasserschloß für einen höchsten Spiegel von etwa + 834 m eingerichtet.

Der Schacht des Wasserschlosses wurde als Blechmantel mit 50 cm dicker Eisenbetonhülle entworfen; im oberen Teil ist der Blechmantel durch einen Glattstrich ersetzt.

### e) Die maschinentechnischen Einrichtungen des Niedernachkraftwerks.

— Tafel 3 Abb. 31 u. 35 —

Es sind 2 Turbinen von je 1000 PS Nutzleistung mit liegender Welle vorgesehen. Sie sind so gewählt, daß sie

**Tabelle 19.**

| | | | |
|---|---|---|---|
| Gefälle $= H$ . . . . . . . . . . . . | 26,1 | 21,0 | 15,0 m |
| Vorhandene Wassermenge $Q$ beim Gefälle $H$ | 4,5 | 10 | 14 cbm/sec |
| Wassermenge $Q_1$ für 1 m Gefälle . . . . | 0,881 | 2,18 | 3,62 » |
| $u_1 =$ Umfangsgeschwindigkeit: $\sqrt{2gH}$ . . | 0,575 | 0,640 | 0,755 m/sec |
| Anzahl der Turbinen . . . . . . . . | 1 | 2 | 2 |
| Belastungsgrad der Turbinen . . . . . | 0,508 | 0,639 | voll |
| Leistung beim Gefälle $H$ . . . . . . | 1244 | 2320 | 2380 PS |

sowohl gegen Veränderung der spezifischen Umlaufgeschwindigkeit, wie auch gegen Veränderung der Wassermenge möglichst unempfindlich bleiben; der Entwurf gelangte unter diesen Gesichtspunkten auf den Vorschlag einer Doppelfrancisturbine, die bei 1,15 m Laufraddurchmesser 215 Umdrehungen in 1 Minute macht. Eine Einsicht in die Arbeitsweise der Turbinen bietet die Tabelle 19; aus ihr geht deutlich hervor, daß es mit den vorgeschlagenen Turbinen möglich ist, die stark verschiedenen Gefälle und Wassermengen gut auszunützen.

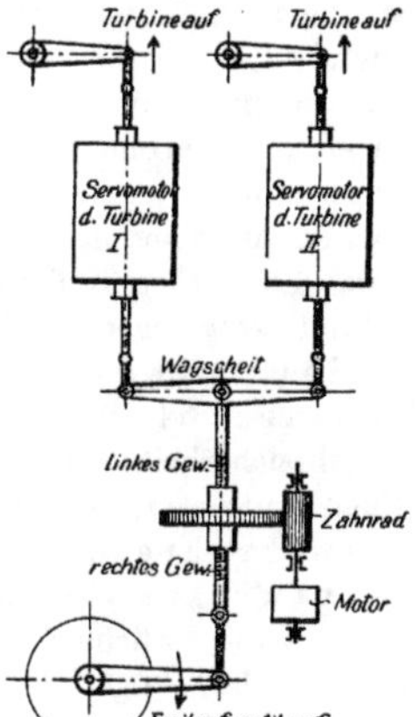


Text-Abb. 3.
Verbindung der Turbinenregulierung mit dem Freilaufventil.

Im Abschnitt d) sind die Bedingungen dargelegt worden, die der Entwurf hinsichtlich des Ausgleichvermögens des Wasserschlosses gestellt hat; um diese Bedingungen erfüllen zu können, ist mit den beiden Turbinen ein Freilaufventil so verbunden, daß, nach Einstellung der Verbindung gemäß der bereitstehenden Wassermenge, die Summe der Wassermengen der beiden Turbinen und des Freilaufs sich bei den verschiedenen Stellungen der Turbinenregelung nicht ändert. Text-Abb. 3 zeigt das Schema der genannten Verbindung. Es wird genügen, zu bemerken, daß mit dem in der Abbildung angegebenen Motor die Einstellung nach der Gesamtwassermenge gemäß den Wassermengen des Rißbachs besorgt werden soll. Weiter steht dem Wärter die Leerlaufleitung von 2,7 m Durchmesser zur Verfügung, die durch einen Absperrschieber geöffnet und geschlossen werden kann.

f) Die elektrotechnischen Einrichtungen des Niedernachkraftwerks.

Mit den 2 Turbinen sind Drehstrommaschinen von 850 KVA für 5000 Volt Spannung und 50 Perioden mit angebauter Erregermaschine gekuppelt. Die Maschinen machen 215 Umdrehungen, müssen also 28-polige Magneträder erhalten (Tafel 3 Abb. 31 u. 34).

Da die gewonnene Arbeit mit der Maschinenspannung von 5000 Volt in der Hauptsache dem Obernachkraftwerk zugeleitet werden soll (Abschnitt 1 g), so beschränkt sich die in einem kleinen Vorbau untergebrachte Schaltanlage im wesentlichen auf die Sammelschienen von 5000 Volt und die wenigen Apparate und Meßinstrumente für die Maschinen, die Leitungsanschlüsse und den Eigenbedarf des Werkes (Tafel 3 Abb. 36).

Außer der Freileitung nach dem Obernachkraftwerk sind noch mehrere Leitungsanschlüsse für eine im Umkreis sich allenfalls ansiedelnde Industrie vorgesehen.

### 3. Jachenschleuse.

Die 5,0 m breite Jachenschleuse hat eine feste Schwelle auf +799,90 m mit 0,9 m tiefem Sturzbett. Als Verschluß dient eine um die untere Kante flußabwärts umlegbare Holzklappe mit Oberkante auf +802,20 m. Vor dem Fuß der Klappe ist zur Oberwasserseite hin auf der Schwelle eine ebenso drehbare kleine Eisenklappe befestigt, die sich gegen die Holzklappe anlehnt und ihre Drehachse vor Verkiesung schützt.

## II. Baugruppe II.

### 1. Allgemeines.

— Tafel 3 Abb. 37 und 39 —

Von dem Einlaufbauwerk bei Urfeld aus, dessen Ortslage als unmittelbar gegeben betrachtet wird, führt der Entwurf die Achse der Baugruppe II in den östlichen Teil der Niederung zwischen Jochbach und Joch; er macht geltend, daß hierbei zwar die Druckstollen etwas länger sein werden als bei der westlichen Lage, daß aber zum Vorteil des Turbinenbetriebs die Rohrleitung eine kleine Länge erhält, und daß das Kraftwerk mit kleinen Erdarbeiten an einer flachen und freien Stelle erbaut werden kann. Es werden 4 Druckstollen in je 15 m Achsabstand vorgesehen; jeder Stollen erhält ein besonderes Einlaßbauwerk und am Nordende ein besonderes Wasserschloß. Im 1. Ausbau werden zum Vorteil der Betriebssicherheit 2 Stollengruppen gebaut und zwar die beiden mittleren; an jeden dieser beiden Stollen werden 3 Druckrohre angeschlossen, und der mittlere Teil des Hauptwerkes wird entsprechend ausgeführt; im 3. Ausbau wird die östliche Stollenanlage mit 4 Druckrohren und der südliche Flügel des Hauptwerkes hinzugefügt, beim Vollausbau die westliche Stollenanlage mit 3 Druckrohren und der nördliche Flügel des Hauptwerkes. Der Unterwasserkanal wird sogleich für den Vollausbau hergestellt. Das Kraftwerk ist in spitzem Winkel so zur Achse der Rohrleitung angeordnet, daß etwa abstürzendes Wasser hinter dem Gebäude vorbeigeleitet wird.

### 2. Einlauf bei Urfeld.

— Tafel 3 Abb. 40 —

Die Stollen werden in den Walchensee hinein durch den hier vorhandenen Schutt hindurch als Eisenbetonrohre von 2,77 m Durchmesser fortgesetzt. Beim Einlauf steht über jedem Stollen ein Schacht von 2,77 m Durchmesser mit 0,78 m Wandstärke. Die Schächte werden so tief hinuntergeführt, wie es der Vollausbau erfordert; beim Vollausbau steht der niedrigste Seespiegel auf +787,40 m; zum Schutz gegen Lufteintritt auch bei etwa noch tieferem Seespiegel legt der Entwurf den Scheitel des 2,77 m weiten Stollenmundloches 2,50 m tiefer auf +784,90 m, daher liegt die Stollensohle hier auf +782,13 m. Zum Schutz gegen den Hangschutt und zur Reinhaltung des Kraftwassers wurden die Schächte an die Stelle gelegt, bei welcher die Stollen den natürlichen Seeboden durchfahren; außerdem wurde zwischen den Schächten je eine Stützmauer vorgesehen. In dem trompetenförmig erweiterten Mundloch auf der Wasserseite des Schachtes ist eine Abschlußschütze vorgesehen, deren tiefliegender Antrieb von oben her bedient wird; vor der Schütze steht ein hebbarer halbkugelförmiger Feinrechen von 20 qm Fläche. Um die mit Gleitbewegung gehende Schütze zu entlasten, sind in ihr 2 kleinere Schützen von 0,5 m Durchmesser vorgesehen, mit denen der etwa entleerte Stollen in 2 Stunden gefüllt wird; im nämlichen Sinne stehen die Umlaufrohre des Wasserschlosses zur Verfügung. Der durch den Schacht bedingte Ausschnitt des Stollenscheitels wird durch eine drehbare Eisenklappe geschlossen.

Den Bau der Schächte im Trockenen mittels Seeentleerung lehnt der Entwurf ab, namentlich wegen der großen Länge der erforderlichen Zeit und wegen der Größe der zu bewältigenden Wassermengen. Er sieht Druckluftgründung vor mit eisernen Caissons. Der Caisson des einzelnen Schachtes hat beim Absenken einen der Stollenhöhe entsprechenden eisernen Aufbau, der zur Wasserseite hin durch die sogleich anzubauende Verschlußschütze und zur Hangseite hin durch einen Vortriebschild geschlossen ist; in diesem Zustand wird der Caisson mit Schiffen an den Bauplatz gebracht und in schwebender Lage so weit aufgemauert, daß das untere Triebwerk der Schütze angebaut werden kann; nachdem das Triebwerk angebaut ist, wird der Caisson niedergebracht. Für Nebenarbeiten und für den weiteren Aufbau des Schachtes wird eine Taucherglocke in Dienst gestellt. — Der Vortriebschild ist in ein versteiftes Rohr von 3,6 m Durchmesser und 30 mm Blechstärke eingebaut.

### 3. Der hydraulische Zusammenhang zwischen den Druckstollen und den Wasserschlössern.

— Tafel 3 Abb. 37 und 39 —

Die Hauptmaße der 1321 m langen Druckstollen und der Wasserschlösser hat der Entwurf im Zusammenhang auf Grund eingehender Untersuchungen festgesetzt; er hat hierbei die bezüglichen Studien von Alliévi, Prášil, Pressel und Thoma zugrunde gelegt. Entsprechend dem 2. Ausbau geht der Entwurf davon aus, daß 2 Stollen und 2 Wasserschlösser für gewöhnlich 14,0 cbm/sec und im Grenzfalle 42,0 cbm/sec zu bewältigen haben, 1 Stollen und 1 Wasserschloß also 7,0 cbm/sec und im Grenzfalle 21,0 cbm/sec. Folgende 3 wählbaren Werte stehen in gegenseitiger Abhängigkeit: der Querschnitt des Stollens, der wagerechte Querschnitt des Wasserschlosses und seine Höhe. Da die zu erzeugende Kraft schwankt, so müssen die Abmessungen des Wasserschlosses um so größer sein, je kleiner der Stollenquerschnitt ist. Für das Wasserschloß wird die Zylinderform zugrunde gelegt. Weil der Stollen mit Beton ausgekleidet werden soll, hält der Entwurf eine Geschwindigkeit von mehr als 3,5 m/sec für unzulässig, der Stollen muß hiernach für 21,0 cbm/sec mindestens 6,1 qm Querschnitt haben. Es wurden nun verschiedene Stollenquerschnitte zwischen 4,5 und 18,2 qm vorausgesetzt, daneben verschiedene Querschnitte des Wasserschlosses zwischen 9,6 und 460,0 qm; für die möglichen Kombinationen der beiderseitigen Werte wurde die Frage beantwortet: Um welches Maß senkt sich der Spiegel im Wasserschloß, wenn die Wasserentnahme plötzlich von 0 auf 21,0 cbm/sec steigt? Zufolge wirtschaftlicher Würdigung der hierbei ermittelten Zahlen hat der Entwurf sich zunächst (vgl. den letzten Satz des Abschnitts 3) entschlossen, dem Stollen einen Querschnitt von 6,1 qm und dem Wasserschloß einen Querschnitt von 125,0 qm zu geben; vergrößert man den Stollenquerschnitt über 6,1 qm hinaus, so wird beim Wasserschloß so wenig gespart, daß die Vergrößerung unwirtschaftlich ist. Unter Annahme dieser Maße von 6,1 bzw. 125,0 qm wird jetzt nachgewiesen, daß der Wasserspiegel im Wasserschloß sich um 2,97 m hebt, wenn die Wasserentnahme plötzlich von 21,0 auf 7,0 cbm/sec vermindert wird, daß er sich anderseits um 6,46 m senkt, wenn die Wasserentnahme plötzlich von 7,0 auf 21,0 cbm/sec gesteigert wird. (Beim Übergang von 0 auf 21,0 cbm/sec bzw. von 21,0 auf 0 cbm/sec treten kleinere Spiegelschwankungen ein, falls der Übergang sich in 4 Minuten vollzieht.)

Der Entwurf erwartet, daß die Wasserentnahme nicht stärker schwanken wird, als oben vorausgesetzt wurde; für etwaige Ausnahmefälle wird in dem Regulator der Turbinen eine besondere »Wasserschloßsicherung« vorgesehen (vgl. Abschnitt 8).

Der höchste Seespiegel liegt auf +801,90 m; beim Vollausbau sinkt er um 14,5 m auf +787,40 m oder, wie der Entwurf zur Sicherheit annimmt, auf +784,90 m. Der Spitzenbedarf senkt den Spiegel des Wasserschlosses um das Höchstmaß von 6,46 m (vgl. oben), außerdem werden 0,66 m und 0,65 m als Druckverluste in der Rohrleitung bzw. beim Stolleneinlauf gerechnet; das Wasser sinkt danach schlimmstenfalls auf +777,13 m. Zur Sicherheit wurde der Scheitel des Stollens im Wasserschloß 1 m tiefer, also auf +776,13 m gelegt (Tafel 4 Abb. 45); der Scheitel der Rohreinläufe liegt noch tiefer. Das Ansteigen um 2,97 m infolge der Spitzenausschaltung hebt bei gefülltem Walchensee den Spiegel des Wasserschlosses auf +804,87 m; der obere Rand des Bauwerkes liegt auf +806,75 m; ein Überlauf ist nicht vorgesehen. Zur weiteren Sicherheit wird schließlich der Durchmesser des Wasserschlosses = 13,0 m angenommen entsprechend 133 qm Querschnitt, während 125 qm genügen.

### 4. Bauweise der Druckstollen.

— Tafel 3 Abb. 38 —

Entsprechend den unter 2. und 3. angegebenen Höhenzahlen beträgt das Sohlengefälle der Druckstollen zum Walchensee hin 1 : 142. Der lichte Querschnitt ist ungefähr kreisförmig, er hat 2,69 m Höhe und 2,75 m Breite. Die Stollen werden 30 cm stark ausbetoniert, Sohle und Seiten gestampft, das Gewölbe in Betonquadern; die Innenfläche erhält 30 mm Glattstrich. Die Stollen sollen vom Kochelsee aus vorgetrieben werden und zwar nach Bedarf mit Auszimmerung; am Ende des Vortriebs beim Walchensee wird eine erweiterte Stollenstrecke von 5,0 m Länge und 4,2 m Durchmesser hergestellt, in welcher vom Walchensee her der Vortriebschild des Einlaufbauwerks seine Endstellung findet (vgl. Abschnitt 2); der Schild wird hier abgebaut, und die erweiterte Strecke dann ausgemauert.

### 5. Bauweise der Wasserschlösser.

— Tafel 4 Abb. 43 bis 45 —

Die 4 freistehenden Türme haben 13,0 m Durchmesser und 30 bis 40 m Höhe; sie sind im Innern mit einem 9 bis 23 mm starken Blechmantel bekleidet, der schon allein für die Aufnahme der Ringspannungen genügt; auch der zum Abfangen der Sinkstoffe trichterförmig gestaltete Boden wird mit Blech belegt. Der Blechmantel wird mit Eisenbeton ummauert und zwar oben 0,50 m und unten 1,45 m dick. Für die Instandhaltung des Blechmantels ist ein ringförmiger Revisionswagen mit 1,2 m breitem Rundgang vorgesehen; sein Antrieb erfolgt durch Kette vom Wagen selbst aus. Als Übergang zum Druckstollen ist an den Blechmantel ein 2,8 m weites Eisenrohr mit Ovalschieber angebaut; ein Mannloch gestattet, bei geschlossenem Schieber den entleerten Stollen zu begehen. Die 4 Türme sind durch 2,5 m weite Rohre (mit je einem Schieber) verbunden; daher kann man, falls ein Druckstollen ausgeschaltet ist, trotzdem den Inhalt des zugehörigen Turmes verwerten. Auf dem Boden der Türme ist je ein Leerlauf eingerichtet; die 4 Leerläufe sind an das gemeinsame Leerlaufbecken angeschlossen, welches in der Mitte zwischen den 4 Türmen liegt und das Wasser in die hier beginnende Absturzkaskade überleitet. Im Einklang mit dem im Abschnitt 3 angedeuteten Berechnungsgang sind Überläufe nicht vorgesehen.

### 6. Druckrohrleitung.

— Tafel 4 Abb. 41, 42 und 45 —

In den Wasserschlössern beginnen die 13 Druckrohre von 1,60 m Durchmesser; für jedes Rohr ist in dem an das Wasserschloß angelehnten Schieberhaus ein Ovalschieber als Verschluß vorgesehen. Die Rohrleitung ist ungefähr unter 45° geneigt; an dem gleichmäßigen Hang waren nur 2 schwache lotrechte Knickpunkte nötig; dieselben sind als Festpunkte ausgebildet; da sie weit voneinander liegen, so wurde auf der graden Zwischenstrecke ein dritter Festpunkt eingeschaltet. Die Rohre werden in den Festpunkten durch Eisenbetonbalken gehalten, die senkrecht zur Rohrachse in den Felsen einbetoniert sind, und deren Eiseneinlagen das Rohr umklammern. An den Stellen, bei denen es nötig ist, werden Expansionen in die Rohre eingebaut. In je 6 m Abstand sind die Rohre durch quer durchlaufende Betonpfeiler unterstützt; diese ragen nur an wenigen Stellen aus dem Gelände heraus.

Die einzelnen in der Längsnaht geschweißten Rohrschüsse haben entsprechend dem Pfeilerabstand 6 m Länge; ihre Wandstärke ist so gewählt, daß das ungeschwächte Blech mit 750 kg/qcm angestrengt wird.

Die Anlaufzeit der Druckrohrleitung stellt sich bei ungefähr 375 m Länge und der größten Geschwindigkeit von 3,8 m/sec auf 0,76 Sekunden.

Im Einklang mit dem Obigen werden folgende Abschlußorgane vorgeschlagen: ein Schieber vor jedem Wasserschloß (im Auslauf des Druckstollens), 3 Schieber in den Verbindungsleitungen zwischen den Wasserschlössern, ferner in jedem Druckrohr ein von Hand zu betätigender Schieber unmittelbar hinter dem Wasserschloß und ein hydraulischer Absperrschieber vor jeder Turbine. Selbsttätige Rohrbruchorgane sind nicht vorhanden.

Für den Bau und für den Betrieb ist auf der Rohrbahn ein Fahrkran mit 12,3 m Spurweite vorgesehen; durch ein am Fuß der Rohrbahn liegendes Quergleis (Schiebebühne) ist die Möglichkeit geschaffen, mit dem Kran jede der 4 Rohrgruppen zu befahren. Oben vor dem Wasserschloß befindet sich auf einer 4 m breiten Plattform eine fahrbare Winde.

### 7. Hauptwerk und Unterwasserkanal — Allgemeines und Bautechnisches.

— Tafel 4 Abb. 41 und Tafel 5 Abb. 46 bis 48 [*53*] —

Die für das Maschinenhaus des Hauptwerkes vorgenommene Platzwahl und der allmähliche Ausbau des Maschinenhauses sind bereits im Abschnitt 1 begründet bzw. besprochen worden; die freie Lage sichert Licht und Luft.

Für die gleichfalls schon besprochene Lage des Maschinenhauses in spitzem Winkel zur Achse der Rohrleitung macht der Entwurf über das bereits Gesagte hinaus geltend, daß diese Lage die Rohrleitung kürze, die Zahl der wagerechten Knicke auf einen einschränke, und daß sie vom Kochelsee aus das Bild des Krafthauses besonders gefällig erscheinen lasse.

Die mit liegender Welle vorgesehenen 13 Turbinen haben 14,0 m Achsabstand; der Maschinenraum ist 214,6 m lang und 26,0 m breit. Der Flur des Maschinenraums liegt auf + 603,35 m, d. i. 3,06 m über dem höchsten Spiegel des Kochelsees = + 600,29 m. Die Turbinenachse liegt auf + 604,65 m. An den Maschinenraum sind in einem seitlichen Längsbau die Räume für die Transformatoren und für die Schaltanlage unmittelbar angelehnt. Die Schaltbühne liegt im 1. Ausbau noch nicht in der Mitte des Raumes.

Die Gründung des Gebäudes wird mit Hilfe von Spundwänden ausgeführt; das aufgehende Bauwerk wird in Beton hergestellt, die wichtigen Decken in Eisenbeton.

Die Lüftung des Maschinenraums erfolgt durch elektrisch angetriebene Ventilatoren.

Das Abwasser der Turbinen sammelt sich in einem Abflußkanal, der mit etwa 16,0 m Breite und mit Sohlenhöhe + 595,79 m den Unterbau des langgestreckten Transformatorenraums bildet. Aus dem Abflußkanal zweigt rechtwinklig der ins Freie führende und bis zum Kochelsee etwa 190 m lange Unterwasserkanal ab (Tafel 5 Abb. 48). Derselbe wird sogleich im 1. Ausbau für die Größtmenge des Vollausbaus = 81,0 cbm/sec eingerichtet. Der Kanal wird mit ungedeckten Erdböschungen 1 : 2 ausgeführt; die größte Fließgeschwindigkeit beträgt 1,2 m/sec; 0,5 m über dem höchsten Spiegel liegt eine Berme.

### 8. Die maschinentechnischen Einrichtungen des Hauptwerkes.

Es werden 13 liegende Peltonturbinen vorgeschlagen, die unter einem Gefälle von 194,16 m und mit einer Drehzahl von 150 laufend je 16 500 PS entwickeln können; damit bleibt auch bei der größten Belastung des Werkes eine Turbine als Reserve. Die Turbinen (Tafel 5 Abb. 46 bis 50) besitzen je 2 Laufräder, von denen jedes durch 3 Düsen beaufschlagt wird. Die Veränderung der Wassermenge geschieht durch Enger- oder Weiterstellen von 2 Führungsbacken. Die letzteren endigen nach außen in Spindeln, die mit Hilfe einer als Ritzel ausgebildeten und durch ein Zahnsegment mit Gestänge vom Servomotor aus angetriebenen Mutter axial bewegt werden. Beachtenswert an der Konstruktion ist nun, daß auch bei langsamer Bewegung der Düsenbacken durch Anwendung von je einem Strahlablenker an jeder Düse die Leistung doch fast beliebig rasch vermindert werden kann. Strahlablenker und Gleitbacken sind so miteinander gekuppelt, daß bei einer Entlastung zunächst die Ablenker eingreifen; dieselben kehren dann langsam nach Maßgabe der Stellung der Düse wieder in ihre Ruhestellung zurück. Text-Abb. 4 zeigt das Schema der Regelung. Bei einer durch Entlastung hervorgerufenen Geschwindigkeitszunahme tritt zunächst durch das Steuerventil $S_a$ der Strahlablenker in Tätigkeit und zwar mit einer Gesamtschlußzeit von etwa 1 Sekunde. Hierbei ist durch die Rückführung *TCDE* dafür gesorgt, daß einer Stellung des Pendels *P* immer nur eine bestimmte Stellung des Ablenkers zugeordnet wird. Die Bewegung des Ablenkers wirkt nun über *FGJ* auch auf das Steuerventil $S_d$ der Düsenregelung ein, die sich langsam schließt und dabei durch das Gestänge *AMH* bzw. *BMH* nicht nur den Ablenker, sondern auch das eigene Steuerventil wieder in Ruhestellung verbringt. Die Überdeckungen des Steuerventils $S_d$ sind überdies so gewählt, daß sich zunächst die Düsen des einen und dann erst die des anderen Rades zustellen, wodurch es nach Angabe des Entwurfs möglich ist, Wirkungsgrade der Turbine zu erzielen, die von voller bis $^1/_8$ Belastung nur zwischen 82 und 80% schwanken.

Es ist einleuchtend, daß ein Strahlablenker der angegebenen Art, weil bei Entlastungen zuerst bewegt, eine große Sicherheit gegen unzulässig rasche Verminderung der Wassermenge und damit gegen Druckerhöhungen am Ende der Rohrleitung bietet. Während, wie schon erwähnt, die Strahlablenker mit etwa 1 Sekunde Schlußzeit arbeiten, soll die Schluß- und Öffnungszeit der Düsen etwa 5 Sekunden betragen.

Wenn bei dieser Regelungsgeschwindigkeit in den Druckrohren auch nur Massenwirkungen von mäßiger Größe auftreten, so würden doch bei sehr großen und plötzlichen Be- oder Entlastungen des Werkes zu starke Spiegelschwan-

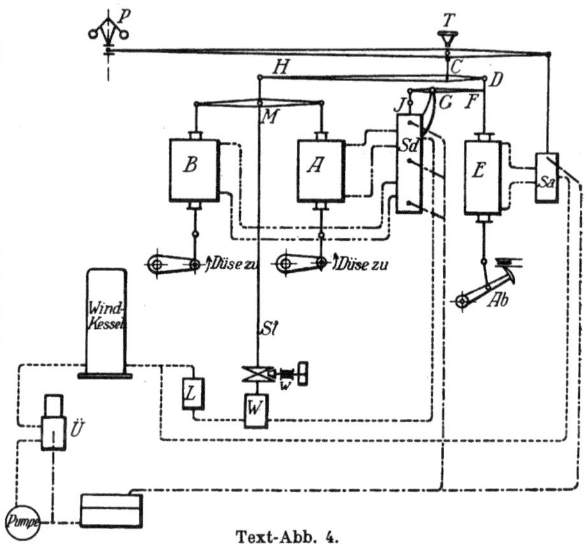


Text-Abb. 4.
Regelung der Turbinen des Hauptwerkes.

| | | | |
|---|---|---|---|
| *A* u. *B* | Servomotoren zur Düsenverstellung | - - - | Druckleitung |
| *Ab* | Strahlablenker | -·-· | Ablaufleitung |
| *L* | Luftsicherung | *Sd* | Steuerventil der Düsen |
| *Sa* | Steuerventil der Strahlablenker | *T* | Handrad - Geschwindigkeitsverstellung |
| | | *Ü* | Überströmventil |

*W* Wasserschloßsicherung

kungen im Wasserschloß entstehen können. Um dies zu vermeiden, ist in die Drucköleitung zum Steuerventil der Düsen noch die bereits im Abschnitt 3 erwähnte sogenannte Wasserschloßsicherung *W* eingeschaltet, welche mit Hilfe eines Hemmwerkes die Ölleitung drosselt und damit kleinere Regelungsgeschwindigkeit einstellt, sobald die Belastungsschwankungen ungefähr $^2/_3$ der gewöhnlichen Belastung übersteigen.

In die Druckölleitung ist ferner ein Überströmventil *Ü* eingeschaltet, das bei genügendem Öldruck im Windkessel die Pumpe auf Leerlauf steuert, außerdem bei *L* eine Luftsicherung, die beim Eintritt von Luft in die Leitung die letztere abdrosselt, um ein unerwünscht rasches Bewegen der Düsen unmöglich zu machen. Die konstruktive Ausführung des Regulators zeigt Tafel 5 Abb. 51 (1. uud 2. Abb. von links). Um selbst bei einem Versagen dieses Regulators oder seiner Ölpumpe noch eine Sicherheit gegen das Durchgehen der Turbine zu haben, ist gemäß Tafel 5 Abb. 51 (3. und 4. Abb. von links) mit eigenem Tachometer noch ein zweiter selbständiger Regulator vorgesehen, der mit natürlichem Wasserdruck arbeitet und Strahlablenker bewegt, die, bei sonst gleicher Bauart, die früher erwähnten umschließen.

Als Schwungmoment wird für die Turbine der Wert von 300 000 kg/m², für die Dynamomaschine 800 000 kg/m² angegeben und damit folgende Gewähr für die Regelung geleistet:

| | | | | |
|---|---|---|---|---|
| Entlastung: | 100% | 50% | 25% | bei 1 Sekunde |
| Drehzahländerung: | 12% | 6% | 3% | Schlußzeit |

Bei Belastungen ist die Drehzahländerung nur dann gleich den angeführten Werten, wenn die Belastungsdauer mindestens 6 Sekunden beträgt.

Für plötzliche Belastung wird zugesichert:

| | | | |
|---|---|---|---|
| Belastung: | 1000 | 2000 | 3000 PS |
| Drehzahländerung: | 1,2% | 2,6% | 5,0% |

Da die Turbinenwelle 4,65 m über dem höchsten Wasserspiegel des Kochelsees angenommen ist, und der Schwerpunkt der Laufradaustritte etwa 3,2 m über diesem Spiegel liegt, so würden durch das Freihängen der Turbine 3,2 m bei höchstem, 4,9 m bei niedrigstem Wasserstand des Kochelsees an Gefälle verloren gehen, was 1,6 bzw. 2,5% der Leistung entsprechen würde. Um diesen Verlust nach Möglichkeit zu verkleinern, ist das Gehäuse der Turbine luftdicht geschlossen, das Abflußrohr bis unter den Unterwasserspiegel geführt und so ein Saugrohr geschaffen, das wenigstens den größeren Teil des sonst verlorenen Gefälles wieder auszunützen gestattet. Damit der Saugwasserspiegel nicht bis zu den Einläufen steigen kann, ist ein Luftventil vorgesehen, das in bekannter Weise durch einen mit dem Saugrohr in Verbindung stehenden Schwimmer betätigt wird.

## 9. Die elektrotechnischen Einrichtungen des Hauptwerkes.

### a) Allgemeines.

Der Entwurf schließt aus der Forderung der dreifachen Steigerungsmöglichkeit der Kraft, daß dieselbe vornehmlich Bahnbetriebszwecken dienen soll, und schlägt deshalb für den Ausbau des Werkes in erster Linie die für den Bahnbetrieb geeignetste Stromart, den Wechselstrom von 15 Perioden, vor. Anderseits rechnet der Entwurf damit, daß ein Teil der Kraft verfügbar bleiben und an industrielle Unternehmungen abgesetzt werden wird; hierfür bringt er die bei der Überlandverteilung allgemein angewendete Stromart, den Drehstrom von 50 Perioden, in Vorschlag. In Anbetracht der Ungewißheit der zukünftigen Gestaltung des Kraftbedarfs wurde bei dem Entwerfen der Dynamomaschinen und der Schaltanlage darauf Rücksicht genommen, daß jederzeit von einer Stromart auf die andere ohne bauliche Änderungen übergegangen werden kann.

Der Entwurf findet die Speicherkraft des Hauptwerkes, namentlich im Zusammenhang mit den Nebenkräften an der Obernach und bei Niedernach, wertvoll wegen des wirtschaftlichen Zusammenarbeitens mit anderen, städtischen Elektrizitätswerken, mit nicht akkumulierfähigen Wasserkraftanlagen oder auch mit Dampfkraftwerken, insbesondere bei den Penzberger Kohlengruben.

Für die Fernleitungen beider Stromarten wurde eine Übertragungsspannung von 60 000 Volt gewählt, da diese nach dem Stand der Technik zur Zeit der Entwurfsbearbeitung als die höchste Spannung angesehen wurde, mit der eine elektrische Kraftübertragung zuverlässig und wirtschaftlich ausgeführt werden konnte. Doch glaubt der Entwurf, daß es bis zum Ausbau des Werkes infolge der reicheren Erfahrungen möglich sein werde, die Spannung bis auf 75 000 Volt zu erhöhen.

Für die beiden Nebenkraftwerke wird der Ausbau auf Drehstrom von 50 Perioden empfohlen in der Annahme, daß die Kraft dieser Werke zumeist in der näheren Umgebung für Industrie und Licht abgesetzt werden könne.

### b) Beschreibung.

Der volle Ausbau soll 13 Wechselstrommaschinen mit wagerechter Welle umfassen (Tafel 4 Abb. 41 u. Tafel 5 Abb. 46 u. 47). Die Leistung einer Maschine soll 12 000 KVA dauernd betragen. Die Maschinenspannung ist 10 000 Volt. Das Magnetrad erhält bei 150 Umdrehungen 12 Pole, um Strom von 15 Perioden zu erzeugen. Die Gleichstromerregermaschinen sind an die Wechselstrommaschinen angebaut; ihre Leistung ist 130 KW bei 250 Volt.

Das Magnetrad ist für hohe Fliehkräfte gebaut. Durch schiefgestellte Polschuhe soll eine sinusförmige Feldkurve erzielt werden. Die Ankerwicklung soll gegen die hohen mechanischen Beanspruchungen bei Kurzschlüssen sicher gebaut werden.

Die Drehzahl von 150 wurde gewählt, um statt der Wechselstrommaschinen auch jederzeit 50-periodige Drehstrommaschinen der gleichen Leistung und Größe ohne Änderung der Turbinen einbauen zu können, wenn die Nachfrage den Ausbau des Werkes auf Drehstrom verlangt.

Bei den großen Einheiten werden erhebliche Spannungsschwankungen durch plötzliche Belastungsänderungen nach Ansicht des Entwurfes nicht zu erwarten sein. Der Entwurf bevorzugt daher die übersichtliche Anordnung der angebauten Erregermaschine, bei der obendrein der Einbau selbsttätiger Spannungsregler in die einzelnen Magnetkreise einfacher ist, als bei der Erregung durch eine gemeinsame Maschine.

Zur Deckung des Bedarfes an Drehstrom (Tafel 5 Abb. 46) sind 4 Wechselstrom-Drehstromumformer von 2500 KVA Leistung, 10 000 Volt Wechselstromspannung, 5000 Volt Drehstromspannung und 300 Umdrehungen mit angebauter, gleichzeitig als Anwurfsmotor dienender Erregermaschine vorgesehen. Die Maschinen sind beiderseits synchron, damit beide Maschinen als Stromerzeuger arbeiten können, so daß einmal überschüssiger Wechselstrom im Hauptwerke in Drehstrom, das andere Mal auch allenfalls überschüssiger Drehstrom der Nebenkraftwerke in Wechselstrom für den Bahnbetrieb umgewandelt werden kann. Hierdurch soll ein gutes Zusammenarbeiten der Kraftwerke ermöglicht werden (Tafel 5 Abb. 52).

Von den Dynamomaschinen gelangt der Strom durch Kabel in das unmittelbar an den Maschinenraum anstoßende Schalt- und Transformatorengebäude (Tafel 5 Abb. 46 u. 47) und zwar zunächst zu den Hilfssammelschienen von 10 000 Volt, dann zu den Wechselstromtransformatoren, die ein Übersetzungsverhältnis von 10 000/60 000 Volt haben.

Zu jeder Maschine gehören 2 Öltransformatoren in Kernbauart, die in Einheiten von 6000 KVA im Erdgeschoß des Schalthauses in Betonzellen aufgestellt sind. Das erwärmte Öl wird zur Kühlung durch eine in einem Wasserbad liegende Kühlschlange gedrückt.

Von den Transformatoren gelangt der Strom mit 60 000 Volt Spannung in das 1. Obergeschoß zu den Ölschaltern (Tafel 5 Abb. 47), die der Entwurf mit den Schaltern auf der Niederspannungsseite mechanisch gekuppelt hat, um die Transformatoren gleichzeitig auf der Ober- und auf der Unterspannungsseite abschalten zu können, dann in das 2. Obergeschoß zu den Ringsammelschienen von 60 000 Volt, von hier in das nächste Geschoß zu den Ausführungen von 16 Wechselstromfernleitungen von 60 000 Volt.

Im gleichen Geschoß ist der Überspannungsschutz eingerichtet, bestehend aus Walzenblitzableitern aus Spezialmetall mit Wasserwiderständen und Drosselspulen, während die Wasserstrahlerder für die Sammelschienen im Erdgeschoß neben den Transformatoren untergebracht sind.

Von den Wechselstrom-Ringsammelschienen von 60 000 Volt zweigen auch Leitungen (Tafel 5 Abb. 52) zu vier

Wechselstromtransformatoren von je 2500 KVA mit einem Übersetzungsverhältnis von 60 000/10 000 Volt ab. Die Wechselstromtransformatoren sind wie die übrigen Transformatoren im Erdgeschoß des Schalthauses aufgestellt und liefern den Strom für 4 Wechselstrom-Drehstromumformer von je 2500 KVA. Der in diesen Maschinen umgeformte Strom von 5000 Volt gelangt in Kabeln (Tafel 5 Abb. 52) zu den Drehstromhilfssammelschienen von 5000 Volt (Tafel 5 Abb. 47), dann zu den 4 Drehstromtransformatoren von je 2500 KVA, welche die Spannung auf 60 000 Volt erhöhen.

Die Drehstromtransformatoren sind ebenfalls im Erdgeschoß des Schalthauses untergebracht und stehen in einer Reihe parallel zu den Wechselstromtransformatoren (Tafel 5 Abb. 46). Die Schaltanlage für Drehstrom baut sich genau so auf wie die für Wechselstrom. In der Schnittzeichnung Tafel 5 Abb. 47 ist links die Drehstrom-, rechts die Wechselstromanlage zu erkennen. An die Drehstromringsammelschienen von 60 000 Volt sind 5 abgehende Freileitungen von 60 000 Volt und die vom Obernachkraftwerk ankommende Freileitung angeschlossen (Tafel 5 Abb. 52).

Zunächst werden nur so viele Drehstromapparate aufgestellt, als nötig sind, um ein Zusammenarbeiten mit den nur Drehstrom erzeugenden Nebenkraftwerken zu ermöglichen. Damit ein größerer Drehstrombedarf nach dem Einbau von Drehstrommaschinen an Stelle der Wechselstrommaschinen ohne weitere bauliche Änderungen gedeckt werden kann, sind die Innenräume des Schalt- und Transformatorengebäudes bereits von vornherein so groß vorgesehen, daß auch Drehstromapparate ohne Störung der Einfachheit der Anlage untergebracht werden können.

Als Schutz gegen schädliches Anwachsen der Stromstärke sind im Unterspannungsstromkreis Maximalzeitrelais (Tafel 5 Abb. 52) und vor den Ausführungen der Fernleitungen Drahtbruch- und Zeitrelais vorgesehen, welche auch bei Brüchen der Leitungen die Ölschalter auslösen.

Die ganze Anlage soll von einer im Maschinensaal erhöht angeordneten Schaltbühne aus bedient werden (Tafel 5 Abb. 46 u. 47). Hier sind auf Pulten und Schalttafeln alle Meßinstrumente und Apparate für die Fernsteuerung, ferner die Druckknöpfe, die Steuerschalter, die Rückmeldevorrichtungen usw. untergebracht.

Der Gleichstrombedarf für die Fernsteuerung und die Beleuchtung, im Notfall auch für die Erregung der Dynamomaschinen, wird 2 Asynchron-Drehstrom-Gleichstromumformern von 275 KW Gleichstromleistung bei 250 Volt entnommen. Sie erhalten ihren Strom von den Drehstromhilfsschienen für 5000 Volt oder durch einen Transformator von 750 KVA mit einem Übersetzungsverhältnis von 60 000/5000 Volt (Tafel 5 Abb. 52).

# ANHANG

# DIE UNTERLAGEN DES WETTBEWERBS

Im vorliegenden Anhang werden die zur Wiedergabe bestimmten Unterlagen wörtlich wiedergegeben. In rein förmlicher Hinsicht und zur Erläuterung wurden für die Zwecke des Buches an einigen Stellen kurze Zusätze gemacht.

# A. Die Wettbewerbsbedingungen.

## Wettbewerb

**zur Erlangung von ausführlichen Entwürfen mit Kostenanschlägen über die Gewinnung von Wasserkräften am Walchensee.**

I.

Die Kommission für die Ausnützung der Wasserkräfte in Bayern hat in ihrer Sitzung vom 19. Oktober 1907 im Anschluß an eine Besprechung des staatlichen Vorentwurfs über die »Ausnützung der Wasserkräfte des Walchensees mit der oberen Isar und dem Rißbach« den Beschluß gefaßt, zur Gewinnung von ausführlichen Entwürfen mit Kostenanschlägen einen Wettbewerb zu veranstalten.

Dieser Beschluß wurde durch die beteiligten Kgl. Staatsministerien genehmigt.

II.[1])

Als Grundlagen für die Aufstellung der Wettbewerbsentwürfe werden die nachfolgenden Ausarbeitungen zur Verfügung gestellt:

1. Lage- und Höhenpläne mit Darstellung von Geländeaufnahmen (10 Blatt).
2. Angaben über die hydrologischen Verhältnisse.
3. Die Ergebnisse der im Isartal vorgenommenen Bohrungen nebst einem Gutachten des Kgl. Oberbergamtes vom 20. April 1907 über die dortigen geologischen Verhältnisse.
4. Angaben über das Flußregime der oberen Isar mit ihren Zuflüssen, sowie über die Benützung derselben zur Flößerei und Holztrift.

III.

Gegenstand des Wettbewerbs ist die Bearbeitung von Entwürfen zur möglichst wirtschaftlichen Ausnützung der Wassermengen und Gefälle im Isar- und Walchenseegebiet bis zum Kochelsee. Eine Entwurfsbearbeitung für die zur Ableitung der vermehrten Zuflußmenge aus dem Kochelsee erforderlichen Maßnahmen ist nicht erforderlich. Dagegen ist anzugeben, wie der Holztransport im Isartal und den berührten Zuflüssen der Isar aufrechterhalten werden soll.

Die Entwürfe müssen eine allmähliche Erweiterung der Wasserkraftanlage in zwei oder mehreren Ausbaustufen ermöglichen; die Berechnungen sind für jede Hauptbauperiode aufzustellen.

Die Art und der Umfang der Wasserzuleitung aus den in Betracht kommenden Niederschlagsgebieten zum Walchensee bleibt den Bewerbern überlassen.

Die zur Abgleichung der unregelmäßigen Zuflußmengen erforderliche Spiegelschwankung des Walchensees ist nach Bedarf zu bemessen; jedoch ist beim ersten Ausbau eine möglichst geringe Senkung des Walchenseespiegels in Betracht zu ziehen; das Höchstmaß dieser Senkung soll 3,50 m nicht überschreiten, wobei von dem höchstzulässigen Seestand mit + 50 cm Walchenseespiegel auszugehen ist.

Den berechtigten Forderungen nach Erhaltung der landschaftlichen Schönheit des Walchensees ist durch Vorschlag geeigneter Maßnahmen Rechnung zu tragen. Diese Maßnahmen sind näher zu begründen.

Die Entwürfe für den Ausbau der Kraftanlagen haben sich auf alle zugehörigen Bauteile zu erstrecken und zwar einschließlich der Maschinengebäude sowie der maschinellen und elektrischen Anlagen und Einrichtungen.

Für die Bemessung der zu den Kraftwerken gehörenden Anlagen ist die Bedingung maßgebend, daß die Kraftleistung auf das Dreifache der Durchschnittsleistung gesteigert werden kann.

Die nach dem eingereichten Entwurf an den Turbinenwellen erreichten durchschnittlichen und höchsten hydraulischen Kraftleistungen sind rechnerisch nachzuweisen.

Die wichtigeren Bauteile sind hydrotechnisch und statisch zu begründen.

Für die Lagepläne im Maßstabe 1 : 5000 sind die Steuerkatasterpläne des Kgl. Katasterbureaus in München zu verwenden. Die Konstruktionszeichnungen für die einzelnen Bauanlagen sind im Maßstab 1 : 100 darzustellen. Für Einzelheiten ist im allgemeinen der Maßstab 1 : 20 anzunehmen. Die erforderlichen Maße sind in die Pläne einzuzeichnen.

Ein Bauprogramm für die Ausführung der einzelnen Anlagen ist beizufügen. Zu sämtlichen im Entwurf zu behandelnden Anlagen sind die Baukosten der einzelnen Teile zu entwickeln.

Der für die Entwurfsarbeiten vorgesehene Wettbewerb ist öffentlich ohne Beschränkung der Nationalität der Teilnehmer.

Die Wettbewerbsentwürfe sind in deutscher Sprache bis zum 20. Januar 1909[1]) (d. i. 5 Monate vom Tage des Ausschreibens an gerechnet) abends 6 Uhr bei der Kgl. Obersten Baubehörde in München in Vorlage zu bringen.

Die Entwürfe müssen außen mit der Aufschrift »Wettbewerb Walchensee« bezeichnet sein. Jeder einzelne Bestandteil der Entwürfe ist mit einem Kennwort zu versehen.

Der Name und die genaue Adresse des Einsenders sind in einem verschlossenen, von außen mit Kennwort bezeichneten Umschlag anzugeben.

IV.

Zur Verfügung des Preisgerichts stehen 3 Preise, und zwar

ein erster Preis mit 20 000 M,
ein zweiter Preis mit 15 000 M,
ein dritter Preis mit 10 000 M.

Dem einstimmigen Beschluß des Preisgerichts bleibt es vorbehalten, die Zahl, die Höhe und die Gesamtsumme der Preise abzuändern.

Der Ankauf nicht preisgekrönter Entwürfe oder einzelner Teile von solchen bleibt vorbehalten.

V.

Das Preisgericht besteht aus 13 Mitgliedern und 2 Ersatzmännern.

Mitglieder sind folgende Herren:

Brenner, Ministerialrat im Kgl. Staatsministerium des Innern in München,
Colluzzi, Ministerialrat im Kgl. Staatsministerium der Finanzen in München,
Fischer-Reinau, Ingenieur in Zürich,
Frentzen, Kgl. Baurat in Aachen,
Dr. Gleichmann, Regierungsrat im Kgl. Staatsministerium für Verkehrsangelegenheiten in München,
Holz, Kgl. Professor an der Technischen Hochschule in Aachen,
Dr. von Miller, Kgl. Baurat in München,
Palaz, Professor in Lausanne,
Dr. Pressel, Kgl. Professor an der Technischen Hochschule in München,
Dr. Rothpletz, Kgl. o. ö. Universitätsprofessor, München,
von Sörgel, Oberbaudirektor im Kgl. Staatsministerium des Innern in München,
Stengler, Oberbaurat im Kgl. Staatsministerium des Innern in München,
Dr. Zschokke, Nationalrat und Ingenieur in Aarau.[2])

Als Ersatzmänner treten im Bedarfsfall ein:

Hensel, Kgl. Oberbaurat und Vorstand des Hydrotechnischen Bureaus in München,
Dr. Heubach, Regierungsrat im Kgl. Staatsministerium für Verkehrsangelegenheiten in München.

Das Preisgericht erwählt aus seiner Mitte den Vorsitzenden und einen Referenten sowie deren Stellvertreter.

---

[1]) Von den unter II genannten Grundlagen werden dem vorliegenden Buch im Abschnitt B des Anhangs beigegeben:
Nr. 2 als Anlage 1 und Anlage 2,
Nr. 3 (ohne Plan) als Anlage 3,
Nr. 4 als Anlage 4.

[1]) Wurde später in 1. März 1909 umgeändert.

[2]) An Stelle von Dr. Zschokke trat später: Thomann, Professor a. d. Kgl. Techn. Hochschule Stuttgart (vgl. I. Teil A, 1, b).

VI.

Die Zuerkennung der Preise erfolgt mit absoluter Stimmenmehrheit; jedes Mitglied des Preisgerichts hat eine Stimme.

Das Preisgericht entscheidet nach freiem Ermessen; sein Ausspruch ist unanfechtbar. Die Zuerkennung eines Preises begründet keinen Anspruch auf Übertragung der Arbeiten. Es bleibt den Bewerbern überlassen, bindende Angebote auf die Ausführung mit Garantie für die Leistungen und Kosten den Entwürfen beizufügen. Das Preisgericht wird der Kgl. Bayer. Staatsregierung ein Gutachten über diese Angebote unterbreiten. Für die Übertragung der Arbeiten sind die Vorschriften für die Vergebung staatlicher Arbeiten und Lieferungen (Gesetz- u. Verordnungsblatt 1903 S. 138), insbesondere § 4, maßgebend.

Das Ergebnis des Wettbewerbes wird öffentlich bekanntgegeben.

Sämtliche zur Beurteilung angenommenen Wettbewerbsentwürfe werden nach Entscheidung des Preisgerichts öffentlich ausgestellt.

Die preisgekrönten und angekauften Entwürfe gehen in das Eigentum der Kgl. Bayer. Staatsregierung über und dürfen daher von dieser nach Gutdünken zu eigenen Zwecken verwendet werden.

Die Rückgabe der nicht preisgekrönten und nicht angekauften Entwürfe erfolgt nach Schluß der öffentlichen Ausstellung.

München, den 20. August 1908.

Kgl. Staatsministerium des Innern.

# B. Grundlagen zu den Wettbewerbsbedingungen.

(Vgl. unter A, Abschnitt II der Bedingungen mit Fußnote.)

Die Grundlagen werden im vorliegenden Buch benannt als Anlage 1 bis Anlage 4.

**Anlage 1.**

## Hydrologische Angaben über das Gebiet der oberen Isar, des Rißbachs, des Walchensees und des Kochelsees.

**(Wassermengen, Seeschwankung, Eisverhältnisse.)**

Hierzu Tabellen (Anlage 2): Abflußvorgang der Flüsse Isar, Rißbach und Jachen in den 6 Jahren 1902 bis 1907.

1. Die in Betracht kommenden Niederschlagsgebiete können aus dem vom Kgl. Bayer. Hydrotechnischen Bureau in München veröffentlichten »Verzeichnis der Flächeninhalte der Bach- und Flußgebiete im Königreich Bayern«, Verlag von Dr. C. Wolf und Sohn, München 1905, entnommen werden.

2. Die täglichen Wasserstandsbeobachtungen des Pegels am Walchensee und desjenigen am Kochelsee sind in den Jahrbüchern des Hydrotechnischen Bureaus in München veröffentlicht. Für die derzeitigen Höhenverhältnisse des Kochelseespiegels sind lediglich die Pegelstände von 1904 ab verwertbar, nachdem vor diesem Jahr die Tieferlegung des Kochelseespiegels durchgeführt wurde.

3. Der Nullpunkt des Walchenseepegels liegt + 801,4 m über dem Meeresspiegel und derjenige des Kochelsees (Grauer Bär) + 599,8 m über dem Meeresspiegel.

4. Die Eisverhältnisse der beiden Seen sind etwa folgende:

Ein vollständiges Zufrieren des Walchensees ist äußerst selten. Die letzte Vereisung des ganzen Sees trat nach Angabe der Seeanwohner im Winter 1884/85, vorher 1879/80 ein. Die einzelnen Eisbildungen, die sich auf die Monate Dezember bis März verteilen, halten sich am längsten in der Bucht bei Walchensee und bei Niedernach und erreichen eine Stärke von 20 bis 30 cm.

Der Kochelsee friert in der Regel in wenigen Tagen nach Beginn der Eisbildung vollständig zu, wobei höchstens der sog. warme See am Einfluß der Loisach offen bleibt. Die Eisstärke beträgt 10 bis 25 cm. Die häufig in der Eisdecke vorhandenen sog. Dampflöcher werden von den Seeanwohnern auf unterirdische Seezuflüsse zurückgeführt.

5. Die Wasserspende des Isargebietes kann bei Wasserklemme auf 7,6 l/qkm zurückgehen, diejenige des Rißbachgebietes auf 9,1 l/qkm. Diese Klemmen treten nur sehr ausnahmsweise in den Wintermonaten ein. Die Wasserklemme des Walchenseeabflusses kann zu 0,5 cbm, die zugehörige Wasserspende also zu $\frac{500}{74} = 6{,}8$ l/qkm angenommen werden.

6. Die bedeutenderen Hochwässer der Isar (d. h. nicht die regelmäßigen Anschwellungen, wie sie den Gebirgsflüssen in den Frühjahr- und Sommermonaten eigen sind, sondern die höheren unter diesen, einschließlich der in den übrigen Monaten auftretenden höheren Hochwässer) verteilen sich auf die einzelnen Monate, wie folgt:

Anzahl der (höheren) Hochwässer in den Jahren 1829 bis 1882 am Pegel zu Tölz:

| J. | F. | M. | A. | M. | J. | J. | A. | S. | O. | N. | D. | Summa |
|---|---|---|---|---|---|---|---|---|---|---|---|---|
| 2 | 4 | 3 | 2 | 7 | 19 | 16 | 20 | 16 | 4 | 3 | 4 | 100 |

Für Katastrophenhochwasser kann sowohl für das obere Isargebiet als auch für das Rißbachgebiet eine Wasserspende von rd. 600 l/qkm angenommen werden.

Das Walchenseeeinzugsgebiet ist ein starkes Regenzentrum, und dessen Hochwasserspende deshalb höher als das Gebiet der oberen Isar und des Rißbaches. Für das Walchenseegebiet ist das Septemberhochwasser des Jahres 1899 als Katastrophenhochwasser anzusehen; die angestellten Berechnungen haben ergeben, daß die Wasserspende des Gesamtzulaufs des Sees nahezu 1000 l/qkm, d. i. 73 cbm/sec betrug. Der Maximalabfluß betrug nur 19 cbm/sec.

Es besteht kein Anlaß, das Auftreten eines noch höheren Hochwasserzuflusses im Walchenseegebiet in Betracht zu ziehen.

7. Die regelmäßigen jährlichen Schwankungen des Walchenseespiegels betragen 56 cm; auf den Pegelnullpunkt bezogen:

vom Mittelwasser (+ 9 cm) 20 cm nach unten und 36 cm nach oben (ganz ausnahmsweise 29 cm nach unten und 91 cm nach oben).

8. Der Kochelseespiegel ist durch das in den Jahren 1900 bis 1903 ausgeführte Meliorationsunternehmen dauernd abgesenkt worden. Der aus den Jahren 1904 bis 1907 abgeleitete Mittelwasserstand ist:

— 63 cm am Pegel »Grauer Bär«.

Die regelmäßigen Jahresschwankungen des Seespiegels betragen 58 cm unter, 112 cm über diesem Mittelwasser, im ganzen also 170 cm.

Zusatz zu Anlage 1 für das vorliegende Buch.

| Walchensee: | | Kochelsee: | |
|---|---|---|---|
| Pegel 0: | + 801,40 m | Pegel 0: | + 599,80 m |
| M.W.: | + 801,49 » | M.W.: | + 599,17 » |
| N.W.: | + 801,29 » | H.W.: | + 600,29 » |
| N.N.W.: | + 801,20 » | N.W.: | + 598,59 » |
| H.W.: | + 801,85 » | | |
| H.H.W.: | + 802,40 » | | |

**Anlage 2.**

# Abflufsvorgang der Flüsse Isar, Rifsbach und Jachen in den 6 Jahren 1902 bis 1907.

Mittlere Wasserführung der einzelnen Tage, jährliche Gesamtabflußmenge und jährliche Abflußhöhe (vgl. Anlage 1).

## a. Wasserführung der Isar bei Wallgau.

Einzugsgebiet rund 520 qkm.

**Jahr 1902.**

Mittlere sekundliche Abflußmenge (cbm/sec)

| Tag | Jan. | Febr. | März | April | Mai | Juni | Juli | Aug. | Sept. | Okt. | Nov. | Dez. |
|---|---|---|---|---|---|---|---|---|---|---|---|---|
| 1 | 10,0 | 8,5 | 7,4 | 13,8 | 24,0 | 43,8 | 37,2 | 24,0 | 12,0 | 7,6 | 8,9 | 7,4 |
| 2 | 10,0 | 8,5 | 7,4 | 12,0 | 24,0 | 43,8 | 43,8 | 24,0 | 12,0 | 7,6 | 8,1 | 7,4 |
| 3 | 10,0 | 8,5 | 7,6 | 12,0 | 24,0 | 51,5 | 40,5 | 24,0 | 12,0 | 7,6 | 8,1 | 7,4 |
| 4 | 10,0 | 8,5 | 7,6 | 12,0 | 24,0 | 51,5 | 37,2 | 24,0 | 12,0 | 7,6 | 8,1 | 7,4 |
| 5 | 10,0 | 8,5 | 7,6 | 12,0 | 24,0 | 46,0 | 37,2 | 24,0 | 12,0 | 7,6 | 7,6 | 7,4 |
| 6 | 10,0 | 8,5 | 7,4 | 13,8 | 24,0 | 44,9 | 35,0 | 23,0 | 12,0 | 7,6 | 7,6 | 7,4 |
| 7 | 10,0 | 8,5 | 7,4 | 15,0 | 24,0 | 44,9 | 35,0 | 23,0 | 13,8 | 7,6 | 7,6 | 7,3 |
| 8 | 10,0 | 8,5 | 7,4 | 12,0 | 24,0 | 43,8 | 35,0 | 23,0 | 13,8 | 7,6 | 7,6 | 7,3 |
| 9 | 9,2 | 7,9 | 7,4 | 12,0 | 24,0 | 43,8 | 35,0 | 40,5 | 12,0 | 7,6 | 7,6 | 7,2 |
| 10 | 9,2 | 7,9 | 7,4 | 12,0 | 22,0 | 43,8 | 35,0 | 35,0 | 12,0 | 7,6 | 7,6 | 7,2 |
| 11 | 9,2 | 7,9 | 7,4 | 12,0 | 22,0 | 40,5 | 35,0 | 29,5 | 19,0 | 7,4 | 7,6 | 7,2 |
| 12 | 9,2 | 7,9 | 7,4 | 13,8 | 20,0 | 33,9 | 29,5 | 29,5 | 33,9 | 19,0 | 7,6 | 7,2 |
| 13 | 8,5 | 7,9 | 7,4 | 16,6 | 20,0 | 29,5 | 29,5 | 29,5 | 29,5 | 24,0 | 7,6 | 7,2 |
| 14 | 8,5 | 7,9 | 7,4 | 22,0 | 18,2 | 40,5 | 29,5 | 29,5 | 19,0 | 19,0 | 7,6 | 7,2 |
| 15 | 8,5 | 7,8 | 7,4 | 29,5 | 16,6 | 40,5 | 29,5 | 24,0 | 15,0 | 14,4 | 7,6 | 7,2 |
| 16 | 8,5 | 7,8 | 7,4 | 35,0 | 15,0 | 40,5 | 32,8 | 24,0 | 15,0 | 10,8 | 7,6 | 7,2 |
| 17 | 8,5 | 7,8 | 7,4 | 35,0 | 15,0 | 35,0 | 32,8 | 24,0 | 15,0 | 12,0 | 7,6 | 7,4 |
| 18 | 8,5 | 7,8 | 7,4 | 35,0 | 15,0 | 48,2 | 32,8 | 24,0 | 15,0 | 10,0 | 7,6 | 7,4 |
| 19 | 8,5 | 7,8 | 7,5 | 32,8 | 15,0 | 30,4 | 32,8 | 24,0 | 12,0 | 10,0 | 7,4 | 7,4 |
| 20 | 8,5 | 7,6 | 7,6 | 32,8 | 24,0 | 48,2 | 32,8 | 24,0 | 12,0 | 10,0 | 7,4 | 7,4 |
| 21 | 8,5 | 7,6 | 8,1 | 35,0 | 24,0 | 53,7 | 32,8 | 24,0 | 12,0 | 9,2 | 7,4 | 7,4 |
| 22 | 8,5 | 7,6 | 8,1 | 35,0 | 24,0 | 51,5 | 32,8 | 20,0 | 12,0 | 9,2 | 7,4 | 7,4 |
| 23 | 8,5 | 7,5 | 8,5 | 35,0 | 27,3 | 40,5 | 27,3 | 19,0 | 12,0 | 9,2 | 7,4 | 7,4 |
| 24 | 8,5 | 7,5 | 8,5 | 35,0 | 24,0 | 40,5 | 27,3 | 19,0 | 12,0 | 9,2 | 7,4 | 7,4 |
| 25 | 8,5 | 7,5 | 7,9 | 37,2 | 40,5 | 43,8 | 24,0 | 19,0 | 12,0 | 9,2 | 7,4 | 7,4 |
| 26 | 8,5 | 7,4 | 7,9 | 40,5 | 40,5 | 46,0 | 24,0 | 19,0 | 10,8 | 9,2 | 7,4 | 7,4 |
| 27 | 8,5 | 7,4 | 7,9 | 40,5 | 40,5 | 46,0 | 24,0 | 19,0 | 10,0 | 8,9 | 7,4 | 7,4 |
| 28 | 8,5 | 7,4 | 9,2 | 35,0 | 41,6 | 46,0 | 35,0 | 12,0 | 8,9 | 8,9 | 7,4 | 7,4 |
| 29 | 8,5 | | 12,0 | 35,0 | 43,8 | 40,5 | 32,8 | 12,0 | 8,1 | 8,9 | 7,4 | 7,4 |
| 30 | 8,5 | | 12,0 | 29,5 | 43,8 | 37,2 | 29,5 | 12,0 | 7,6 | 8,9 | 7,4 | 7,4 |
| 31 | 8,5 | | 12,0 | | 43,8 | | 24,0 | 12,0 | | 8,9 | | 7,4 |
| Sa. | 269,8 | 214,1 | 251,0 | 748,8 | 812,6 | 1290,7 | 1001,4 | 713,5 | 414,4 | 311,5 | 228,4 | 227,6 |

Gesamtabflußmenge des Jahres 1902
= (269,8 + 214,1 + . . . + 227,6) 86 400 = 560,20 Mill. cbm.
Jährliche Abflußhöhe = 1080 mm.

**Jahr 1903.**

Mittlere sekundliche Abflußmenge (cbm/sec)

| Tag | Jan. | Febr. | März | April | Mai | Juni | Juli | Aug. | Sept. | Okt. | Nov. | Dez. |
|---|---|---|---|---|---|---|---|---|---|---|---|---|
| 1 | 7,3 | 7,3 | 7,4 | 7,8 | 15,0 | 40,5 | 24,0 | 62,5 | 24,0 | 8,1 | 8,1 | 8,1 |
| 2 | 7,3 | 7,3 | 7,4 | 7,8 | 15,0 | 40,5 | 22,0 | 54,8 | 19,0 | 8,1 | 8,1 | 8,1 |
| 3 | 7,3 | 7,3 | 7,4 | 7,8 | 29,5 | 40,5 | 22,0 | 51,5 | 15,0 | 8,1 | 8,1 | 8,1 |
| 4 | 7,3 | 7,3 | 7,4 | 7,8 | 29,5 | 41,6 | 22,0 | 51,5 | 13,8 | 8,1 | 8,1 | 8,1 |
| 5 | 7,8 | 7,3 | 7,4 | 7,8 | 29,5 | 43,8 | 24,0 | 46,0 | 13,2 | 8,1 | 8,1 | 8,1 |
| 6 | 7,6 | 7,3 | 7,4 | 7,8 | 29,5 | 43,8 | 24,0 | 40,5 | 12,0 | 8,1 | 8,1 | 8,1 |
| 7 | 7,4 | 7,3 | 7,4 | 9,2 | 24,0 | 40,5 | 32,8 | 35,0 | 12,0 | 8,1 | 8,1 | 8,1 |
| 8 | 7,4 | 7,3 | 7,4 | 9,2 | 24,0 | 40,5 | 32,8 | 30,6 | 13,8 | 8,1 | 8,1 | 8,1 |
| 9 | 7,4 | 7,3 | 7,4 | 10,0 | 35,0 | 40,5 | 40,5 | 29,5 | 12,6 | 8,1 | 8,1 | 8,1 |
| 10 | 7,4 | 7,3 | 7,4 | 10,0 | 40,0 | 35,0 | 57,0 | 29,5 | 11,6 | 8,1 | 8,1 | 7,6 |
| 11 | 7,4 | 7,4 | 7,4 | 10,0 | 35,0 | 35,0 | 57,0 | 29,5 | 10,8 | 8,1 | 8,1 | 7,6 |
| 12 | 7,4 | 7,4 | 7,4 | 9,2 | 29,5 | 35,0 | 55,9 | 29,5 | 10,8 | 8,1 | 8,1 | 7,6 |
| 13 | 7,4 | 7,4 | 7,4 | 9,2 | 29,5 | 32,8 | 51,5 | 29,5 | 11,6 | 8,1 | 9,2 | 7,6 |
| 14 | 7,4 | 7,4 | 7,4 | 9,2 | 29,5 | 32,8 | 40,5 | 29,5 | 15,0 | 8,1 | 9,2 | 7,6 |
| 15 | 7,4 | 7,3 | 7,4 | 10,0 | 29,5 | 29,5 | 35,0 | 29,5 | 13,8 | 8,1 | 8,5 | 7,6 |
| 16 | 7,4 | 7,3 | 7,4 | 10,0 | 29,5 | 29,5 | 35,0 | 35,0 | 12,6 | 8,1 | 8,5 | 7,6 |
| 17 | 7,4 | 7,3 | 7,8 | 10,0 | 24,0 | 29,5 | 32,8 | 35,0 | 12,6 | 7,9 | 8,1 | 7,6 |
| 18 | 7,4 | 7,3 | 7,8 | 10,0 | 29,5 | 29,5 | 29,5 | 35,0 | 12,0 | 7,9 | 8,1 | 7,6 |
| 19 | 7,4 | 7,3 | 7,6 | 10,0 | 29,5 | 29,5 | 29,5 | 35,0 | 12,0 | 7,6 | 8,1 | 7,6 |
| 20 | 7,4 | 7,3 | 7,4 | 10,0 | 31,7 | 35,0 | 29,5 | 57,0 | 12,0 | 7,6 | 8,1 | 7,6 |
| 21 | 7,4 | 7,3 | 7,4 | 10,0 | 35,0 | 40,5 | 29,5 | 40,5 | 12,0 | 7,8 | 8,1 | 7,6 |
| 22 | 7,4 | 9,2 | 7,3 | 12,0 | 35,0 | 46,0 | 24,0 | 35,0 | 11,6 | 7,8 | 8,1 | 7,6 |
| 23 | 7,4 | 7,9 | 7,3 | 12,0 | 35,0 | 35,0 | 24,0 | 35,0 | 10,8 | 10,0 | 8,1 | 7,6 |
| 24 | 7,4 | 8,5 | 7,3 | 12,0 | 35,0 | 35,0 | 40,5 | 29,5 | 10,0 | 10,0 | 8,1 | 7,6 |
| 25 | 7,4 | 9,2 | 7,4 | 12,0 | 38,3 | 29,5 | 57,0 | 29,5 | 10,0 | 9,2 | 8,1 | 7,6 |
| 26 | 7,3 | 9,2 | 7,8 | 12,0 | 43,8 | 24,0 | 40,5 | 29,5 | 10,0 | 9,2 | 8,1 | 7,6 |
| 27 | 7,3 | 7,6 | 10,0 | 12,0 | 43,8 | 24,0 | 35,0 | 29,5 | 10,0 | 8,5 | 8,1 | 7,6 |
| 28 | 7,3 | 7,6 | 11,2 | 13,8 | 43,8 | 24,0 | 35,0 | 24,0 | 9,2 | 8,5 | 8,1 | 7,6 |
| 29 | 7,3 | | 10,0 | 13,8 | 44,9 | 24,0 | 65,8 | 24,0 | 8,1 | 8,5 | 8,1 | 7,6 |
| 30 | 7,3 | | 9,2 | 15,0 | 44,9 | 24,0 | 65,8 | 24,0 | 8,1 | 8,5 | 8,1 | 7,6 |
| 31 | 7,3 | | 8,1 | | 44,9 | | 79,0 | 24,0 | | 8,5 | | 7,6 |
| Sa. | 229,0 | 212,9 | 242,0 | 307,4 | 1013,1 | 1031,3 | 1193,4 | 1100,4 | 370,0 | 257,1 | 246,0 | 240,1 |

Gesamtabflußmenge des Jahres 1903
= (229,0 + 212,9 + . . . + 240,1) 86 400 = 556,65 Mill. cbm.
Jährliche Abflußhöhe = 1070 mm.

**Jahr 1904.**

Mittlere sekundliche Abflußmenge (cbm/sec)

| Tag | Jan. | Febr. | März | April | Mai | Juni | Juli | Aug. | Sept. | Okt. | Nov. | Dez. |
|---|---|---|---|---|---|---|---|---|---|---|---|---|
| 1 | 7,6 | 7,4 | 7,4 | 9,2 | 24,0 | 35,0 | 19,0 | 10,8 | 12,0 | 12,0 | 10,8 | 8,1 |
| 2 | 7,6 | 7,4 | 7,4 | 9,2 | 24,0 | 35,0 | 19,0 | 10,8 | 12,0 | 12,0 | 10,8 | 7,8 |
| 3 | 7,4 | 7,4 | 7,6 | 9,2 | 24,0 | 29,5 | 19,0 | 10,0 | 15,0 | 11,2 | 10,8 | 7,5 |
| 4 | 7,4 | 7,4 | 7,6 | 9,2 | 24,0 | 29,5 | 17,4 | 9,2 | 24,0 | 11,2 | 11,2 | 7,4 |
| 5 | 7,4 | 7,4 | 7,6 | 9,2 | 24,0 | 29,5 | 17,4 | 9,2 | 19,0 | 10,0 | 11,2 | 7,4 |
| 6 | 7,4 | 7,4 | 7,6 | 10,0 | 24,0 | 29,5 | 19,0 | 9,2 | 18,2 | 10,0 | 10,0 | 7,4 |
| 7 | 7,4 | 7,4 | 7,6 | 11,2 | 24,0 | 29,5 | 19,0 | 9,2 | 18,2 | 10,0 | 10,0 | 7,4 |
| 8 | 7,4 | 7,4 | 7,8 | 12,0 | 24,0 | 29,5 | 19,0 | 9,2 | 18,2 | 10,0 | 10,0 | 7,4 |
| 9 | 7,4 | 7,4 | 7,8 | 15,0 | 24,0 | 29,5 | 19,0 | 9,2 | 19,0 | 10,0 | 10,0 | 7,4 |
| 10 | 7,6 | 7,4 | 7,8 | 19,0 | 24,0 | 29,5 | 19,0 | 10,0 | 19,0 | 10,0 | 10,8 | 7,4 |
| 11 | 7,6 | 7,9 | 7,8 | 19,0 | 24,0 | 35,0 | 17,4 | 10,0 | 19,0 | 10,0 | 12,0 | 7,4 |
| 12 | 7,6 | 7,2 | 7,8 | 15,0 | 24,0 | 30,6 | 16,6 | 10,8 | 22,0 | 10,0 | 12,6 | 7,4 |
| 13 | 7,6 | 7,8 | 7,8 | 12,0 | 19,0 | 40,5 | 15,0 | 10,0 | 22,0 | 10,0 | 11,6 | 7,4 |
| 14 | 7,9 | 7,4 | 7,8 | 24,0 | 19,0 | 37,2 | 13,8 | 10,0 | 22,0 | 10,0 | 11,2 | 7,4 |
| 15 | 7,9 | 7,4 | 7,9 | 29,5 | 19,0 | 29,5 | 13,8 | 9,2 | 22,0 | 10,0 | 10,8 | 7,4 |
| 16 | 7,9 | 7,4 | 7,9 | 40,5 | 21,0 | 24,0 | 13,8 | 8,5 | 29,5 | 10,0 | 10,8 | 7,4 |
| 17 | 7,9 | 7,3 | 7,9 | 41,6 | 24,0 | 24,0 | 13,8 | 8,5 | 29,5 | 10,0 | 10,8 | 7,4 |
| 18 | 7,9 | 7,3 | 7,9 | 43,8 | 32,8 | 24,0 | 13,8 | 8,5 | 29,5 | 10,0 | 10,0 | 7,4 |
| 19 | 7,9 | 7,3 | 7,9 | 44,9 | 40,5 | 24,0 | 15,0 | 8,5 | 19,0 | 10,8 | 10,0 | 7,4 |
| 20 | 7,5 | 7,3 | 7,9 | 51,5 | 40,5 | 24,0 | 15,0 | 8,1 | 19,0 | 10,0 | 10,0 | 7,4 |
| 21 | 7,5 | 7,3 | 7,8 | 35,0 | 40,5 | 24,0 | 13,8 | 8,5 | 18,2 | 10,0 | 10,0 | 7,4 |
| 22 | 7,5 | 7,3 | 7,8 | 35,0 | 43,8 | 32,8 | 13,8 | 10,0 | 19,0 | 10,0 | 10,0 | 7,4 |
| 23 | 7,5 | 7,3 | 7,8 | 35,0 | 44,9 | 29,5 | 13,8 | 10,0 | 15,0 | 10,0 | 9,6 | 7,4 |
| 24 | 7,5 | 7,4 | 7,9 | 38,3 | 51,5 | 29,5 | 13,8 | 12,0 | 15,0 | 10,0 | 9,6 | 7,4 |
| 25 | 7,5 | 7,4 | 7,9 | 35,0 | 47,1 | 26,2 | 12,6 | 15,0 | 15,0 | 11,2 | 9,6 | 7,4 |
| 26 | 7,5 | 7,4 | 7,9 | 27,3 | 51,5 | 24,0 | 12,6 | 15,0 | 12,0 | 12,0 | 9,2 | 7,4 |
| 27 | 7,5 | 7,4 | 7,9 | 27,3 | 54,8 | 22,0 | 11,6 | 24,0 | 12,0 | 15,0 | 9,2 | 7,4 |
| 28 | 7,4 | 7,4 | 7,9 | 24,0 | 59,2 | 20,0 | 11,6 | 15,0 | 19,0 | 13,8 | 8,9 | 7,4 |
| 29 | 7,4 | 7,4 | 8,5 | 19,0 | 51,5 | 19,0 | 12,0 | 12,0 | 15,0 | 12,0 | 8,9 | 7,4 |
| 30 | 7,4 | | 8,5 | 17,4 | 46,0 | 19,0 | 12,0 | 12,0 | 15,0 | 11,2 | 8,9 | 7,4 |
| 31 | 7,4 | | 9,2 | | 35,0 | | 12,0 | 12,0 | | 10,0 | | 7,6 |
| Sa. | 234,4 | 209,2 | 243,9 | 728,3 | 1029,6 | 844,8 | 474,4 | 334,4 | 563,3 | 332,4 | 309,3 | 230,8 |

Gesamtabflußmenge des Jahres 1904
= (234,4 + 209,2 + . . . + 230,8) 86 400 = 478,20 Mill. cbm.
Jährliche Abflußhöhe = 920 mm.

**Jahr 1905.**

Mittlere sekundliche Abflußmenge (cbm/sec)

| Tag | Jan. | Febr. | März | April | Mai | Juni | Juli | Aug. | Sept. | Okt. | Nov. | Dez. |
|---|---|---|---|---|---|---|---|---|---|---|---|---|
| 1 | 7,4 | 7,1 | 7,0 | 12,0 | 26,2 | 32,8 | 20,0 | 15,0 | 27,3 | 26,2 | 19,0 | 15,0 |
| 2 | 7,4 | 7,1 | 7,0 | 12,0 | 31,7 | 35,0 | 20,0 | 15,0 | 27,3 | 24,0 | 19,0 | 13,8 |
| 3 | 7,4 | 7,1 | 7,0 | 12,0 | 35,0 | 35,0 | 20,0 | 13,8 | 27,3 | 24,0 | 19,0 | 13,8 |
| 4 | 7,4 | 7,1 | 7,0 | 12,0 | 29,5 | 35,0 | 22,0 | 13,8 | 28,4 | 24,0 | 19,0 | 12,6 |
| 5 | 7,4 | 7,0 | 7,0 | 12,0 | 29,5 | 29,5 | 22,0 | 13,8 | 28,4 | 24,0 | 24,0 | 12,0 |
| 6 | 7,4 | 7,0 | 7,0 | 11,2 | 35,0 | 35,0 | 20,0 | 35,0 | 26,2 | 24,0 | 46,0 | 11,6 |
| 7 | 7,4 | 7,0 | 7,0 | 11,2 | 35,0 | 35,0 | 20,0 | 73,5 | 24,0 | 22,0 | 40,5 | 11,6 |
| 8 | 7,4 | 7,0 | 7,0 | 10,0 | 35,0 | 35,0 | 19,0 | 57,0 | 23,0 | 22,0 | 38,3 | 11,2 |
| 9 | 7,4 | 7,0 | 7,0 | 10,0 | 40,5 | 35,0 | 19,0 | 43,8 | 22,0 | 22,0 | 35,0 | 11,2 |
| 10 | 7,4 | 7,0 | 7,0 | 10,0 | 35,0 | 32,8 | 17,4 | 35,0 | 22,0 | 20,0 | 35,0 | 10,8 |
| 11 | 7,4 | 7,0 | 7,0 | 12,0 | 32,8 | 32,8 | 15,0 | 40,5 | 20,0 | 20,0 | 35,0 | 10,8 |
| 12 | 7,3 | 7,0 | 7,0 | 15,0 | 29,5 | 29,5 | 13,8 | 51,5 | 20,0 | 20,0 | 35,0 | 10,8 |
| 13 | 7,3 | 7,0 | 7,0 | 15,0 | 35,0 | 29,5 | 13,8 | 49,3 | 20,0 | 20,0 | 29,5 | 10,4 |
| 14 | 7,2 | 7,0 | 7,0 | 17,4 | 29,5 | 29,5 | 19,0 | 46,0 | 20,0 | 20,0 | 29,5 | 10,4 |
| 15 | 7,2 | 7,1 | 7,2 | 17,4 | 29,5 | 32,8 | 24,0 | 46,0 | 20,0 | 20,0 | 26,2 | 10,4 |
| 16 | 7,2 | 7,1 | 7,2 | 19,0 | 29,5 | 29,5 | 16,6 | 46,0 | 20,0 | 20,0 | 26,2 | 10,0 |
| 17 | 7,2 | 7,1 | 7,3 | 19,0 | 29,5 | 29,5 | 22,0 | 40,5 | 20,0 | 20,0 | 26,2 | 10,0 |
| 18 | 7,2 | 7,1 | 7,3 | 17,4 | 29,5 | 29,5 | 24,0 | 35,0 | 20,0 | 19,0 | 26,2 | 10,0 |
| 19 | 7,2 | 7,1 | 7,3 | 17,4 | 28,4 | 24,0 | 17,4 | 35,0 | 22,0 | 19,0 | 24,0 | 10,0 |
| 20 | 7,2 | 7,1 | 7,3 | 19,0 | 29,5 | 24,0 | 19,0 | 29,5 | 24,0 | 19,0 | 24,0 | 10,0 |
| 21 | 7,2 | 7,1 | 7,3 | 15,0 | 28,4 | 24,0 | 15,0 | 26,2 | 73,5 | 19,0 | 24,0 | 10,0 |
| 22 | 7,2 | 7,1 | 7,3 | 13,8 | 28,4 | 24,0 | 15,0 | 24,0 | 49,3 | 17,4 | 22,0 | 10,0 |
| 23 | 7,2 | 7,1 | 7,3 | 13,8 | 26,2 | 24,0 | 15,0 | 24,0 | 46,0 | 17,4 | 22,0 | 10,0 |
| 24 | 7,2 | 7,1 | 7,3 | 13,8 | 24,0 | 24,0 | 16,6 | 24,0 | 40,5 | 17,4 | 20,0 | 9,2 |
| 25 | 7,2 | 7,1 | 7,3 | 13,8 | 24,0 | 22,0 | 16,6 | 24,0 | 40,5 | 16,6 | 20,0 | 9,2 |
| 26 | 7,2 | 7,1 | 7,3 | 13,8 | 24,0 | 22,0 | 15,0 | 24,0 | 35,0 | 16,6 | 17,4 | 9,2 |
| 27 | 7,2 | 7,0 | 7,3 | 15,0 | 27,3 | 22,0 | 15,0 | 29,5 | 29,5 | 15,0 | 17,4 | 8,9 |
| 28 | 7,2 | 7,0 | 7,3 | 15,0 | 27,3 | 22,0 | 15,0 | 35,0 | 29,5 | 15,0 | 16,6 | 8,5 |
| 29 | 7,2 | | 7,4 | 24,0 | 29,5 | 20,0 | 14,4 | 35,0 | 29,5 | 15,0 | 15,0 | 8,5 |
| 30 | 7,2 | | 7,5 | 24 | 29,5 | 20,0 | 13,8 | 29,5 | 29,5 | 15,0 | 15,0 | 8,1 |
| 31 | 7,2 | | 8,1 | | 29,5 | | 12,6 | 24,0 | | 15,0 | | 8,1 |
| Sa. | 225,6 | 197,6 | 223,0 | 443,0 | 933,2 | 854,7 | 548,0 | 1034,2 | 864,7 | 608,6 | 760,5 | 326,1 |

Gesamtabflußmenge des Jahres 1905
= (225,6 + 197,6 + . . . + 326,1) 86 400 = 606,46 Mill. cbm.
Jährliche Abflußhöhe = 1170 mm.

**Jahr 1906.** | **Jahr 1907.**

| Mittlere sekundliche Abflußmenge (cbm/sec) 1906 | | | | | | | | | | | | Tag | Mittlere sekundliche Abflußmenge (cbm/sec) 1907 | | | | | | | | | | | |
|---|---|---|---|---|---|---|---|---|---|---|---|---|---|---|---|---|---|---|---|---|---|---|---|---|
| Jan. | Febr. | März | April | Mai | Juni | Juli | Aug. | Sept. | Okt. | Nov. | Dez. | | Jan. | Febr. | März | April | Mai | Juni | Juli | Aug. | Sept. | Okt. | Nov. | Dez. |
| 8,5 | 8,1 | 7,5 | 12,0 | 23,0 | 73,5 | 38,3 | 29,5 | 15,0 | 18,2 | 7,5 | 7,2 | 1 | 6,8 | 6,6 | 6,6 | 7,0 | 20,0 | 79,0 | 48,2 | 38,3 | 21,0 | 10,0 | 7,4 | 7,0 |
| 8,5 | 8,1 | 7,6 | 12,0 | 23,0 | 53,7 | 37,2 | 27,3 | 14,4 | 17,4 | 7,5 | 7,2 | 2 | 6,8 | 6,6 | 6,6 | 7,2 | 19,0 | 84,5 | 48,2 | 35,0 | 19,0 | 9,6 | 7,4 | 7,0 |
| 8,5 | 8,1 | 7,6 | 12,0 | 23,0 | 51,5 | 32,8 | 26,2 | 13,8 | 16,6 | 7,5 | 7,2 | 3 | 6,8 | 6,6 | 6,6 | 7,3 | 22,0 | 76,8 | 43,8 | 33,9 | 19,0 | 9,6 | 7,4 | 7,0 |
| 8,5 | 8,1 | 7,6 | 12,0 | 23,0 | 44,9 | 30,6 | 29,5 | 13,8 | 15,8 | 7,5 | 7,1 | 4 | 6,8 | 6,6 | 6,6 | 7,9 | 24,0 | 72,4 | 41,6 | 32,8 | 22,0 | 9,2 | 7,4 | 7,0 |
| 8,5 | 7,9 | 7,6 | 12,0 | 23,0 | 38,3 | 28,4 | 25,1 | 13,8 | 15,0 | 7,5 | 7,1 | 5 | 6,8 | 6,6 | 6,6 | 9,2 | 29,5 | 70,2 | 39,4 | 31,7 | 25,1 | 9,2 | 7,4 | 7,0 |
| 8,5 | 7,9 | 7,6 | 12,0 | 24,0 | 38,3 | 30,6 | 25,1 | 13,2 | 14,4 | 7,5 | 7,0 | 6 | 6,8 | 6,6 | 6,6 | 8,5 | 35,0 | 73,5 | 39,4 | 31,7 | 24,0 | 8,9 | 7,4 | 7,0 |
| 8,5 | 7,9 | 7,8 | 12,0 | 28,4 | 35,0 | 38,3 | 24,0 | 13,2 | 13,8 | 7,5 | 7,0 | 7 | 6,8 | 6,6 | 6,6 | 9,2 | 51,5 | 71,3 | 39,4 | 33,9 | 22,0 | 8,9 | 7,4 | 7,0 |
| 8,5 | 7,9 | 7,8 | 12,0 | 29,5 | 35,0 | 35,0 | 24,0 | 15,0 | 12,6 | 7,5 | 7,0 | 8 | 6,8 | 6,6 | 6,6 | 10,0 | 54,8 | 68,0 | 39,4 | 30,6 | 19,0 | 8,9 | 7,4 | 7,0 |
| 8,5 | 7,9 | 7,8 | 12,0 | 32,8 | 35,0 | 35,0 | 22,0 | 15,0 | 11,6 | 7,5 | 7,0 | 9 | 6,8 | 6,6 | 6,6 | 12,0 | 57,0 | 63,6 | 44,9 | 29,5 | 18,2 | 8,9 | 7,4 | 7,1 |
| 8,5 | 7,9 | 7,8 | 13,2 | 32,8 | 33,9 | 28,4 | 19,0 | 16,6 | 11,2 | 7,8 | 7,0 | 10 | 6,8 | 6,6 | 6,6 | 12,0 | 57,0 | 63,6 | 42,7 | 29,5 | 17,4 | 8,5 | 7,4 | 7,0 |
| 8,5 | 7,9 | 7,8 | 13,2 | 35,0 | 33,9 | 27,3 | 17,4 | 29,5 | 10,8 | 7,6 | 7,0 | 11 | 6,8 | 6,6 | 6,6 | 12,0 | 65,8 | 63,6 | 40,5 | 28,4 | 15,0 | 8,1 | 7,4 | 7,0 |
| 8,5 | 7,9 | 7,8 | 15,0 | 40,5 | 33,9 | 27,3 | 16,6 | 29,5 | 10,8 | 7,5 | 7,0 | 12 | 6,8 | 6,6 | 6,6 | 12,0 | 70,2 | 68,0 | 40,5 | 28,4 | 15,0 | 8,1 | 7,3 | 7,0 |
| 8,5 | 7,8 | 7,8 | 15,0 | 40,5 | 33,9 | 35,0 | 16,6 | 27,3 | 10,8 | 7,4 | 7,0 | 13 | 6,8 | 6,6 | 6,6 | 12,0 | 76,8 | 68,0 | 43,8 | 27,3 | 15,0 | 8,1 | 7,3 | 7,0 |
| 8,5 | 7,8 | 7,9 | 16,6 | 42,7 | 32,8 | 40,5 | 15,0 | 24,0 | 10,4 | 7,4 | 7,0 | 14 | 6,8 | 6,6 | 6,6 | 12,0 | 79,0 | 65,8 | 46,0 | 27,3 | 14,4 | 8,1 | 7,3 | 7,0 |
| 8,1 | 7,6 | 8,1 | 19,0 | 48,2 | 30,6 | 39,4 | 14,4 | 24,0 | 10,0 | 7,4 | 7,0 | 15 | 6,8 | 6,6 | 6,6 | 12,6 | 81,2 | 60,3 | 57,0 | 27,3 | 16,6 | 8,1 | 7,3 | 7,0 |
| 8,1 | 7,6 | 8,9 | 19,0 | 48,2 | 30,6 | 35,0 | 13,8 | 24,0 | 9,6 | 7,4 | 7,0 | 16 | 6,8 | 6,6 | 6,6 | 13,8 | 76,8 | 54,8 | 62,5 | 46,0 | 17,4 | 8,1 | 7,3 | 7,0 |
| 8,1 | 7,6 | 15,0 | 19,0 | 51,5 | 30,6 | 32,8 | 13,8 | 29,5 | 9,2 | 7,4 | 7,0 | 17 | 6,8 | 6,6 | 6,6 | 11,2 | 73,5 | 51,5 | 51,5 | 40,5 | 15,8 | 8,1 | 7,2 | 7,0 |
| 8,1 | 7,5 | 17,4 | 22,0 | 46,0 | 32,8 | 29,5 | 15,8 | 27,3 | 9,2 | 7,3 | 7,0 | 18 | 6,7 | 6,6 | 6,6 | 11,2 | 65,8 | 51,5 | 49,3 | 38,3 | 15,0 | 8,1 | 7,2 | 7,0 |
| 8,1 | 7,5 | 19,0 | 32,8 | 40,5 | 35,0 | 29,5 | 20,0 | 26,2 | 8,9 | 7,3 | 7,0 | 19 | 6,7 | 6,6 | 6,7 | 10,8 | 57,0 | 51,5 | 48,2 | 35,0 | 14,4 | 8,1 | 7,2 | 7,0 |
| 8,1 | 7,5 | 19,0 | 24,0 | 40,5 | 35,0 | 29,5 | 24,0 | 25,1 | 8,5 | 7,2 | 7,0 | 20 | 6,7 | 6,6 | 6,7 | 10,4 | 52,6 | 51,5 | 46,0 | 32,8 | 14,4 | 8,1 | 7,2 | 7,0 |
| 8,1 | 7,5 | 13,8 | 24,0 | 40,5 | 38,3 | 32,8 | 19,0 | 24,0 | 8,1 | 7,2 | 7,0 | 21 | 6,7 | 6,6 | 6,7 | 10,0 | 51,5 | 50,4 | 43,8 | 28,4 | 13,8 | 8,1 | 7,2 | 7,0 |
| 8,1 | 7,5 | 13,8 | 24,0 | 40,5 | 39,4 | 30,6 | 18,2 | 24,0 | 8,1 | 7,2 | 7,0 | 22 | 6,7 | 6,6 | 6,7 | 12,0 | 54,8 | 50,4 | 40,5 | 26,2 | 13,2 | 8,1 | 7,1 | 7,0 |
| 8,1 | 7,5 | 12,0 | 24,0 | 29,5 | 40,5 | 28,4 | 18,2 | 23,0 | 7,9 | 7,1 | 7,0 | 23 | 6,7 | 6,6 | 6,7 | 19,0 | 54,8 | 55,9 | 39,4 | 24,0 | 12,0 | 7,9 | 7,1 | 7,0 |
| 8,1 | 7,5 | 12,0 | 24,0 | 30,6 | 41,6 | 31,7 | 17,4 | 23,0 | 7,9 | 7,1 | 7,0 | 24 | 6,7 | 6,6 | 6,7 | 24,0 | 57,0 | 73,5 | 38,3 | 24,0 | 11,6 | 7,9 | 7,1 | 7,0 |
| 8,1 | 7,5 | 12,0 | 23,0 | 31,7 | 46,0 | 35,0 | 17,4 | 22,0 | 7,8 | 7,2 | 7,0 | 25 | 6,7 | 6,6 | 6,7 | 46,0 | 57,0 | 57,0 | 38,3 | 23,0 | 11,2 | 7,8 | 7,0 | 7,0 |
| 8,1 | 7,5 | 11,6 | 23,0 | 35,0 | 42,7 | 35,0 | 24,0 | 21,0 | 7,8 | 7,2 | 7,0 | 26 | 6,6 | 6,6 | 6,8 | 51,5 | 76,8 | 57,0 | 43,8 | 22,0 | 10,8 | 7,8 | 7,0 | 7,0 |
| 8,1 | 7,5 | 11,2 | 23,0 | 40,5 | 40,5 | 36,1 | 24,0 | 20,0 | 7,6 | 7,2 | 6,9 | 27 | 6,6 | 6,6 | 6,8 | 43,8 | 76,8 | 51,5 | 40,5 | 22,0 | 10,4 | 7,6 | 7,0 | 7,0 |
| 8,1 | 7,5 | 11,2 | 23,0 | 48,2 | 40,5 | 32,8 | 29,5 | 19,0 | 7,6 | 7,2 | 6,9 | 28 | 6,6 | 6,6 | 6,8 | 40,5 | 84,5 | 51,5 | 37,2 | 22,0 | 10,0 | 7,6 | 7,0 | 7,0 |
| 8,1 | | 11,2 | 24,0 | 46,0 | 41,6 | 37,2 | 22,0 | 18,2 | 7,6 | 7,2 | 6,9 | 29 | 6,6 | | 6,8 | 29,5 | 84,5 | 46,0 | 35,0 | 20,0 | 10,0 | 7,4 | 7,0 | 7,0 |
| 8,1 | | 11,2 | 24,0 | 51,5 | 43,8 | 31,7 | 17,4 | 18,2 | 7,6 | 7,2 | 6,9 | 30 | 6,6 | | 6,8 | 24,0 | 90,0 | 46,0 | 37,2 | 24,0 | 10,0 | 7,4 | 7,0 | 6,9 |
| 8,1 | | 11,2 | | 51,5 | | 29,5 | 15,8 | | 7,6 | | 6,9 | 31 | 6,6 | | 6,8 | | 73,5 | | 38,3 | 22,0 | | 7,4 | | 6,9 |
| 256,7 | 216,5 | 326,6 | 552,8 | 1143,6 | 1183,1 | 1021,2 | 642,0 | 622,6 | 330,4 | 221,0 | 217,3 | Sa. | 208,8 | 184,8 | 206,5 | 508,6 | 1829,7 | 1848,6 | 1344,6 | 916,8 | 472,7 | 257,7 | 217,2 | 216,9 |

Gesamtabflußmenge des Jahres 1906
$= (256,7 + 216,5 + \ldots + 217,3)\ 86\,400 = 581,63$ Mill. cbm.
Jährliche Abflußhöhe = 1120 mm.

Gesamtabflußmenge des Jahres 1907
$= (208,8 + 184,8 + \ldots + 216,9)\ 86\,400 = 709,60$ Mill. cbm.
Jährliche Abflußhöhe = 1360 mm.

Bemerkung: Die Abflußmengen sind ermittelt auf Grund von Wassermessungen bei Krünn (Einz.-Geb. 446 qkm).

München, den 10. April 1908.

**Kgl. Hydrotechnisches Bureau.**
gez. Hensel.

## b. Wasserführung des Rißbachs oberhalb der Mündung.

Einzugsgebiet rund 215 qkm.

**Jahr 1902.** | **Jahr 1903.**

| Mittlere sekundliche Abflußmenge (cbm/sec) 1902 | | | | | | | | | | | | Tag | Mittlere sekundliche Abflußmenge (cbm/sec) 1903 | | | | | | | | | | | |
|---|---|---|---|---|---|---|---|---|---|---|---|---|---|---|---|---|---|---|---|---|---|---|---|---|
| Jan. | Febr. | März | April | Mai | Juni | Juli | Aug. | Sept. | Okt. | Nov. | Dez. | | Jan. | Febr. | März | April | Mai | Juni | Juli | Aug. | Sept. | Okt. | Nov. | Dez. |
| 4,7 | | | 5,3 | 9,0 | 18,0 | 12,4 | 11,6 | 6,6 | 5,8 | 6,0 | 5,0 | 1 | 4,8 | 4,6 | 5,5 | 5,6 | 18,7 | 12,0 | 10,0 | 17,0 | 11,3 | 7,6 | 11,6 | 7,0 |
| 4,7 | | | 5,3 | 7,8 | 17,5 | 17,0 | 11,0 | 9,0 | 5,8 | 6,0 | 5,0 | 2 | 4,8 | 4,6 | 5,3 | 5,6 | 14,2 | 12,0 | 10,0 | 17,0 | 10,7 | 7,6 | 11,6 | 7,0 |
| 5,3 | | | 5,4 | 7,8 | 18,0 | 22,5 | 18,0 | 7,0 | 5,8 | 5,9 | 4,9 | 3 | 4,8 | 4,6 | 5,2 | 5,6 | 12,4 | 12,0 | 9,6 | 18,0 | 10,7 | 8,3 | 10,7 | 7,0 |
| 5,0 | | | 5,5 | 8,3 | 20,1 | 17,0 | 16,0 | 6,6 | 5,8 | 5,9 | 4,9 | 4 | 4,9 | 4,6 | 5,2 | 5,6 | 13,3 | 12,4 | 10,7 | 23,1 | 10,7 | 7,6 | 9,6 | 6,8 |
| 4,8 | | | 5,5 | 9,0 | 20,1 | 15,5 | 10,3 | 6,6 | 5,8 | 5,9 | 4,9 | 5 | 5,0 | 4,6 | 5,2 | 5,7 | 12,4 | 14,6 | 10,0 | 21,3 | 10,3 | 7,6 | 8,3 | 6,8 |
| 4,8 | | | 5,8 | 8,7 | 17,0 | 15,5 | 10,0 | 6,6 | 5,8 | 5,8 | 4,8 | 6 | 5,1 | 4,6 | 5,2 | 5,6 | 12,4 | 14,2 | 11,0 | 17,0 | 9,6 | 8,3 | 9,0 | 6,8 |
| 4,8 | | | 5,8 | 8,3 | 16,5 | 15,5 | 10,3 | 11,6 | 6,0 | 5,8 | 4,8 | 7 | 5,2 | 4,6 | 5,4 | 5,6 | 12,4 | 14,2 | 16,0 | 17,0 | 9,6 | 7,0 | 9,0 | 6,8 |
| 4,8 | | | 5,8 | 8,3 | 14,2 | 15,5 | 10,3 | 9,6 | 7,4 | 5,7 | 4,8 | 8 | 5,0 | 4,6 | 5,1 | 5,6 | 12,4 | 13,7 | 14,2 | 15,5 | 12,4 | 6,8 | 9,6 | 6,8 |
| 4,8 | | | 6,6 | 7,8 | 14,2 | 15,5 | 10,7 | 9,6 | 7,0 | 5,6 | 4,8 | 9 | 5,0 | 4,6 | 5,0 | 5,6 | 16,0 | 13,7 | 19,5 | 14,6 | 11,6 | 6,8 | 9,0 | 6,6 |
| 4,8 | | | 6,6 | 7,6 | 13,3 | 14,2 | 10,7 | 6,6 | 6,6 | 5,5 | 4,8 | 10 | 5,0 | 5,3 | 5,0 | 5,6 | 15,5 | 13,7 | 29,5 | 14,6 | 10,7 | 9,6 | 9,3 | 6,6 |
| 4,7 | | | 6,6 | 7,4 | 12,9 | 14,2 | 10,7 | 12,4 | 6,6 | 5,5 | 4,8 | 11 | 5,0 | 4,9 | 4,9 | 5,6 | 15,0 | 16,0 | 19,5 | 16,5 | 9,6 | 9,0 | 9,3 | 6,6 |
| 4,7 | | | 7,4 | 7,4 | 13,3 | 13,7 | 10,7 | 16,0 | 6,6 | 5,5 | 4,8 | 12 | 5,3 | 4,8 | 4,9 | 5,5 | 15,0 | 13,7 | 16,5 | 15,0 | 9,6 | 8,3 | 9,6 | 6,6 |
| 4,6 | | | 7,8 | 7,4 | 12,4 | 12,4 | 10,7 | 14,2 | 22,5 | 5,5 | 4,8 | 13 | 4,9 | 4,8 | 4,9 | 5,5 | 13,3 | 13,7 | 17,0 | 14,6 | 17,0 | 9,6 | 9,6 | 6,3 |
| 4,6 | | | 9,0 | 7,4 | 17,0 | 11,3 | 10,7 | 12,4 | 17,0 | 5,3 | 4,8 | 14 | 4,9 | 4,8 | 4,9 | 5,5 | 13,3 | 12,4 | 15,5 | 14,6 | 16,5 | 9,6 | 9,0 | 6,3 |
| 4,6 | Pegelbeobachtungen fehlen | Pegelbeobachtungen fehlen | 8,3 | 7,0 | 16,0 | 11,0 | 10,3 | 8,3 | 11,6 | 5,3 | 4,8 | 15 | 4,9 | 4,8 | 4,8 | 5,5 | 13,3 | 12,4 | 13,7 | 14,2 | 16,5 | 9,3 | 8,3 | 6,3 |
| 4,6 | | | 8,3 | 7,0 | 17,0 | 10,7 | 10,3 | 7,8 | 7,6 | 5,2 | 4,8 | 16 | 4,8 | 4,7 | 4,8 | 5,5 | 13,3 | 12,0 | 12,0 | 29,5 | 13,3 | 9,3 | 7,6 | 6,3 |
| 4,6 | | | 9,6 | 6,6 | 17,0 | 10,7 | 10,3 | 7,4 | 7,6 | 5,2 | 4,8 | 17 | 4,8 | 4,6 | 4,9 | 5,5 | 13,7 | 12,4 | 11,6 | 28,0 | 11,3 | 11,6 | 7,6 | 6,3 |
| 4,6 | | | 10,7 | 17,0 | 18,5 | 11,6 | 9,6 | 7,2 | 7,6 | 5,2 | 5,1 | 18 | 4,7 | 4,6 | 4,9 | 5,5 | 12,9 | 11,6 | 11,3 | 15,5 | 10,7 | 11,3 | 7,6 | 6,3 |
| 4,6 | | | 10,7 | 12,4 | 31,0 | 11,6 | 9,0 | 7,2 | 7,8 | 5,1 | 5,3 | 19 | 4,7 | 4,6 | 4,9 | 5,5 | 10,7 | 11,6 | 11,3 | 16,0 | 10,7 | 12,4 | 7,6 | 6,3 |
| 4,6 | | | 10,3 | 9,0 | 29,5 | 11,6 | 8,7 | 7,0 | 7,4 | 5,1 | 5,0 | 20 | 4,7 | 4,7 | 4,9 | 5,5 | 10,7 | 11,3 | 11,6 | 26,5 | 9,6 | 11,6 | 7,6 | 6,3 |
| 4,6 | | | 11,6 | 9,0 | 27,3 | 11,6 | 7,8 | 6,6 | 7,4 | 5,1 | 5,0 | 21 | 4,7 | 5,5 | 5,0 | 5,3 | 11,0 | 11,3 | 13,3 | 18,0 | 9,6 | 11,0 | 7,6 | 6,3 |
| 4,6 | | | 11,6 | 9,6 | 22,5 | 12,9 | 7,8 | 6,6 | 7,2 | 5,1 | 4,9 | 22 | 4,7 | 6,0 | 5,1 | 5,3 | 11,0 | 33,5 | 11,6 | 17,0 | 9,0 | 11,0 | 7,6 | 6,3 |
| 4,6 | | | 11,6 | 9,3 | 22,5 | 11,6 | 7,4 | 6,6 | 7,2 | 5,0 | 4,8 | 23 | 4,7 | 6,6 | 5,3 | 5,6 | 11,3 | 19,5 | 11,3 | 16,0 | 8,3 | 10,7 | 7,6 | 6,3 |
| 4,6 | | | 11,3 | 9,6 | 22,5 | 11,6 | 7,4 | 6,5 | 6,6 | 5,0 | 4,8 | 24 | 4,6 | 7,4 | 5,5 | 6,6 | 11,6 | 11,0 | 11,6 | 16,0 | 8,0 | 9,6 | 7,6 | 6,3 |
| 4,6 | | | 12,0 | 14,2 | 22,5 | 12,0 | 7,0 | 6,3 | 6,5 | 5,2 | 4,8 | 25 | 4,6 | 6,6 | 5,8 | 6,0 | 11,6 | 11,0 | 29,5 | 15,0 | 8,0 | 9,6 | 7,2 | 6,3 |
| 4,6 | im Mittel 4,8[1]) | im Mittel 4,7[1]) | 14,6 | 16,0 | 20,1 | 11,6 | 7,0 | 6,3 | 6,5 | 5,2 | 4,8 | 26 | 4,6 | 6,3 | 6,0 | 6,0 | 12,0 | 11,0 | 18,0 | 14,2 | 8,0 | 9,0 | 7,2 | 6,3 |
| 4,6 | | | 18,0 | 14,2 | 19,5 | 11,6 | 6,8 | 6,0 | 6,3 | 5,0 | 4,9 | 27 | 4,6 | 6,0 | 6,0 | 6,2 | 12,0 | 10,3 | 16,5 | 12,4 | 7,8 | 9,0 | 7,2 | 6,3 |
| 4,6 | | | 13,3 | 16,0 | 17,0 | 19,5 | 6,8 | 6,0 | 6,3 | 5,0 | 4,9 | 28 | 4,6 | 5,8 | 5,9 | 6,6 | 12,0 | 10,3 | 15,0 | 12,4 | 7,6 | 9,6 | 7,0 | 6,2 |
| 4,6 | | | 11,6 | 17,0 | 15,0 | 16,0 | 6,8 | 5,8 | 6,2 | 5,0 | 4,8 | 29 | 4,6 | | 5,9 | 8,7 | 12,4 | 9,0 | 15,0 | 11,6 | 7,6 | 9,6 | 7,0 | 6,2 |
| 4,5 | | | 10,3 | 18,0 | 12,9 | 12,4 | 6,6 | 5,8 | 6,0 | 5,0 | 4,8 | 30 | 4,6 | | 5,8 | 11,6 | 12,4 | 7,6 | 35,4 | 12,4 | 7,2 | 10,7 | 7,0 | 6,0 |
| 4,5 | | | | 18,5 | | 11,6 | 6,6 | | 6,0 | | 4,8 | 31 | 4,6 | | 5,8 | | 12,4 | | 20,1 | 11,6 | | 10,7 | | 6,0 |
| 145,1 | 134,4 | 145,7 | 272,2 | 322,6 | 555,3 | 421,8 | 303,9 | 244,6 | 236,3 | 161,6 | 151,0 | Sa. | 144,2 | 144,2 | 163,0 | 179,1 | 395,6 | 394,1 | 478,8 | 522,1 | 313,5 | 289,7 | 254,5 | 200,3 |

Gesamtabflußmenge des Jahres 1902
$= (145,1 + 134,4 + \ldots + 151,0)\ 86\,400 = 267,36$ Mill. cbm.
Jährliche Abflußhöhe = 1240 mm.

Gesamtabflußmenge des Jahres 1903
$= (144,2 + 144,2 + \ldots + 200,3)\ 86\,400 = 300,59$ Mill. cbm.
Jährliche Abflußhöhe = 1400 mm.

[1]) Schätzungswert.

**Jahr 1904.**

| Tag | Mittlere sekundliche Abflußmenge (cbm/sec) | | | | | | | | | | | |
|---|---|---|---|---|---|---|---|---|---|---|---|---|
| | Jan. | Febr. | März | April | Mai | Juni | Juli | Aug. | Sept. | Okt. | Nov. | Dez. |
| 1 | 6,0 | 5,6 | 5,5 | 7,0 | 14,6 | 18,0 | 15,5 | 9,0 | 10,7 | 12,4 | 11,3 | 7,6 |
| 2 | 6,0 | 5,6 | 5,4 | 6,6 | 15,5 | 18,0 | 15,5 | 8,3 | 10,7 | 12,4 | 11,3 | 7,6 |
| 3 | 6,0 | 5,6 | 5,4 | 6,6 | 15,5 | 18,5 | 15,0 | 8,3 | 10,0 | 11,6 | 11,3 | 7,6 |
| 4 | 6,0 | 5,6 | 5,4 | 6,3 | 16,0 | 18,5 | 14,6 | 8,3 | 10,0 | 11,6 | 12,4 | 7,6 |
| 5 | 6,0 | 5,5 | 5,4 | 6,3 | 17,0 | 18,5 | 14,2 | 8,3 | 9,6 | 11,6 | 12,4 | 7,6 |
| 6 | 6,0 | 5,5 | 5,4 | 6,3 | 17,0 | 18,5 | 13,3 | 8,0 | 9,6 | 11,6 | 12,4 | 7,6 |
| 7 | 6,0 | 5,5 | 5,5 | 6,3 | 16,5 | 18,0 | 12,4 | 8,0 | 10,7 | 11,6 | 22,5 | 7,4 |
| 8 | 5,9 | 5,5 | 5,5 | 7,6 | 16,5 | 18,0 | 12,4 | 8,0 | 11,3 | 11,6 | 19,5 | 7,4 |
| 9 | 5,9 | 5,5 | 5,6 | 9,0 | 16,5 | 18,0 | 12,4 | 7,8 | 11,3 | 11,6 | 19,5 | 7,2 |
| 10 | 5,9 | 5,5 | 5,8 | 12,4 | 16,0 | 19,5 | 12,4 | 7,8 | 11,6 | 11,3 | 17,0 | 7,2 |
| 11 | 5,9 | 5,5 | 5,9 | 14,2 | 16,0 | 22,5 | 11,6 | 7,6 | 11,6 | 11,3 | 15,5 | 7,2 |
| 12 | 5,9 | 5,6 | 5,8 | 15,0 | 16,0 | 21,3 | 11,6 | 7,6 | 12,4 | 11,3 | 12,4 | 7,0 |
| 13 | 5,9 | 5,6 | 5,8 | 15,0 | 17,0 | 21,3 | 11,6 | 7,6 | 14,6 | 11,3 | 12,4 | 7,0 |
| 14 | 5,9 | 5,6 | 5,8 | 16,0 | 17,0 | 20,1 | 11,6 | 7,6 | 17,0 | 11,3 | 11,6 | 7,0 |
| 15 | 5,8 | 5,8 | 5,8 | 17,0 | 17,0 | 19,5 | 11,3 | 7,6 | 22,5 | 11,3 | 11,6 | 7,0 |
| 16 | 5,8 | 5,8 | 5,9 | 19,5 | 16,5 | 21,3 | 11,3 | 7,6 | 25,7 | 11,3 | 11,6 | 7,0 |
| 17 | 5,8 | 6,0 | 5,9 | 19,5 | 18,0 | 20,7 | 10,7 | 7,2 | 22,5 | 11,0 | 11,0 | 7,0 |
| 18 | 5,8 | 6,0 | 6,0 | 18,5 | 18,0 | 20,1 | 10,7 | 7,2 | 21,3 | 11,0 | 11,0 | 6,8 |
| 19 | 5,8 | 6,0 | 6,0 | 18,5 | 17,5 | 20,1 | 10,0 | 7,2 | 17,0 | 10,7 | 10,7 | 6,6 |
| 20 | 5,8 | 6,0 | 6,0 | 17,0 | 17,0 | 20,1 | 10,0 | 7,2 | 12,4 | 10,3 | 10,7 | 6,6 |
| 21 | 5,8 | 6,0 | 6,0 | 16,0 | 18,0 | 21,3 | 10,0 | 7,0 | 12,4 | 9,6 | 9,6 | 6,6 |
| 22 | 5,8 | 6,0 | 6,0 | 16,5 | 19,5 | 20,1 | 10,0 | 7,6 | 12,4 | 9,0 | 9,6 | 6,6 |
| 23 | 5,8 | 5,9 | 6,0 | 17,5 | 22,5 | 20,1 | 11,6 | 9,0 | 11,6 | 9,0 | 9,6 | 6,6 |
| 24 | 5,8 | 5,6 | 6,0 | 16,0 | 38,4 | 21,3 | 11,6 | 12,4 | 11,3 | 10,7 | 9,0 | 6,3 |
| 25 | 5,7 | 5,6 | 6,0 | 16,0 | 29,5 | 16,5 | 12,4 | 28,7 | 11,0 | 12,4 | 9,0 | 6,3 |
| 26 | 5,7 | 5,6 | 6,2 | 14,6 | 22,5 | 16,5 | 12,4 | 22,5 | 10,7 | 17,0 | 9,0 | 6,2 |
| 27 | 5,7 | 5,5 | 6,3 | 12,4 | 18,0 | 16,5 | 10,7 | 17,0 | 17,0 | 19,5 | 8,3 | 6,2 |
| 28 | 5,7 | 5,5 | 6,3 | 13,3 | 36,4 | 16,0 | 9,0 | 12,4 | 16,0 | 22,5 | 8,3 | 5,9 |
| 29 | 5,7 | 5,5 | 6,6 | 12,9 | 22,5 | 16,0 | 9,0 | 12,4 | 14,6 | 17,0 | 7,8 | 5,9 |
| 30 | 5,7 | | 6,6 | 12,4 | 22,5 | 16,0 | 9,0 | 12,4 | 17,0 | 12,4 | 7,6 | 5,9 |
| 31 | 5,7 | | 6,6 | | 21,3 | | 9,0 | 12,4 | | 11,3 | | 5,9 |
| Sa. | 181,2 | 164,5 | 182,4 | 392,2 | 580,9 | 592,1 | 362,8 | 310,0 | 416,5 | 378,5 | 355,9 | 211,4 |

Gesamtabflußmenge des Jahres 1904
= (181,2 + 164,5 + . . . + 211,4) 86400 = 356,69 Mill. cbm.
Jährliche Abflußhöhe = 1660 mm.

**Jahr 1905.**

| Tag | Mittlere sekundliche Abflußmenge (cbm/sec) | | | | | | | | | | | |
|---|---|---|---|---|---|---|---|---|---|---|---|---|
| | Jan. | Febr. | März | April | Mai | Juni | Juli | Aug. | Sept. | Okt. | Nov. | Dez. |
| 1 | 5,9 | 5,9 | 6,2 | 11,6 | 21,9 | 21,3 | 17,0 | 12,0 | 11,6 | 9,6 | 6,8 | 6,6 |
| 2 | 5,9 | 5,9 | 6,2 | 12,4 | 22,5 | 23,7 | 17,0 | 11,6 | 11,3 | 9,0 | 6,8 | 6,6 |
| 3 | 5,8 | 5,9 | 6,2 | 12,4 | 22,5 | 22,5 | 16,5 | 11,6 | 10,7 | 9,0 | 7,6 | 6,5 |
| 4 | 5,8 | 5,9 | 6,3 | 12,4 | 23,7 | 23,7 | 16,0 | 11,6 | 12,4 | 9,0 | 7,4 | 6,5 |
| 5 | 5,8 | 5,8 | 6,3 | 12,4 | 25,7 | 24,4 | 16,0 | 11,6 | 11,6 | 8,7 | 9,0 | 6,5 |
| 6 | 5,7 | 5,8 | 6,3 | 12,4 | 25,7 | 25,0 | 15,5 | 17,0 | 10,7 | 9,0 | 21,3 | 6,2 |
| 7 | 5,7 | 5,7 | 6,5 | 14,6 | 25,7 | 25,7 | 14,2 | 130,0 | 12,0 | 10,0 | 12,4 | 6,2 |
| 8 | 5,7 | 5,7 | 6,5 | 14,6 | 29,5 | 27,3 | 12,4 | 38,4 | 11,6 | 9,3 | 10,3 | 6,2 |
| 9 | 5,6 | 5,7 | 6,6 | 14,6 | 33,5 | 26,5 | 12,0 | 22,5 | 9,6 | 9,0 | 11,6 | 7,6 |
| 10 | 5,6 | 5,7 | 6,6 | 14,6 | 43,5 | 25,7 | 12,0 | 18,5 | 9,0 | 9,6 | 10,7 | 7,2 |
| 11 | 5,6 | 5,7 | 6,6 | 16,0 | 25,7 | 21,9 | 12,4 | 16,5 | 9,0 | 9,6 | 10,0 | 7,0 |
| 12 | 5,5 | 5,7 | 6,6 | 16,0 | 22,5 | 19,5 | 16,5 | 33,5 | 9,0 | 10,3 | 9,3 | 6,6 |
| 13 | 5,5 | 5,8 | 6,3 | 16,0 | 25,7 | 18,5 | 16,0 | 22,5 | 9,0 | 11,0 | 9,3 | 6,5 |
| 14 | 5,5 | 5,8 | 6,3 | 17,0 | 25,7 | 18,5 | 15,5 | 17,0 | 7,8 | 11,0 | 9,3 | 6,3 |
| 15 | 5,5 | 5,8 | 6,3 | 17,0 | 29,5 | 17,0 | 15,5 | 14,6 | 11,0 | 11,6 | 9,0 | 6,2 |
| 16 | 5,5 | 5,8 | 6,3 | 15,5 | 29,5 | 17,0 | 15,0 | 12,4 | 12,4 | 11,6 | 9,0 | 6,0 |
| 17 | 5,5 | 5,8 | 6,6 | 15,5 | 25,7 | 19,5 | 15,5 | 12,4 | 12,9 | 11,6 | 8,3 | 5,9 |
| 18 | 5,5 | 5,9 | 6,6 | 16,0 | 25,7 | 21,9 | 15,0 | 12,4 | 9,6 | 10,7 | 8,3 | 5,9 |
| 19 | 5,6 | 5,9 | 6,6 | 17,0 | 22,5 | 19,5 | 14,2 | 12,4 | 10,3 | 10,3 | 7,4 | 5,9 |
| 20 | 5,6 | 6,0 | 7,0 | 17,0 | 25,7 | 18,5 | 14,2 | 12,0 | 80,0 | 9,6 | 8,3 | 5,9 |
| 21 | 5,6 | 6,0 | 7,0 | 15,5 | 22,5 | 17,0 | 13,3 | 11,6 | 25,7 | 9,0 | 9,6 | 5,8 |
| 22 | 5,6 | 6,0 | 7,0 | 15,0 | 22,5 | 18,0 | 13,3 | 10,7 | 17,0 | 8,3 | 9,3 | 5,8 |
| 23 | 5,7 | 6,0 | 7,4 | 12,4 | 22,5 | 18,0 | 12,4 | 10,3 | 17,0 | 7,6 | 9,3 | 5,8 |
| 24 | 5,7 | 6,0 | 7,4 | 13,3 | 21,9 | 18,0 | 12,4 | 10,0 | 14,6 | 7,6 | 9,0 | 5,7 |
| 25 | 5,7 | 6,0 | 10,3 | 14,6 | 20,7 | 18,0 | 12,0 | 10,0 | 13,3 | 7,6 | 8,0 | 5,7 |
| 26 | 5,8 | 6,0 | 7,6 | 15,5 | 20,7 | 17,5 | 12,0 | 9,6 | 11,6 | 7,6 | 7,2 | 5,7 |
| 27 | 5,8 | 6,0 | 8,0 | 15,5 | 20,7 | 17,5 | 13,3 | 10,7 | 11,0 | 7,4 | 7,4 | 5,6 |
| 28 | 5,8 | 6,0 | 8,3 | 17,0 | 21,3 | 17,0 | 12,4 | 17,0 | 10,7 | 7,4 | 7,2 | 5,6 |
| 29 | 5,8 | | 8,7 | 17,0 | 21,3 | 17,0 | 12,4 | 25,7 | 10,3 | 7,2 | 7,2 | 5,5 |
| 30 | 5,8 | | 8,7 | 21,9 | 21,3 | 17,0 | 11,6 | 16,0 | 10,3 | 7,2 | 7,2 | 5,5 |
| 31 | 5,8 | | 12,0 | | 21,3 | | 11,6 | 11,6 | | 7,0 | | 5,5 |
| Sa. | 179,9 | 160,2 | 221,3 | 452,7 | 769,1 | 612,6 | 435,1 | 593,7 | 423,0 | 283,4 | 273,5 | 190,5 |

Gesamtabflußmenge des Jahres 1905
= (179,9 + 160,2 + . . . + 190,5) 86400 = 397,00 Mill. cbm.
Jährliche Abflußhöhe = 1850 mm.

**Jahr 1906.**

| Tag | Mittlere sekundliche Abflußmenge (cbm/sec) | | | | | | | | | | | |
|---|---|---|---|---|---|---|---|---|---|---|---|---|
| | Jan. | Febr. | März | April | Mai | Juni | Juli | Aug. | Sept. | Okt. | Nov. | Dez. |
| 1 | 5,7 | 5,0 | 5,6 | 5,8 | 11,3 | 38,4 | 17,0 | 12,4 | 7,6 | 9,6 | 5,6 | 5,5 |
| 2 | 5,6 | 5,0 | 5,8 | 5,6 | 12,0 | 29,5 | 16,0 | 12,4 | 7,4 | 9,0 | 5,5 | 5,6 |
| 3 | 5,6 | 5,1 | 5,9 | 5,5 | 12,0 | 25,7 | 15,5 | 11,6 | 7,4 | 9,3 | 5,5 | 5,9 |
| 4 | 5,6 | 5,1 | 6,0 | 5,5 | 12,4 | 19,5 | 13,3 | 11,3 | 7,2 | 10,7 | 5,5 | 6,0 |
| 5 | 5,6 | 5,0 | 6,0 | 5,7 | 13,7 | 19,5 | 12,4 | 11,0 | 7,0 | 8,8 | 5,5 | 5,9 |
| 6 | 5,7 | 5,0 | 6,0 | 6,0 | 14,6 | 17,0 | 20,7 | 10,0 | 7,0 | 8,0 | 5,5 | 5,8 |
| 7 | 5,9 | 5,0 | 6,0 | 7,2 | 10,7 | 14,6 | 21,9 | 9,6 | 6,8 | 7,8 | 5,5 | 5,8 |
| 8 | 5,8 | 5,0 | 6,3 | 7,4 | 16,0 | 14,2 | 16,0 | 9,6 | 6,6 | 7,8 | 5,5 | 5,8 |
| 9 | 5,8 | 5,0 | 6,3 | 7,6 | 16,5 | 14,2 | 13,3 | 9,6 | 6,6 | 7,6 | 5,9 | 5,7 |
| 10 | 5,7 | 5,0 | 7,0 | 7,6 | 17,5 | 13,3 | 11,6 | 9,6 | 9,0 | 7,4 | 5,5 | 5,7 |
| 11 | 5,6 | 5,0 | 7,4 | 7,6 | 19,0 | 12,4 | 11,0 | 8,7 | 19,5 | 7,2 | 5,5 | 5,6 |
| 12 | 5,5 | 5,0 | 6,6 | 9,0 | 19,5 | 13,7 | 10,3 | 8,3 | 19,5 | 7,0 | 5,6 | 5,6 |
| 13 | 5,5 | 4,9 | 6,0 | 9,6 | 18,0 | 14,6 | 14,2 | 8,0 | 16,0 | 6,8 | 5,5 | 5,6 |
| 14 | 5,3 | 4,9 | 5,9 | 10,7 | 18,5 | 14,2 | 23,7 | 7,8 | 14,0 | 6,6 | 5,4 | 5,6 |
| 15 | 5,3 | 4,9 | 5,8 | 12,0 | 20,1 | 13,7 | 25,0 | 7,4 | 16,0 | 6,6 | 5,5 | 5,5 |
| 16 | 5,3 | 4,9 | 5,9 | 12,0 | 20,7 | 14,2 | 18,5 | 7,6 | 11,6 | 6,8 | 5,5 | 5,5 |
| 17 | 5,3 | 4,9 | 6,0 | 12,4 | 20,7 | 14,2 | 17,0 | 7,8 | 20,7 | 6,6 | 5,5 | 5,5 |
| 18 | 5,2 | 4,9 | 6,0 | 13,7 | 25,7 | 14,6 | 13,3 | 8,7 | 15,0 | 6,6 | 5,5 | 5,5 |
| 19 | 5,2 | 5,0 | 6,2 | 15,0 | 19,5 | 16,0 | 16,0 | 8,3 | 14,2 | 6,5 | 5,4 | 5,4 |
| 20 | 5,1 | 5,0 | 6,3 | 14,6 | 19,5 | 19,5 | 12,9 | 22,5 | 16,5 | 6,3 | 5,4 | 5,4 |
| 21 | 5,1 | 5,0 | 6,3 | 12,0 | 20,1 | 23,1 | 19,5 | 11,3 | 14,6 | 6,2 | 5,3 | 5,3 |
| 22 | 5,1 | 4,9 | 6,3 | 10,7 | 17,0 | 19,5 | 26,5 | 10,3 | 19,5 | 5,9 | 5,3 | 5,2 |
| 23 | 5,1 | 4,9 | 6,3 | 15,5 | 19,5 | 19,5 | 21,3 | 9,0 | 19,5 | 5,9 | 5,3 | 5,2 |
| 24 | 5,1 | 4,9 | 6,2 | 13,3 | 16,5 | 17,0 | 17,0 | 8,0 | 17,0 | 5,9 | 5,3 | 5,1 |
| 25 | 5,0 | 5,0 | 5,9 | 12,4 | 18,5 | 29,5 | 21,9 | 9,6 | 14,6 | 5,8 | 5,2 | 5,1 |
| 26 | 5,0 | 5,6 | 5,8 | 12,0 | 19,5 | 22,5 | 28,0 | 8,0 | 14,6 | 5,8 | 5,2 | 5,1 |
| 27 | 5,0 | 5,1 | 5,7 | 12,4 | 20,7 | 19,5 | 18,5 | 7,8 | 12,4 | 6,2 | 5,2 | 5,0 |
| 28 | 5,0 | 5,5 | 6,0 | 11,6 | 25,7 | 18,5 | 19,5 | 20,7 | 12,0 | 6,3 | 5,6 | 5,0 |
| 29 | 5,0 | | 6,0 | 11,0 | 27,3 | 17,0 | 17,0 | 7,6 | 10,7 | 5,9 | 5,5 | 5,0 |
| 30 | 5,0 | | 6,2 | 10,7 | 26,5 | 19,5 | 16,0 | 8,7 | 9,6 | 5,8 | 5,5 | 5,0 |
| 31 | 5,0 | | 6,0 | | 27,3 | | 14,2 | 7,8 | | 5,7 | | 5,0 |
| Sa. | 165,7 | 140,5 | 183,7 | 302,1 | 576,5 | 558,6 | 539,0 | 311,0 | 380,1 | 217,9 | 163,7 | 168,9 |

Gesamtabflußmenge des Jahres 1906
(165,7 + 140,5 + . . . + 168,9) 86400 = 320,34 Mill. cbm.
Jährliche Abflußhöhe = 1490 mm.

**Jahr 1907.**

| Tag | Mittlere sekundliche Abflußmenge (cbm/sec) | | | | | | | | | | | |
|---|---|---|---|---|---|---|---|---|---|---|---|---|
| | Jan. | Febr. | März | April | Mai | Juni | Juli | Aug. | Sept. | Okt. | Nov. | Dez. |
| 1 | 5,0 | 4,8 | 4,9 | 7,2 | 13,7 | 27,3 | 11,0 | 7,8 | 5,0 | 4,5 | 4,2 | 3,9 |
| 2 | 5,0 | 4,8 | 4,9 | 6,3 | 12,4 | 28,0 | 11,0 | 7,6 | 4,9 | 4,5 | 4,2 | 3,9 |
| 3 | 5,0 | 4,8 | 4,9 | 6,6 | 12,4 | 22,5 | 10,7 | 7,4 | 5,5 | 4,5 | 4,1 | 3,9 |
| 4 | 5,0 | 4,8 | 5,0 | 7,4 | 17,0 | 20,1 | 10,0 | 7,2 | 5,9 | 4,5 | 4,1 | 3,9 |
| 5 | 5,0 | 4,8 | 5,0 | 8,0 | 18,5 | 17,5 | 9,3 | 7,0 | 6,6 | 4,5 | 4,1 | 3,9 |
| 6 | 5,0 | 4,8 | 5,0 | 6,6 | 25,7 | 14,2 | 10,0 | 9,6 | 6,3 | 4,4 | 4,1 | 3,9 |
| 7 | 4,9 | 4,8 | 5,0 | 6,8 | 38,4 | 14,6 | 10,7 | 6,8 | 5,8 | 4,4 | 4,1 | 3,9 |
| 8 | 4,9 | 4,8 | 5,0 | 8,7 | 43,5 | 14,6 | 9,0 | 6,6 | 5,5 | 4,4 | 4,1 | 3,9 |
| 9 | 4,9 | 4,8 | 5,0 | 7,0 | 49,0 | 14,6 | 15,0 | 6,6 | 5,3 | 4,4 | 4,0 | 4,4 |
| 10 | 4,9 | 4,8 | 5,0 | 7,4 | 45,5 | 17,0 | 11,6 | 6,3 | 5,0 | 4,4 | 4,0 | 4,2 |
| 11 | 4,9 | 4,8 | 5,0 | 7,0 | 46,6 | 15,5 | 9,0 | 6,3 | 4,9 | 4,4 | 4,0 | 4,2 |
| 12 | 4,9 | 4,8 | 5,1 | 6,8 | 49,0 | 15,0 | 11,0 | 6,2 | 4,8 | 4,3 | 4,0 | 4,1 |
| 13 | 4,8 | 4,8 | 5,1 | 8,0 | 51,4 | 15,5 | 11,6 | 6,2 | 4,8 | 4,3 | 4,2 | 4,0 |
| 14 | 4,8 | 4,8 | 5,2 | 8,3 | 46,6 | 15,5 | 29,5 | 6,2 | 4,8 | 4,3 | 4,2 | 4,0 |
| 15 | 4,8 | 4,8 | 5,2 | 9,6 | 43,5 | 16,0 | 22,5 | 6,2 | 4,9 | 4,2 | 4,2 | 3,9 |
| 16 | 4,8 | 4,8 | 5,3 | 10,3 | 42,4 | 15,0 | 21,3 | 18,5 | 4,9 | 4,2 | 4,2 | 3,9 |
| 17 | 4,8 | 4,8 | 5,3 | 9,3 | 36,4 | 15,5 | 14,6 | 9,0 | 4,8 | 4,3 | 4,1 | 3,9 |
| 18 | 4,8 | 4,8 | 5,3 | 10,3 | 28,7 | 14,6 | 10,7 | 8,3 | 4,8 | 4,3 | 4,2 | 3,9 |
| 19 | 4,8 | 4,8 | 5,5 | 9,0 | 22,5 | 13,7 | 10,7 | 7,6 | 4,8 | 4,2 | 4,0 | 3,9 |
| 20 | 4,8 | 4,8 | 5,5 | 9,0 | 19,5 | 11,6 | 9,6 | 9,0 | 4,8 | 4,2 | 4,0 | 3,9 |
| 21 | 4,8 | 4,8 | 5,7 | 10,3 | 17,0 | 12,4 | 9,6 | 9,0 | 5,0 | 4,2 | 4,0 | 3,9 |
| 22 | 4,8 | 4,8 | 5,7 | 11,3 | 16,5 | 16,0 | 9,0 | 5,8 | 4,7 | 4,2 | 3,9 | 3,9 |
| 23 | 4,7 | 4,8 | 5,7 | 12,4 | 18,0 | 22,5 | 8,0 | 7,0 | 4,7 | 4,2 | 3,9 | 4,0 |
| 24 | 4,7 | 4,8 | 5,6 | 49,0 | 20,1 | 26,5 | 8,0 | 5,5 | 4,7 | 4,2 | 3,9 | 4,0 |
| 25 | 4,7 | 4,9 | 5,5 | 43,5 | 23,7 | 17,0 | 7,8 | 5,0 | 4,7 | 4,2 | 3,9 | 3,9 |
| 26 | 4,7 | 4,9 | 5,5 | 38,4 | 28,0 | 12,4 | 10,7 | 4,9 | 4,7 | 4,2 | 3,9 | 3,9 |
| 27 | 4,7 | 4,9 | 5,6 | 25,7 | 32,7 | 11,3 | 11,3 | 4,8 | 4,6 | 4,2 | 3,9 | 3,9 |
| 28 | 4,7 | 4,9 | 5,6 | 18,5 | 33,5 | 11,6 | 9,0 | 4,4 | 4,6 | 4,2 | 3,9 | 3,9 |
| 29 | 4,8 | | 5,8 | 14,6 | 34,5 | 12,0 | 8,0 | 5,0 | 4,6 | 4,2 | 3,9 | 3,9 |
| 30 | 4,8 | | 6,0 | 14,6 | 32,7 | 11,0 | 8,0 | 5,4 | 4,5 | 4,2 | 3,9 | 3,9 |
| 31 | 4,8 | | 6,3 | | 26,5 | | 8,0 | 5,0 | | 4,2 | | 3,9 |
| Sa. | 150,0 | 134,8 | 165,2 | 397,6 | 945,9 | 491,0 | 356,2 | 218,7 | 150,9 | 133,4 | 121,2 | 122,6 |

Gesamtabflußmenge des Jahres 1907
(150,0 + 134,8 + . . . + 122,6) 86400 = 292,68 Mill. cbm.
Jährliche Abflußhöhe = 1360 mm.

München, den 10. April 1908.

**Kgl. Hydrotechnisches Bureau.**
gez. Hensel.

## c. Wasserführung der Jachen beim Walchenseeabfluſs.

Einzugsgebiet rund 74 qkm.

**Jahr 1902.** / **Jahr 1903.**

| Jan. | Febr. | März | April | Mai | Juni | Juli | Aug. | Sept. | Okt. | Nov. | Dez. | Tag | Jan. | Febr. | März | April | Mai | Juni | Juli | Aug. | Sept. | Okt. | Nov. | Dez. |
|---|---|---|---|---|---|---|---|---|---|---|---|---|---|---|---|---|---|---|---|---|---|---|---|---|
| Mittlere sekundliche Abflußmenge (cbm/sec) 1902 | | | | | | | | | | | | | Mittlere sekundliche Abflußmenge (cbm/sec) 1903 | | | | | | | | | | | |
| 0,7 | 0,9 | 0,6 | 3,0 | 3,1 | 5,0 | 5,5 | 2,6 | 1,6 | 1,3 | 2,0 | 0,5 | 1 | 0,9 | 1,0 | 1,7 | 1,6 | 3,8 | 2,7 | 3,0 | 6,1 | 2,9 | 1,8 | 1,6 | 1,9 |
| 0,6 | 0,9 | 0,6 | 3,4 | 3,1 | 4,9 | 5,3 | 2,6 | 1,8 | 1,3 | 1,9 | 0,5 | 2 | 0,9 | 1,0 | 1,6 | 1,6 | 4,2 | 2,6 | 2,9 | 5,9 | 2,8 | 1,7 | 1,6 | 1,9 |
| 0,7 | 0,8 | 0,6 | 3,7 | 3,1 | 4,8 | 5,8 | 2,8 | 1,7 | 1,2 | 1,8 | 0,6 | 3 | 0,9 | 1,0 | 1,6 | 1,6 | 4,3 | 2,5 | 2,8 | 5,9 | 2,7 | 1,7 | 1,5 | 1,8 |
| 1,0 | 0,8 | 0,6 | 4,0 | 3,0 | 4,6 | 5,6 | 2,9 | 1,6 | 1,2 | 1,8 | 0,6 | 4 | 1,0 | 1,0 | 1,6 | 1,6 | 4,5 | 2,4 | 2,7 | 5,8 | 2,5 | 1,6 | 1,5 | 1,8 |
| 1,0 | 0,8 | 0,7 | 4,1 | 3,2 | 4,5 | 5,3 | 2,9 | 1,6 | 1,1 | 1,7 | 0,6 | 5 | 1,2 | 1,0 | 1,6 | 1,7 | 4,6 | 2,3 | 2,9 | 5,8 | 2,4 | 1,6 | 1,4 | 1,7 |
| 1,0 | 0,7 | 0,7 | 4,1 | 3,4 | 4,3 | 5,0 | 2,8 | 1,6 | 1,1 | 1,7 | 0,6 | 6 | 1,4 | 0,9 | 1,6 | 1,7 | 4,6 | 2,2 | 2,9 | 5,6 | 2,3 | 1,6 | 1,3 | 1,7 |
| 1,0 | 0,7 | 0,7 | 4,1 | 3,4 | 4,2 | 4,8 | 2,6 | 2,0 | 1,2 | 1,6 | 0,6 | 7 | 1,4 | 0,9 | 1,8 | 1,8 | 4,5 | 2,2 | 2,9 | 5,3 | 2,2 | 1,5 | 1,3 | 1,8 |
| 1,1 | 0,7 | 0,7 | 4,0 | 3,4 | 4,1 | 4,5 | 2,7 | 2,0 | 1,4 | 1,6 | 0,5 | 8 | 1,5 | 0,9 | 1,8 | 1,9 | 4,5 | 2,4 | 3,0 | 5,0 | 3,2 | 1,5 | 1,3 | 1,8 |
| 1,1 | 0,7 | 0,7 | 4,0 | 3,2 | 4,1 | 4,1 | 3,2 | 1,9 | 1,4 | 1,6 | 0,5 | 9 | 1,5 | 0,9 | 1,8 | 2,0 | 4,5 | 2,3 | 3,2 | 4,8 | 3,1 | 1,4 | 1,2 | 1,7 |
| 1,1 | 0,7 | 0,9 | 3,8 | 3,2 | 4,0 | 3,8 | 3,1 | 1,8 | 1,4 | 1,5 | 0,5 | 10 | 1,5 | 1,0 | 1,7 | 2,0 | 4,3 | 2,3 | 4,5 | 4,6 | 3,0 | 1,5 | 1,2 | 1,7 |
| 1,0 | 0,7 | 0,9 | 3,6 | 3,2 | 3,8 | 3,6 | 3,0 | 2,0 | 1,3 | 1,4 | 0,5 | 11 | 1,6 | 1,0 | 1,7 | 2,2 | 4,3 | 2,3 | 5,0 | 4,5 | 2,9 | 1,5 | 1,2 | 1,6 |
| 1,0 | 0,7 | 0,9 | 3,6 | 3,1 | 4,0 | 3,5 | 2,9 | 2,2 | 1,3 | 1,3 | 0,4 | 12 | 1,6 | 1,0 | 1,7 | 2,2 | 4,2 | 2,3 | 4,9 | 4,3 | 2,8 | 1,5 | 1,2 | 1,6 |
| 1,0 | 0,7 | 0,9 | 3,6 | 3,1 | 3,8 | 3,4 | 2,7 | 2,4 | 2,9 | 1,3 | 0,4 | 13 | 1,7 | 1,0 | 1,6 | 2,3 | 4,2 | 2,3 | 4,8 | 4,2 | 2,7 | 1,6 | 1,4 | 1,6 |
| 1,0 | 0,7 | 0,9 | 3,6 | 3,0 | 4,0 | 3,2 | 2,6 | 2,4 | 3,1 | 1,2 | 0,4 | 14 | 1,7 | 1,0 | 1,6 | 2,3 | 4,1 | 2,4 | 4,8 | 4,0 | 2,6 | 1,6 | 1,6 | 1,6 |
| 1,0 | 0,7 | 0,9 | 3,7 | 3,0 | 4,0 | 3,1 | 2,6 | 2,3 | 3,1 | 1,2 | 0,4 | 15 | 1,6 | 1,0 | 1,6 | 2,4 | 4,1 | 2,4 | 4,6 | 3,8 | 2,9 | 1,5 | 1,6 | 1,6 |
| 0,9 | 0,7 | 1,0 | 3,7 | 2,9 | 4,2 | 3,0 | 2,5 | 2,3 | 3,0 | 1,1 | 0,4 | 16 | 1,6 | 1,3 | 1,6 | 2,4 | 4,1 | 2,4 | 4,3 | 4,1 | 3,0 | 1,5 | 1,6 | 1,5 |
| 0,9 | 0,7 | 1,1 | 3,7 | 2,9 | 4,3 | 2,8 | 2,5 | 2,2 | 3,0 | 1,1 | 0,4 | 17 | 1,6 | 1,3 | 1,6 | 2,4 | 4,1 | 2,3 | 4,2 | 4,3 | 3,0 | 1,5 | 1,5 | 1,5 |
| 0,9 | 0,7 | 1,1 | 3,7 | 3,2 | 5,5 | 2,8 | 2,4 | 2,1 | 3,1 | 1,0 | 0,4 | 18 | 1,6 | 1,2 | 1,5 | 2,4 | 4,2 | 2,3 | 4,0 | 4,2 | 2,9 | 1,4 | 1,5 | 1,4 |
| 0,9 | 0,7 | 1,1 | 3,6 | 3,5 | 6,8 | 2,7 | 2,3 | 2,1 | 3,1 | 1,0 | 0,6 | 19 | 1,5 | 1,2 | 1,6 | 2,4 | 4,2 | 2,2 | 3,8 | 4,1 | 2,8 | 1,6 | 1,5 | 1,4 |
| 0,9 | 0,7 | 1,1 | 3,6 | 3,7 | 6,8 | 2,7 | 2,2 | 1,9 | 3,0 | 0,9 | 0,7 | 20 | 1,5 | 1,1 | 1,6 | 2,4 | 4,1 | 2,1 | 3,7 | 4,5 | 2,7 | 1,8 | 1,5 | 1,3 |
| 0,9 | 0,7 | 1,1 | 3,6 | 3,7 | 7,2 | 2,8 | 2,3 | 1,9 | 2,9 | 0,8 | 0,7 | 21 | 1,4 | 1,1 | 1,6 | 2,3 | 4,0 | 2,4 | 3,6 | 4,5 | 2,5 | 1,8 | 1,4 | 1,3 |
| 0,9 | 0,6 | 1,1 | 3,5 | 3,7 | 7,0 | 2,8 | 2,2 | 1,8 | 3,0 | 0,8 | 0,9 | 22 | 1,4 | 1,2 | 1,5 | 2,3 | 3,8 | 3,5 | 3,4 | 4,3 | 2,4 | 1,7 | 1,6 | 1,3 |
| 0,9 | 0,6 | 1,2 | 3,5 | 4,0 | 6,8 | 2,8 | 2,2 | 1,7 | 3,0 | 0,7 | 0,9 | 23 | 1,3 | 1,3 | 1,5 | 2,3 | 3,6 | 3,8 | 3,5 | 4,2 | 2,3 | 1,7 | 1,6 | 1,2 |
| 0,8 | 0,6 | 1,3 | 3,4 | 4,0 | 6,8 | 2,6 | 2,1 | 1,6 | 2,9 | 0,7 | 0,8 | 24 | 1,3 | 1,6 | 1,5 | 2,6 | 3,5 | 3,8 | 3,4 | 4,0 | 2,3 | 1,8 | 1,6 | 1,2 |
| 0,8 | 0,6 | 1,3 | 3,2 | 4,5 | 6,6 | 2,6 | 2,0 | 1,6 | 2,8 | 0,7 | 0,8 | 25 | 1,2 | 1,7 | 1,5 | 2,9 | 3,4 | 3,8 | 4,6 | 3,8 | 2,2 | 1,9 | 1,9 | 1,1 |
| 0,8 | 0,6 | 1,4 | 3,2 | 5,2 | 6,4 | 2,5 | 2,0 | 1,6 | 2,7 | 0,7 | 0,8 | 26 | 1,2 | 1,7 | 1,5 | 2,9 | 3,2 | 3,7 | 4,9 | 3,8 | 2,1 | 1,9 | 2,0 | 1,1 |
| 0,8 | 0,6 | 1,4 | 3,2 | 5,6 | 6,2 | 2,5 | 1,9 | 1,5 | 2,5 | 0,7 | 0,8 | 27 | 1,1 | 1,7 | 1,5 | 3,0 | 3,2 | 3,5 | 4,8 | 3,7 | 2,0 | 1,8 | 2,0 | 1,0 |
| 0,9 | 0,6 | 1,6 | 3,2 | 5,8 | 6,1 | 2,8 | 1,8 | 1,5 | 2,4 | 0,7 | 0,8 | 28 | 1,1 | 1,7 | 1,6 | 3,1 | 3,1 | 3,4 | 4,5 | 3,5 | 2,0 | 1,8 | 2,1 | 1,0 |
| 0,9 | | 2,0 | 3,1 | 5,6 | 5,9 | 2,8 | 1,8 | 1,4 | 2,3 | 0,6 | 0,8 | 29 | 1,1 | | 1,6 | 3,2 | 3,1 | 3,1 | 4,2 | 3,4 | 1,9 | 1,7 | 2,1 | 1,0 |
| 0,9 | | 2,3 | 3,1 | 5,5 | 5,8 | 2,8 | 1,7 | 1,4 | 2,2 | 0,6 | 0,8 | 30 | 1,0 | | 1,6 | 3,6 | 2,9 | 3,0 | 5,3 | 3,2 | 1,9 | 1,6 | 2,0 | 0,9 |
| 0,9 | | 2,6 | | 5,2 | | 2,7 | 1,6 | | 2,1 | | 0,9 | 31 | 1,0 | | 1,5 | | 2,8 | | 6,1 | 3,0 | | 1,6 | | 0,9 |
| 28,3 | 19,6 | 34,0 | 107,6 | 116,5 | 156,5 | 110,2 | 75,5 | 55,4 | 68,3 | 35,7 | 18,7 | Sa. | 41,3 | 32,7 | 49,8 | 69,1 | 121,9 | 80,9 | 123,2 | 138,2 | 77,0 | 50,7 | 46,8 | 45,0 |

Gesamtabflußmenge des Jahres 1902
= (28,3 + 19,6 + . . . + 18,7) 86400 = 71,39 Mill. cbm.
Jährliche Abflußhöhe = 960 mm.

Gesamtabflußmenge des Jahres 1903
= (41,3 + 32,7 + . . . + 45,0) 86400 = 75,74 Mill. cbm.
Jährliche Abflußhöhe = 1020 mm.

**Jahr 1904.** / **Jahr 1905.**

| Jan. | Febr. | März | April | Mai | Juni | Juli | Aug. | Sept. | Okt. | Nov. | Dez. | Tag | Jan. | Febr. | März | April | Mai | Juni | Juli | Aug. | Sept. | Okt. | Nov. | Dez. |
|---|---|---|---|---|---|---|---|---|---|---|---|---|---|---|---|---|---|---|---|---|---|---|---|---|
| Mittlere sekundliche Abflußmenge (cbm/sec) 1904 | | | | | | | | | | | | | Mittlere sekundliche Abflußmenge (cbm/sec) 1905 | | | | | | | | | | | |
| 0,9 | 0,6 | 1,1 | 2,1 | 3,8 | 5,8 | 2,8 | 1,5 | 2,7 | 2,8 | 3,0 | 1,6 | 1 | 1,1 | 0,9 | 1,0 | 3,7 | 5,5 | 3,7 | 2,0 | 2,4 | 4,0 | 3,8 | 2,5 | 2,5 |
| 0,9 | 0,6 | 1,1 | 2,3 | 3,7 | 5,6 | 2,7 | 1,4 | 2,8 | 2,7 | 3,0 | 1,7 | 2 | 1,1 | 0,9 | 1,0 | 3,8 | 5,6 | 3,8 | 1,9 | 2,4 | 3,7 | 3,6 | 2,5 | 2,4 |
| 0,8 | 0,6 | 1,1 | 2,5 | 3,6 | 5,5 | 2,8 | 1,4 | 2,8 | 2,6 | 2,9 | 1,7 | 3 | 1,1 | 1,0 | 1,0 | 3,8 | 5,6 | 4,2 | 1,9 | 2,4 | 3,7 | 3,5 | 2,5 | 2,3 |
| 0,8 | 0,6 | 1,0 | 2,6 | 3,6 | 5,3 | 2,7 | 1,4 | 2,8 | 2,5 | 2,8 | 1,6 | 4 | 1,1 | 1,0 | 1,0 | 4,2 | 5,5 | 4,2 | 1,8 | 2,4 | 3,7 | 3,6 | 2,6 | 2,2 |
| 0,7 | 0,6 | 1,0 | 2,7 | 3,6 | 5,0 | 2,7 | 1,3 | 2,8 | 2,4 | 2,7 | 1,6 | 5 | 1,2 | 1,0 | 0,9 | 4,5 | 5,5 | 4,2 | 1,7 | 2,3 | 3,6 | 3,5 | 2,7 | 2,1 |
| 0,7 | 0,6 | 1,0 | 2,8 | 3,6 | 4,9 | 2,8 | 1,3 | 2,7 | 2,3 | 2,6 | 1,6 | 6 | 1,2 | 1,2 | 0,9 | 4,9 | 5,3 | 4,2 | 1,6 | 3,0 | 3,5 | 3,5 | 2,8 | 2,0 |
| 0,7 | 0,6 | 0,9 | 3,0 | 3,7 | 4,9 | 2,8 | 1,3 | 2,7 | 2,2 | 2,5 | 1,6 | 7 | 1,2 | 1,2 | 0,9 | 4,9 | 5,3 | 4,1 | 1,6 | 5,6 | 3,5 | 3,4 | 2,8 | 2,0 |
| 0,7 | 0,6 | 0,9 | 3,2 | 3,7 | 4,6 | 2,6 | 1,3 | 2,9 | 2,2 | 2,4 | 1,6 | 8 | 1,2 | 1,2 | 0,9 | 4,8 | 5,2 | 4,1 | 1,6 | 6,4 | 3,4 | 3,4 | 2,8 | 1,9 |
| 0,7 | 0,5 | 1,0 | 3,5 | 3,6 | 4,6 | 2,5 | 1,3 | 2,9 | 2,3 | 2,3 | 1,6 | 9 | 1,3 | 1,2 | 0,9 | 4,8 | 5,3 | 4,1 | 1,6 | 6,1 | 3,2 | 3,7 | 3,0 | 1,9 |
| 0,7 | 0,5 | 1,0 | 4,0 | 3,6 | 4,8 | 2,4 | 1,3 | 2,8 | 2,3 | 2,4 | 1,6 | 10 | 1,3 | 1,2 | 1,0 | 4,9 | 6,4 | 4,1 | 1,5 | 5,9 | 3,1 | 3,7 | 3,0 | 2,0 |
| 0,7 | 0,6 | 1,1 | 4,5 | 3,5 | 4,9 | 2,3 | 1,3 | 2,8 | 2,3 | 2,8 | 1,6 | 11 | 1,3 | 1,1 | 1,0 | 5,2 | 6,4 | 4,0 | 1,5 | 5,8 | 3,0 | 4,1 | 3,0 | 2,1 |
| 0,6 | 0,6 | 1,1 | 4,9 | 3,6 | 4,9 | 2,2 | 1,3 | 2,8 | 2,4 | 3,1 | 1,7 | 12 | 1,2 | 1,1 | 1,0 | 5,2 | 6,2 | 4,0 | 1,6 | 6,4 | 2,9 | 4,2 | 3,0 | 2,0 |
| 0,6 | 0,7 | 1,1 | 4,8 | 3,6 | 4,8 | 2,1 | 1,4 | 2,7 | 2,5 | 3,1 | 1,7 | 13 | 1,2 | 1,1 | 1,1 | 5,3 | 6,2 | 3,8 | 1,6 | 6,6 | 2,8 | 4,2 | 3,0 | 1,9 |
| 0,6 | 0,7 | 1,2 | 4,6 | 3,5 | 4,8 | 2,3 | 1,4 | 2,7 | 2,5 | 3,0 | 1,7 | 14 | 1,1 | 1,2 | 1,1 | 5,5 | 6,1 | 3,7 | 1,6 | 6,6 | 2,7 | 4,6 | 3,1 | 1,6 |
| 0,6 | 0,7 | 1,2 | 4,9 | 3,4 | 4,6 | 2,3 | 1,3 | 3,2 | 2,5 | 2,9 | 1,6 | 15 | 1,1 | 1,2 | 1,1 | 5,6 | 5,9 | 3,6 | 2,4 | 6,4 | 3,1 | 4,6 | 3,1 | 1,9 |
| 0,6 | 0,7 | 1,3 | 4,9 | 3,2 | 4,5 | 2,2 | 1,2 | 3,6 | 2,5 | 2,8 | 1,6 | 16 | 1,0 | 1,2 | 1,2 | 5,5 | 5,8 | 3,5 | 2,4 | 6,1 | 3,1 | 4,5 | 3,1 | 1,8 |
| 0,6 | 0,8 | 1,3 | 4,9 | 3,1 | 4,3 | 2,1 | 1,1 | 4,1 | 2,5 | 2,7 | 1,6 | 17 | 1,0 | 1,2 | 1,3 | 5,3 | 5,5 | 3,4 | 2,3 | 5,9 | 3,5 | 4,3 | 3,0 | 1,7 |
| 0,7 | 0,8 | 1,4 | 4,9 | 3,0 | 4,2 | 2,0 | 1,1 | 4,0 | 2,5 | 2,6 | 1,6 | 18 | 0,9 | 1,1 | 1,4 | 5,2 | 5,3 | 3,2 | 2,2 | 5,6 | 3,5 | 4,3 | 3,0 | 1,7 |
| 0,7 | 0,8 | 1,4 | 4,8 | 2,9 | 4,1 | 1,9 | 1,1 | 3,8 | 2,5 | 2,5 | 1,6 | 19 | 0,9 | 1,1 | 1,6 | 4,9 | 5,0 | 3,1 | 2,9 | 5,3 | 3,4 | 4,2 | 3,0 | 1,6 |
| 0,7 | 0,9 | 1,5 | 4,6 | 2,9 | 4,0 | 1,8 | 1,0 | 3,7 | 2,5 | 2,4 | 1,6 | 20 | 0,8 | 1,1 | 1,6 | 4,6 | 4,9 | 3,0 | 3,4 | 5,0 | 3,2 | 4,1 | 3,1 | 1,6 |
| 0,7 | 0,9 | 1,5 | 4,6 | 2,9 | 3,7 | 1,7 | 1,0 | 3,6 | 2,5 | 2,3 | 1,5 | 21 | 0,8 | 1,2 | 1,7 | 4,5 | 4,8 | 2,8 | 3,2 | 4,8 | 5,6 | 3,8 | 3,1 | 1,6 |
| 0,7 | 0,9 | 1,6 | 4,5 | 3,0 | 3,8 | 1,6 | 1,0 | 3,4 | 2,4 | 2,2 | 1,5 | 22 | 0,8 | 1,2 | 1,8 | 4,8 | 4,6 | 2,7 | 3,1 | 4,5 | 6,1 | 3,6 | 3,1 | 1,5 |
| 0,6 | 1,0 | 1,6 | 4,3 | 3,0 | 3,7 | 1,6 | 1,0 | 3,1 | 2,4 | 2,2 | 1,5 | 23 | 0,7 | 1,2 | 1,9 | 4,8 | 4,6 | 2,6 | 3,0 | 4,2 | 6,1 | 3,5 | 3,0 | 1,5 |
| 0,6 | 1,1 | 1,6 | 4,2 | 4,6 | 3,5 | 1,6 | 1,1 | 2,9 | 2,3 | 2,1 | 1,4 | 24 | 0,7 | 1,1 | 2,1 | 4,6 | 4,6 | 2,6 | 2,9 | 4,0 | 5,9 | 3,4 | 3,0 | 1,4 |
| 0,6 | 1,2 | 1,6 | 4,1 | 4,9 | 3,4 | 1,6 | 1,3 | 2,8 | 2,3 | 2,1 | 1,4 | 25 | 0,7 | 1,1 | 2,1 | 4,5 | 4,6 | 2,5 | 3,1 | 3,8 | 5,6 | 3,2 | 2,9 | 1,4 |
| 0,6 | 1,2 | 1,7 | 4,1 | 4,8 | 3,2 | 1,6 | 2,7 | 2,7 | 2,4 | 2,0 | 1,4 | 26 | 0,8 | 1,1 | 2,2 | 4,3 | 4,6 | 2,4 | 3,2 | 3,6 | 5,3 | 3,1 | 2,9 | 1,3 |
| 0,6 | 1,2 | 1,7 | 4,2 | 4,6 | 3,2 | 1,6 | 2,9 | 2,6 | 3,2 | 1,9 | 1,3 | 27 | 0,9 | 1,1 | 2,2 | 4,9 | 4,5 | 2,3 | 3,0 | 3,6 | 4,9 | 3,0 | 2,8 | 1,2 |
| 0,6 | 1,1 | 1,8 | 4,2 | 4,6 | 3,2 | 1,6 | 2,9 | 2,7 | 3,5 | 1,8 | 1,3 | 28 | 1,0 | 1,0 | 2,3 | 5,3 | 4,3 | 2,2 | 2,9 | 3,8 | 4,6 | 2,9 | 2,7 | 1,2 |
| 0,6 | 1,1 | 1,9 | 4,1 | 5,9 | 3,0 | 1,6 | 2,8 | 2,9 | 3,5 | 1,7 | 1,3 | 29 | 1,0 | | 2,5 | 5,3 | 4,2 | 2,2 | 2,8 | 4,0 | 4,3 | 2,7 | 2,7 | 1,2 |
| 0,6 | | 1,9 | 4,0 | 6,1 | 2,9 | 1,5 | 2,7 | 2,9 | 3,4 | 1,6 | 1,2 | 30 | 1,0 | | 2,5 | 5,5 | 4,1 | 2,1 | 2,6 | 4,2 | 4,1 | 2,6 | 2,6 | 1,2 |
| 0.6 | | 2,0 | | 6,1 | | 1,5 | 2,6 | | 3,4 | | 1,2 | 31 | 1,0 | | 2,8 | | 3,8 | | 2,5 | 4,1 | | 2,5 | | 1,3 |
| 20,8 | 22,8 | 41,6 | 118,8 | 119,7 | 129,7 | 65,5 | 47,7 | 90,9 | 80,3 | 74,4 | 47,5 | Sa. | 31,7 | 31,2 | 46,0 | 145,1 | 161,2 | 100,4 | 71,4 | 143,2 | 119,1 | 112,1 | 86,4 | 54,0 |

Gesamtabflußmenge des Jahres 1904
= (20,8 + 22,8 + . . . + 47,5) 86400 = 74,28 Mill. cbm.
Jährliche Abflußhöhe = 1000 mm.

Gesamtabflußmenge des Jahres 1905
= (31,7 + 31,2 + . . . + 54,0) 86400 = 95,20 Mill. cbm.
Jährliche Abflußhöhe = 1290 mm.

| Jahr 1906. Mittlere sekundliche Abflußmenge (cbm/sec) | | | | | | | | | | | | Tag | Jahr 1907. Mittlere sekundliche Abflußmenge (cbm/sec) | | | | | | | | | | | |
|---|---|---|---|---|---|---|---|---|---|---|---|---|---|---|---|---|---|---|---|---|---|---|---|---|
| Jan. | Febr. | März | April | Mai | Juni | Juli | Aug. | Sept. | Okt. | Nov. | Dez. | | Jan. | Febr. | März | April | Mai | Juni | Juli | Aug. | Sept. | Okt. | Nov. | Dez. |
| 1,4 | 1,1 | 0,9 | 2,3 | 5,8 | 5,5 | 5,2 | 4,3 | 2,7 | 3,6 | 1,0 | 0,7 | 1 | 0,8 | 1,5 | 0,9 | 2,4 | 9,4 | 7,2 | 3,5 | 3,6 | 2,4 | 1,6 | 0,8 | 0,6 |
| 1,3 | 1,1 | 1,0 | 2,2 | 5,6 | 6,1 | 4,9 | 4,1 | 2,6 | 3,5 | 1,0 | 0,7 | 2 | 1,0 | 1,5 | 0,9 | 2,5 | 8,6 | 7,2 | 3,2 | 3,4 | 2,4 | 1,6 | 0,7 | 0,5 |
| 1,2 | 1,1 | 1,1 | 2,1 | 5,6 | 6,1 | 4,6 | 3,8 | 2,5 | 3,4 | 0,9 | 0,7 | 3 | 1,0 | 1,5 | 0,9 | 2,7 | 7,8 | 7,2 | 3,1 | 3,1 | 2,4 | 1,6 | 0,7 | 0,5 |
| 1,2 | 1,1 | 1,1 | 2,0 | 5,3 | 5,9 | 4,3 | 3,7 | 2,4 | 3,1 | 0,9 | 0,7 | 4 | 1,1 | 1,3 | 0,8 | 2,8 | 7,8 | 7,0 | 3,0 | 3,0 | 2,6 | 1,6 | 0,7 | 0,6 |
| 1,1 | 1,1 | 1,3 | 2,0 | 5,5 | 5,8 | 4,5 | 3,6 | 2,3 | 3,0 | 0,8 | 0,8 | 5 | 1,1 | 1,3 | 0,9 | 3,0 | 7,8 | 6,4 | 2,9 | 2,9 | 3,2 | 1,6 | 0,7 | 0,5 |
| 1,4 | 1,0 | 1,3 | 1,9 | 5,6 | 5,6 | 4,5 | 3,4 | 2,2 | 2,8 | 0,8 | 0,9 | 6 | 1,1 | 1,3 | 0,9 | 3,0 | 8,4 | 6,1 | 2,9 | 2,8 | 3,5 | 1,5 | 0,7 | 0,6 |
| 1,5 | 1,0 | 1,3 | 2,0 | 5,5 | 5,6 | 5,9 | 3,2 | 2,1 | 2,7 | 0,7 | 1,0 | 7 | 1,2 | 1,2 | 0,9 | 3,1 | 9,1 | 5,8 | 3,0 | 3,0 | 3,6 | 1,5 | 0,7 | 0,7 |
| 1,6 | 1,0 | 1,4 | 2,1 | 5,3 | 5,3 | 5,6 | 3,0 | 2,0 | 2,6 | 0,7 | 1,0 | 8 | 1,3 | 1,2 | 0,9 | 3,2 | 9,9 | 5,5 | 2,9 | 3,0 | 3,5 | 1,5 | 0,7 | 0,7 |
| 1,6 | 1,0 | 1,6 | 2,3 | 5,5 | 5,0 | 5,5 | 2,9 | 1,9 | 2,6 | 0,7 | 1,0 | 9 | 1,4 | 1,2 | 0,9 | 3,2 | 10,4 | 5,2 | 2,8 | 2,9 | 3,4 | 1,5 | 0,7 | 0,9 |
| 1,6 | 1,0 | 1,8 | 2,5 | 5,3 | 4,9 | 5,2 | 2,8 | 2,0 | 2,4 | 0,9 | 0,9 | 10 | 1,4 | 1,1 | 1,6 | 3,4 | 10,6 | 4,9 | 3,5 | 2,7 | 3,2 | 1,5 | 0,6 | 1,0 |
| 1,6 | 1,0 | 1,9 | 2,6 | 5,3 | 5,0 | 4,9 | 2,7 | 3,1 | 2,3 | 0,9 | 1,0 | 11 | 1,3 | 1,1 | 1,6 | 3,5 | 10,6 | 4,6 | 3,4 | 2,6 | 3,1 | 1,6 | 0,6 | 1,1 |
| 1,6 | 1,0 | 1,9 | 2,6 | 5,2 | 5,0 | 4,9 | 2,5 | 3,2 | 2,2 | 0,9 | 1,0 | 12 | 1,4 | 1,0 | 1,7 | 3,6 | 10,9 | 4,2 | 3,2 | 2,6 | 2,9 | 1,6 | 0,6 | 1,1 |
| 1,6 | 0,9 | 2,0 | 2,9 | 5,2 | 5,0 | 4,8 | 2,5 | 4,0 | 2,1 | 0,8 | 1,1 | 13 | 1,4 | 1,0 | 1,6 | 3,6 | 10,9 | 4,3 | 3,4 | 2,5 | 2,8 | 1,5 | 0,6 | 1,1 |
| 1,6 | 0,9 | 2,0 | 3,1 | 5,2 | 5,0 | 5,2 | 2,4 | 4,0 | 2,0 | 0,7 | 1,1 | 14 | 1,4 | 1,0 | 1,7 | 3,6 | 10,9 | 4,1 | 4,6 | 2,4 | 2,7 | 1,5 | 0,7 | 1,2 |
| 1,5 | 0,8 | 2,1 | 3,5 | 5,0 | 5,2 | 6,4 | 2,3 | 4,1 | 1,9 | 0,7 | 1,2 | 15 | 1,4 | 1,0 | 1,7 | 3,8 | 10,6 | 4,1 | 5,8 | 2,3 | 2,6 | 1,4 | 0,7 | 1,2 |
| 1,5 | 0,8 | 2,1 | 3,7 | 4,9 | 4,9 | 6,2 | 2,2 | 4,1 | 1,9 | 0,7 | 1,3 | 16 | 1,3 | 1,0 | 1,8 | 4,0 | 10,4 | 4,0 | 6,8 | 2,5 | 2,8 | 1,4 | 0,7 | 1,3 |
| 1,4 | 0,8 | 2,1 | 3,8 | 4,8 | 4,8 | 5,8 | 2,1 | 4,0 | 1,9 | 0,7 | 1,4 | 17 | 1,2 | 0,9 | 1,7 | 4,2 | 10,1 | 4,1 | 6,4 | 3,1 | 2,8 | 1,4 | 0,7 | 1,3 |
| 1,4 | 0,7 | 2,4 | 3,8 | 4,9 | 4,5 | 5,5 | 2,0 | 4,0 | 1,7 | 0,7 | 1,4 | 18 | 1,2 | 1,0 | 1,7 | 4,3 | 9,6 | 3,8 | 6,2 | 3,0 | 2,8 | 1,4 | 0,7 | 1,3 |
| 1,4 | 0,7 | 2,5 | 4,1 | 4,9 | 4,3 | 5,2 | 2,0 | 3,8 | 1,6 | 0,7 | 1,3 | 19 | 1,2 | 1,0 | 1,8 | 4,5 | 8,9 | 3,7 | 5,9 | 3,0 | 2,6 | 1,4 | 0,7 | 1,4 |
| 1,4 | 0,7 | 2,7 | 4,1 | 5,5 | 4,3 | 5,0 | 2,3 | 3,7 | 1,6 | 0,7 | 1,4 | 20 | 1,2 | 1,0 | 1,9 | 4,5 | 8,4 | 3,5 | 5,6 | 3,1 | 2,5 | 1,3 | 0,7 | 1,4 |
| 1,4 | 0,7 | 2,9 | 4,2 | 5,3 | 4,8 | 5,0 | 2,4 | 3,6 | 1,6 | 0,7 | 1,2 | 21 | 1,1 | 1,0 | 2,4 | 4,6 | 8,0 | 3,4 | 5,0 | 3,1 | 2,4 | 1,3 | 0,6 | 1,4 |
| 1,3 | 0,7 | 2,9 | 4,2 | 5,2 | 5,6 | 5,2 | 2,4 | 4,0 | 1,6 | 0,7 | 1,2 | 22 | 1,1 | 1,1 | 2,5 | 4,5 | 7,6 | 3,1 | 4,9 | 3,0 | 2,3 | 1,2 | 0,6 | 1,4 |
| 1,3 | 0,7 | 2,7 | 4,3 | 5,2 | 5,6 | 5,6 | 2,3 | 4,6 | 1,5 | 0,7 | 1,2 | 23 | 1,1 | 1,1 | 2,5 | 4,3 | 7,4 | 3,6 | 4,6 | 2,8 | 2,3 | 1,2 | 0,6 | 1,4 |
| 1,2 | 0,7 | 2,6 | 4,5 | 5,2 | 5,8 | 5,5 | 2,2 | 4,8 | 1,4 | 0,7 | 1,1 | 24 | 1,1 | 1,0 | 2,5 | 4,6 | 7,0 | 4,1 | 4,2 | 2,8 | 2,2 | 1,2 | 0,6 | 1,4 |
| 1,2 | 0,7 | 2,6 | 4,8 | 4,9 | 5,8 | 5,6 | 2,2 | 5,0 | 1,3 | 0,7 | 1,0 | 25 | 1,0 | 1,0 | 2,4 | 6,4 | 6,8 | 4,1 | 4,1 | 2,7 | 2,1 | 1,2 | 0,6 | 1,5 |
| 1,2 | 0,7 | 2,5 | 4,6 | 4,8 | 5,8 | 5,6 | 2,1 | 4,9 | 1,3 | 0,7 | 1,0 | 26 | 1,0 | 1,0 | 2,5 | 9,9 | 6,8 | 4,0 | 4,6 | 2,5 | 1,9 | 1,1 | 0,6 | 1,5 |
| 1,1 | 0,8 | 2,4 | 4,6 | 4,8 | 5,8 | 5,5 | 2,2 | 4,6 | 1,3 | 0,6 | 1,0 | 27 | 1,0 | 1,0 | 2,4 | 10,9 | 7,4 | 4,0 | 4,3 | 2,5 | 1,9 | 1,1 | 0,6 | 1,4 |
| 1,1 | 0,9 | 2,3 | 5,2 | 5,0 | 5,5 | 5,3 | 3,0 | 4,3 | 1,2 | 0,7 | 1,0 | 28 | 1,1 | 0,9 | 2,4 | 11,5 | 7,4 | 4,0 | 4,2 | 2,4 | 1,8 | 1,0 | 0,6 | 1,5 |
| 1,1 | | 2,3 | 5,6 | 5,2 | 5,2 | 5,2 | 3,0 | 4,1 | 1,1 | 0,7 | 0,9 | 29 | 1,3 | | 2,2 | 11,2 | 8,0 | 3,8 | 4,1 | 2,3 | 1,8 | 0,9 | 0,6 | 1,4 |
| 1,1 | | 2,3 | 5,6 | 5,2 | 5,3 | 4,9 | 2,9 | 3,8 | 1,1 | 0,7 | 0,9 | 30 | 1,3 | | 2,3 | 10,4 | 7,6 | 3,7 | 3,8 | 2,4 | 1,7 | 0,8 | 0,6 | 1,4 |
| 1,0 | | 2,3 | | 5,2 | | 4,6 | 2,8 | | 1,1 | | 0,8 | 31 | 1,4 | | 2,4 | | 7,4 | | 3,7 | 2,4 | | 0,8 | | 1,5 |
| 29,9 | 24,7 | 62,3 | 103,2 | 161,9 | 159,0 | 162,1 | 85,3 | 104,4 | 63,3 | 22,8 | 31,9 | Sa. | 36,9 | 31,2 | 53,3 | 137,2 | 272,5 | 140,7 | 129,6 | 86,4 | 78,2 | 41,8 | 19,7 | 34,8 |

Gesamtabflußmenge des Jahres 1906
= (29,9 + 24,7 + . . . + 31,9) 86 400 = 87,33 Mill. cbm.
Jährliche Abflußhöhe = 1180 mm.

Gesamtabflußmenge des Jahres 1907
= (36,9 + 31,2 + . . . + 34,8) 86 400 = 91,78 Mill. cbm.
Jährliche Abflußhöhe = 1240 mm.

München, den 10. April 1908.

**Kgl. Hydrotechnisches Bureau.**
gez. Hensel.

---

**Anlage 3.**

# Gutachtliche Äußerung über Tiefbohrungen im Isartal.

(Gutachten des Kgl. Landesgeologen Dr. Reis.)

Geologische Orientierung über die für die Staumauer im Isartal unterhalb Wallgau in Aussicht genommene Strecke.

Allgemeines über Untergrund und Gebirgsflanken (insbesondere betreffend die Stollen).

Das Isartal verläuft unterhalb Wallgau über Vorderriß und Fall hinaus ungefähr streichend mit den Schichten der benachbarten Formationsglieder, d. h. zunächst mit den Schichten des Hauptdolomits bei allerdings wechselndem Grad und etwas wechselnder Richtung des Einfallens.

Wie die Bergflanken, so ist auch jedenfalls der Talboden unter den Aufschüttungsgebilden von dem Hauptdolomit selbst gebildet.

Zwar streicht von Südwesten her der Nordflügel eines Sattels aus Raibler Schichten auf die Talabbiegung bei Wallgau hin. Dieser Sattel bricht aber schon östlich Klais in einer Nordsüdlinie durch den Punkt 884 zwischen Barmsee und Krünn ab, und bei der Annahme eines schon von dieser Linie ab stattfindenden stetigen und ungestörten minimalen Einfallens unter den Hauptdolomit zwischen Schöttelkar und Markkopf östlich der Isar würde man hier auf einen Einfallswinkel der Sattelachse von ca. 5° nach Osten schließen müssen. Dies würde schon genügen zu bewirken, daß die weniger durchlässigen Raibler Schiefer, Mergel und tonigen Sandsteine am Austritt des Bechen- und Sulzgrabens östlich Wallgau in die Isar schon in ihrer oberen Grenze 200 m unter dem Talboden lägen.

Zweifellos liegt aber diese Grenze ganz bedeutend tiefer, da einerseits längs der erwähnten Linie westlich von Krünn die Raibler Schichten noch stark aufgerichtet sind, anderseits der Unterschied in der Lagerung der über dem Hauptdolomit folgenden Formationsglieder östlich und westlich der Isar sehr groß ist und ein viel stärkeres Absinken von Südwest nach Nordost annehmen läßt. Gleiches gilt für die Muldenachse, welche in ähnlichem Gesamtstreichen den Walchensee durchsetzt.

Es ist also sicher, daß der Untergrund des Isartales innerhalb der in Betracht kommenden Strecke von nichts anderem gebildet ist, als von Hauptdolomit, unter dem erst in mehreren hundert Metern Tiefe zuerst die wechselnd mächtigen, wasseraufsaugenden Zellendolomite folgen, ehe man an ein verhältnismäßig undurchlässigeres, tieferes Formationsglied der Raibler Schichten gelangt.

Die Durchlässigkeit des Hauptdolomits kann nun auch durch die tektonischen Vorgänge gesteigert werden; es liegen hier betreffs der Tektonik des Tales mehrere bemerkenswerte Auffassungen vor:

1. Es kann unmittelbar am Südhang der Talung eine (nach N. überkippte) Sattelung durchstreichen.

2. Es kann der Südrand der Talung beeinflußt sein von einer streichenden Verschiebungskluft mit einer Gebirgsbewegung von Nordost nach Südwest.

Für beide Auffassungen liegen Tatsachen und wissenschaftliche Begründungen vor; jeder der beiden Vorgänge würde aber die Durchlässigkeit des Talgrundes jedenfalls steigern.

Endlich ist auch darauf aufmerksam zu machen, daß in einem Formationsbereich wie der Hauptdolomit unter oder in einem alten Flußtalboden ein von dem Flußtal gespeister, unter dessen Druck stehender und mit ihm gleichgerichteter Grundwasserabzug entstehen kann, besonders wenn die zur Wasseraufnahme besonders geeigneten, bei Gesteinsfaltungen erweiterten Schichtklüfte mit der Talrichtung ziehen; er wird insbesondere dann in Wirksamkeit treten, wenn durch eine Stauung im Oberlauf der Druck daselbst auf die Talbodenwasser vermehrt und im Unterlauf erheblich verringert wird.

Der etwa an den Bergflanken des Tales eintretende Abzug des Wassers bei höheren Aufstauungen kann beträchtlich sein, ist aber wohl technisch besser zu bewältigen.

Vermutliche Tiefe des felsigen Talgrundes an der bezeichneten Stelle.

Hierüber sich nur annäherungsweise zahlenmäßig zu äußern, ist im allgemeinen völlig unmöglich; bezüglich der mit der Tiefe der eigentlichen Ausnagungsfurche zusammenhängenden Querschnittsform der Furche kann man aber darauf aufmerksam machen, daß bei streichenden Tälern die größte Erosionstiefe nach der Seite des Einfallens der Schichten verlegt zu werden pflegt, hier also nach dem Südrand der Talung.

Wenn daher bei den ausgeführten Bohrungen an den am Nordhang angesetzten Bohrpunkten zwischen 6 und 16 m größere Findlinge beobachtet wurden, so darf das neben der Nähe des Gehänges auch darauf zurückgeführt werden, daß hier der Felsgrund des Tales etwas höher gelegen sein wird; daß die Findlinge fehlen bei den Bohrungen 3 bis 4, und ein gleichmäßigeres Gemenge von Sand und Kies auftritt, das beweist auch die nach Süden zunehmende Tiefe der Erosionsfurche.

Da endlich bei der Bohrung 4, die ungefähr die Mitte der Talweite einnimmt, noch bei 25 m Tiefe Sand und Kies ohne größere Findlinge angetroffen wurde, so ist für die Südhälfte der Talung eine sehr viel größere Tiefe bis zum Felsgrund im voraus anzunehmen.

Ein Überblick über die vermutliche Entstehungsart der Talung an dieser Stelle dürfte nicht ohne Aufklärung über Einzelheiten der Talform sein. — Man kann die Ansicht verfechten, daß die aus streichenden Talfurchen sich sammelnde Isar von Scharnitz bis Wallgau durch verschiedene quer verlaufende tektonische Vorgänge beeinflußt worden ist, daß diese alte Isar nach der Tektonik des Walchenseeuntergrundes in präglazialer Zeit einen geradlinigen Durchbruch nach dem Kochelsee gehabt hat. Dieser alte Lauf wurde aber bald durch im Streichen der Schichten rückwärts vorschreitende Talbildung von Ost-Nord-Osten angezapft und schließlich dahin abgelenkt. Man hat daher sowohl von der Jachenau als von der Vorderriß her eine bis heute noch nicht völlig ausgeweitete Talenge nach diesem alten Isarlauf hin; ebenso sind die Talwinkel der Abflüsse des vorderen Karwendel-(Soiern-)gebirges nach dem Rißbach zu viel weiter nach Westen vorgerückt als in umgekehrter Richtung die der Zuflüsse zur Isar zwischen Mittenwald und Wallgau.

Eine gewisse Zeitdauer konnte nun von Wallgau aus ein Abfluß nach dem Walchensee und ein schwächerer nach der Vorderriß nebeneinander existieren, wobei der letztere durch die Bevorzugung der streichenden Erosion sehr rasch gewinnen mußte; von dem Momente an, von welchem die Schwelle nach dem Walchensee nicht mehr überschritten werden konnte, drängte sich die gesamte obere Isar über die alte Wasserscheide nach der Vorderriß. Dieses Überfließen mußte sich bald wasserfallartig gestalten, die von Osten nach Westen rasch fortschreitende Erosion der abstürzenden Wassermassen verursachte daher nicht nur eine bedeutende Tiefe des Talbodens, sondern auch die gleichmäßige, breit klammartige, für die spätere Denution maßgebende Form der Talweitung. Vielleicht kann die engste Stelle des Tales beim Ölgraben den letzten Stand der alten Wasserscheide bezeichnen, doch dürfte sich dies hier nach Abschluß der notwendigen Erosionsnivellierung nicht mehr in einer ausnahmsweise verbliebenen Höhenlage des Untergrundes kennzeichnen, vielmehr verlangte die Talenge eine relativ größere Ausweitung nach dem tiefsten Punkte des Felsgrundes zu, also steiler niedergehende Seitenwände. Da nun zweifellos schon vor dem Durchbruch südlich von der jetzigen Wasserscheide Wallgau-Walchensee in den weichen Raibler Schichten sich eine Auskolkungsvertiefung gebildet hatte, gegen welche das Joch am Sachensee (bzw. dessen höheres Vorstadium) wie eine Barre wirken mußte, so haben sich vor vollendetem Durchbruch der Isar nach der Vorderriß hier jedenfalls sehr große Detritusmassen angesammelt, welche nach dem Durchbruch die starke Vertiefung des Talbettes rasch ausfüllten, und zwar zunächst der alten Scheide das gröbere Block- und Kiesmaterial zum Absatz brachten.

Der Eintritt der Glazialperiode fand hier schon wieder ein möglichst ausgeebnetes Talfeld, so daß die Talenge unterhalb Wallgau für die ältesten fluvioglazialen Absätze wieder als Fließverzögerung wirken mußte. Nur so, meine ich, ist es zu erklären, daß die Talweitung Klais—Mittenwald—Wallgau in den verschiedenen Diluvialstufen wie ein Staubecken wirkte, hier neben groben, zur Nagelfluh verkitteten Geröllagen die weitverbreiteten Kreidelager als feines Schlämmmaterial des Hauptdolomits sich absetzen mußten, wobei allerdings auch rückstößige Flutstauungen von dem Flußgebiet der Loisach mitwirkten.

Die im Markgraben angeschnittene Nagelfluh (30 m über dem Talgrunde) ist wohl der Rest der jüngeren Nagelfluh, welche mit einer älteren im Isartal zwischen Wallgau und Mittenwald im gleichen Abstand vom Talboden zu beobachten ist. Möglicherweise handelt es sich aber auch nur um eine lokale, durch ein altes Quell- und Zuflußgebiet bedingte Erhärtung der so hoch herauf reichenden älteren fluvioglazialen Aufschüttung, für die wir hier ebenso wie für eine ältere Nagelfluh am Ausgang des Seinsbaches in die Isar eine tektonische Ursache anführen könnten.

Die Nagelfluh wäre hier dadurch erhalten geblieben, daß der etwas später hier einsetzende Gletscher, der auf der Nordseite der Talung neben der Straße von Wallgau nach Vorderriß den Felsen nahe dem Talgrund anschliff, hier nicht so stark wirksam sein konnte; der Markgraben liegt auf der Abseite des Gletscherstoßes, wie auch auf der Abseite des Wasserstoßes und der Talausnagung der jüngeren Zeit, da bei diesem Stadium der Talausfüllung die Wirkung des Schichteinfallens nicht mehr eintreten konnte.

Aus diesem entstehungsgeschichtlichen Überblick ist als sehr wahrscheinliche Tatsache zu folgern, daß man es im Isartal unterhalb Wallgau, insbesondere unterhalb des Markgrabens

1. mit einer tiefen Felserosion zu tun hat,

2. daß die Ausfüllung dieses Erosionsgrabens in der Tiefe mit großklotzigem bis brockigem Schutte, der wohl recht wasserdurchlässig ist, erfolgen mußte,

3. daß es durchaus nicht wahrscheinlich ist, daß sich hier, trotz des relativen Alters der Aufschüttung, für Wasser schwerdurchlässige Verkittungen von größerer Horizontalausdehnung gebildet haben könnten.

Über die bei den nachbezeichneten Stollenanlagen etwa anzutreffenden Gesteins- und Wasserverhältnisse.

1. Stollen vom Rißbach zur Isar in Höhe von etwa 900 bis 870 m.

Es ist wohl als sicher zu betrachten, daß dieser Stollen, der in der angegebenen Höhenlage am Rißbach unterhalb der Einmündung des Sattel- und Lochgrabens sein höheres Mundloch haben müßte, lediglich im Hauptdolomit geführt würde, wenn auch unterhalb der beiden genannten Gräben der Plattenkalk noch etwa 500 m bachabwärts quer über das Tal streichend zu beobachten ist.

Es ist nicht wahrscheinlich, daß im Innern des Berges noch emportauchende Raibler Schichten angetroffen werden könnten; dann kämen zunächst nur die Rauchwacken (Zellendolomite) in Betracht; auch die weiterhin noch darunter folgenden Raibler Kalke, Mergelkalke und Dolomite eignen sich zum Teil nicht zum Formen der Bausteine, zum Teil sind sie nicht wetterbeständig.

2. Die Stollen von der Isar zum Walchensee.

Diese beiden Stollen würden nach der Gümbelschen Karte eine Schichtenmulde des Hauptdolomits mit in der Muldenachse eingeschaltetem Rhät durchörtern; in dieser Karte ist aber im Hauptdolomit der Komplex der für Bauzwecke sehr geeigneten bituminösen, dolomitischen, mergeligen Plattenkalke einbezogen. Hingegen sind in dem von A. Rothpletz durch die Jachenau gelegten Profil (Geologische Querschnitte durch die Ostalpen 1894) die Plattenkalke mit den Kössener Schichten zusammengezogen; beide bilden hiernach gut die breite Nordhälfte des Gebirgszuges zwischen Isar und Walchensee; es würden daher die Plattenkalke hier reichlich zur Absprengung kommen.

Es ist wohl kein Zweifel, daß da, wo die Plattenkalke und das Rhät dem Schichteinfallen und der Lagerung nach das Liegende des Hauptdolomits bilden, ein starker Wasserzudrang vom Hauptdolomit her eintreten wird; allzu groß dürfte er allerdings hier nicht sein, da bei dem steilen Einfallen die eigentliche Staufläche keine große Projektion auf die Horizontale haben kann; doch kann hierbei die Möglichkeit eines seitlichen Zuzuges bei einer der tektonischen Anlage des Walchensees entsprechenden Quermuldung (bei einem Niedergehen der Längsmuldenachse von beiden Seiten her) einen stärkeren Wasserzudrang während des Baues verursachen.

---

Manche Punkte der vorliegenden Ausführungen sind der Literatur entnommen und aus der Erinnerung langjährig zurückliegender Aufnahmearbeiten in zum Teil benachbarten Gebieten gegeben; sie können nur als vorläufige gelten, und sollte bei etwaigem Bedürfnis eingehenderer Äußerungen über vorhabende technische Vornahmen vorher eine kurze Ortsbesichtigung stattfinden.

München, den 20. April 1907.

gez. Dr. Otto W. Reis,
Kgl. Landesgeologe.

---

**Anlage 4.**

# Allgemeine Angaben über die obere Isar, den Rißbach, die Obernach und die Jachen.

## (Talbildung, Gefälle, Geschiebe, Kulturen und Wasserwirtschaft.)

Nach den bisherigen Entwürfen für die Gewinnung von Wasserkräften am Walchensee wurden namentlich die Gebiete der oberen Isar zwischen Wallgau und Fall, des Rißbachs, der Obernach und der Jachen in nähere Betrachtung gezogen. Einige allgemeine Angaben mögen zur Charakterisierung dieser Gebiete dienen.

### 1. Die obere Isar.

Die Isar besitzt in der Strecke von Wallgau bis Fall eine Gesamtlänge von rund 24 km. Das Flußgefälle beträgt in der 14 km langen Teilstrecke von Wallgau bis zur Rißbachmündung durchschnittlich 5,4 pro mille und von hier ab bis gegen Fall rund 5,6 pro mille. Von der unterhalb Fall erfolgenden Einmündung der Dürrach und Walchen ab sinkt das Gefälle auf rund 4 pro mille herab. Die Breite des Isartales beträgt in der bezeichneten Strecke 500 bis 800 m, je nachdem Schuttkegel und Hochterrassen mehr oder weniger weit ins Tal vorgeschoben, bezw. bereits abgetragen sind. Diese gesamte Talbreite ist infolge der starken Geschiebebildung der Isar eine vollständig verkieste Fläche, in welcher die Isar in einzelnen Rinnsalen, die bei jedem Hochwasser ihre Lage mehr oder weniger ändern, zum Abfluß gelangt. Die vom Oberlauf bereits ankommenden Geschiebe werden durch die bedeutenden Geröllmassen der Seitenbäche, namentlich des Kranzbaches und des Finzbaches oberhalb Wallgau, des Rißbaches bei Vorderriß und der Dürrach bei Fall ergänzt. Außerdem führen zahlreiche kleinere Wildbäche und Steilrunsen von den beiderseitigen Hängen der Isar alljährlich, insbesondere im Frühjahr, große Geschiebemengen zu, die durch die höheren Wasserstände weiter zu führen sind. Besonders zahlreich sind diese tief eingeschnittenen Wildbäche und Murgänge in der Strecke zwischen Wallgau und Vorderriß. Zu nennen sind hier rechts: der Laingraben, Markgraben, die beiden Ölgräben, der Hammergraben, Pfettenkopfgraben, Hochgraben, der Staudengraben usw., links: der Stiergraben, Milchgraben, Zellergraben, der Sausende Graben, der Fischbach, Galgenwurf, Siegelswurf usw. Die Gesamtmasse der Geschiebe, die alljährlich abwärts bewegt wird, läßt sich nach der bisherigen Kenntnis der Geschiebeabfuhrgesetze für die obere Isar zahlenmäßig nicht mehr angeben, jedoch läßt sich nach den Beobachtungen an Flüssen ähnlichen Charakters vermuten, daß diese Masse sich auf mindestens 40000 cbm jährlich beläuft, damit werden aber sämtliche Geschiebezugänge zur beregten Flußstrecke nicht vollständig abgeführt, sondern wegen der erwähnten bedeutenden Geschiebeführung der Seitenbäche bleiben nicht unbeträchtliche Massen in der Talfläche und im Flußbette liegen, d. h. letztere beiden sind im Zustande langsamer Erhöhung begriffen. Die das Tal in der Regel beiderseits begleitenden Hochterrassen, teils aus Diluvium, teils aus Alluvium bestehend, werden dagegen durch die Anfälle des wilden Flusses nach und nach abgetragen. Der in diesen hinabstürzende Schutt trägt zur Erhöhung bei. Uferschutzbauten finden sich nur ganz selten und in dürftigster Ausführung zum Schutze von Wegen und vor allem von Holzablager- und Abbindeplätzen für Flöße. Dieser Uferschutz wird von den beteiligten Privaten bzw. vom K. Forstärar ausgeübt. Letzteres ist in der Hauptsache Eigentümer der Fluß- und Waldflächen.

Die Talsohle ist in der ganzen Strecke von Wallgau bis Fall, wie unter diesen Verhältnissen begreiflich, fast ohne irgendwelche Kulturen und ohne jede Siedelung; die beiderseitigen Hänge sind erst in beträchtlicher Höhe bewaldet. Lediglich nächst oberhalb Fall sind auf Uferterrassen einige Kulturflächen — Wiesen — vorhanden. Bei Wallgau selbst findet sich dagegen eine ausgedehnte hochwertige Kulturfläche. — Von den seitlichen Zuflüssen ist noch die Walchen, der Abfluß des Achensees, besonders bemerkenswert, welche nur wenig Geschiebe, dagegen eine relativ große, wenig veränderliche Niederwassermenge der Isar zuführt.

Die Isar dient als öffentlicher Fluß der Floßfahrt. Nach den Erhebungen besitzt die Floßfahrt einen ganz bedeutenden Umfang und bildet für zahlreiche Bewohner des oberen Isargebietes die Haupterwerbsquelle. Die Holzmenge, die alljährlich zu Tal zu bringen ist, wird für die Strecke von Wallgau bis Fall zu 50- bis 60000 cbm angegeben. Diese Mengen kommen in der Hauptsache aus den unmittelbar anliegenden, zum größten Teil staatlichen Waldungen. Die Hauptstapelplätze für das Floßholz und für das Abbinden von Flößen befinden sich bei Wallgau, Vorderriß und Fall.

Triebwerke sind in der Strecke von Wallgau bis Fall keine vorhanden. Oberhalb ist lediglich das Wehr bei Krünn mit linksseitigem Sägewerk, das etwa 20 PS ausnützt. In der Strecke von Fall abwärts bis zur Einmündung der Loisach bei Wolfratshausen sind dagegen 12 Triebwerke vorhanden, welche zusammen rund 570 PS ausnützen. Das bedeutendste dieser Werke ist die Holzstoff- und Papierfabrik in Fleck oberhalb Lenggries mit einer Ausnützung von rd. 360 PS.

2. Der Rißbach.

Der Rißbach ist der bedeutendste Zufluß der oberen Isar. In seiner 2 km langen Endstrecke von der Einmündung des Fischbachs ab beträgt das Längsgefälle rd. 8,5 pro mille. Nach aufwärts wächst das Gefälle rasch an. Die Geschiebeführung ist bedeutend, und das Geschiebe selbst sehr grob. Die Talsohle ist ohne jegliche Kulturen. Die beiderseitigen Hänge sind bewaldet, soweit sie nicht durch steile Wildbäche und Murgänge in Anbruch sind. Der Bach dient der Holztrift. Die Holzmassen, welche zum großen Teil aus österreichischem Gebiet, zum anderen Teil aus bayerischen Staatswaldungen kommen, werden mit jährlich bis zu rd. 30 000 cbm angegeben.

Bei der Mündung des Rißbaches befindet sich ein Triebwerk mit einer Ausnützung von rd. 30 PS.

3. Die Obernach.

Die Obernach ist der Hauptzufluß des Walchensees. Ihre Gesamtlänge beträgt rd. 4 km. In der oberen Strecke (2,4 km) ist ein Längsgefälle von 15 pro mille, in der unteren Strecke (1600 m) von rd. 6 pro mille vorhanden. Das Abflußprofil der Obernach besteht in der oberen Strecke aus einem wenige Meter breiten Graben, dessen Tiefe vielfach nur 0,5 m beträgt. Der untere Teil weist ein breiteres, besser ausgebildetes Flußprofil auf, das infolge Einmündung seitlicher Wildbäche auch mäßige Geschiebeführung besitzt. Das Tal ist fast durchweg gut bewaldet, teilweise sind Wiesen und Viehweiden vorhanden. Eine Ausnützung der Obernach durch Triebwerke besteht nicht.

4. Die Jachen.

Der oberirdische Ablauf des Walchensees wird durch die Jachen gebildet. Dieselbe ist rd. 21 km lang, besitzt ein relatives Gefälle von rd. 5 pro mille und ein absolutes Gefälle von rd. 115 m. Ihre Einmündung in die Isar erfolgt oberhalb Lenggries. Die Jachen ist durch Zufluß seitlicher Wildbäche ebenfalls geschiebeführend. Sie dient der Holztrift, und zwar sind es sowohl Holzmengen von den Waldungen am Walchensee als auch aus dem Jachental selbst, welche hier zu Tal gebracht werden. Die alljährliche Holzabfuhr wird gegen 20 000 cbm angegeben.

Das Jachental ist sehr gut bewaldet und besitzt größere Wiesenflächen und Viehweiden.

An der Jachen sind im ganzen 2 Triebwerke vorhanden, welche zusammen 32 PS ausnützen.

---

Über den Charakter der in die vorgenannten Flußläufe einmündenden Wildbäche ist gleichmäßig zu sagen, daß sie, weil zum Teil kahlen, leicht verwitterbaren Felsgewänden entstammend, viel Abwitterungsgeschiebe abzuführen haben. Günstige Gelegenheit zu ausgiebiger Ablagerung besteht nicht überall, wenigstens nicht in den oberen Verästelungen und im Mittellaufe der Bäche. Eine solche könnte nur auf genügend breiten Talterrassen und flachen Schuttkegeln gesucht werden. Die Unterwühlungsarbeit der Bäche ist zwar nur auf die glazialen und neueren Geröllablagerungen beschränkt, da unterwühlbare Schichten höchst selten vorkommen. Allein diese Ablagerungen sind vielfach in solchen Massen in den Bachgebieten vorhanden, namentlich im Oberlaufe, daß aus dieser Tätigkeit der Bäche eine in vielen Fällen die ersteren Geschiebe weitaus überwiegende Geröllmenge hinzukommt.

Es bestände somit immerhin die Möglichkeit, da, wo es notwendig würde, durch verständige Wildbachverbauung die Geröllzufuhr zu den genannten Flüssen ganz beträchtlich auf die Dauer zu verringern, während Massenabfuhren aus den Felsregionen in praktisch angelegten Talbecken abgebremst werden könnten. Im allgemeinen wird hierbei jedoch meist auf ziemlich hohe Kosten gerechnet werden müssen. Besonders hinzuweisen ist auf die Eigentümlichkeit des nahe oberhalb Wallgau in die Isar mündenden Finzbaches mit 36,5 qkm Einzugsgebiet, welcher nach stark unterwühlendem Ober- und Mittellaufe in einen schwach geneigten langen Unterlauf übergeht und im letzteren daher schon große Massen Geschiebe abgelagert hat. Der Abschub in die Isar würde daher durch Stauung an der Einmündestelle noch mehr gehindert und dadurch Wallgau bedroht werden.

Walchenseekraftwerk — Wasserschloß, Druckrohrleitung und Krafthaus

# EINFACH UND SICHER

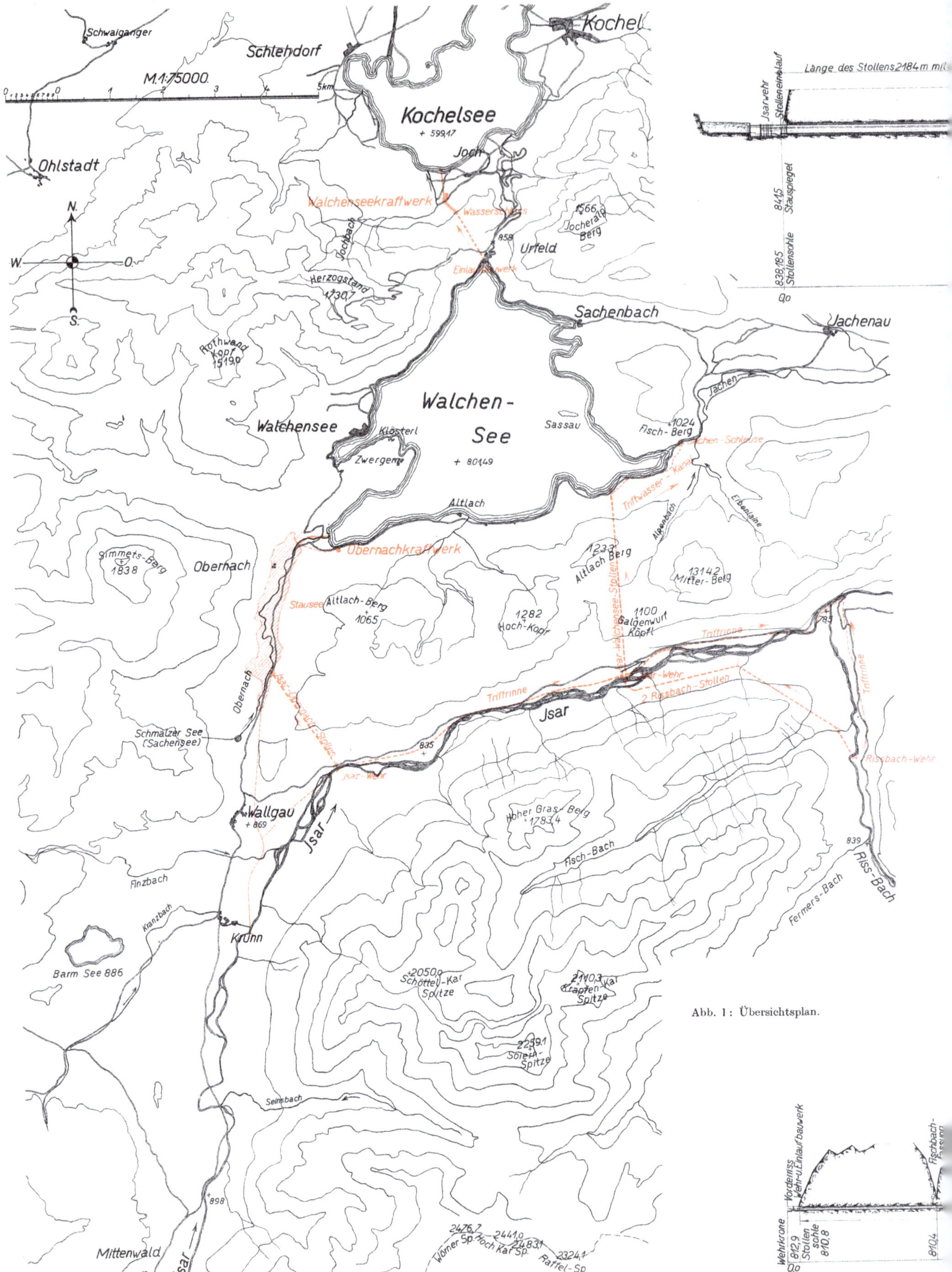


Abb. 1: Übersichtsplan.

Druck der graphischen Kunstanstalt Oskar Consée, München

## Abb. 2—9: Längsschnitt und Querschnitt der Wasserwege.

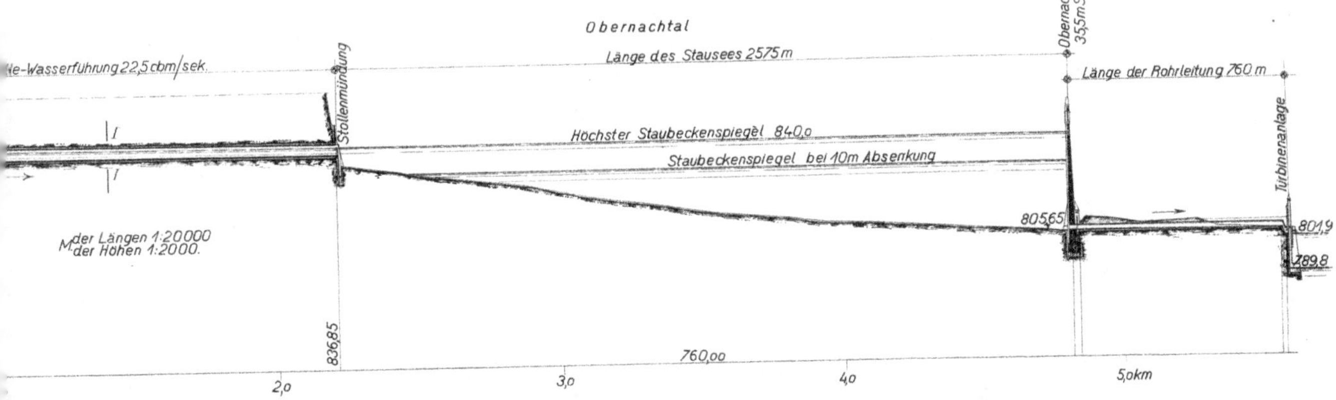


Abb. 2: Oberer Wasserweg Isar-Obernachtal-Walchensee.

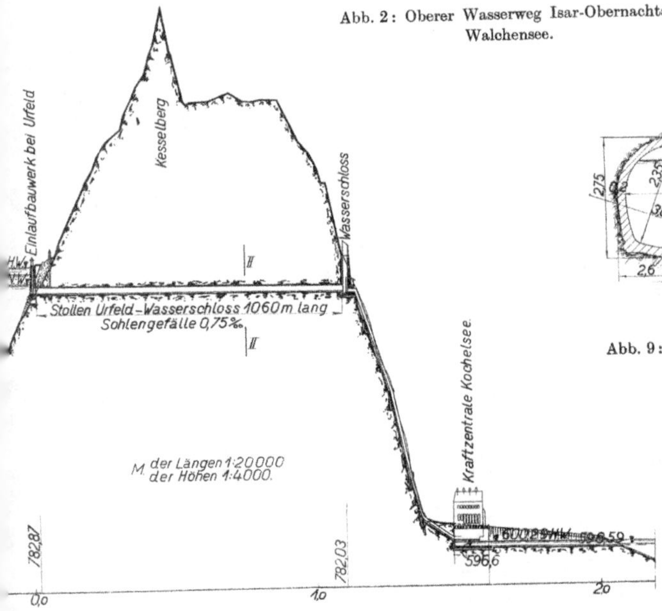


Abb. 3: Wasserweg Walchensee-Kochelsee.

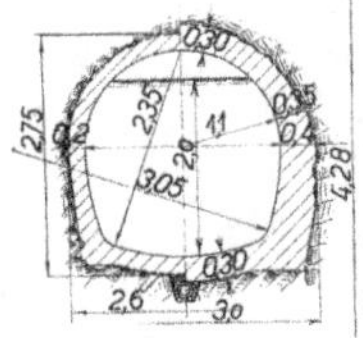

Abb. 9: Stollen IV.

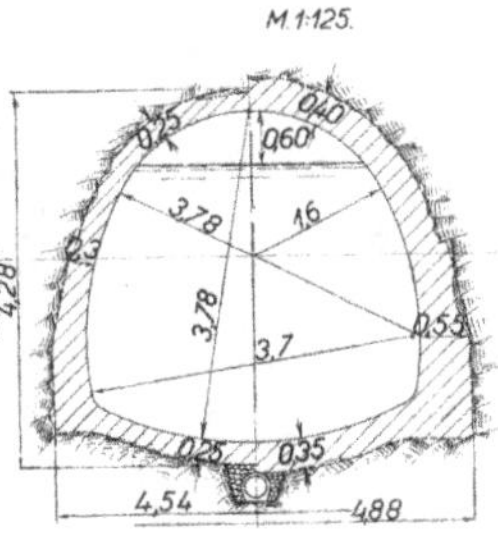


Abb. 8: Stollen III.

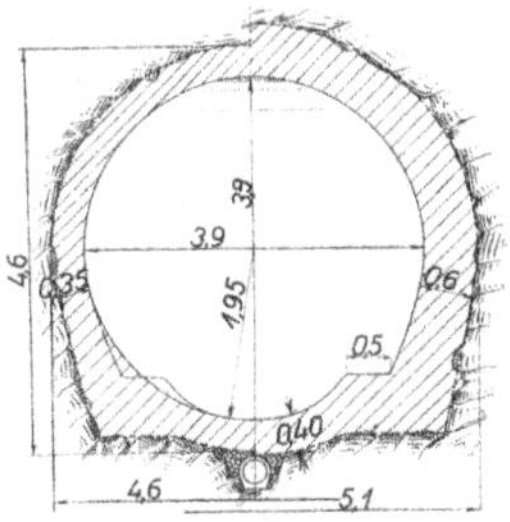

Abb. 7: Stollen II.

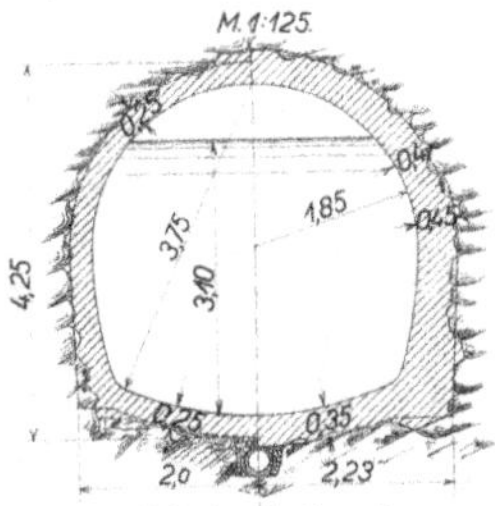


Abb. 6: Stollen I.

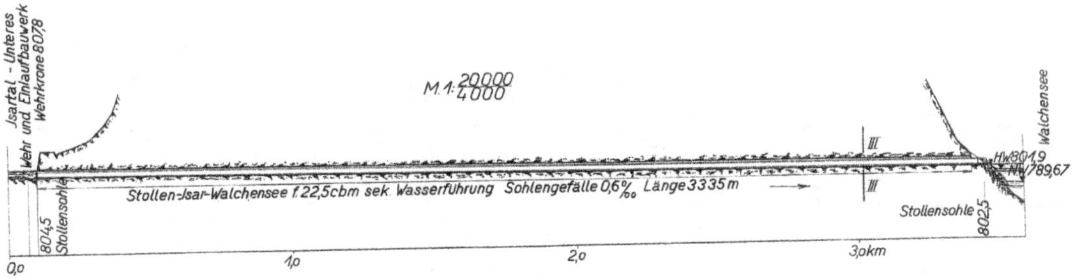


Abb. 4: Unterer Stollen Isar-Walchensee.

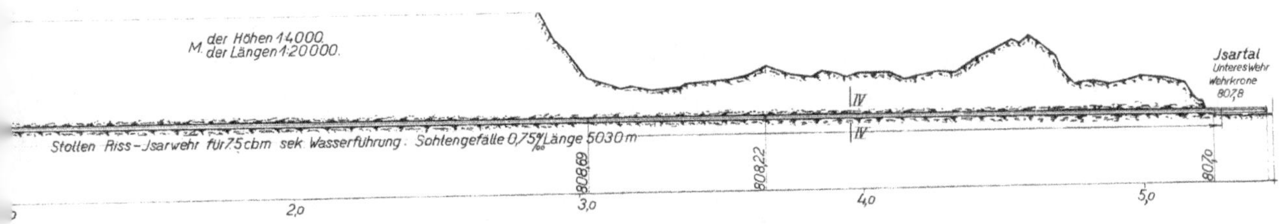


Abb. 5: Stollen Rißbach-Isar.

Verlag von R. Oldenbourg, München und Berlin

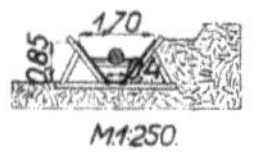


Abb. 17: Triftrinne.

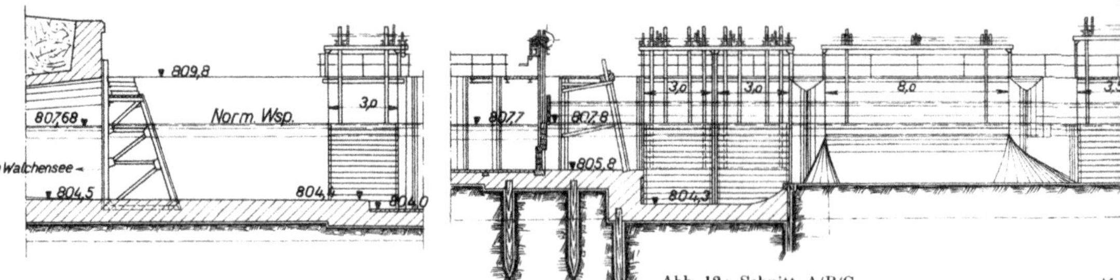


Abb. 12: Schnitt A/B/C.

## Abb. 10—17: Unteres Isarwehr.

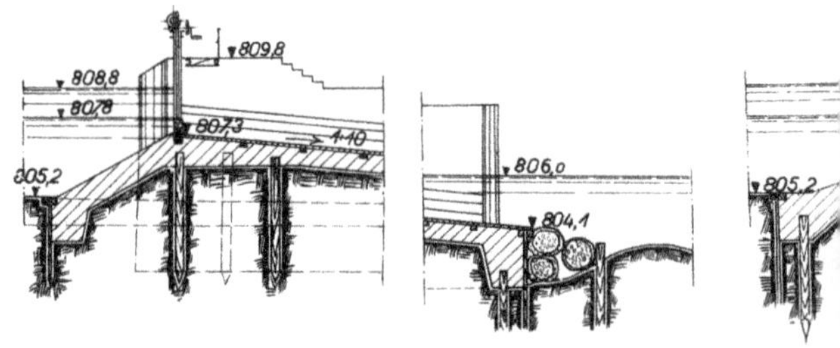


Abb. 14: Schnitt E/F.

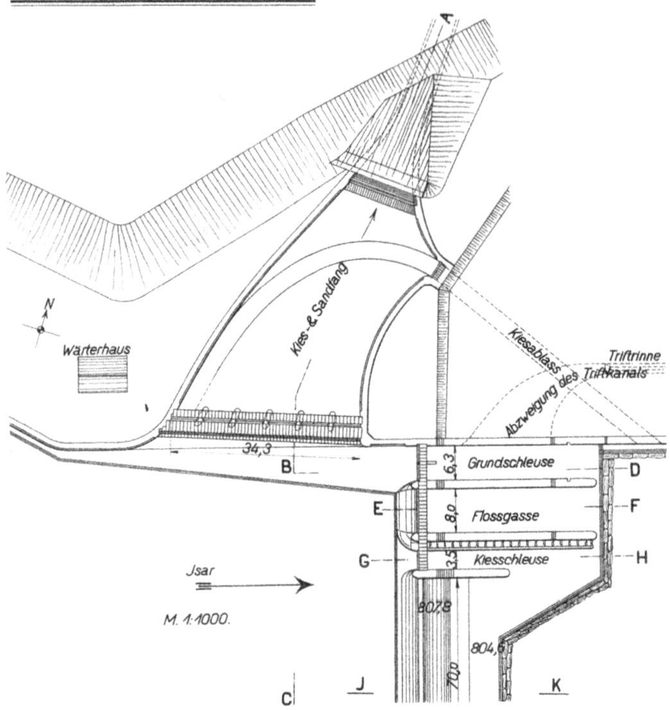


Abb. 11: Grundriß beim Einlauf

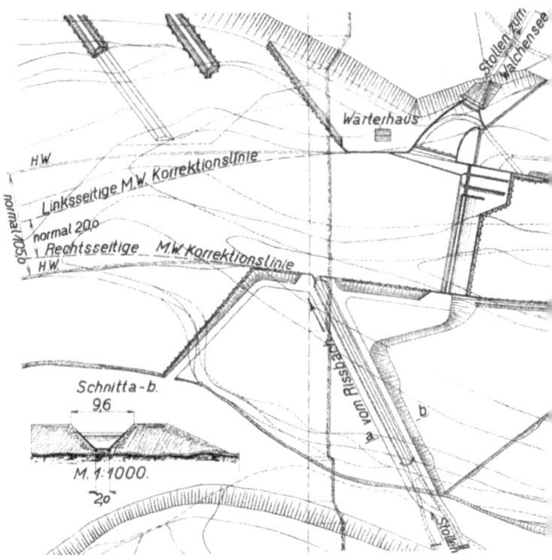


Abb. 10:

## Abb. 20—22: Rißbachwehr.

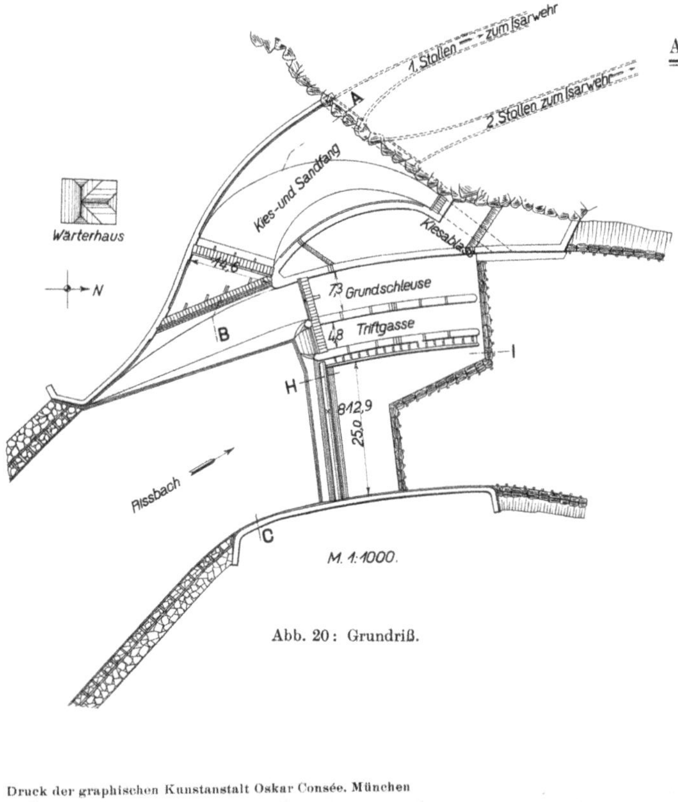


Abb. 20: Grundriß.

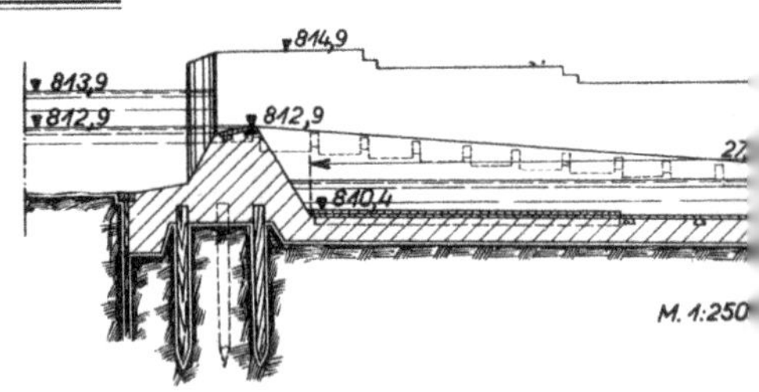


Abb. 21:

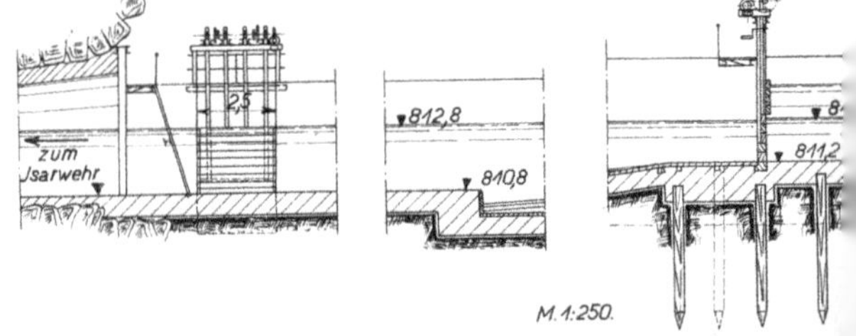


Abb. 22

Druck der graphischen Kunstanstalt Oskar Consée, München
Gezeichnet von E. Schuch, München.

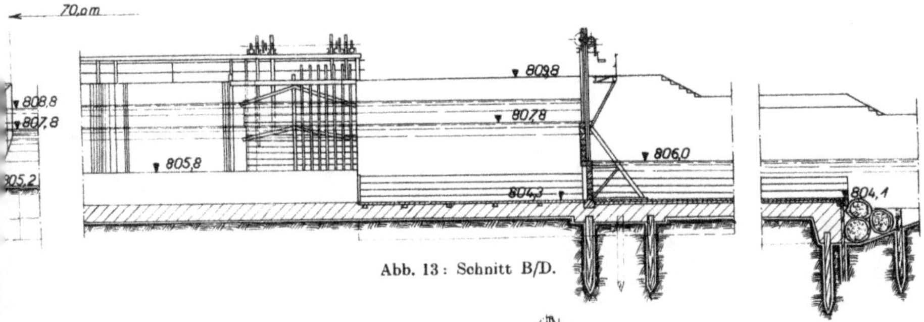


Abb. 13: Schnitt B/D.

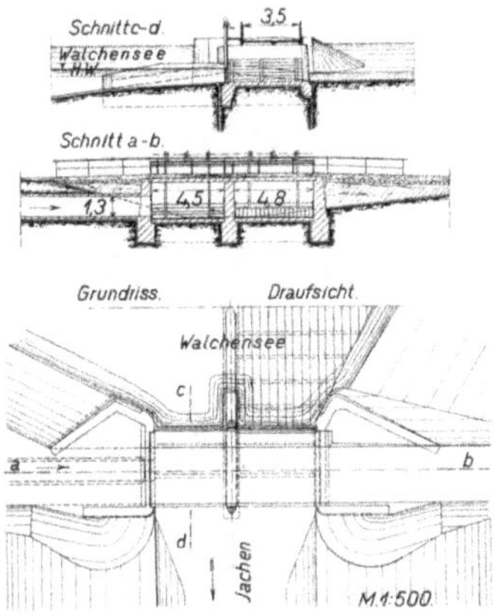


Abb. 19: Jachenschleuse.

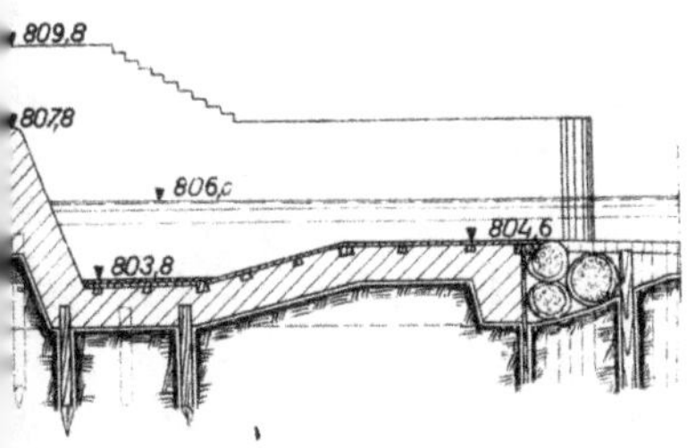


Abb. 15: Schnitt I/K.

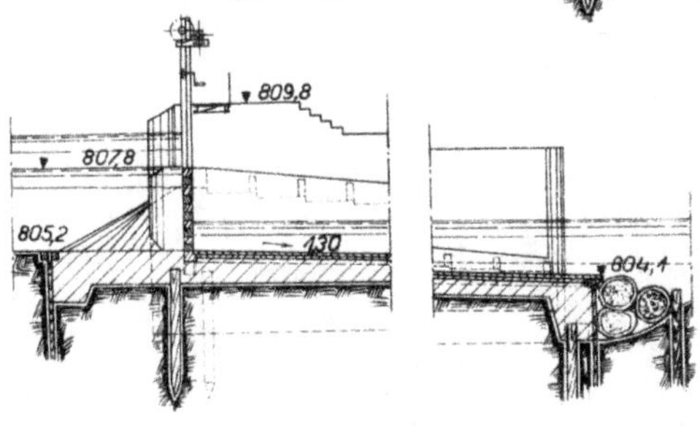


Abb. 16: Schnitt G/H.

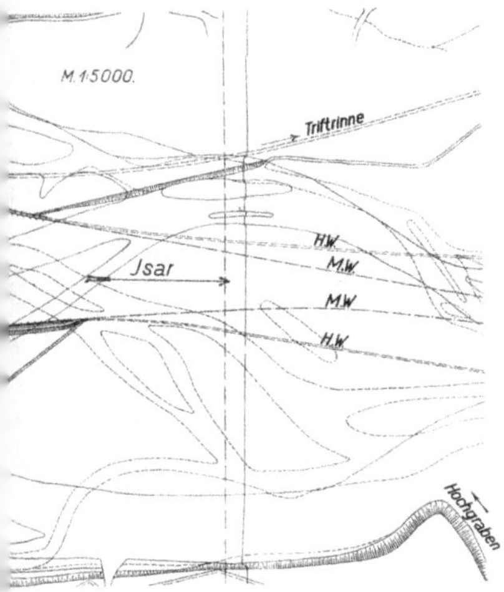


.

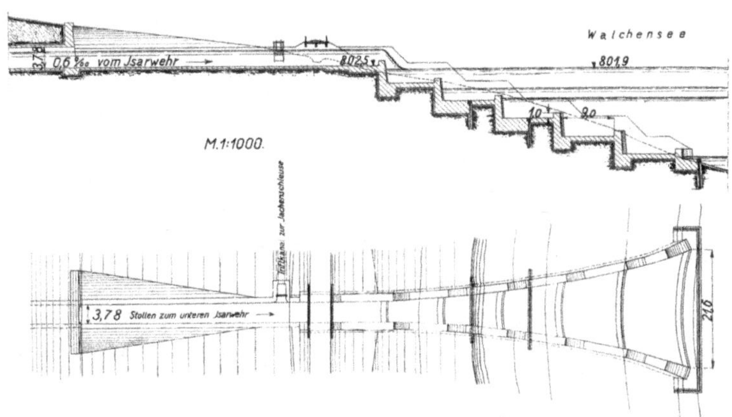


Abb. 18: Auslauf des unteren Isarstollens.

## Abb. 23—24: Oberes Isarwehr.

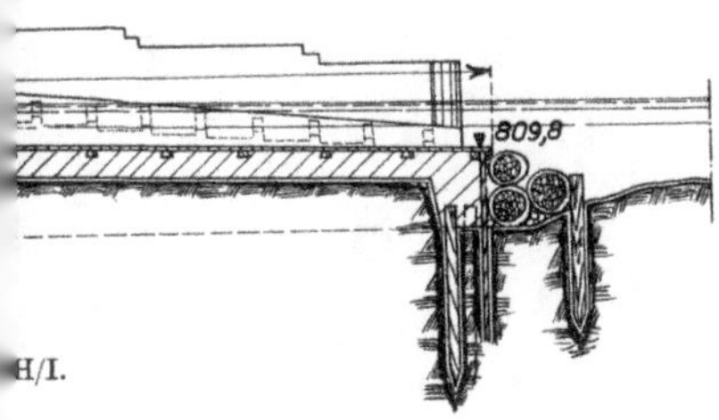


H/I.

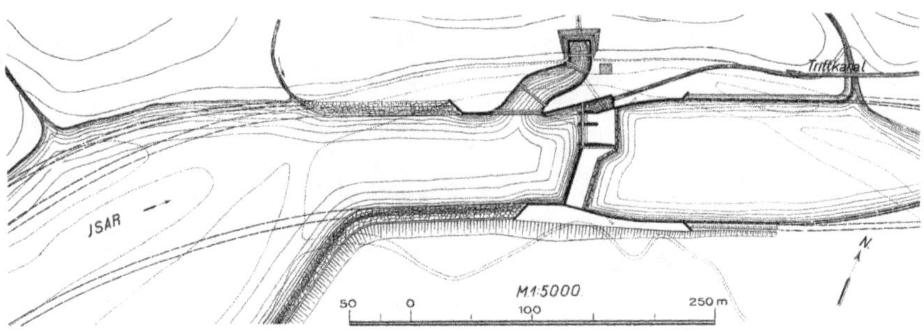


Abb. 23: Lageplan.

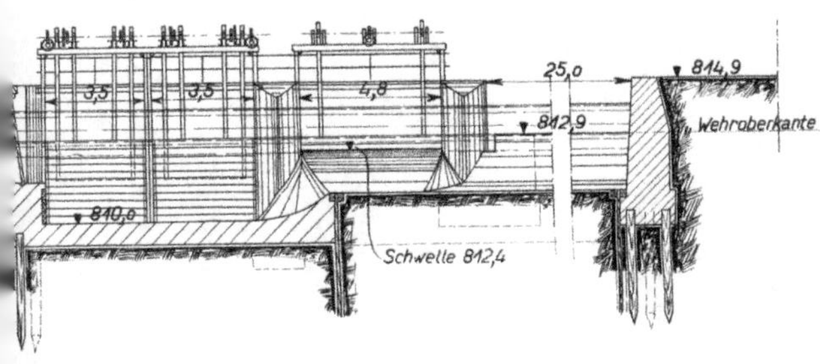


t A/B/C.

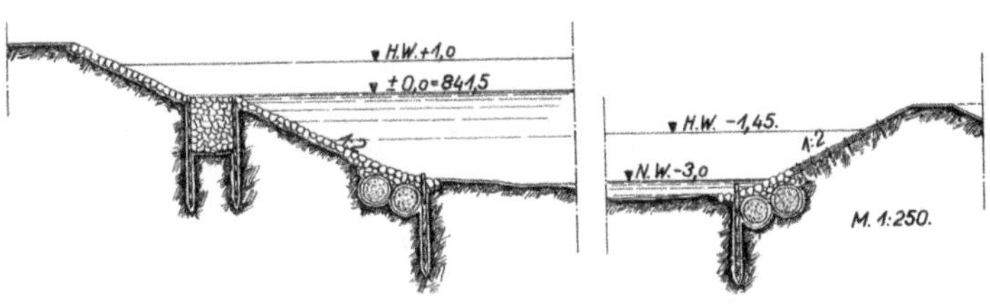


Abb. 24: Uferbauten.

Verlag von R. Oldenbourg, München und Berlin

## Abb. 25—32: Bauanlagen im Obernachtal.

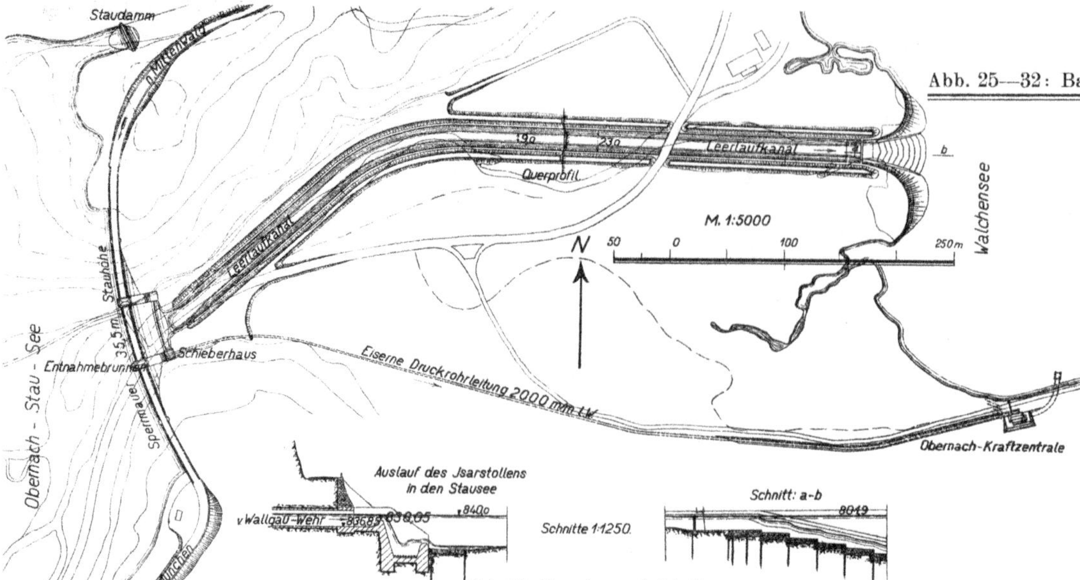


Abb. 25: Lageplan und Schnitte.

Abb. 30: Querschnitt X/Y.

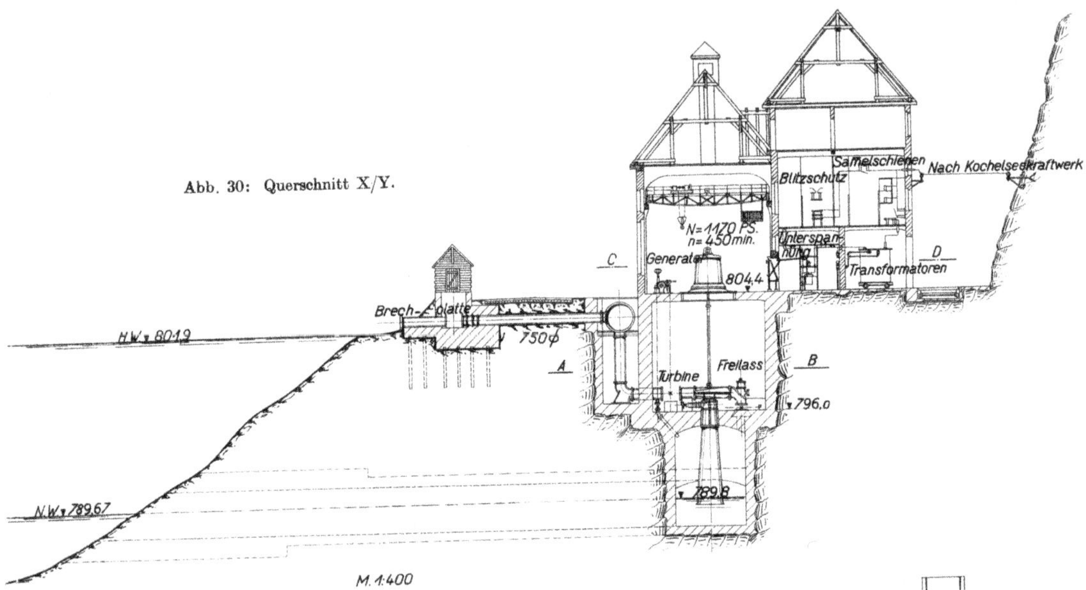


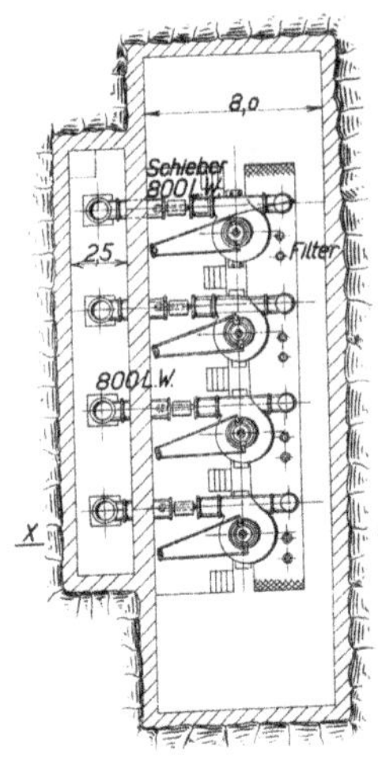


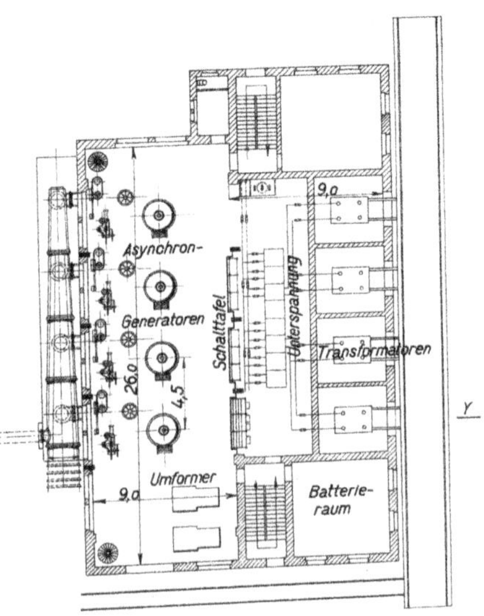


Abb. 31: Krafthaus. Grundriß A/B.

Abb. 32: Grundriß C/D.

## Abb. 30—32: Kraft- und Schalthaus des Obernach-Kraftwerkes.

Druck der graphischen Kunstanstalt Oskar Consée, München

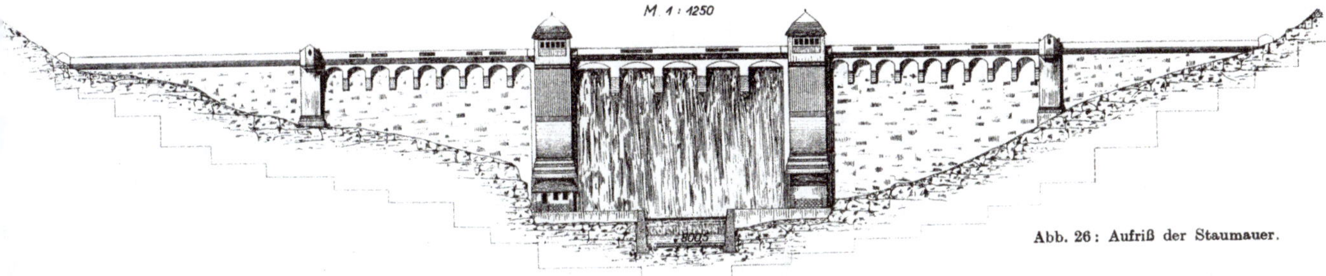


Abb. 26: Aufriß der Staumauer.

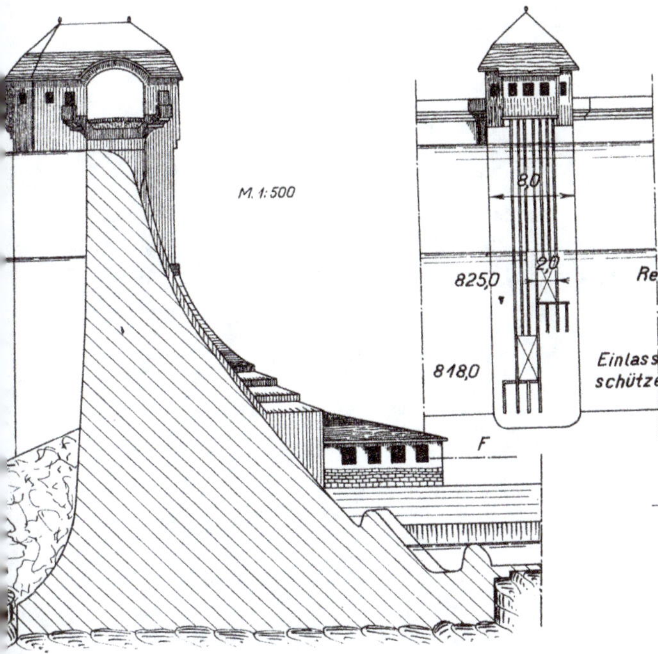


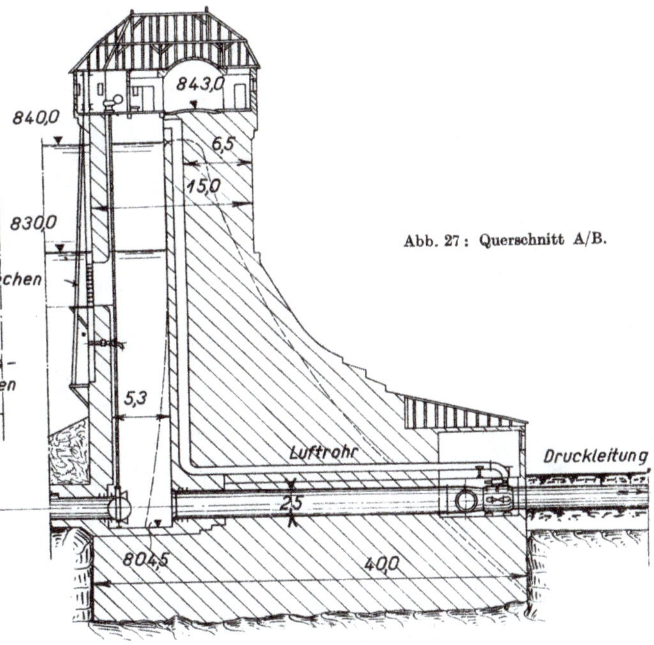


Abb. 27: Querschnitt A/B.

Abb. 28: Querschnitt C/D.

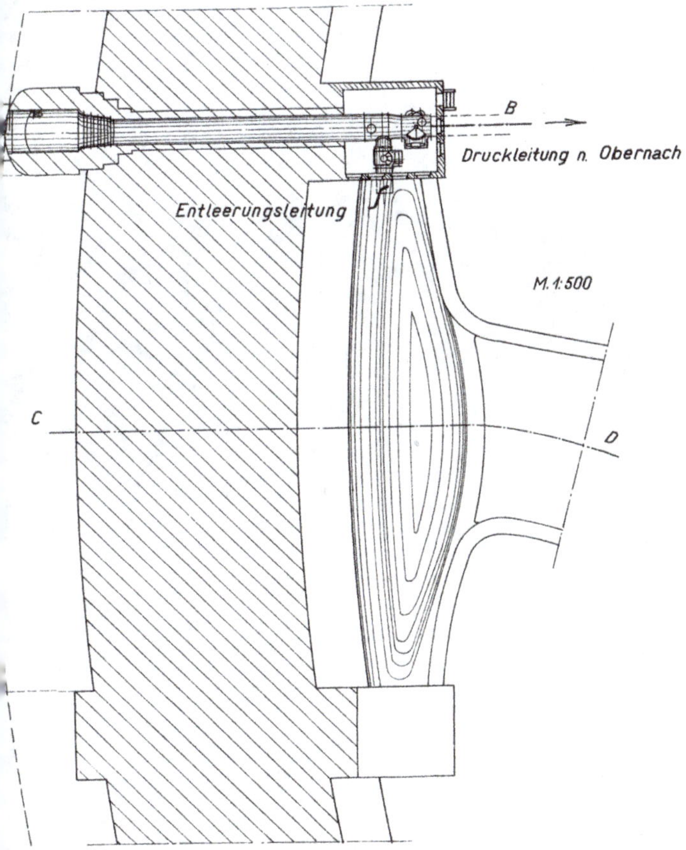


Abb. 29: Horizontalschnitt E/F.

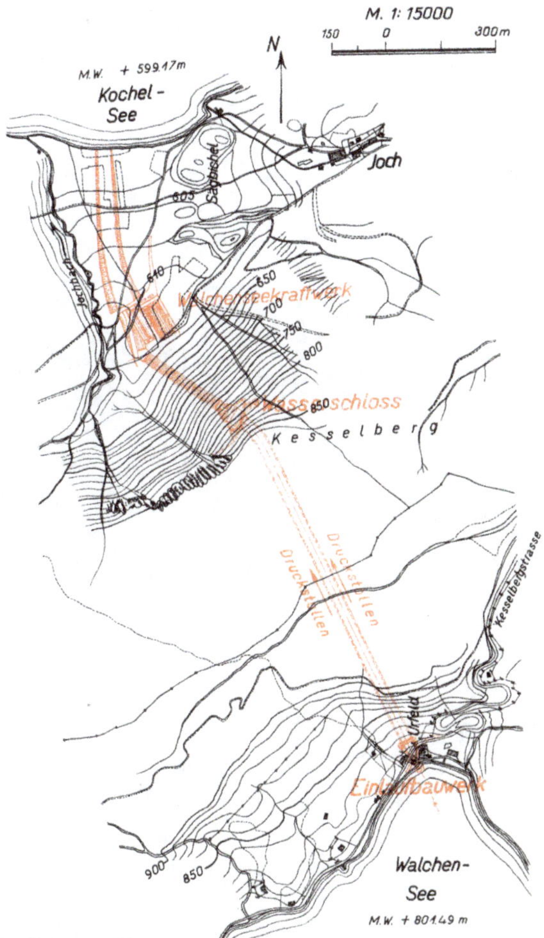


Abb. 33: Lageplan der Baugruppe II (Walchensee-Kochelsee).

Einfach und Sicher
Tafel 4

# Walchenseekraftwerk

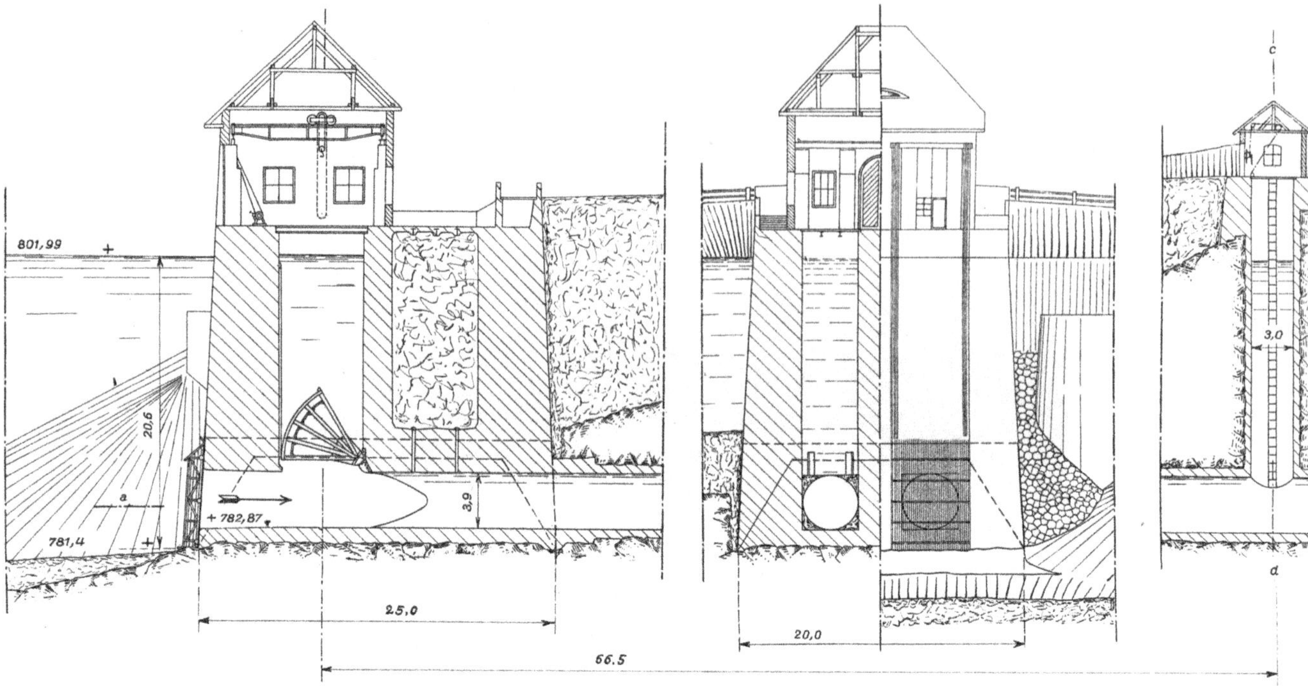


Abb. 34: Längsschnitt. Abb. 35: Schnitt e/f. Abb. 36: Ansic

M.1:400.

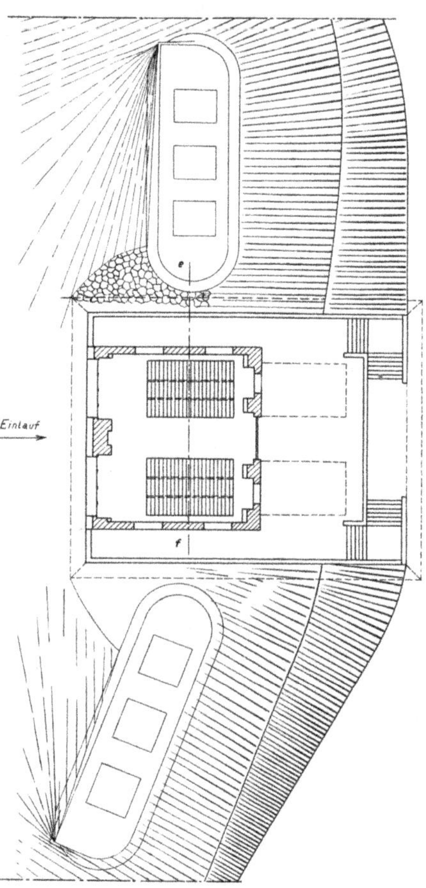


Abb. 39: Grundriß.

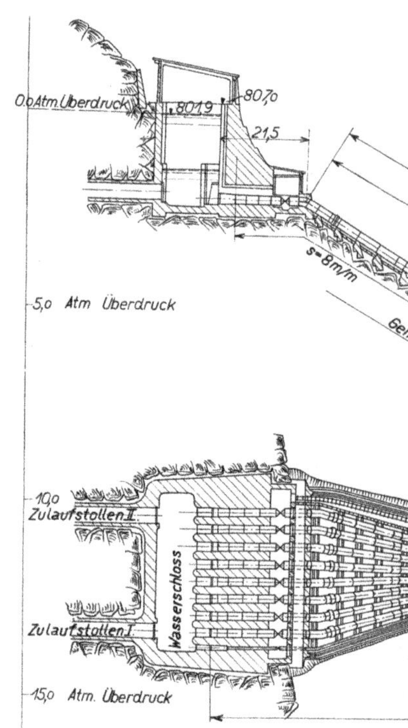


Abb. 41: Grundriß beim W

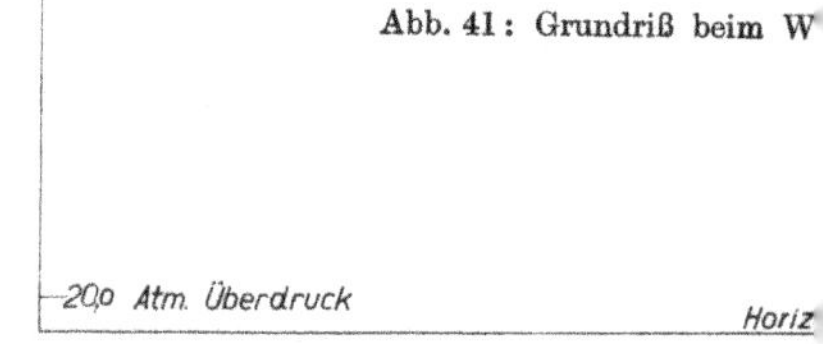

Abb. 42: Unterwasserkanal.

Druck der graphischen Kunstanstalt Oskar Consée, München
Gezeichnet von E. Schuch, München.

## Abb. 34—39: Einlauf bei Urfeld.

See aus.

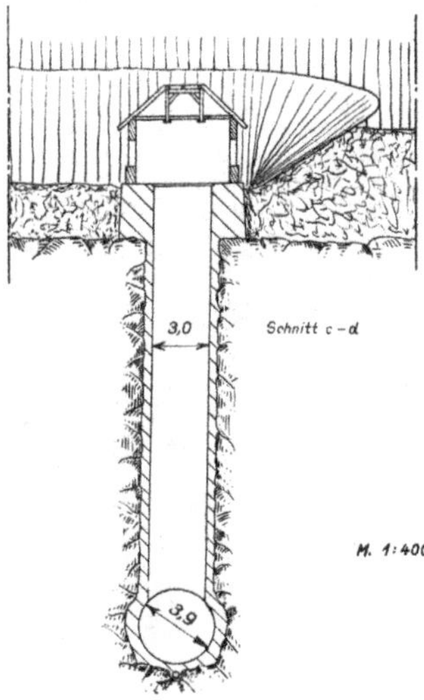


Abb. 37: Schnitt c/d.

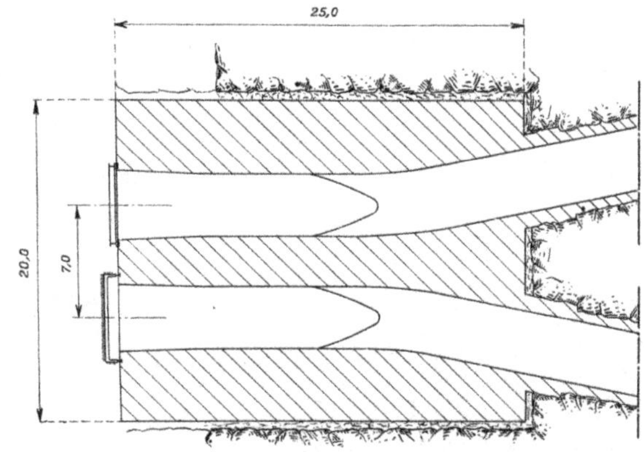


Abb. 38: Horizontalschnitt — Schnitt a/b.

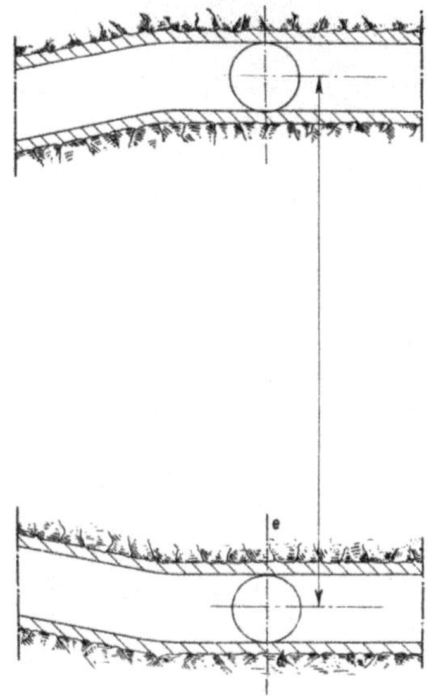


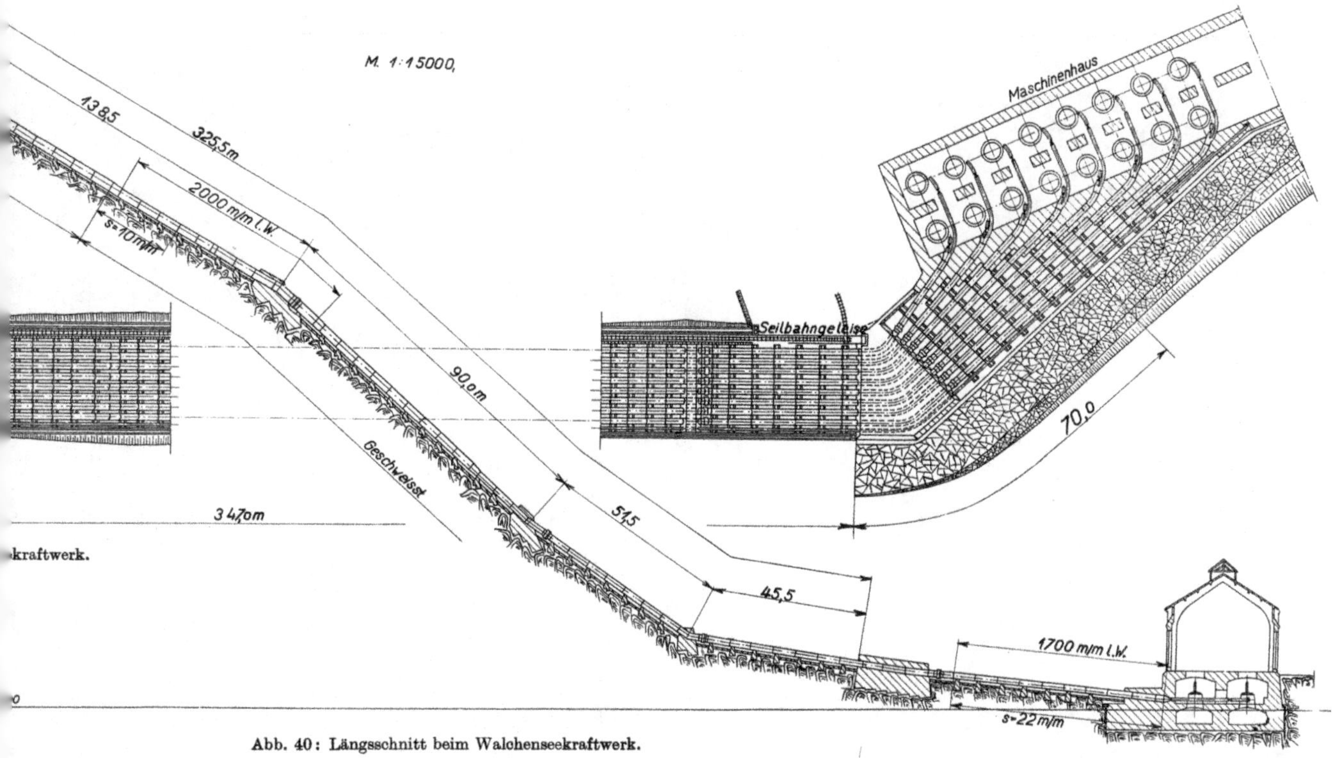


kraftwerk.

Abb. 40: Längsschnitt beim Walchenseekraftwerk.

Abb. 43—50: Walchenseekraftwerk.

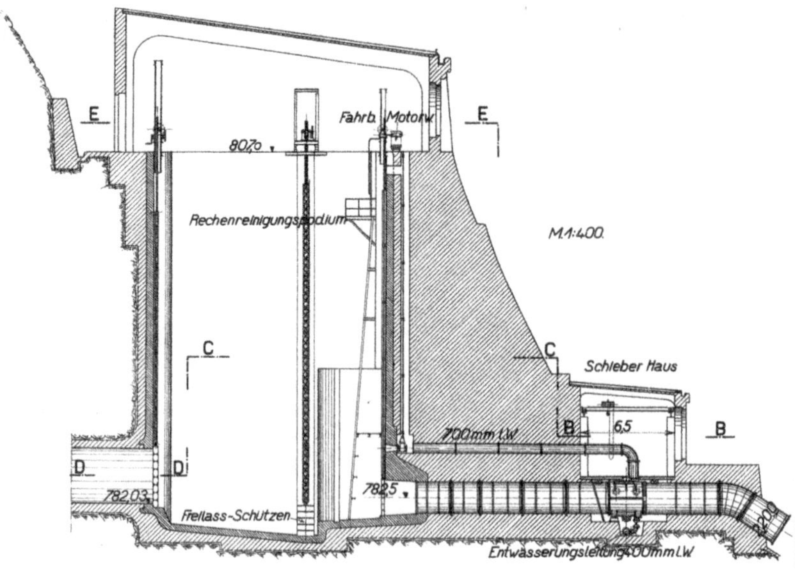


Abb. 43: Schnitt F/F.

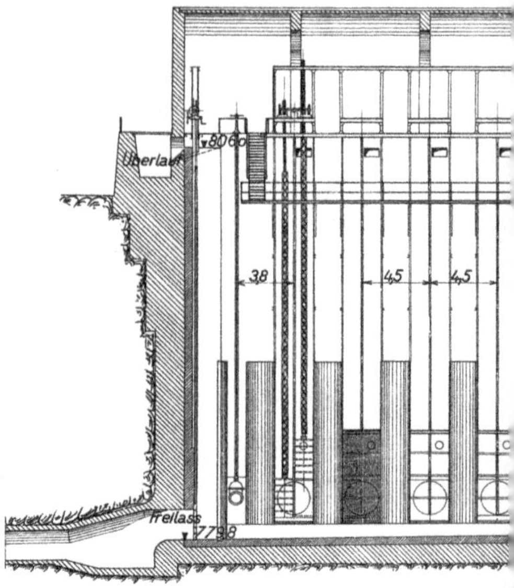


Abb. 44: Schnitt

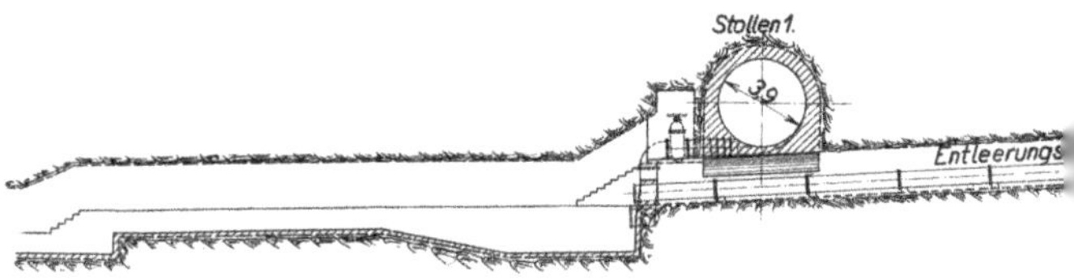


Abb. 45: Schnitt I/I.

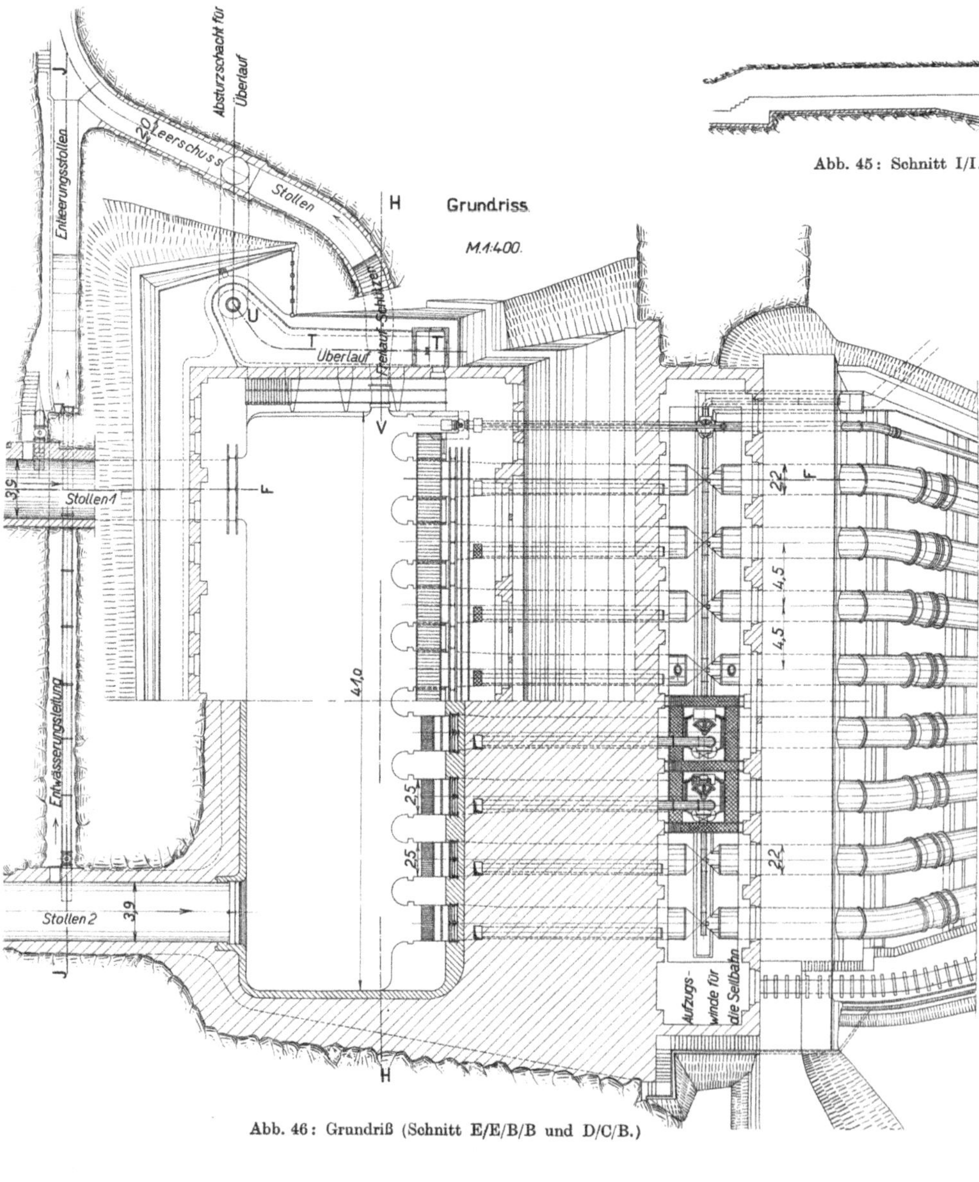


Abb. 46: Grundriß (Schnitt E/E/B/B und D/C/B.)

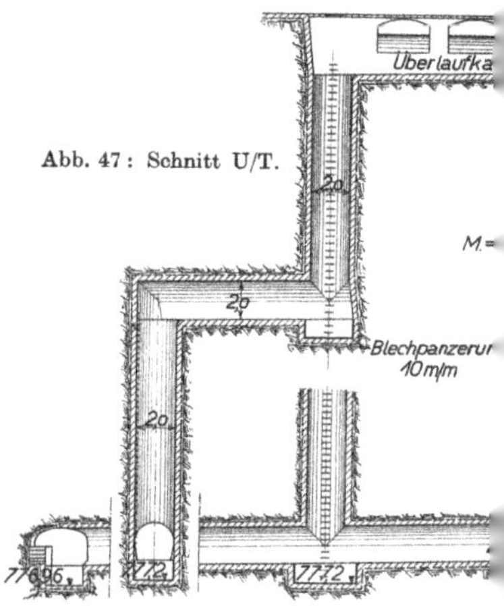


Abb. 47: Schnitt U/T.

Abb. 48: Schnitt

Druck der graphischen Kunstanstalt Oskar Consée, München

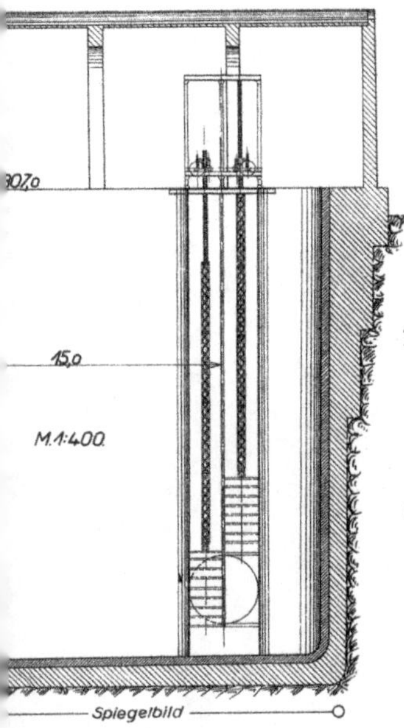


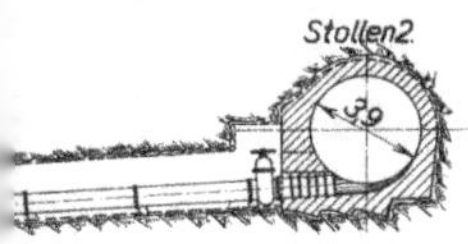


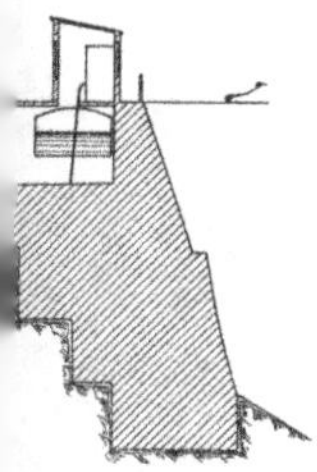

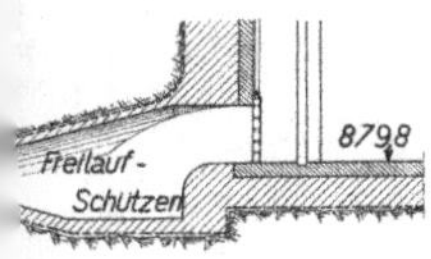


Zeichenerklärung Abb. 51:

A B Abschalter.
Al Anlasser.
Bt Batterie.
Dr Drosselspule.
E Erde.
F Funkenstrecke.
Fz Frequenzzeiger.
H R S Höchst-Rückstrom-Schalter.
H S Höchststrom-Schalter
O H S Öl-Höchststrom-Schalter.
O S H Sp Ölschalter mit Höchststrom und Spannungsauslösung.
O W Öl-Widerstand.
R B Relais-Blitzableiter.
R W Regulier-Widerstand.
S Schalter.
Si Sicherung.
Str Stromzeiger.
Str T Stromtransformator.
Stf Stufendrosselspule.
Sp Spannungszeiger.
Sp T Spannungstransformator.
Tr Transformator.
U Umschalter.
W W Wasserwiderstand.
Z S Zellenschalter.

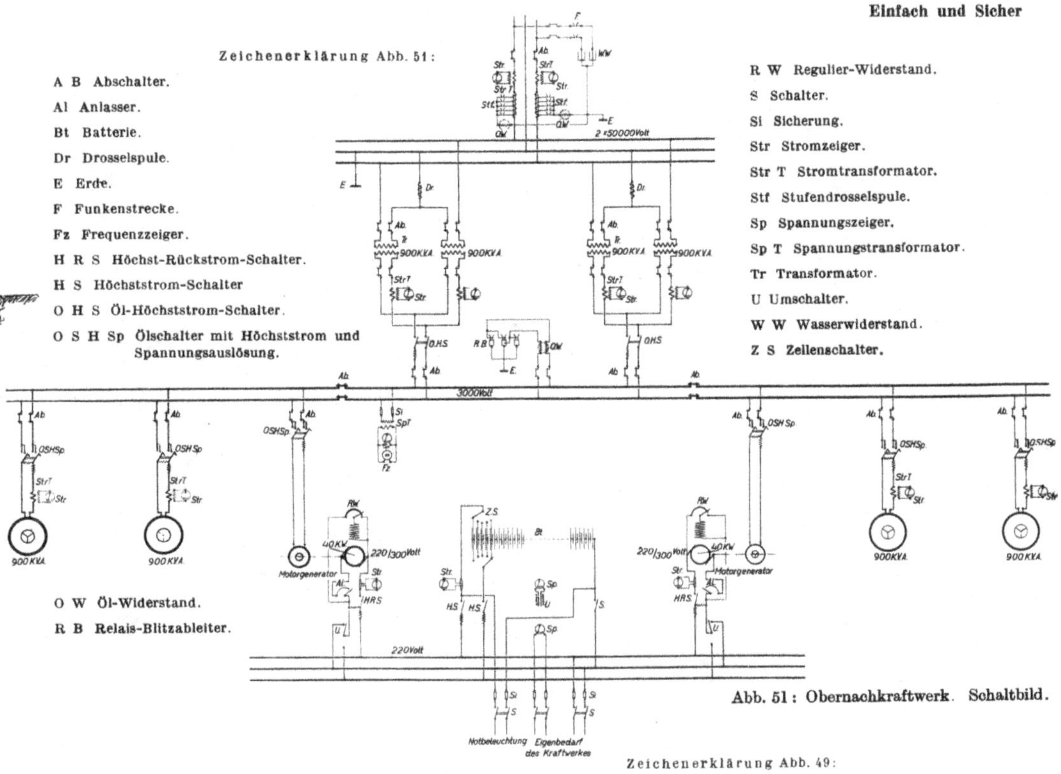


Abb. 51: Obernachkraftwerk. Schaltbild.

Zeichenerklärung Abb. 49:

Ab Abschalter.
Dr Drosselspule.
E Erde.
F Funkenstrecke.
Gl Glühlampe.
H R Höchststrom-Relais.
L Leistungs-Zeiger.
M A Magnet-Ausschalter.
O S Öl-Schalter.
O W Öl-Widerstand.
R L Registrierender Leistungszeiger.
R W Regulier-Widerstand.
Si Sicherung.
S Tr Serien-Transformator.
Sp Spannungszeiger.
Sp T Spannungs-Transformator.
Stf Stufendrosselspule.
Str Stromzeiger.
Str T Strom-Transformator.
Tr Transformator.
W W Wasserwiderstand.
Z Zähler.

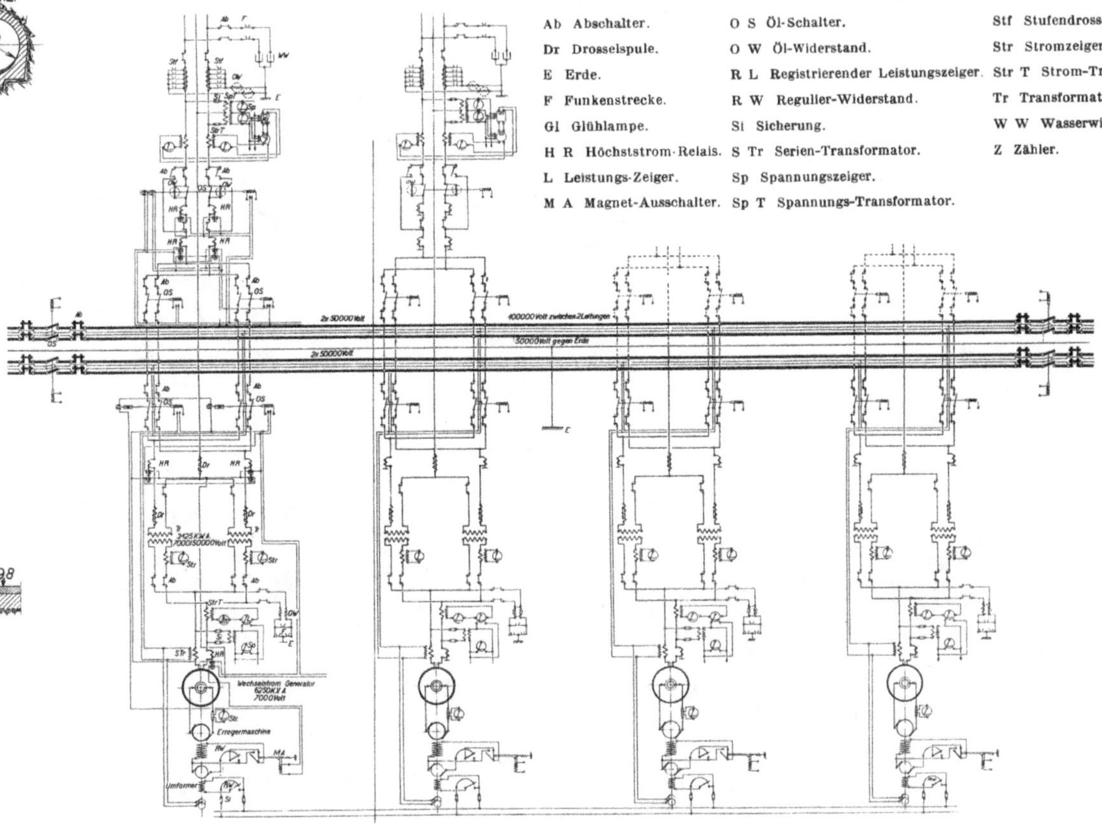


Abb. 49: Schaltbild für Wechselstrom.

Zeichenerklärung Abb. 50:

Anlasser.
Batterie.
S Höchst- und Rückstrom-Schalter.
Höchststrom-Schalter.
Regulierwiderstand.
Zellenschalter.
Sicherung.
chalter.
Stromzeiger.
Spannungszeiger.
Jmschalter.

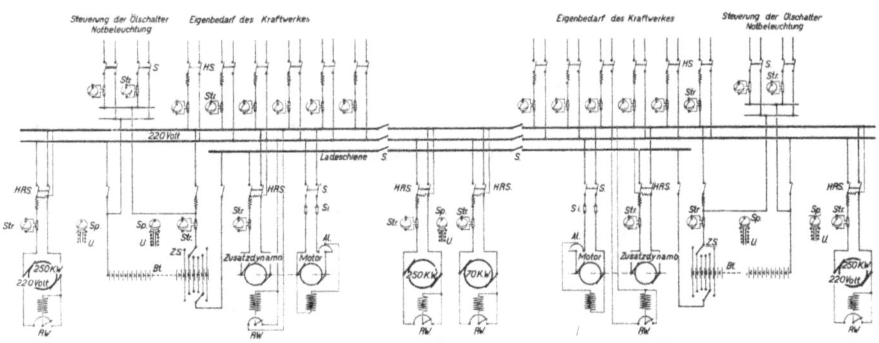


Abb. 50: Schaltbild für Gleichstrom.

Verlag von R. Oldenbourg, München und Berlin

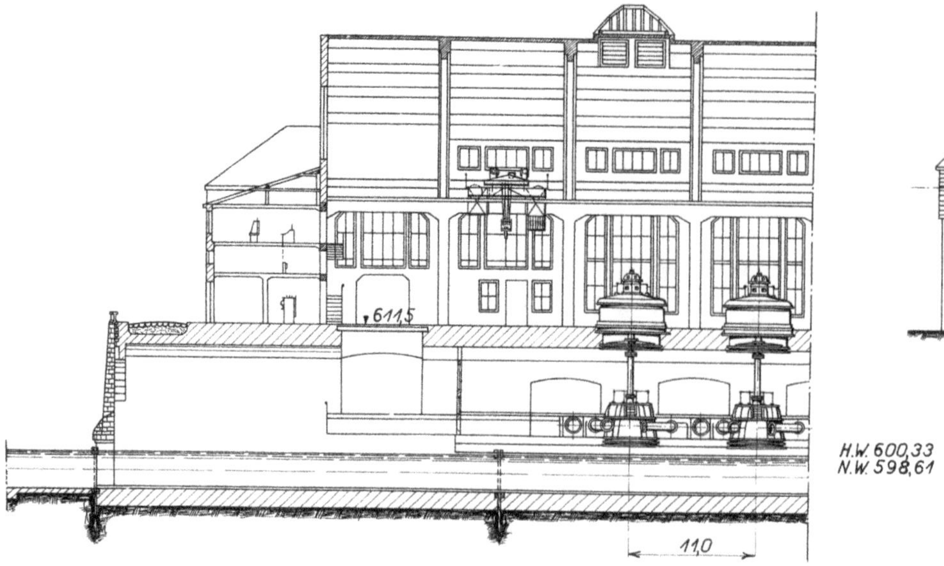


Abb. 52: Krafthaus. Längsschnitt.

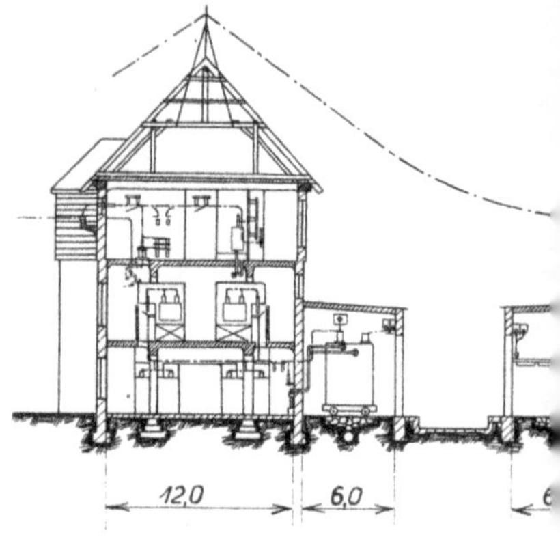


Text zu Abb. 52:

Schaltgebäude.

Erdgeschoß: Sammelschienen- und Transforı

1. Obergeschoß: Ölschalterraum.

2. Obergeschoß: Blitzschutzraum.

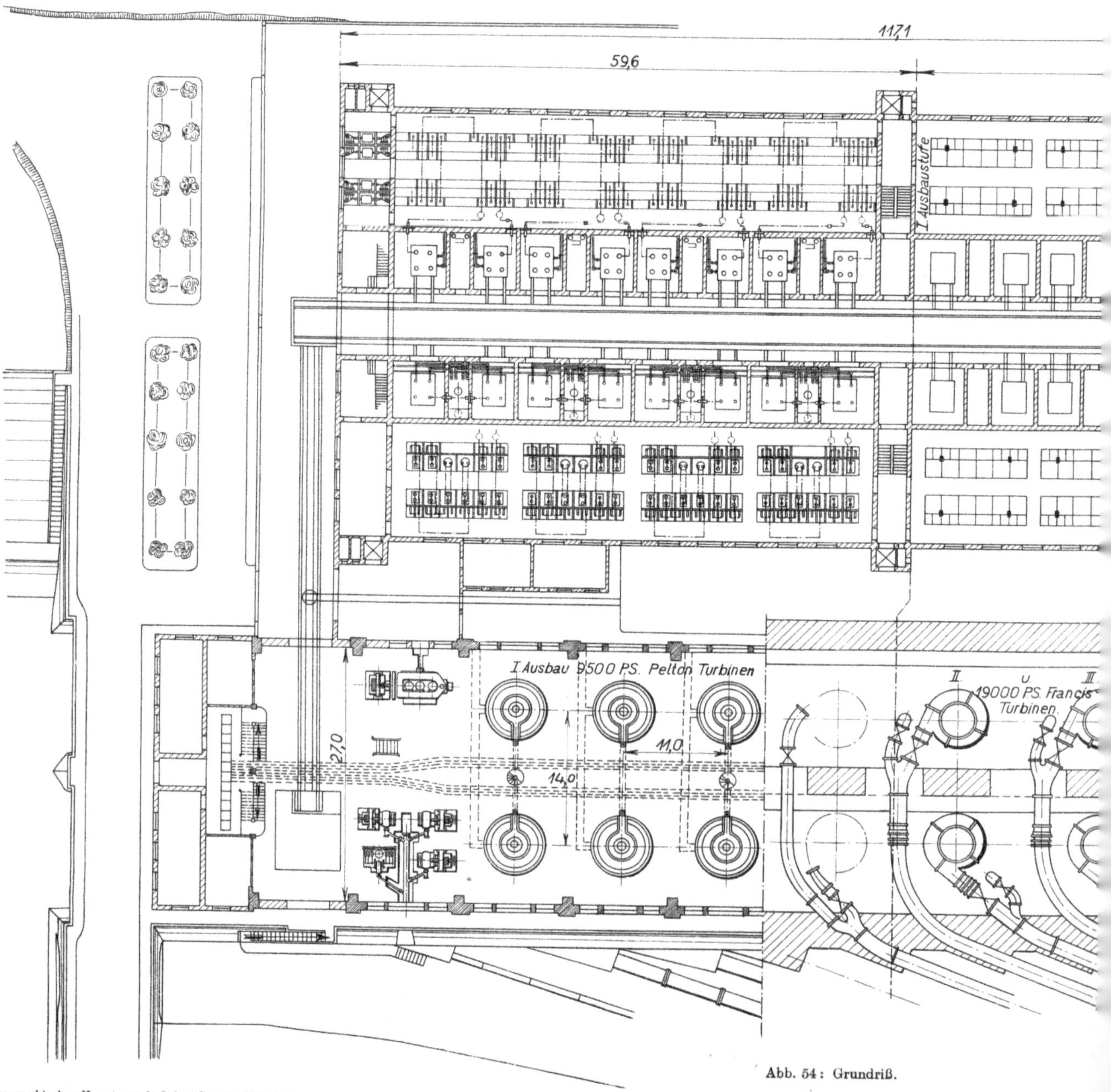


Abb. 54: Grundriß.

Druck der graphischen Kunstanstalt Oskar Consée, München
Gezeichnet von E. Schuch, München.

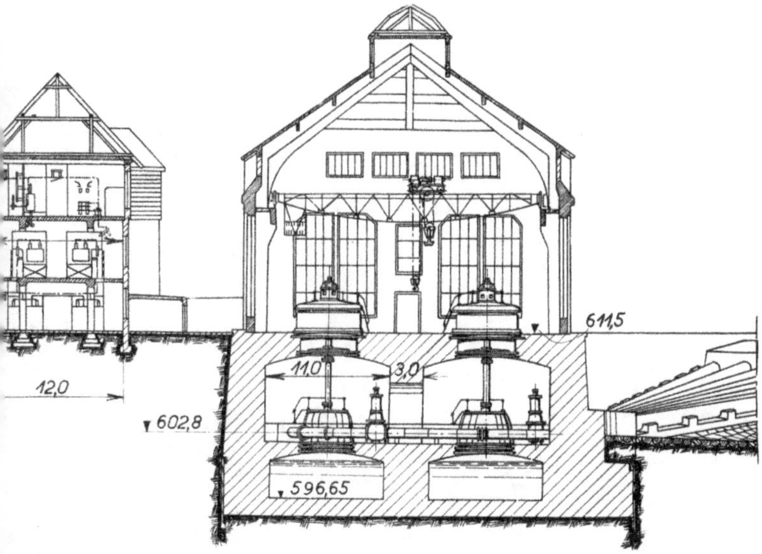


Abb. 53: Querschnitt.

um.

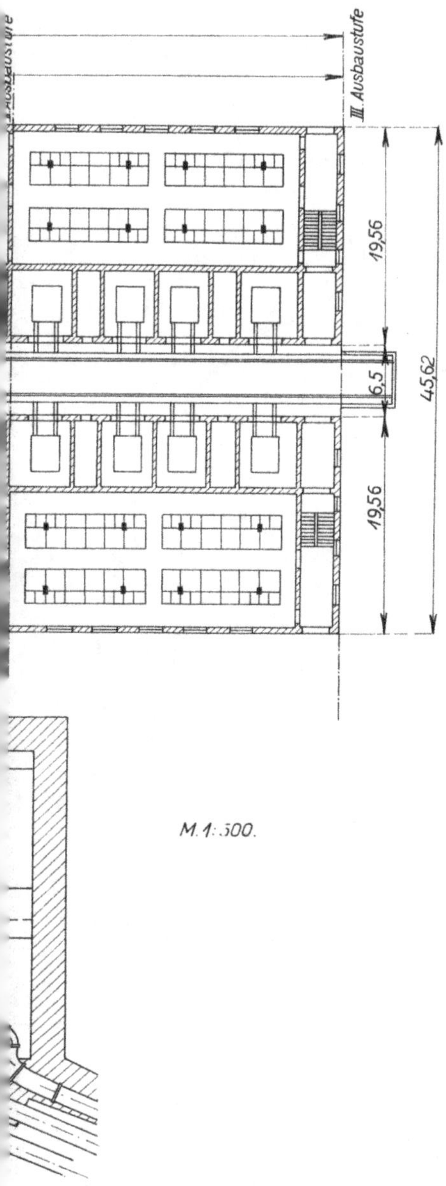


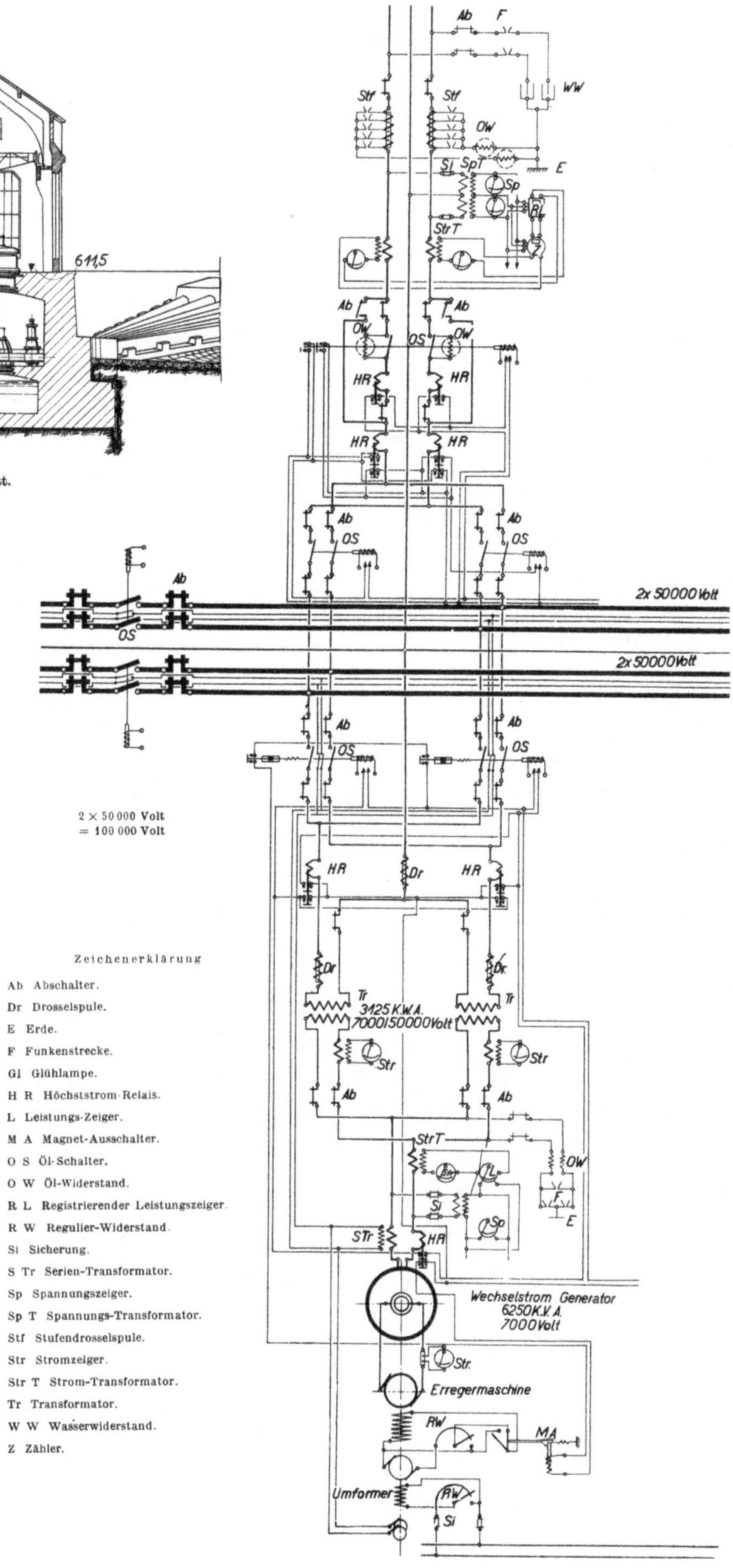


Abb. 55: Schaltbild.

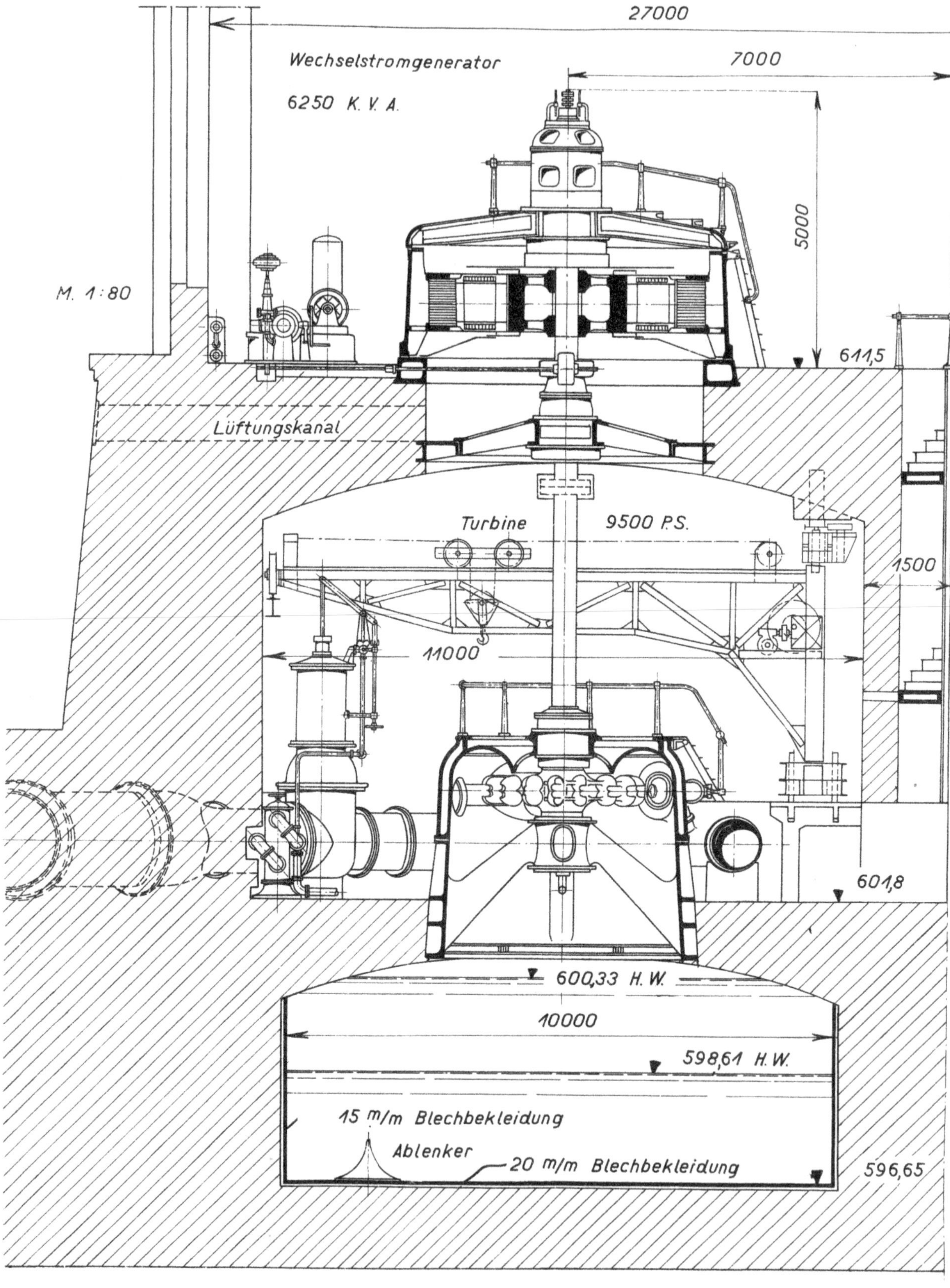


Abb. 56: Querschnitt.

Druck der graphischen Kunstanstalt Oskar Consée, München
Gezeichnet von E. Schuch, München.

und Generator.

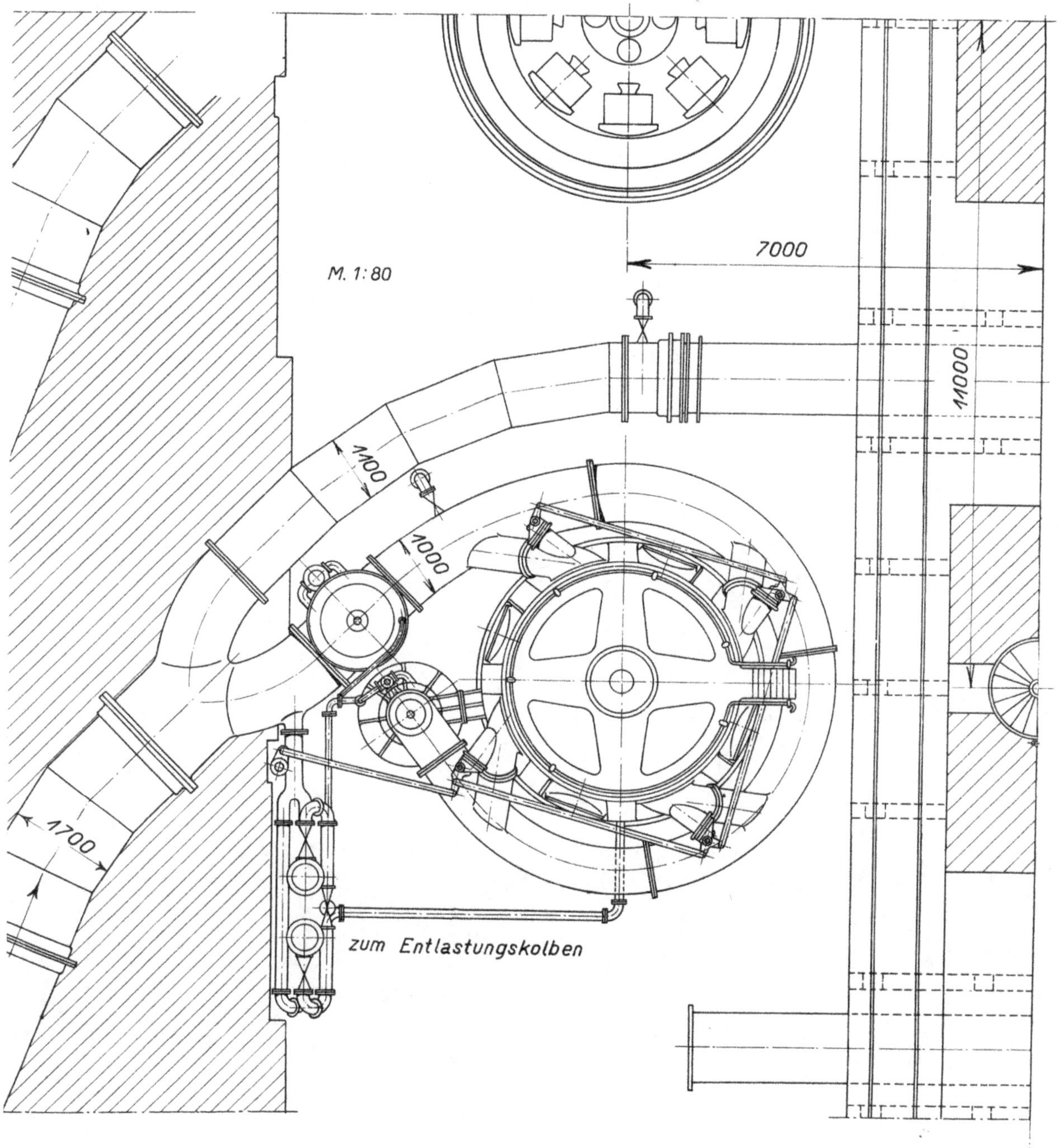


Abb. 57: Grundriß.

Walchenseekraftwerk — Längsansicht des Krafthauses

# FONS ROBURIS AQUA

Fons roburis aqua
Tafel 1

## Abb. 2—4: Zuleitung der Isar und Obernach-Kor

(Vergl. dazu Abb. 18—20)

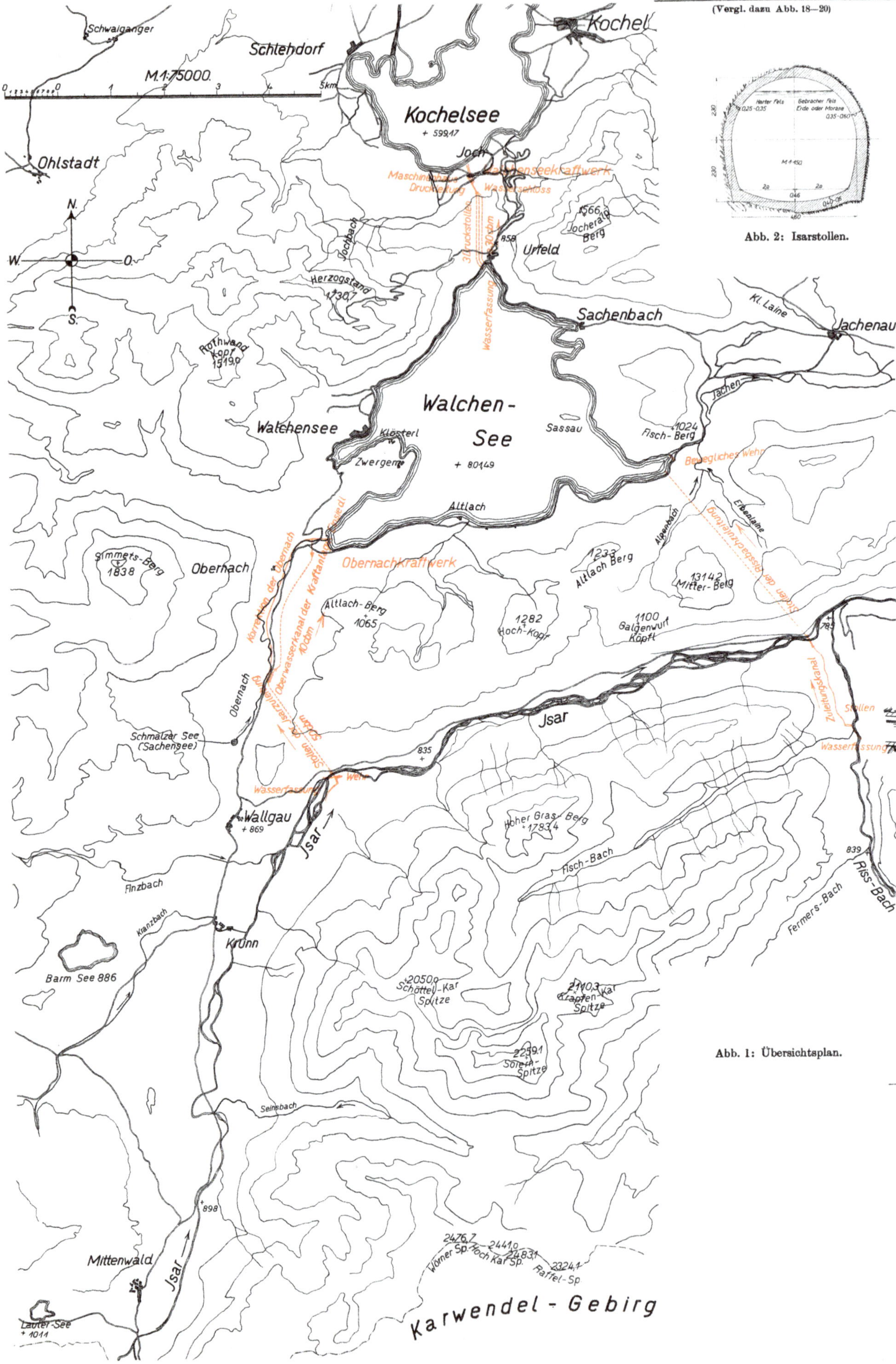


Abb. 1: Übersichtsplan.

Abb. 2: Isarstollen.

Druck der graphischen Kunstanstalt Oskar Consée, München

Gezeichnet von F. Schuch, München

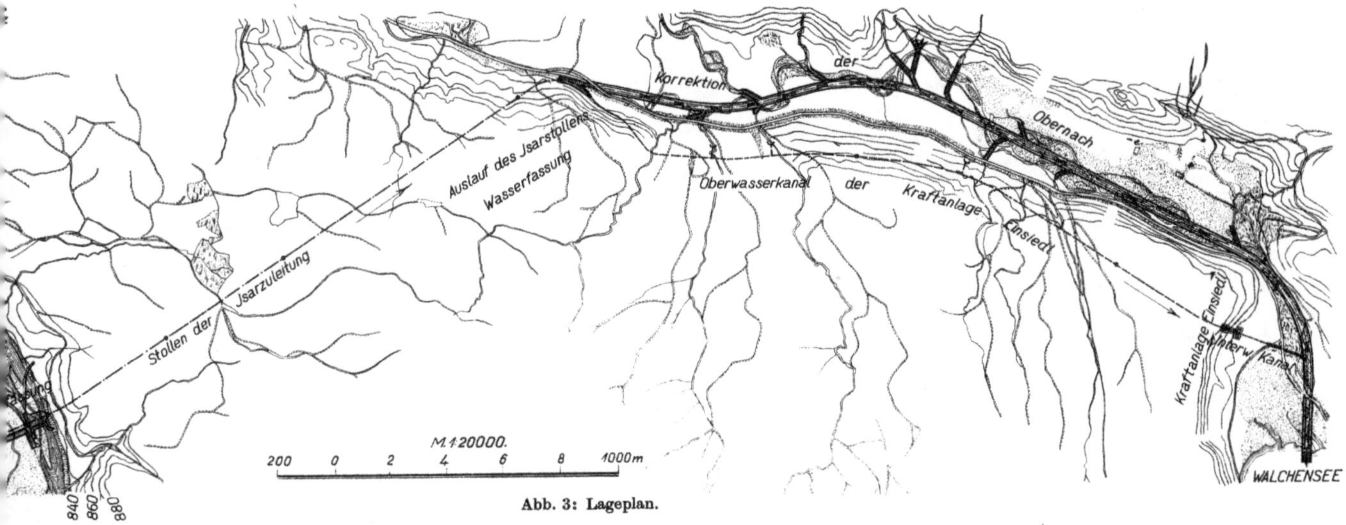


Abb. 3: Lageplan.

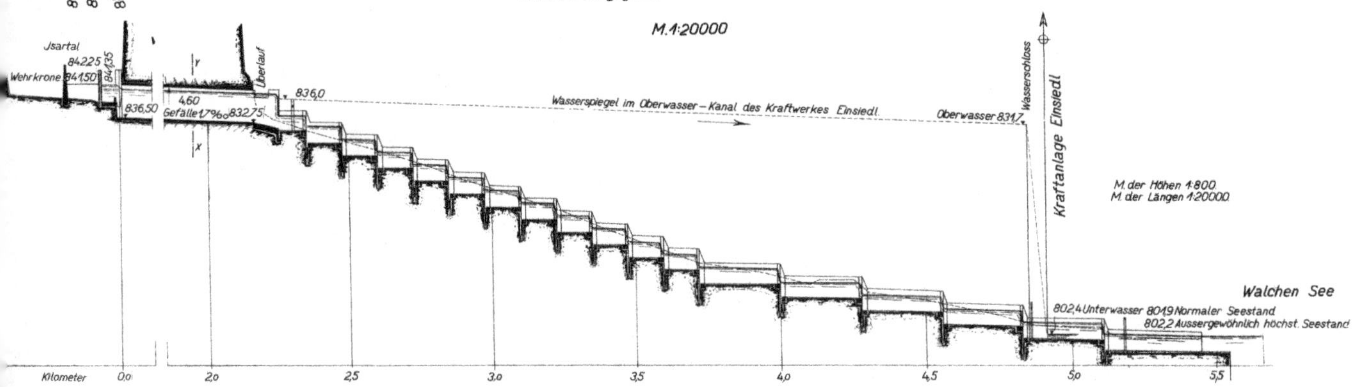


Abb. 4: Längsschnitt.

Abb. 5 und 6: Obernachkraftwerk
(Kraitanlage Einsiedl).

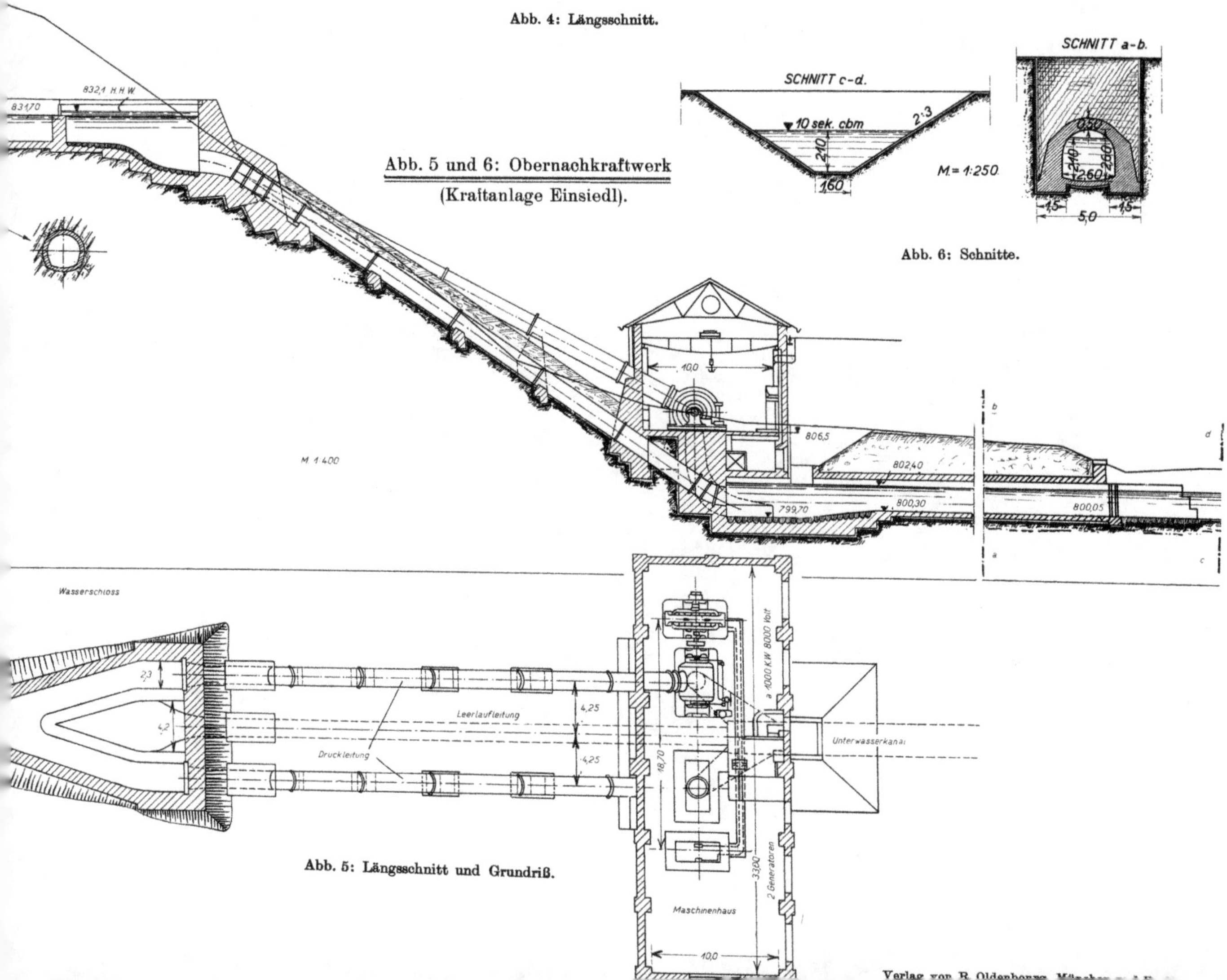


Abb. 6: Schnitte.

Abb. 5: Längsschnitt und Grundriß.

Verlag von R. Oldenbourg, Münch...

Fons roburis aqua
Tafel 2

# Walchenseekraftwerk

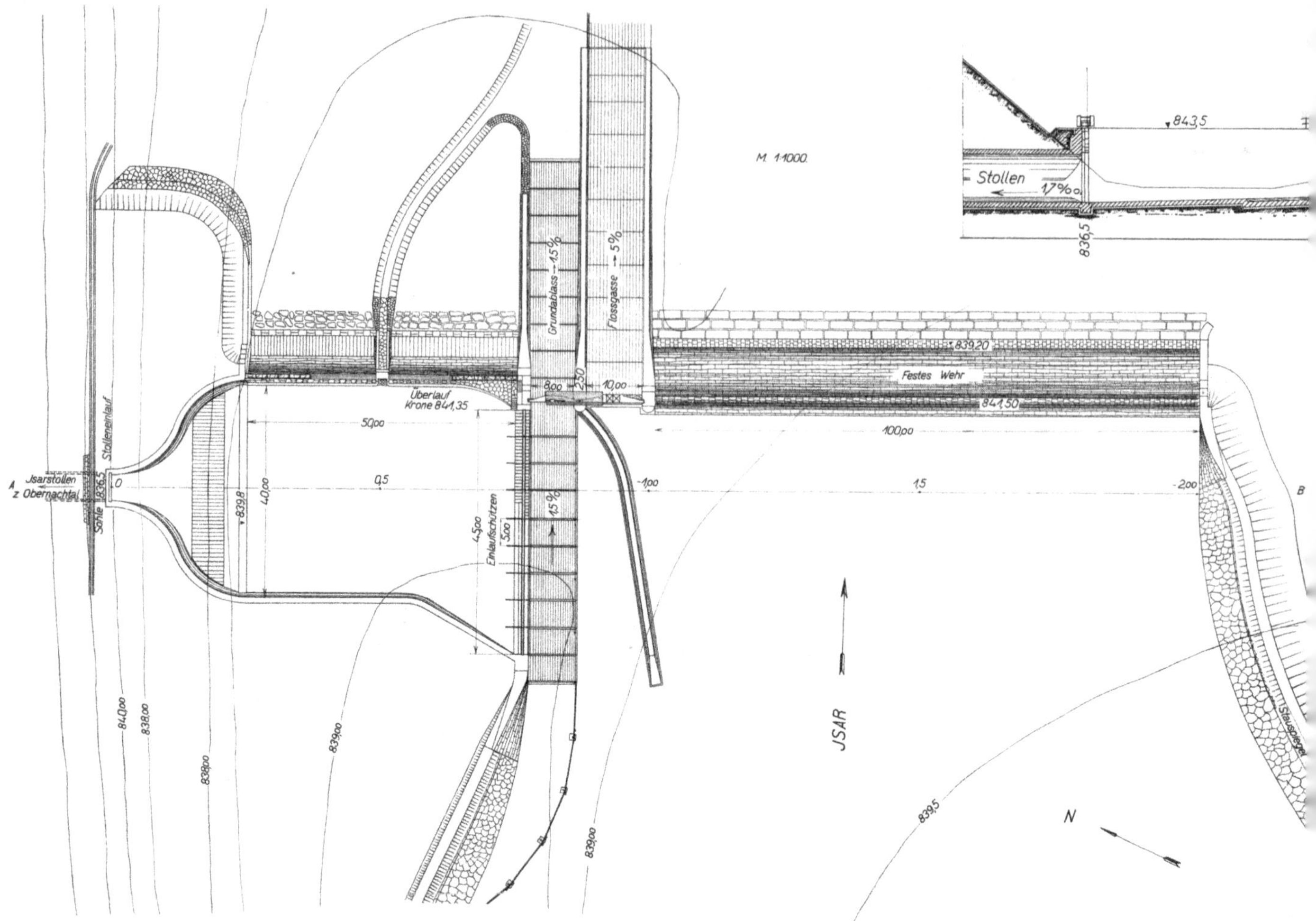


Abb. 7: Grundriß.

Abb. 7—12: Isarwe

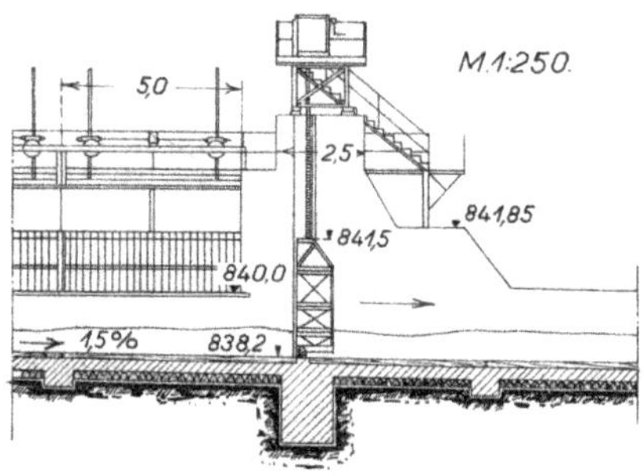


Abb. 12: Schnitt durch den Grundablaß.

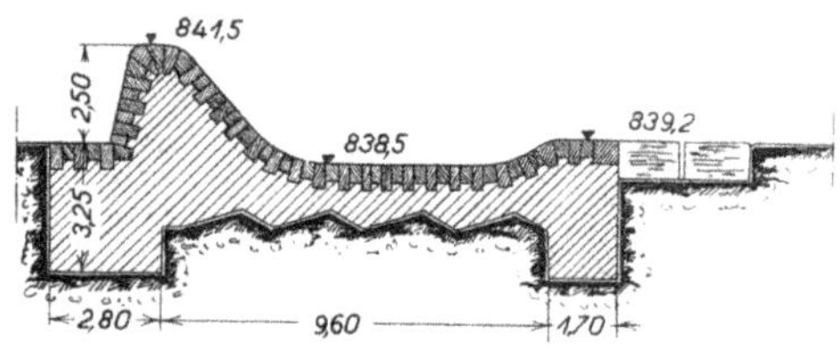


Abb. 11: Schnitt durch das feste Wehr.

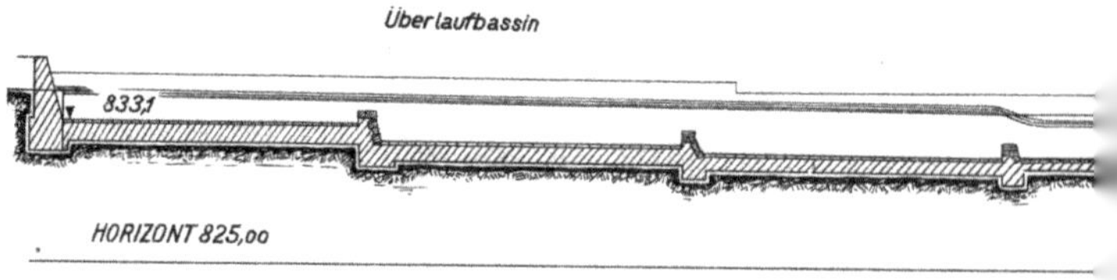


M. 1:250

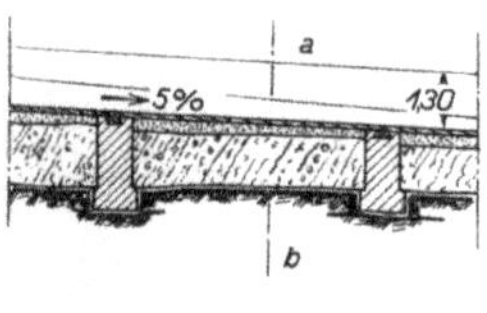


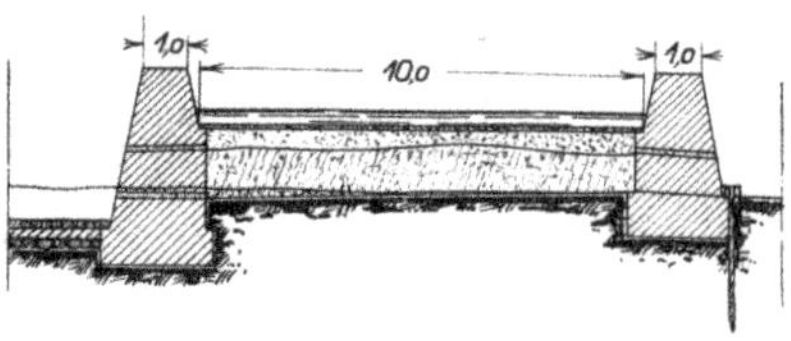


Abb. 9: Längsschnitt durch die Floßgasse.

Abb. 10: Schnitt a/b.

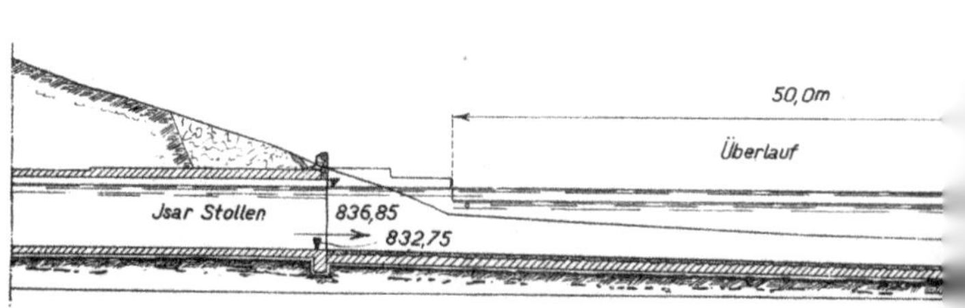


Druck der graphischen Kunstanstalt Oskar Consée, München
Gezeichnet von E. Schuch, München

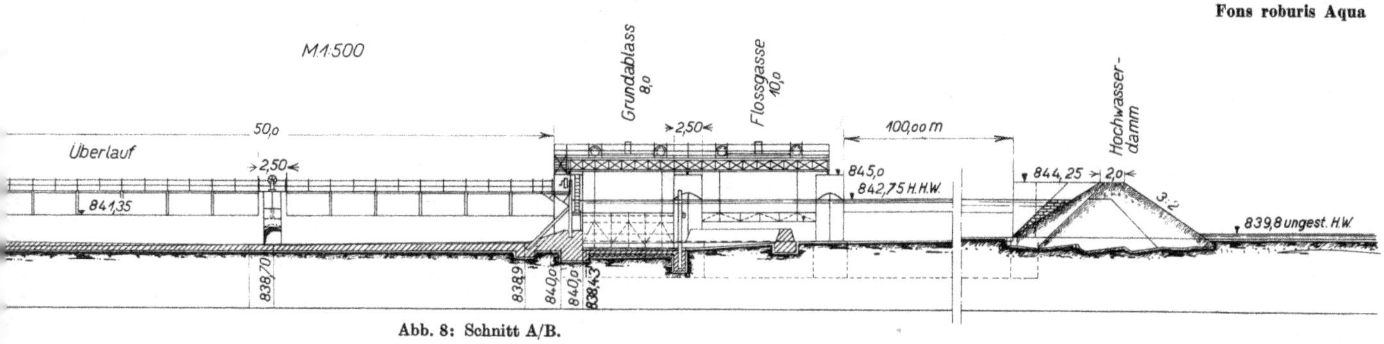


Abb. 8: Schnitt A/B.

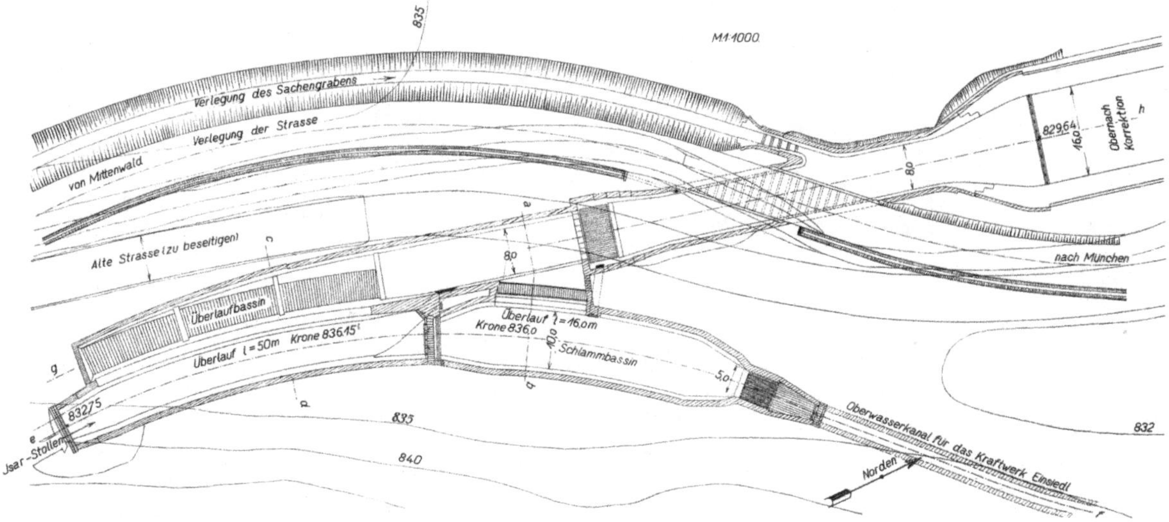


Abb. 13: Grundriß.

Abb. 13—17: Wasserfassung für das Obernach-Kraftwerk.
(Kraftwerk Einsiedl im Obernachtal).

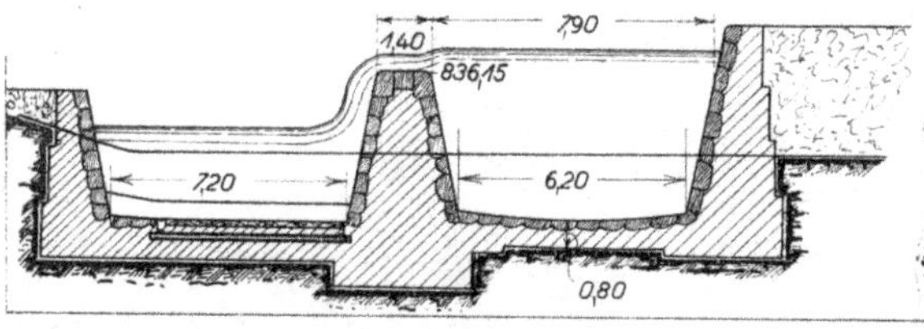


Abb. 14: Schnitt c/d.

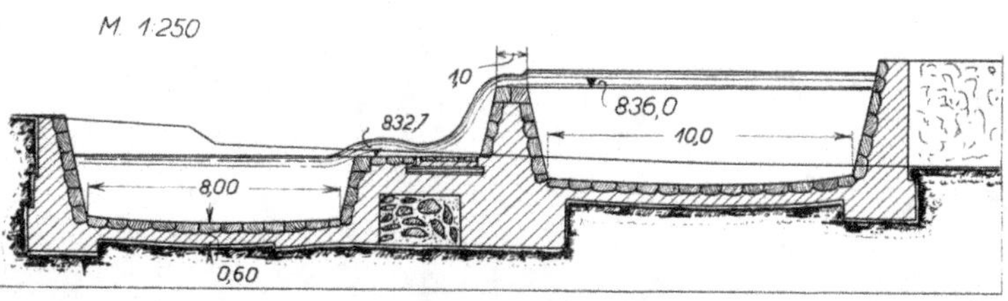


Abb. 15: Schnitt a/b.

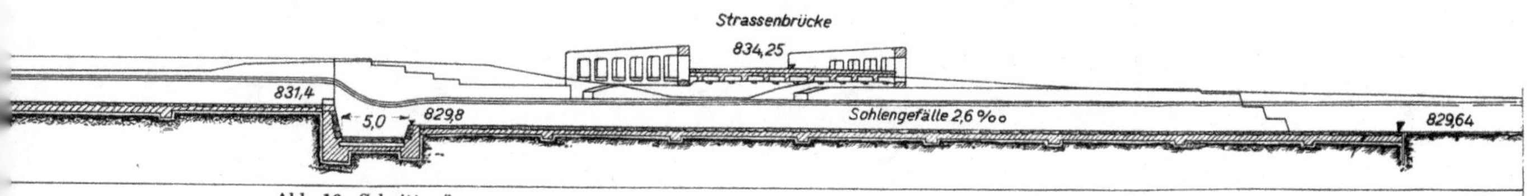


Abb. 16: Schnitt g/h.

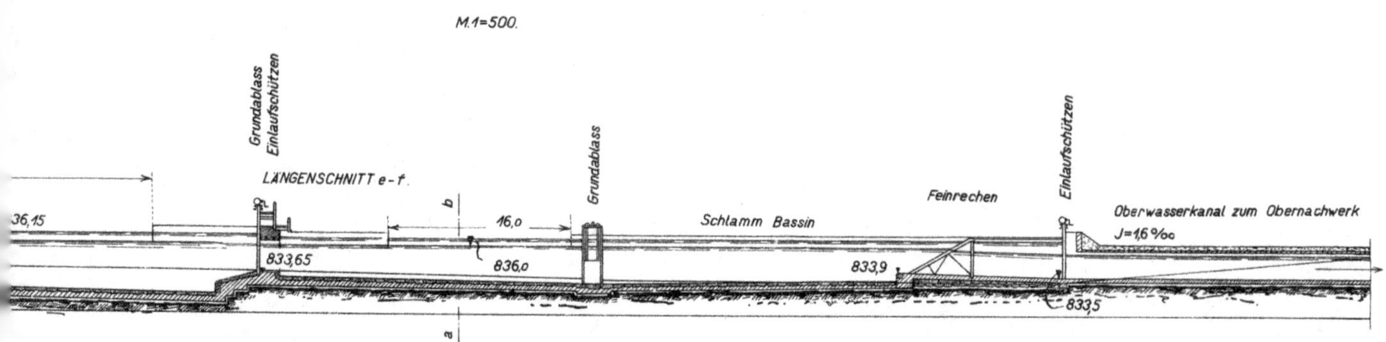


Abb. 17: Längsschnitt e/f.

Verlag von R. Oldenbourg, München und Berlin

Fons roburis aqua
Tafel 3

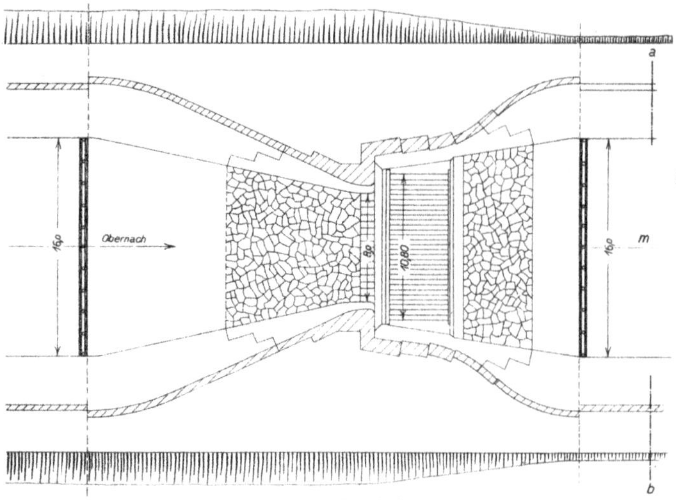


Abb. 18: Grundriß.

M 1:400

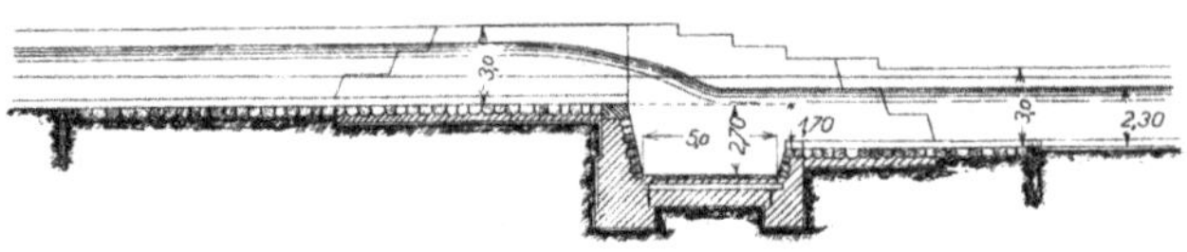


Abb. 19: Schnitt e/m.

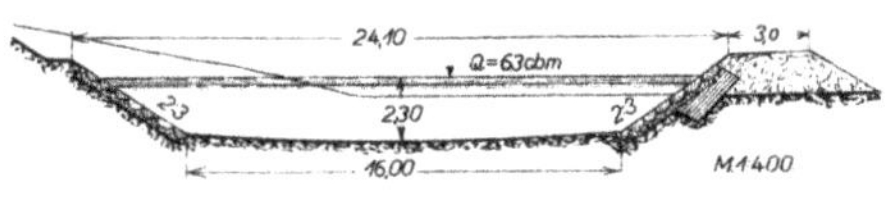


Abb. 20: Schnitt a/b.

Abb. 21 und 22: Zuleitung des Rißbachs.

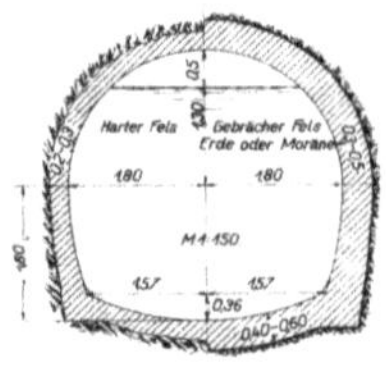


Abb. 21: Stollen.

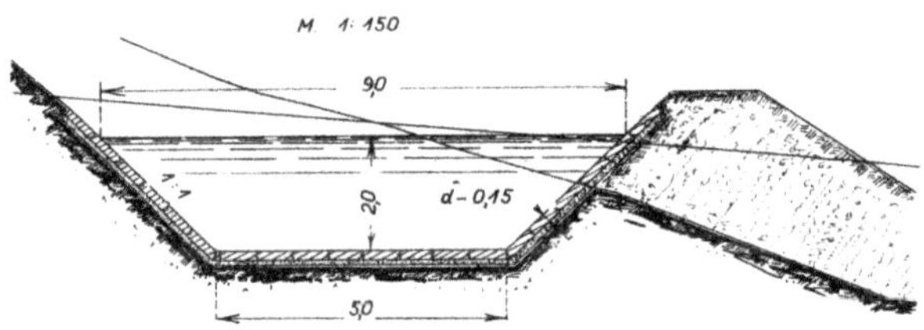


Abb. 22: Offener Kanal.

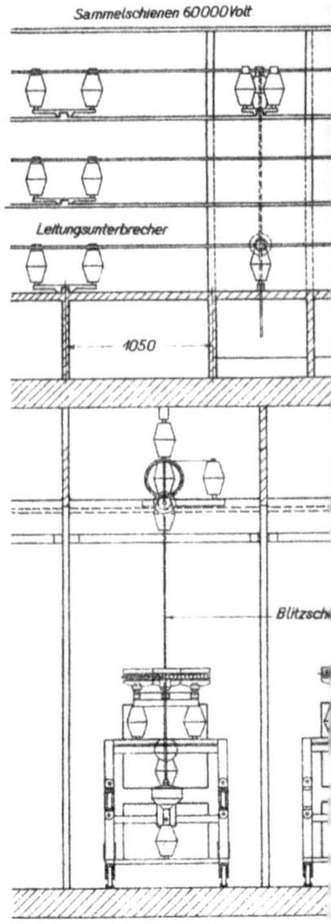


Abb. 18—20: Stufe der Obernach-Korrektion.

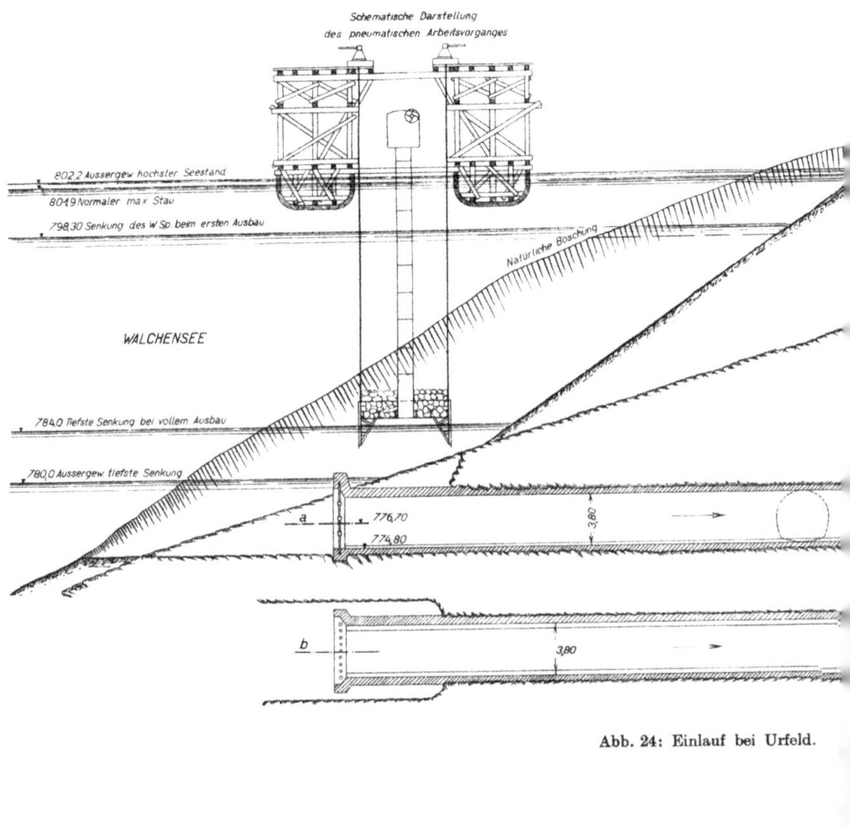


Abb. 24: Einlauf bei Urfeld.

Druck der graphischen Kunstanstalt Oskar Consée, München
Gezeichnet von E. Schuch, München

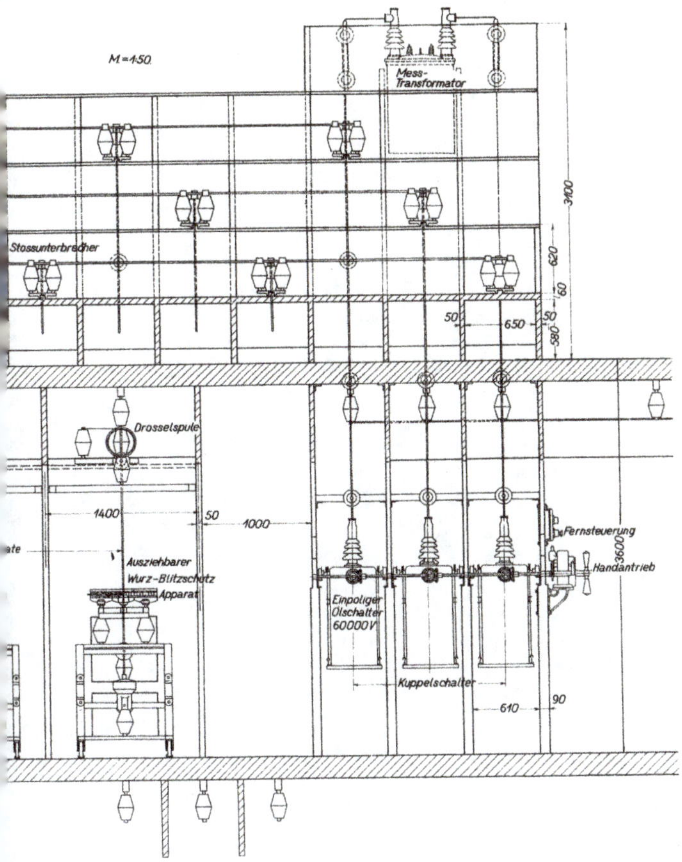


Abb. 25: Oberspannungs-Schaltanlage. Längsschnitt.

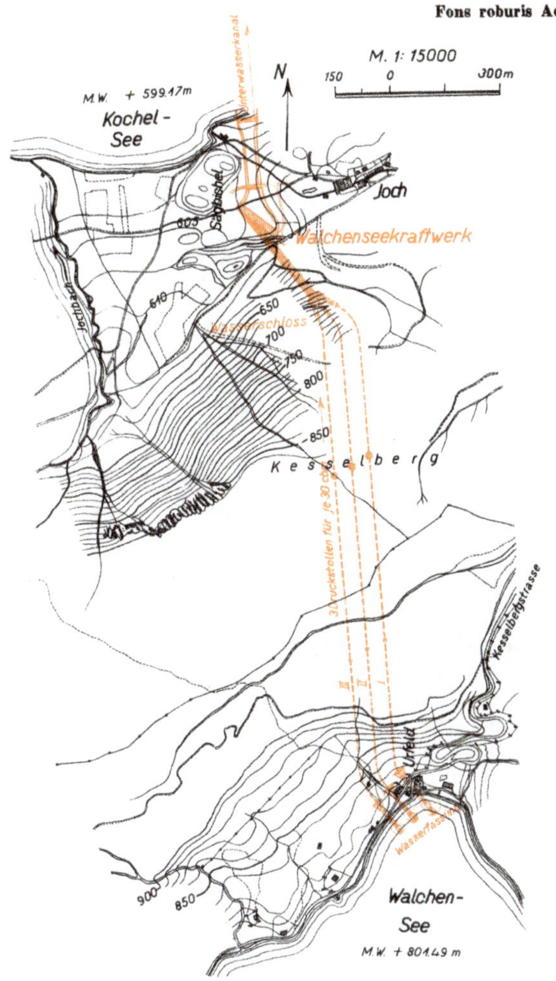


Abb. 23: Lageplan.

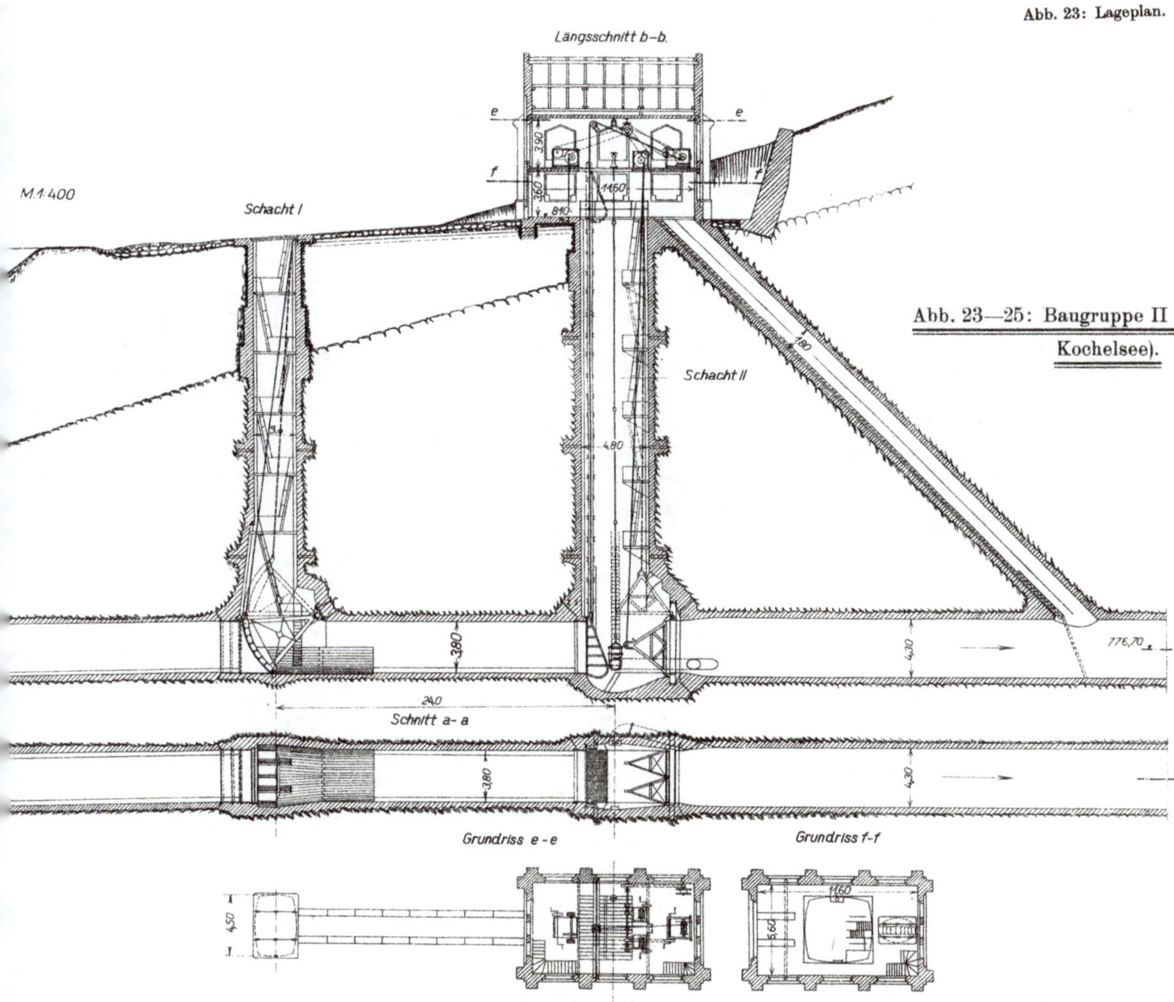


Abb. 23—25: Baugruppe II (Walchensee-Kochelsee).

Verlag von R. Oldenbourg, München und Berlin

Fons roburis aqua
Tafel 4

# Walchenseekraftwerk

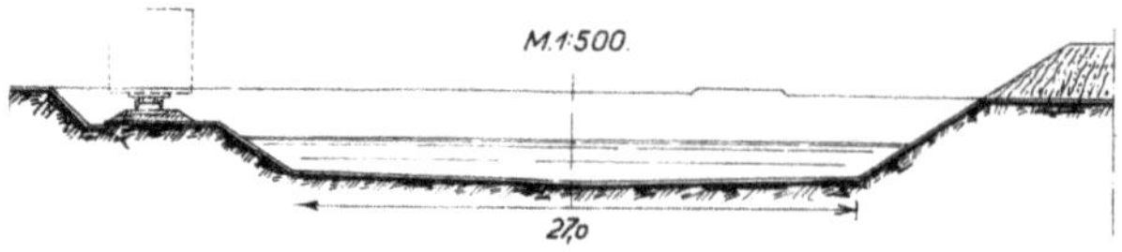


Abb. 26: Unterwasserkanal.

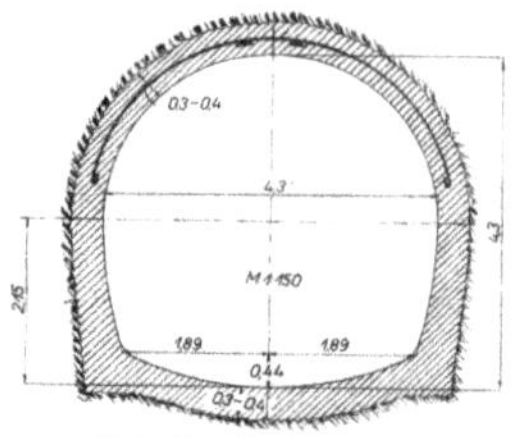


Abb. 27: Druckstollen.

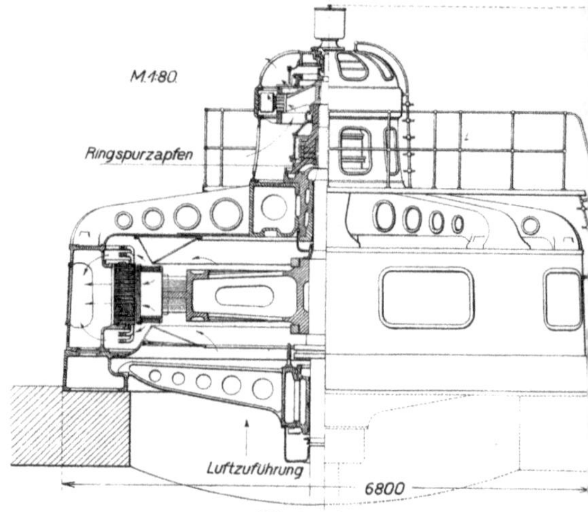


Abb. 31: Generator.

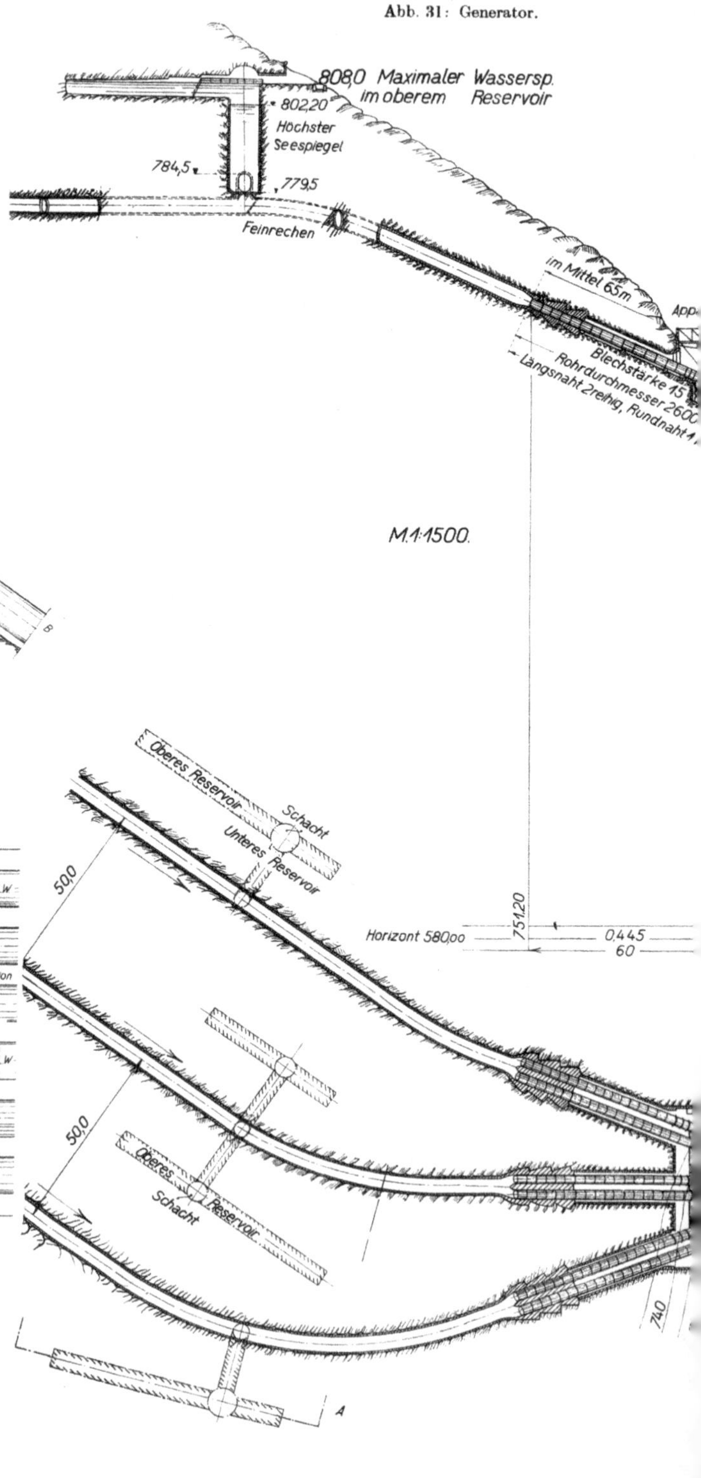


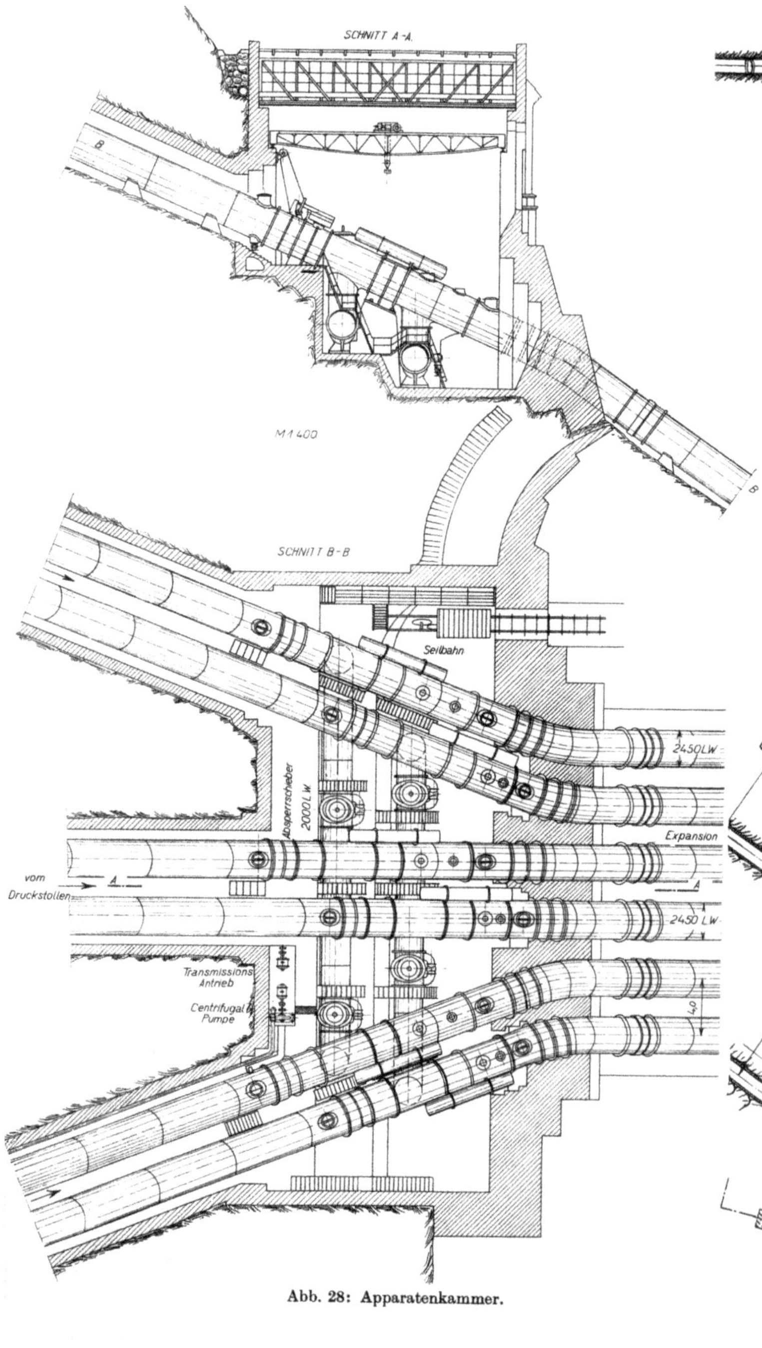


Abb. 28: Apparatenkammer.


Druck der graphischen Kunstanstalt Oskar Consée, München
Gezeichnet von E. Schuch, München

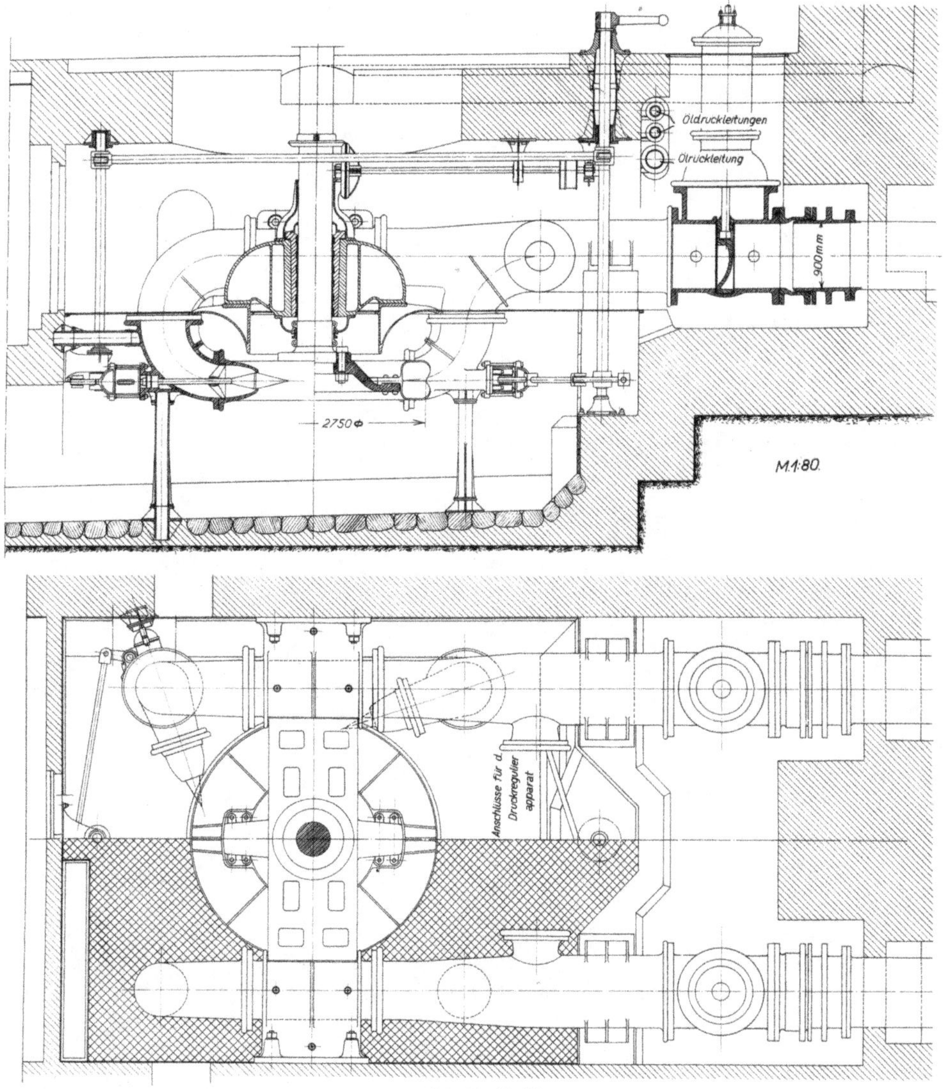


Abb. 30: Turbine.

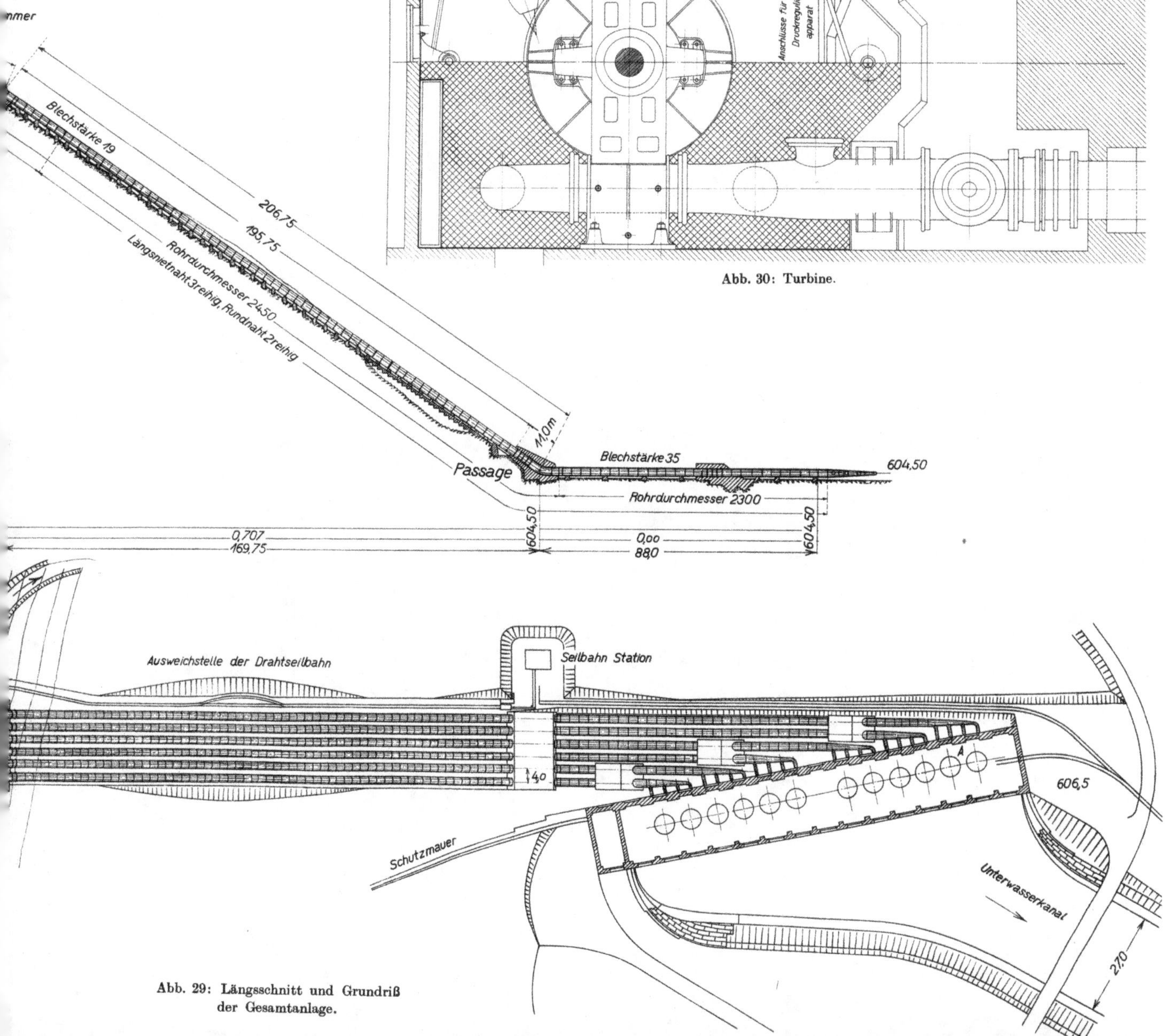


Abb. 29: Längsschnitt und Grundriß der Gesamtanlage.

Fons roburis aqua
Tafel 5

# Walchenseekraftwerk

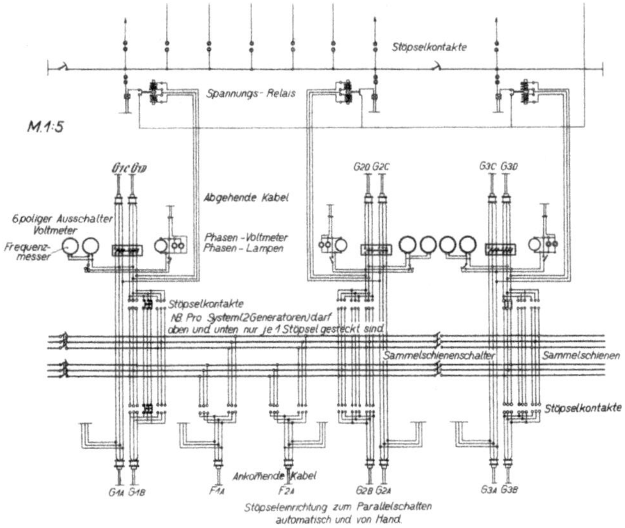


Abb. 32: Synchronschaltvorrichtung.

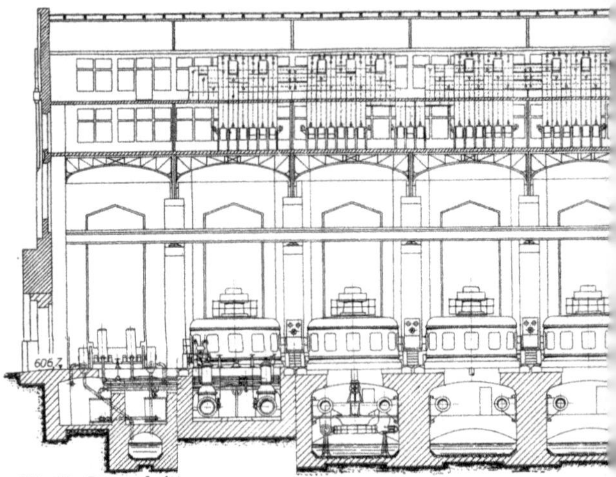

Abb. 36: Längsschnitt.

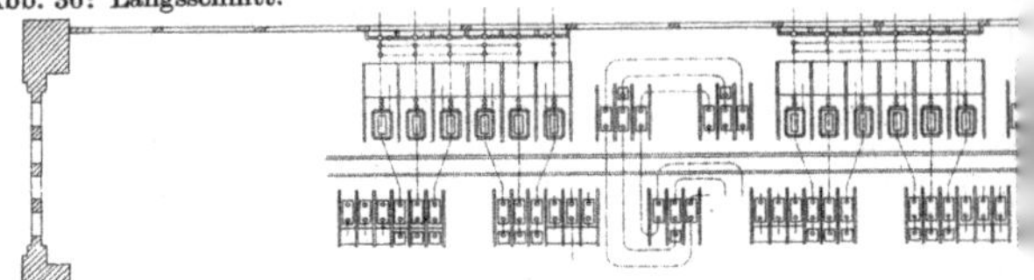

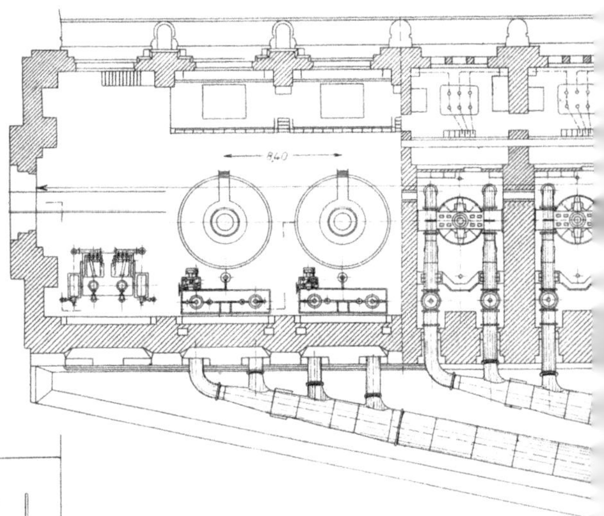

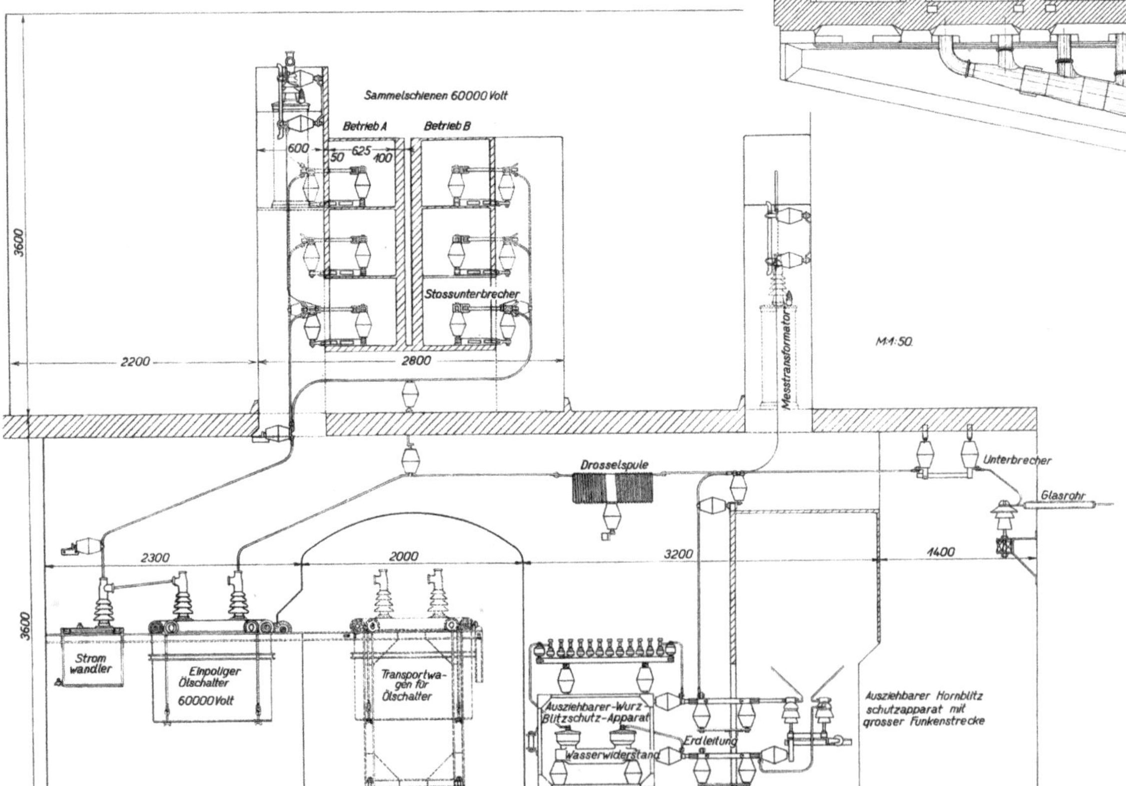


Abb. 33: Oberspannungsschaltanlage. Querschnitt.

Druck der graphischen Kunstanstalt Oskar Consée, München
Gezeichnet von E. Schuch, München

**Tafel 5**

**Fons roburis Aqua**

Abb. 35—37: Kraft- und Schalthaus.

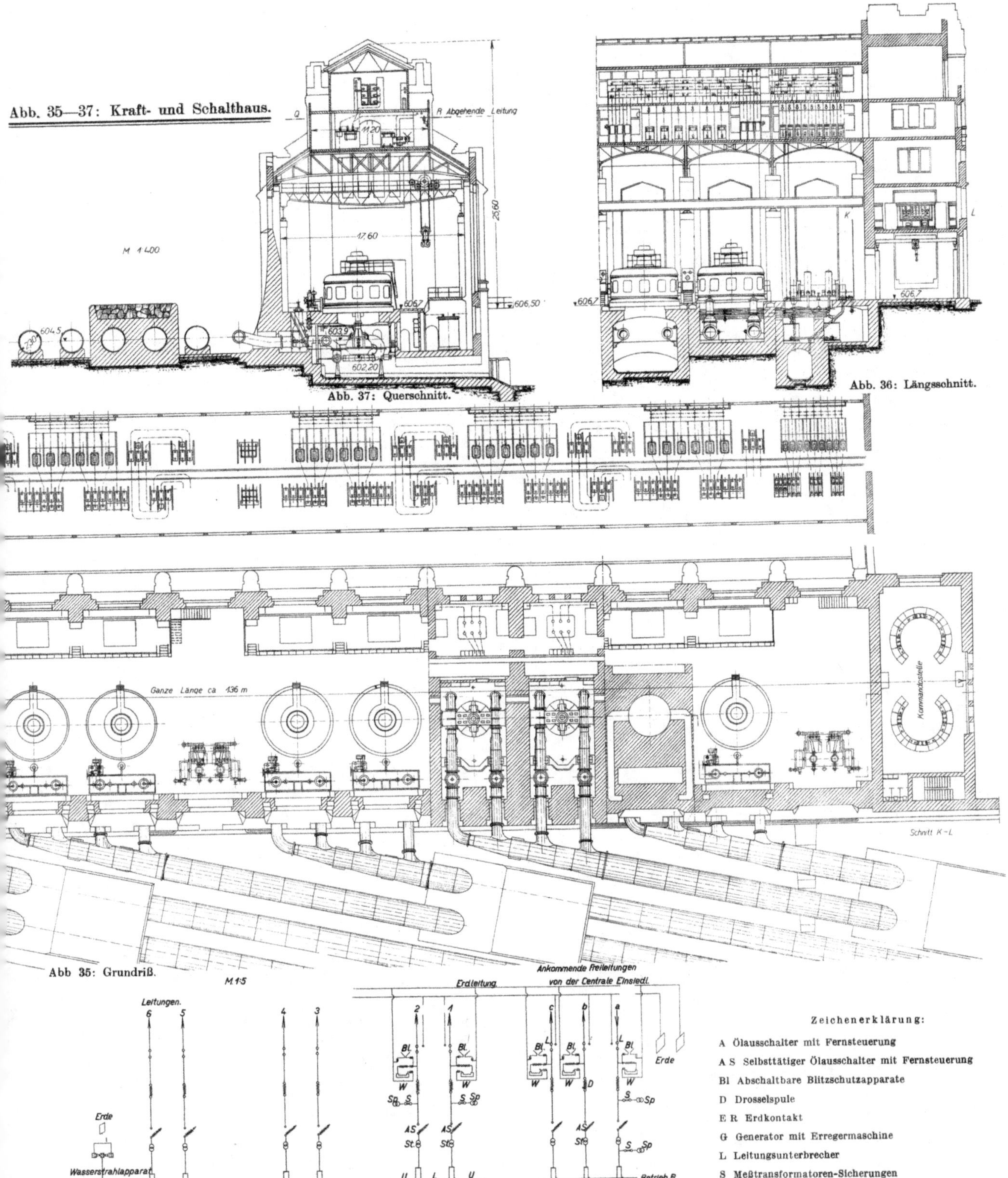


Abb. 37: Querschnitt.

Abb. 36: Längsschnitt.

Abb. 35: Grundriß.

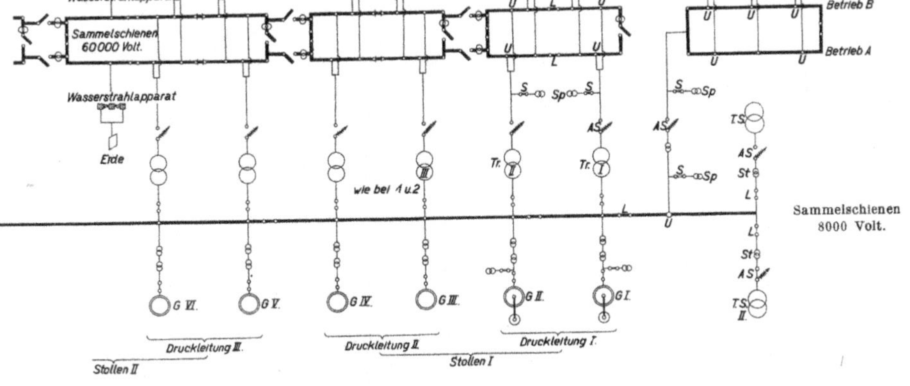


Abb. 34: Schaltbild für die ganze Anlage.

Zeichenerklärung:

A Ölausschalter mit Fernsteuerung
AS Selbsttätiger Ölausschalter mit Fernsteuerung
Bl Abschaltbare Blitzschutzapparate
D Drosselspule
ER Erdkontakt
G Generator mit Erregermaschine
L Leitungsunterbrecher
S Meßtransformatoren-Sicherungen
Sp Meßtransformatoren für Parallelschaltapparate
Sp Z Meßtransformatoren für Parallelschaltapparate, Zähler und Wattmeter
St Stromwandler für die elektrische Auslösung der Ölausschalter
St Z Stromwandler für die Zähler und Wattmeter
Tr Transformator
TS Stationstransformator
U Stoßunterbrecher
W Wasserwiderstand für die Wurz-Blitzschutzapparate
WB Wasserwiderstand für Belastungszwecke
WS Wasserstrahlapparate

Verlag von R. Oldenbourg, München und Berlin

Fons roburis aqua
Tafel 6

# Walchenseekraftwerk

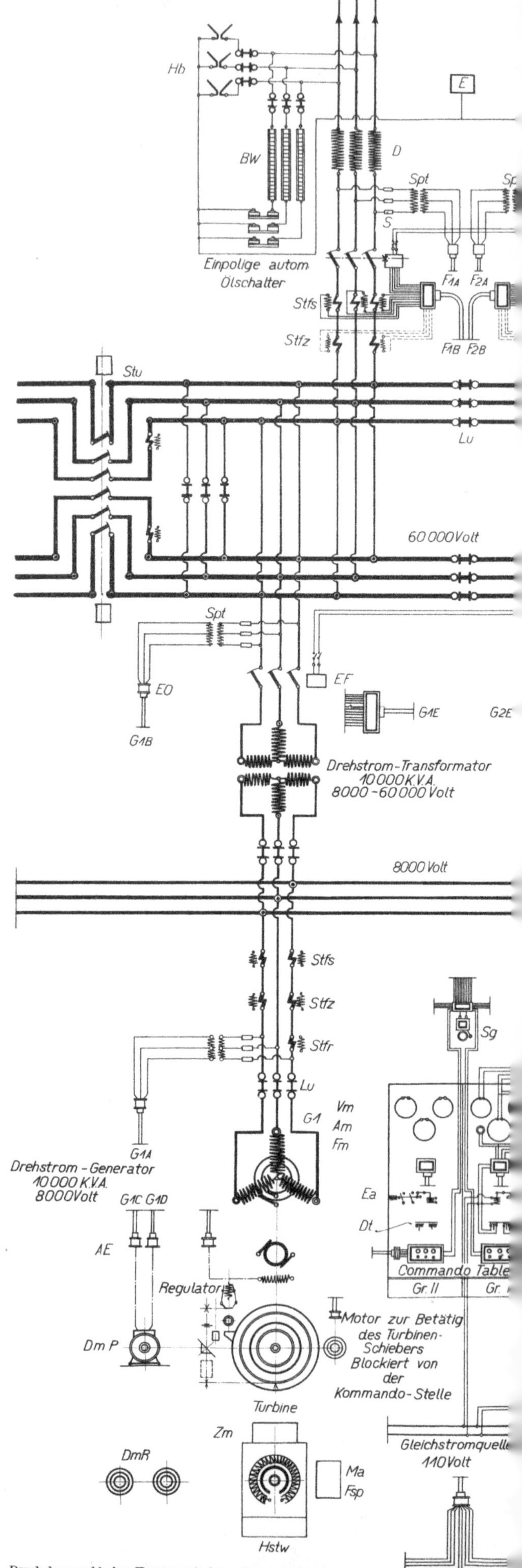


Druck der graphischen Kunstanstalt Oskar Consée, München

# Tafel 6

**Fons roburis Aqua**

Abb. 38: Schaltbild für zwei Generatoren und Leitungen.

M.1:5

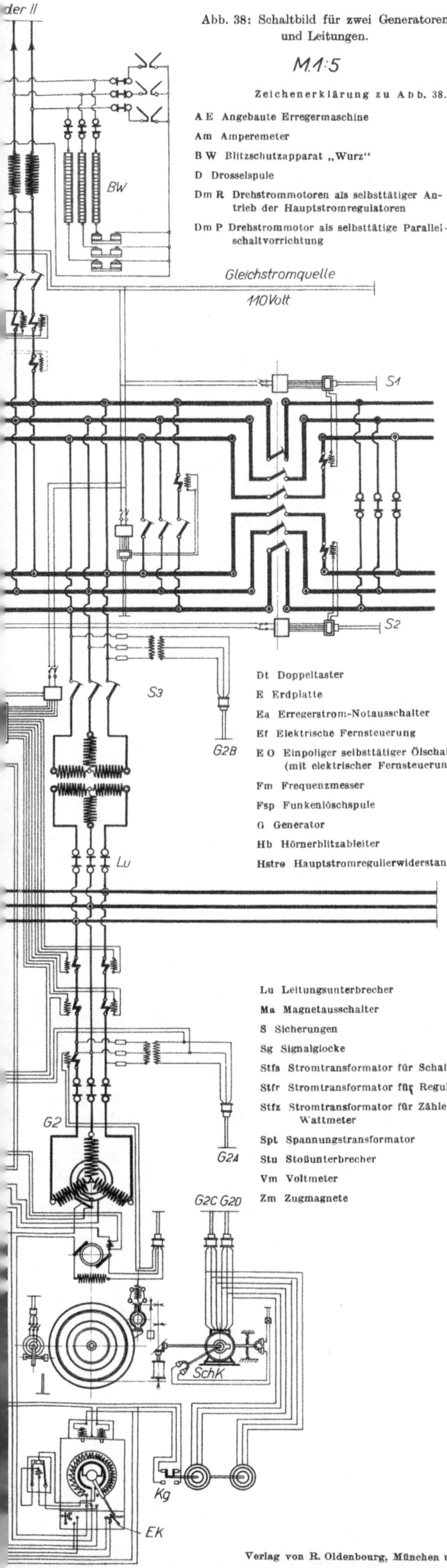


Zeichenerklärung zu Abb. 38.

A E Angebaute Erregermaschine

Am Amperemeter

B W Blitzschutzapparat „Wurz"

D Drosselspule

Dm R Drehstrommotoren als selbsttätiger Antrieb der Hauptstromregulatoren

Dm P Drehstrommotor als selbsttätige Parallelschaltvorrichtung

Dt Doppeltaster

E Erdplatte

Ea Erregerstrom-Notausschalter

Ef Elektrische Fernsteuerung

E O Einpoliger selbsttätiger Ölschalter (mit elektrischer Fernsteuerung)

Fm Frequenzmesser

Fsp Funkenlöschspule

G Generator

Hb Hörnerblitzableiter

Hstre Hauptstromregulierwiderstand

Lu Leitungsunterbrecher

Ma Magnetausschalter

S Sicherungen

Sg Signalglocke

Stfs Stromtransformator für Schalter

Stfr Stromtransformator für Regulator

Stfz Stromtransformator für Zähler und Wattmeter

Spt Spannungstransformator

Stu Stoßunterbrecher

Vm Voltmeter

Zm Zugmagnete

Verlag von R. Oldenbourg, München und Berlin

Obernachstaubecken und Obernachkraftwerk

# UNSERE KOHLEN

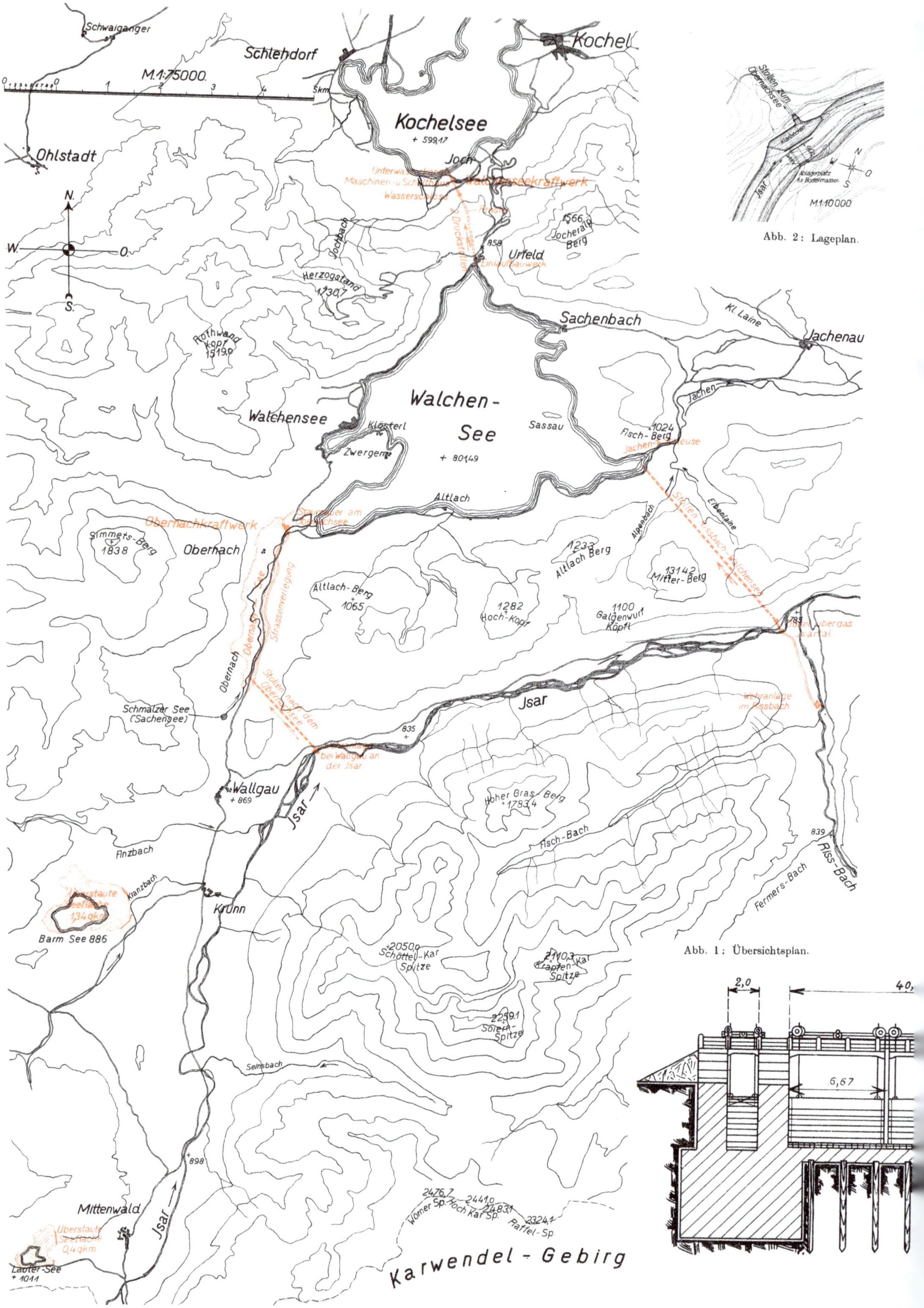


Abb. 2: Lageplan.

Abb. 1: Übersichtsplan.

Druck der graphischen Kunstanstalt Oskar Consée, München

## Abb. 2—6: Isar-Wehr.

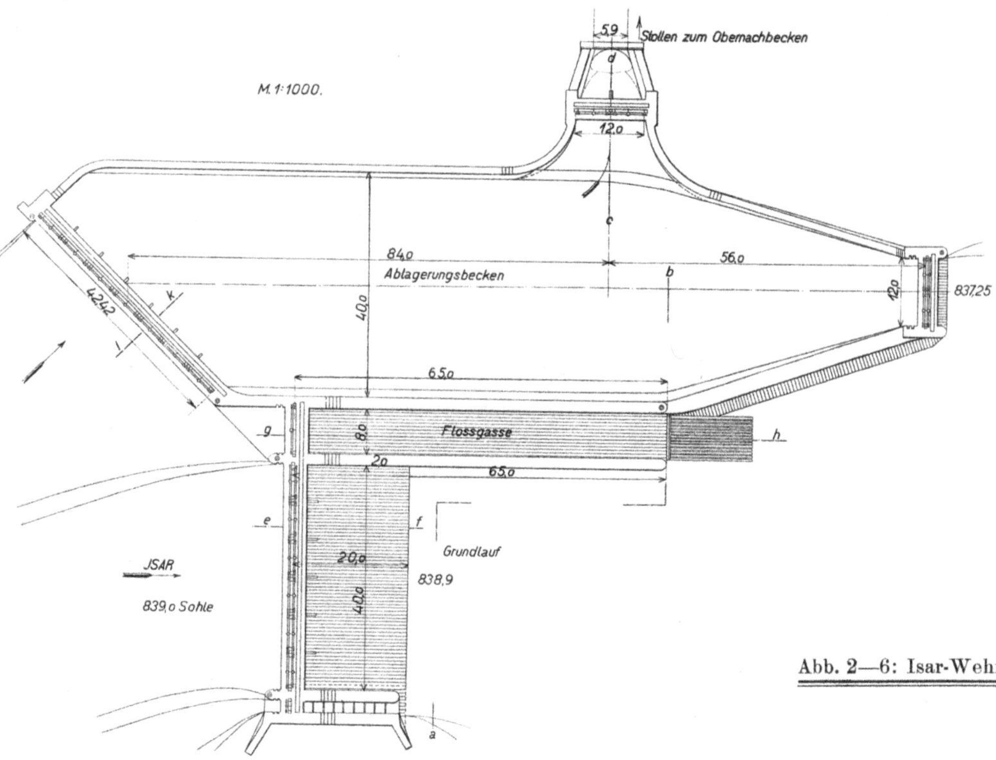


Abb. 3: Grundriß.

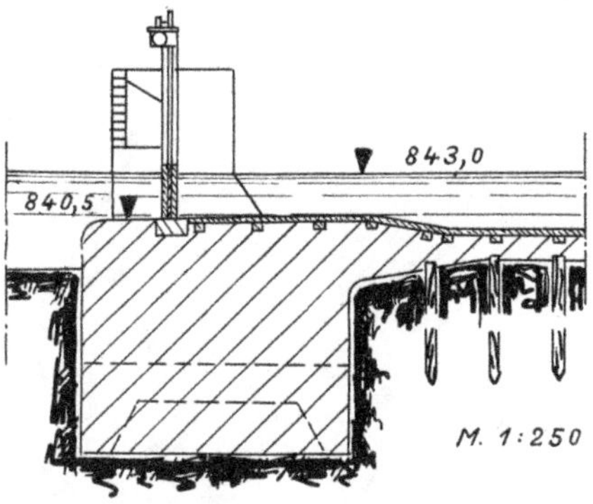


Abb. 4: Schnitt i/k.

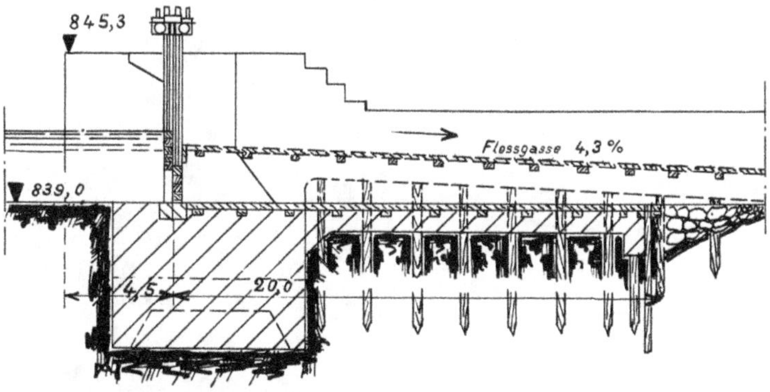


Abb. 5: Schnitt e/f/g/h.

Bei der Wiedergabe der Zeichnung von den Coissons sind in der Lithographie einige Linien fortgeblieben. Diese Fehler zu beheben. war während des Druckes nicht mehr möglich.

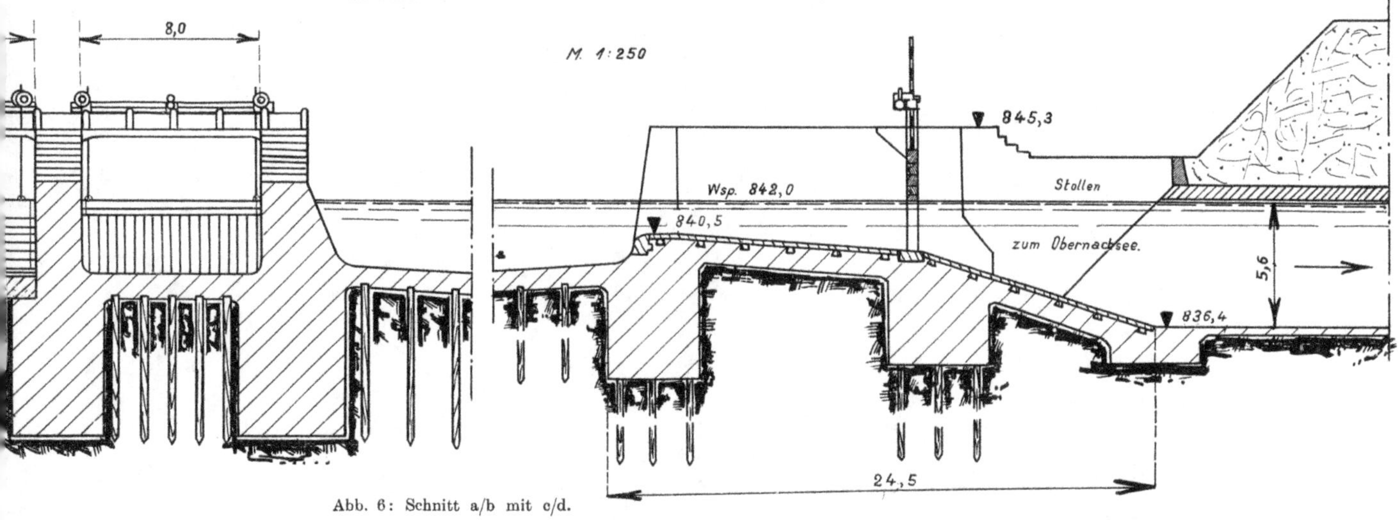


Abb. 6: Schnitt a/b mit c/d.

Verlag von R. Oldenbourg, München und Berlin

## Abb. 7—9: Wasserweg Isar-Obernach-Walchensee.

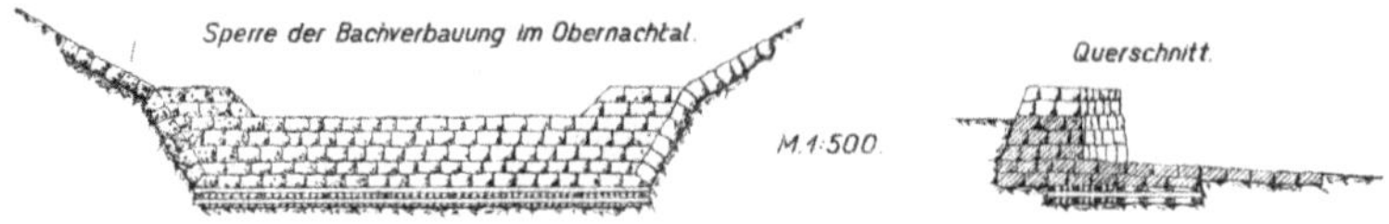


Abb. 8: Bachverbauung im Obernachtal.

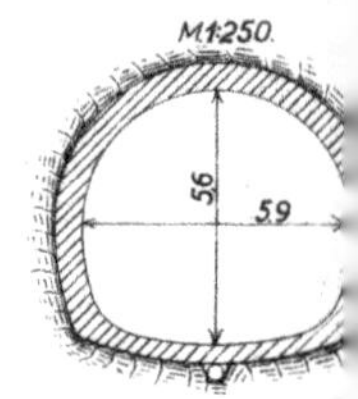


Abb. 9: Isarstollen zum

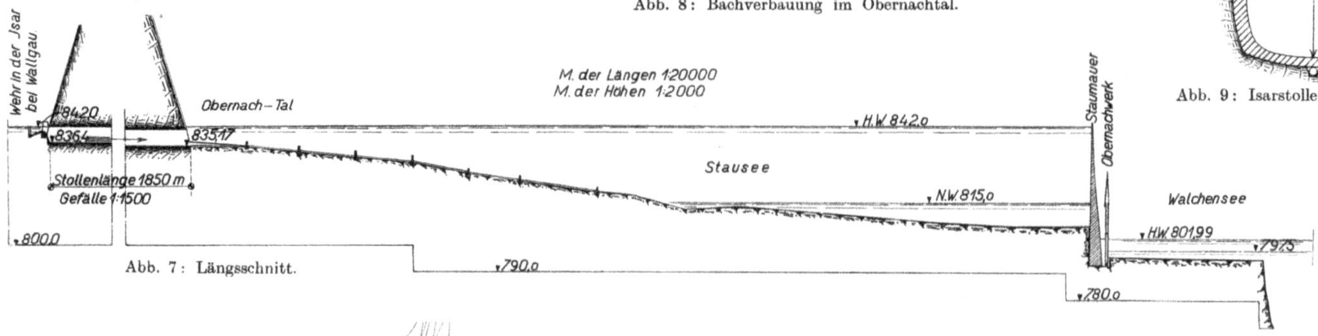


Abb. 7: Längsschnitt.

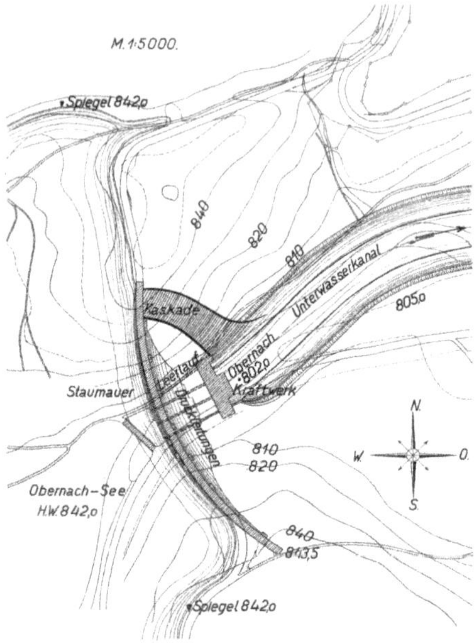


Abb. 10: Lageplan der Staumauer und des Kraftwerkes.

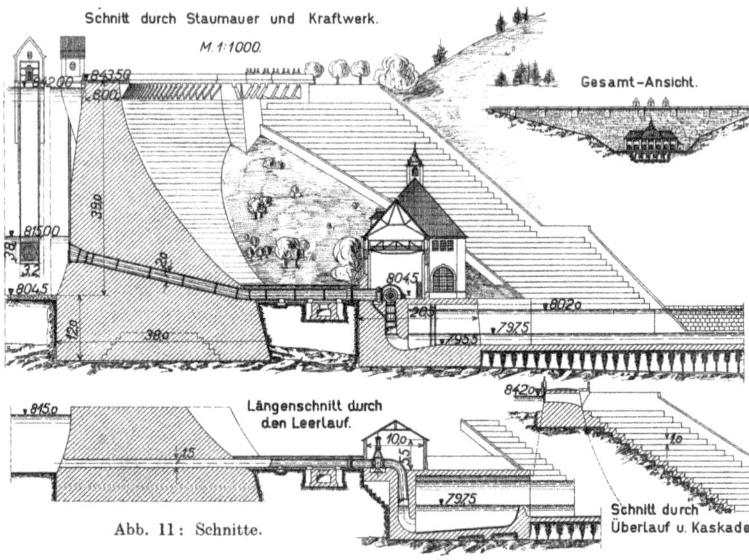


Abb. 11: Schnitte.

## Abb. 10—14: Staubecken und Obernach-kraftwerk.

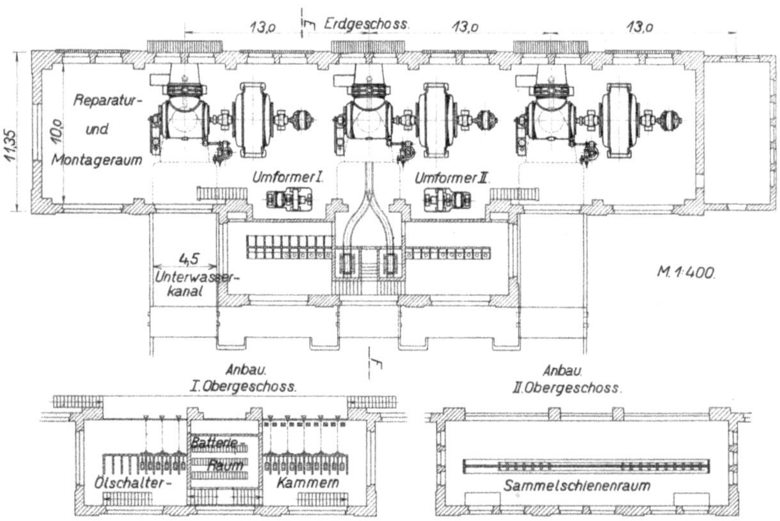


Abb. 12: Obernachkraftwerk. Kraft- und Schalthaus. Grundriß.

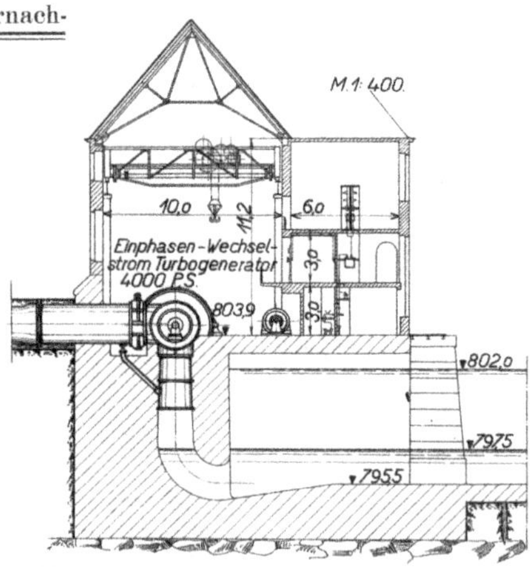


Abb. 13: Obernachkraftwerk. Kraft- und Schalthaus Schnitt.

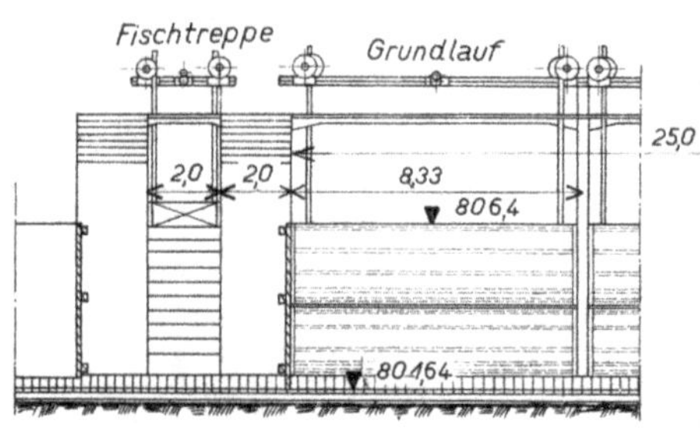


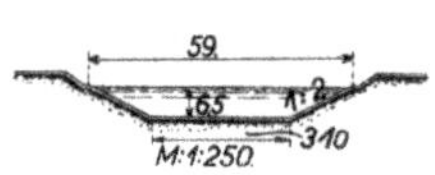


Abb. 14: Unterwasserkanal.

Druck der graphischen Kunstanstalt Oskar Consée, München

## Abb. 15—20: Rißbachwehr.

htal.

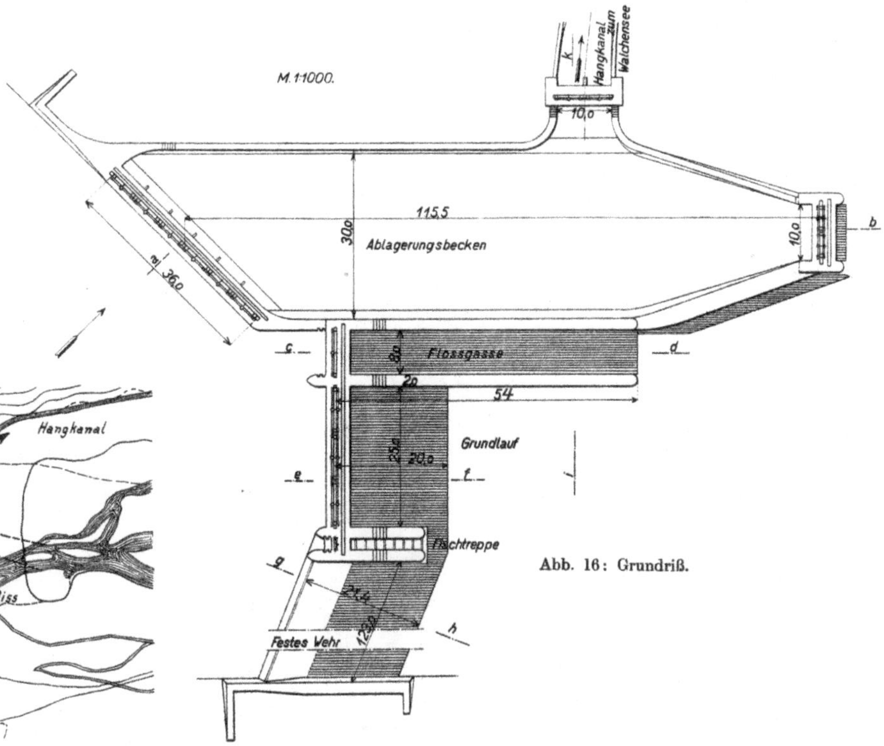


Abb. 16: Grundriß.

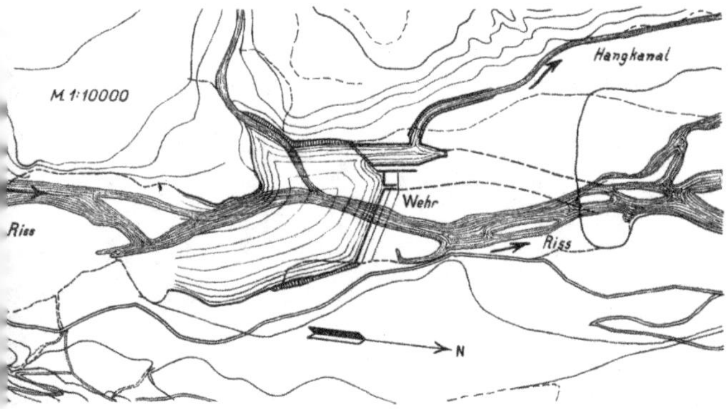


Abb. 15: Lageplan.

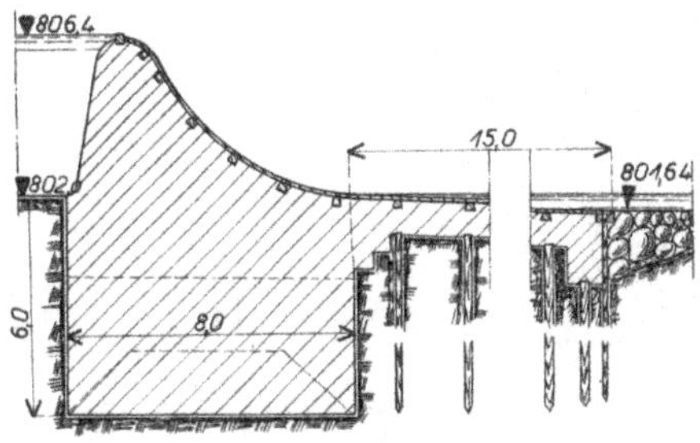


Abb. 17: Schnitt g/h.

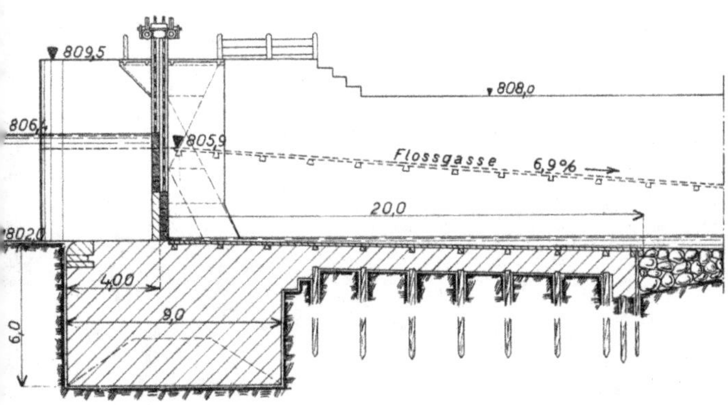


Abb. 18: Schnitt e/f mit c/d.

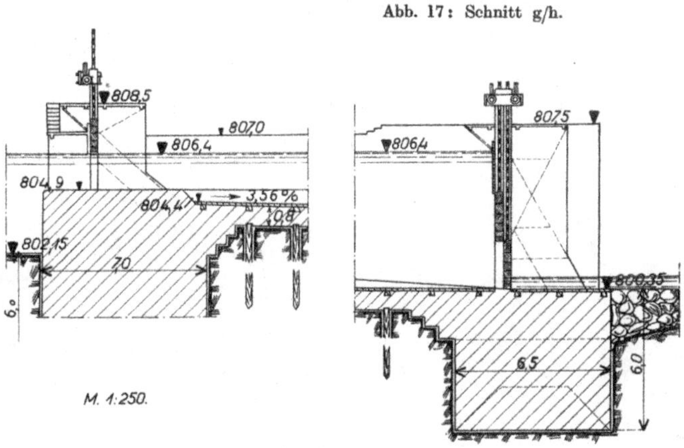


Abb. 19: Schnitt a/b.

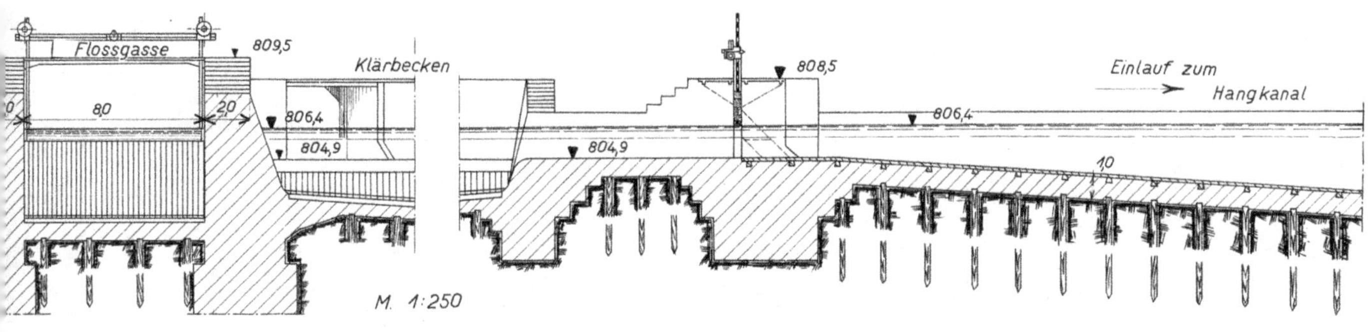


Abb. 20: Schnitt i/k.

Verlag von R. Oldenbourg, München und Berlin

Abb. 21—25: Wasserweg Rißbach-Walchensee.

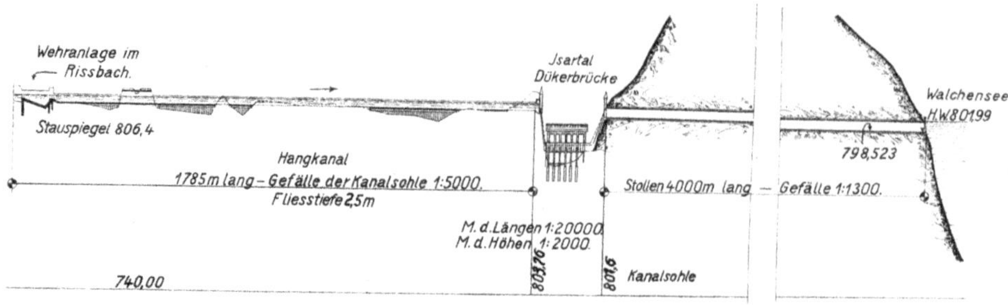


Abb. 21: Längsschnitt.

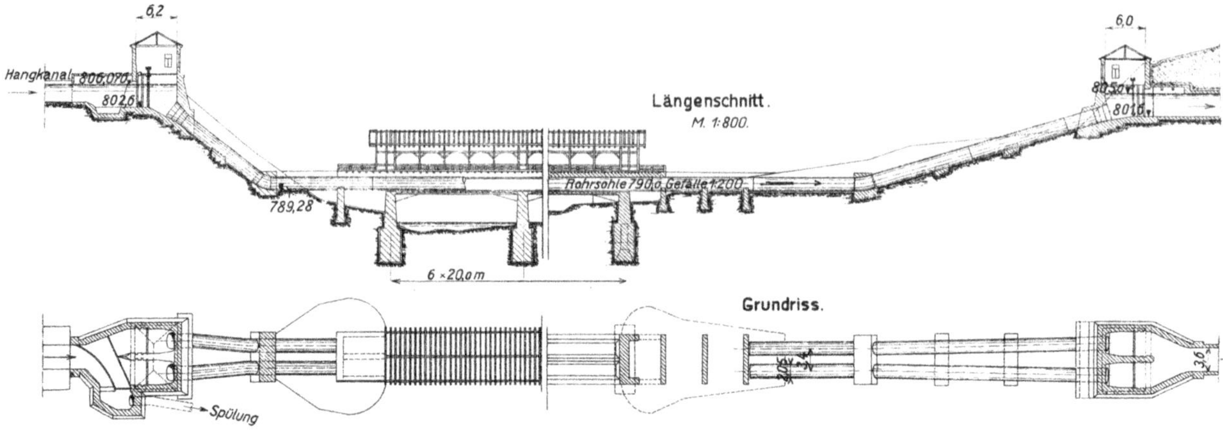


Abb. 22: Düker im Isartal.

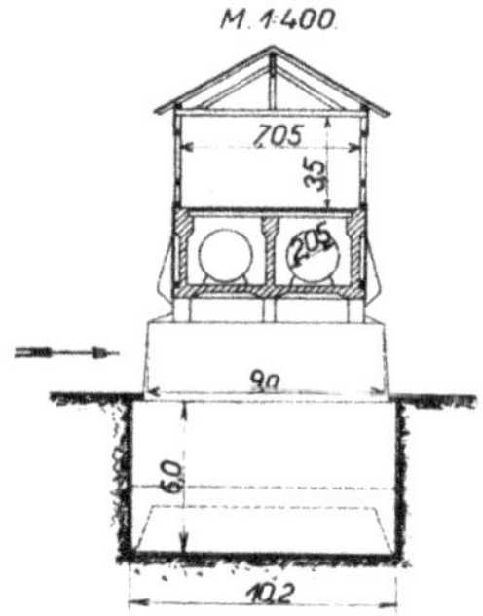


Abb. 23: Querschnitt der Dükerbrücke.

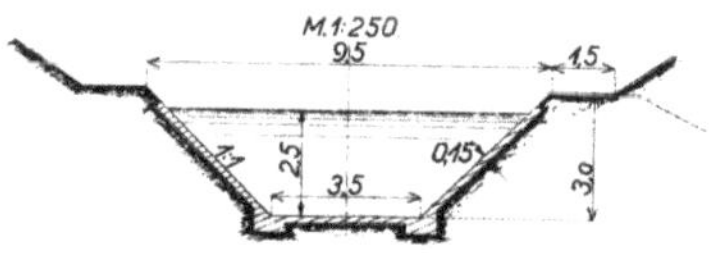


Abb. 25: Rißbachkanal.

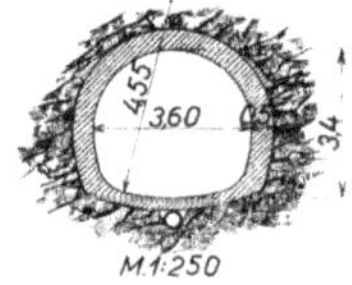


Abb. 24: Rißbachstollen.

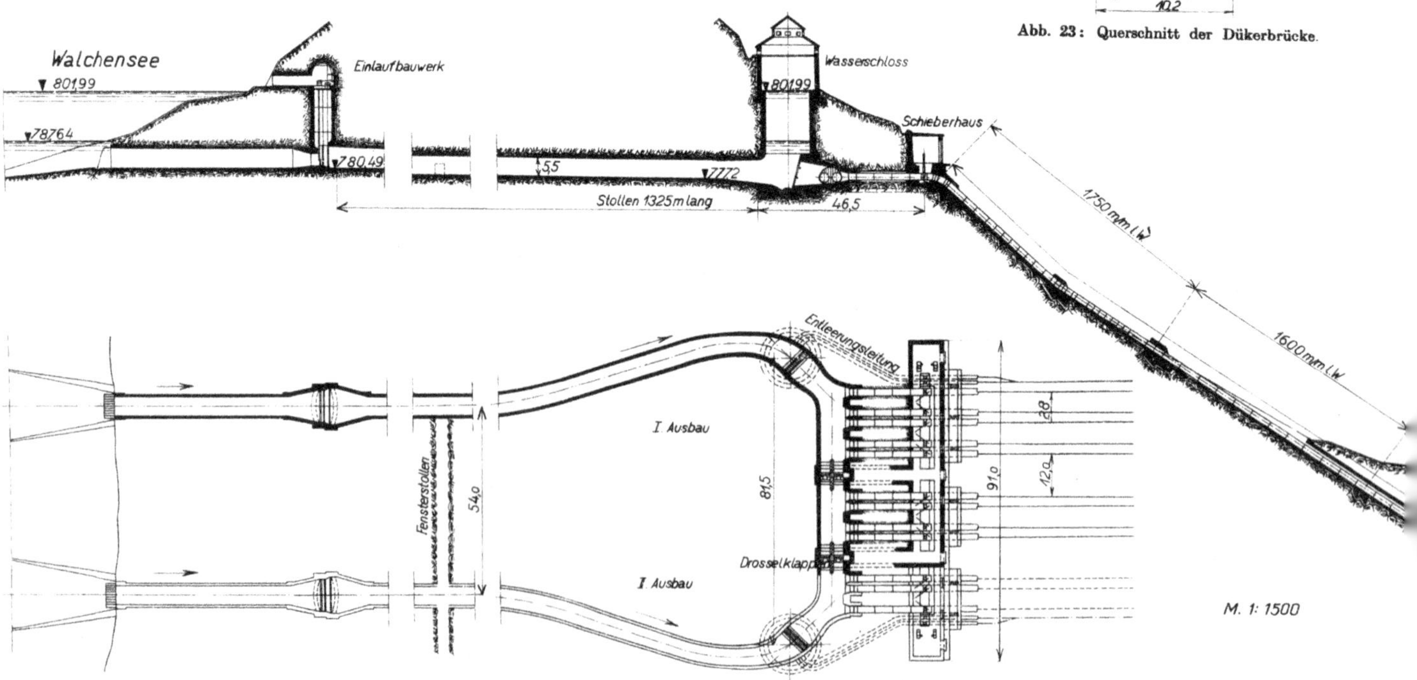


Abb. 28: Gesamtlängsschnitt.

Druck der graphischen Kunstanstalt Oskar Consée, München
Gezeichnet von E. Schuch, München

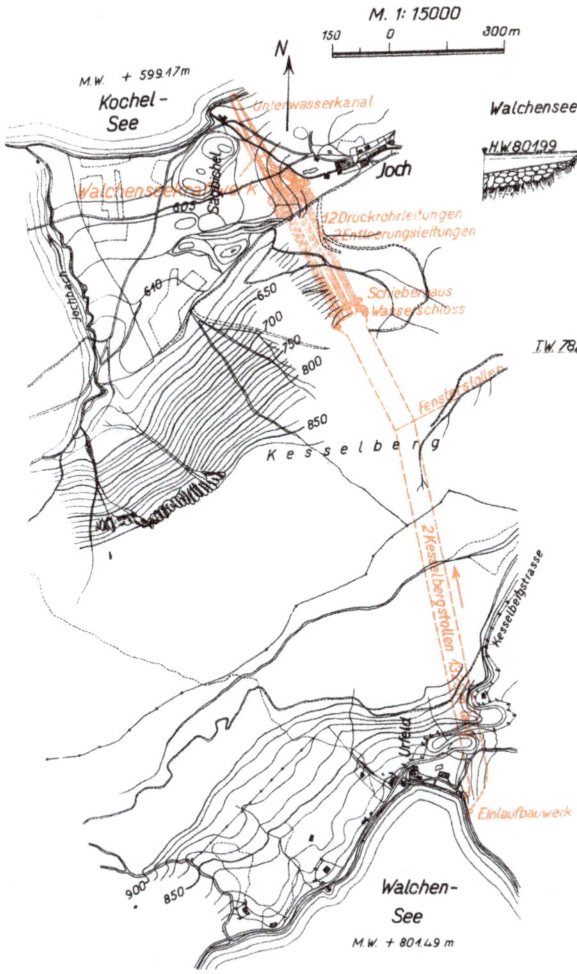

Abb. 26: Lageplan.

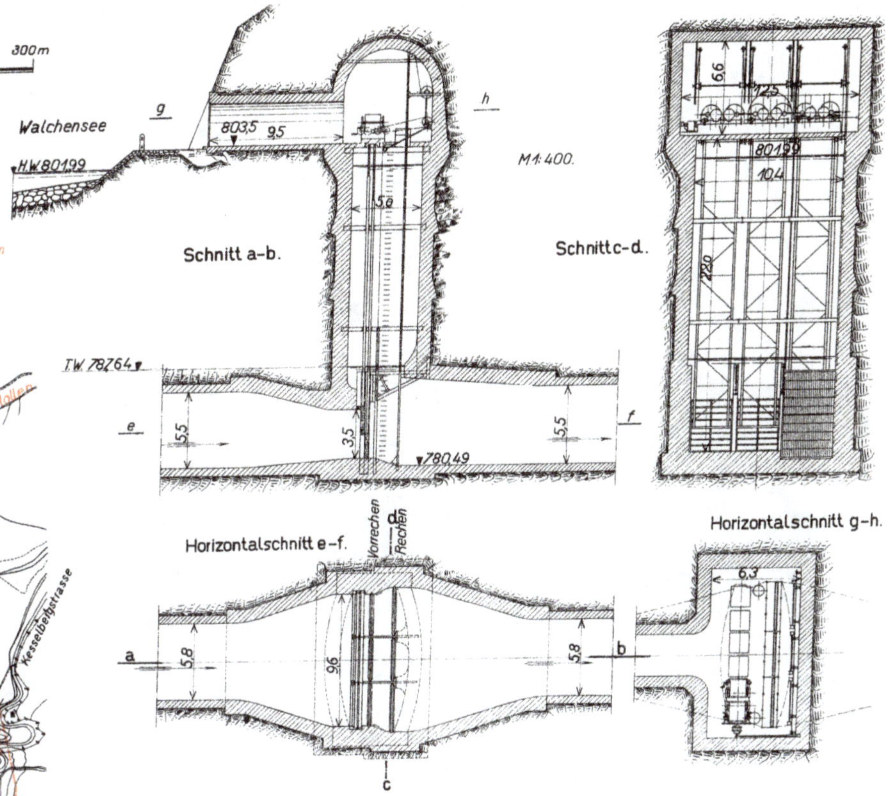

Abb. 27: Einlauf bei Urfeld.

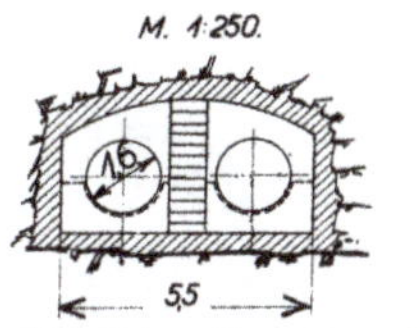

Abb. 30: Rohrstollen, Querschnitt.

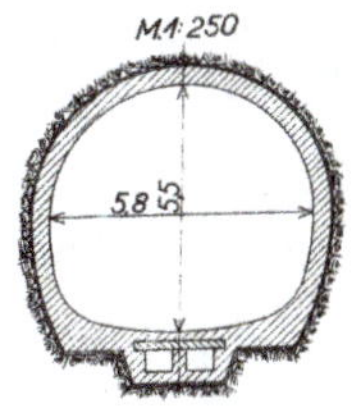

Abb. 29: Druckstollen.

Abb. 26—30: Baugruppe II (Walchensee-Kochelsee.)

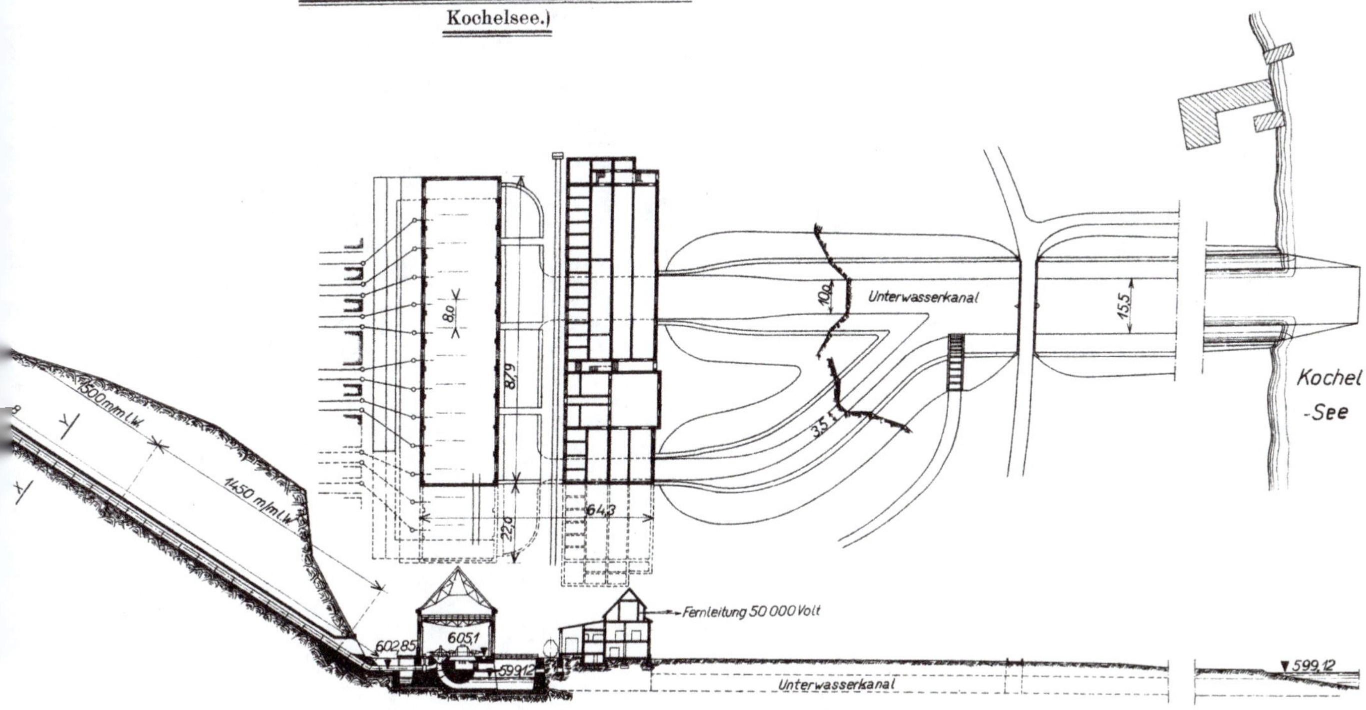


Verlag von R. Oldenbourg, München und Berlin

Walchense

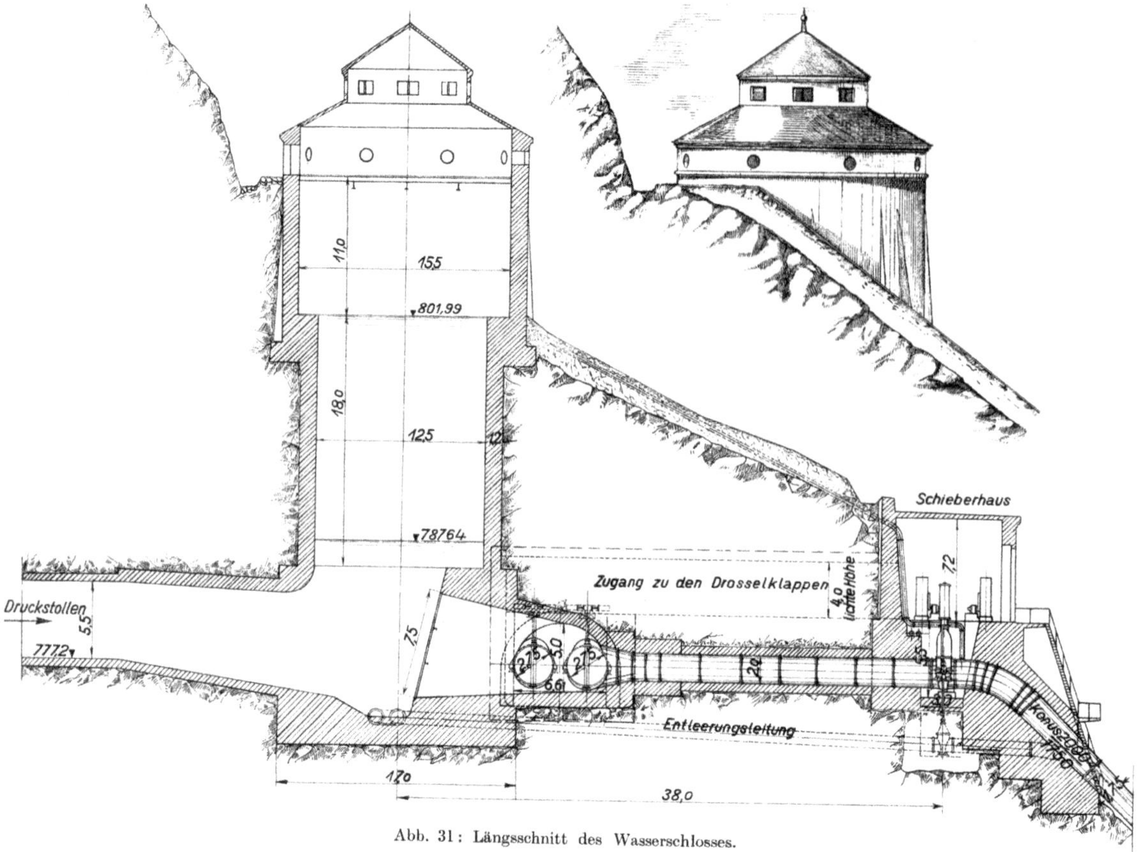


Abb. 31: Längsschnitt des Wasserschlosses.

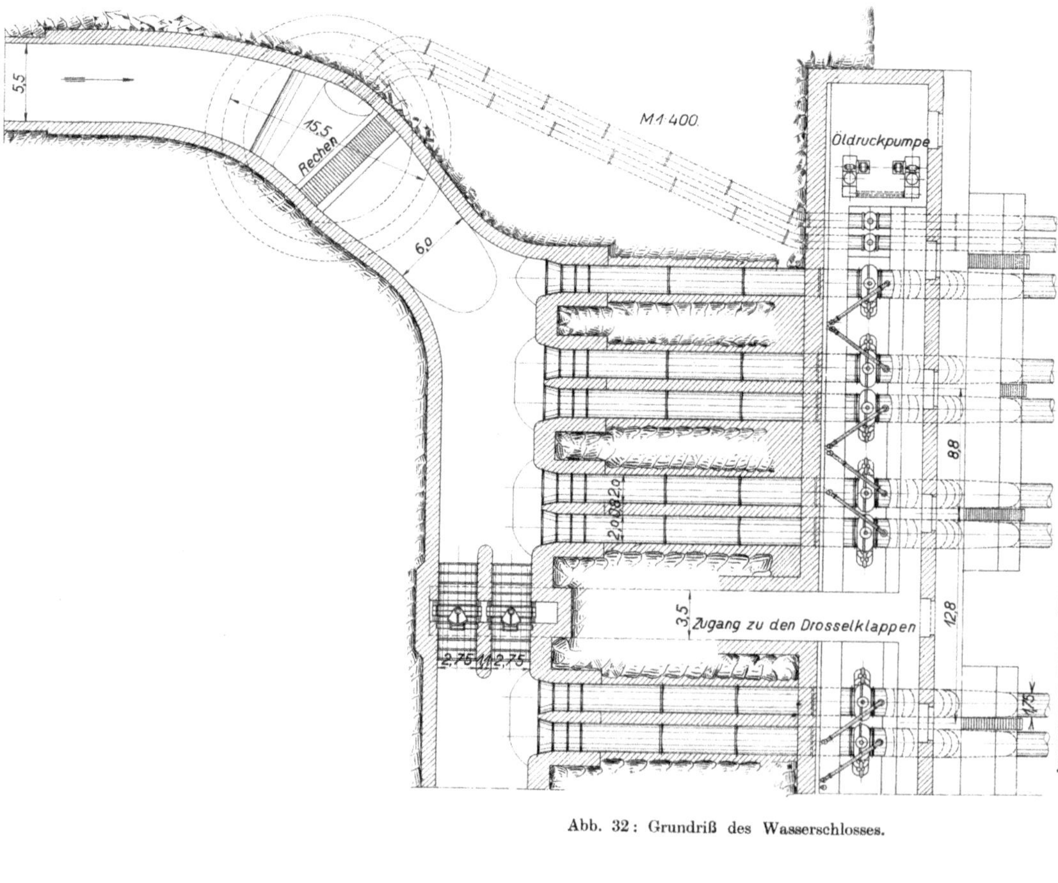


Abb. 32: Grundriß des Wasserschlosses.

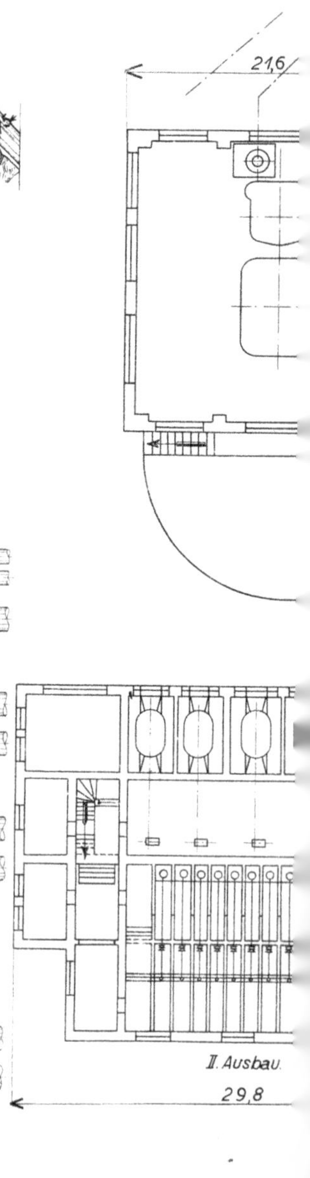


Druck der graphischen Kunstanstalt Oskar Consée, München
Gezeichnet von E. Schuch, München

aftwerk

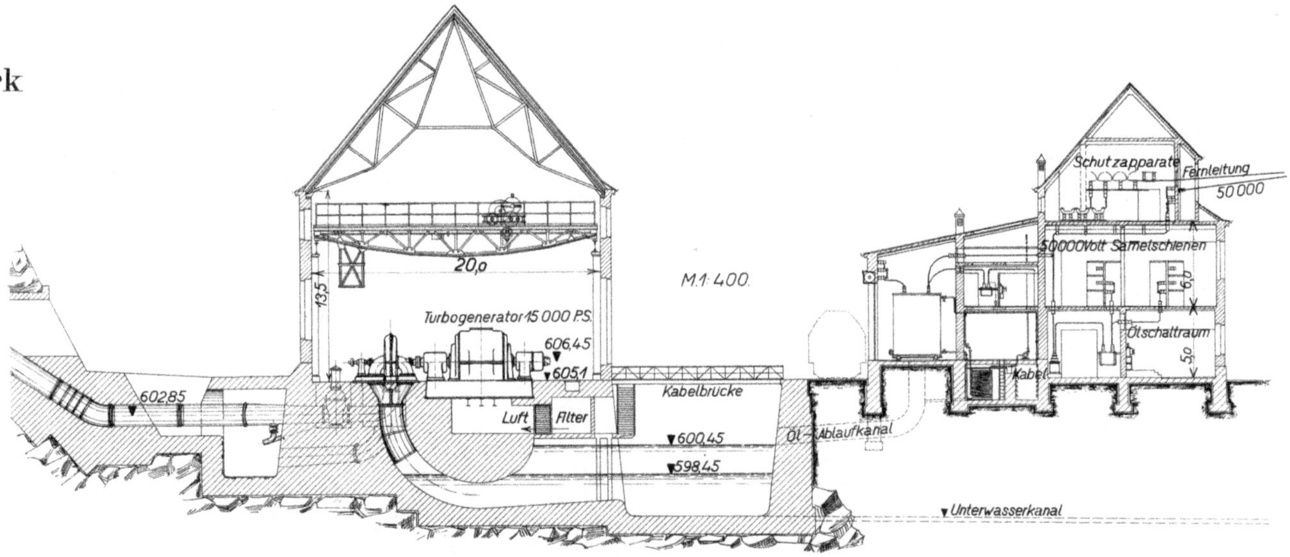


Abb. 33: Maschinen- und Schalthaus. Querschnitt.

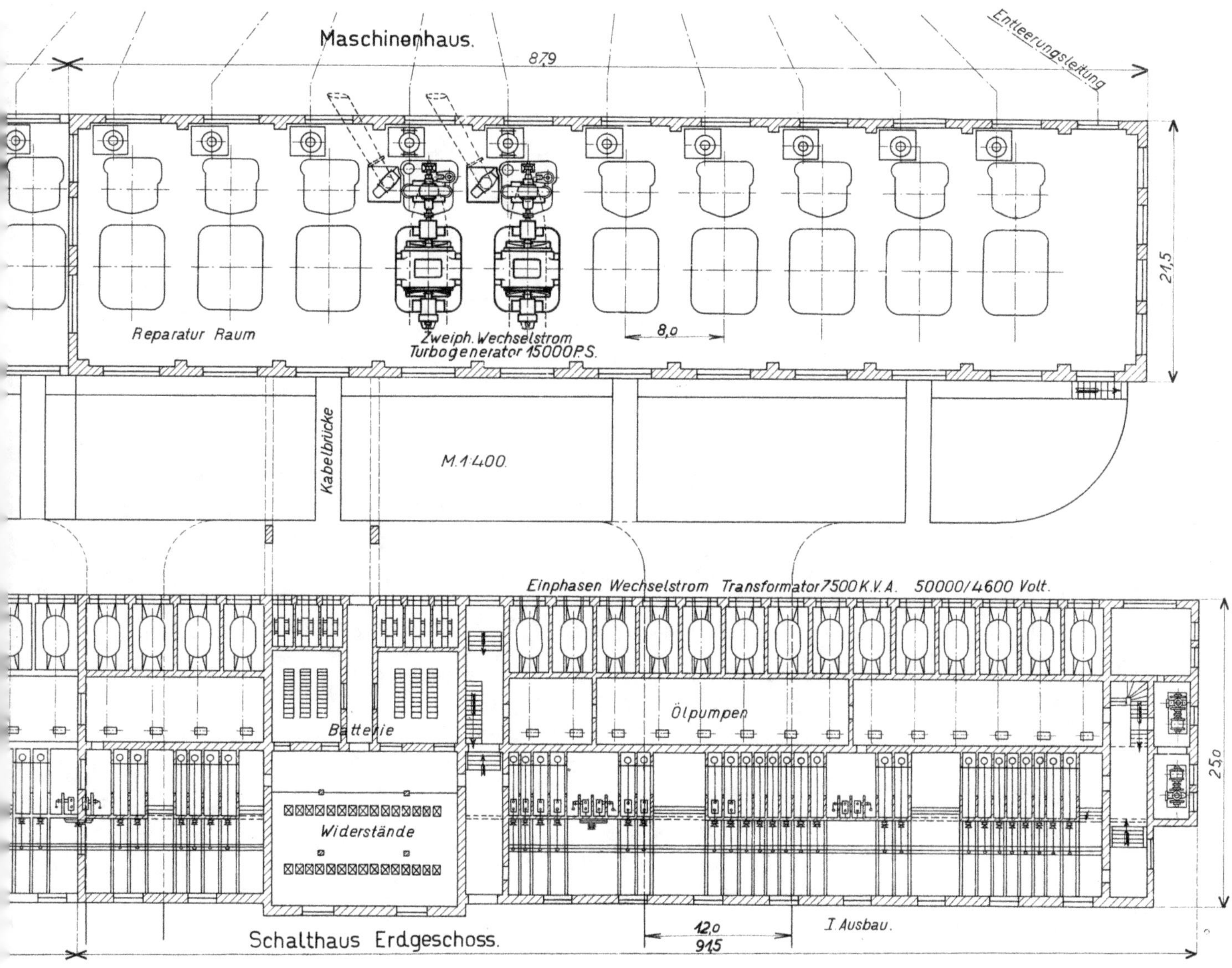


Abb. 34: Maschinen- und Schalthaus. Grundriß.

# Walchenseekraftwerk

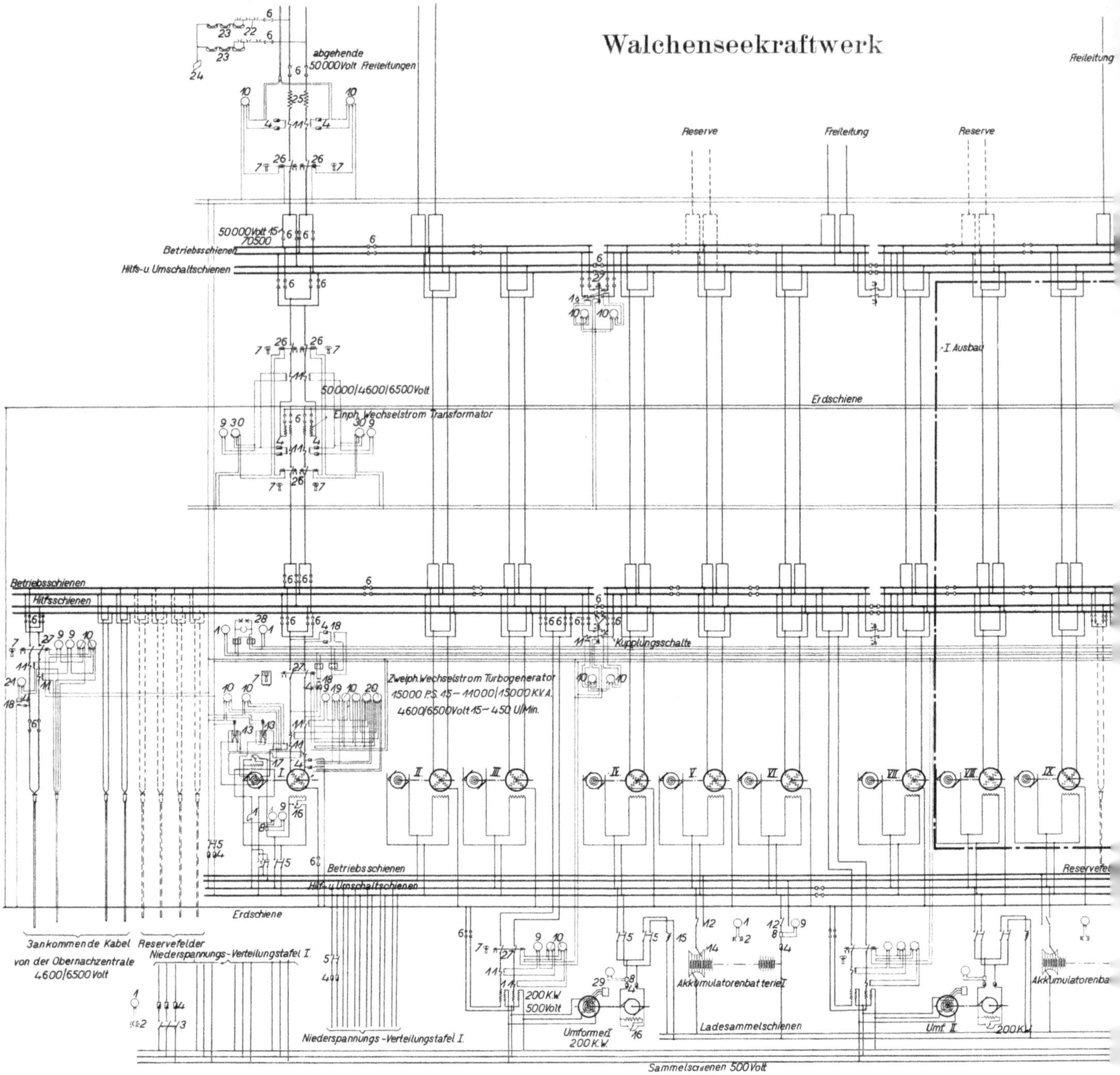


Abb. 38: Schaltbild

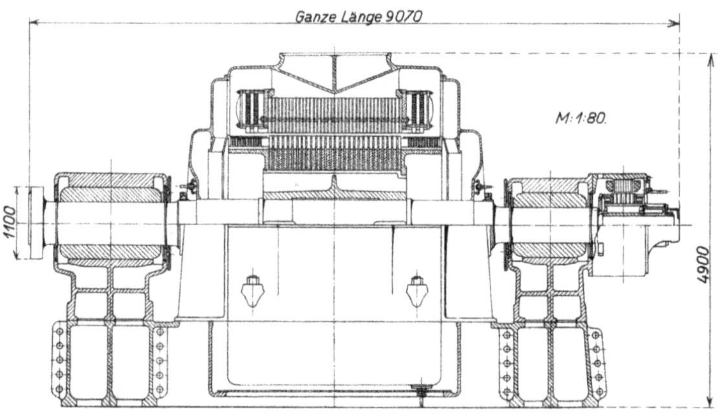


Abb. 37: Generator.

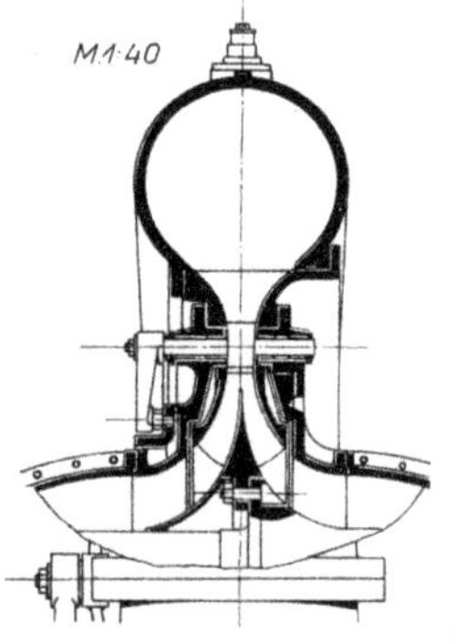


Abb. 36: Turbinendetail.

Druck der graphischen Kunstanstalt Oskar Consée, München

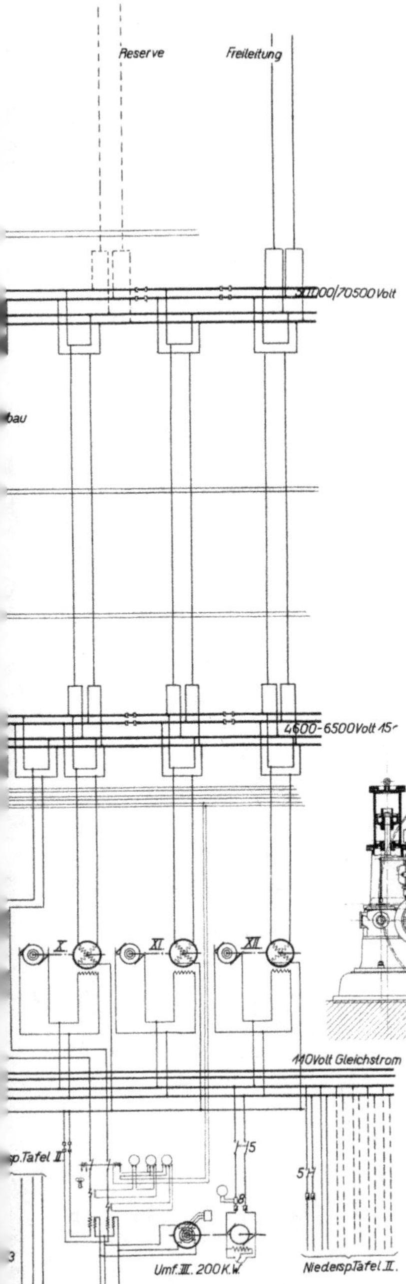


Zeichenerklärung.

| Ziffer | Gegenstand |
|---|---|
| 1 | Spannungsmesser. |
| 2 | Spannungsmesser-Umschalter. |
| 3 | Dreipoliger Schalthebel. |
| 4 | Sicherung. |
| 5 | Zweipoliger Schalthebel. |
| 6 | Trennschalter. |
| 7 | Betätigungsschalter. |
| 8 | Meßwiderstand. |
| 9 | Strommesser. |
| 10 | Überstrom-Zeit-Auslöser. |
| 11 | Stromwandler. |
| 12 | Einpoliger Umschalthebel. |
| 13 | Selbsttätiger Überstrom-Zeit-Auslöser für den Kompoundierungs-Stromkreis. |
| 14 | Zellenschalter. |
| 15 | Minimalselbstschalter. |
| 16 | Hauptstromregler. |
| 17 | Nebenschlußregler. |
| 18 | Ruhender Meßumformer. |
| 19 | Leistungsmesser. |
| 20 | Rückstromauslöser. |
| 21 | Zähler. |
| 22 | Hörnersicherung. |
| 23 | Wasserwiderstand. |
| 24 | Erdplatte. |
| 25 | Drosselspule. |
| 26 | Einpoliger Ölschalter mit Einschalt- und Auslösespule. |
| 27 | Zweipoliger Ölschalter mit Einschalt- und Auslösespule. |
| 28 | Phasenvergleicher. |
| 29 | Anlaßwiderstand für (Asymphon) Ungleichförmigkeits-Umformer. |
| 30 | Differential-Auslöser. |

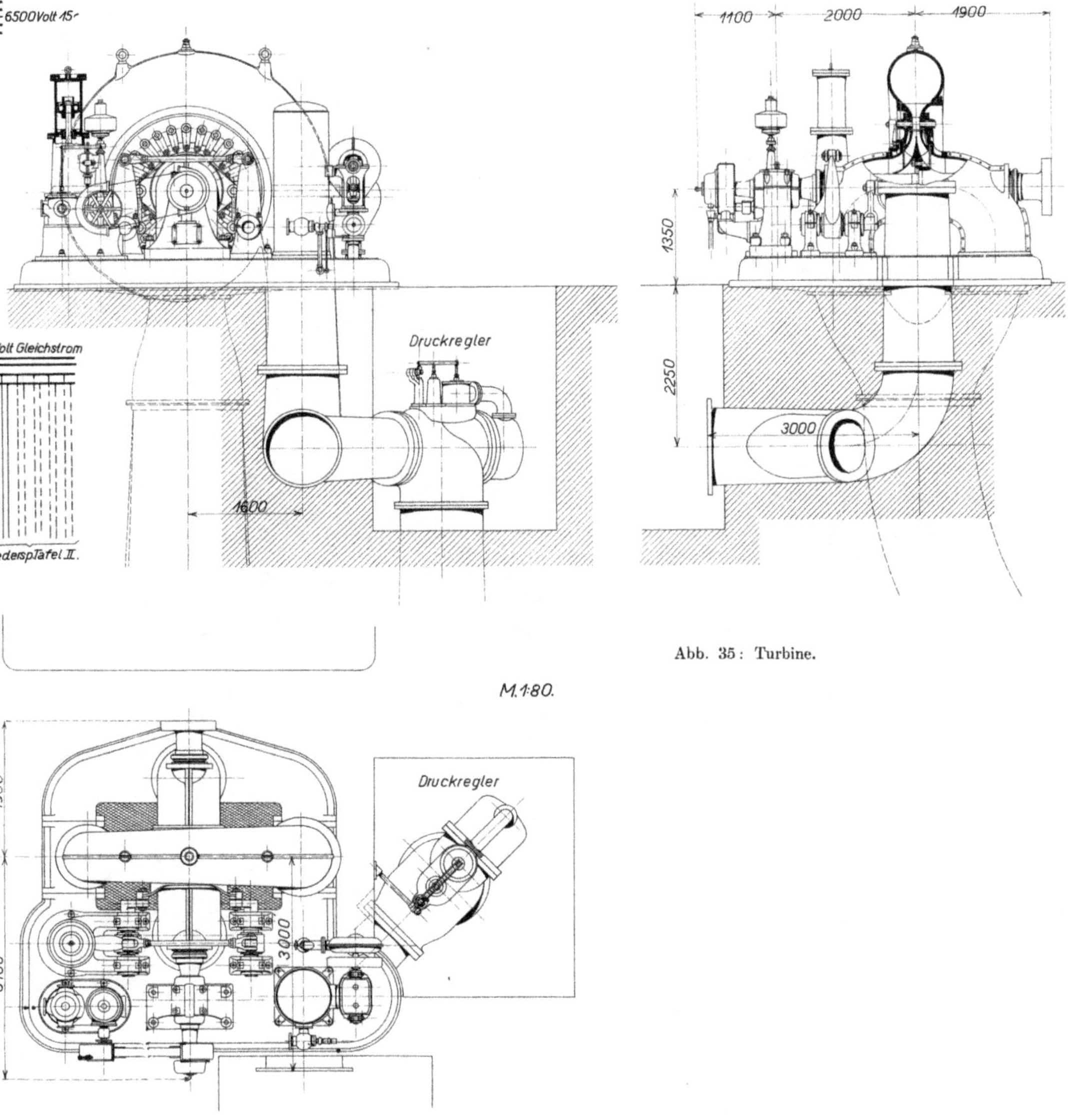


Abb. 35: Turbine.

Verlag von R. Oldenbourg, München und Berlin

Walchenseekraftwerk — Wasserschloß, Druckrohrleitungen und Krafthaus

# VIRIBUS UNITIS

Viribus unitis
Tafel 1

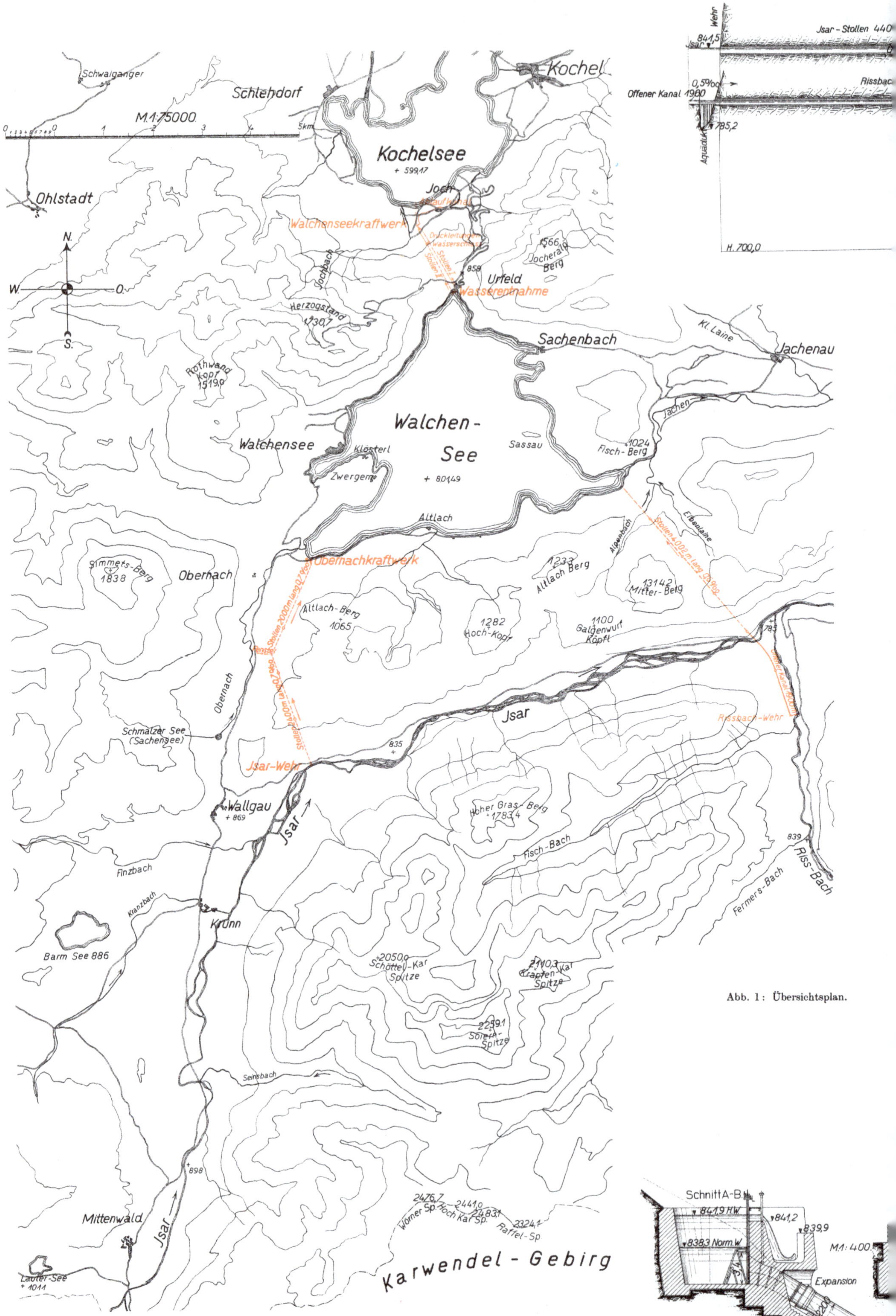



Abb. 1: Übersichtsplan.

Druck der graphischen Kunstanstalt Oskar Consée, München
Gezeichnet von E. Schuch. München

# Tafel 1

Viribus unitis

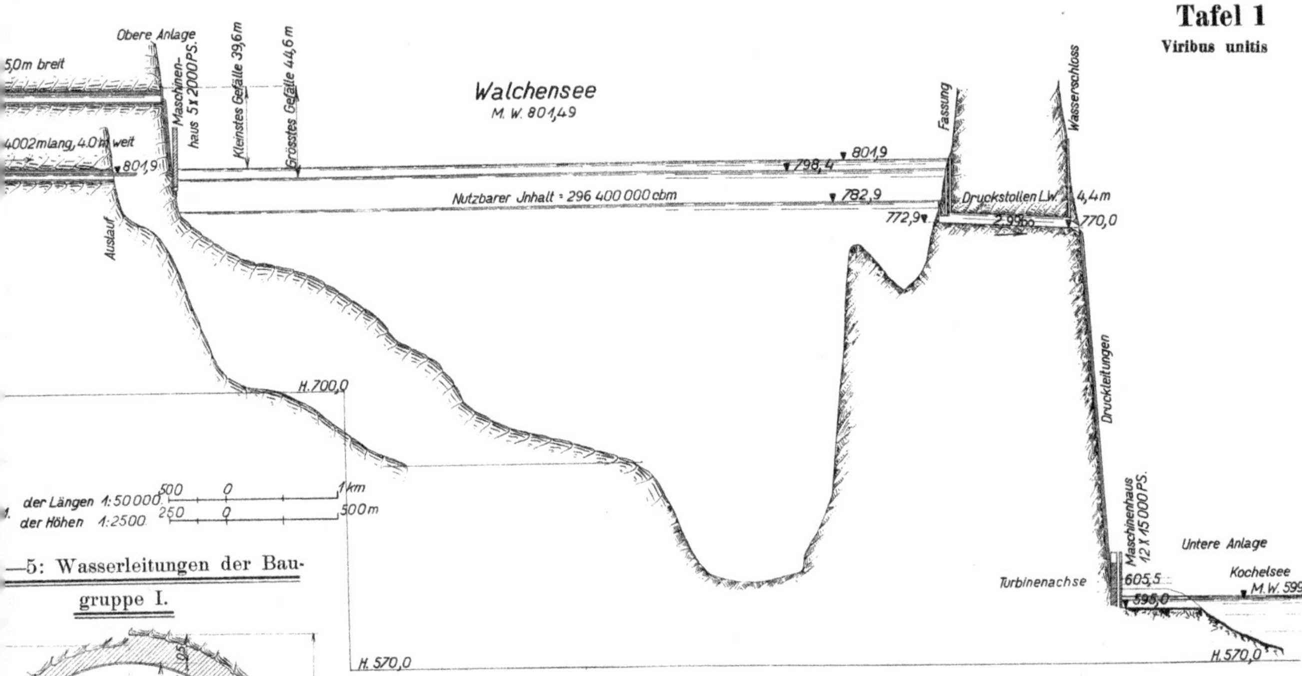


Abb. 2: Längsschnitte der Gesamtanlage.

## —5: Wasserleitungen der Baugruppe I.

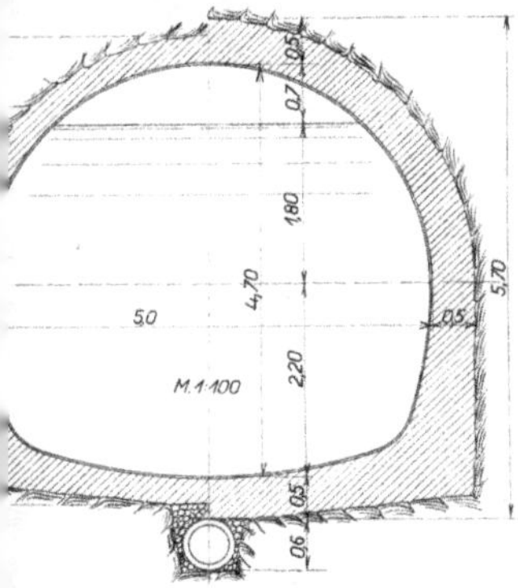

Abb. 3: Isarstollen.

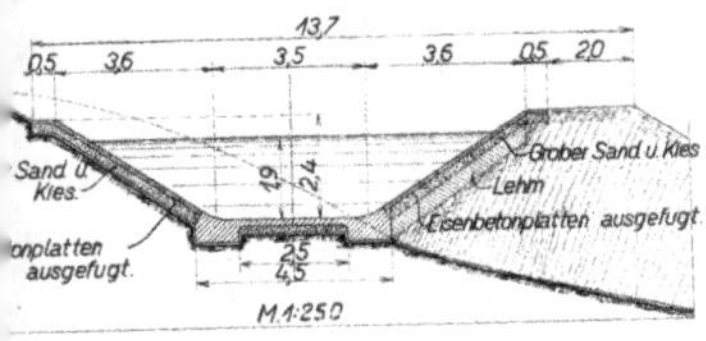


Abb. 4: Rißbachkanal. (Rißbachwehr bis Isar.)

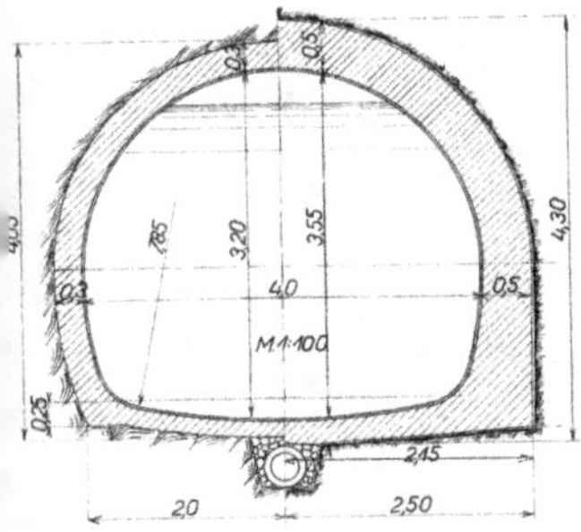

Abb. 5: Rißbachstollen.

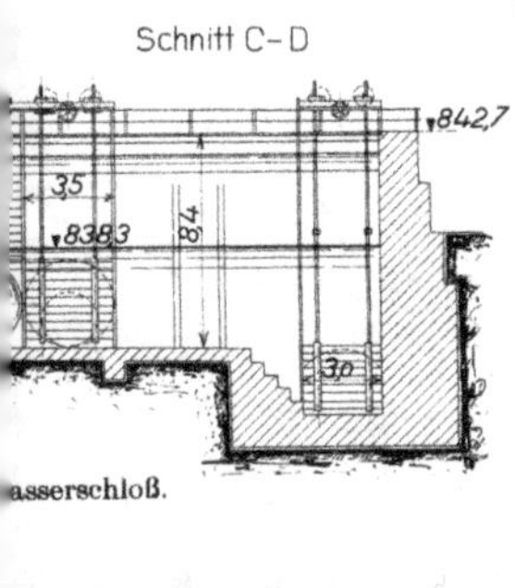


asserschloß.

## Abb. 6—8: Obernachkraftwerk.

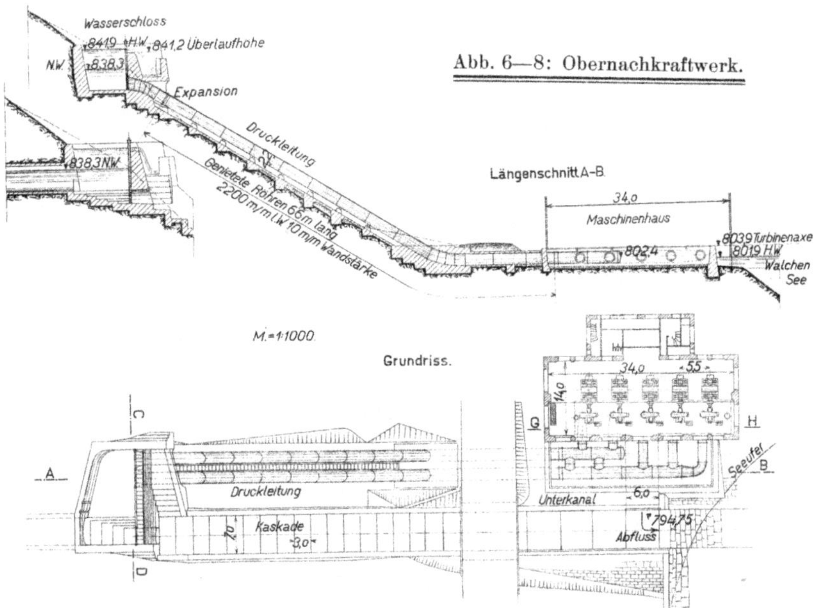


Abb. 6: Gesamtanordnung.

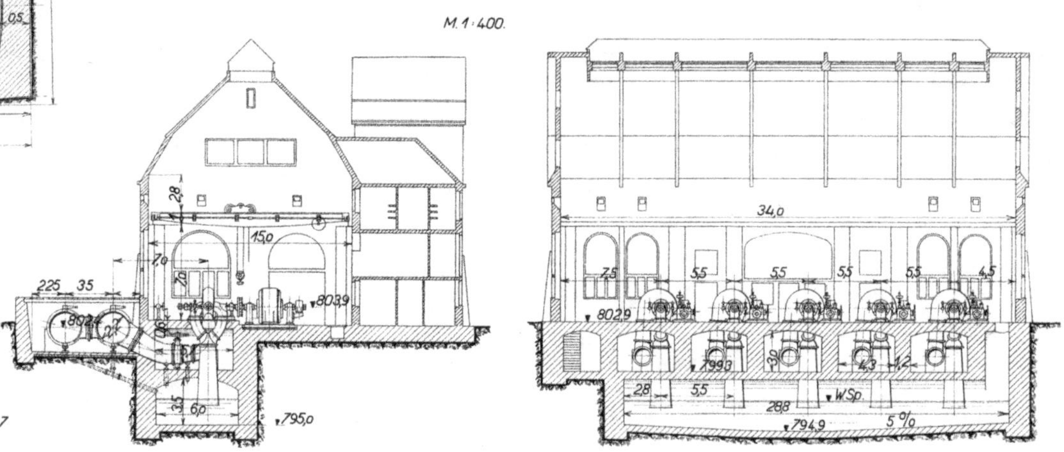


Abb. 8: Maschinen- und Schalthaus. Schnitte.

Verlag von R. Oldenbourg, München und Berlin

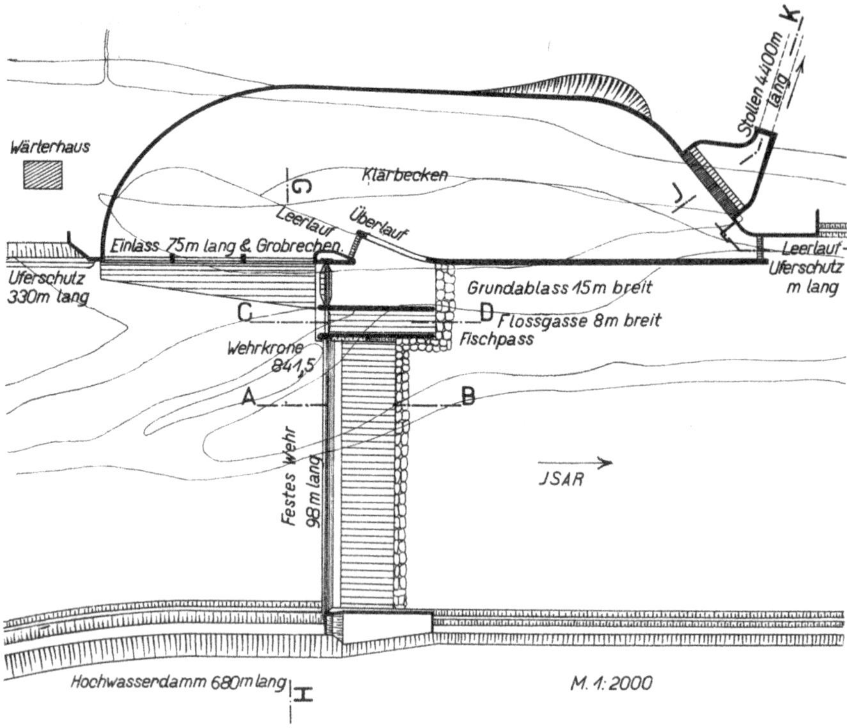


Abb. 9: Gesamtgrundriß.

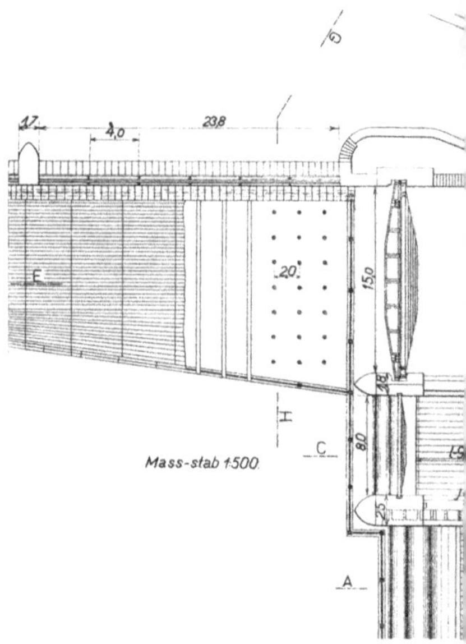


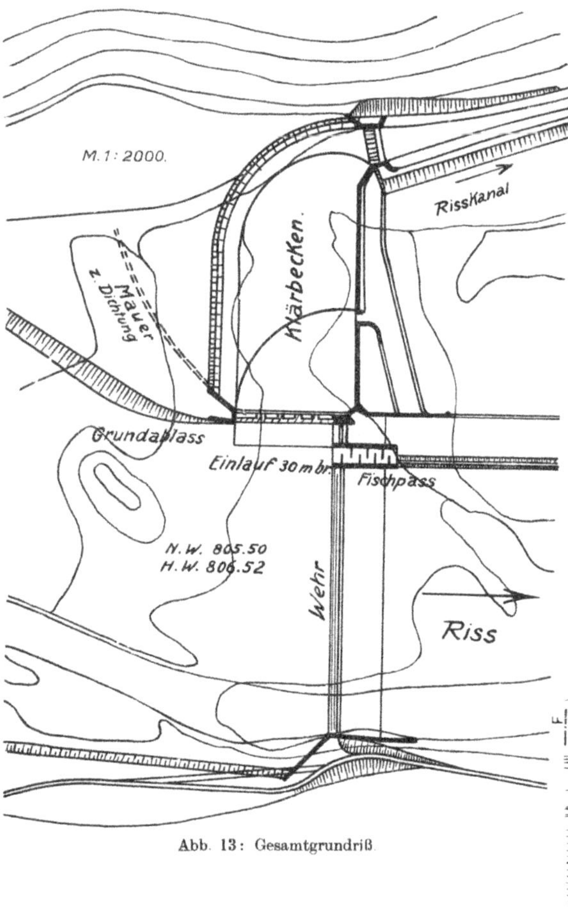


Abb. 13: Gesamtgrundriß

Abb. 9—12: Isarwehr.

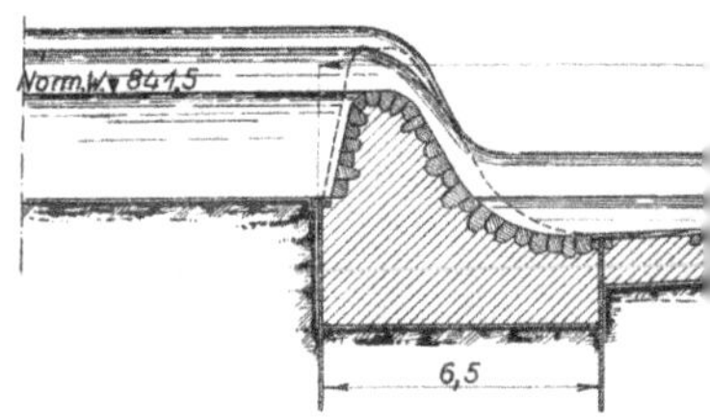


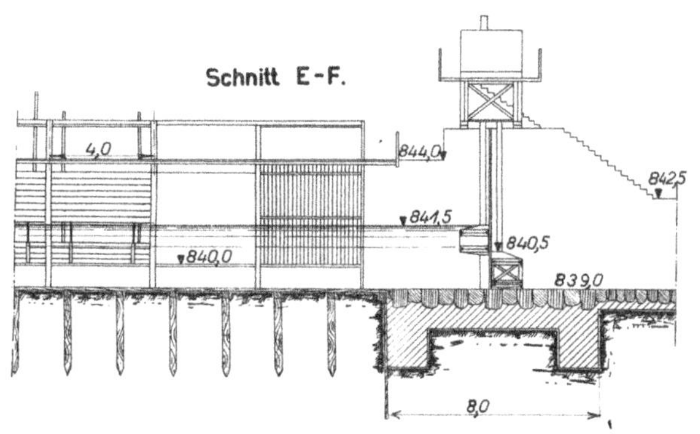


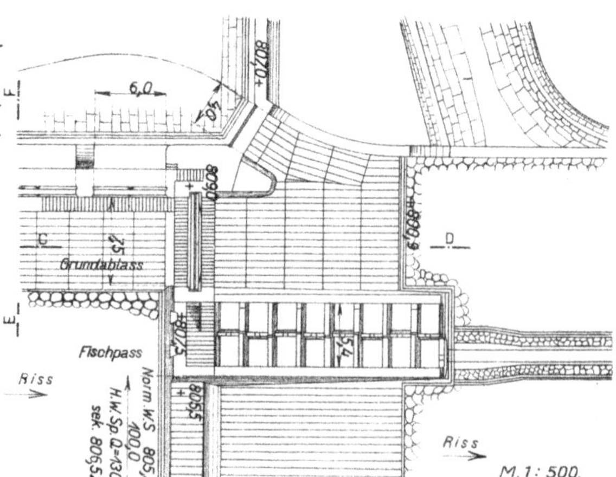


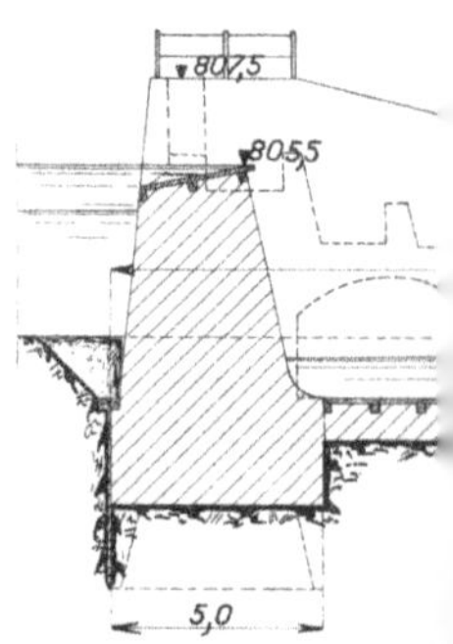


Abb. 14: Einzelgrundriß.

Abb. 13—15: Rißbachwehr.

Druck der graphischen Kunstanstalt Oskar Consée, München
Gezeichnet von F. Schuch, München

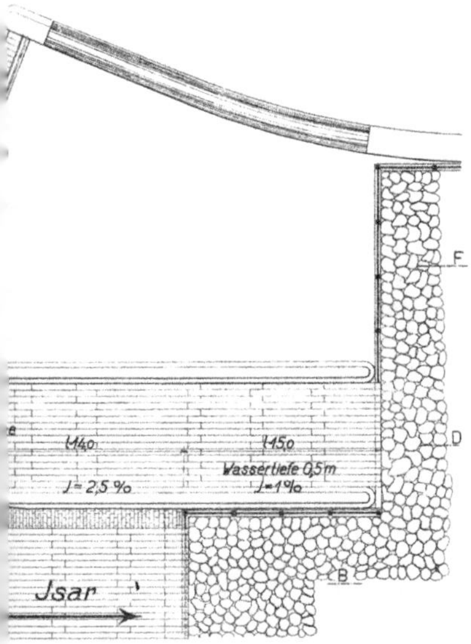


10: Einzelgrundriß.

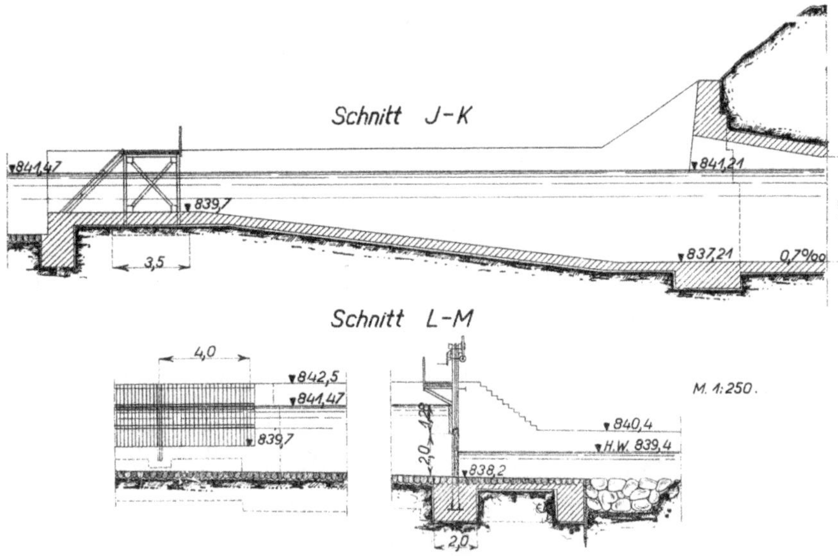


Abb. 11: Schnitt des Klärbeckens.

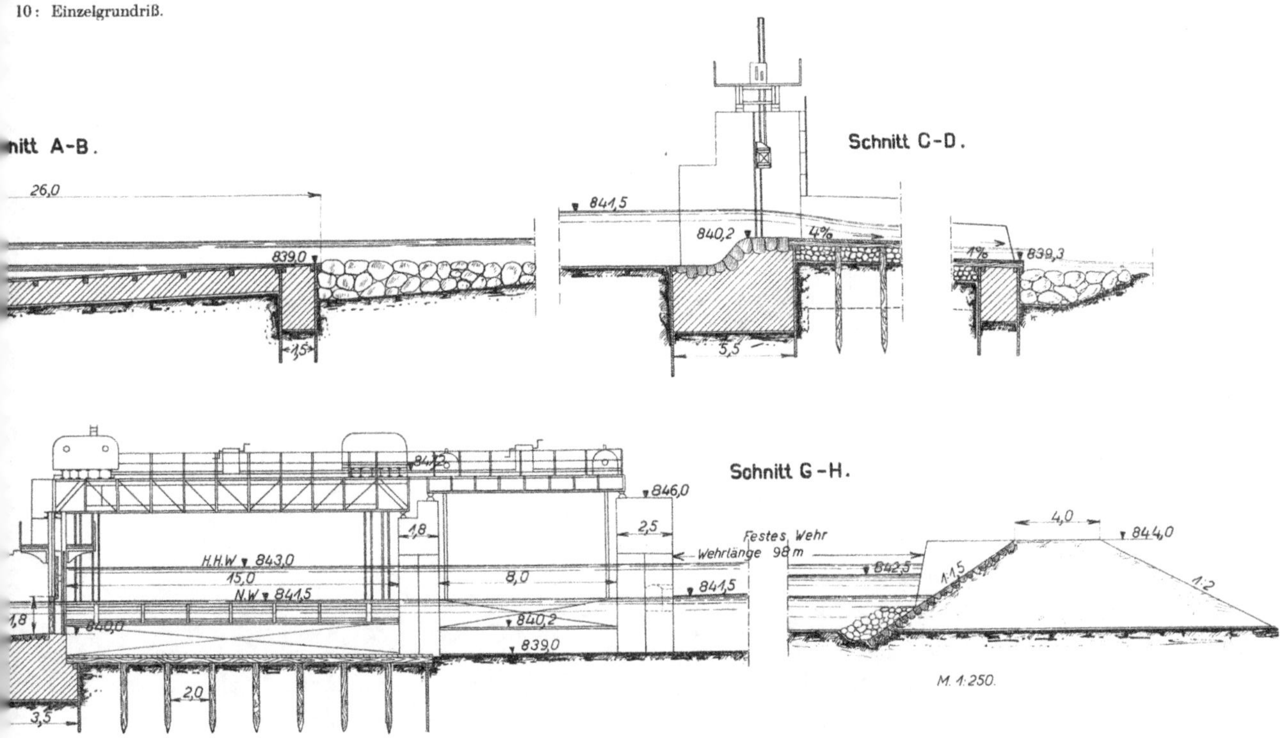


Abb. 12: Schnitte des Isarwehres.

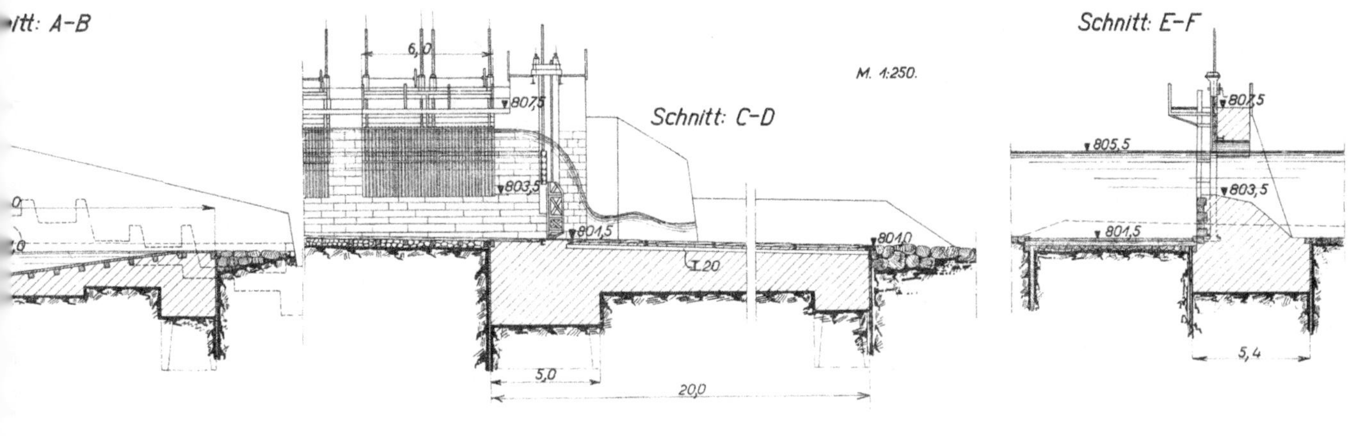


Abb. 15: Schnitt des Rißbachwehres.

Verlag von R. Oldenbourg, München und Berlin

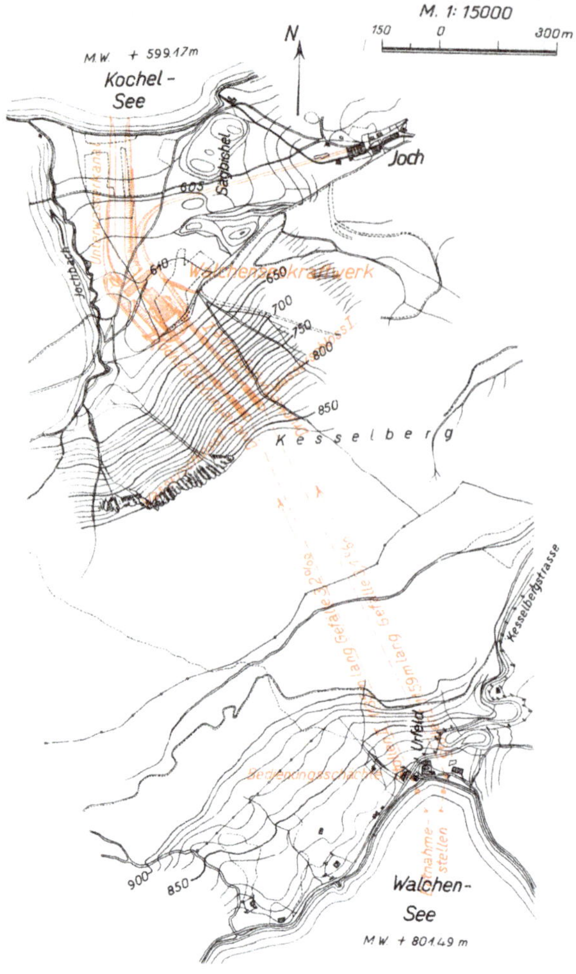


Abb. 16: Lageplan.

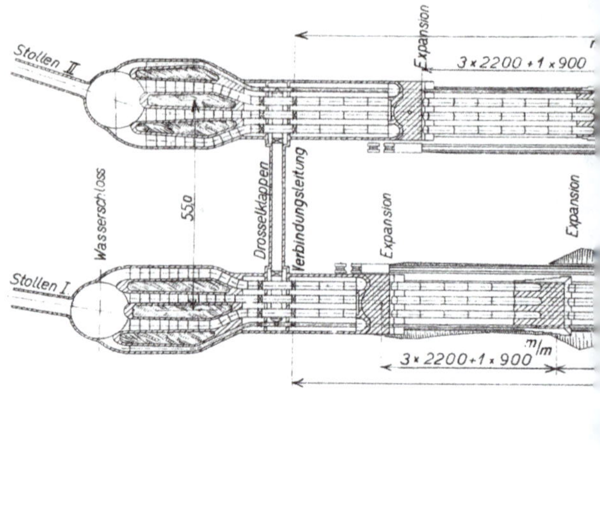


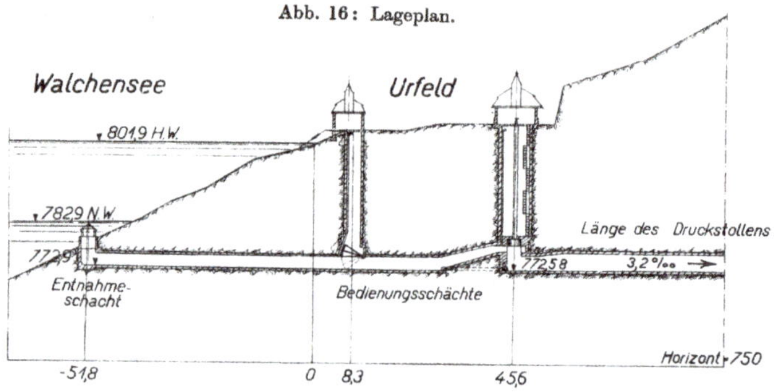


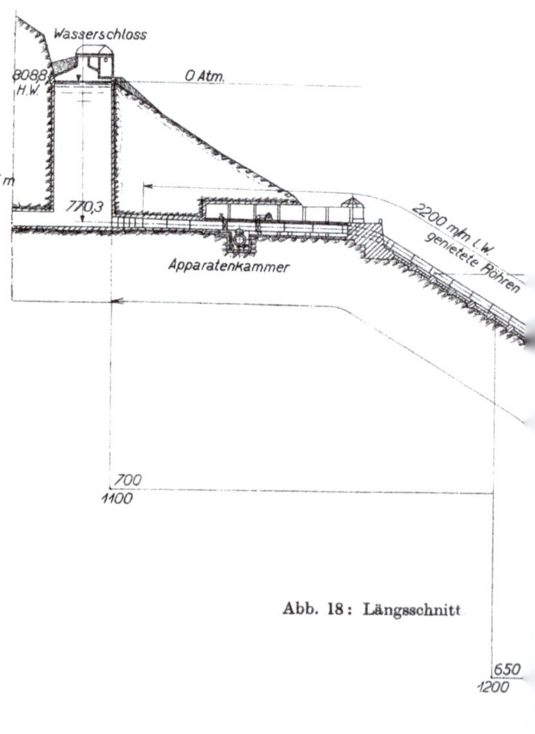


Abb. 18: Längsschnitt

Druck der graphischen Kunstanstalt Oskar Consée, München
Gezeichnet von F. Schu... Mü...

# Baugruppe II (Walchensee-Kochelsee)

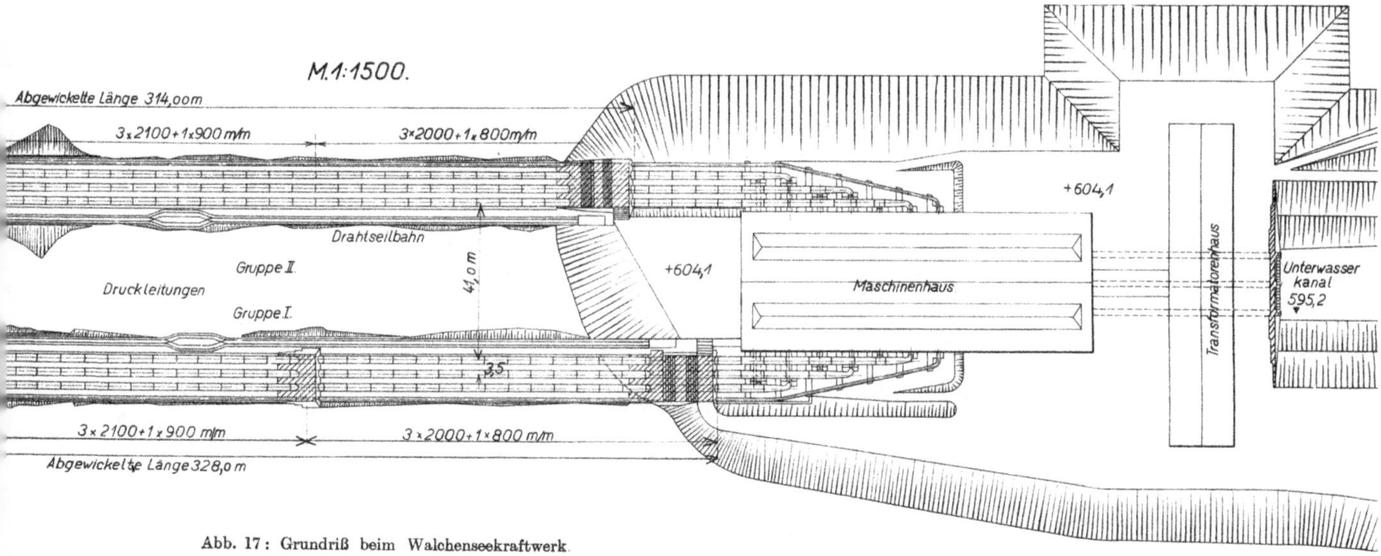


Abb. 17: Grundriß beim Walchenseekraftwerk.

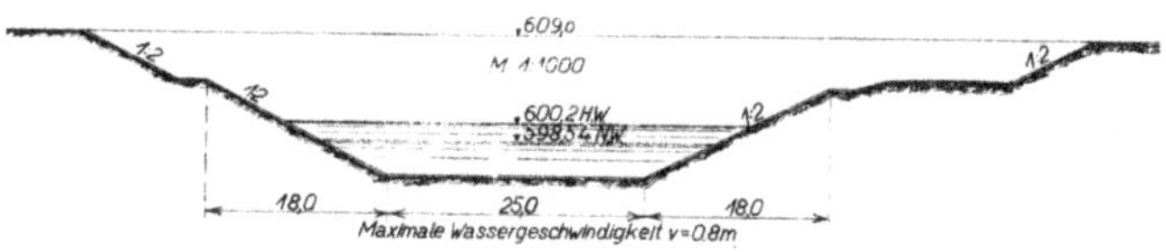


Abb. 20: Unterwasserkanal.

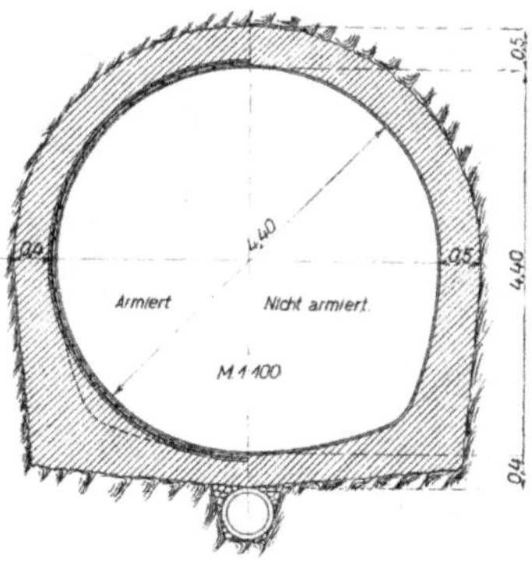


Abb. 19: Druckstollen.

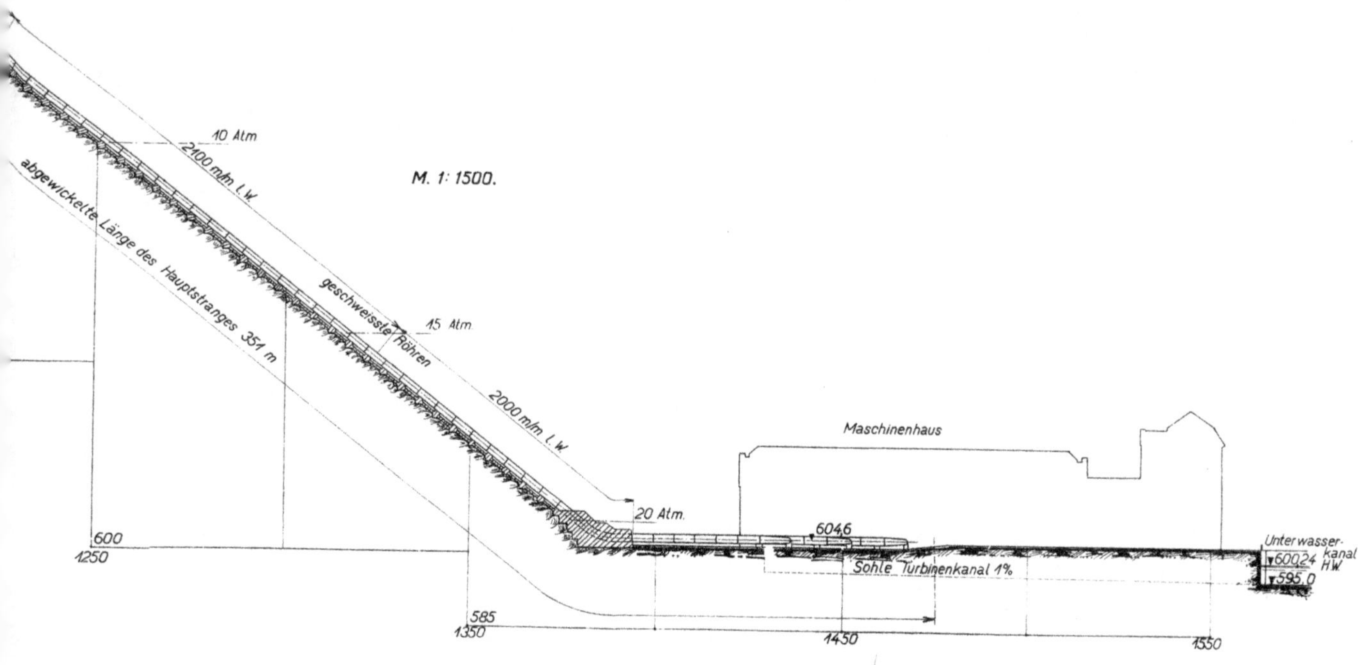

Viribus unitis
Tafel 4

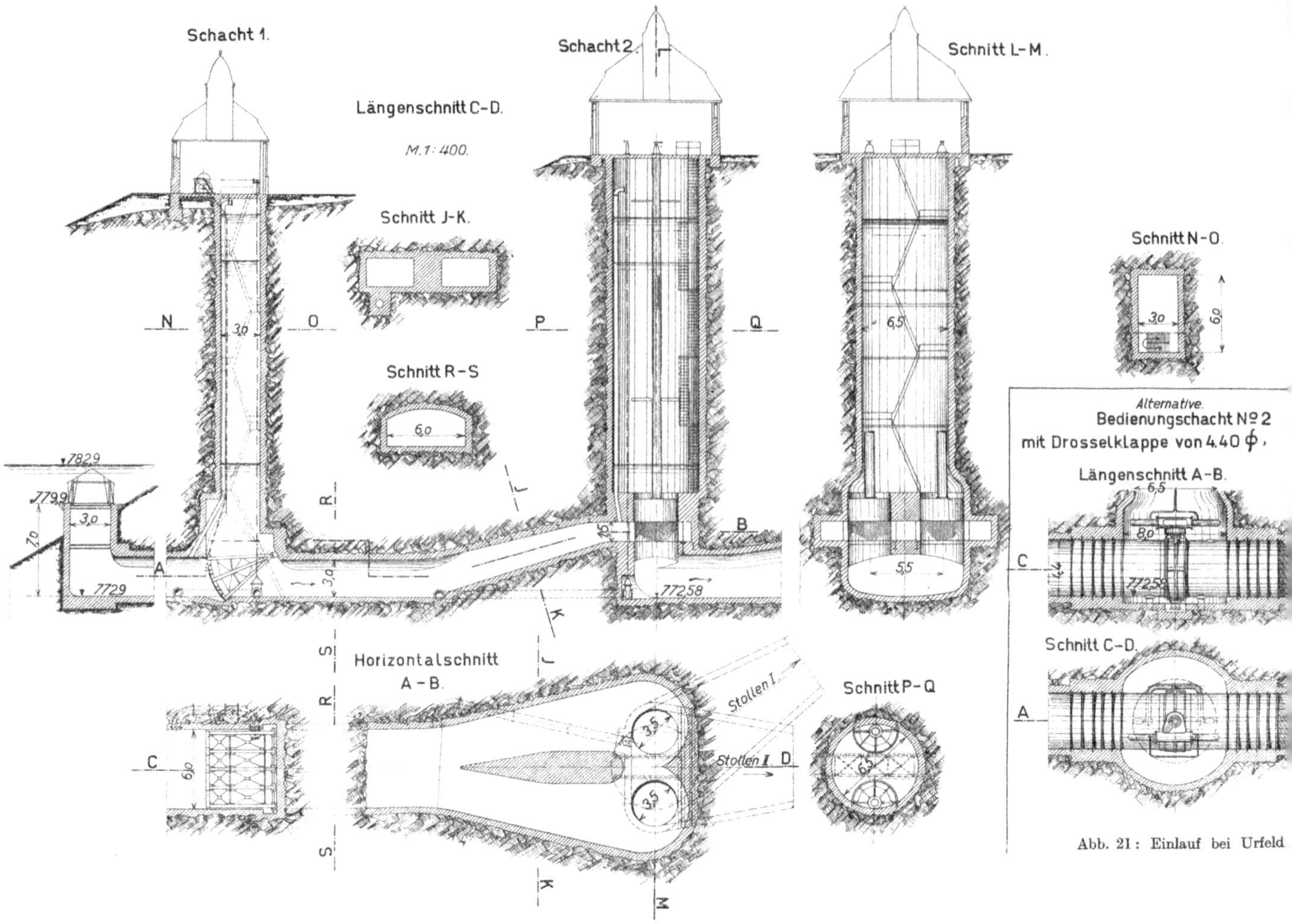


Abb. 21: Einlauf bei Urfeld.

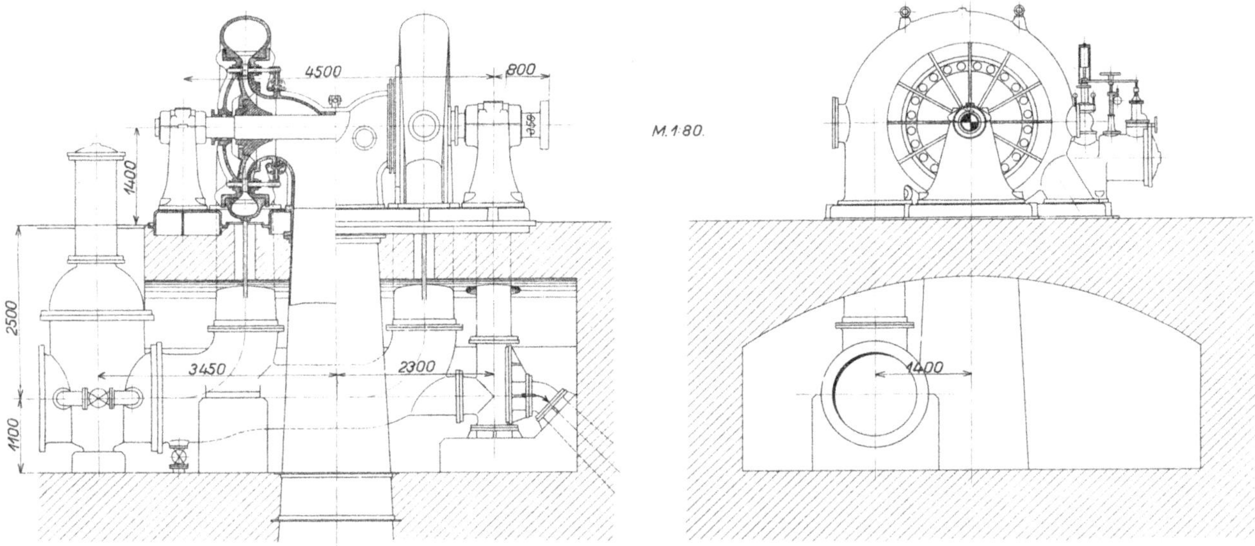


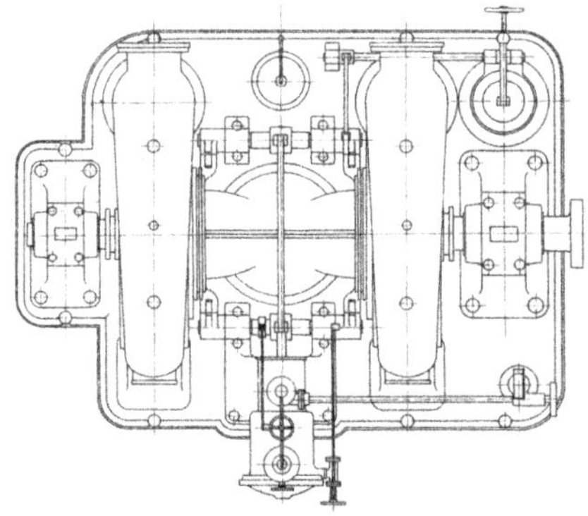

Abb. 23: Turbine.

Abb. 24—26: Kraft- und Transform

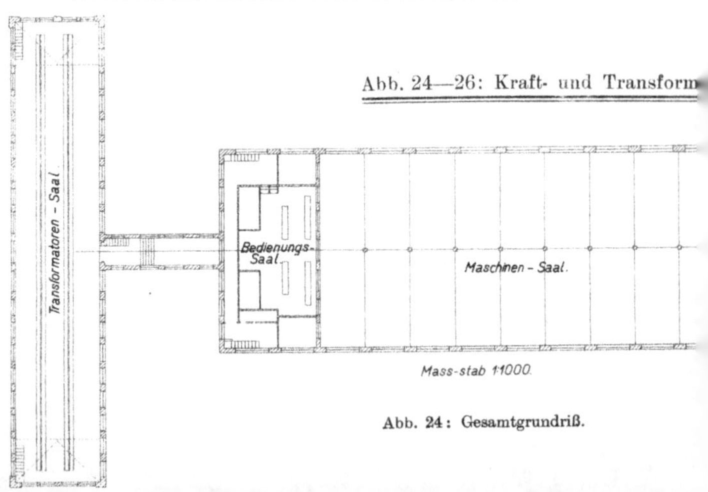


Abb. 24: Gesamtgrundriß.

Druck der graphischen Kunstanstalt Oskar Consée, München
Gezeichnet von F. Schuch, München

# Baugruppe II (Walchensee-Kochelsee)

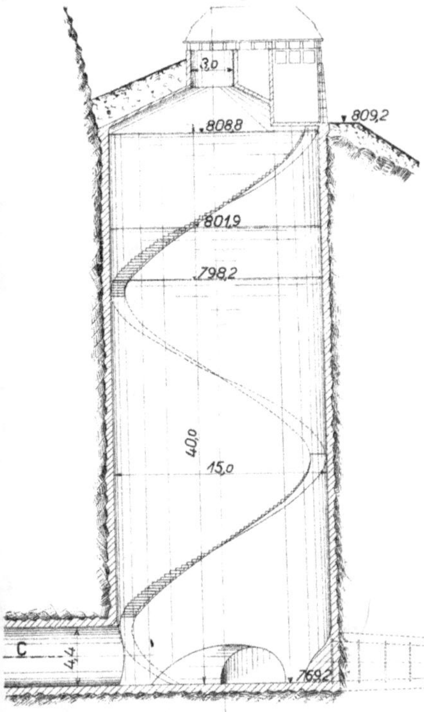


Fassade des Wasserschlosses.

Längenschnitt A–B.

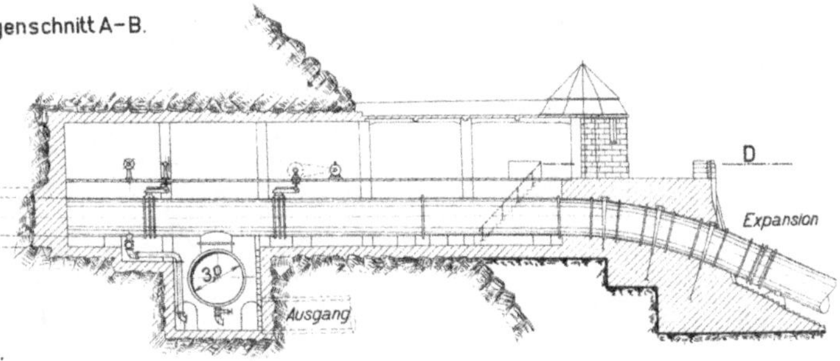


Horizontalschnitt C–D.

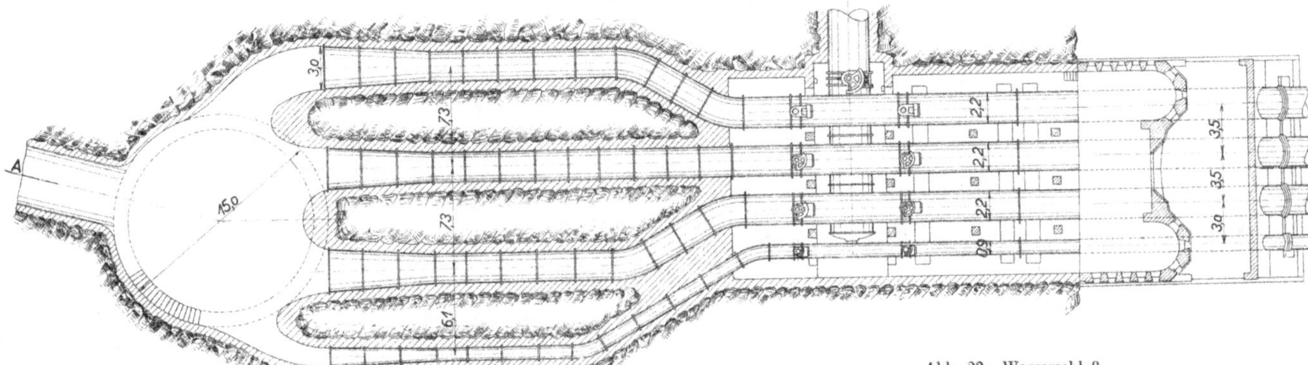


Abb. 22: Wasserschloß.

aus.

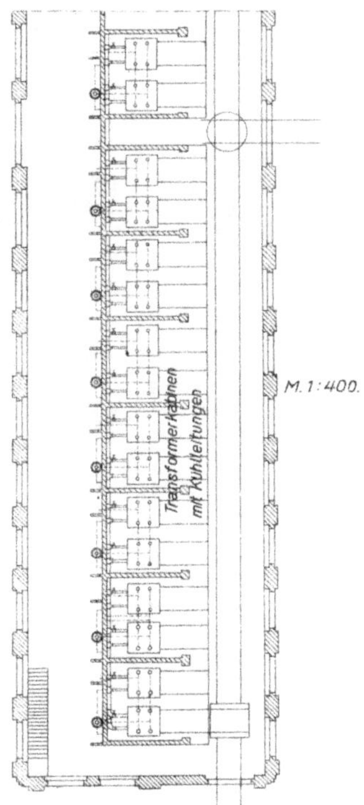


Abb. 25: Transformatorenhaus. Grundriß

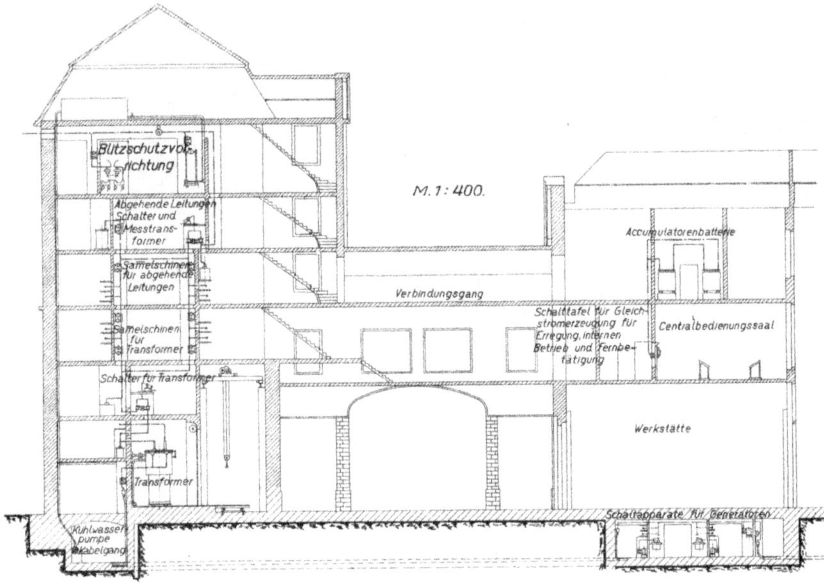


Abb 26: Schnitt G/H

Verlag von R. Oldenbourg, München und Berlin

Viribus unitis
Tafel 5

Abb. 27—30: Walchenseekraftwerk.

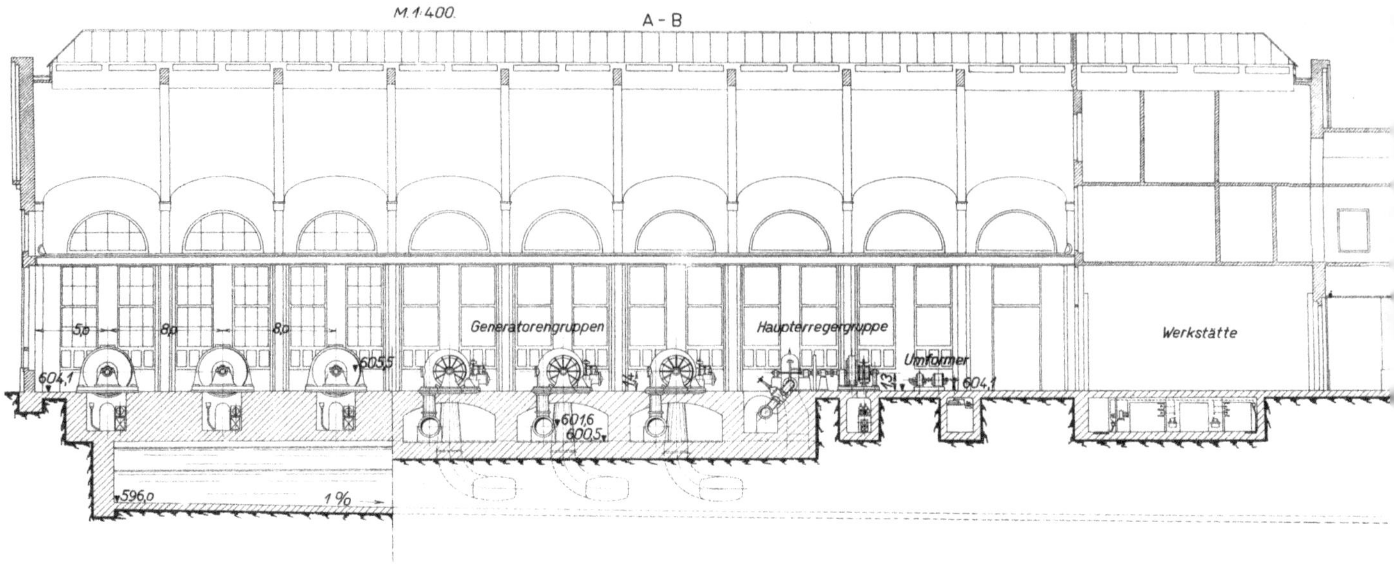


Abb. 27: Längsschnitt A/B.

Abb. 27—29: Krafthaus.

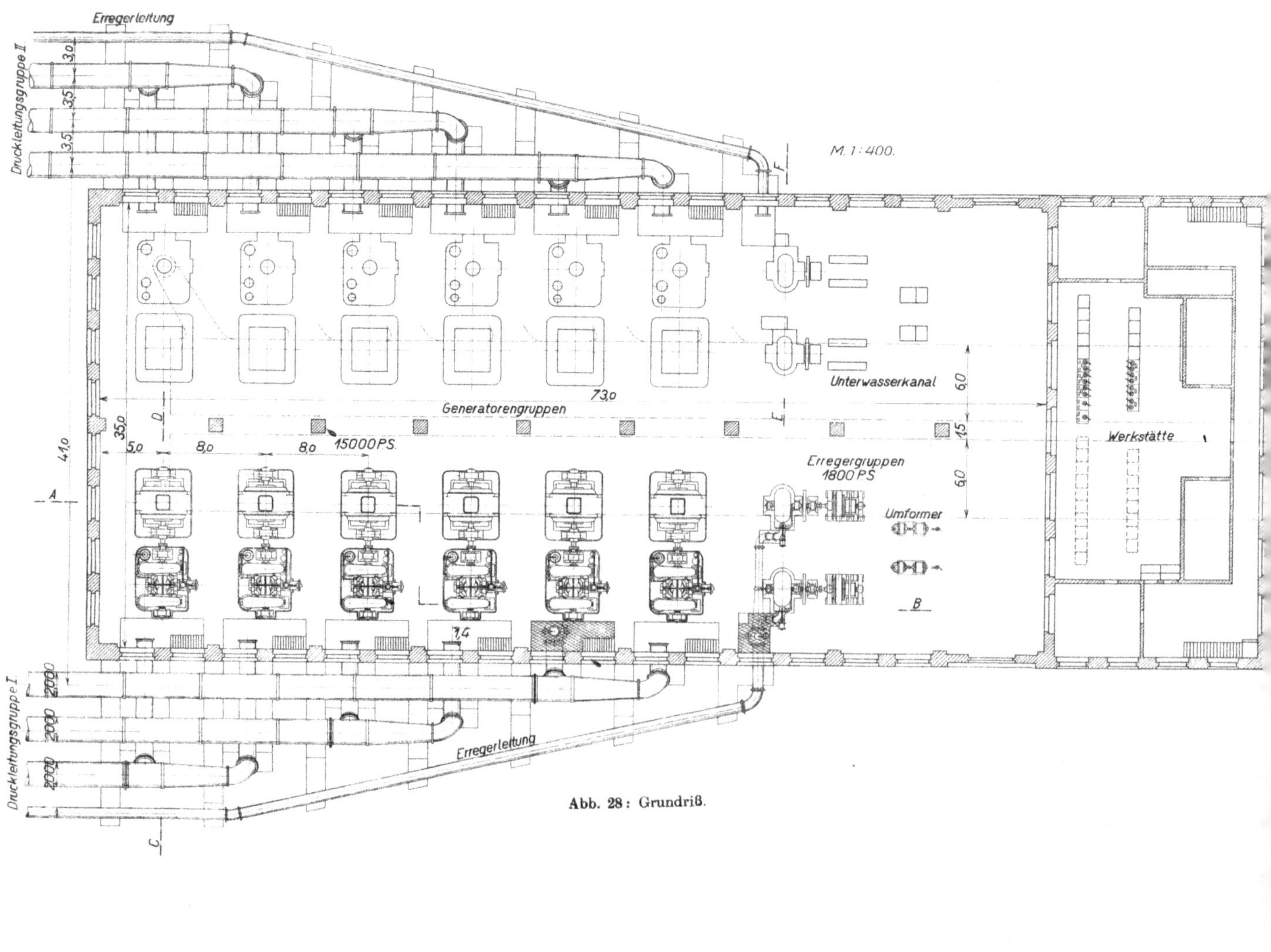


Abb. 28: Grundriß.


Druck der graphischen Kunstanstalt Oskar Consée, München
Gezeichnet von E. Schuch, München

# Tafel 5

**Viribus unitis**

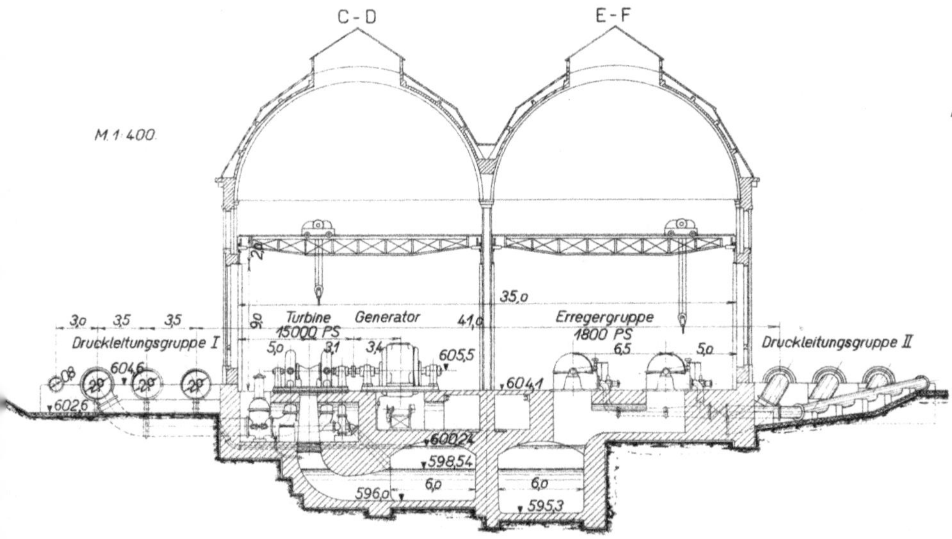


Abb. 29: Querschnitt C/D/E/F.

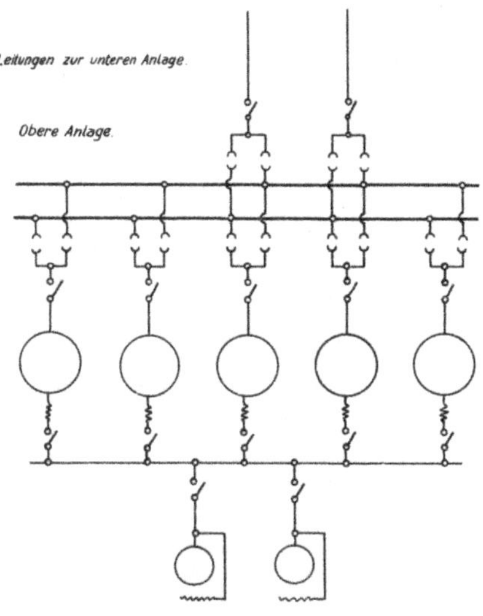


Abb. 31: Obernachkraftwerk.

Zeichenerklärung zu Abb. 30.

A Amperemeter.
Aa Selbsttätiger Ölschalter.
Aaf Selbsttätiger Ölschalter für Fernbetätigung.
Ah Handschalter.
$A_{max}$ Maximalschalter.
$A_{min}$ Minimalschalter.
Bl Hörnerblitzschutz-Vorrichtung.
E Erdplatte.
Er Haupterregermaschine.
Es Erregerschalter.
G Generator.
GV Generalvoltmeter.
Hr Hauptstromregulator.
Isp Induktionsspirale.
Ls Leitungsschließer.
Nr Nebenschlußregulator.
Ph V Phasenvoltmeter.
R u. R V Registrierendes Voltmeter.
R W Registrierendes Wattmeter.
S Hebelschalter.
Si Sicherung.
Sp W Spannungswandler.
St u. St W Stromwandler.
Th Haupttransformator.
Tst Stationstransformator.
Us Umschalter
V Voltmeter
W Wattmeter.
W W Wasserwiderstand.
W St Wasserstrahlapparat.
Wu Wattmeterumschalter.

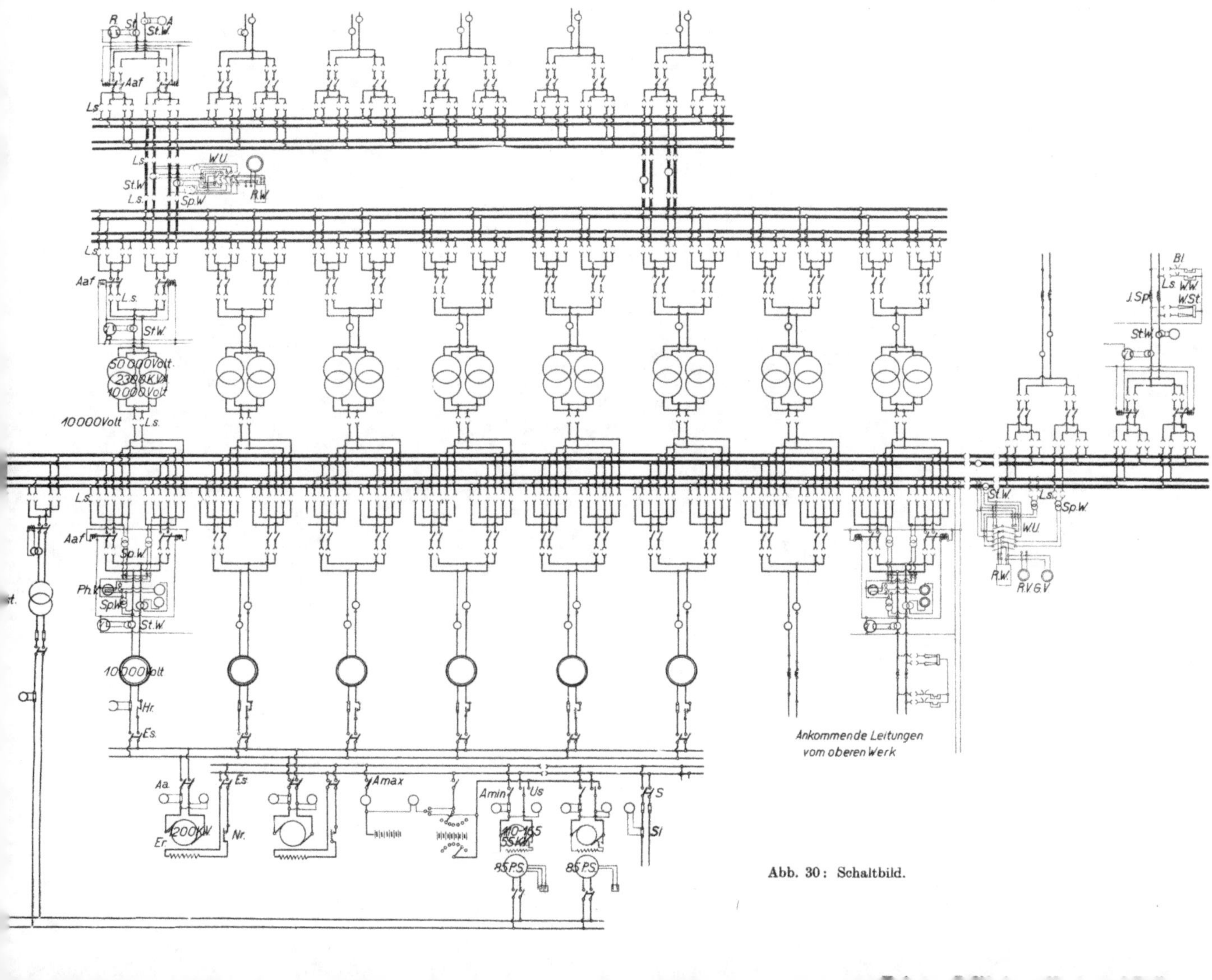


Abb. 30: Schaltbild.

Walchenseekraftwerk — Seitenansicht des Krafthauses

# WIKOR

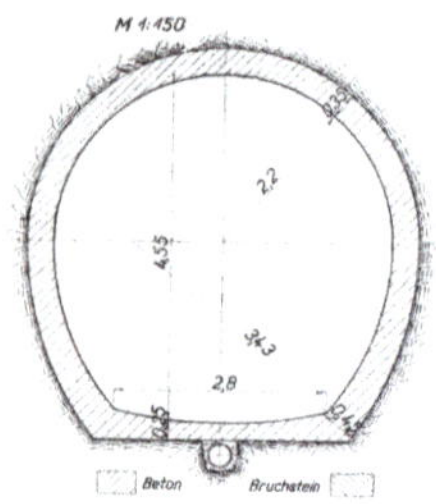


Abb. 3: Stollen Rißbach-Isar (Schnitt I/I).

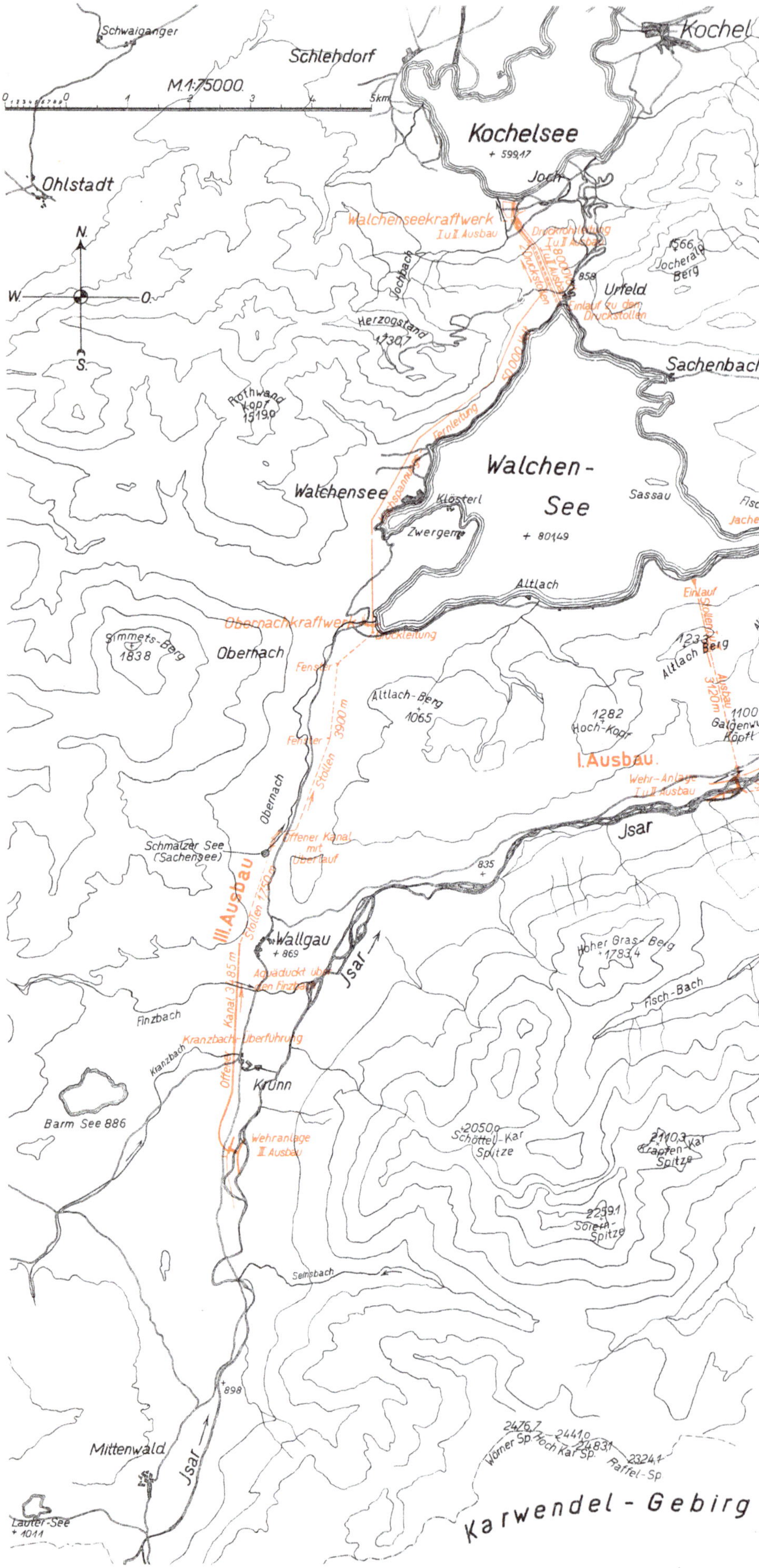


Abb. 1: Übersichtsplan.

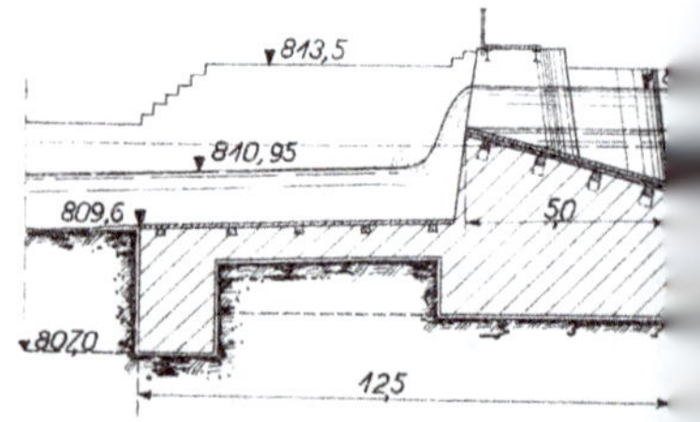


Abb. 8: Schnitt e/f.

Druck der graphischen Kunstanstalt Oskar Consée, München

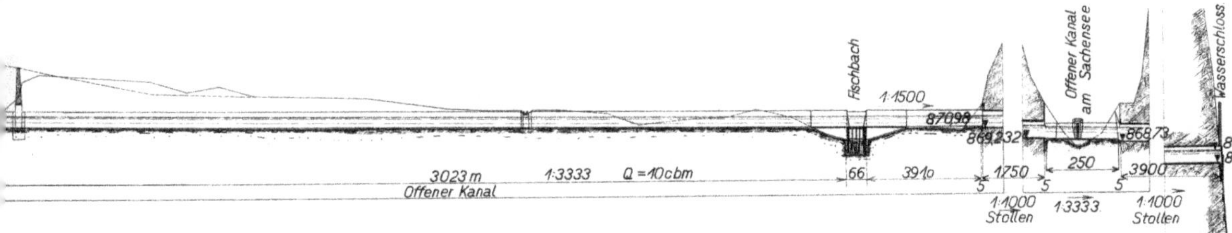


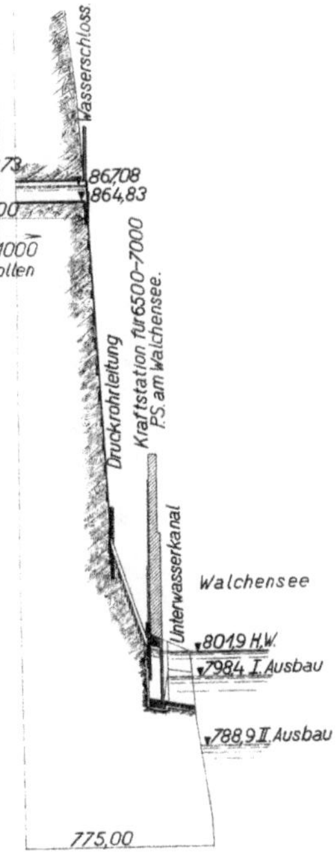


Abb. 2: Längsschnitte der Wasserwege der Baugruppe I.

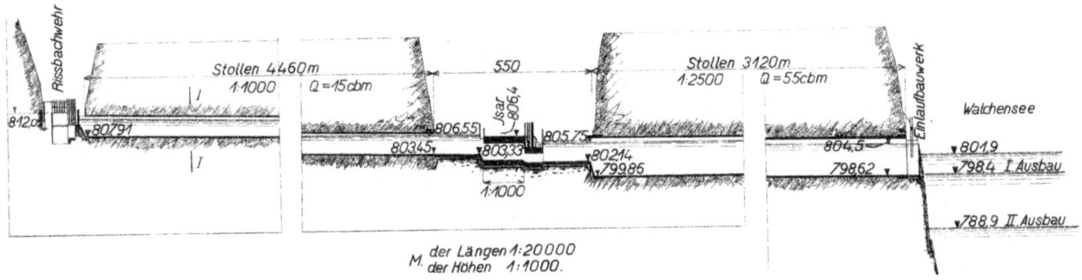


## Abb. 4—10: Rißbachwehr.

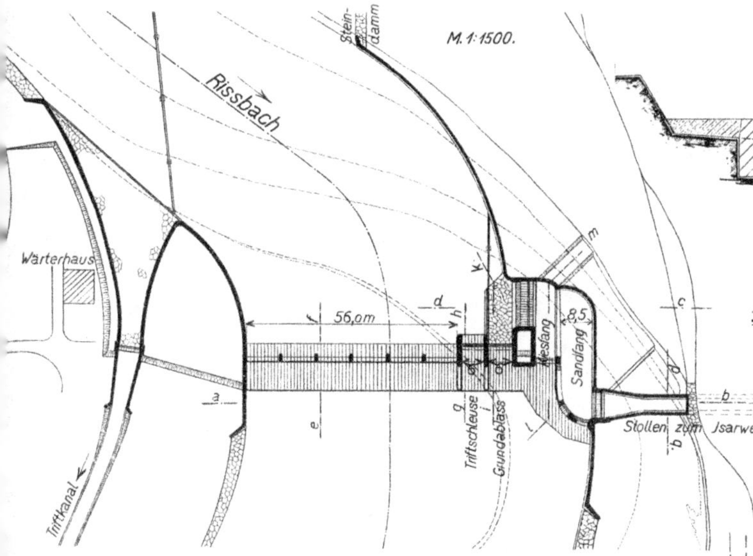


Abb. 4: Grundriß.

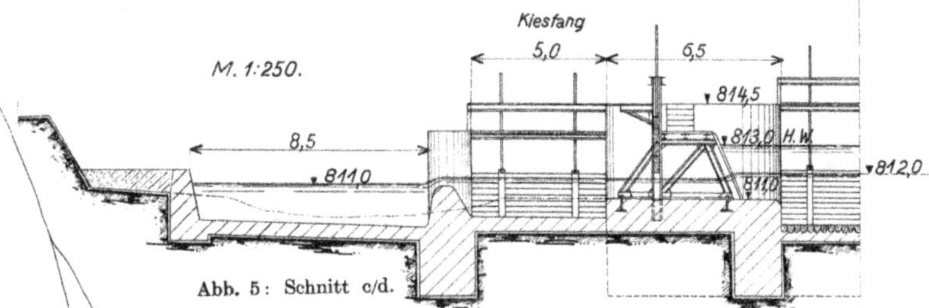


Abb. 5: Schnitt c/d.

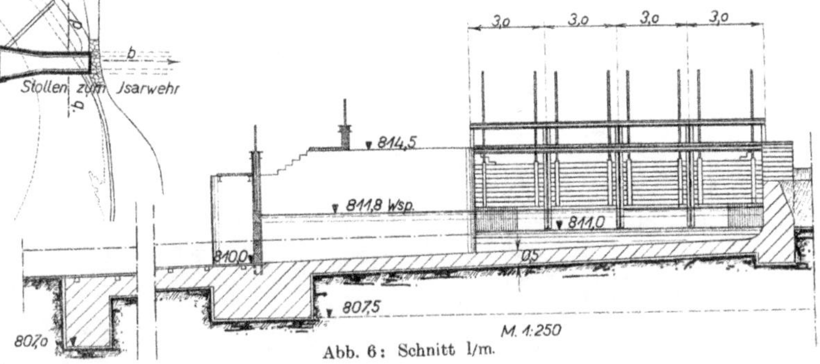


Abb. 6: Schnitt l/m.

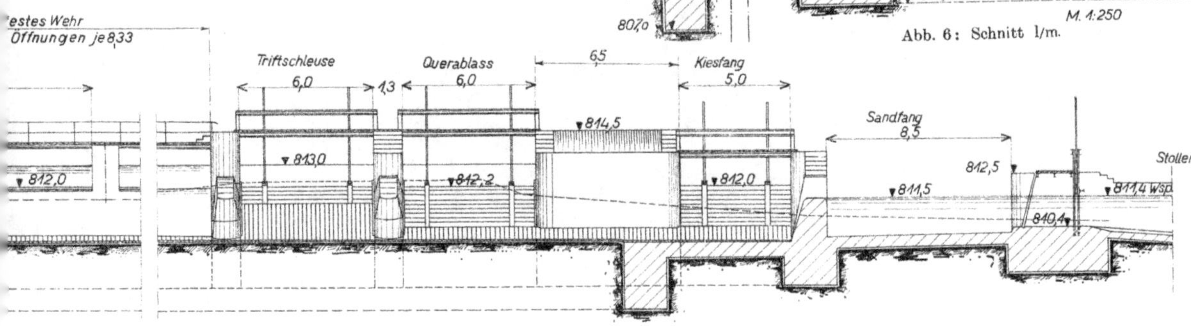


Abb. 7: Aufriß (Schnitt a/b).

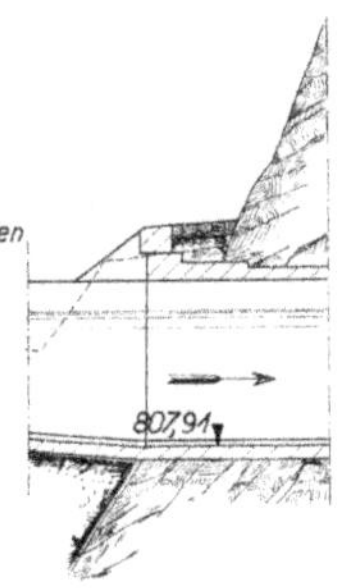


M. 1:250.

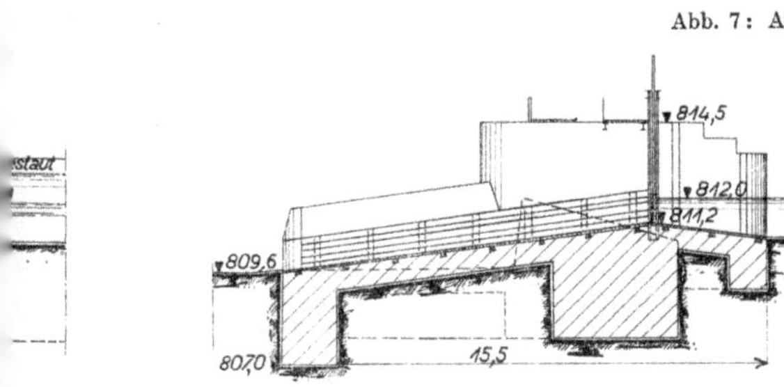


Abb. 9: Schnitt g/h.

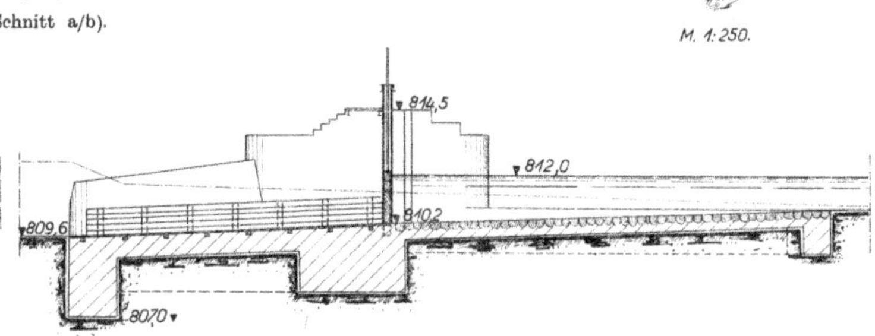


Abb. 10: Schnitt i/k.

Verlag von R. Oldenbourg, München und Berlin

Abb. 11—19: Unteres Isarwehr.

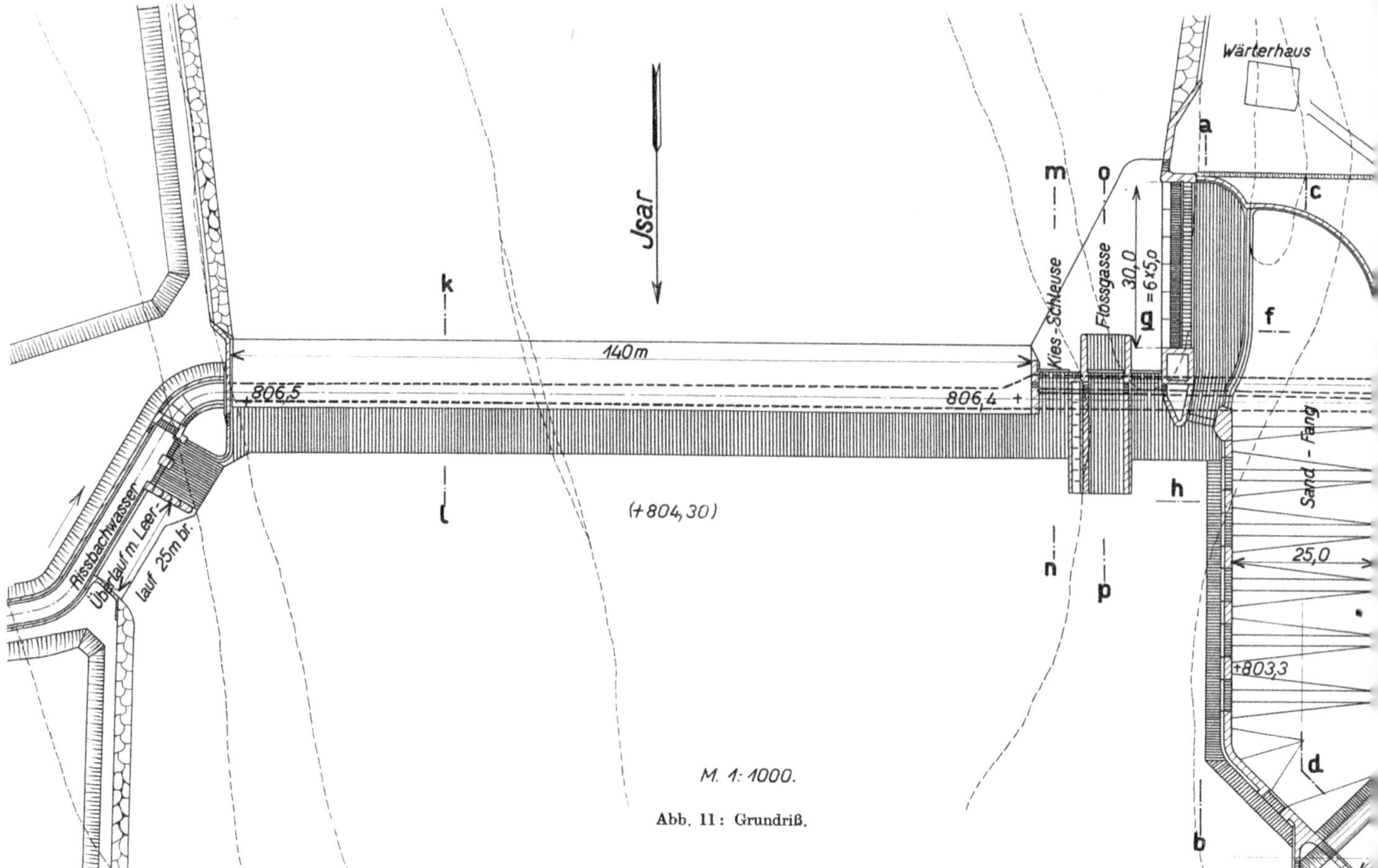


M. 1: 1000.

Abb. 11: Grundriß.

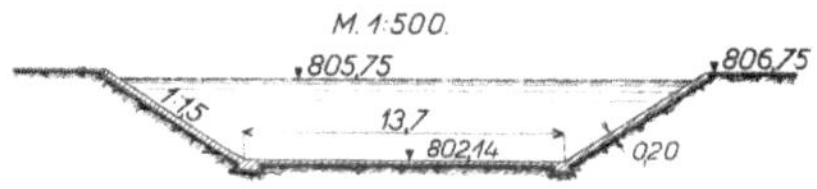


Abb. 12: Schnitt qu/r.

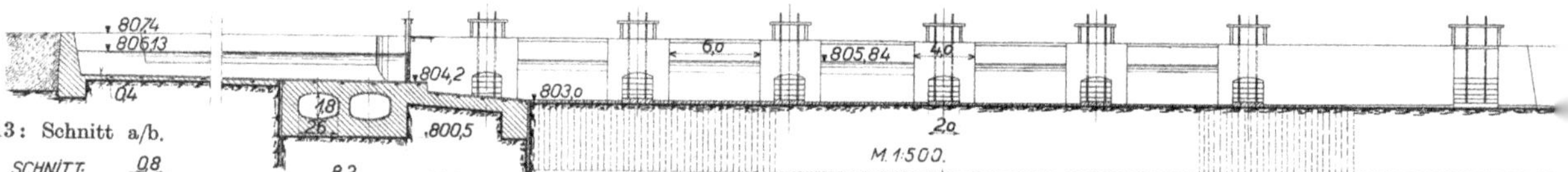


Abb. 13: Schnitt a/b.

SCHNITT: c–d–e.

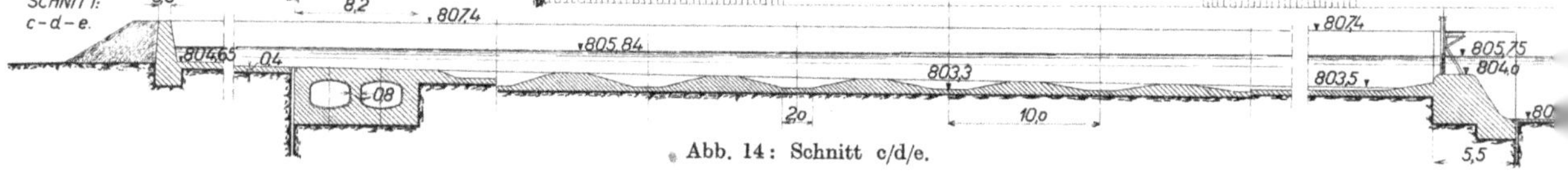


Abb. 14: Schnitt c/d/e.

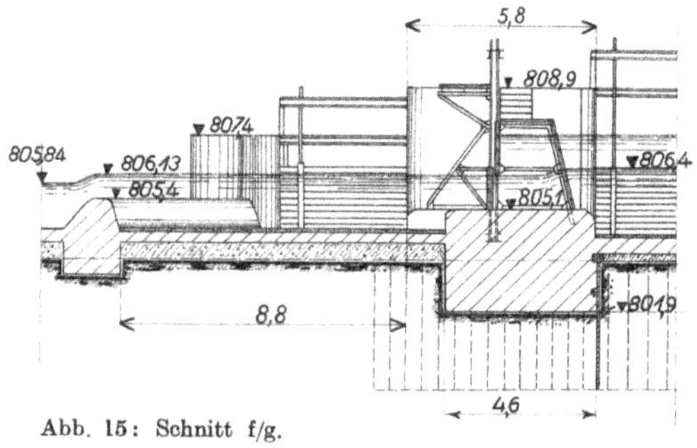


Abb. 15: Schnitt f/g.

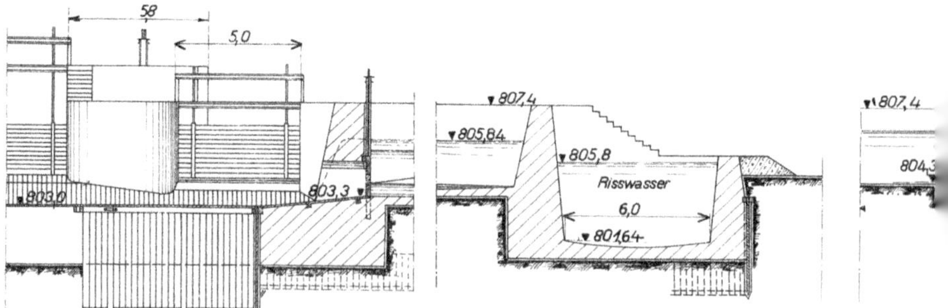


Abb. 16: Schnitt h/i.

M. 1:250.

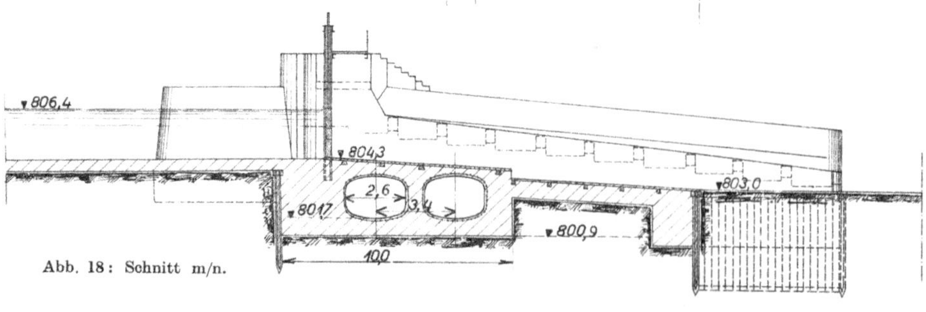


Abb. 18: Schnitt m/n.

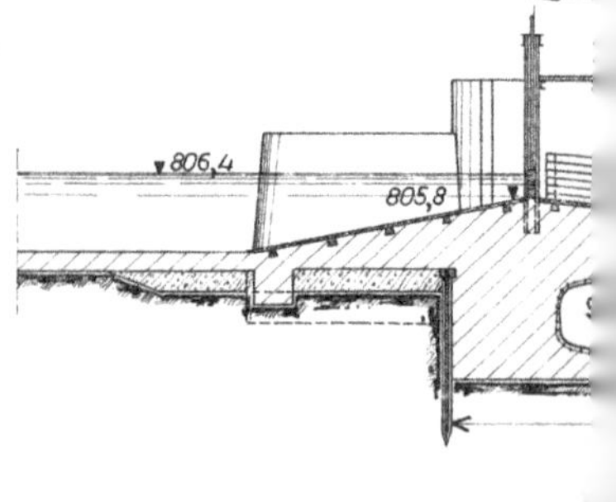


Druck der graphischen Kunstanstalt Oskar Consée, München

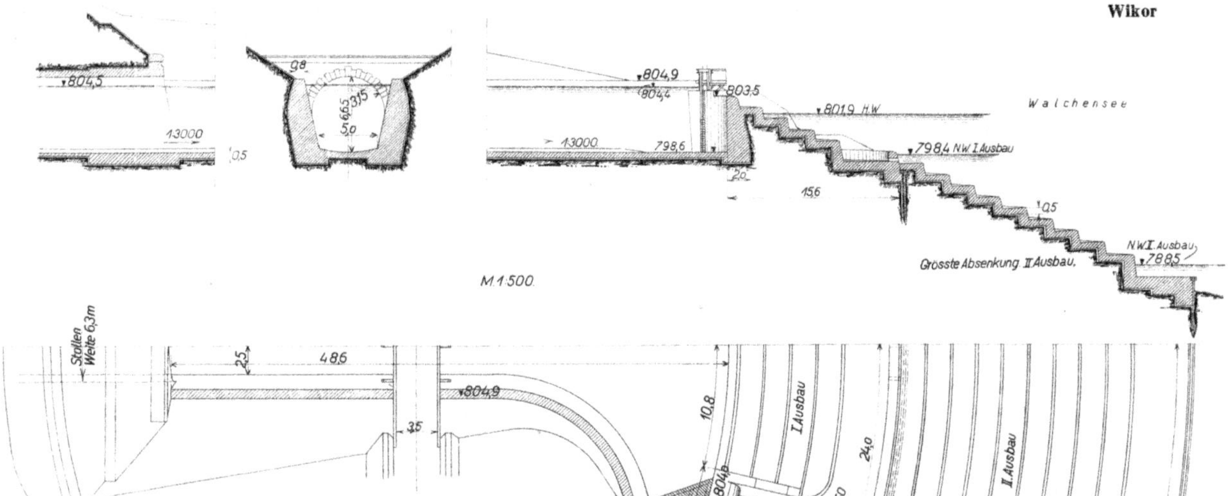


Abb. 20: Auslauf des unteren Stollens in den Walchensee.

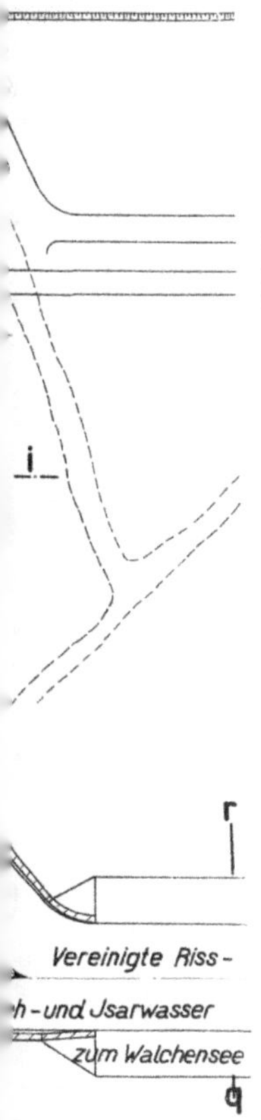


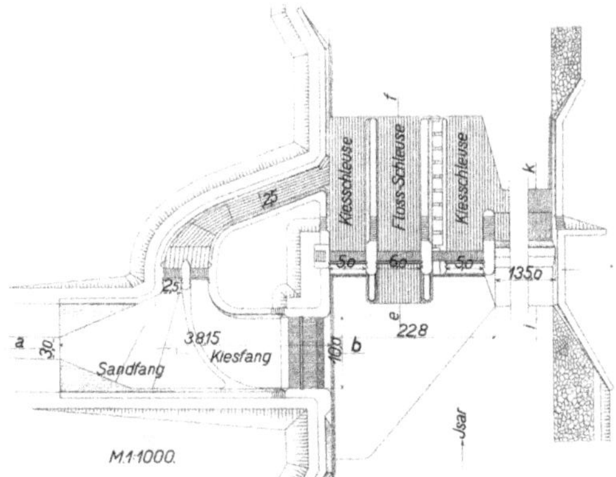


Abb. 22: Grundriß.

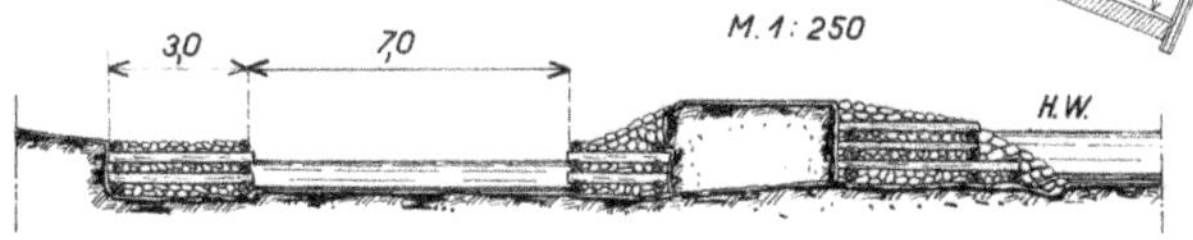


Abb. 21: Isar-Floßkanal.

Abb. 22—25: Oberes Isarwehr.

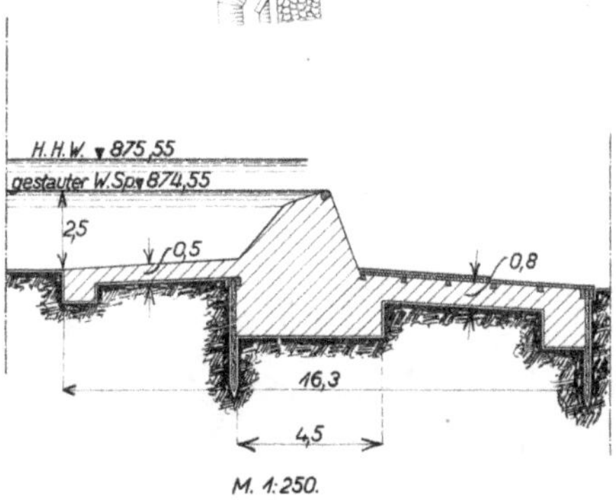


Abb. 23: Schnitt i/k.

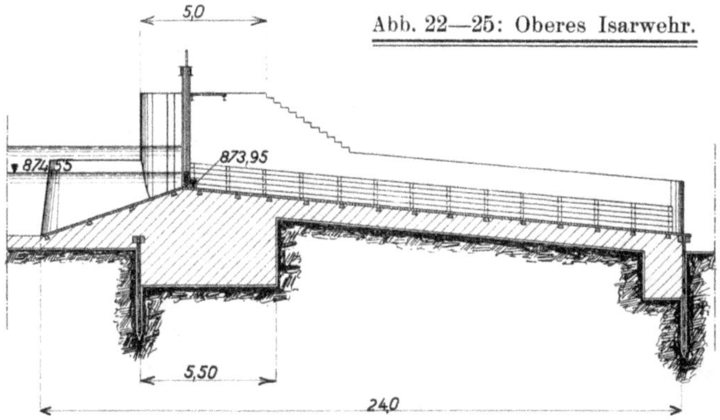


Abb. 24: Schnitt e/f.

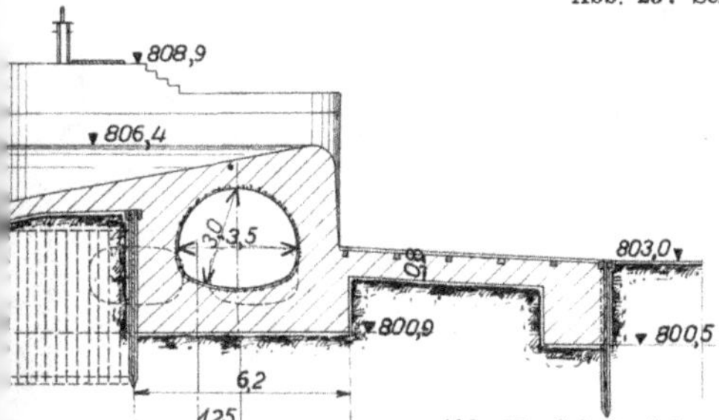


Abb. 17: Schnitt k/l.

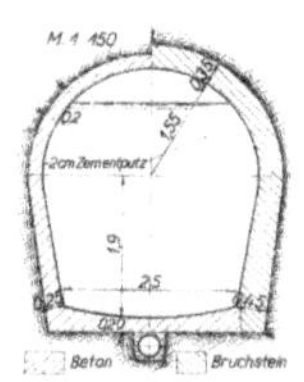


Abb. 26: Oberer Stollen Isar-Walchensee.

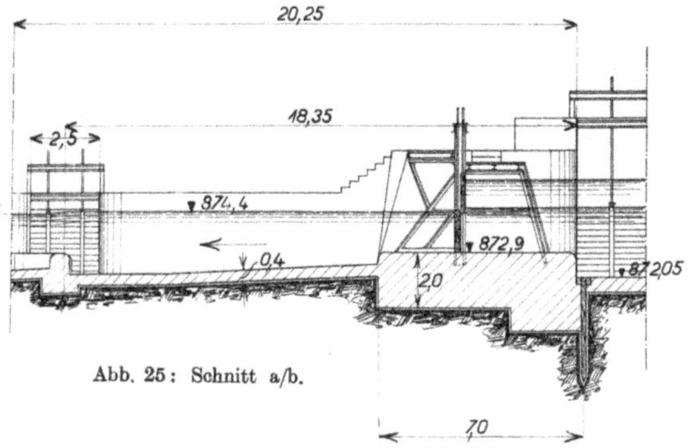


Abb. 25: Schnitt a/b.

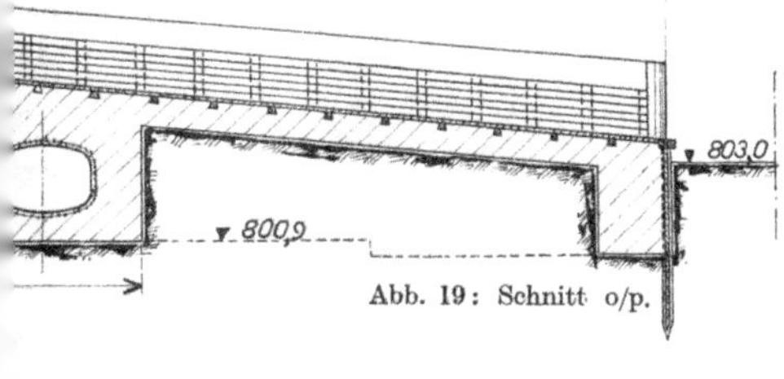


Abb. 19: Schnitt o/p.

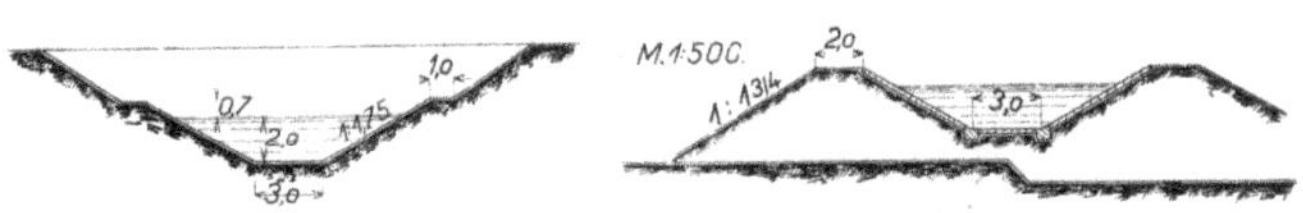


Abb. 27: Oberer Wasserweg, Offener Kanal.

Abb. 28—30: Kraft- und Schalthaus.

Abb. 28—33: O

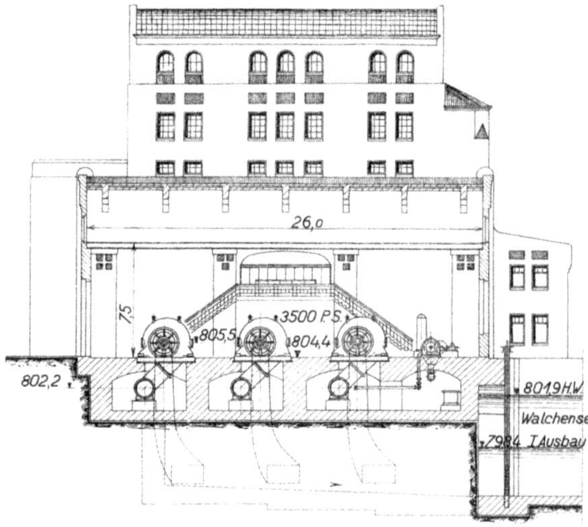


Abb. 28: Längsschnitt A/B/C.

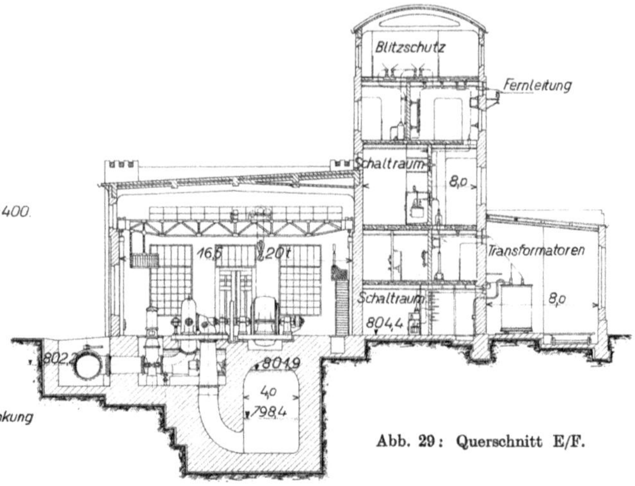


Abb. 29: Querschnitt E/F.

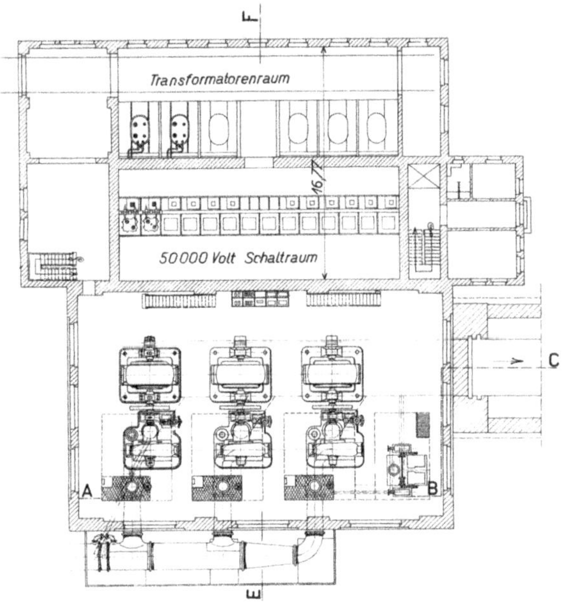


Abb. 30: Grundriß.

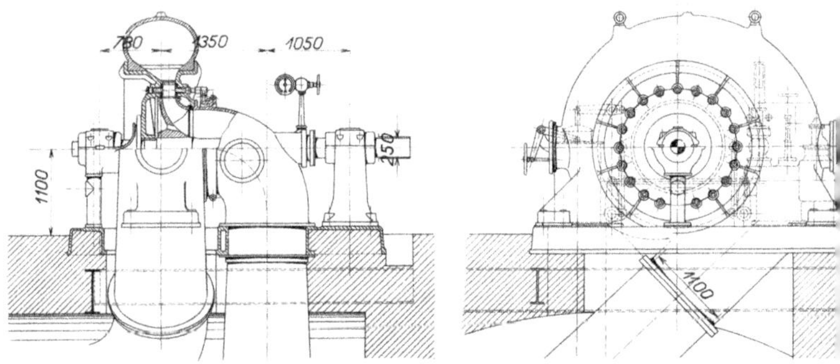


M.1:80. Abb. 32: Turbine.

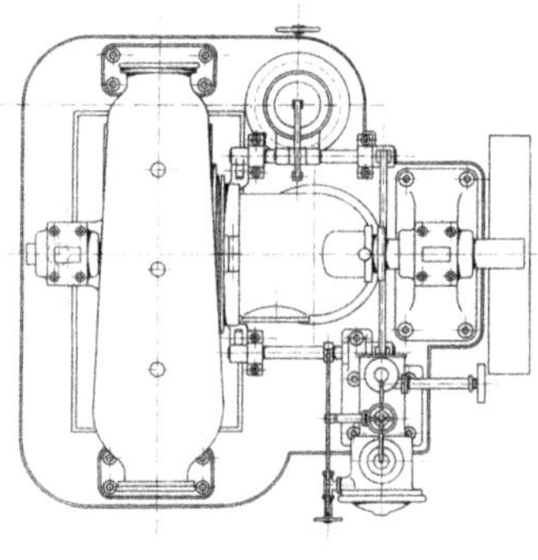

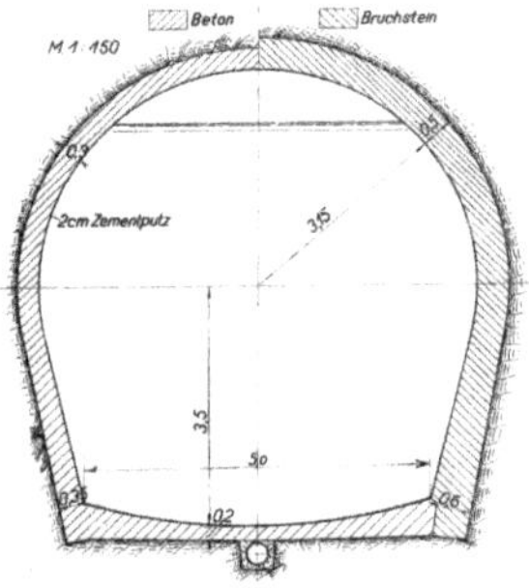


Abb. 34: Unterer Stollen Isar-Walchensee.

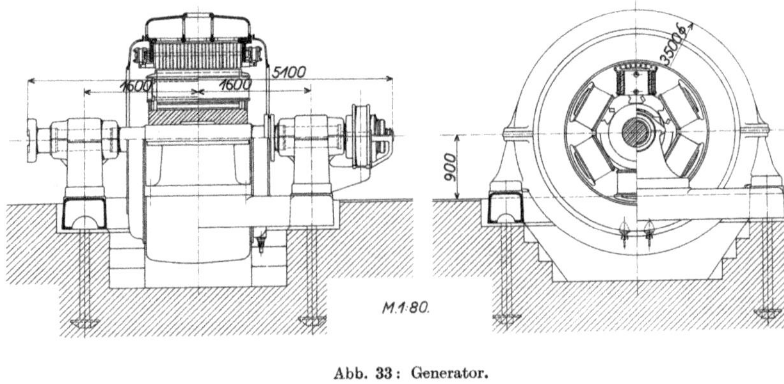


Abb. 33: Generator.

Druck der graphischen Kunstanstalt Oskar Consée, München
Gezeichnet von F. Schuch, München

hkraftwerk.

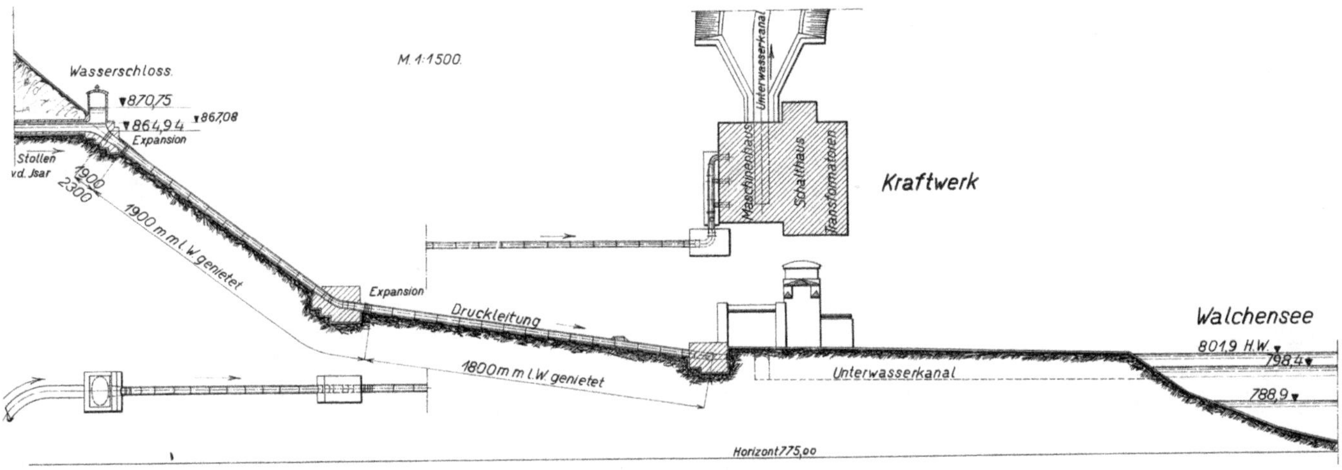

Abb. 31: Gesamtanordnung.

Abb. 35—37: Einlauf bei Urfeld.

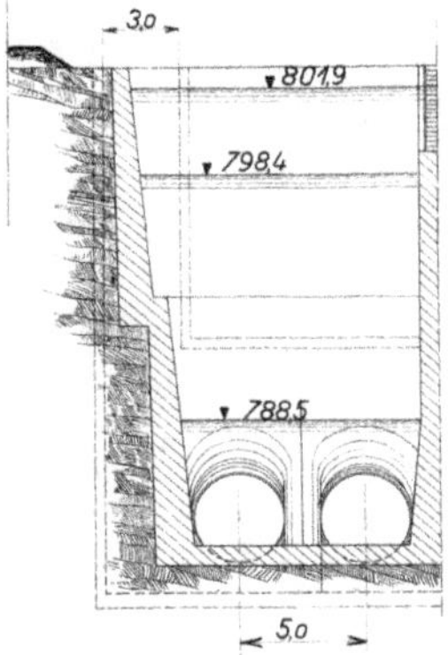

Abb. 35: Schnitt C/D.

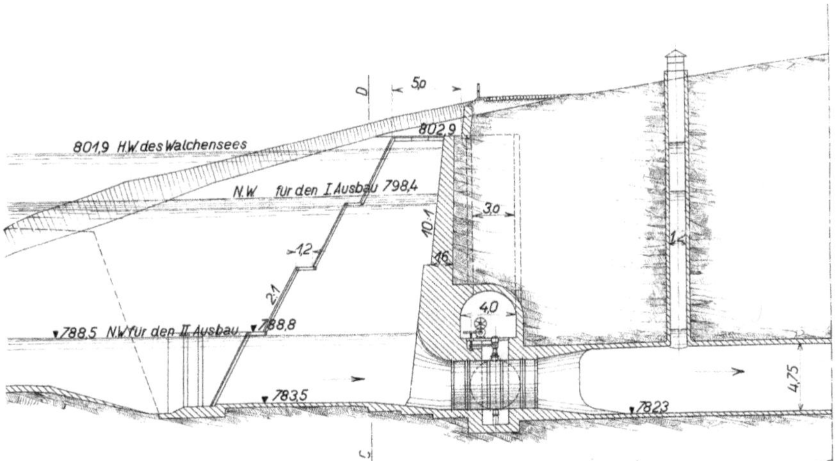

Abb. 36: Längsschnitt.

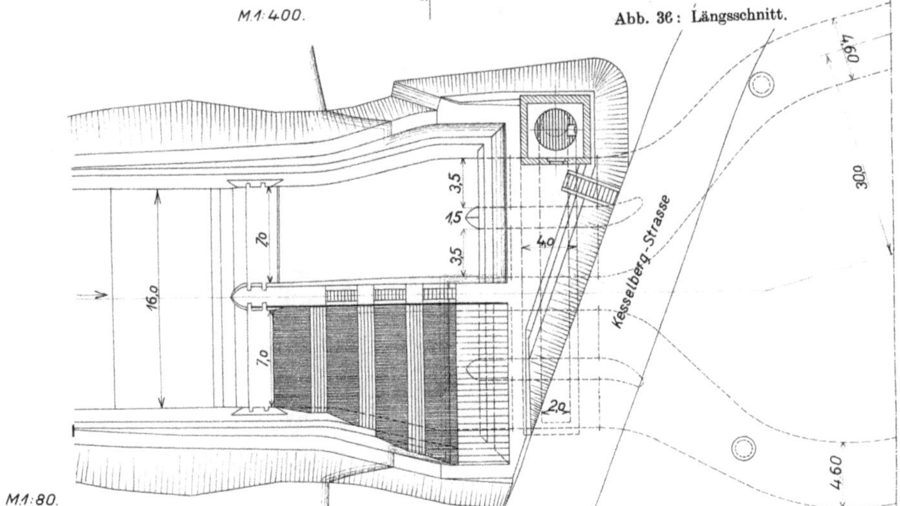

Abb. 37: Grundriß.

Wikor
Tafel 4

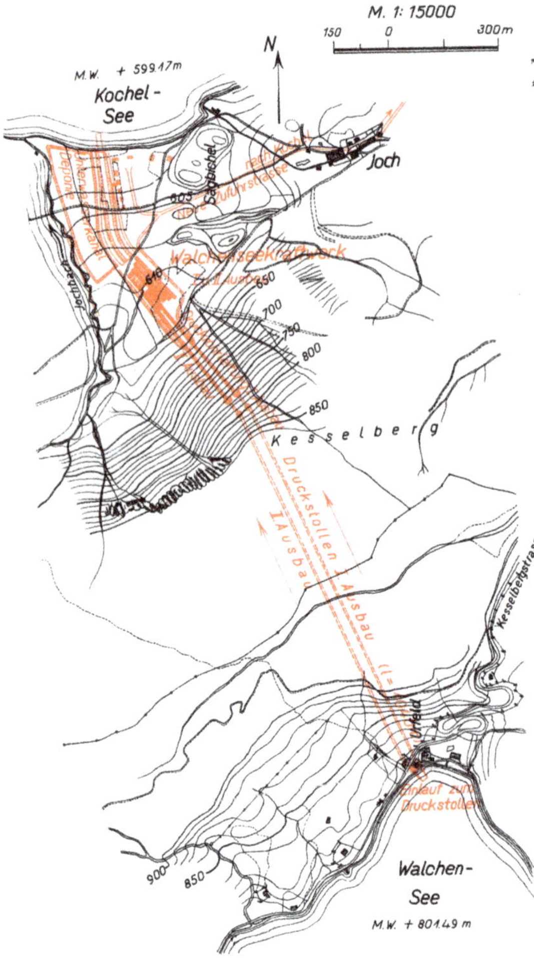


Abb. 38: Lageplan der Baugruppe II
(Walchensee-Kochelsee).

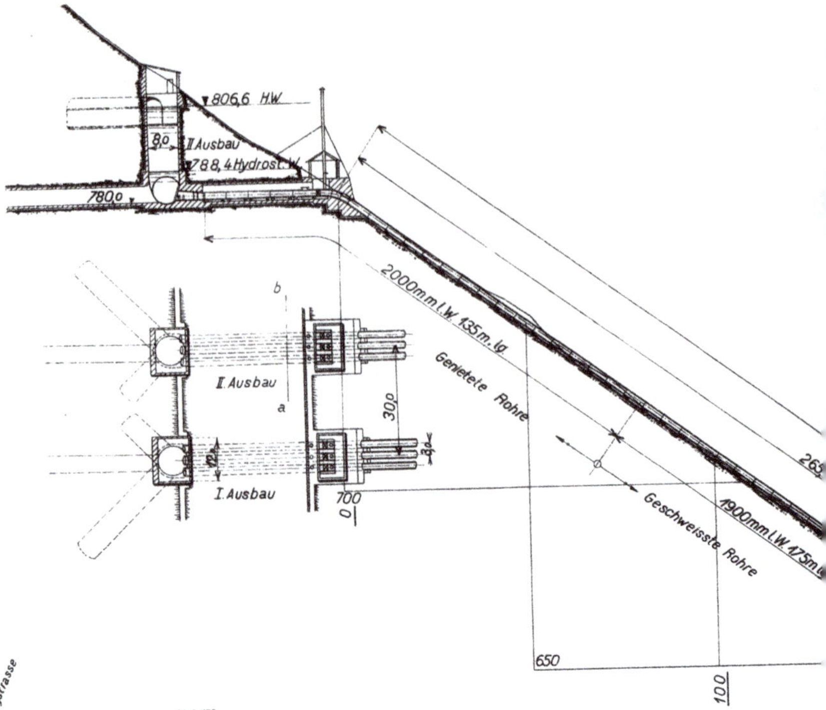


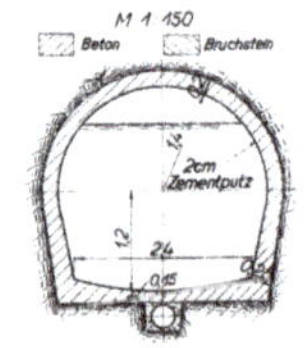


Abb. 40: Druckstollen.

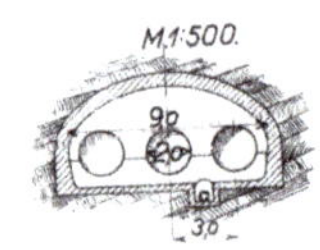


Abb. 41: Schnitt a/b zu Abb. 39.

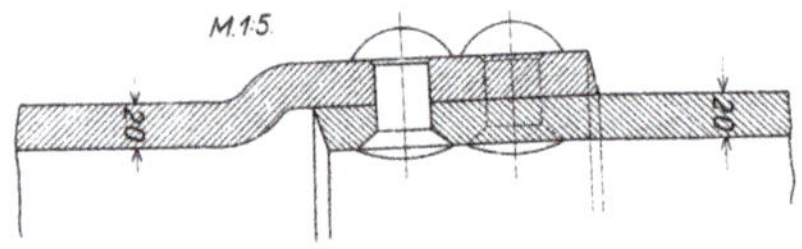


Abb. 42: Rohrverbindung.

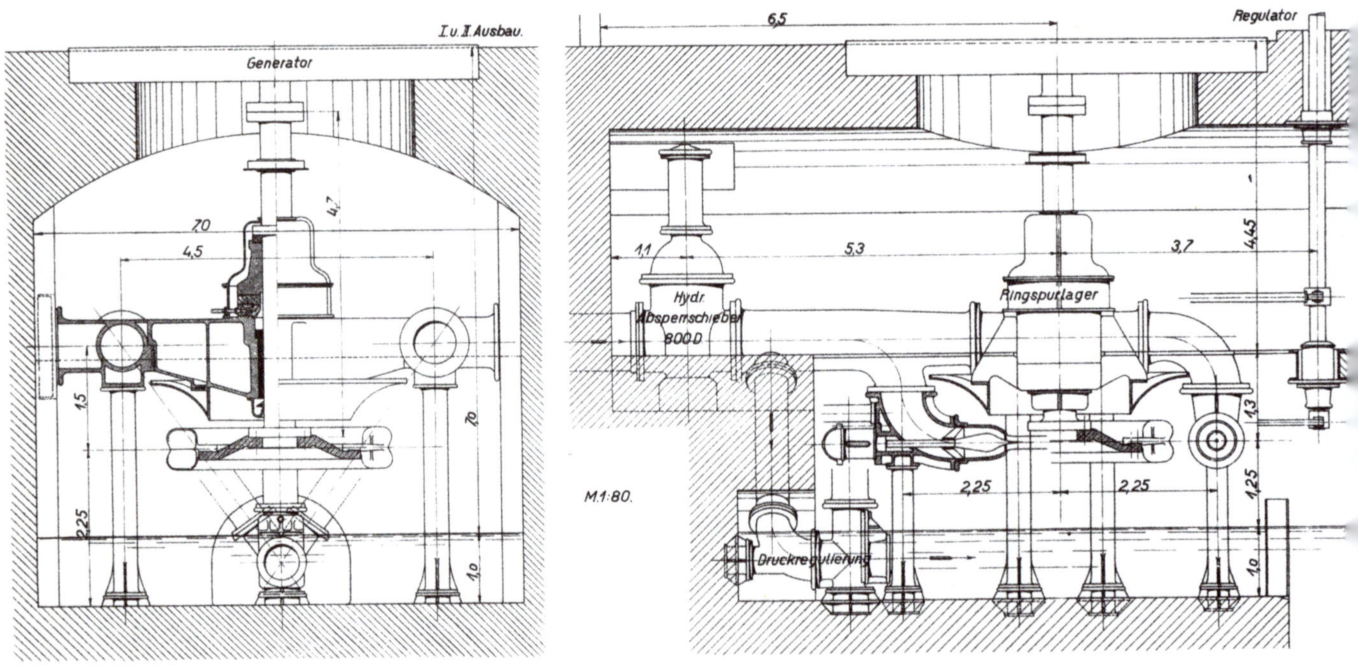


Abb. 43: Turbine.

Druck der graphischen Kunstanstalt Oskar Consée, München

Abb. 39—45: Walchenseekraftwerk.

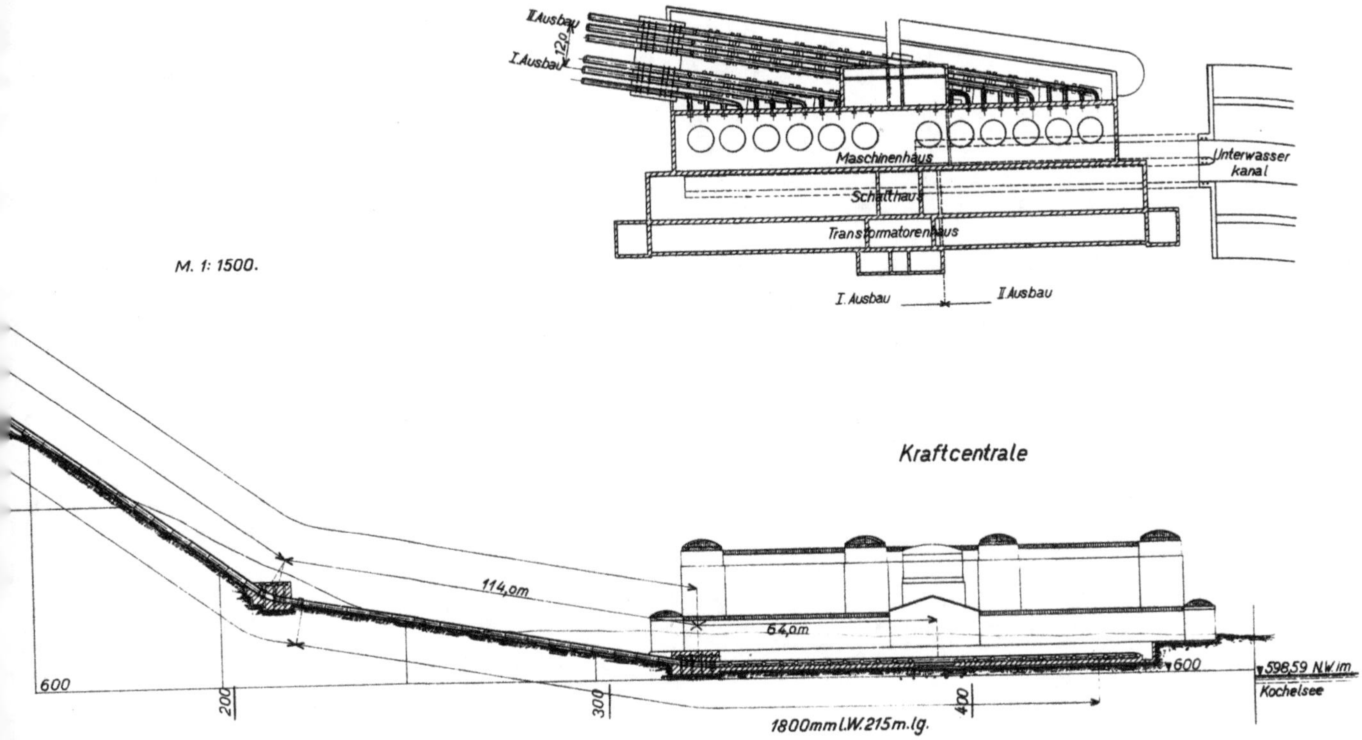


Abb. 39: Längsschnitt und Grundriß der Gesamtanlage.

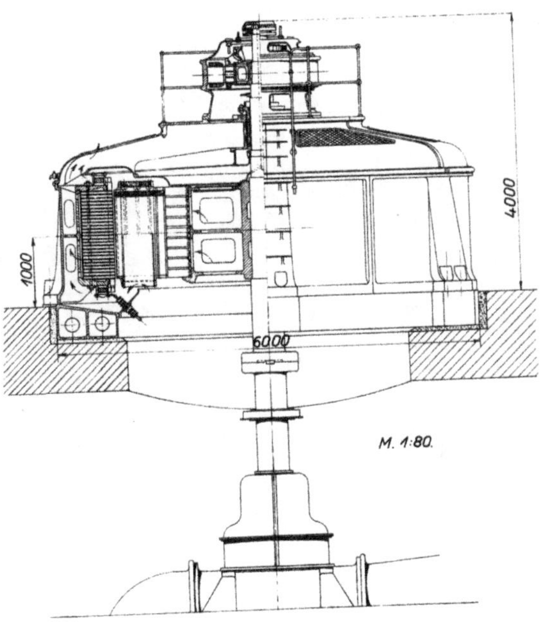


Abb. 44: Generator.

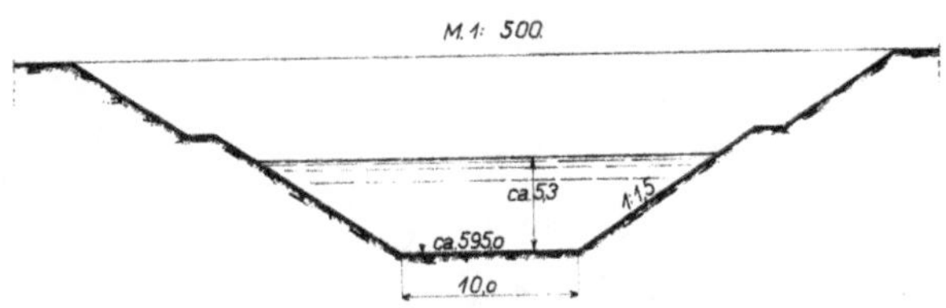


Abb. 45: Unterwasserkanal.

Verlag von R. Oldenbourg, München und Berlin

# Walchenseekraftwerk

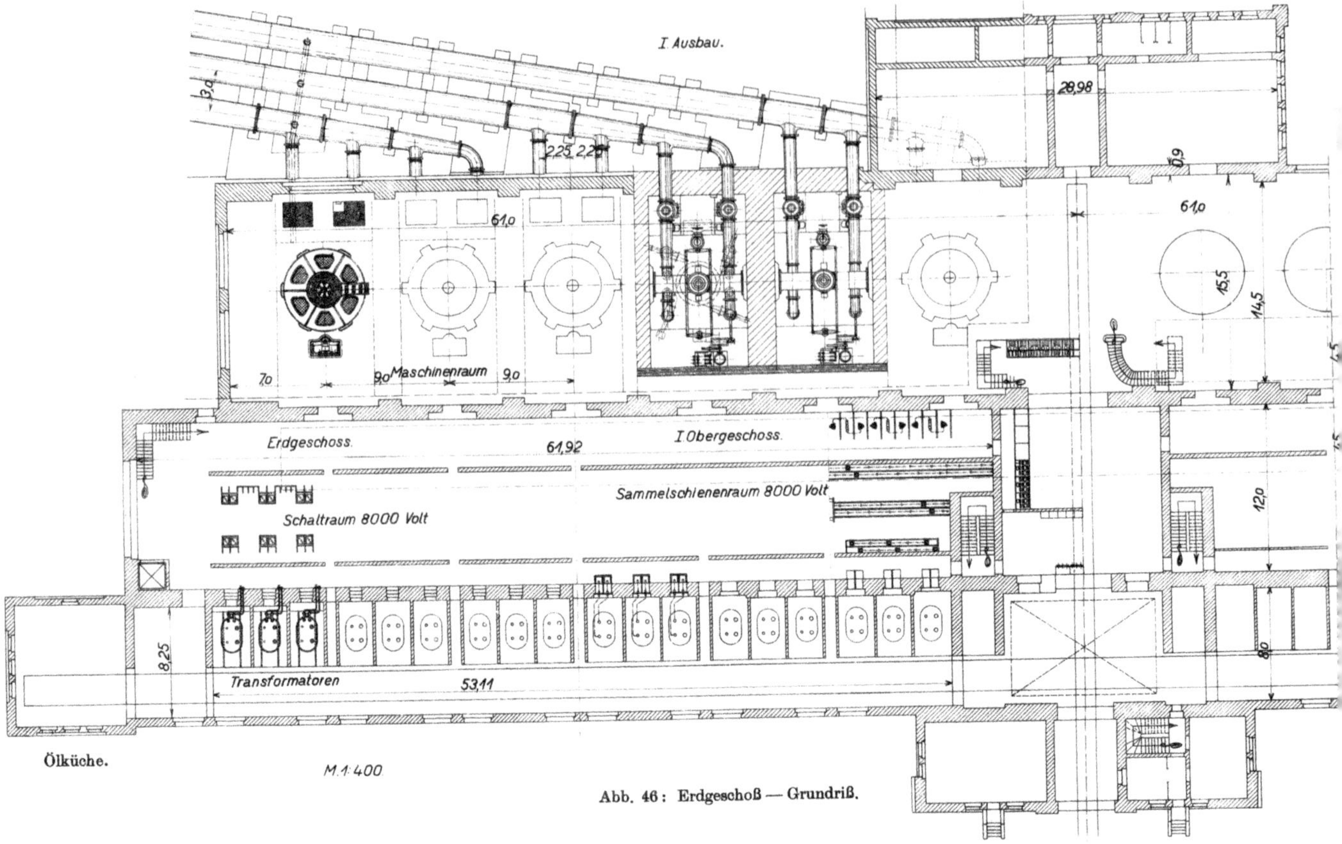


Abb. 46: Erdgeschoß — Grundriß.

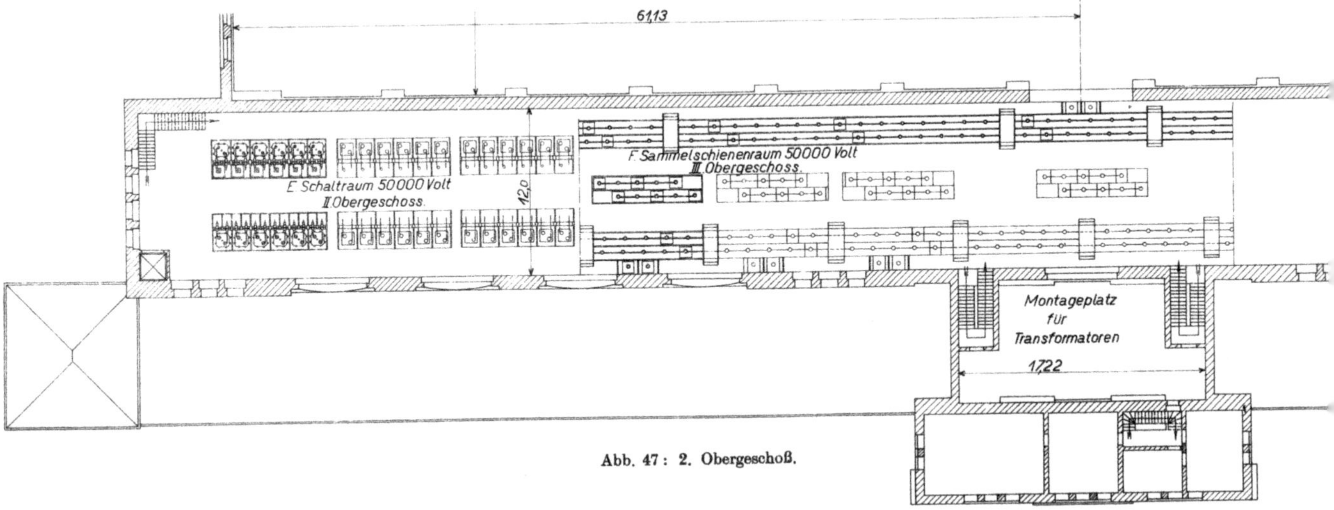


Abb. 47: 2. Obergeschoß.

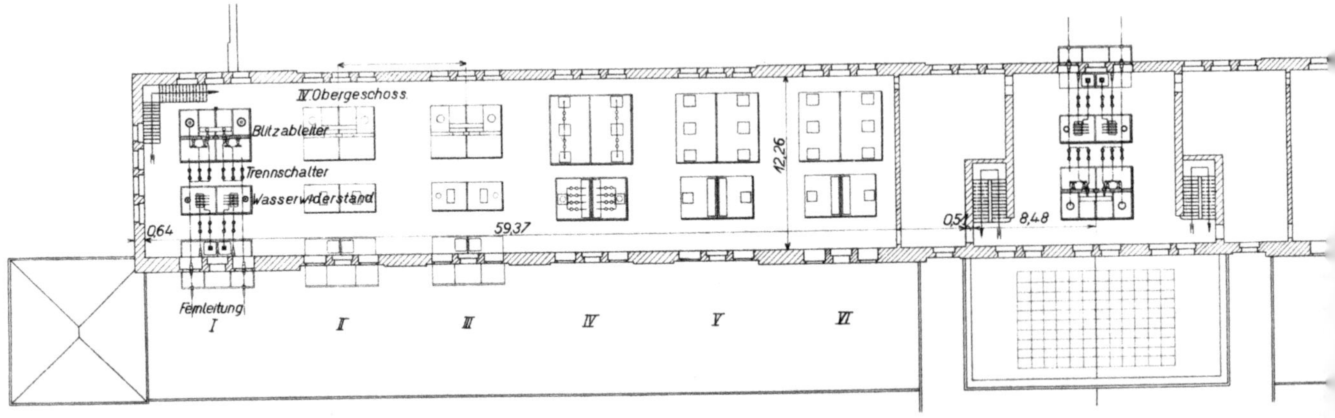


Abb. 48: 4. Obergeschoß.

Druck der graphischen Kunstanstalt Oskar Consée, München

Abb. 46—49: Walchenseekraftwerk: Kraft- und Schalthaus.

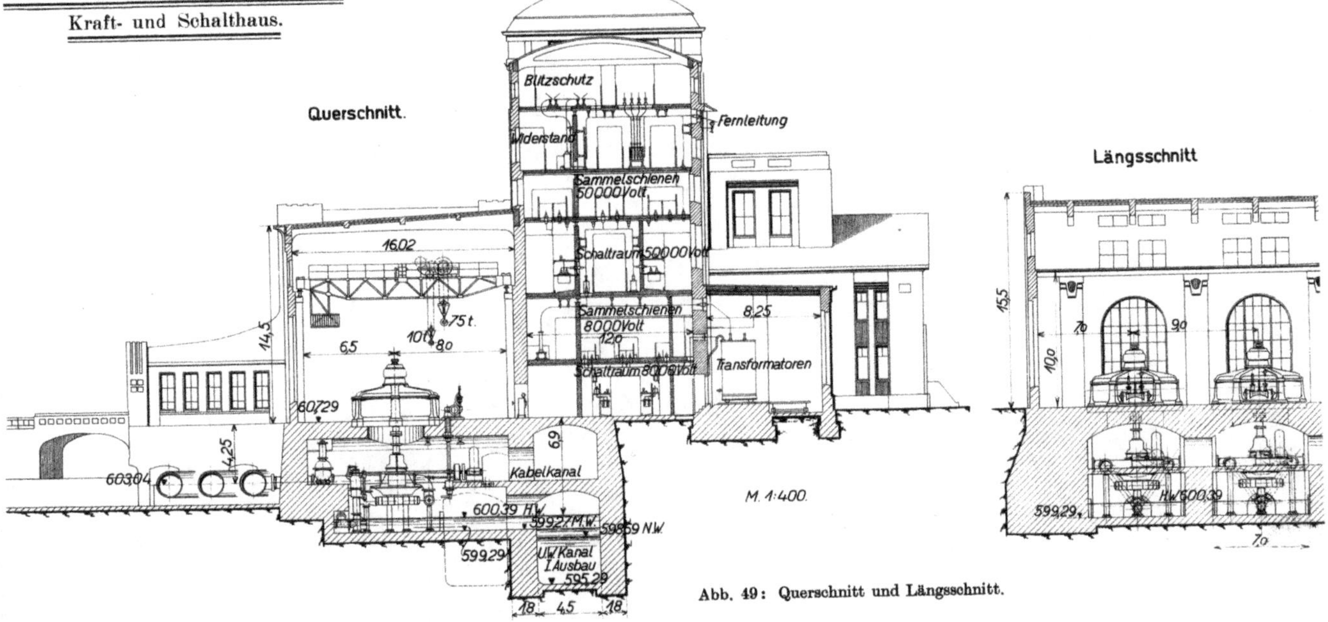


Abb. 49: Querschnitt und Längsschnitt.

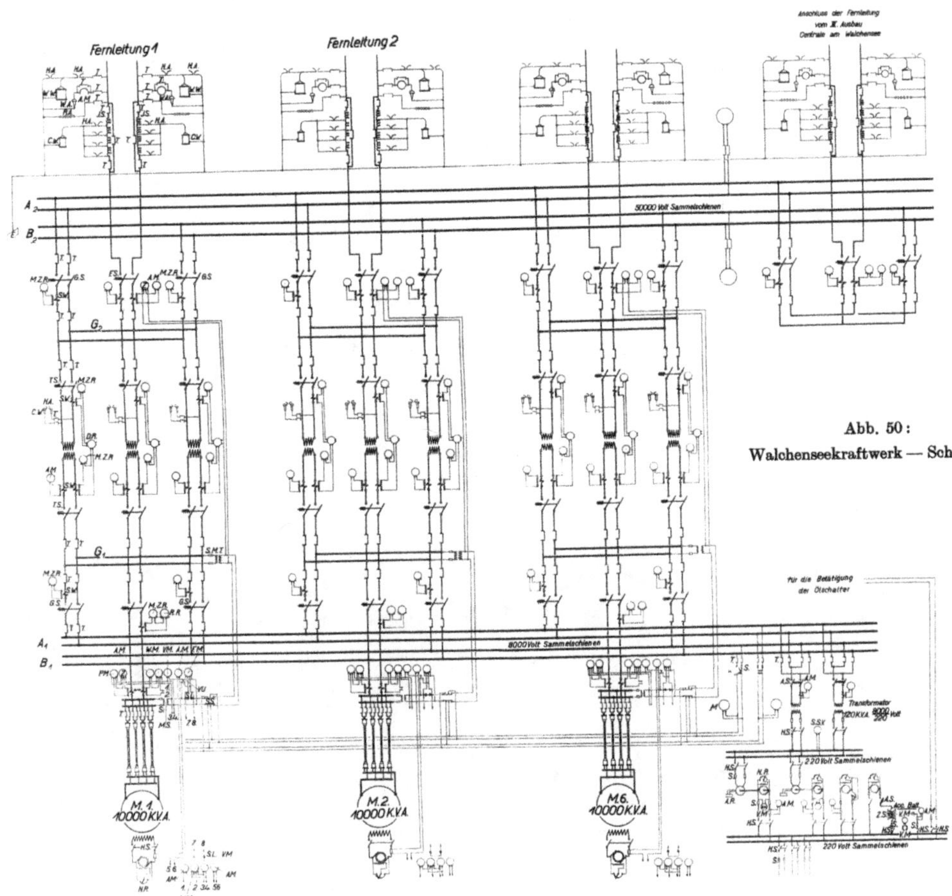


Abb. 50: Walchenseekraftwerk — Schaltbild.

Zeichenerklärung.

A. Hauptsammelschienen.
A. M. Amperemeter.
A. R. Anlaß-Regulator.
A. S. Selbsttätiger Maximal-Schalter.
B. Hauptsammelschienen.
G. Gruppensammelschienen.
C. W. Carborundum-Widerstand.
D. R. Differential-Relais.
E. Erdleitung
F. M. Frequenz-Messer.
F. S. Fernleitungs-Schalter.
G. S. Gruppen-Schalter.
H. S. Hebel-Schalter.
H. A. Hörner-Ableiter.
J. S. Induktions-Spirale.
M. Generator.
M. Z. R. Maximal-Zeit-Relais.
M. T. Meßtransformator.
M. S. Maschinen-Öl-Schalter.
N. R. Nebenschluß-Regulator.
P. M. Phasen-Messer.
R. A. Rollen-Ableiter.
R. R. Rückstrom-Relais.
S. Sicherung.
S. L. Signal-Lampe.
S. S. Steck-Schalter.
S. V. Statistisches Voltmeter.
S. W. Strom-Wandler.
T. Trennschalter.
T. S. Transformatoren-Öl-Schalter.
V. M. Voltmeter.
V. U. Voltmeter-Umschalter.
W. M. Wattmeter.
W. W. Wasserwiderstand.
W. A. Wasserstrahl-Ableiter.
Z. Zähler.
Z. S. Zellen-Schalter.

Verlag von R. Oldenbourg, München und Berlin

Walchenseekraftwerk – Wasserschloß, Druckrohrleitungen und Krafthaus

# GOLD DER BERGE

Gold der Berge
Tafel 1

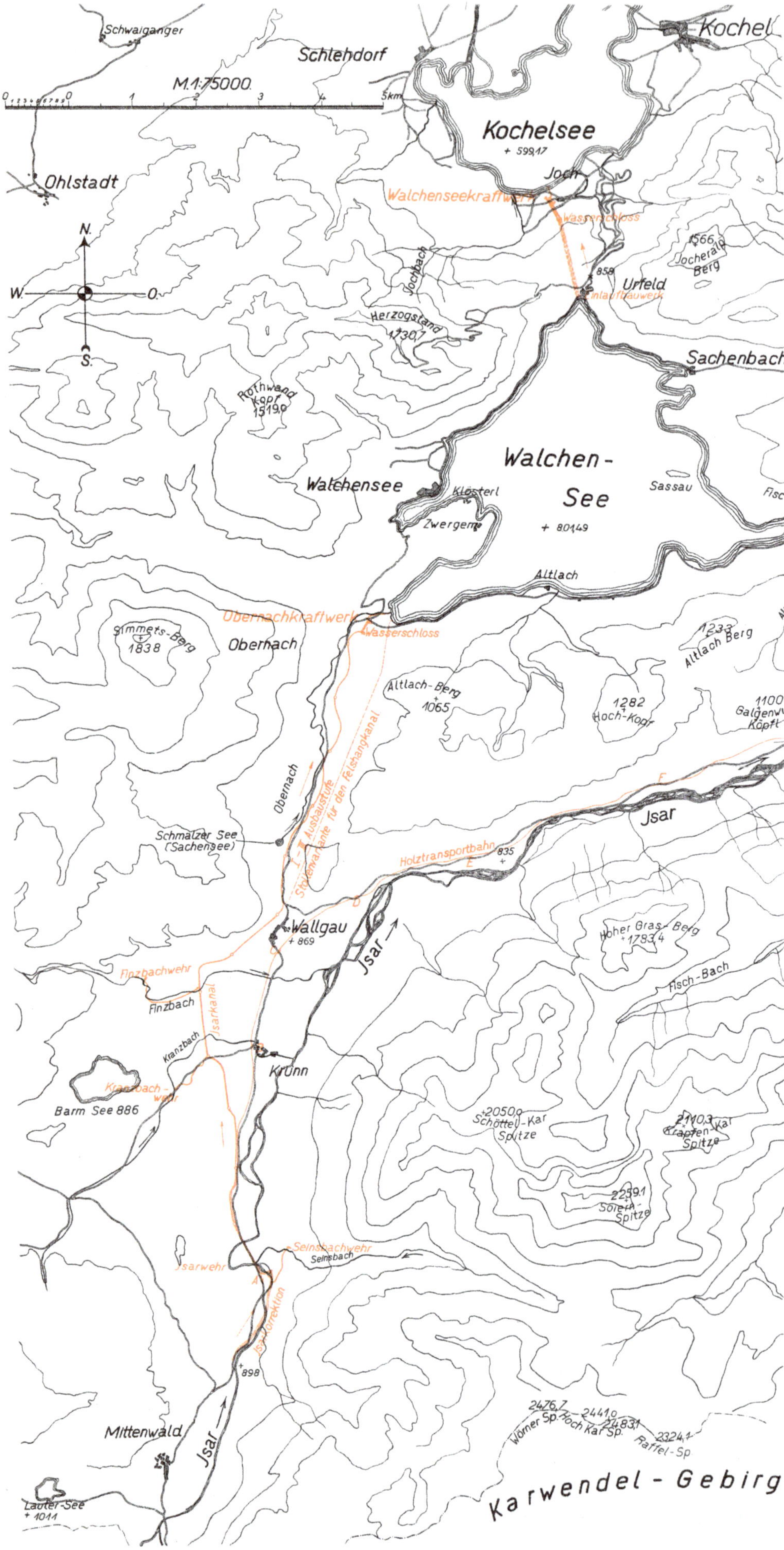


Abb. 1: Übersichtsplan.

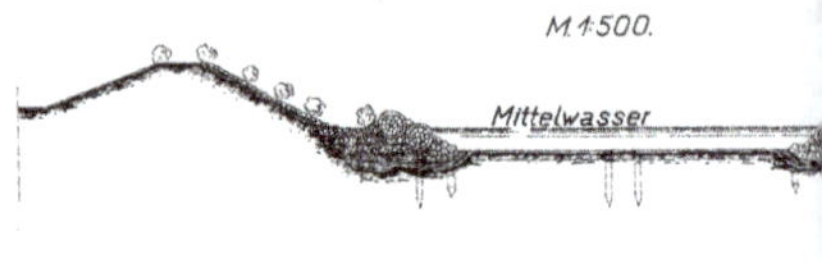


Abb. 2: Isar-Korrektion.

Abb. 3—11: Isarwehr

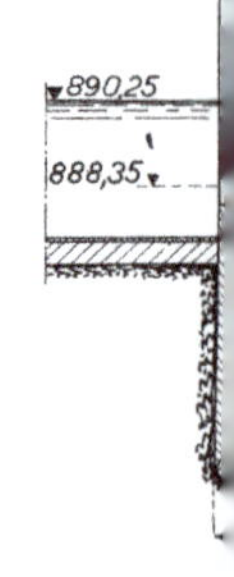


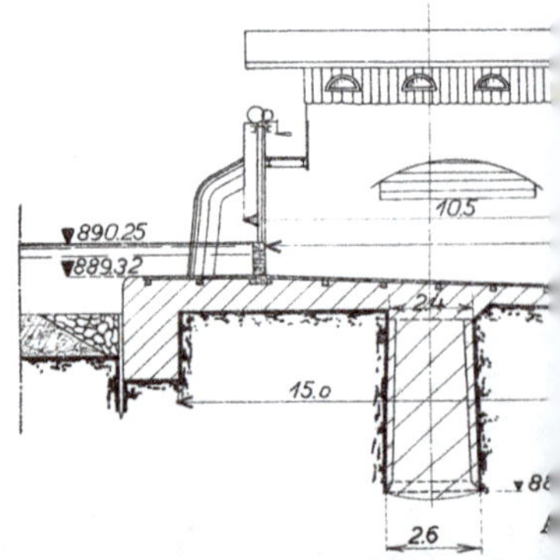


Druck der graphischen Kunstanstalt Oskar Consée, München

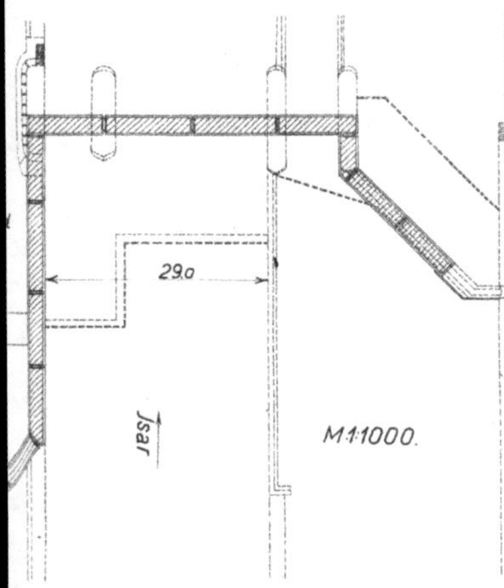


Abb. 4: Grundriß der Brunnengründung beim Teilausbau.

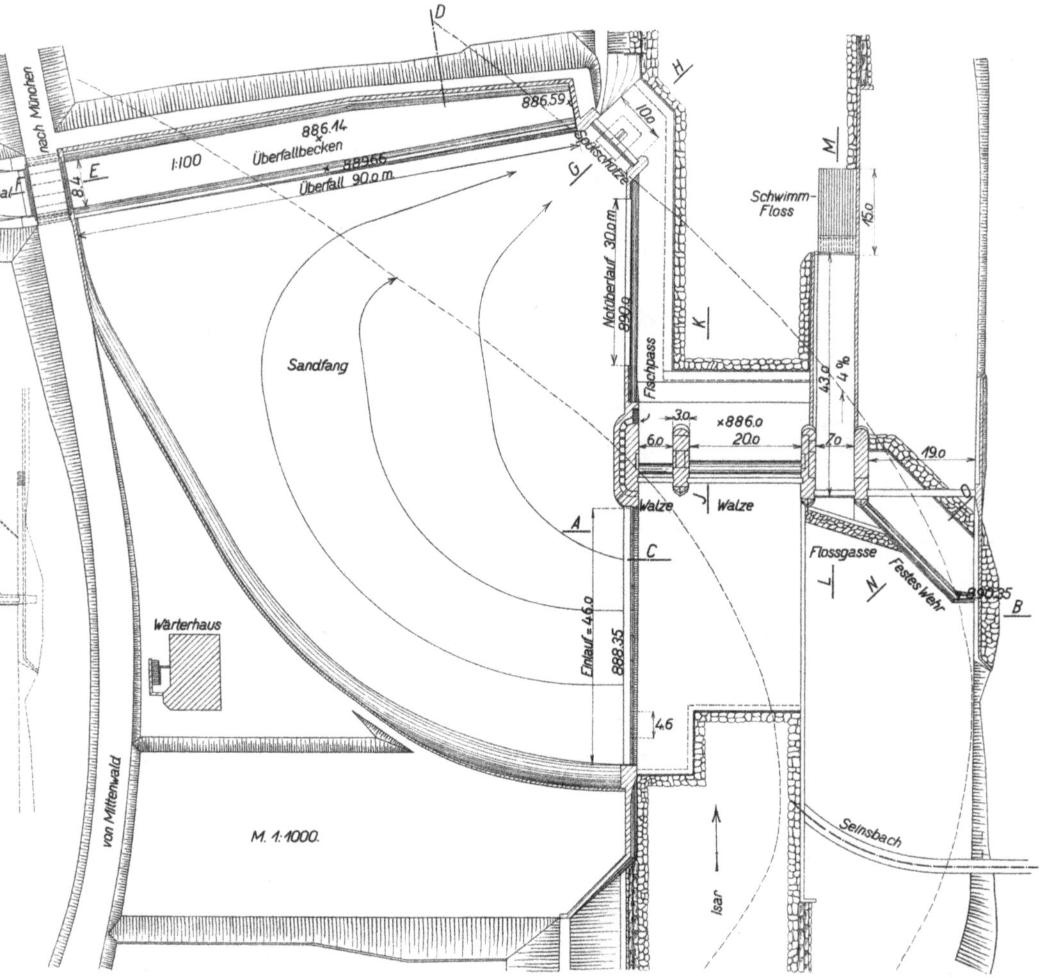


Abb. 3: Grundriß beim Vollausbau.

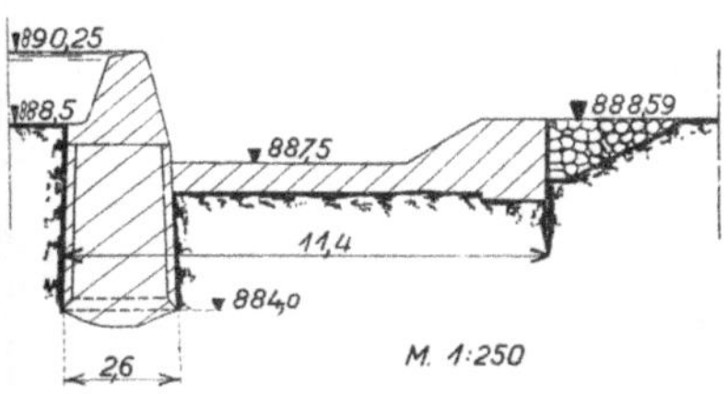


Abb. 5: Schnitt N/O.

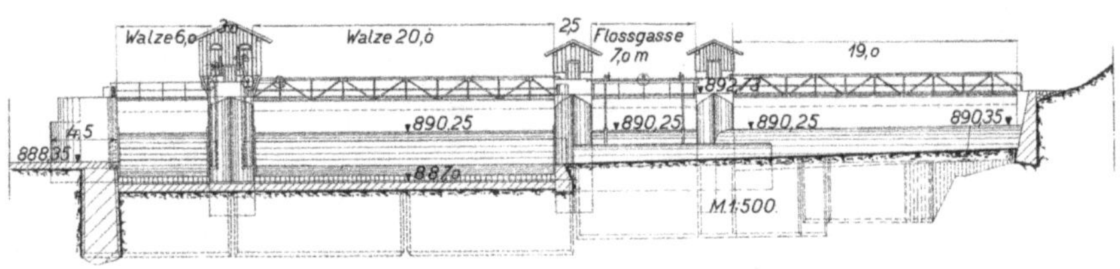


Abb. 7: Schnitt A/B.

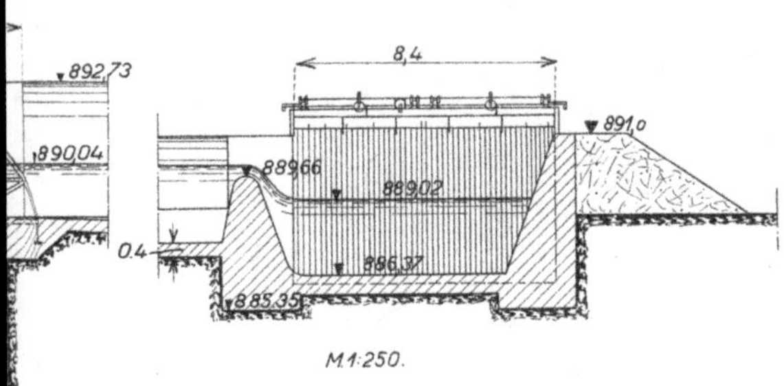


Abb. 6: Schnitt C/D.

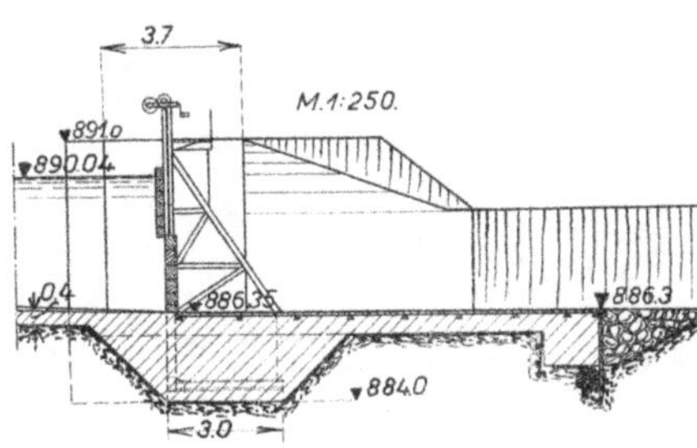


Abb. 8: Schnitt G/H.

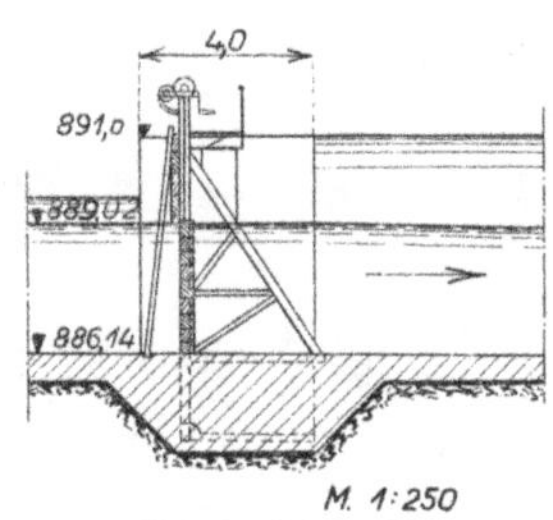


Abb. 9: Schnitt E/F.

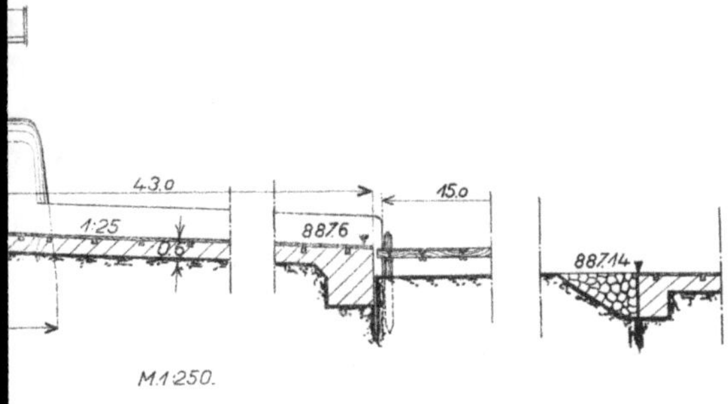


Schnitt L/M (Floßgasse).

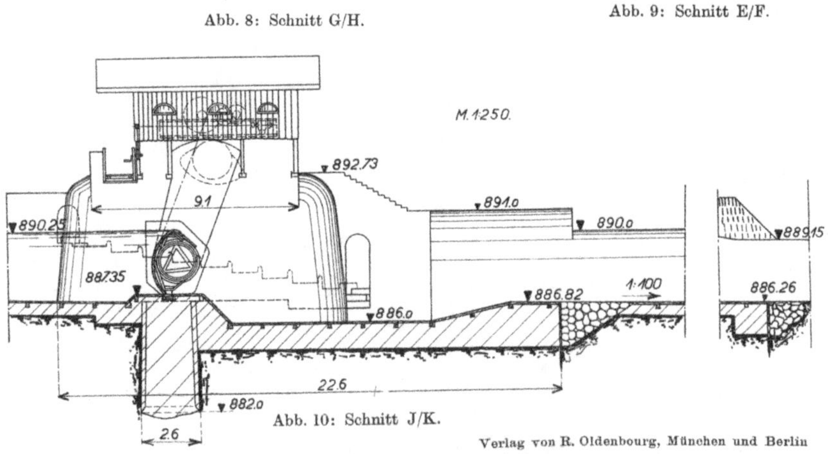


Abb. 10: Schnitt J/K.

Verlag von R. Oldenbourg, München und Berlin

# Walchenseekraftwerk

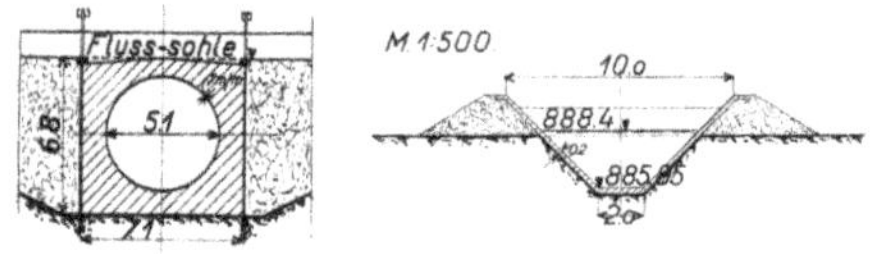


Abb. 12: Kanal Isar-Walchensee.

## Abb. 13—23: Obernachkraftwerk.

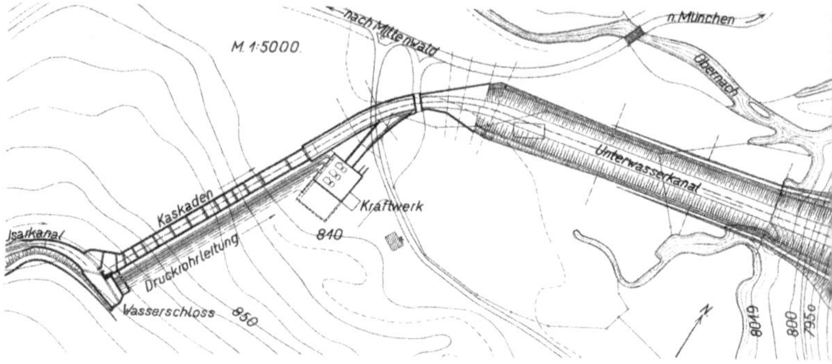


Abb. 13: Lageplan.

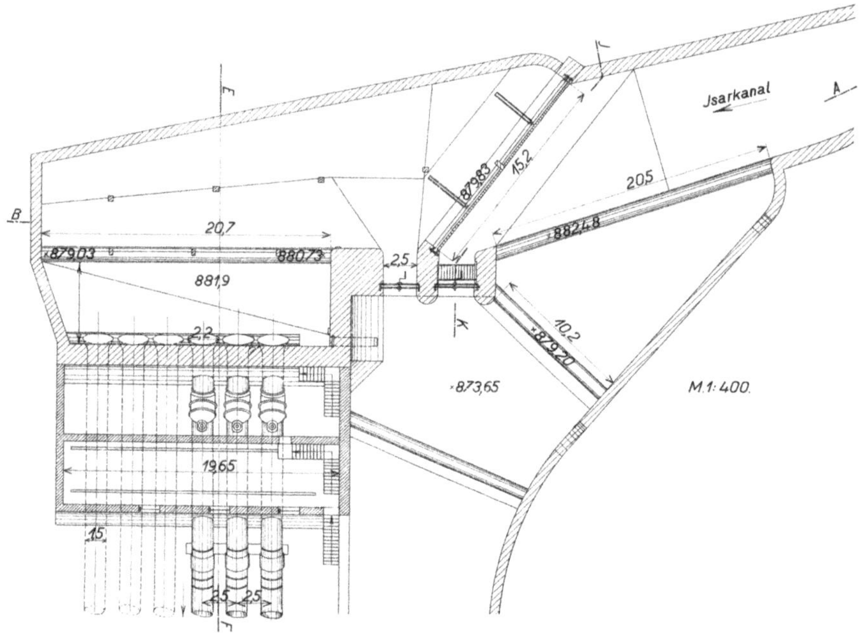


Abb. 14: Wasserschloß-Grundriß.

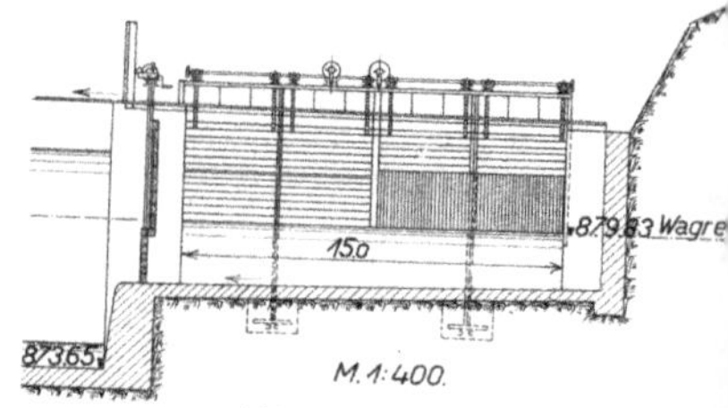


Abb. 15: Schnitt K/J.

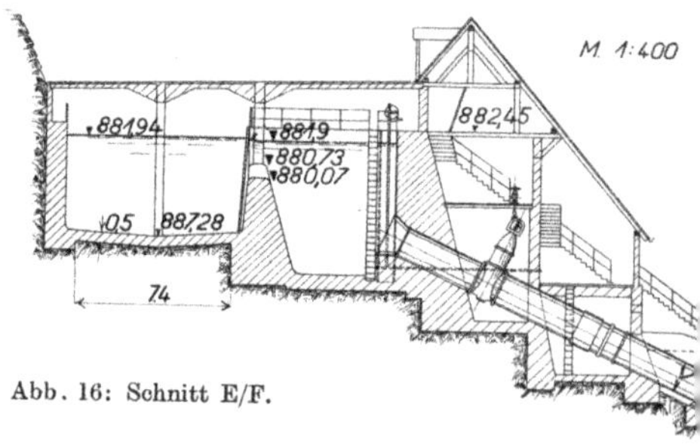


Abb. 16: Schnitt E/F.

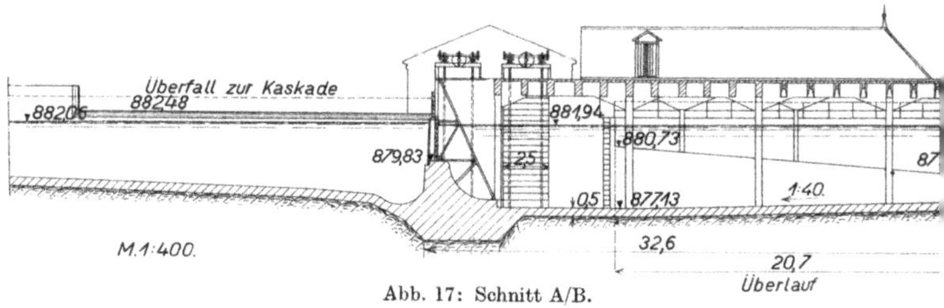


Abb. 17: Schnitt A/B.

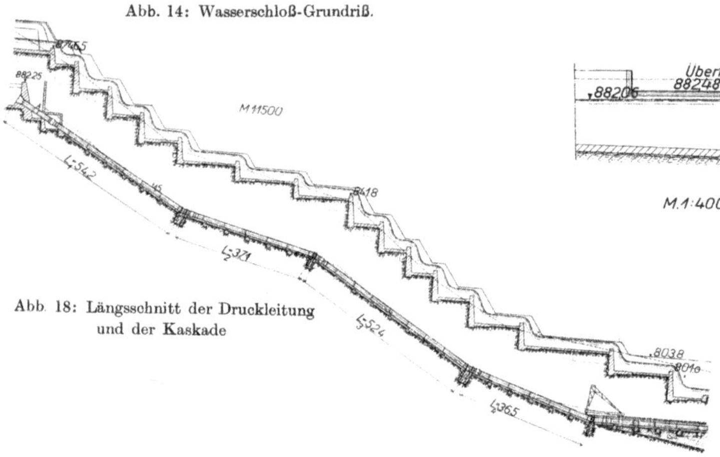


Abb. 18: Längsschnitt der Druckleitung und der Kaskade

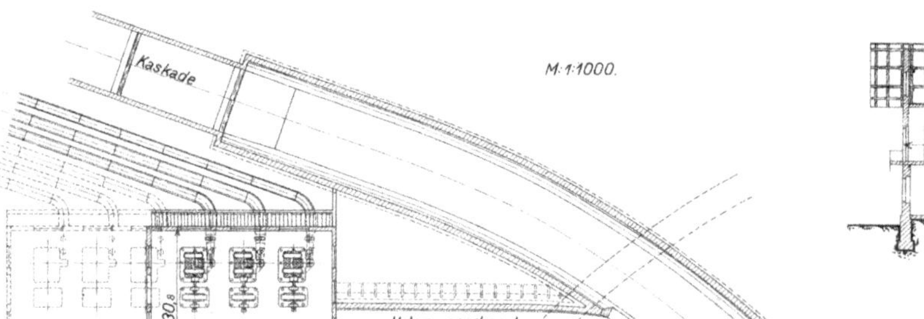


Abb. 19: Kraft- und Schalthaus. Grundriß.

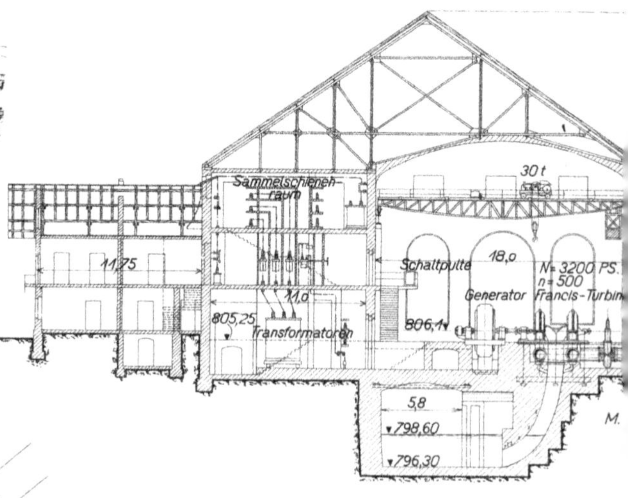


Abb. 20: Kraft- und Schalthaus. Querschnitt.

Druck der graphischen Kunstanstalt Oskar Consée, München

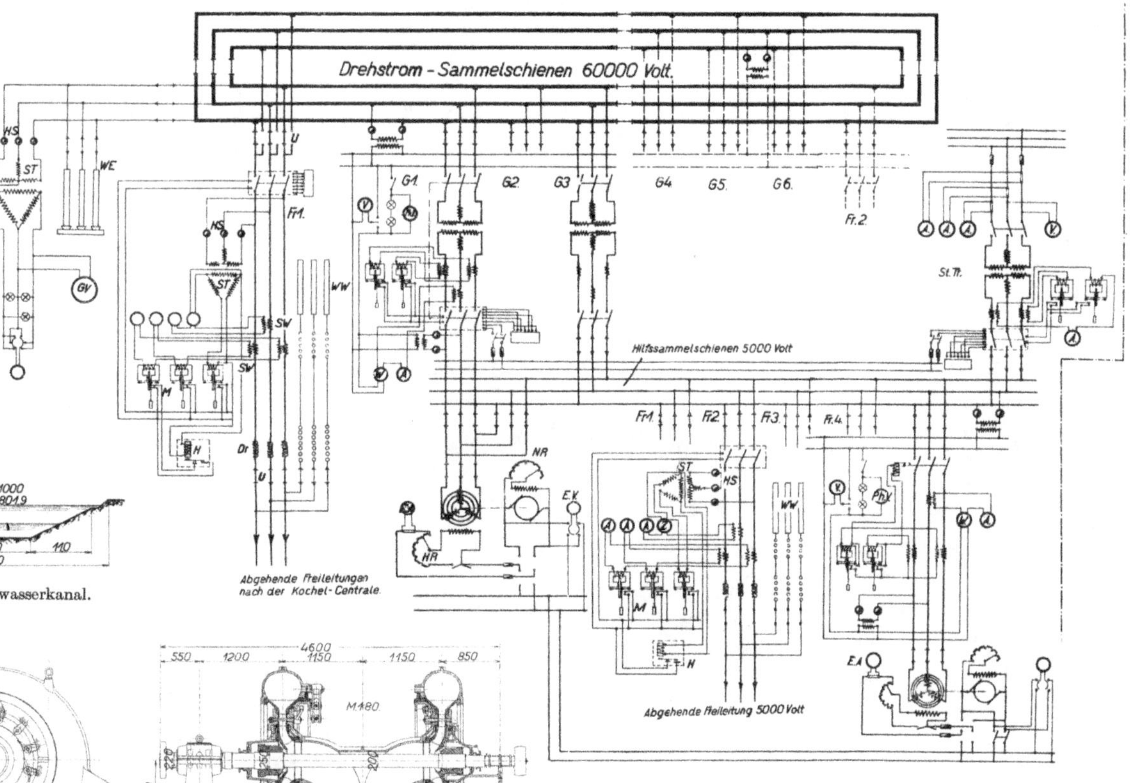


Abb. 23: Schaltbild (Legende auf Tafel 5, Abb. 52).

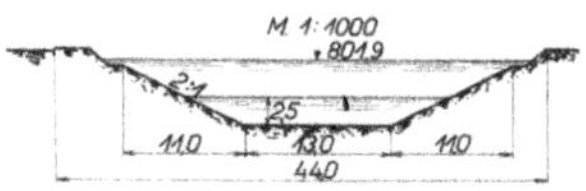


Abb. 21: Unterwasserkanal.

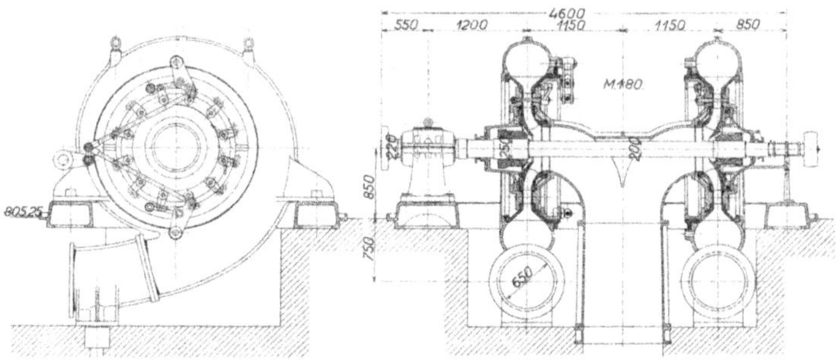

Abb. 22: Turbine.

Abb. 24—28: Rißbachwehr.

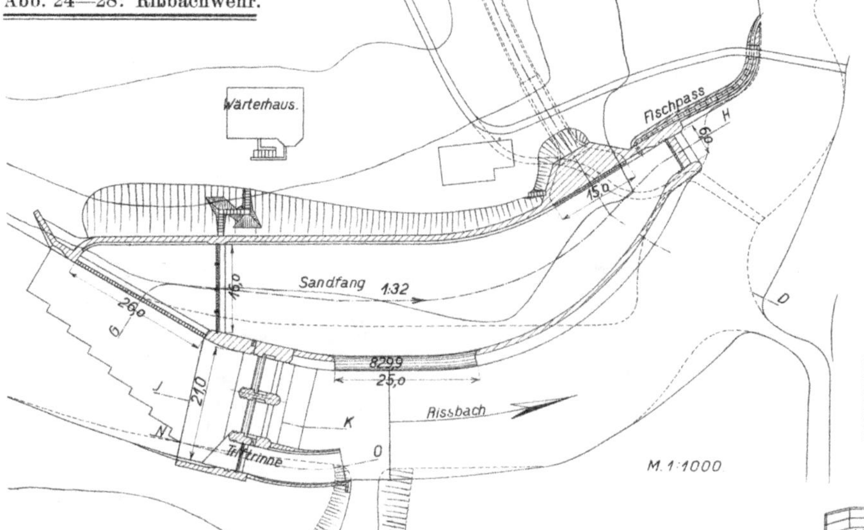


Abb. 24: Grundriß.

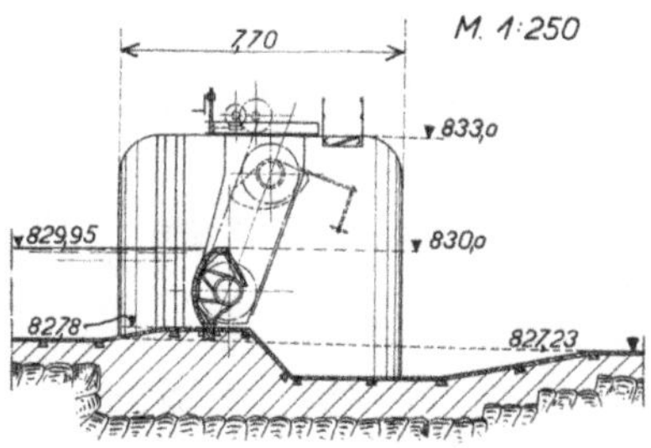


Abb. 25: Schnitt J/K.

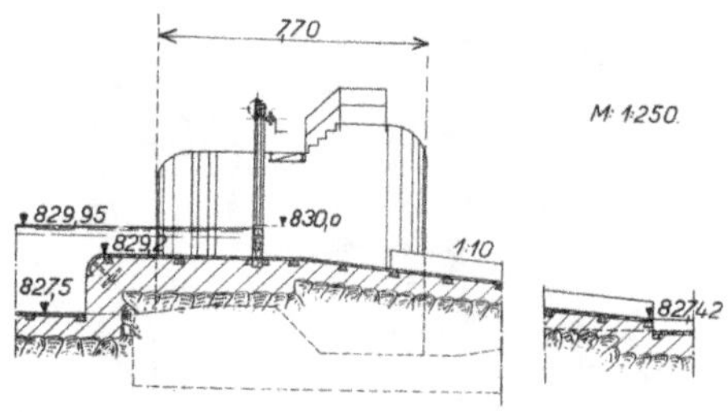


Abb. 26: Schnitt N/O.

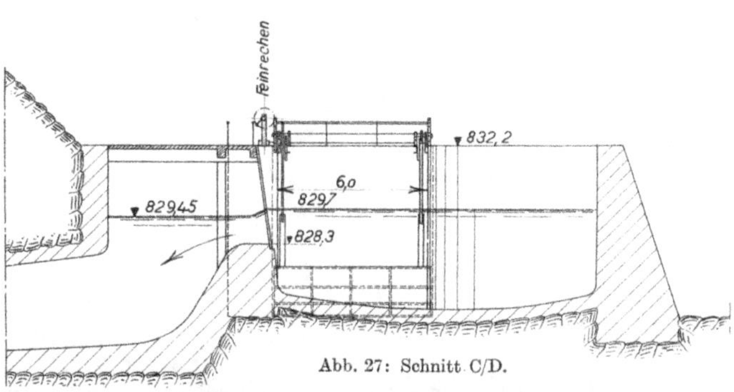


Abb. 27: Schnitt C/D.

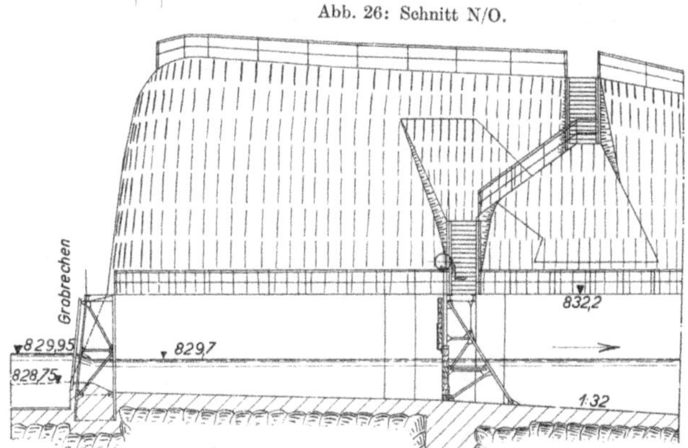


Abb. 28: Schnitt G/H.

Verlag von R. Oldenbourg, München und Berlin

Gold der Berge
Tafel 3

Abb. 31—36: Niedernachkraftwerk.

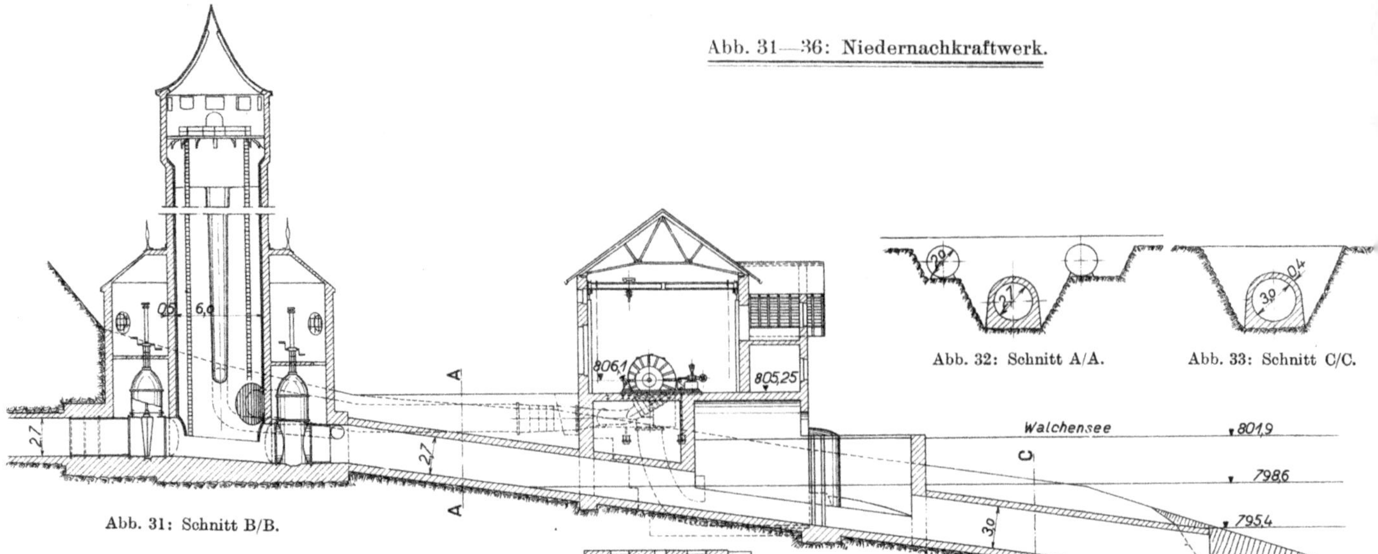


Abb. 31: Schnitt B/B.

Abb. 32: Schnitt A/A.

Abb. 33: Schnitt C/C.

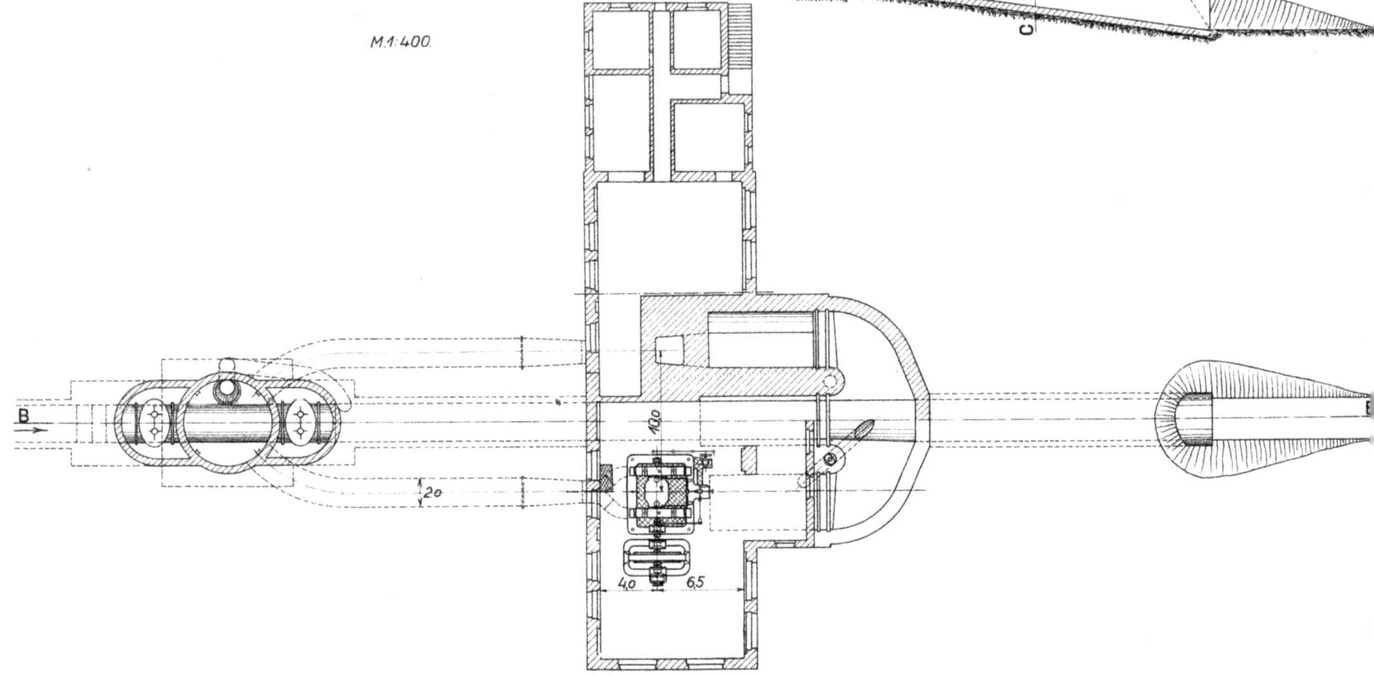


Abb. 34: Grundriß.

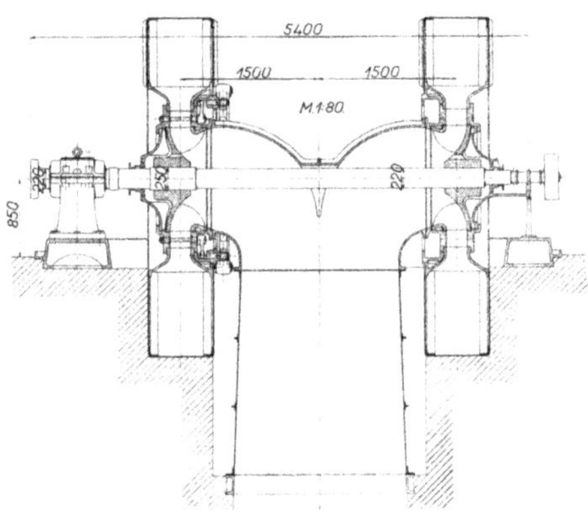


Abb. 35: Turbine.

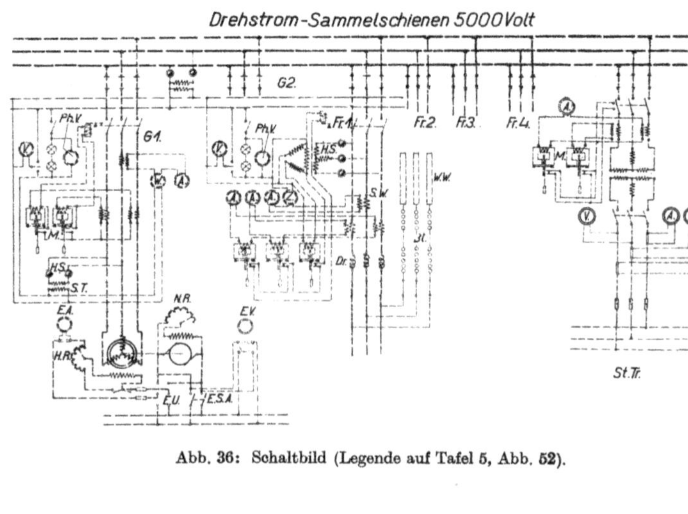


Abb. 36: Schaltbild (Legende auf Tafel 5, Abb. 52).

Druck der graphischen Kunstanstalt Oskar Consée, München

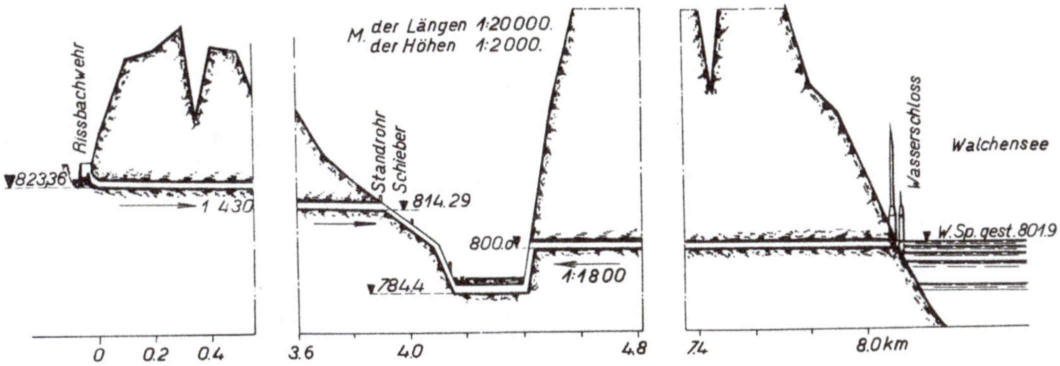


Abb. 29: Längsschnitt.

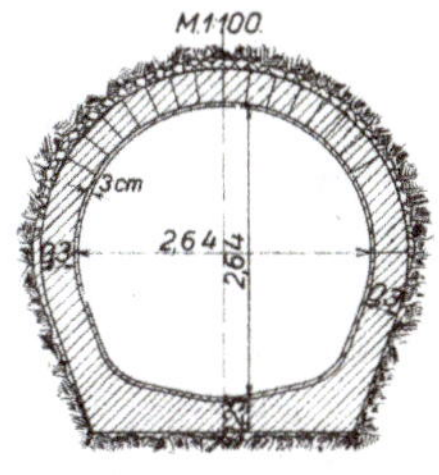


Abb. 30: Querschnitt.

## Abb. 29—30: Stollen Rißbach-Walchensee.

## Abb. 37—40: Baugruppe II (Walchensee-Kochelsee).

Abb. 37: Lageplan.

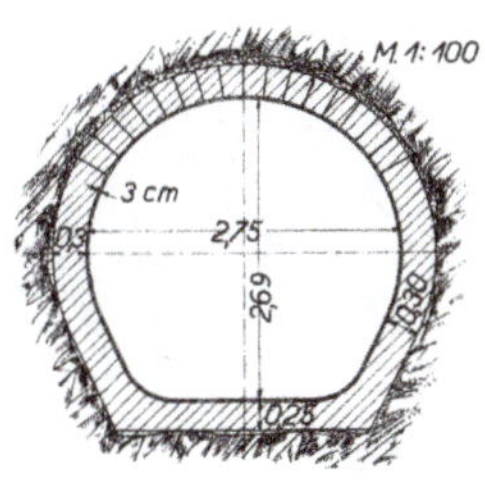


Abb. 38: Druckstollen.

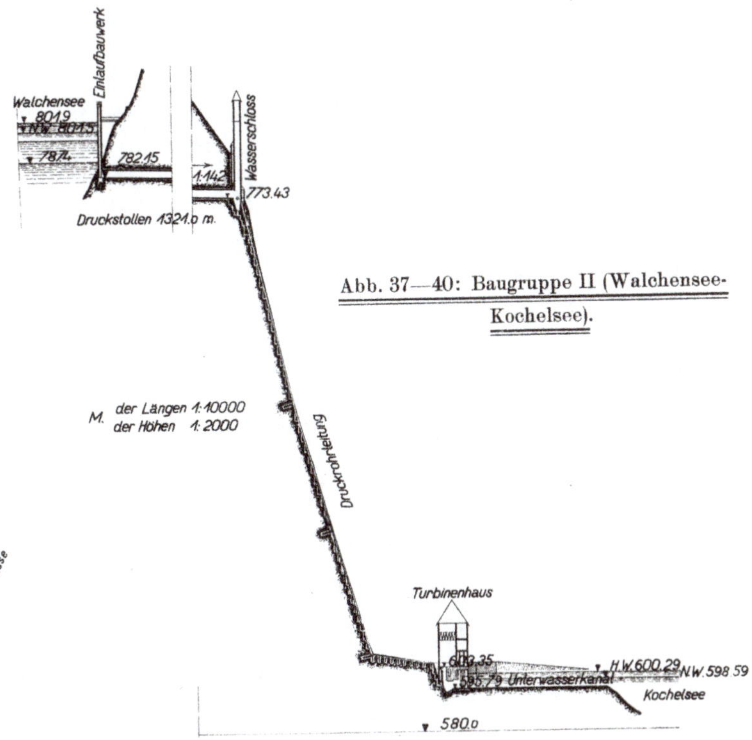


Abb. 39: Längsschnitt.

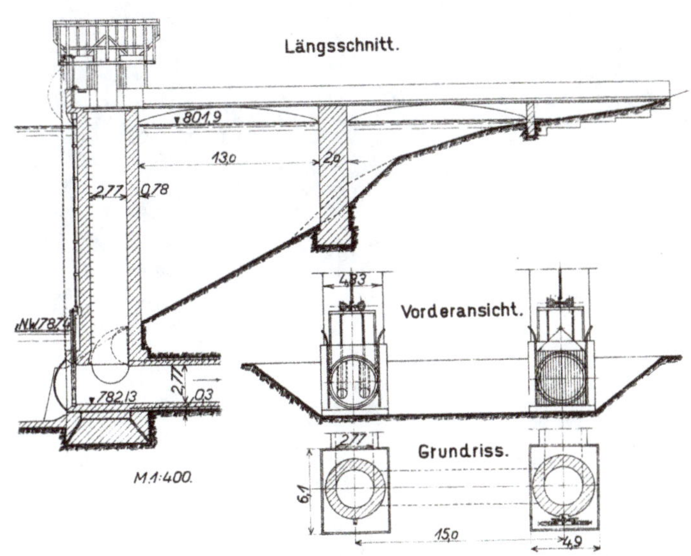


Abb. 40: Einlauf bei Urfeld.

Verlag von R. Oldenbourg, München und Berlin

Gold der Berge
Tafel 4

# Walchenseekraftwerk

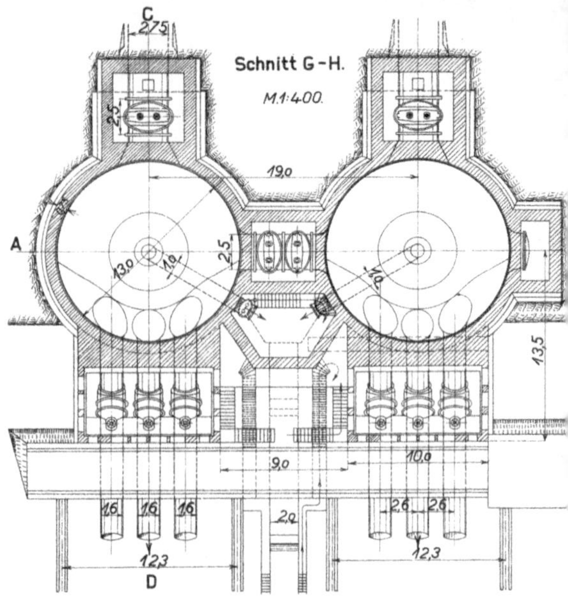


Abb. 43: Schnitt G/H.

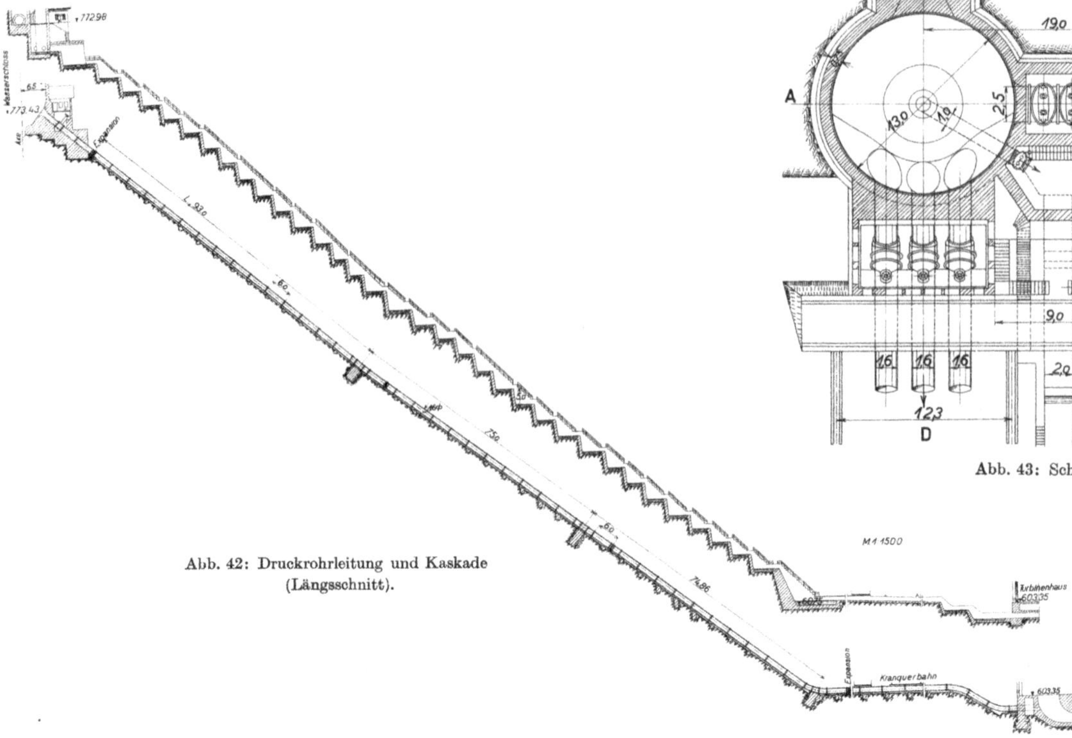


Abb. 42: Druckrohrleitung und Kaskade (Längsschnitt).

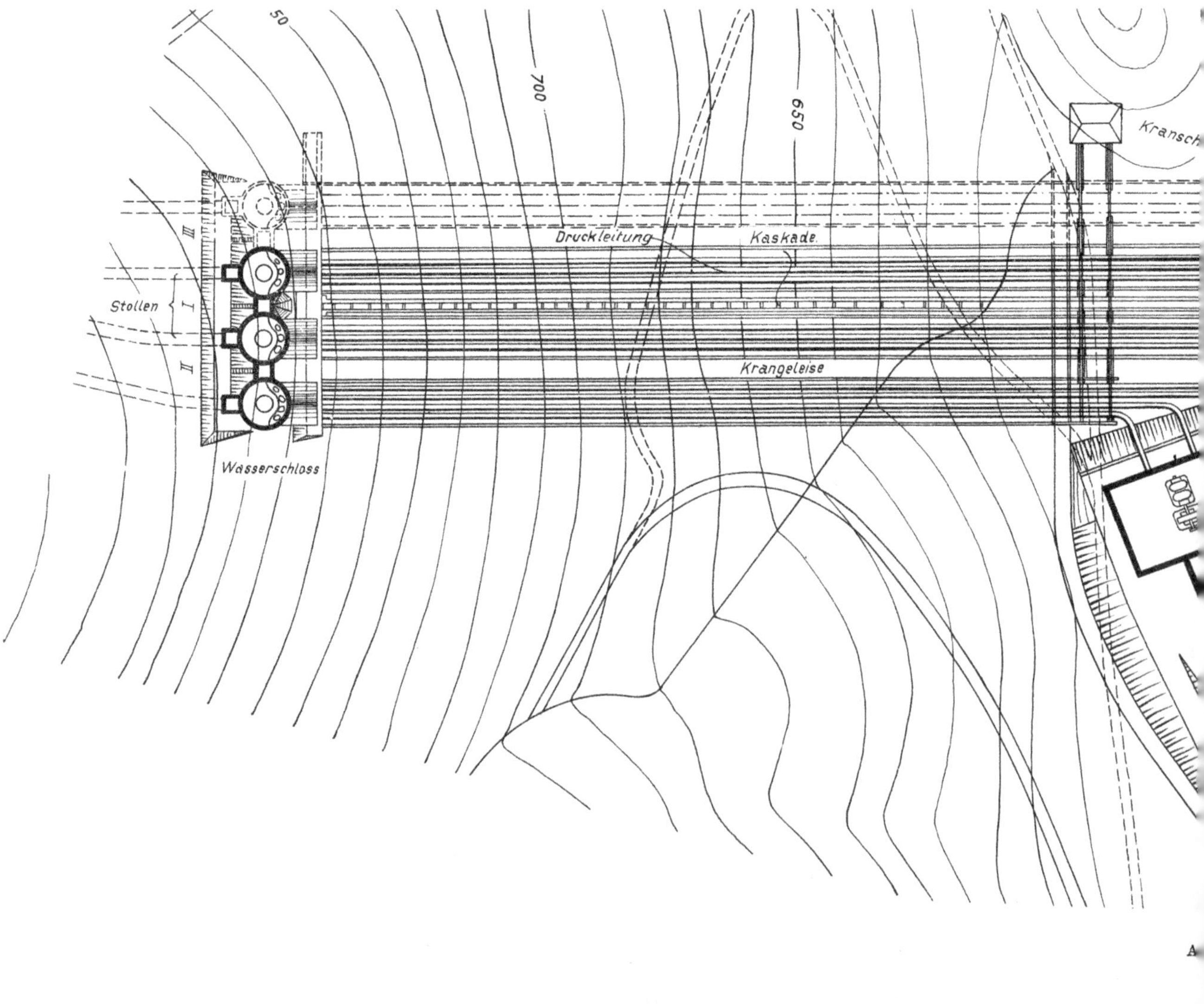


Druck der graphischen Kunstanstalt Oskar Consée, München
Gezeichnet von F. Schuch, München

Abb. 43—45: Wasserschloß in der Größe des ersten Ausbaues.

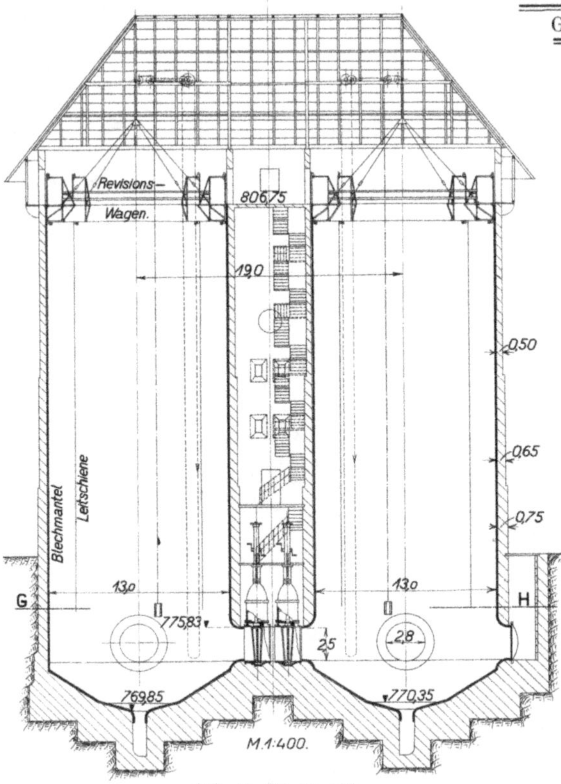


Abb. 44: Schnitt A/B.

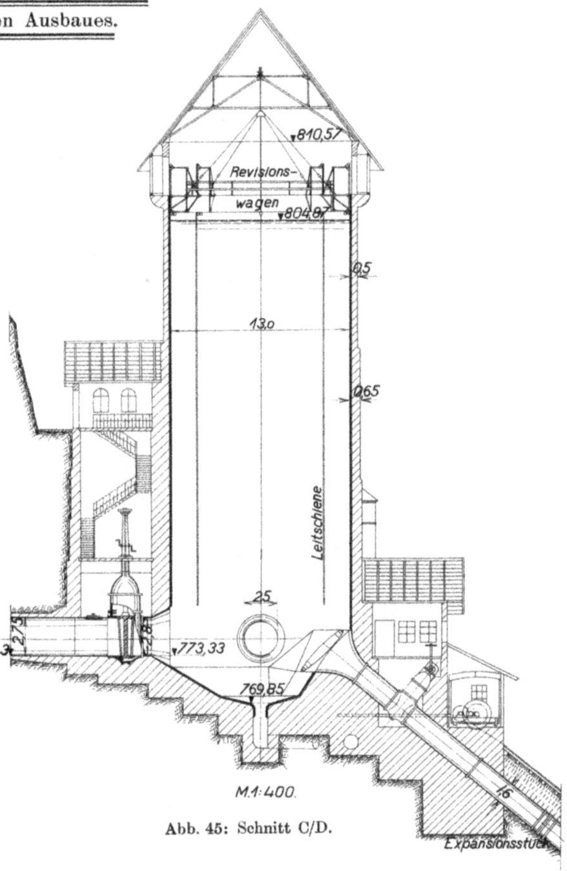


Abb. 45: Schnitt C/D.

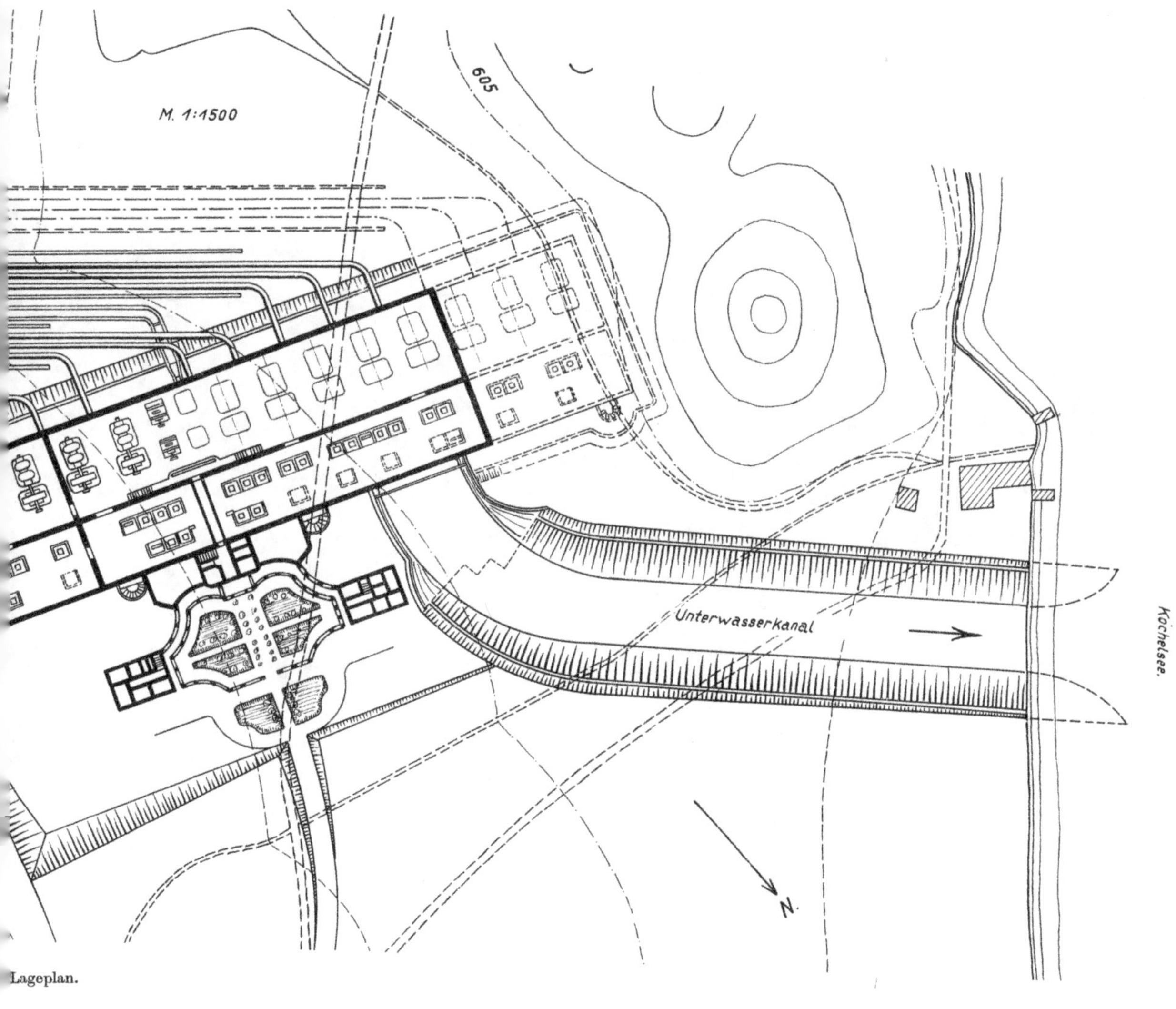


Lageplan.

Verlag von R. Oldenbourg, München und Berlin

# Walchenseekraftwerk

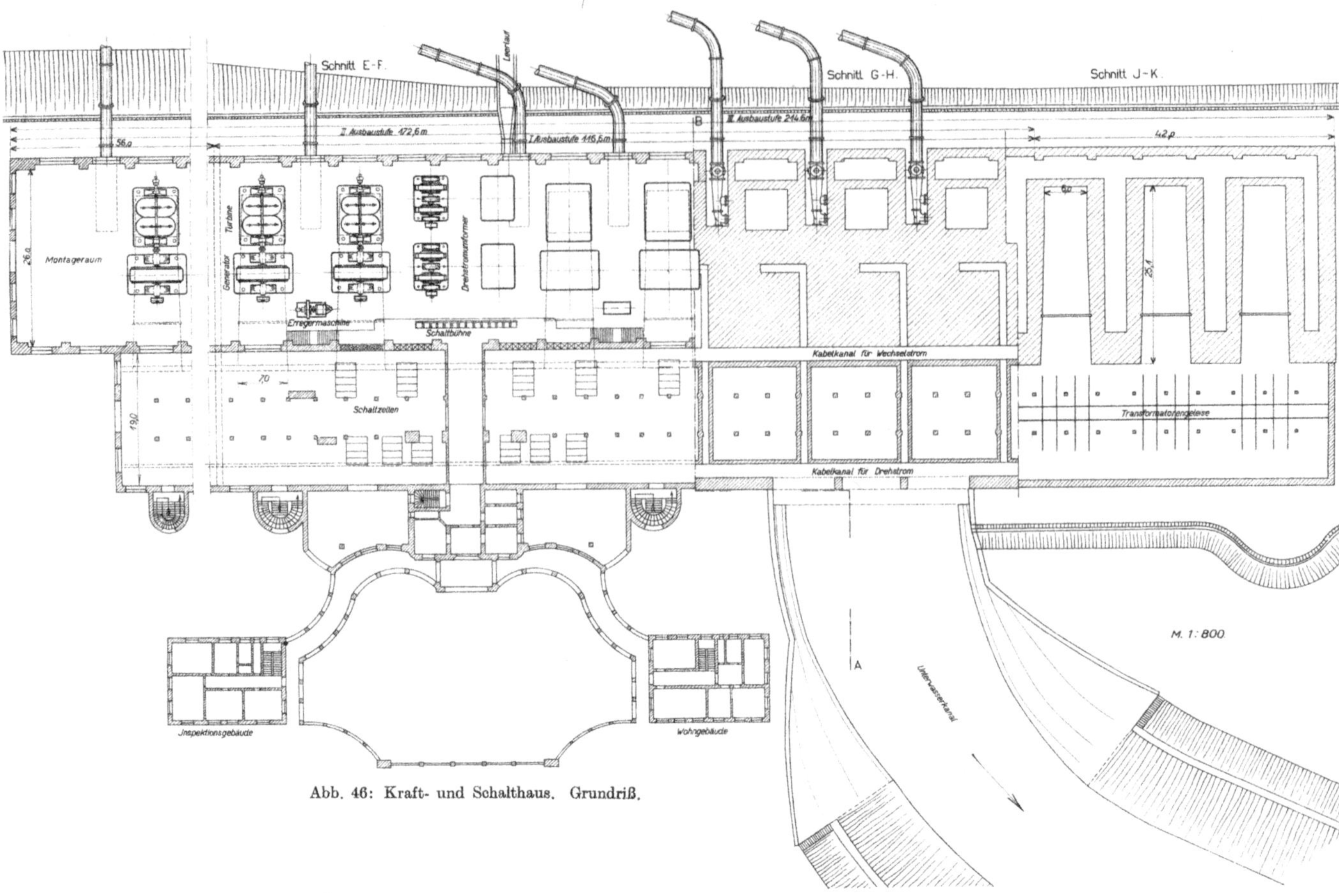


Abb. 46: Kraft- und Schalthaus. Grundriß.

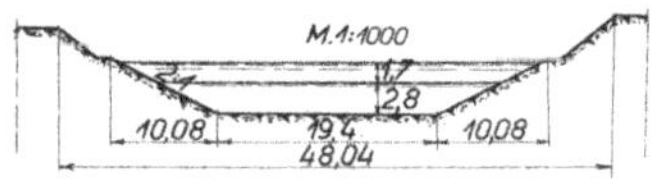


Abb. 48: Unterwasserkanal.

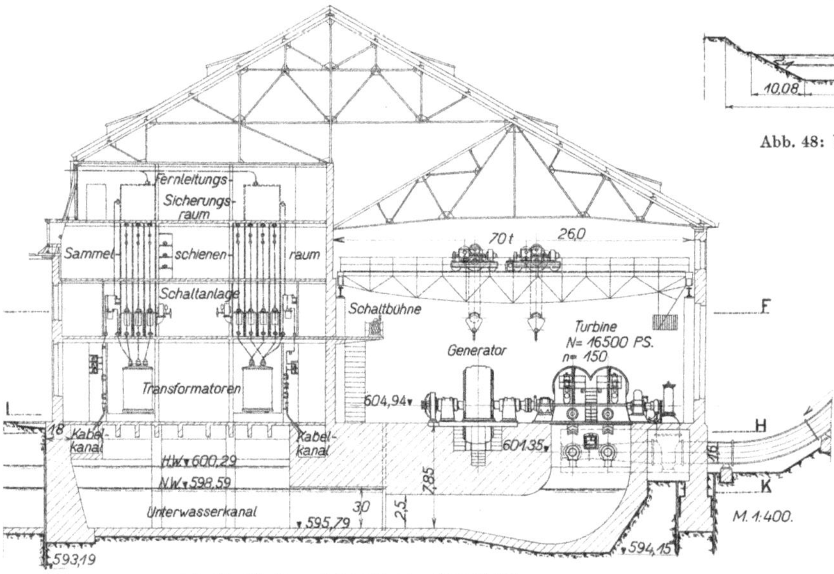


Abb. 47: Kraft- und Schalthaus. Querschnitt.

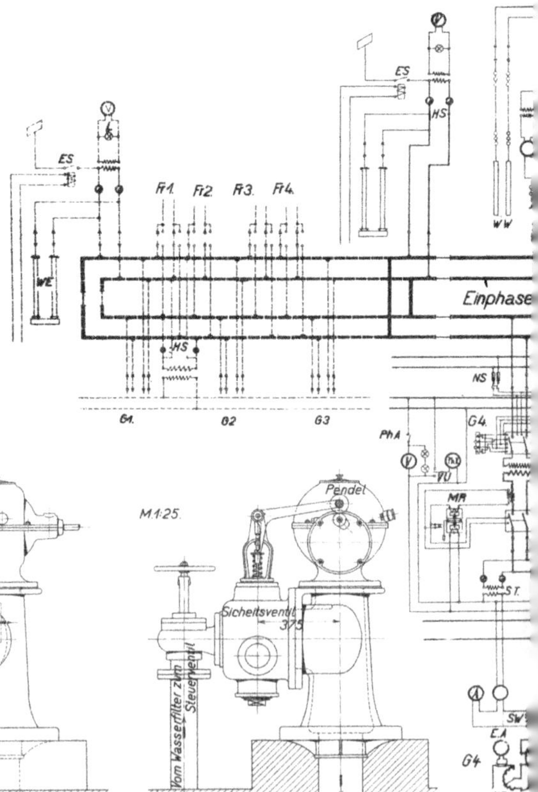


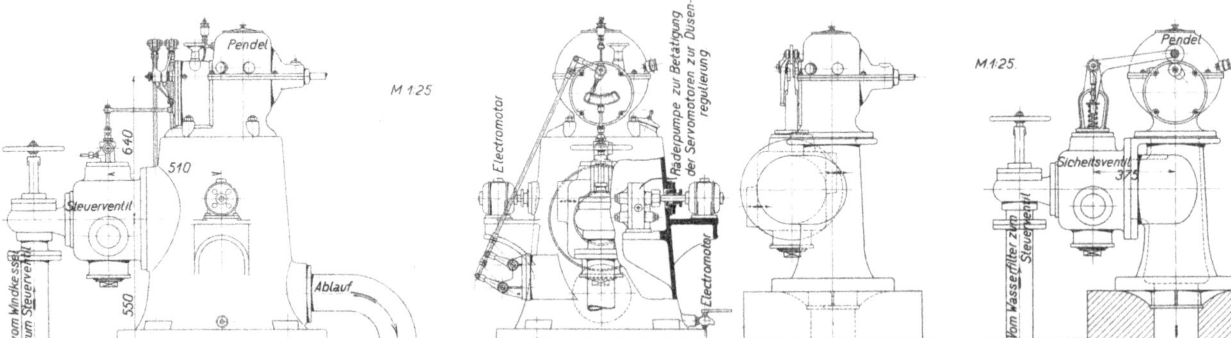


Abb. 51: Regler der Turbine.

Druck der graphischen Kunstanstalt Oskar Consée, München
Gezeichnet von F. Schuch, München

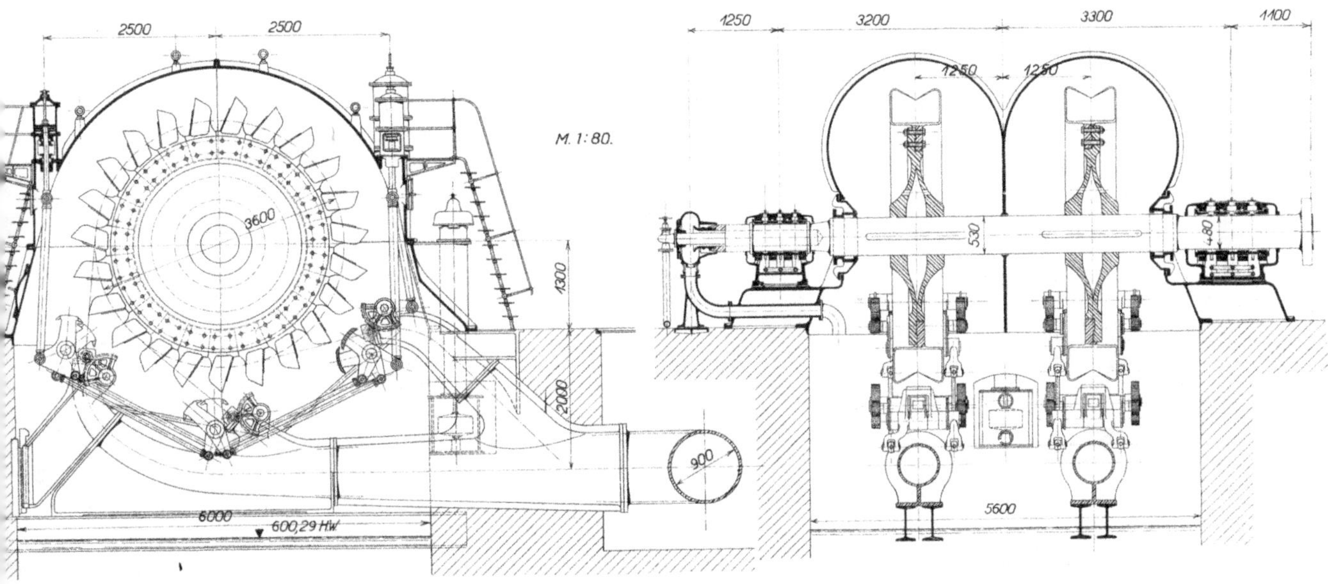


Abb. 49: Turbine.

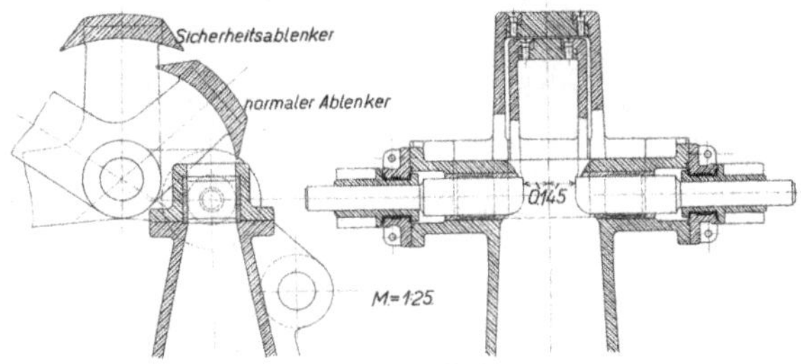


Abb. 50: Ablenker.

Zeichenerklärung.

| | |
|---|---|
| ...mperemeter. | H R Hauptstromregulator. |
| ...Blitzschutzapparat. | H S Hochspannungssicherung |
| ...Drosselspule. | K Druckknopf. |
| ...Druckknopftableaux. | L Glühlampe. |
| ...rregermaschine. | M Maximal- und Drahtbruchrelais. |
| ...Erreger-Amperemeter. | M A Magnetausschalter. |
| ...Erdungsschalter. | M G Drehstrom-Wechselstrom-Umformer |
| ...A Erregerstromausschalter. | M R Maximal- und Rückstromrelais. |
| ... Erregertransformator. | N R Nebenschlußregulator. |
| ...Erregerumschalter. | N S Niederspannungssicherung. |
| ...Erreger-Voltmeter. | Ph A Phasenlampenausschalter. |
| ...Freileitung. | Ph L Phasenlampe. |
| ...Einphasen-Generator. | Ph V Phasen-Voltmeter. |
| ...General-Voltmeter. | S T Spannungstransformator. |
| ...Hilfsrelais. | St Tr Stationstransformator. |
| | S W Stromtransformator. |
| | U Leitungsunterbrecher. |
| | V Voltmeter. |
| | V U Voltmeterumschalter. |
| | W Wattmeter. |
| | W E Wasserstrahlerder. |
| | W W Wasserwiderstand |
| | Z Zähler |

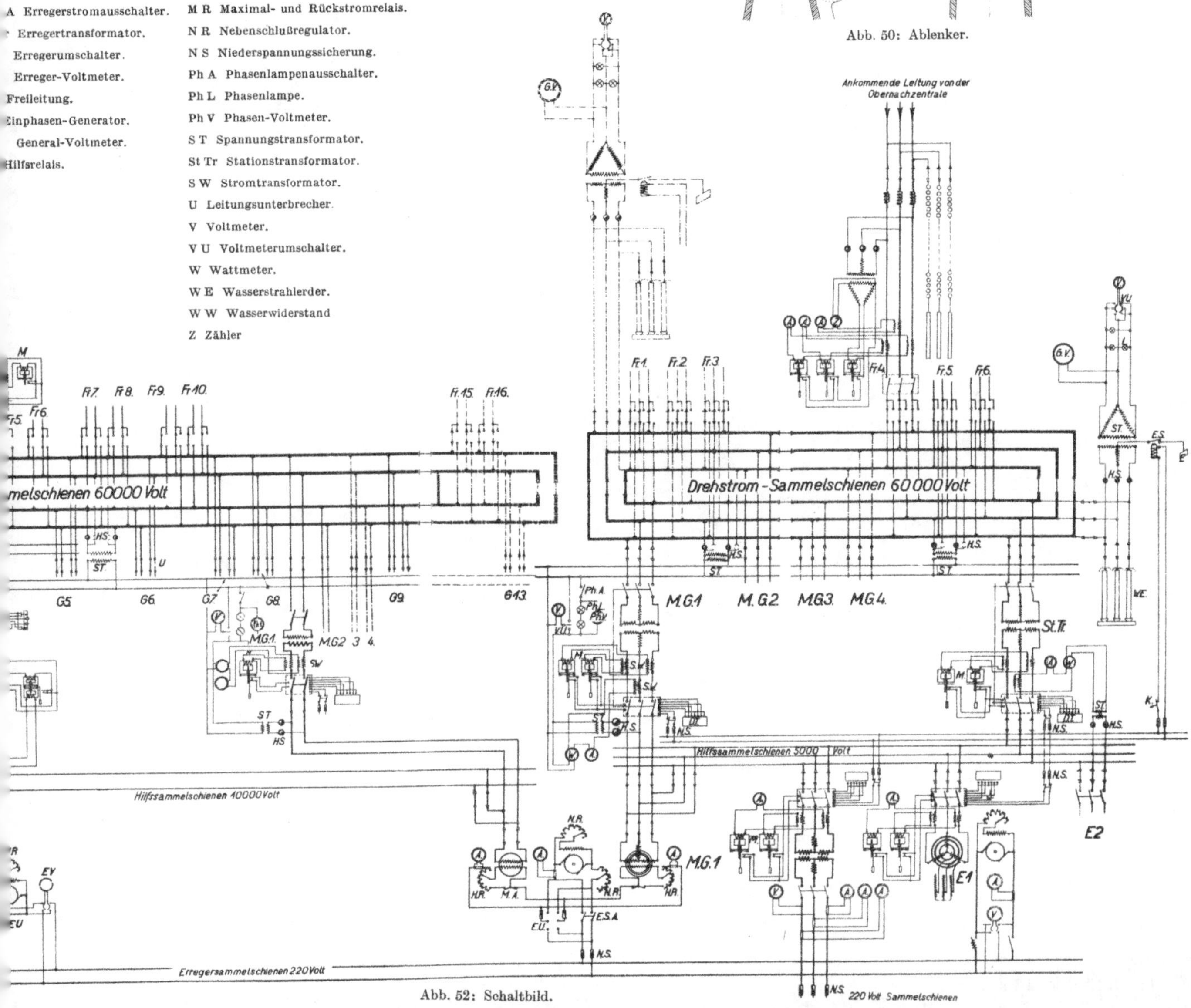


Abb. 52: Schaltbild.

www.ingramcontent.com/pod-product-compliance
Lightning Source LLC
LaVergne TN
LVHW081344011026
849161LV00013BB/3000